中國科技典籍選刊 第六輯
叢書主編：孫顯斌

日本國立公文書館藏
明成化十三年刊本等

回回曆法三種

【上】

[明]貝琳等◇撰　李亮◇整理

國家古籍整理出版專項經費資助項目

太陽加減立成

自行宮度	初宮 加減差	初宮 加減分	一宮 加減差	一宮 加減分	二宮 加減差	二宮 加減分
初度	初度○分	二分二秒	初度五十分三十五秒	一分四十七秒	一度四十二分四十五秒	一分四秒
一度	二分二秒	二分二秒	一度○分二十二秒	一分四十六秒	四十三分四十九秒	一分三秒
二度	四分四秒	二分二秒	二分八秒	一分四十五秒	四十四分五十二秒	一分一秒
三度	六分六秒	二分二秒	三分五十三秒	一分四十四秒	四十五分五十二秒	○分五十九秒
四度	八分八秒	二分二秒	五分三十七秒	一分四十三秒	四十六分五十二秒	○分五十七秒
五度	十分一十秒	二分二秒	七分二十秒	一分四十一秒	四十七分四十九秒	○分五十五秒
六度	十二分一十二秒	二分一秒	九分一秒	一分四十秒	四十八分四十四秒	○分五十三秒
七度	[illegible]	[illegible]	[illegible]	[illegible]	[illegible]	[illegible]

CTS
湖南科學技術出版社

中國科技典籍選刊

中國科學院自然科學史研究所組織整理

《中國科技典籍選刊》總序

我國有浩繁的科學技術文獻，整理這些文獻是科技史研究不可或缺的基礎工作。竺可楨、李儼、錢寶琮、劉仙洲、錢臨照等我國科技史事業開拓者就是從解讀和整理科技文獻開始的。二十世紀五十年代，科技史研究在我國開始建制化，相關文獻整理工作有了突破性進展，涌現出許多作品，如胡道静的力作《夢溪筆談校證》。

改革開放以來，科技文獻的整理再次受到學術界和出版界的重視，這方面的出版物呈現系列化趨勢。巴蜀書社出版《中華文化要籍導讀叢書》（簡稱《導讀叢書》），如聞人軍的《考工記導讀》、傅維康的《黄帝内經導讀》、繆啓愉的《齊民要術導讀》、胡道静的《夢溪筆談導讀》及潘吉星的《天工開物導讀》。上海古籍出版社與科技史專家合作，爲一些科技文獻作注釋并譯成白話文，刊出《中國古代科技名著譯注叢書》（簡稱《譯注叢書》），包括程貞一和聞人軍的《周髀算經譯注》、聞人軍的《考工記譯注》、郭書春的《九章算術譯注》、繆啓愉的《東魯王氏農書譯注》、陸敬嚴和錢學英的《新儀象法要譯注》、潘吉星的《天工開物譯注》、李迪的《康熙幾暇格物編譯注》等。

二十世紀九十年代，中國科學院自然科學史研究所組織上百位專家選擇并整理中國古代主要科技文獻，編成共約四千萬字的《中國科學技術典籍通彙》（簡稱《通彙》）。它共影印五百四十一種書，分爲綜合、數學、天文、物理、化學、地學、生物、農學、醫學、技術、索引等共十一卷（五十册），分别由林文照、郭書春、薄樹人、戴念祖、郭正誼、唐錫仁、苟翠華、范楚玉、余瀛鰲、華覺明等科技史專家主編。編者爲每種古文獻都撰寫了『提要』，概述文獻的作者、主要内容與版本等方面。自一九九三年起，《通彙》由河南教育出版社（今大象出版社）陸續出版，受到國内外中國科技史研究者的歡迎。近些年來，國家立項支持《中華大典》數學典、天文典、理化典、生物典、農業典等類書性質的系列科技文獻整理工作。類書體例容易割裂原著的語境，這對史學研究來説多少有些遺憾。

總的來看，我國學者的工作以校勘、注釋、白話翻譯爲主，也研究文獻的作者、版本和科技内容。例如，潘吉星將《天工開物校注及研究》分爲上篇（研究）和下篇（校注），其中上篇包括時代背景，作者事跡，書的内容、刊行、版本、歷史地位和國際影響等方面。

《導讀叢書》、《譯注叢書》和《通彙》等爲讀者提供了便于利用的經典文獻校注本和研究成果，也爲科技史知識的傳播做出了重要貢獻。不過，可能由於整理目標與出版成本等方面的限制，這些整理成果不同程度地留下了文獻版本方面的缺憾。《導讀叢書》、《譯注叢書》和其他校注本基本上不提供保持原著全貌的高清影印本，并且録文時將繁體字改爲簡體字，改變版式，還存在截圖、拼圖、換圖中漢字等現象。《通彙》的編者們儘量選用文獻的善本，但《通彙》的影印質量尚需提高。

歐美學者在整理和研究科技文獻方面起步早於我國。他們整理的經典文獻爲科技史的各種專題與綜合研究奠定了堅實的基礎。有些科技文獻整理工作被列爲國家工程。例如，萊布尼兹（G. W. Leibniz）的手稿與論著的整理工作於一九〇七年在普魯士科學院與法國科學院聯合支持下展開，文獻内容包括數學、自然科學、技術、醫學、人文與社會科學，萊布尼兹所用語言有拉丁語、法語和其他語種。該項目因第一次世界大戰而失去法國科學院的支持，但在普魯士科學院支持下繼續實施。第二次世界大戰後，項目得到東德政府和西德政府的資助。迄今，這個跨世紀工程已經完成了五十五卷文獻的整理和出版，預計到二〇五五年全部結束。

二十世紀八十年代以來，國際合作促進了中文科技文獻的整理與研究。我國科技史專家與國外同行發揮各自的優勢，合作整理與研究《九章算術》、《黄帝内經素問》等文獻，并嘗試了新的方法。郭書春分别與法國科研中心林力娜（Karine Chemla）、美國紐約市立大學道本周（Joseph W. Dauben）和徐義保合作，先後校注成中法對照本《九章算術》（*Les Neuf Chapters*，二〇〇四）和中英對照本《九章算術》（*Nine Chapters on the Art of Mathematics*，二〇一四）。中科院自然科學史研究所與馬普學會科學史研究所的學者合作校注《遠西奇器圖説録最》，在提供高清影印本的同時，還刊出了相關研究專著《傳播與會通》。

按照傳統的説法，誰占有資料，誰就有學問，我國許多圖書館和檔案館都重『收藏』輕『服務』。在全球化與信息化的時代，國際科技史學者們越來越重視建設文獻平臺，整理、研究、出版與共享寶貴的科技文獻資源。德國馬普學會（Max Planck Gesellschaft）的科技史專家們提出『開放獲取』經典科技文獻整理計劃，以『文獻研究+原始文獻』的模式整理出版重要典籍。編者盡力選擇稀見的手稿和經典文獻的善本，向讀者提供展現原著面貌的複製本和帶有校注的印刷體轉録本，甚至還有與原著對應編排的英語譯文。同時，編者爲每種典籍撰寫導言或獨立的學術專著，包含原著的内容分析、作者生平、成書與境及參考文獻等。

任何文獻校注都有不足，甚至引起對某些内容解讀的争議。真正的史學研究者不會全盤輕信已有的校注本，而是要親自解讀原始文獻，希望看到完整的文獻原貌，并試圖發掘任何細節的學術價值。與國際同行的精品工作相比，我國的科技文獻整理與出版工作還可以精益求精，比如從所選版本截取局部圖文，甚至對所截取的内容加以『改善』，這種做法使文獻整理與研究的質量打了折扣。

實際上，科技文獻的整理和研究是一項難度較大的基礎工作，對整理者的學術功底要求較高。他們須在文字解讀方面下足够的功夫，并且準確地辨析文本的科學技術内涵，瞭解文獻形成的歷史與境。顯然，文獻整理與學術研究相互支撑，研究决定着整理的質量。隨着研究的深入，整理的質量自然不斷完善。整理跨文化的文獻，最好藉助國際合作的優勢。如果翻譯成英文，還須解決語言轉換的難題，找到合適的以英語爲母語的合作者。

在我國，科技文獻整理、研究與出版明顯滯後於其他歷史文獻，這與我國古代悠久燦爛的科技文明傳統不相稱。相對龐大的傳統科技遺産而言，已經系統整理的科技文獻不過是冰山一角。比如《通彙》中的絶大部分文獻尚無校勘與注釋的整理成果，以往的校注工作集中在幾十種文獻，并且没有配套影印高清晰的原著善本，有些整理工作存在重複或雷同的現象。近年來，國家新聞出版廣电總局加大支持古籍整理和出版的力度，鼓勵科技文獻的整理工作。學者和出版家應該通力合作，借鑒國際上的經驗，高質量地推進科技文獻的整理與出版工作。

鑒於學術研究與文化傳承的需要，中科院自然科學史研究所策劃整理中國古代的經典科技文獻，并與湖南科學技術出版社合作出版，向學界奉獻《中國科技典籍選刊》。非常榮幸這一工作得到圖書館界同仁的支持和肯定，他們的慷慨支持使我們倍受鼓舞。國家圖書館、上海圖書館、清華大學圖書館、北京大學圖書館、日本國立公文書館、早稻田大學圖書館、韓國首爾大學奎章閣圖書館等都對『選刊』工作給予了鼎力支持，尤其是國家圖書館陳紅彦主任、上海圖書館黄顯功主任、清華大學圖書館馮立昇先生和劉薔女士以及北京大學圖書館李雲主任還慨允擔任本叢書學術委員會委員。我們有理由相信有科技史、古典文獻與圖書館學界的通力合作，《中國科技典籍選刊》一定能結出碩果。這項工作以科技史學術研究爲基礎，選擇存世善本進行高清影印和録文，加以標點、校勘和注釋，排版採用圖像與録文、校釋文字對照的方式，便於閱讀與研究。另外，在書前撰寫學術性導言，供研究者和讀者參考。受我們學識與客觀條件所限，《中國科技典籍選刊》還有諸多缺憾，甚至存在謬誤，敬請方家不吝賜教。

我們相信，隨着學術研究和文獻出版工作的不斷進步，一定會有更多高水平的科技文獻整理成果問世。

張柏春　孫顯斌

於中關村中國科學院基礎園區

二〇一四年十一月二十八日

目録

導言

伊斯蘭天文學最早約於北宋傳入中國，元朝時在上都等地還建有由西域天文學家負責的回回司天監，裝配精密的伊斯蘭天文儀器，收藏有大量波斯文和阿拉伯文寫成的天文和數學著作。〔一〕這些回回天文學家的工作，不但爲中國天文學發展作出了重要貢獻，在一定程度上也加强了不同民族與文化之間的交流。思想家梁啟超就曾指出『曆算學在中國發達甚古，然每每受外來的影響而得進步』，而『元代之回回法』便是其中重要的一次外來影響。〔二〕不過，雖然自元代起，官方的天文機構就實行了漢人與回回并立的『雙軌制』，但從種種迹象來看，元朝并没有鼓勵回回與漢族天文學家之間的深入交流，也没有組織系統的圖書翻譯工作。〔三〕

明洪武初年，一如元制，不僅接管了元朝的漢、回天文機構，還把大量原藏秘書監的波斯文和阿拉伯文天文書籍運往南京，并且詔徵元太史院張佑、回回司天監黑的兒等十四人，原上都回回司天臺的鄭阿里等十一人前去南京商議曆法。洪武十五年（一三八二）朱元璋又下令開展伊斯蘭天文曆法著作的翻譯工作，終於促成了《天文書》（清代之後被稱爲《明譯天文書》）和《回回曆法》兩部回回天文著作的翻譯。〔四〕自此，《回回曆法》便一直與明代官方的《大統曆》相互參用，長達二百五十餘年。〔五〕

《回回曆法》傳入中國後，經過長期的發展，出現和形成了一系列典籍。要而言之，大致可分兩類：一是《回回曆法》原著的漢譯

〔一〕陈久金.《回回天文学史研究》. 南宁：广西科学技术出版社，一九九六年：第一—八頁。

〔二〕梁啟超.《中國近三百年學術史》. 杭州：浙江古籍出版社，二〇一四年：第一五七頁。

〔三〕席文.《科學史方法論講演録》. 北京：北京大學出版社，二〇一一年：第七八頁。

〔四〕石雲里，魏弢. 元統《緯度太陽通徑》的發現——兼論貝琳《回回曆法》的原刻本.《中國科技史雜志》，二〇〇九年第一期：第三一—四五頁。

〔五〕吕凌峰，石雲里. 明末中西曆法争論中回回曆的推算精度——以六次日月食預報記録爲例.《回族研究》，二〇〇三年第四期：第七八—八〇頁。

本、編譯本，一是漢地學者介紹、闡釋《回回曆法》的論著。〔一〕近年來，學界對於《回回曆法》的研究，也主要圍繞兩個方面的問題展開：一是對回回天文曆法在中國歷史上重大史實的討論，二是對回回天文曆法自身的研究考察。〔二〕其中，不少研究工作的開展受益於近年來新材料的不斷發現。

可以説，《回回曆法》的研究很大程度上依賴於新材料的發現，尤其是近年來對域外文獻的發掘。對此，有學者展望回回天文學史研究時就曾指出，需要廣徵資料，尤其是來自歷史上漢文化輻射圈內、奉中國正朔的鄰國文獻資料，如收藏於朝鮮、日本等國的域外資料。〔三〕

《回回曆法》與《大統曆》一樣是明代的官方曆法，并長期爲明代欽天監所使用。經過長期的發展，也發展出一些不同類型的《回回曆法》著作。按照時間劃分，主要有明代著作和清代著作兩類。其中，明代的包括《西域曆法通徑》、《緯度太陽通徑》、《七政算外篇》、貝琳本《回回曆法》、《曆法新書》等；清代的包括薛鳳祚《曆學會通》輯本、《明史》系列《回回曆法》、《七政推步》以及大量零散著作等。

若按照著作的性質劃分，主要有官方著作和民間著作兩類。官方著作又分爲『欽天監正式本』和『重編本』。『欽天監正式本』有貝琳本《回回曆法》，目前該書有日本國立公文書館藏周相重印本。『重編本』又分『修史重編本』和『一般重編本』。『修史重編本』有《明史》系列《回回曆法》，主要包括南京圖書館藏《回回曆法》清抄本，以及《回回曆法》的《明史》本和《明史稿》本。『一般重編本』包括《西域曆法通徑》、薛鳳祚《曆學會通》輯本和收録《四庫全書》的《七政推步》等。回回曆法相關的著作還有一些『會通本』〔四〕，包括元統的《緯度太陽通徑》和袁黄的《曆法新書》。此外，《回回曆法》也有朝鮮衍生版本，例如朝鮮李朝初期天文學家所編的《七政算外篇》。

本輯整理的内容涵蓋了多種《回回曆法》著作，可以反應出其在明清不同時期的文本形態以及傳播與演變過程。整理所選用的底本情況如下：

（1）日本國立公文書館内閣文庫藏，貝琳本《回回曆法》，明刊本。

（2）南京圖書館藏，《回回曆法》，清抄本。

（3）韓國國立中央圖書館藏，《回回曆法》，清抄本。

（4）韓國首爾大學奎章閣圖書館藏，《緯度太陽通徑》，明正統朝鮮銅活字本。

〔一〕馬明達，陳靜：中國回回曆法典籍考述，《西北民族研究》，一九九四年第二期：第一五一—一七六頁。

〔二〕陈静：中国回回天文历法研究述评，《西北民族研究》，一九九一年第二期：第八〇—九〇頁。

〔三〕陳占山：中國回回天文學史研究的回顧與展望，《中國史研究動態》，一九九六年第八期：第二—八頁。

〔四〕主要是將大統曆法和回回曆法整合爲一部曆法，進行『會通』工作的著作。

（5）韓國首爾大學奎章閣圖書館藏，《宣德十年月五星凌犯》，明正統朝鮮銅活字本。

貝琳本《回回曆法》

據史料記載，明南京欽天監監副貝琳曾經編訂有《回回曆法》。《明憲宗實録》對其編訂工作有以下記載：『成化八年（一四七二），調欽天監監副貝琳於南京』〔一〕，之後在成化十三年（一四七七）十月乙未初一日，『南京欽天監監副貝琳等奉勅修《大統曆》、《回回曆》成，刊印進呈。上曰「禮部其移文」，令以刊校送京』〔二〕。

關於該書作者貝琳，清同治《上江兩縣志》也有詳細的記載。〔三〕不過，長期以來關於貝琳所編的《回回曆法》是否仍然存世，一直無人知曉。在丁福保和周雲青編著的《四部總録天文編》中，記載有『《回回曆法》五卷……明刊本』〔四〕。目前，在日本國立公文書館藏有《回回曆法》五册〔五〕，經過比對發現，其版本即爲貝琳在成化年間所編的《回回曆法》〔六〕（見圖一）。從編排和内容上看，該書第一册主要介紹回回曆法日期和太陽經度、月亮

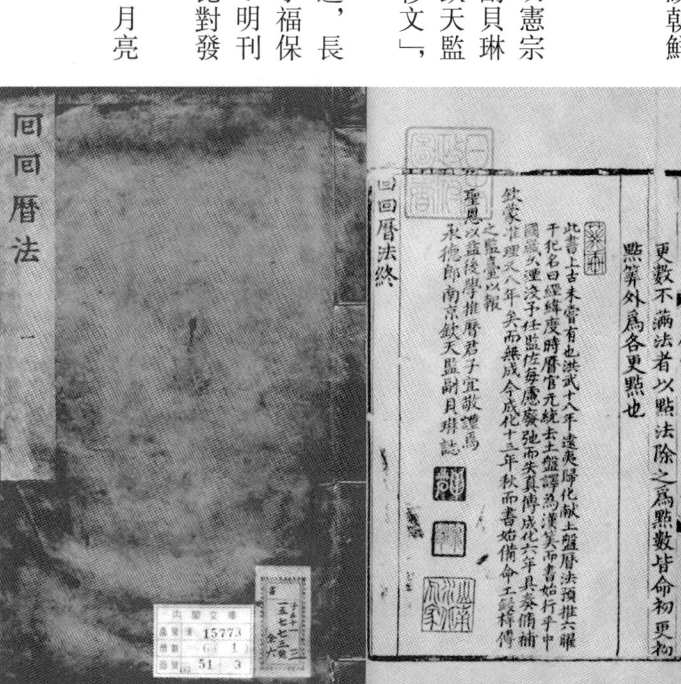

圖一　日本國立公文書館藏《回回曆法》

〔一〕《明憲宗實録》成化八年（一四七二）二月壬申初五日條。

〔二〕《明憲宗實録》成化十三年（一四七七）十月乙未初一日條。

〔三〕清同治《上江兩縣志》記載有：『貝琳，字宗器，號竹溪拙叟。爲上元人，居成賢街。琳幼穎發，思脱戎籍，遂往北京，投太僕少卿廖義仲、欽天監五官靈臺郎臧珩、司曆何洪求天象之學，得充天文生。正統己巳（一四四九）邊警，監正皇甫仲和薦琳，隨昌平侯楊琪至獨石。景泰庚午（一四五〇）隨總兵石亨抵賀蘭山。壬申（一四五二）隨右都御史王翱征瀧水。其占候多有功，授漏刻博士。天順改元（一四五七），因天象示警，奏對稱制，賜采段白金，升五官靈臺郎。成化庚寅（一四七〇）升監副。壬辰（一四七二）改任南都，與弟琪居武定橋西。自琳以天文起家，次鵬，次仁，次豳，次尚質，次元楨，七世以天文相終始。豳字西山，著《曆法要覽》十二卷，曆書小帙數種。』相關内容具體參見：陳久金：《回回天文學史研究》，廣西科學技術出版社，一九九六年，第一二二頁。

〔四〕丁福保，周雲青：《四部總録天文編》，文物出版社，一九八四年，第一五頁。

〔五〕該書館藏編號：子五一—漢一五七七三。

〔六〕該藏本分五册裝訂，每册封皮左上方都貼著印有『回回曆法』以及册序數的書名簽，表明該書原名就是《回回曆法》，後附有第六册，即貝琳編撰，周相刊印的《大明大統曆法》。

和五星經緯度、月亮與五星淩犯恒星，以及日月食的計算方法。其餘四册全部爲『立成表』，也就是用於上述計算所需要的各種天文算表。

從中縫上所刻的題名來看，全書實際上分爲四個部分：第一部分爲『回回曆法釋例』，第二部分爲『回回曆法』，第三部分爲『經度立成』，第四部分爲『緯度立成』。儘管前兩部分被裝訂在同一册，而第三部分被分別裝訂爲三册，但每一部分的頁碼都是從一開始連續編碼。第一册的前面還有吴伯宗的『譯《天文書》序』與《回回曆法》實際没有關係，應當是貝琳在編訂時加入的。第一册最後還有貝琳所撰之志，其内容如下：

> 此書上古未嘗有也。洪武十八年遠夷歸化，獻土盤曆法，預推六曜干犯，名曰經緯度。時曆官元統去土盤譯爲漢算，而書始行乎中國，歲久湮没，予任監佐，每慮廢弛而失真傳。成化六年，具奏修補，欽蒙准理，又八年矣而無成。今成化十三年秋而書始備，命工鋟梓，傳之監臺，以報聖恩，以益後學推曆，君子宜敬謹焉。承德郎南京欽天監監副貝琳志。〔一〕

在志前有閑章一方，曰『葵庚』，後面有印章三方，分別爲『貝印』、『宗器』和『山南水北人家』，其中『宗器』爲貝琳的字。志中還提到，此書完成于『成化十三年（一四四七）秋』，與《明憲宗實録》的記載相符。此外，據貝琳所言此書由成化六年（一四七〇）修補至成化十三年乃成，其中歷時八年，可見貝琳在輯補和整理此書過程中應當投入了不少精力。〔二〕

此外，清代編修的《四庫全書》中，收録有貝琳《七政推步》七卷，這讓現代研究者覺得貝琳似乎編寫了兩部關於回回曆法的著作。但比較發現，《七政推步》除書前没有『譯《天文書》序』、四方印章和『承德郎南京欽天監副貝琳志』這幾個字之外，其餘内容與日本國立公文書館《回回曆法》基本没有太大差別。其卷一相當於刊本的第一册，其餘七卷則對應於後面四册内容。

因此，《七政推步》與成化間所刻的《回回曆法》本質上是同一部著作。而從《四庫采進書目》中，我們可以找到三部署名貝琳的書，其中兩部同爲『貝琳《回回曆法》四卷』，一本記載爲『《七政推步》』，但同時却注明『原名已佚』〔三〕。可見，《七政推步》應該是《四庫全書》編修者對貝琳版《回回曆法》重加的書名。

在中國國家圖書館善本部，還存有《回回曆法》一册〔四〕（見圖二）。其目録標明爲『明洪武十六年（一三八三）内府刻本』。該書

〔一〕貝琳：《回回曆法》，日本國立公文書館藏，卷一。
〔二〕石雲里（主編）：《海外珍稀中國科學技術典籍集成》，中國科學技術大學出版社，二〇一〇年，第五〇八—五一〇頁。
〔三〕吴慰祖：《四庫采進書目》，商務印書館，一九六〇年，第一一五頁。
〔四〕其館藏編號爲〇三四八四。

回回曆法釋例

釋用數例

周天計十二宮 共三百六十度

每一宮三十度 每一度六十分 每一分六十秒

每一秒六十微 每一微六十纖

釋回回曆法積年

西域阿剌必年 開皇己未為元至洪武甲子計積七百八十六筭

釋宮分日數

白羊戌宮三十一日 金牛酉宮三十一日

陰陽申宮三十一日 巨蟹未宮三十二日

回回曆法釋例 一

獅子午宮三十一日 雙女巳宮三十一日

天秤辰宮三十日 天蝎卯宮三十日

人馬寅宮二十九日 磨羯丑宮二十九日

寶瓶子宮三十日 雙魚亥宮三十日

已上十二宮即回回曆書所謂不動的月者是也共三百六十五日乃歲周之日也若遇宮分有閏之年於雙魚亥宮之三十日內又添一日其年周歲得三百六十六日也

釋月分大小及本音名號

第一月大 名法而斡而丁 第二月小 名阿而的必喜世

第三月大 名虎而達 第四月小 名提而

圖二　中國國家圖書館藏《回回曆法》

近年被多次重新影印出版，如收録在《續修四庫全書》中〔一〕。研究表明，該本實際上是貝琳本《回回曆法》第一册的殘本。所以將該版本當作《回回曆法》在洪武十六年的原刻本是錯誤的。〔二〕

南圖本《回回曆法》

《明史》有多種版本，但其早期版本的曆志中并不包含《回回曆法》。例如，萬斯同本中提到『《回回曆》前代僅存其名，未嘗施用，無庸具載』〔三〕。這與《明史》編撰之初人們對《回回曆法》的相關内容知之甚少有關。至王鴻緒《明史稿》時，《回回曆法》纔被正式收入曆志當中。王鴻緒《明史稿》中提到『《回回曆》前史僅載其名，而世亦罕有習者，遂失傳，今訪諸明季藏書之家，得其本列於後以備省覽』〔四〕。之後，張廷玉本《明史》在王鴻緒《明史稿》本的基礎上，又進行了增删和調整。

〔一〕《續修四庫全書》子部第一〇三六册還有『回回曆法釋例』手抄本一卷，内容與刻本相同。

〔二〕兩書不僅版式和風格完全一樣，而且連印版上許多破損的形狀和部位都完全一致。中國國家圖書館之所以將其定爲洪武十六年内府刻本，可能是出於以下原因：該殘本的前面有吴伯宗『譯《天文書》序』的最後兩頁，其最後一行的署名爲『洪武十六年五月辛亥翰林院檢討吴伯宗謹序』。而殘本結尾又正好缺了兩頁，包括印有貝琳志文的那一頁，因此國圖的登録者就把前面殘餘的時間資訊當作了該書刻印的時間。具體參見：石雲里，魏弢．元統《緯度太陽通徑》的發現——兼論貝琳《回回曆法》的原刻本．中國科技史雜志，二〇〇九年第一期：第三一—四五頁。

〔三〕萬斯同．《明史・曆志》。

〔四〕王鴻緒．《明史稿・曆志》。

此外，除了《明史稿》和《明史》中記載有《回回曆法》外，石雲里在南京圖書館曾發現了一部清抄本《回回曆法》（簡稱『南圖本』，見圖三）。據陶培培研究，南圖本的編者很可能是黃百家，儘管這個抄本主體内容與現存其他版本沒有太大區別，但也有一些内容在其他衍生版本中并未見到。[一]

從編排和大致内容來看，南圖本、王鴻緒《明史稿》本和張廷玉《明史》本這三種清代《回回曆法》版本的大致内容對應關係如下[二]（表一）：

雖然以上三種版本在基本内容及其編排上相差不大，但具體比較後，其中仍然有以下不同：

[一] 陶培培：南京圖書館藏清抄本《回回曆法》研究，《自然科學史研究》，二〇〇三年第二期，第一一七—一二七頁。

[二] 李亮：《明史》曆志中大統曆和回回曆法的編修，《中國科技史雜志》，二〇一八年第四期，第九〇—四〇二頁。

表一　南圖本和《明史》系列《回回曆法》内容比較

<table>
<tr><td>南圖本（黃百家）</td><td>序言</td><td>推步方法</td><td>附“假如”</td><td colspan="2">四篇短文</td><td>立成表（附有立成造法）</td></tr>
<tr><td>《明史稿》本（王鴻緒）</td><td>序言</td><td colspan="2">推步方法</td><td>四篇短文</td><td>立成造法</td><td>立成表</td></tr>
<tr><td>《明史》本（張廷玉）</td><td>序言</td><td colspan="2">推步方法</td><td colspan="2">立成造法</td><td>立成表</td></tr>
</table>

圖三　南京圖書館藏《回回曆法》清抄本

其一，三種版本的『序言』部分并不完全相同。南圖本序言主要叙述的是回回曆法在明代時編撰和修訂的過程，并没有介紹南圖本自身編寫的情况。在序言的具體内容上，其前半部分與吴伯宗『天文書序』大致相同，後半部分與貝琳《回回曆法》的志基本一致。南圖本序言最後兩句『崇禎二年，更設回回曆局，蓋終有明之代未常廢其法也』似乎是對萬斯同《明史》中『《回回曆》前代僅存其名，未嘗施用』這一觀點的更正。〔一〕《明史稿》本的序與南圖本也基本類似，在引用了吴序之後都提到『（洪武）十八年西域又獻土盤曆，名經緯度，曆官元統譯漢算』，且皆都認爲《回回曆法》的底本中包括吴序中所説的收繳自元都的天文學書籍，也包括貝琳跋中所説的洪武十八年（一三八五）西域所獻土盤曆，張廷玉《明史》本則在序言中没有提及貝琳。

其二，在『推步方法』部分，南圖本和《明史稿》本的基本内容相差甚微。南圖本僅比《明史稿》本多了幾處按語和少量的小注，如『太陽行度』中『求最高行度』一條術文下南圖本有小注爲『太陽距地於極遠點，名最高。其雲測定者，即爲元之年白羊宫第一日所測距最高度也。五星仿此』〔二〕，《明史稿》本則在這一條下没有小注。

此外，南圖本中的幾處按語，如『積年』術文下的按語、『七耀數』術文下的按語、『推日食法』中『求食甚定時』術文下的按語等，在《明史稿》本中都没有。相比而言，《明史》本則與南圖本的差异要更大一些，除了部分字句不同，《明史》本比南圖本還少了多處簡短的注釋内容。因此從内容上看，《明史稿》本應該承襲自南圖本，而《明史》本則又是在《明史稿》本的基礎上完成。

其三，南圖本在『推步方法』部分之後還包含有一篇『附』，此『附』由三部分組成，分别爲『附求中國閏月』、『附推崇禎二年己巳五月朔己酉日蝕』和『附推康熙九年庚戌十月二十五日土星經度』。

在這三部分内容中，『附求中國閏月』在《明史》本和《明史稿》本中同樣存在，但放在『推步方法』部分中。而『附推崇禎二年己巳五月朔己酉日蝕』和『附推康熙九年庚戌十月二十五日十星經度』兩個假如（即算例），則是《明史》本和《明史稿》本中所没有的，這兩個算例記載了回回曆法在實際推算中的各個步驟的具體資料。

其四，南圖本和《明史稿》本中在『立成造法』部分之前還包含四篇較短文，而《明史》本中却没有這部分内容。這四篇短文分别爲『日度説』、『月度説』、『五星經度説』、『五星緯度説』。其主要内容是從中國傳統曆法的角度去解釋回回曆法，屬於會通傳統曆法與回回曆法的工作。據陶培培推測，這四篇文章應當爲黄宗羲所作〔三〕。不過，陶培培這一推測似乎有誤，因爲在明代周述學的《神道大編曆宗通

〔一〕陶培培：南京圖書館藏清抄本《回回曆法》研究，《自然科學史研究》，二〇〇三年第二期，第一一七—一二七頁。
〔二〕佚名：《回回曆法》，南京圖書館藏清抄本。
〔三〕陶培培：南京圖書館藏清抄本《回回曆法》研究，《自然科學史研究》，二〇〇三年第二期，第一一七—一二七頁。

議》〔一〕中就包含有這四篇文章，其標題和内容與此完全一致，説明南圖本的這四篇短文并非黄宗羲所作，衹是直接引用了周述學著作中的内容。

其五，《明史稿》本和《明史》本都單獨介紹有部分立成表的『立成造法』，而這些造法正好對應於貝琳本《回回曆法》中的前十份立成表。這部分立成表原理相對簡單，衹需要對各天文常數進行累加計算即可得出。由於《明史稿》本和《明史》本皆爲編史而撰寫，故將這些立成表删去以節省篇幅。但南圖本却不僅完整地保存有這十份立成表，同時在每份立成表的後面又附有注釋，其實相當於各表的立成造法。〔二〕

其六，在『立成表』部分，南圖本與《明史稿》本和《明史》本相比，多了『黄道南北各像内外星經緯度立成』以及上文提到的十份立成表。南圖本的第一份立成表『日五星中行總年立成』標題下有小字注曰：『原本各項宫度分秒本行直書，今依西洋表法另列於直次行，横查之。每格分兩位，右爲十左爲單，約法也，餘仿此』〔三〕，説明這份立成表的格式是參照西洋曆算表的編排方式重新排列的，爲的是更加簡明。

其七，南圖本介紹有『加次法』〔四〕，并給出了『加次法』的具體算例。但在《明史》系列《回回曆法》之前的各版本中皆没有介紹『加次法』，《回回曆法》也因此長期遭到『巧藏根數』的指責。依照南圖本作者自己的説法，『加次法系彼科所秘，故諸本皆所不載，然不得其法，此書無從入門，特訪補之』。由此可知，南圖本的這一補充無疑彌補了《回回曆法》之前的缺陷。據陶培培的研究，《七政算外篇》中也有日期轉换術文，不過其方法與南圖本『加次法』不同。〔五〕

總之，在《明史》系列《回回曆法》中，南圖本應該出現得最早，其編者可能不僅參考了之前《回回曆法》的多個版本，還加上了編者自己尋訪的一些内容，以不斷對《回回曆法》進行完善，爲《回回曆法》的流傳起到了承上啟下的作用。《明史稿》本和《明史》本得以在其基礎上，又不斷加以精簡，使之更合乎史書曆志的編撰習慣。

〔一〕（明）周述學：《神道大編曆宗通議》，《續修四庫全書》，上海古籍出版社，一九九三年，第一〇三六册。

〔二〕明代編修回回曆法的主要目的在於使用曆法，故需要將各立成表完整納入以方便使用。至清初時，隨著西洋曆法的傳入，一些人通過學習西法的同時逐漸加深了對回回曆法的瞭解，掌握了其中一些立成的編制原理，因此南圖本便將這些立成表和其造法都納入其中。

〔三〕佚名：《回回曆法》，南京圖書館藏清抄本。

〔四〕由於《回回曆法》的立成表採用的是回陰曆日期編排，因此需要一種將回曆陽曆日期轉换爲回曆陰曆日期的方法，以方便藉助回曆陽曆來完成從中國傳統曆法日期到回陰曆的換算，這種方法被稱爲『加次法』。

〔五〕陶培培：南京圖書館藏清抄本《回回曆法》研究，《自然科學史研究》，二〇〇三年第二期，第一一七—一二七頁。

道光本《回回曆法》

韓國國立中央圖書館藏有《回回曆法》抄本一册，不分卷。[一]該書版式爲四周單邊，半郭20.9厘米×13.7厘米，上黑魚尾，共有四三頁（對開頁），每頁十行二二字，爲雙行注（見圖四）。

全書内容分爲三部分：一是『用數』（共三頁），介紹了曆法推算的基本天文常數以及曆元的選取；二是『曆法術文』，包括『太陽』、『太陰』、『月食』、『日食』和『三十星』五個部分，介紹如何利用《回回曆法》推算太陽和月亮的天體位置，以及日食和月食的時刻及食分大小（共二二頁）；三是『算表』，即對應於第二部分的各種不同天文計算表格（共二一葉）。由於該書并無序跋，因此作者身份等信息未明，需要從具體内容來考證該書的相關情况（根據内容，可能爲道光年間抄本，以下簡稱道光本）。

與明清時期其他《回回曆法》著作相比，道光本《回回曆法》主要是關於太陽、太陰和日月交食的推算，不包括五星運動、月五星凌犯部分的内容，也不涉及『加次法』，以及回回陽曆、陰曆和中國傳統曆法的日期换算等問題。另外，雖然朝鮮李朝就曾頒用過《回回曆法》，還將其改編成《七政算外篇》，且《李朝實録》也收載有從中國傳入後，經朝鮮學者考校和訂正的《回回曆法》。但是，從道光本的具體内容來看，該書似乎是出自道光年間的某位中國學者，而非朝鮮學者所著。

道光本最顯著的特徵是以『道光十四年甲午』（一八三四）爲元，這與此前的各種《回回曆法》著作皆不相同。明成化年間的貝

[一] 其馆藏号爲古朝六六—四〇。

回回曆法
用數
周天三百六十度每度六十分每分六十秒微纖以下俱準此為十二宮每宮三十度
周日一千四百四十分為九十六刻每刻十五分為二十四時每時六十分
歲實三百六十五日一百二十八分日之三十一
朔實二十九日三百六十分日之一百九十一
宮閏准三十一日
月閏准十一日

回回曆法　用數　一

宮度起白羊節氣首春分命時起午正午初四刻屬前日
太陽中心行度應十一宮十七度二十四分十四秒
太陽最高行度應三宮九度十六分四十一秒
太陰中心行度應十一宮十四度三十二分二十四秒
太陰本輪行度應十一宮十七度二十二分三十五秒
太陰詳都行度應三宮一度四十九分五十秒
已上五應道光甲午二月初一日午正初刻截元各行度也按回回曆本法以隋文帝開皇十九年己未為元距道光十四年甲午為一千二百三十五算以宮閏准三十一日乘之加閏應三十一日得三萬八

圖四　韓國國立中央圖書館藏《回回曆法》清抄本

琳本《回回曆法》按『西域歲前積年，即開皇己未爲元』〔一〕，《明史》本亦云『其曆元用隋開皇己未，即其建國之年也』〔二〕。由於隋開皇己未年（五九九）早於伊斯蘭教傳播的時間，其曆元曾是困擾學界的難題。不過，該問題實際是在日期换算過程中，采用了回回陰曆積年而造成的誤解。如清代學者王錫闡（一六二八—一六八二）就曾指出，其實際曆元爲唐武德五年壬午（六二二）。唐武德五年壬午六月初三（六二二年七月十六日），即回回建國紀元元年元旦。〔三〕也就是説，此前回回曆法各版本的曆元時間實際上皆與伊斯蘭教的開端有緊密聯繫。

從道光本的内容來看，該書繼承了《明史》本的一些特點。例如，先給出了基本天文常數『用數』，這與貝琳本《回回曆法》的『釋用數例』部分也相類似。不過，道光本除了沿用《回回曆法》的主要内容，還藉用了中國傳統曆法的一些表述方式。如『歲實，三百六十五日一百二十八分日之三十一』和『朔實，二十九日三百六十分日之一百九十一』，這種用分數來表示天文常數的方法，是中國傳統曆法的特點。對此，貝琳本中没有直接給出這些數值，《明史》本中則以宫閏『凡百二十八年而宫閏三十一日』和月閏『凡三十年月閏十一日』間接加以介紹。

在『曆法術文』方面，道光本的推算步驟與其他《回回曆法》著作基本一致，不過在術文的表述上，内容更加豐富。以求『太陽最高行度』爲例，道光本就顯得更爲具體，尤其是在闡述算表的使用方面（表二）。

從以上内容可以看出，道光本不但選取了新的曆元，編撰結構上則參照了《明史》本。其中一些内容，不但考慮到了回回天文學的習慣，如以午正爲一天

〔一〕貝琳：《回回曆法》，日本國立公文書館藏明刊本。
〔二〕張廷玉：《明史》，卷三十七。
〔三〕徐振韜：《中國古代天文學詞典》，北京：中國科學技術出版社，二〇〇九年，第九三頁。

表二　幾種不同版本《回回曆法》的術文差别

版本	術文
貝琳本《回回曆法》	法曰：置求到最高總度，内加測定太陽最高行度二宫二十九度二十一分，共得爲所求年白羊宫最高行度也。如求次宫者，累加五秒，爲各宫最高行度也。
《明史》本《回回曆法》	置求到最高總度，加測定太陽最高行度，二宫二十九度二十一分。即所求年白羊宫最高行度。如求次宫，累加五秒零六微。求次月，加四秒五十六微。
道光本《回回曆法》	以總年察總年行度表，録其所對之太陽最高行度。又以零年察零年行度表，録其所對之太陽最高行度。又以月分減一，察月分行度表，録其所對之太陽最高行度。又以日期減一，察日期行度表，録其所對之太陽最高行度。乃以總年、零年、月分、日期行度相并，又加甲午應三宫九度十六分四十一秒，得太陽最高行度。

的起點，同時也采用了中國傳統曆法的術語，如使用『應數』。

回回曆法的一個重要特點是『作者之精神，盡在於表』〔一〕，這繼承了伊斯蘭天文學中廣泛使用zīj（漢譯爲『集尺』，阿拉伯語中爲天文算表的意思）的傳統。在算表使用方面，道光本提供了較爲完整的算表，而不似《明史》本爲了節省篇幅，而祇是將『作表之法，載於志中，使推者不必見表，而自能成表』〔二〕。因此，除了『加倍相離度舊有表，而今據太陽、太陰相距之倍度，故兩行相減，加倍用之，不立表』之外，其他與前面術文所對應的九種表格皆悉數保留。〔三〕不過，書中對這些表格也做了一些調適。

首先，該書分別對各表的用途做出了簡要説明，如『各年首朔根表』記載有『各年首朔根表者，各年春分所在月，即二月也。距甲午首朔之年月日也』〔四〕，并且部分表格還提供有求表之法。隨後，大多數表格也給出了『用表之法』，即提供有使用表格進行計算的實例。如『太陰第一加減差比敷分表』，就介紹有『設加倍相離度爲一宫十九度，求第一加減差及比敷分』。爲每個表格提供『用表之法』，并附帶算例的形式，在此前其他《回回曆法》著作中并不多見，這實際上是借鑒了入清之後西洋曆法著作的特點。〔五〕

其次，在表格結構上，道光本與貝琳本《回回曆法》不同。道光本採用了『旋轉對稱』結構〔六〕，這其實是參照了《明史》本對表格進行處理的方式。這種結構也是西洋算表所常見的特徵，通過利用表格前後兩部分數據的對稱，設計成從兩個不同的方嚮讀取數值，以節省篇幅。〔七〕即所謂『用順逆查之，得數無异，而簡潔過之，月、五星加減立成准此』〔八〕。不過，在數據的讀取方嚮上，道光本採用自左向右依次讀取『宫、度、分、秒』，這與《明史》本自右向左不同。這種閲讀方嚮的調整，大約形成於康熙之後，也與《御制曆象考成》等書相仿。另外，道光本所有表格皆稱『表』，而并非貝琳本和《明史》本等那樣稱作『立成』，同樣也是受到西洋曆法著作的

〔一〕黄宗羲：答萬貞一論《明史·曆志》書，《南雷文定後集》（卷一），《續修四庫全書》（第一三九七册），上海：上海古籍出版社，二〇〇二年。

〔二〕黄宗羲：答萬貞一論《明史·曆志》書，《南雷文定後集》（卷一），《續修四庫全書》（第一三九七册），上海：上海古籍出版社，二〇〇二年。

〔三〕包括『各年首朔根表』『總年零年月分日期諸行表』『太陽加減表』『太陰第一加減差比敷分表』『太陰第二加減差遠近度表』『太陰黄道南北緯度表』『晝夜加減差表』『太陽太陰影徑分比敷分表』和『經緯時差表』。

〔四〕佚名：《回回曆法》，韓國國立中央圖書館藏清抄本。

〔五〕如《西洋新法曆書》和《御制曆象考成》等西洋曆法著作通常在表格之前提供『用表之法』和相關算例。

〔六〕『旋轉對稱』結構類似現代使用的三角函數表，可兩個方嚮讀取。由於《回回曆法》的中心差算表十二宫中的前六宫和後六宫的數據對稱，所以采用這種結構編排算表可以節省一半的篇幅。

〔七〕Li Liang，Tables with European layout in China：A case study in tabular layout transmission，*International Journal for the History of the Exact and Natural Sciences in Islamic Civilization*，issue 一三，二〇一四：八三—一〇一。

〔八〕張廷玉：《明史》，卷三十七。

影響。〔一〕

最後，道光本『太陽太陰影徑分比數分表』與《明史》本中對應『太陽太陰晝夜時行影徑分立成』亦有不同，其中省略了太陽和太陰的日行分與時行分。另外，《明史》本曾指出『經緯時三差本合一立成，今因太密，將視差分另列一立成』〔二〕，而道光本則進一步將經緯立成拆分，使經緯時三差分屬於三個不同的表格。

在伊斯蘭天文算表中，通常使用紅色和黑字來區分加減，如俄羅斯聖彼得堡東方學研究所藏文獻 MS C 2460 中〔三〕，就有一份與《回回曆法》在明初期翻譯有關的算表（見圖五）。其中『經緯時差表』的資料雖然全部爲阿拉伯文，但算表左下角和右下角却用漢字分別書寫有『紅加』和『紅減』，表明算表左邊七宮紅字爲加，右邊七宮紅字爲減。這份表格在明代譯成中文後，因爲雕版印刷的需要，采用了『黑白字』以替代阿拉伯文中

圖五　MS C 2460“經緯時差表”
（俄羅斯聖彼得堡東方學研究所藏）

〔一〕清代之前的表格，通常稱『鈐』或『立成』。其中，前者一般指對天文常數進行逐次累加，內容上相對簡單的表格。後者從廣義上説，在中國古代通常指算表，具體到天文算表方面，『立成』不但可指一般的算表，尤其指不需要進行高次插值計算，可以直接讀取結果的算表。對此，徐有壬（一八〇〇—一八六〇）在其《務民義齋算學・造各表簡法》中提道：『立成昔人名之曰鈐，曰表，皆立成之别名』。據筆者研究，以『表』作爲天文表格名稱，主要出現在徐光啟主持編修《崇禎曆書》之後，其中有『立成表』的叫法，而在此之前通常稱『立成』、『立成鈐』和『鈐』等。

〔二〕張廷玉：《明史》，卷三十七。

〔三〕該手稿最早藏於聖彼得堡的 Pulkowo 天文臺，現藏於聖彼得堡東方學研究所，被登記爲『二十四頁天文算表』（24 folios of Astronomical Tables），并於一八六八年在 *Copunicus* 雜志首次披露。

的紅字黑字，如貝琳本『經緯時加減差立成』（見圖六）。[一]此後，《明史》本對其又進行了調整，以『黑綫』取代之。道光本不但繼承了《明史》本的這種處理方式（圖七左邊，時數部分以黑綫隔開），還解釋了如何由舊表的『黑白字』左右七宮向『黑綫』上下七宮的算表結構發生轉變。

從道光本算表的編排可以看出，該書比較完整地記載了各種推算所需的算表，而且和《明史》本一樣，借鑒了西洋算表一些特點。此外，在一些表格中，道光本在《明史》本的基礎上，又做了進一步調整。

奎章閣本《緯度太陽通徑》

在明代，《回回曆法》之所以與《大統曆》長期參用，這與其自身所具備的特點相關，如《回回曆法》可對月五星黃道緯度進行推算，能够對月五星凌犯進行預測并爲星占提供服務，這是傳統曆法所望塵莫及的。

明初期，朱元璋不僅組織編修了《大統曆法通軌》和《回回曆法》，甚至還產生了將兩種曆法進行『會通』的想法。雖然這一努力最終没能實現，

[一] Li Liang, 'Arabic Astronomical Tables in China: Tabular Layout and its Implications for the Transmission and Use of the Huihui lifa', *EASTM*, No. 44: 二一—六八.

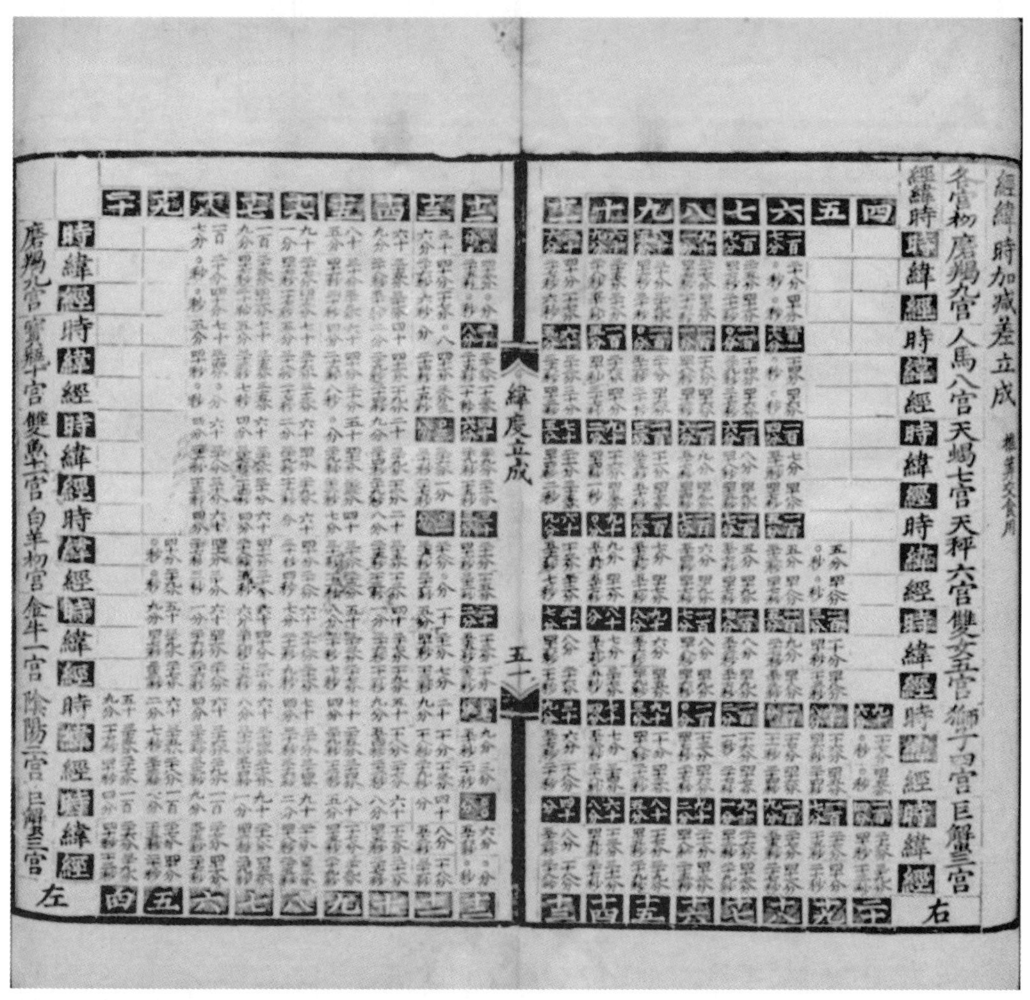

圖六　貝琳本《回回曆法》“經緯時加減差立成”（日本國立公文書館藏）

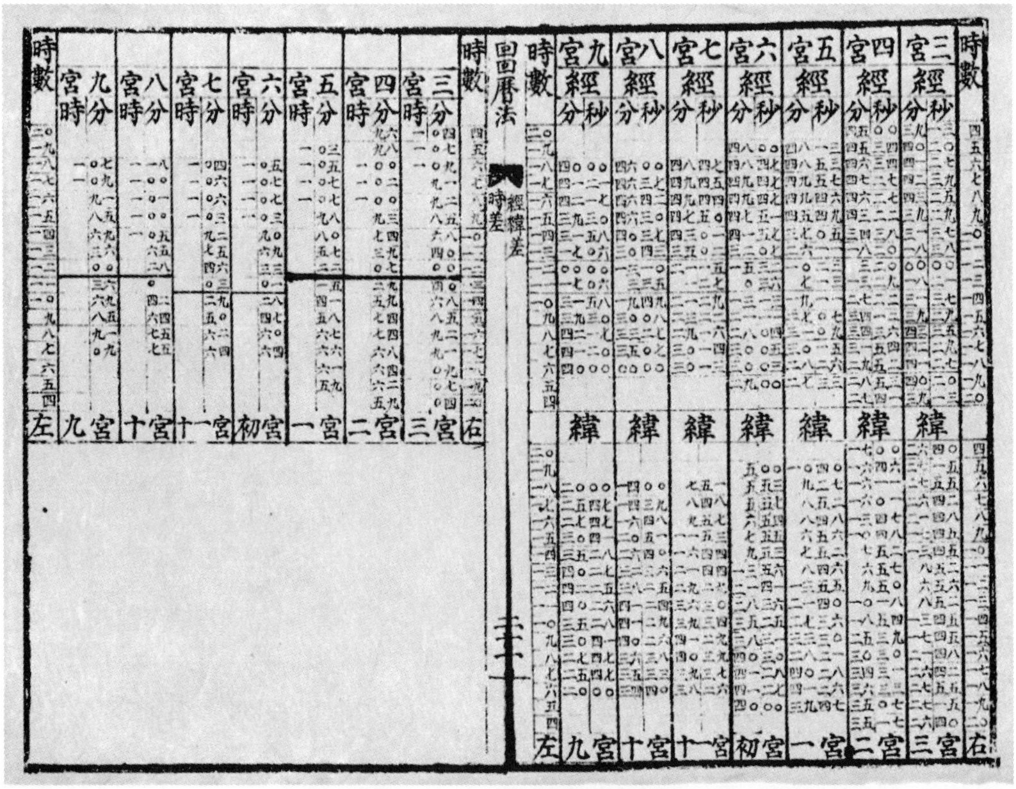

圖七　道光本《回回曆法》“經緯時差表”

但在他的支持和鼓勵下，也取得了一些階段性成果。例如，韓國首爾大學奎章閣圖書館就保存有當年元統編修的《緯度太陽通徑》一書（見圖八），該書在李朝世宗年間傳入朝鮮并重印，其具體内容是將《回回曆法》太陽計算部分的天文年歲首從回曆的春分换算到中國曆法通用的歲前冬至〔一〕。元統在該書中也透露，編寫此書的原因是，『故有經無緯，不顯其文。有緯無經，豈成其質。文質兼全，然後事備，諒二法可相有而不可相無也。尚矣洪武乙丑（洪武十八年，一三八五）冬十一月欽蒙聖意念兹，欲合而爲一，以成一代之曆制』〔二〕。

奎章閣本《緯度太陽通徑》，采用朝鮮李朝初期甲寅銅活字印刷。書中有三處署名，其一是序文結尾，署『洪武丙子春二月上旬吉日長安抱拙子元□謹志』。其二爲正文第一頁，署『洪武二十九年歲次丙子春正月庚申朔上旬吉日監正元□按法編述於本監之後廳，以教將來，庶得其門而易入焉，故扁名爲《通徑》』。其三爲全書結尾處，署『洪武二十九年歲次丙子春二月上旬吉日監正元□按經編輯』。其中所提到的元姓作者，即洪武年間欽天監監正元統，他最初擔任漏刻博士，後因洪武十七年（一三八四）閏十月建議重修曆法而被擢爲監正，并組織編撰有《大統曆法通軌》一書。

關於《緯度太陽通徑》的成書過程，元統在序文『太陽通徑志』中提到『受命選春官正張輔，秋官正成著，冬官正侯政就學於回回

〔一〕石雲里，魏弢．元統《緯度太陽通徑》的發現——兼論貝琳《回回曆法》的原刻本．《中國科技史雜志》，二〇〇九年第一期：第三一—四五頁。

〔二〕元統．《緯度太陽通徑》．韓國首爾大學奎章閣藏本。

緯度太陽通徑
洪武二十九年歲次丙子春正月庚申朔上旬
吉日監正元　按法編述于本監之後庶以
教將來庶得其門而易入焉故扁名曰通徑
西域緯度曆法啓自隋文帝開皇十九年歲次己
未爲元至今洪武二十九年歲次丙子積七百九
十八年矣若上考已往每年減一筭 下推將來每年加一筭
推宮分内有無閏日法第一
置距開皇己未爲元至所推積年爲實以一百五
十九爲法乘之得數加入四百九十六共得數以
一百二十八爲法而一得爲宮閏積日也視其不
滿法之餘數如在九十七已上者其宮爲有閏日
也即將亥宮添作三十一日用之如在九十六已
下者爲無閏日也却將原除得宮閏積日内加一
滿七已上累去之餘不滿法之數若餘一者爲日
餘二者爲月餘三者爲火餘四者爲水餘五者爲
木餘六者爲金餘七者爲土即所推得丑宮初限
之日七曜也
推月分内有無閏日法第二
置距開皇己未爲元至所推積年爲實以一百三
十一爲法乘之得數加入六十三共得數以三十
日爲法而一得爲月閏積日也視其不滿法之餘

圖八　韓國首爾大學奎章閣圖書館藏《緯度太陽通徑》

曆官，越三年有成。既得其傳，備書來歸。予因公暇，詳觀其法』[一]至於書名中『緯度』二字，元統在進行了解釋：『天度一也，測數有經緯之分。歲時一也，曆法有中外之辨。夫中國曆法，經度也，順推其常，定四時寒暑節令之早暮也。西域曆法，緯度也，預追其變，紀六曜犯掩前後之遠近也。』換而言之，『緯度』在這裏指的是西域曆法，也就是回回曆法。

洪武十五年（一三八二），朱元璋曾下令翻譯西域天文著作，其詔令中提到『爾來西域陰陽家，推測天象至爲精密。有驗其緯度之法，又中國書之所未備』[二]。由於回回天文學中有推算行星緯度的方法，是中國曆法中所没有的。這或許就是元統把西域曆法稱作『緯度』的原因所在。

奎章閣本《緯度太陽通徑》的刊印時間應當是在朝鮮李朝世宗時期（一四一八—一四五〇），該書隨《大統曆法通軌》等著作一起傳入朝鮮并被一起重印。在當時重印的《四餘躔度通軌》一書跋文中，就提到有『《回回曆經》、《通徑》、《假令》之書』[三]等書名，其中提到的《通徑》其實指的就是《緯度太陽通徑》。

奎章閣本《宣德十年月五星凌犯》

明朝從一開始就設有回回欽天監，到了洪武二十一年

[一]元統：《緯度太陽通徑》，韓國首爾大學奎章閣藏本。
[二]李翀，吴伯宗，馬沙亦黑等《天文書》書首，中國國家圖書館藏明刻本。
[三]元統，劉信，周相等撰；李亮整理：《明大統曆法彙編》，長沙：湖南科學技術出版社，二〇一九年：第四三七頁。

（一三八八），又將該監作爲『回回科』併入欽天監。過去一般認爲，回回科的職責主要是根據《回回曆法》來預報日月食，以便同欽天監大統科利用《大統曆》作出的計算相互參照，并不知道回回曆可除此之外還有什麽功用。而《宣德十年月五星凌犯》一書的存在則表明，明朝的回回天文機構每年還會對月亮與五星的凌犯進行非常詳細的預推，其目的則是爲了滿足星占上的需求。需要指出的是，這種基於凌犯的星占并不是阿拉伯星占傳統的主流内容，而是中國傳統星占中的重要内容。也就是説，回回曆法家是藉助《回回曆法》爲中國的星占服務。〔一〕

在中國傳統的星占中，凌犯占是一項十分重要的内容。當月亮和五大行星運動到與一顆恒星的距離小於某一限度的範圍内時，則認爲月亮和五星對某顆恒星産生了凌犯（也就是侵犯的意思）；當月亮或者某顆行星運動到與其他行星距離小於這一限度的範圍内時，也認爲月亮和該行星對其他行星産生了凌犯。根據凌犯的情况，星占家會對其所主的吉凶禍福進行解説。《宣德十年月五星凌犯》所列出的就是宣德十年（一四三五）全年月亮和五星發生凌犯情况，研究表明這些結果都是通過《回回曆法》推算所得到的預報結果。〔二〕

《宣德十年月五星凌犯》目前已知存有刊本和抄本各一部，兩者内容相同。前者現存韓國首爾大學奎章閣圖書館，以甲寅銅活字印成（見圖九），与《緯度太陽通徑》一書當爲同一批刊印著

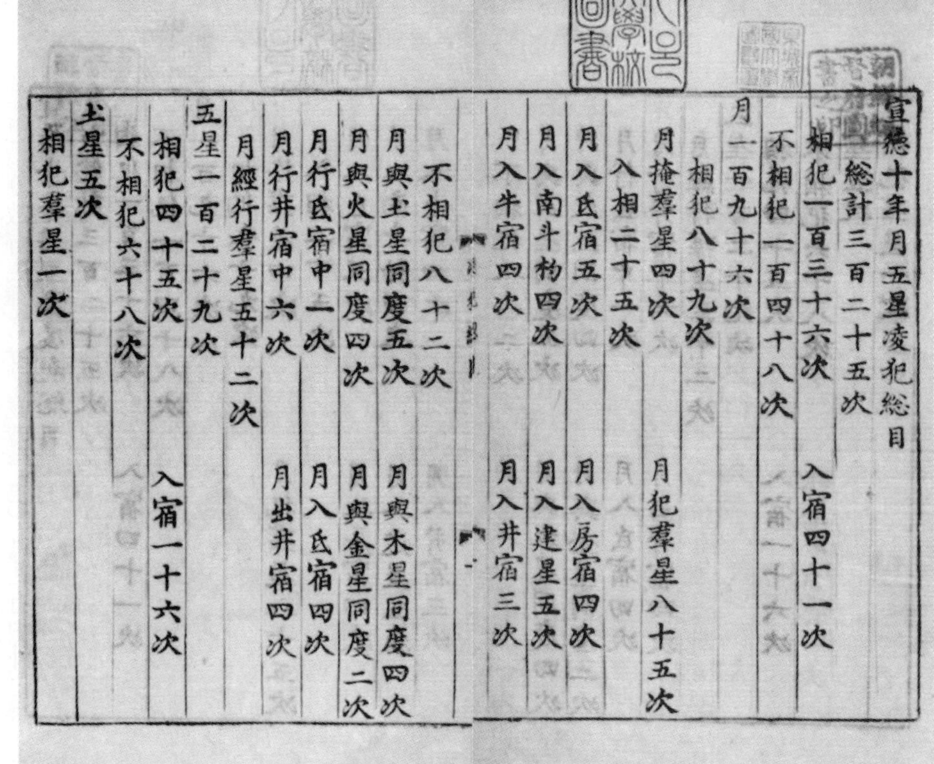

宣德十年月五星凌犯総目
総計三百二十五次
相犯一百三十六次　入宿四十一次
不相犯一百四十八次
月一百九十六次
相犯八十九次
月掩犂星四次　月犯犂星八十五次
入相二十五次
月入氐宿五次　月入房宿四次
月入南斗杓四次　月入建星五次
月入牛宿四次　月入井宿三次
不相犯八十二次
月與土星同度五次　月與木星同度四次
月與火星同度四次　月與金星同度二次
月行氐宿中一次　月入氐宿四次
月行井宿中六次　月出井宿四次
月經行犂星五十二次
五星一百二十九次
相犯四十五次　入宿一十六次
不相犯六十八次
土星五次
相犯犂星一次

圖九　韓國首爾大學奎章閣圖書館藏《宣德十年月五星凌犯》刊本

〔一〕石雲里，李亮，李輝芳．從《宣德十年月五星凌犯》看回回曆法在明朝的使用．《自然科學史研究》，二〇一三年第二期，第一五六—一六四頁。
〔二〕石雲里，李亮，李輝芳．從《宣德十年月五星凌犯》看回回曆法在明朝的使用．《自然科學史研究》，二〇一三年第二期，第一五六—一六四頁。

作；後者存於日本東北大學圖書館（藏书号：藤原集書八五一，見圖十），應當是基於奎章閣本抄録。

《宣德十年月五星凌犯》全書共有兩部分内容，第一部分是所謂的『宣德十年月五星凌犯總目』，列出了該年月亮和五星發生凌犯的総的次數，具體則細分成相犯（即經度相同而緯度距離小於一度）、入宿（即進入某宿範圍之内）和不相犯（大體上指經度相同而緯度距離大於一度，小於二度）等項。第二部分爲全書的主體，逐月列出每月月亮和五星發生凌犯的具體情況。書中的記載非常詳細，對相犯和不相犯兩種情況，都給出了月亮和五星到所犯恒星或者行星之間的緯度距離和相對方位。

事實上，書中的推算都是基於《回回曆法》的相關内容。在《回回曆法》中，不僅有計算月亮和五星黄道緯度的方法，而且還給出了『求上下相離分』、『求五星凌犯雜座』、『求月犯五星』和『求五星相犯』等項目的具體方法，這與《宣德十年月五星凌犯》的内容具有完全對應的關係。另外，該書所依據的恒星星表，與《回回曆法》中爲推算凌犯而編製的『黄道南北各像内外星經緯度立成』也完全一致。[一]

宣德十年月五星凌犯総目
總計三百二十五次
相犯一百三十六次　入宿四十一次
不相犯一百四十八次
月一百九十六次
相犯八十九次
月掩羣星四次　月犯羣星八十五次
入相二十五次
月入氐宿五次　月入房宿四次
月入南斗杓四次　月入建星五次
月入牛宿四次　月入井宿三次
不相犯八十二次
月與土星同度五次　月與木星同度四次
月與火星同度四次　月與金星同度二次
月行氐宿中一次　月入氐宿四次
月行井宿中六次　月出井宿四次
月經行羣星五十二次
五星一百二十九次
相犯四十五次　入宿一十六次
不相犯六十八次
土星五次
相犯羣星一次

圖十　日本東北大學圖書館藏《宣德十年月五星凌犯》抄本

〔一〕石雲里，李亮，李輝芳：從《宣德十年月五星凌犯》看回回曆法在明朝的使用，《自然科學史研究》，二〇一三年第二期，第一五六—一六四頁。

日本國立公文書館藏

《回回曆法》明刊本

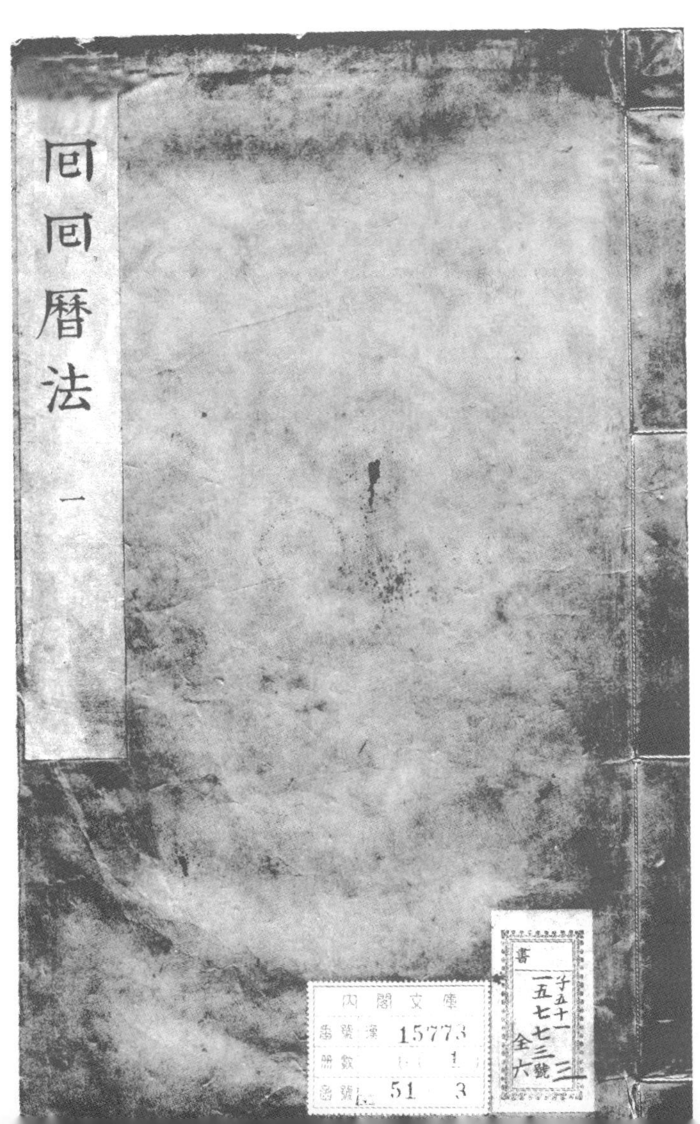

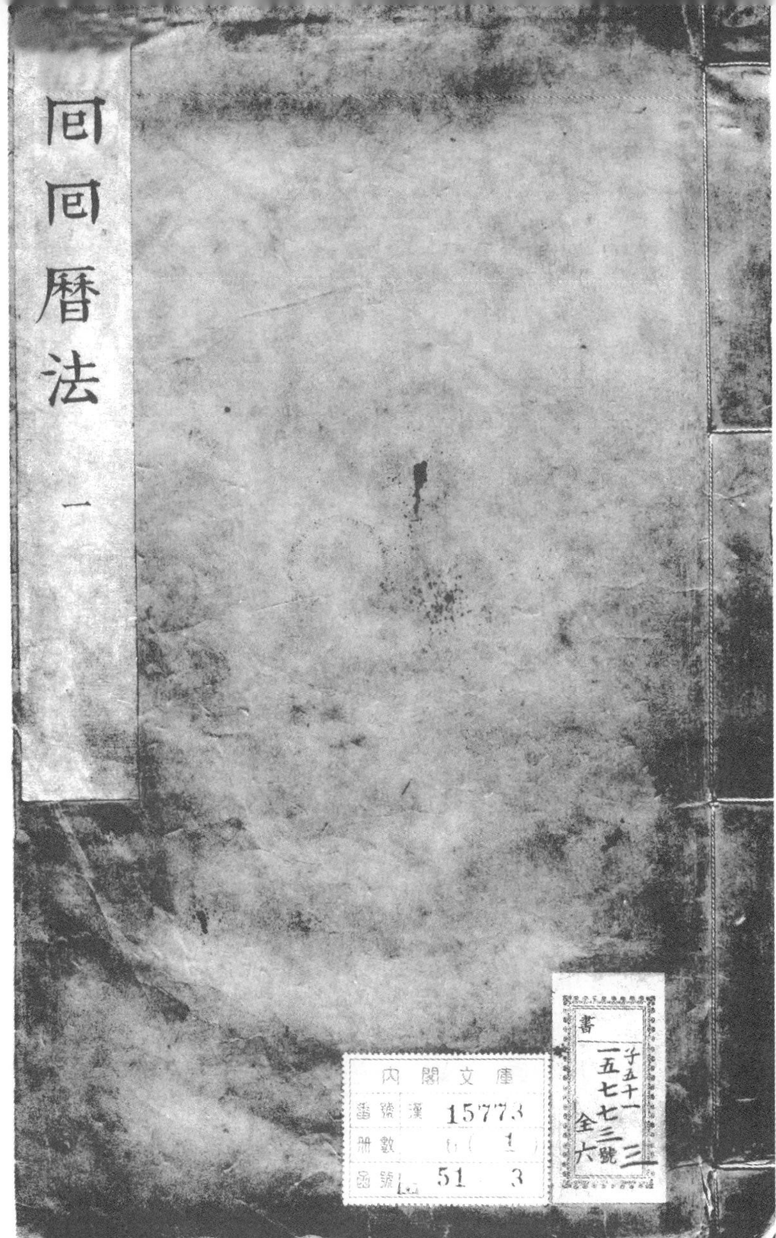

《回回曆法》卷一

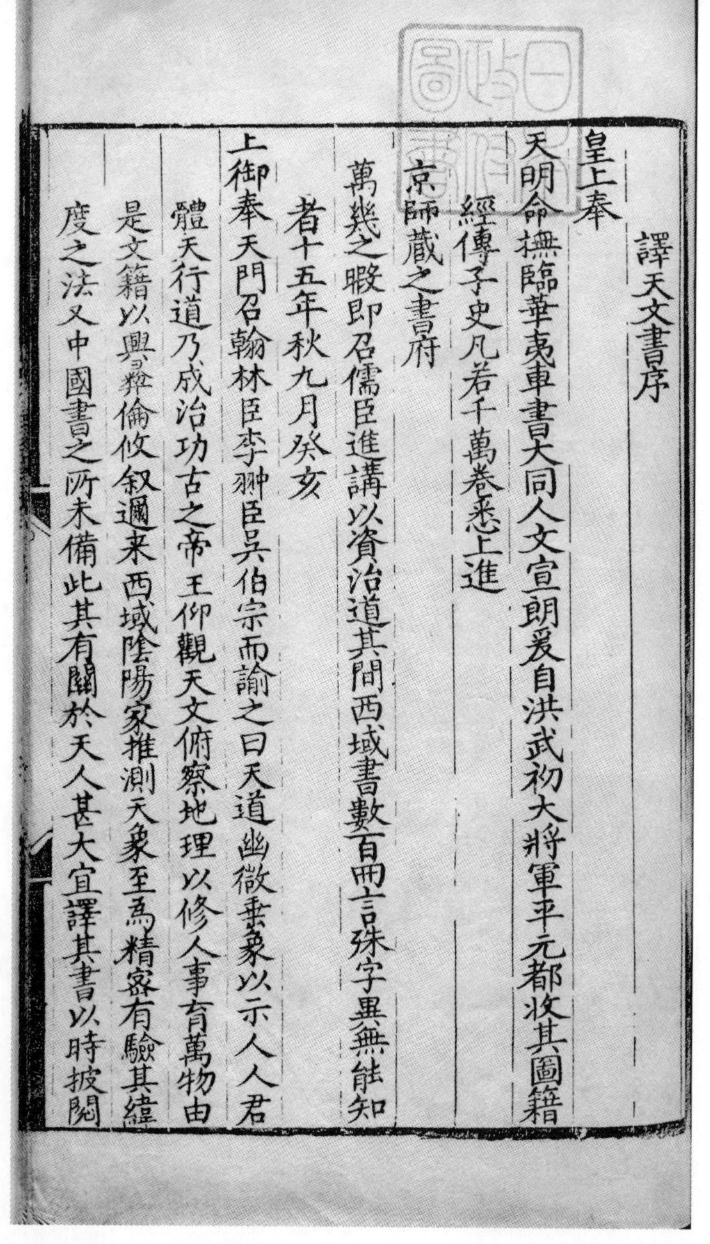

譯天文書序

皇上奉
天明命撫臨華夷車書大同人文宣朗爰自洪武初大將軍平元都收其圖籍
經傳子史凡若千萬卷悉上進
京師藏之書府
萬幾之暇即召儒臣進講以資治道其間西域書數百冊言殊字異無能知
者十五年秋九月癸亥
上御奉天門召翰林臣李翀臣吳伯宗而諭之曰天道幽微垂象以示人人君
體天行道乃成治功古之帝王仰觀天文俯察地理以修人事育萬物由
是文籍以興彝倫攸叙邇來西域陰陽家推測天象至爲精密有驗其緯
度之法又中國書之所未備此其有關於天人甚大宜譯其書以時披閱

譯天文書序

皇上奉天明命，撫臨華夷，車書大同，人文宣朗。爰自洪武初，大將軍平元都，收其圖籍，經、傳、子、史凡若千[1]萬卷，悉上進京師，藏之書府。萬幾之暇，即召儒臣進講，以資治道。其間西域書數百册，言殊字異，無能知者。十五年秋九月癸亥，上御奉天門，召翰林臣李翀、臣吴伯宗而諭之曰："天道幽微，垂象以示人。人君體天行道，乃成治功。古之帝王，仰觀天文，俯察地理，以修人事，育萬物，由是文籍以興，彝倫攸叙。邇來西域陰陽家，推測天象至爲精密，有驗其緯度之法，又中國書之所未備，此其有關於天人甚大，宜譯其書，以時披閱。

1 "千"當作"干"。

日本國立公文書館藏《回回曆法》明刊本

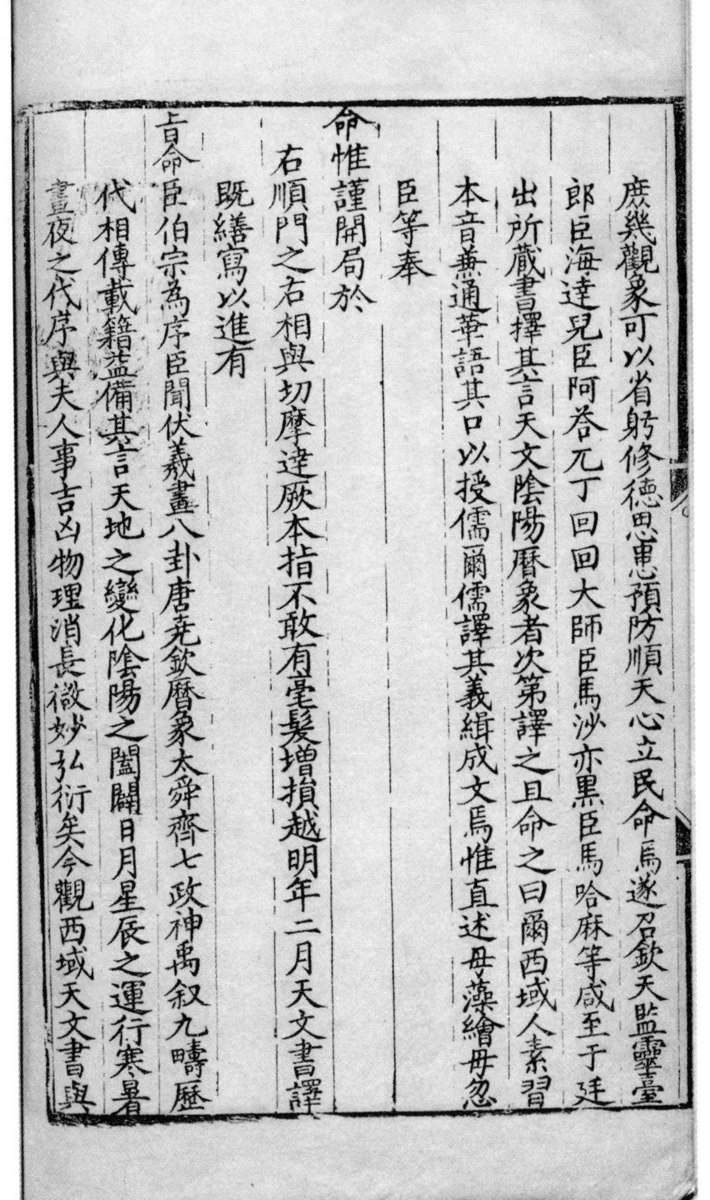
庶幾觀象可以省躬修德思患預防順天心立民命焉遂召欽天監靈臺
郎臣海達兒臣阿答兀丁回回大師臣馬沙亦黑臣馬哈麻等咸至于廷
出所藏書擇其言天文陰陽曆象者次第譯之且命之曰爾西域人素習
本音兼通華語其口以授儒爾儒譯其義緝成文焉惟直述毋藻繪毋忽
臣等奉
命惟謹開局於
右順門之右相與切摩達厥本指不敢有毫髮增損越明年二月天文書譯
既繕寫以進有
旨命臣伯宗為序臣聞伏羲畫八卦唐堯欽曆象太舜齊七政神禹叙九疇歷
代相傳載籍益備其言天地之變化陰陽之闔闢日月星辰之運行寒暑
晝夜之代序與夫人事吉凶物理消長微妙弘衍矣今觀西域天文書與

庶幾觀象，可以省躬修德，思患預防，順天心，立民命焉。”遂召欽天監靈臺郎臣海達兒、臣阿答兀丁，回回大師臣馬沙亦黑[1]、臣馬哈麻[2] 等，咸至于廷。出所藏書，擇其言天文陰陽曆象者，次第譯之。且命之曰：“爾西域人，素習本音，兼通華語，其口以授儒。爾儒譯其義，緝成文焉。惟直述，毋藻繪，毋忽。”臣等奉命惟謹。開局於右順門之右，相與切摩，達厥本指，不敢有毫髮增損。越明年二月，天文書譯既，繕寫以進。有旨，命臣伯宗爲序。臣聞伏羲畫八卦，唐堯欽曆象，太[3] 舜齊七政，神禹叙九疇，歷代相傳，載籍益備。其言天地之變化，陰陽之闔闢，日月星辰之運行，寒暑晝夜之代序，與夫人事吉凶，物理消長，微妙弘衍矣。今觀西域天文書與

1 馬沙亦黑，明代天文學家，西域撒馬兒罕人。才識卓越，深通曆法。洪武二年（1369）隨同父親馬德魯丁來華，并在回回司天監中擔任領導職務。

2 馬哈麻爲馬沙亦黑兄弟。

3 “太”當作“大”。

中國相傳殊途同歸則知至理精微之妙充塞宇宙豈以華夷而有間乎
恭惟
皇上心與天通學稽古訓一言一動森若神明在上凡禮樂刑政陽舒陰歛皆
法天而行期於七曜順度雨暘時若以致隆平之治
皇上敬天勤民即伏羲堯舜禹之用心也經傳所載天人感應之理存於方寸
審矣今又譯成此書常留
睿覽兢兢戒慎純亦不已若是其至哉是書遠出夷裔在元世百有餘年晦而
弗顯今遇
聖明表而為中國之用備一家之言何其幸也
聖心廓焉大公一視無間超軼前代遠矣刻而列之與中國聖賢之書並傳並
用豈惟有補於當今抑亦有功於萬世云

中國相傳殊途同歸，則知至理精微之妙充塞宇宙，豈以華夷而有間乎？恭惟皇上，心與天通，學稽古訓。一言一動，森若神明在上。凡禮樂刑政，陽舒陰歛，皆法天而行，期於七曜順度，雨暘時若，以致隆平之治。皇上敬天勤民，即伏羲、堯、舜、禹之用心也。經傳所載天人感應之理，存於方寸，審矣。今又譯成此書，常留睿覽，兢兢戒慎。純亦不已，若是其至哉！是書遠出夷裔，在元世百有餘年，晦而弗顯。今遇聖明，表而爲中國之用，備一家之言，何其幸也。聖心廓焉大公，一視無間，超軼前代遠矣。刻而列之，與中國聖賢之書并傳并用，豈惟有補於當今，抑亦有功於萬世云。

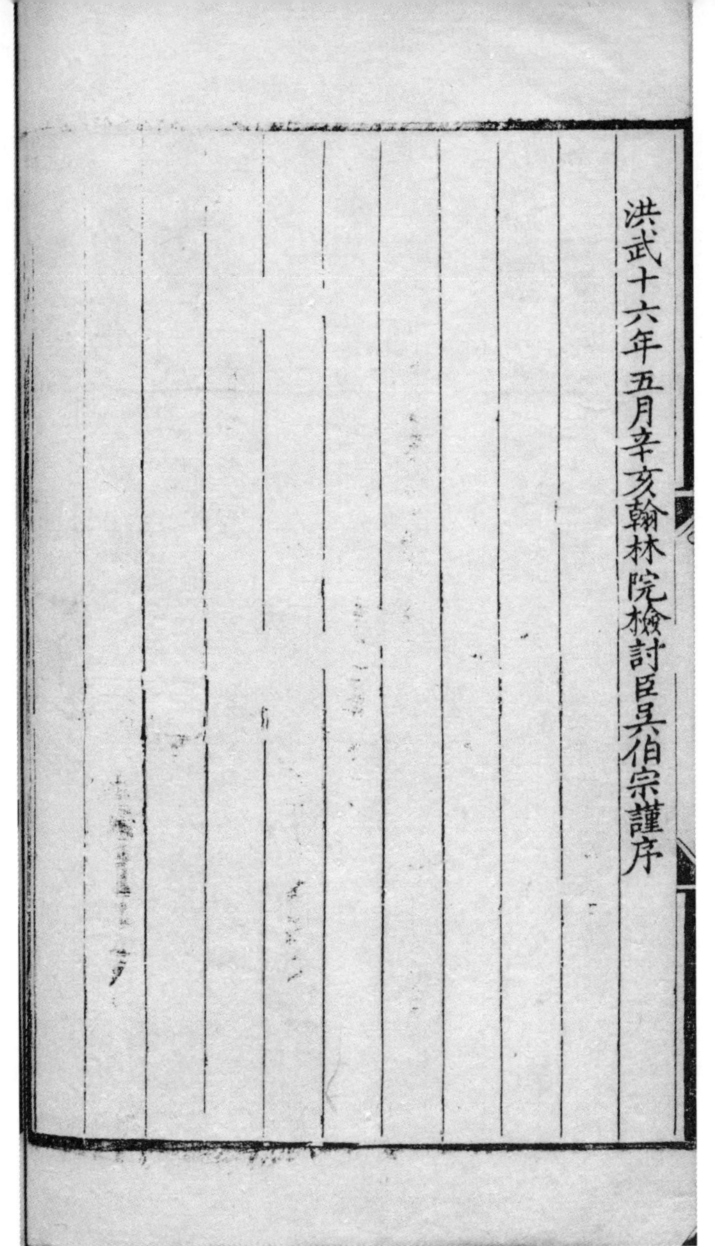

洪武十六年五月辛亥，翰林院檢討臣吴伯宗謹序[1]

1 吴伯宗（1334—1384），名祐。洪武四年，廷試第一，官至武英殿大學士。

《回回曆法》釋例

釋用數例

周天計十二宮。共三百六十度。[1]

每一宮三十度，每一度六十分，每一分六十秒，每一秒六十微，每一微六十纖。

釋《回回曆法》積年

西域阿刺必[2]年開皇己未爲元。至洪武甲子計，積七百八十六算。[3]

釋宮分日數

白羊戌宫三十一日	金牛酉宫三十一日
陰陽申宫三十一日	巨蟹未宫三十二日

1 回回曆法以360度爲一周天，分爲十二宫。

2 “阿刺必”即“阿拉伯”。《回回曆法》以阿拉伯建國之年，即西元622年7月16日作爲曆元，唐武德五年六月初三日。記載爲隋開皇己未曆元（西元599年），是因爲將回回曆年和中國年混淆。當時人們并没有理解《回回曆法》這裏使用的爲太陰曆，即每年凡354日，有閏日，無閏月，約每33年與太陽曆差一年。因此，回回太陰曆的786年，相當於太陽曆的763年。由洪武甲子上溯763年，當爲唐武德五年。

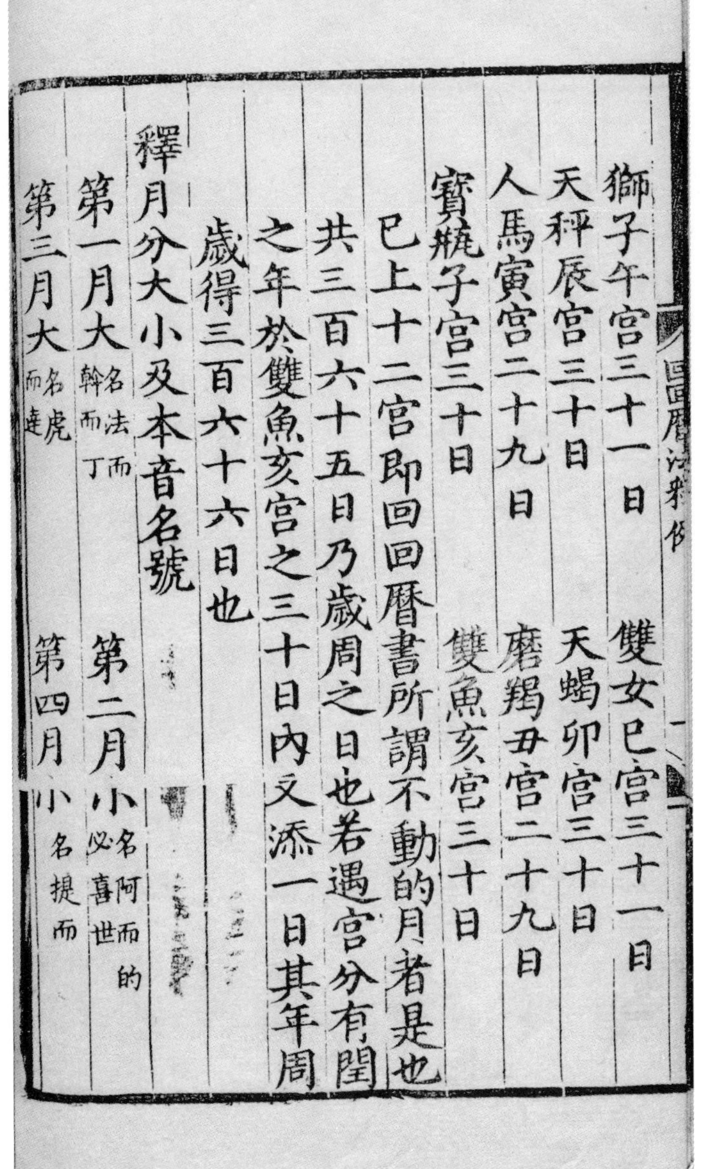

獅子午宫三十一日	雙女巳宫三十一日
天秤辰宫三十日	天蝎卯宫三十日
人馬寅宫二十九日	磨羯丑宫二十九日
寶瓶子宫三十日	雙魚亥宫三十日

已上十二宫即回回曆書所謂不動的月者[1]是也，共三百六十五日，乃歲周之日也。若遇宫分有閏之年，於雙魚亥宫之三十日内又添一日，其年周歲得三百六十六日也。

釋月分大小及本音名號[2]

第一月大	名法而斡而丁	第二月小	名阿而的必喜世
第三月大	名虎而達	第四月小	名提而

1 "不動的月" 爲回回太陽曆。

2 此处爲《回回曆法》中使用的波斯太陽曆月名。

第五月大	名木而達	第六月小	名沙合列斡而
第七月大	名列黑而	第八月小	名阿班
第九月大	名阿咱而	第十月小	名答亦
第十一月大	名八哈慢	第十二月小	名亦思番達而麻的

已上十二月即回回曆書所謂動的月[1]者是也，大月三十日，小月二十九日，共三百五十四日，乃十二月之日也。若遇月分有閏之年，於第十二月内又添一日爲大月，其十二月得三百五十五日也。

釋七曜數及本音名號[2]

日一數	名也閃別	月二數	名都閃別	火三數	名寫閃別
水四數	名察兒閃別	木五數	名盤閃別	金六數	名阿的那

1 “動的月” 爲回回太陰曆。

2 回回曆法七曜數及其本音名號，即星期序數。

土七數　名閃別

釋閏法

求宮分閏日西域歲前積年即開皇己未爲元

法曰置西域歲前積年減一用之以一百五十九乘之内加一十五以一百二十八除之餘不滿法之數若在九十六之上其年宮分有閏日若在九十六之下其年宮分無閏日所除滿法之數内加五滿七除之餘數即所求年白羊宮一日七曜也

求月分閏日

法曰置西域歲前積年減一用之以一百三十一乘之内加一百九十四共得滿三十除之餘不滿法之數

土七數	名閃別

釋閏法

求宮分閏日。西域歲前積年，即開皇己未爲元。

法曰：置西域歲前積年減一用之，以一百五十九乘之，内加一十五，以一百二十八除之。餘不滿法之數若在九十六之上，其年宮分有閏日；若在九十六之下，其年宮分無閏日。所除滿法之數内加五，滿七除之，餘數即所求年白羊宮一日七曜也。

求月分閏日

法曰：置西域歲前積年減一用之，以一百三十一乘之，内加一百九十四，共得滿三十除之。餘不滿法之數

若在十八已上其年月分有閏日若在十八已下
其年月分無閏日將滿法除得之數滿七已上去
之不盡之數即所求年第一月一日七曜也
凡筭閏日者有宮分内閏日有月分内閏日若
筭得宮分内有閏日者於雙魚亥宮内添一日
為三十一日月分内不添若筭得月分内有閏
日者於第十二月内添一日為大月宮分内却
不添如宮分月分内俱筭得有閏日者宮分内
月分内各添一日是也
求中國閏月 至元甲子至洪武甲子計積一百二十一筭
法曰距至元甲子歲爲元至所求年内減一筭却加

若在十八已上，其年月分有閏日；若在十八已下，其年月分無閏日。將滿法除得之數滿七已上去之，不盡之數即所求年第一月一日七曜也。

凡算閏日者，有宮分内閏日，有月分内閏日。若算得宮分内有閏日者，於雙魚亥宮内添一日爲三十一日，月分内不添。若算得月分内有閏日者，於第十二月内添一日爲大月，宮分内却不添。如宮分月分内俱算得有閏日者，宮分内月分内各添一日是也。

求中國閏月。至元甲子至洪武甲子計，積一百二十一算。

法曰：距至元甲子歲爲元，至所求年内減一算，却加

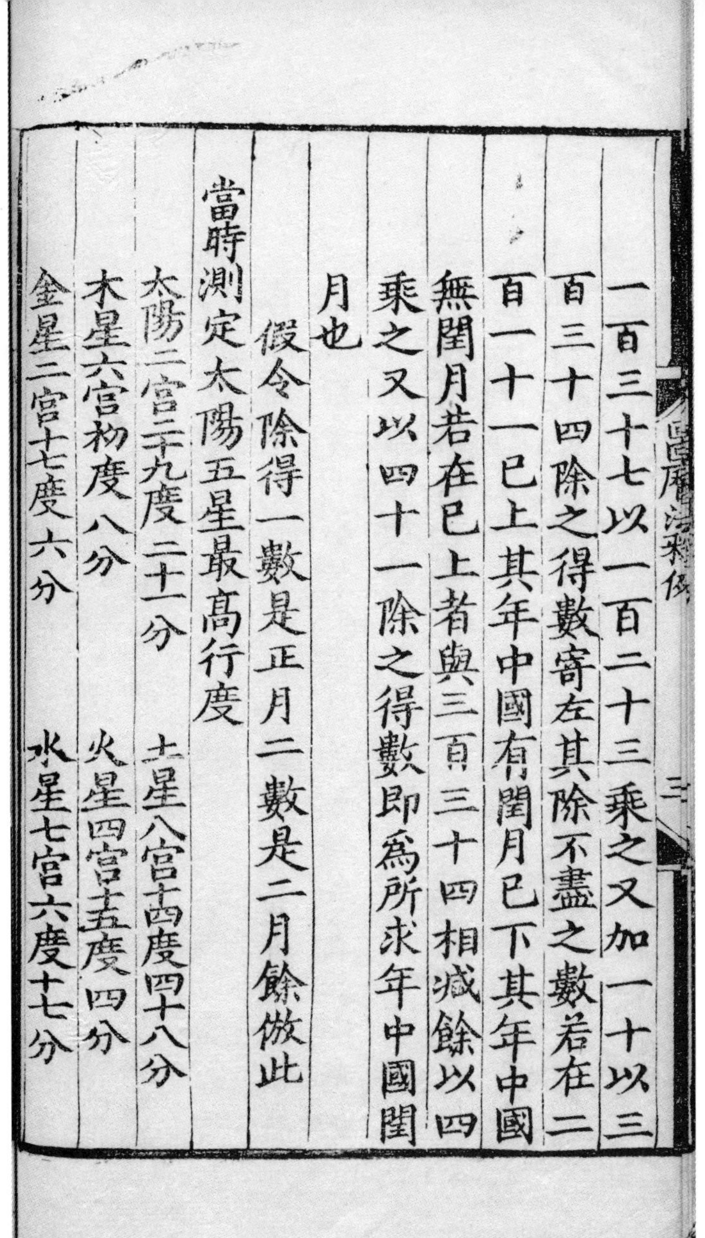

一百三十七以一百二十三乘之又加一十以三
百三十四除之得數寄左其除不盡之數若在二
百一十一已上其年中國有閏月已下其年中國
無閏月若在已上者與三百三十四相減餘以四
乘之又以四十一除之得數即爲所求年中國閏
月也
假令除得一數是正月二數是二月餘倣此
當時測定太陽五星最高行度
太陽二宫二十九度二十一分　土星八宫十四度四十八分
木星六宫初度八分　火星四宫十五度四分
金星二宫十七度六分　水星七宫六度十七分

1《回回曆法》在曆元時測定太陽和五星最高行度的基本數據。

一百三十七，以一百二十三乘之，又加一十，以三百三十四除之，得數寄左。其除不盡之數若在二百一十一已上，其年中國有閏月，已下，其年中國無閏月。若在已上者，與三百三十四相減，餘以四乘之，又以四十一除之，得數即爲所求年中國閏月也。

假令：除得一數是正月，二數是二月，餘倣此。

當時測定太陽五星最高行度[1]

太陽	二宫二十九度二十一分	土星	八宫十四度四十八分
木星	六宫初度八分	火星	四宫十五度四分
金星	二宫十七度六分	水星	七宫六度十七分

七政經緯度法

太陽行度[1]

求最高總度。西域歲前積年至洪武甲子歲，積七百八十六算，内減一算爲全年。

法曰：置西域歲前積年即係全年，入總年零年月日立成内，各取最高行度并之。假令零年是十年者，去九年内取月分，日数倣此，共得即爲所求最高總度也。

求最高行度[2]

法曰：置求到最高總度，内加測定太陽最高行度二宫二十九度二十一分，共得爲所求年白羊宫最高行度也。如求次宫者，累加五秒，爲各宫最高行度也。

1 即關於太陽位置的計算。

2 最高行度即爲太陽視運動軌道離開地球最遠點的行度。

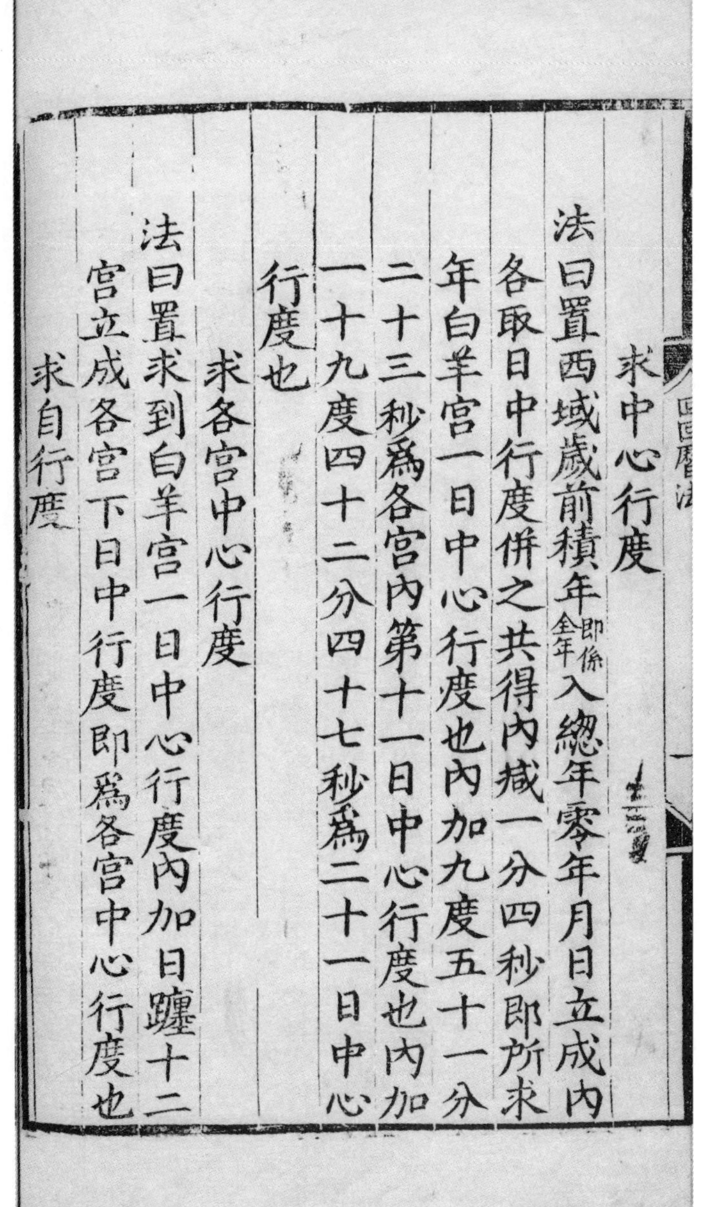

1 此處中心行度即太陽平黄經。
2 即太陽與遠地點的夾角距離。

求中心行度[1]

法曰：置西域歲前積年即係全年，入總年零年月日立成内，各取日中行度并之，共得内减一分四秒，即所求年白羊宫一日中心行度也。内加九度五十一分二十三秒，爲各宫内第十一日中心行度也。内加一十九度四十二分四十七秒，爲二十一日中心行度也。

求各宫中心行度

法曰：置求到白羊宫一日中心行度，内加日躔十二宫立成各宫下日中行度，即爲各宫中心行度也。

求自行度[2]

法曰：置其日中心行度，内減其宫最高行度，即爲所求自行度也。

求加減差[1]

法曰：視自行度宫度入太陽立成宫度，内取加減分，乘其自行度分已下小餘，得數滿六十約之爲加減定分。却視本行加減差少如後行者，以加減定分加之；多如後行者，以加減定分減之，爲加減定差如自行度。在初宫至五宫爲減差，在六宫至十一宫爲加差。即爲所求加減差也。

求經度[2]

法曰：置其日中心行度，以加減差加減之，即爲所求經度也。逐日細行度與土星木星細行度同法。

1 加減差即中國傳統曆法中的盈縮積，用以表示太陽視運動不均勻的修正值。

2 即求出太陽的實黄經。

太陰經度

求七曜 如求太陽五星羅計七曜者並依此法求之即得各曜所求七曜也

法曰置西域歲前積年即係全年入立成內取總年零年月日下七曜數併之共得滿七已上去之即爲所求年白羊宮一日七曜也如求次宮者內加各宮七曜數如求逐日者累添一數滿七已上去之即得所求也

求中心行度 晝夜行十三度一十分三十五秒

法曰置西域歲前積年即係全年入立成內各取總年零年月日下中心行度併之共得內減一十四分即爲所求年白羊宮一日中心行度也如求次日者

太陰經度[1]

求七曜。如求太陽五星羅計七曜者，并依此法求之，即得各曜所求七曜也。

法曰：置西域歲前積年即係全年，入立成内取總年零年月日下七曜數，并之共得滿七已上去之，即爲所求年白羊宮一日七曜也。如求次宮者，内加各宮七曜數。如求逐日者，累添一數滿七已上去之，即得所求也。

求中心行度。晝夜行十三度一十分三十五秒。[2]

法曰：置西域歲前積年即係全年，入立成内各取總年零年月日下中心行度，并之共得内減一十四分，即爲所求年白羊宮一日中心行度也。如求次日者，

1 即關於月亮黄道經度位置的計算。由於月亮運動較爲複雜，除受到地球引力外，還需要考慮到太陽引力的影響，因此其不均匀運動的修正項更多。

2 此處中心行度即爲月亮的平黄經。

累加中心行度十三度一十一分，即得所求。

求加倍相離度。[1] 晝夜行二十四度二十二分五十三秒二十二微。

法曰：置西域歲前積年即係全年，入立成内各取總年零年月日下加倍相離度，并之共得内減二十六分，即爲所求年白羊宫一日加倍相離度也。如求次日者，累加加倍相離度二十四度二十三分，即得所求。

求本輪行度。[2] 晝夜行十三度三分五十四秒。

法曰：置西域歲前積年，即係全年入立成内各取總年零年月日下本輪行度，并之共得内減一十四分，即爲所求年白羊宫一日本輪行度也。如求次日者，累加本輪行度一十三度四分，即得所求。

1 相離度即月亮距離太陽的度數，加倍相離度即月亮距離太陽度數的兩倍。

2 本輪行度用於第二加減差的修正。

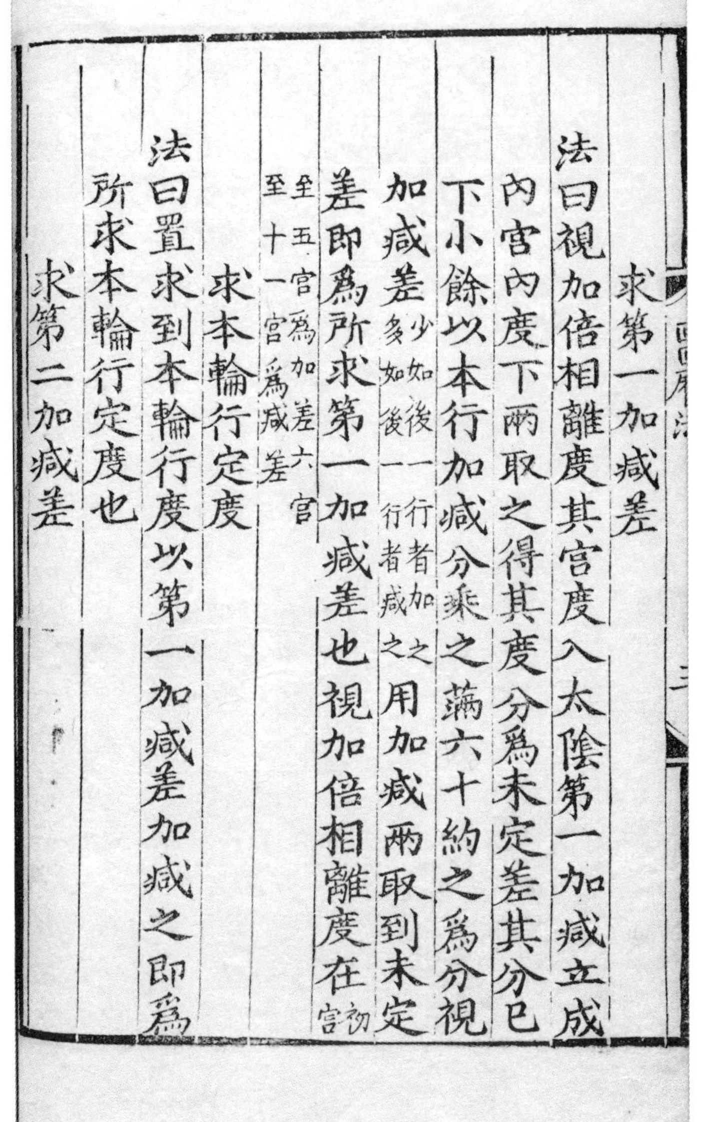

求第一加減差[1]

法曰：視加倍相離度其宫度入太陰第一加減立成，内宫内度下兩取之，得其度分爲未定差。其分已下小餘，以本行加減分乘之，滿六十約之爲分。視加減差。少如後一行者，加之；多如後一行者，減之。用加減兩取到未定差，即爲所求第一加減差也。視加倍相離度在初宫至五宫爲加差，六宫至十一宫爲減差。

求本輪行定數[2]

法曰：置求到本輪行度，以第一加減差加減之，即爲所求本輪行定度也。

求第二加減差[3]

1 回回曆法需要對月亮視運動不均勻地進行多次修正，第一次修正值即通過加倍相離度所得的第一加減差。

2 對本輪行度作出的修正。

3 通过本輪行度求得月亮視運動的第二次修正，即第二加減差。

法曰視本輪行定度其宫度入太陰第二加減立成内宫内度下兩取之得其度分爲未定差其分已下小餘以本行下加減分乘之滿六十約之爲分視加減差少如後行者加之多如後行者減之用加減兩取到未定差即爲所求第二加減差也視本輪行定度初宫至五宫爲減差六宫至十一宫爲加差
求比敷分
法曰視加倍相離度宫度入太陰第一加減立成内宫内度下兩取之即爲所求比敷分也如加倍相離度零分在三十分已上者取後一行比敷分
求遠近度

法曰：視本輪行定度其宫度入太陰第二加減立成，内宫内度下兩取之，得其度分爲未定差。其分已下小餘，以本行下加減分乘之，滿六十約之爲分。視加減差。少如後行者，加之；多如後行者，減之。用加減兩取到未定差，即爲所求第二加減差也。視本輪行定度初宫至五宫爲減差，六宫至十一宫爲加差。

求比敷分[1]

法曰：視加倍相離度宫度入太陰第一加減立成，内宫内度下兩取之，即爲所求比敷分也。如加倍相離度零分在三十分已上者，取後一行比敷分。

求遠近度

1 比敷分和遠近度用於太陽對於地球和月亮的引力而造成的月亮運動位置偏差的修正。

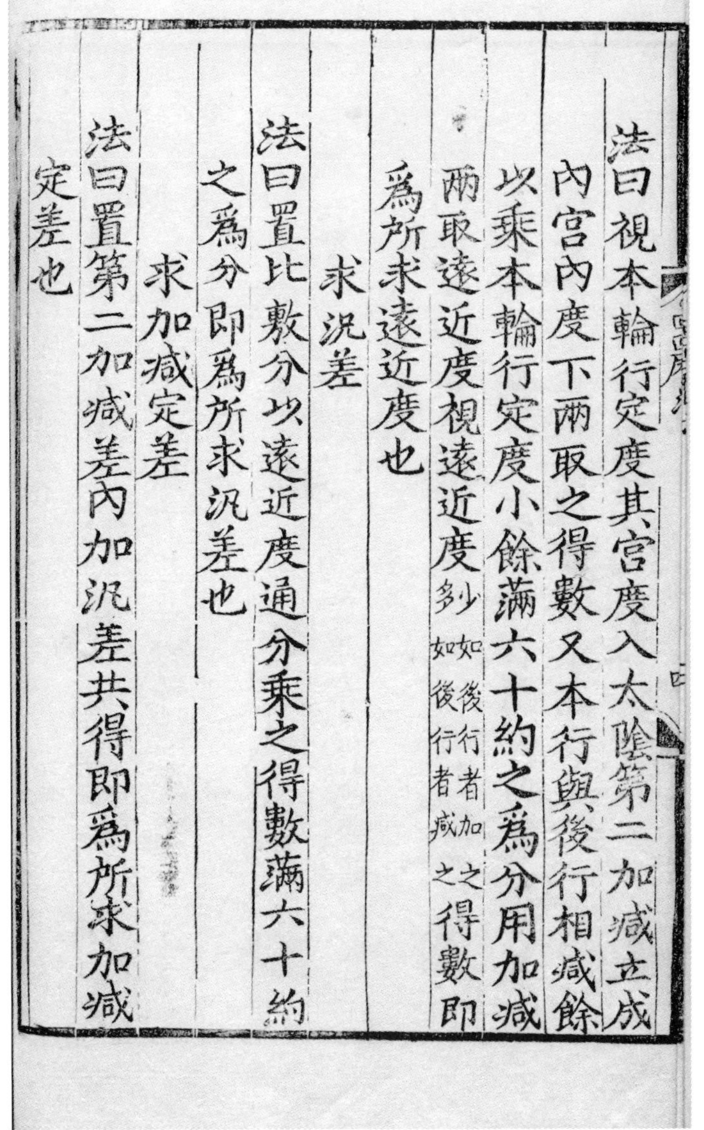

法曰：視本輪行定度，其宫度入太陰第二加減立成，内宫内度下兩取之，得數又本行與後行相減，餘以乘本輪行定度，小餘滿六十約之爲分，用加減兩取遠近度。視遠近度。少如後行者，加之；多如後行者，減之。得數即爲所求遠近度也。

求汎差[1]

法曰：置比敷分以遠近度通分乘之，得數滿六十約之爲分，即爲所求汎差也。

求加減定差

法曰：置第二加減差内加汎差，共得即爲所求加減定差也。

1 汎差大致相當於天文學中的出差修正。

求太陰經度
法曰置其日太陰中心行度以加減定差加減之得數言加者加之言減者減之即爲所求太陰經度也
五星經度
求最高總度
法曰依太陽術求之即爲所求最高總度也
求最高行度
法曰置求到各星最高總度內加測定各星最高行度共得即爲所求年白羊宮最高行度也如求次宮者累加五秒即得各宮最高行度也
求日中行度亦名中心行度
回回曆法　五

求太陰經度[1]

法曰：置其日太陰中心行度，以加減定差加減之。得數言加者，加之，言減者，減之，即爲所求太陰經度也。

五星經度[2]

求最高總度

法曰：依太陽術求之，即爲所求最高總度也。

求最高行度[3]

法曰：置求到各星最高總度，内加測定各星最高行度，共得即爲所求年白羊宮最高行度也。如求次宫者，累加五秒，即得各宫最高行度也。

求日中行度亦名中心行度[4]

1 即求出月亮的實黄經。

2 即關於五星黄道經度位置的計算。

3 即所求之日行星遠地點相對春分點的黄經值。

4 即太陽位置的平黄經值。

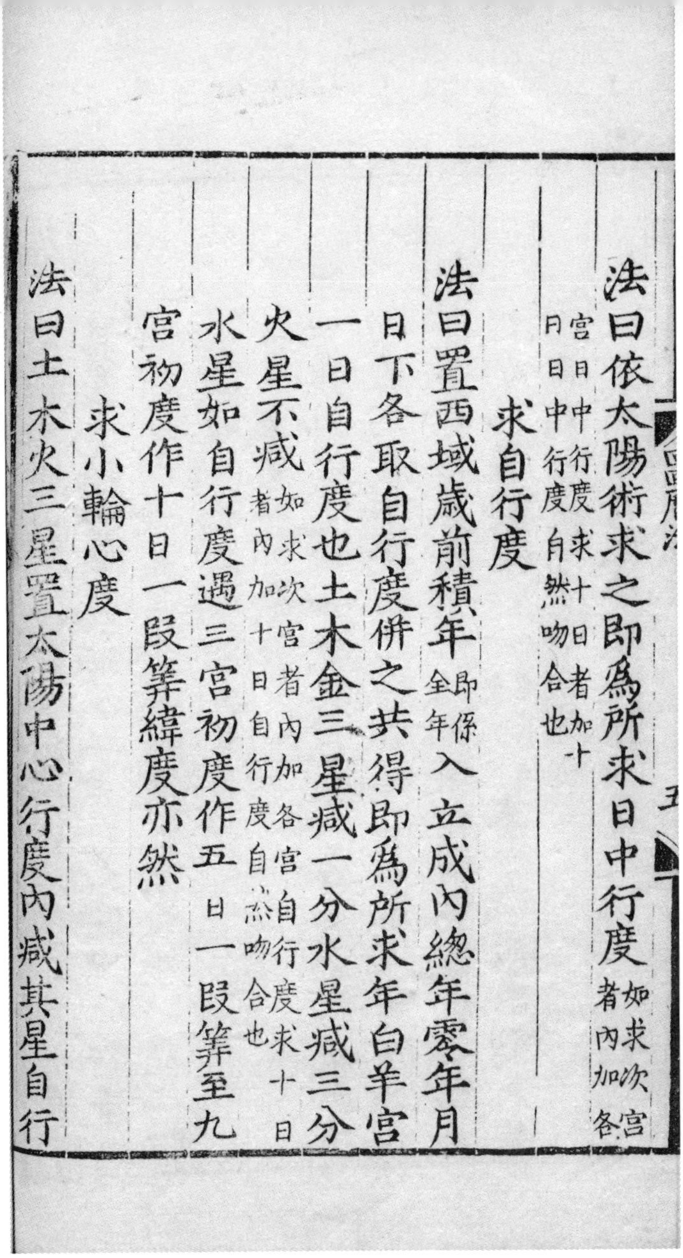

法曰：依太陽術求之，即爲所求日中行度。如求次宫者，内加各宫日中行度，求十日者，加十日，日中行度自然吻合也。

求自行度[1]

法曰：置西域歲前積年即係全年，入立成内總年零年月日下各取自行度，并之共得即爲所求年白羊宫一日自行度也。土木金三星減一分，水星減三分，火星不減。如求次宫者，内加各宫自行度。求十日者，内加十日自行度，自然吻合也。水星如自行度遇三宫初度，作五日一段算，至九宫初度，作十日一段算，緯度亦然。

求小輪心度[2]

法曰：土木火三星，置太陽中心行度内減其星自行

1 即太陽距離太陽遠地點的平黄經差。

2 即行星本輪中心到所求日行星遠地點的夾角距離。

度爲土木火三星中心行度，内又減最高行度爲其星小輪心度也。金水二星，置太陽中心行度，即其星中心行度也。内減其星最高行度，餘爲金水二星小輪心度也。如求次宫并十日二十日者，并依前法求之也。

求第一加減差[1]

法曰：視其星小輪心度，其宫度入各星第一加減立成内宫内度下兩取之，得其度分爲未定差。其分已下小餘，以本行下加減分乘之，滿六十約之爲分。視加減差，少如後行者，加之；多如後行者，減之。用加減兩取到未定差，即爲所求第一加減差也。

求自行定度及小輪心定度

1 回回曆法需要對五星運動不均勻地進行多次修正，第一次修正值即通过小輪心度所得的第一加減差。

法曰：視其星小輪心度在初宫至五宫，以第一加減差加自行度減小輪心度爲定度；在六宫至十一宫，以第一加減差減自行度加小輪心度爲定度，即各得所求。

求第二加減差[1]

法曰：視其星自行定度，其宫度入各星第二加減立成内宫内度下兩取之，得其度分爲未定差。其分已下小餘，以本行加減分乘之，滿六十約之爲分。視加減差，少如後行者，加之；多如後行者，減之。用加減兩取到未定差，即爲所求第二加減差也。

求比敷分

1 通过自行定度求得五星運動的第二次修正，即第二加減差。

法曰：視小輪心定度，其宫度入第一加减立成内宫内度下兩取之，即得爲土、木、金、水四星比敷分。如小輪心定度小餘分在三十已上者，取後行比敷分用之。火星以兩取到比敷分與後行相减，餘以乘小輪心定度，小餘滿六十約之爲秒。視比敷分，少如後行者，加之；多如後行者，减之。用加减兩取到比敷分，即爲所求比敷分也。

求遠近度

法曰：視自行定度，其宫度入第二加减立成内宫内度下兩取遠近度，又本行與後行相减，餘以乘自行定度，小餘滿六十約之爲分。視遠近度，少如後行者，加之，多如後行者，减之。用加减兩取到遠近度，即爲所求遠近

度也

求汎差

法曰置比敷分以遠近度通分乘之得數滿六十約之爲度分即爲所求汎差也

求加減定差

法曰置第二加减差内加汎差共得視自行定度在初宫至五宫爲加差六宫至十一宫爲减差即爲所求加减定差也

求五星經度

法曰置小輪心定度以加减定差加减之内加各星最高行度共得即爲所求五星經度也

1 即求出五星的實黄經。

度也。

求汎差

法曰：置比敷分，以遠近度通分乘之，得數滿六十約之爲度分，即爲所求汎差也。

求加減定差

法曰：置第二加減差，内加汎差，共得。視自行定度，在初宫至五宫，爲加差，六宫至十一宫，爲減差，即爲所求加減定差也。

求五星經度[1]

法曰：置小輪心定度，以加減定差加減之。内加各星最高行度，共得即爲所求五星經度也。

求五星留段。土星留七日，其留日前三日，後三日，皆與留日數同；木星留五日，其留日前二日，後二日，皆與留日數同；火、金、水三星不留，退而即行，行而即退。

法曰：視其留段小輪心定度，其宫度入五星順退留立成内宫内度下兩取各星下宫度分。本行與前後二行相減，若取得在初宫至六宫，本行與後行相減；六宫至初宫，本行與前行相減，餘爲法。又置其日小輪心定度，内減立成内小輪心定度，餘爲實。通分以法乘之，用六度除之，滿六十約之爲分。視兩取各星下宫度分，順行者加之，退行者減之。用加減兩取到各星下宫度分，得數與其日自行定度同者，即本日留。如自行定度多者，已過留日，

日本國立公文書館藏《回回曆法》明刊本

少者未到留日，以兩取到各星下加減所得宫度分與自行定度相減。餘以立成内各星一日下自行度約之，即得留日在本日前後日數也。

求留日自行度

法曰：置其日自行度，如留在前者減，留在後者加。視前後幾日，以立成内各星自行度加減之，即得所求。

求留日小輪心度

法曰：金、水二星，置其日小輪心度，視留在前後幾日，以立成内日中行度分加減之，留在前者減，留在後者加。即得所求。

土、木、火三星，視留在前後幾日，以立成内三星自行度去减立成内日中行度分，餘加減其日小輪心度，留在前者減，留在後者加。即得所求。

求五星細行

法曰：如土、木、火、金四星，以前後二段經度相減，以相距日除之，爲日行分。却置前段經度，以日行分順加退減之，即得所求。水星白羊宫初日經度又算前一日經度，二數相減，餘爲初日行分。又如水星，置本段經度與前一日經度相減，餘爲初日行分，却置前後二段經度相減，餘以相距日除之，得數爲平行分。與初日行分相減，得數倍之，以前段前一日與後段相距日數除之爲日差。置初日行分，以日差加減之。如初日行分少如平行分者加，多如平行分者減，得數爲日行分。置前段經度，以逐日行分順加退減之，即爲水星逐日經度也。

五星伏見

求五星伏見

法曰：視各星自行定度在伏見立成内限度已上者，即得五星晨夕伏見也。

太陰緯度[1]

求計都與月相離度

法曰：置太陰經度内減計都行度，餘即爲計都與月相離度分也。如不及減者，加十二宮減之也。

求太陰黄道南北緯度

1 即關於月亮黄道緯度位置的計算。

法曰：視計都與月相離度宮度分，其宮度入太陰緯度立成内宮内度下兩取之，得其度分秒爲未定緯度。其小餘分以本行加減分乘之，得數滿六十約之爲分秒。視兩取未定緯度，在前六宮加，後六宮減。用加減未定緯度，即爲所求太陰黄道南北緯度也。視計都與月相離度，在初宮至五宮爲黄道北，六宮至十一宮爲黄道南。

求計都中心行度

法曰：置西域歲前積年入立成内取總年零年月日下羅計中心行度并之。假令零年是十年者，去九年内取月分，日數倣此，即爲所求年白羊宮一日羅計中心行度也。如求次宫者，以各宫羅計中心行度加之。如求十日者，以十日。下羅計中心行度加之，即得所求。[1]

求計都行度

法曰：置十二宫内減其日計都中心行度，即得所求。

求計都細行度

法曰：以前後二段行度相減，餘以相距日數除之爲日差。却置前段計都行度，以日差累減之，即得計都逐日細行度也。

求逐日羅睺行度

法曰：置其日計都行度内加六宫，即爲逐日羅睺行

1 計都爲黄白升交點，羅睺爲黄白降交點。

度也
五星緯度
求最高總度最高行度中心行度自行度小
輪心度並依五星經度術求之即得
求自行定度
法曰置自行度宫度分其宫以一十乘之爲度於上
如一宫以十乘之得十度其度以二十乘之爲分
滿六十約之爲度其分亦以二十乘之滿六十約
之爲分併入分内共得又滿六十約之爲度併入
於上共得即爲所求自行定度也
求小輪心定度

回回曆法　十二

度也。

五星緯度[1]

求最高總度，最高行度，中心行度，自行度，小輪心度，并依五星經度術求之即得。

求自行定度

法曰：置自行度宫度分，其宫以一十乘之爲度，於上如一宫，以十乘之得十度。其度以二十乘之爲分，滿六十約之爲度，其分亦以二十乘之，滿六十約之爲分。并入分内，共得，又滿六十約之爲度，并入於上，共得即爲所求自行定度也。

求小輪心定度

1 即關於五星黄道緯度位置的計算。

法曰置小輪心度宫度分其宫以五乘之爲度於上如一宫以五乘之得五度其度以一十乘之爲分滿六十約之爲度其分亦以一十乘之爲秒滿六十約之爲分併入分内又滿六十約之爲度併入於上共得即爲所求小輪心定度也

求五星黄道南北緯度

法曰視小輪心定度并自行定度入緯度立成内兩取得數置小輪心定度内減立成上小輪心定度餘通爲分以兩取數本行與後行相減若遇交黄道者本行與後行相併得數爲法乘之以立成上小輪心度累加數除之滿六十約之爲分用加減兩取數多如後行減少

法曰：置小輪心度宫度分，其宫以五乘之爲度，於上如一宫，以五乘之，得五度。其度以一十乘之爲分，滿六十約之爲度，其分亦以一十乘之爲秒，滿六十約之爲分。并入分内，又滿六十約之爲度，并入於上，共得即爲所求小輪心定度也。

求五星黄道南北緯度

法曰：視小輪心定度并自行定度入緯度立成内兩取得數。置小輪心定度，内減立成上小輪心定度，餘通爲分，以兩取數本行與後行相減。若遇交黄道者，本行與後行相并。得數爲法乘之，以立成上小輪心度累加數除之，滿六十約之爲分。用加減兩取數，多如後行減，少如後行加。得數寄左。若遇交黄道者，雖是後行數多，只减之也。

又置自行定度，内减立成上自行度，餘以兩取數本行與下行相减。若遇交黄道者，本行與下行相并。得數爲法乘之。以立成上自行度累加數除之，滿六十約之爲分，與寄左加减。如兩取數多如下行者减；少如下行者加。若遇交黄道者，所得分多如寄左數，置所得分内减寄左數，餘爲交過黄道南北分也。得數即爲所求五星黄道南北緯度也。

求五星緯度細行

法曰：置其星前段緯度與後段緯度相减，餘以相距日除之爲日差。置前段緯度，以日差順加退减之，即得逐日緯度也。

求前後段遇中間交黃道者
法曰置其星前後段緯度併之共得以相距日除之
爲日差置前段緯度以日差累減之至不及減者於日差內
減之餘以日差累加之即得所求
太陰五星凌犯
求太陰晝夜行度
法曰置次日經度內減本日經度餘即爲本日晝夜
行度也
求昏刻度
法曰置其日午正太陰經度內加立成內其日昏刻加
差即爲其日昏刻太陰經度也

求前後段遇中間交黄道者

法曰：置其星前後段緯度并之，共得以相距日除之爲日差。置前段緯度，以日差累減之。至不及減者，於日差內減之，餘以日差累加之，即得所求。

太陰五星淩犯

求太陰晝夜行度

法曰：置次日經度内減本日經度，餘即爲本日晝夜行度也。

求昏刻度

法曰：置其日午正太陰經度内加立成内其日昏刻加差，即爲其日昏刻太陰經度也。

求月入度

法曰置其日午正太陰經度內加立成內其日月入加差即爲其日月入時太陰經度也

求月出度

法曰置其日午正太陰經度內加立成內其日月出加差即爲其日月出時太陰經度也

求晨刻度

法曰置其次日午正太陰經度內減立成內其日晨刻減差餘爲其日晨刻太陰經度也

求所犯星座

法曰朔後視昏刻至月入度宫度望後視月出至晨

求月入度

法曰：置其日午正太陰經度，内加立成内其日月入加差，即爲其日月入時太陰經度也。

求月出度

法曰：置其日午正太陰經度，内加立成内其日月出加差，即爲其日月出時太陰經度也。

求晨刻度

法曰：置其次日午正太陰經度，内減立成内其日晨刻減差，餘爲其日晨刻太陰經度也。

求所犯星座

法曰：朔後，視昏刻至月入度宫度；望後，視月出至晨刻度宫度各入黄道南北各像内外星立成内，其星經緯度相近者取之，即得所犯星座也。

求時刻

法曰：置其日午正太陰經度與取到各像内外星經度相減，餘通分以二十四乘之，得數以太陰晝夜行度亦通分除之，得西域時。命起子午正減之，朔後命起午正，望後去減十二時，餘命子正。得中國時。其小餘以六十通之爲分。以一千乘之，以一百四十四除之，得數以一百約之爲刻，即得所求時刻也。

又法曰：置其日午正太陰經度與取到各像内外星經度相減，餘與太陰晝夜行度入時刻立成内兩取之其上，即得所求時刻也。若太陰經度多如所犯星經度，取午前時刻，若太陰經度少如所犯星經度，取午後時刻。

求上下相離分

法曰：置取到各像内外星經度内減其日計都度，如不及減者，加十二宮減之。餘爲計都與月相離度，依太陰緯度術入之，得太陰緯度也。即太陰某時犯某星其時所行緯度也。與所犯星緯度相減，餘爲上下相離分。若月與星同在南者，月多爲下離，月少爲上離。同在北者，月多爲上離，月少爲下離。若月與星南北不同者，月在北爲上離，月在南爲下離。即爲所求上下相離分數也。

求五星凌犯雜座

法曰視其日午正五星經緯度入黄道立成内尋各像内外星經緯度相近在一度已下者取之其五星緯度與各星緯度相減上下同前餘即得上下相離分也

求月犯五星

法曰其用法次第並依太陰犯雜座星術入之即得所求

求五星相犯

法曰視其日五星經緯度相近在一度已下者取之即得所求

法曰：視其日午正五星經緯度，入黄道立成内尋各像内外星經緯度，相近在一度已下者取之。其五星緯度與各星緯度相減，上下同前。餘即得上下相離分也。

求月犯五星

法曰：其用法次第并依太陰犯雜座星術入之，即得所求。

求五星相犯

法曰：視其日五星經緯度相近在一度已下者取之，即得所求。

交食
辨日食限
法曰若合朔在晝者視太陰緯度在黃道南四十五分已下爲有食
在黃道北九十分已下者爲有食
又合朔在日未出三時者係西域時視太陰緯度在黃道南四十五分已下黃道北九十分已下爲有食
又合朔在日入一十五分者一時六十分一十五分即四分時之一也視太陰緯度在黃道南四十五分已下黃道北九十分已下亦爲有食
回回曆法　七

交食[1]

辨日食限[2]

法曰：若合朔在晝者，視太陰緯度在黃道南四十五分已下，爲有食。

在黃道北九十分已下者，爲有食。

又合朔在日未出三時者，係西域時。視太陰緯度在黃道南四十五分已下，黃道北九十分已下，爲有食。

又合朔在日入一十五分者，一時六十分，一十五分，即四分時之一也。視太陰緯度在黃道南四十五分已下，黃道北九十分已下，亦爲有食。

1 關於日月交食的計算。

2 即判斷是否發生日食的界限，回回曆法以合朔時月亮在黃道南四十五分和黃道北九十分以下爲有食的標準。

辨月食限

法曰：視望日太陰經度與羅睺或計都度，相離一十三度之内爲有食。

又視望日太陰緯度在一度八分之下，爲有食。

又法：視望日太陰未出二時，或未入二時，與太陽相望者，其限有帶食，用算。

在未出或未入二時已上者，即在晝也不用算。

推日食法[1]

午正太陽度　　　午正太陰行過太陽度

午正太陰經度　　午正太陽中心行度

午正太陰緯度黄道南北

1 即關於日食的計算方法。

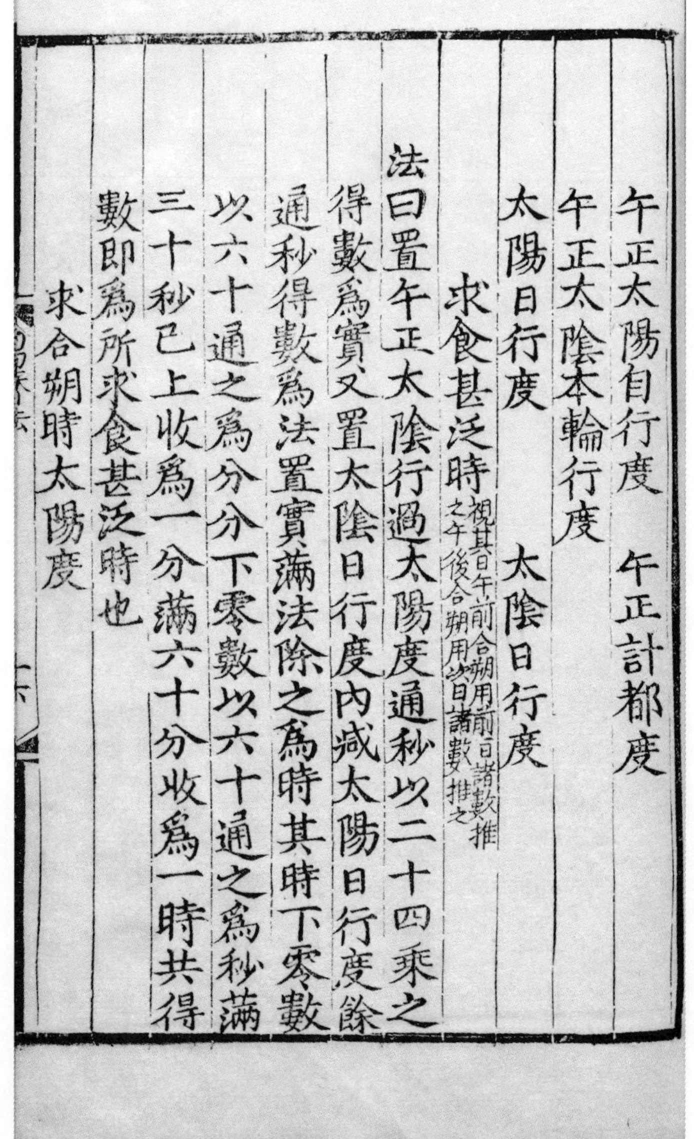
午正太陽自行度　午正計都度
午正太陰本輪行度
太陽日行度　太陰日行度
求食甚泛時 視其日午前合朔用前日諸數推之午後合朔用次日諸數推之
法曰置午正太陰行過太陽度通秒以二十四乘之
得數爲實又置太陰日行度内减太陽日行度餘
通秒得數爲法置實滿法除之爲時其時下零數
以六十通之爲分分下零數以六十通之爲秒滿
三十秒已上收爲一分滿六十分收爲一時共得
數即爲所求食甚泛時也
求合朔時太陽度

午正太陽自行度　午正計都度

午正太陰本輪行度

太陽日行度　　　太陰日行度[1]

求食甚泛時[2] 視其日午前合朔，用前日諸數推之；午後合朔，用次日諸數推之。

法曰：置午正太陰行過太陽度通秒，以二十四乘之，得數爲實。又置太陰日行度，内减太陽日行度，餘通秒，得數爲法。置實滿法除之爲時，其時下零數以六十通之爲分，分下零數以六十通之爲秒，滿三十秒已上收爲一分，滿六十分收爲一時，共得數即爲所求食甚泛時也。

求合朔時太陽度[3]

1 即日食計算中所需的各種中間參數。
2 即合朔時刻，也是發生日食的食甚大概時刻。
3 即合朔時太陽的黄道經度位置。

法曰置食甚泛時通分得數以太陽日行度通秒乘
之得數以二十四除之爲微滿六十約之爲分秒
用加減午正太陽度午前合朔減之午後合朔加之餘即爲所求
合朔時太陽度即食甚日躔黄道宮度分
求加減分
法曰視合朔時太陽度其宮度入晝夜加減立成
内横取加減分爲未定加減分以本行加減分與
後一行加減分相減餘以乘其合朔時太陽度小
餘得數爲纖滿六十約之爲微又約之爲秒去加減
横取到未定加減分少如後行者加之多如後行者減之得爲所求加減分也
求子正至合朔時分秒

法曰：置食甚泛時通分，得數以太陽日行度通秒乘之，得數以二十四除之爲微，滿六十約之爲分秒。用加減午正太陽度，午前合朔減之，午後合朔加之。餘即爲所求合朔時太陽度，即食甚日躔黄道宮度分。

求加減分[1]

法曰：視合朔時太陽度，其宮度入晝夜加減立成，内横取加減分爲未定加減分。以本行加減分與後一行加減分相減，餘以乘其合朔時太陽度，小餘得數爲纖，滿六十約之爲微，又約之爲秒，去加減横取到未定加減分。少如後行者加之，多如後行者減之。得爲所求加減分也。

求子正至合朔時分秒[2]

1 即通過真太陽時，對合朔時刻進行的修正。
2 轉换爲中國傳統的以子正爲起點的合朔時刻值。

法曰：置食甚泛時，内加減前求到加減分。午前合朔減，午後合朔加。餘數加減一十二時得，即爲所求子正至合朔時分秒也。午前合朔用減十二時，午後合朔用加十二時。

求第一東西差[1]

法曰：視合朔時太陽度在某宫，若在右七宫取上行時，若在左七宫取下行時。横推太陽某宫，視子正至合朔時某時，内兩取經差爲未定差。又取次一時經差與未定差相減，餘通秒寄左。又置子正至合朔時小餘，亦通秒得数與寄左。相乘得數爲纖，滿六十約之爲微，又以六十约之爲秒，又以六十約之爲分，去加減兩取到未定經差，如次一時經差少者減之，

1《回回曆法》中推算日食時所面臨的一個難點就是如何對由於視差而引起的東西差、南北差和時差進行修正。

如次一時經差多者加之。即爲所求第一東西差也。

求第二東西差

法曰：視合朔時太陽度在某宫，又推取次一宫，又視子正至合朔時某時，内兩取經差爲未定差。又取次一時内經差與未定差相減，餘通秒寄左。又置子正至合朔時小餘，亦通秒與寄左相乘。得數爲纖，滿六十約之爲微。又以六十約之爲秒，又以六十約之爲分，去加減兩取到未定經差，如次一時經差少者減之，如次一時經差多者加之。即爲所求第二東西差也。

求第一南北差

法曰：視合朔時太陽度在某宫，又視子正至合朔時在

某時內兩取緯差爲未定差又取次一時內緯差
與未定差相減餘通秒寄左又置子正至合朔時
小餘亦通秒與寄左相乘得數爲纖滿六十約之
爲微又以六十約之爲秒又以六十約之爲分去
加減兩取到未定緯差如次一時緯差少者減之如次一時緯差多者加之
即得所求第一南北差也
求第二南北差
法曰視合朔時太陽度在某宮又推取次一宮又視
子正至合朔時某時內兩取緯差爲未定差又取
次一時內緯差與未定差相減餘通秒寄左又置
子正至合朔時小餘亦通秒與寄左相乘得數爲

某時，內兩取緯差爲未定差。又取次一時內緯差與未定差相減，餘通秒寄左。又置子正至合朔時小餘，亦通秒與寄左相乘，得數爲纖。滿六十約之爲微，又以六十約之爲秒，又以六十約之爲分，去加減兩取到未定緯差，如次一時緯差少者減之，如次一時緯差多者加之。即得所求第一南北差也。

求第二南北差

法曰：視合朔時太陽度在某宮，又推取次一宮，又視子正至合朔時某時，內兩取緯差爲未定差。又取次一時內緯差與未定差相減，餘通秒寄左。又置子正至合朔時小餘，亦通秒與寄左相乘，得數爲纖。滿六十約之爲微，又以六十約之爲秒，又以六十約之爲分，去加減兩取到未定緯差，如次一時緯差少者減之。如次一時緯差多者加之。即爲所求第二南北差也。

求第一時差

法曰：視合朔時太陽度在某宫，又視子正至合朔時在某時，内兩取時差爲未定差。又取次一時内時差與未定差相減，所餘分寄左。又置子正至合朔時，小餘分通秒，與寄左相乘，得數爲微。滿六十約之爲秒，又以六十約之爲分，去加減兩取到未定時差，如次一時時差少者減之，如次一時時差多者加之。即爲所求第一時差也。

求第二時差

法曰：視合朔時太陽度在某宫，又推取次一宫，又視子正至合朔時在某時，内兩取時差爲未定差。又取次一時内時差與未定差相減，所餘分寄左。又置子正至合朔時，小餘分通秒，與寄左相乘，得數爲微。滿六十約之爲秒，又以六十約之爲分，去加减兩取到未定時差，如次一時時差少者减之，如次一時時差多者加之，即爲所求第二時差也。

求合朔時東西差

法曰：置第一東西差與第二東西差相减，餘通秒寄左。又置合朔時太陽度分通秒，與寄左相乘，以三十

度除之得數爲纖滿六十約之爲微又以六十約
之爲秒又以六十約之爲分去加減第一東西差
視第一東西差多如第二東西差者減之少如第二東西差者加之即爲所
求合朔時東西差也
求合朔時南北差
法曰置第二南北差與第一南北差相減餘通秒寄
左又置合朔時太陽度分通秒與寄左相乘以三十
度除之得數爲纖滿六十約之爲微又以六十約
之爲秒又以六十約之爲分去加減第一南北差
視第一南北差多如第二南北差者減之少如第二南北差者加之即爲所
求合朔時南北差也

度除之，得數爲纖。滿六十約之爲微，又以六十約之爲秒。又以六十約之爲分，去加減第一東西差。視第一東西差，多如第二東西差者減之，少如第二東西差者加之。即爲所求合朔時東西差也。

求合朔時南北差

法曰：置第二南北差與第一南北差相減，餘通秒寄左。又置合朔時太陽度分通秒，與寄左相乘，以三十度除之，得數爲纖。滿六十約之爲微，又以六十約之爲秒，又以六十約之爲分，去加減第一南北差。視第一南北差，多如第二南北差者減之，少如第二南北差者加之。即爲所求合朔時南北差也。

求合朔時時差

法曰：置第一時差與第二時差相減，餘通秒寄左。又置合朔時太陽度分通秒，與寄左相乘，以三十度除之，得數爲纖。滿六十約之爲微，又以六十約之爲秒，又以六十約之爲分，去加減第一時差。視第一時差，多如第二時差者減之，少如第二時差者加之。即爲所求合朔時時差也。

求合朔時本輪行度

法曰：置太陰本輪行度一十三度四分，即立成内一日下本輪行度也。通分。以食甚泛時亦通分乘之，得數以二十四除之爲秒。滿六十約之爲分，又以六十約之爲度，去加減其日午正本輪行度，午前合朔減之，午後合朔加之。即爲合朔

時本輪行度也
求比敷分
法曰視合朔時本輪行度入立成宮度內橫取其比數分爲未定分又與次一行比敷分相減餘爲法又置合朔時本輪行度內減立成內橫推宮度餘通分以法乘之得數爲微以六度除之滿六十約之爲秒用加減橫取到未定比敷分視次行比敷分少者減之多者加之即爲所求比敷分也
求東西定差
法曰置求到合朔時東西差通秒爲實以求到比敷分亦通秒爲法乘之得數爲纖滿六十約之爲微

時本輪行度也。

求比敷分[1]

法曰：視合朔時本輪行度，入立成宮度内橫取其比敷分爲未定分，又與次一行比敷分相減，餘爲法。又置合朔時本輪行度，内減立成内橫推宮度，餘通分。以法乘之，得數爲微，以六度除之，滿六十約之爲秒。用加減橫取到未定比敷分，視次行比敷分，少者減之，多者加之。即爲所求比敷分也。

求東西定差

法曰：置求到合朔時東西差，通秒爲實。以求到比敷分，亦通秒爲法，乘之得數爲纖，滿六十約之爲微。

1 由於合朔時月亮的實際位置并不一定都位於遠地點，以月遠地點速度求得的時差與實際時差存在差距，因此需要比敷分這一參數對其進行修正。

又以六十約之爲秒，又以六十約之爲分，得數。此數常加之。加入合朔時東西差，共得爲東西定差也。

求南北定差

法曰：置前求到合朔時南北差通秒爲實，以求到比敷分，亦通秒爲法，乘之得數爲纖，滿六十約之爲微。又以六十約之爲秒，又以六十約之爲分，得數。此數常加之。加入合朔時南北差，共得爲南北定差也。

求食甚定時

法曰：視其日合朔時太陽度，在左七宫，其時差黑字者減，白字者加；在右七宫，白字者減，黑字者加。皆加減子正至合朔時，得數命起子正減之。如午後合朔者，内減十二時，命其午正減之。得某時初正。餘數以六十通之爲秒，以一千乘之，以一百四十四除之，以六十約之，滿百爲刻，得若干刻幾十幾秒也，即爲食甚定時。

求食甚時太陰經度[1]

法曰：置合朔時太陽度，内加減東西定差，其加減依求食甚定時術，視時差白黑字加減之，即爲食甚時太陰經度也。

求合朔時計都度

法曰：置前求到食甚汎時，通分寄左，以計都日行度三分一十一秒，係立成内一日下計都度。通秒得一百九十一秒，以乘寄左。得數以二十四除之，得數爲微，滿六

1 即將月亮的實黄經轉爲視黄經。

十約之爲秒，又以六十約之爲分。用加減其日午時計都度，午時前合朔加，午時後合朔減。共得爲合朔時計都宫度分也。

求合朔時太陰緯度[1]

法曰：置前求到食甚時太陰經度，内減合朔時計都度，餘爲計都與月相離度，依術入太陰緯度立成内求之得黄道南北度分，爲合朔時太陰緯度也。

求食甚太陰緯度

法曰：置南北定差，内加減合朔時太陰緯度。視合朔時太陰緯度，在黄道南加，在黄道北減，皆與南北定差相加減之，得爲食甚太陰緯度也。

1 即合朔時月亮的視緯度。

求合朔時太陽自行度

法曰：置太陽中行度五十九分八秒，即立成內一日下太陽日中行度。通秒得三千五百四十八秒。以食甚汎時通分乘之，以二十四除之，得數爲微。滿六十約之爲秒，又以六十約之爲分。得數用加減其日午正自行度，午前合朔減，午後合朔加。即爲合朔時太陽自行度也。

求太陽徑分

法曰：視合朔時太陽自行度，其宮度入影徑分立成內同宮近度者，橫取太陽徑分爲未定徑分寄左，又取次一行太陽徑分與寄左相減爲法。又置合朔時太陽自行度，內減立成內自行同宮近度，餘通

求合朔時太陽自行度
法曰置太陽中行度五十九分八秒即立成內一日下太陽日中行度通秒得三千五百四十八秒以食甚汎時通分乘之以二十四除之得數爲微滿六十約之爲秒又以六十約之爲分得數用加減其日午正自行度午前合朔減午後合朔加即爲合朔時太陽自行度也
求太陽徑分
法曰視合朔時太陽自行度其宮度入影徑分立成內同宮近度者橫取太陽徑分爲未定徑分寄左又取次一行太陽徑分與寄左相減爲法又置合朔時太陽自行度內減立成內自行同宮近度餘通

秒爲實，以法乘之，以六度除之，得數爲纖。滿六十，約之爲微，又以六十約之爲秒。用加減横取到未定徑分。如次一行太陽徑分，少者減之，多者加之。即爲太陽徑分也。

求太陰徑分

法曰：視合朔時本輪行度入影徑分立成同宫近度者，内横取太陰徑分爲未定徑分寄左，又取次一行太陰徑分，與寄左相減爲法。又置合朔時本輪行度，内減立成内同宫近度本輪行度，餘通分得爲實，以法乘之，以六度除之，得數爲微。滿六十約之爲秒，用加減横取到未定徑分。如次一行徑分，多者加之，少者減之。共得爲太陰徑分也。

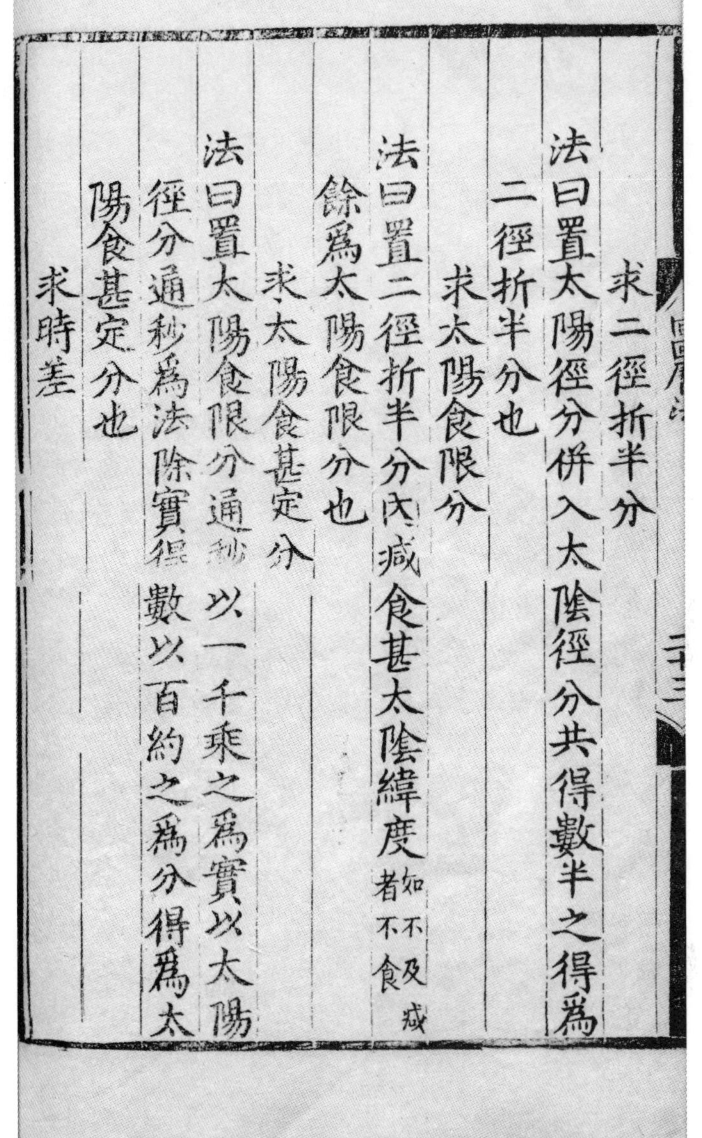

求二徑折半分

法曰：置太陽徑分并入太陰徑分，共得數半之，得爲二徑折半分也。

求太陽食限分

法曰：置二徑折半分内減食甚太陰緯度，如不及減者不食。餘爲太陽食限分也。

求太陽食甚定分

法曰：置太陽食限分通秒，以一千乘之爲實，以太陽徑分通秒爲法除實，得數以百約之爲分，得爲太陽食甚定分也。

求時差

法曰：置食甚太陰緯度通秒自乘之，得數寄左，又置二徑拆[1]半分，亦通秒自乘之，得數内減寄左。餘數以平方開之，得數以二十四乘之爲實，以其日太陰日行度内減太陽日行度，餘通分爲法，實如法而一，得數爲分。如滿六十分約爲一時，即爲所求時差也。

求初虧時刻[2]

法曰：置食甚定時内減時差，餘時命起子正減之，得初正時。餘分通秒，以一千乘之，得以一百四十四除之，以六十約之，滿百爲刻，即初虧時刻秒也。

求復圓時刻

法曰：置食甚定時内加時差，命起子正減之，得初正

1 "拆"當作"折"。
2 依次推算日食初虧和復圓的時刻。

時。餘分通秒，以一千乘之，得以一百四十四除之，以六十約之，滿百爲刻，得即復圓時刻也。

求初虧食甚復圓方位

法曰：視太陽，若食既或食八分九分者，初虧在正西，食甚在正南，復圓在正東。若食八分已下者，却視食甚太陰緯度在黃道北者，初虧西北，食甚正北，復圓東北；在黃道南，初虧西南，食甚在正南，復圓東南。又曰：置二徑拆[1]半分，内減食甚太陰緯度，餘視與太陽徑分同者，食十分。若多如太陽徑分者，食十分已上，即食既也。食甚太陰無緯度太陰徑分與太陽徑分同者，全食黑了。若太陰徑多如太陽徑者，食既也。若太陰徑分少如太陽徑分者，其食有金環。

1 "拆" 當作 "折"。

推月食法[1]

推月食用數[2]

太陽日中行度　太陽自行度　太陽行度

太陰經度本輪行度　計都度　太陽日行度　太陰日行度

求食甚汎時。[3] 視其日，午前望用前一日諸數推之，午後望用次日諸數推之。

法曰：置其日太陰經度内減六宫，如不及減者，加十二宫減之，得數減其日太陽度爲午前望。如不及減者，置其日太陽度加入六宫，内減其日太陰經度爲午後望。置相減餘數通秒，以二十四乘之爲實。置其日太陰經度，内減前一日太陰經度。若在午後望者，去減後一日太陰經度也。餘爲太陰日行度也。又置其日午正太陽度，内減前一日午正太陽度。若在午後望者，去減後一日太陽度也。餘爲太

1 即關於月食的計算方法。

2 月食計算中所需的各種中間參數。

3 即望的時刻，也是發生月食的食甚大概時刻。

陽日行度，去减太陰日行度，餘通秒爲法，除實得數爲時。其時下餘數以六十通之爲分，分下餘數又以六十通之爲秒，即爲所求食甚汎時也。

求食甚月離黄道宫度分

法曰：置食甚汎時通秒寄左，又置求到太陽日行度通秒以乘寄左，以二十四除之，得數爲纖，滿六十約之爲微。又以六十約之爲秒，又以六十約之爲分，得數爲加减分。去加减其日午正太陽度，午前望减，午後望加。餘爲望時太陽度，内加六宫，得數即爲所求食甚月離黄道宫度分也。

求晝夜加减差

法曰：視求到望時太陽度其宮度，入晝夜加減立成内宫度下兩取之，得數爲未定加减分。又本行加減分與後行加減分相减，以乘望時太陽度下小餘通秒，得數爲纖，滿六十約之爲微，又以六十約之爲秒。去加減兩取到未定加減分，如加減分多如後行者減之，少如後行者加之，餘爲所求晝夜加減差也。

求食甚定時

法曰：置求到食甚汎時内加減晝夜加減差，午前望減，午後望加。餘數去加減一十二時，即爲食甚定時。如在午後望者，内加一十二時，命起子正減之。如在午前望者，去減十二時，命起子正減之。得初正時，其小餘通秒以一千乘之，如一百四十四而一，得數

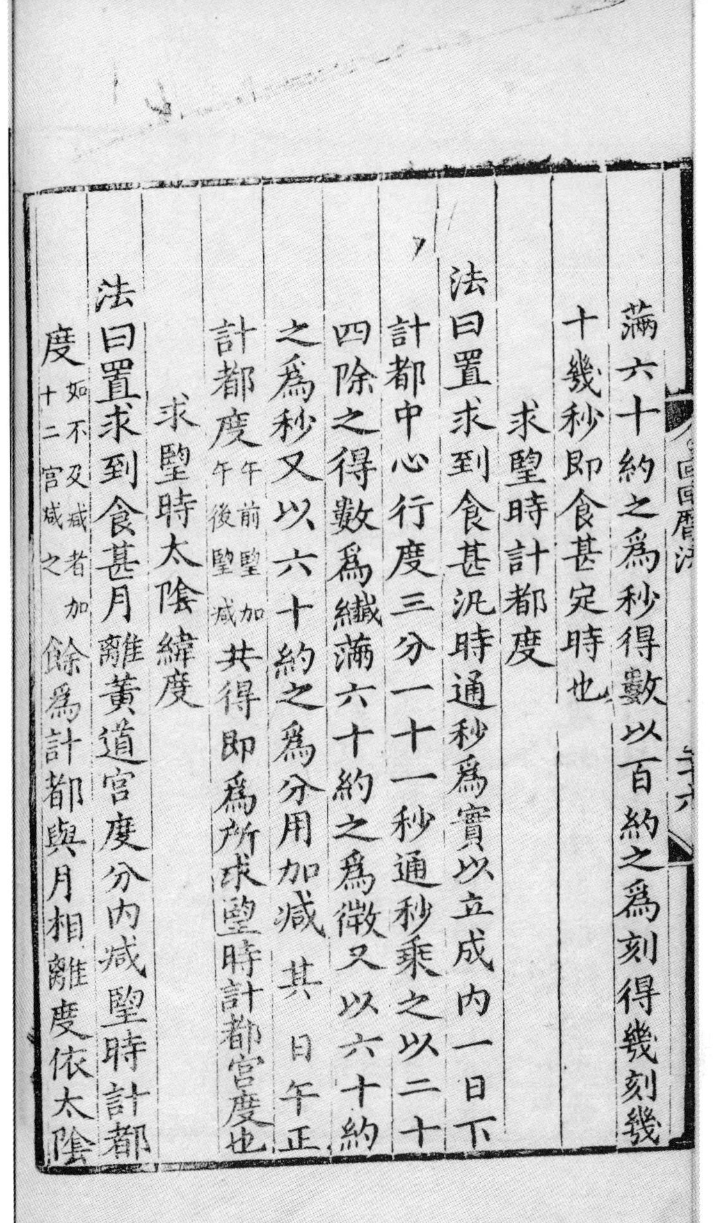

滿六十約之爲秒，得數以百約之爲刻，得幾刻幾十幾秒，即食甚定時也。

求望時計都度

法曰：置求到食甚汎時通秒爲實，以立成内一日下計都中心行度三分一十一秒通秒乘之，以二十四除之，得數爲纖，滿六十約之爲微。又以六十約之爲秒，又以六十約之爲分。用加減其日午正計都度，午前望加，午後望減。共得即爲所求望時計都宫度也。

求望時太陰緯度

法曰：置求到食甚月離黄道宫度分，内減望時計都度。如不及減者，加十二宫減之。餘爲計都與月相離度。依太陰緯度術求之，得黄道南北初度分秒，即爲所求望時太陰緯度也。

求望時本輪行度

法曰：置立成内一日下太陰本輪行度一十三度四分通分，以前求到食甚汎時通秒乘之，以二十四除之，得數爲微，滿六十約之爲秒。又以六十約之爲分，又滿六十約之爲度。得數用加減其日午正本輪行度，午前望減，午後望加。餘即爲所求望時本輪行度也。

求太陰影徑分

法曰：視求到望時本輪行度，其宫度入影徑分立成宫度下横取太陰影徑分爲未定影徑分。又置影徑分本行與後行相减，餘寄左，置望時本輪行度内减立成内同宫近度，餘通分與寄左相乘。得數爲微，以六度除之，滿六十約之爲秒。用加减取到未定影徑分，如影徑分少如次行者加之，多如次行者减之。即爲所求太陰影徑分也。

求太陰徑分

法曰：視求到望時本輪行度，其宫度入影徑立成下横取太陰徑分爲未定徑分。又置徑分本行與後行相减，餘寄左。置望時本輪行度，内减立成内同宫近度，餘通分與寄左相乘，得數爲微。以六度除之，滿六十約之爲秒。用加减取到未定徑分，如太陰徑分少如次行者加之，多如次行者减之。即爲所求太陰徑分也。

求望時太陽自行度

法曰：置立成内一日下太陽中心行度五十九分八秒通秒，以食甚汎時通秒乘之，以二十四除之，得數爲纖，以六十約之爲微。又以六十約之爲秒，又以六十約之爲分。用加減其日午正太陽自行度，午前望減，午後望加。餘即爲所求望時太陽自行度也。

求太陰影徑減差

法曰：視求到望時太陽自行度，其宫度入影徑立成内宫度下横取太陰影徑減差爲未定差。又置影徑減差，本行與次行相減，餘寄左。置望時太陽自行度内減立成内同宫近度，餘通分與寄左相乘，以六度除之。得數爲微，以六十約之爲秒。用加減取到未定差，如影徑減差少如次行者加之，多如次行者減之。得爲太陰影徑減差也。

求太陰影徑定分

法曰：置求到太陰影徑分内減影徑減差，餘即爲影徑定分也。

求二徑折半分

法曰：置求到太陰徑分，内加影徑定分，得數半之，得即爲所求二徑折半分也。

求太陰食限分

法曰：置求到二徑折半分，内減求到望時太陰緯度，餘即爲所求太陰食限分也。如不及減者，則不食。

求食甚定分

法曰：置求到太陰食限分通秒，以一千乘之得爲實。

置太陰徑分通秒爲法，除實，得數以百約之，得數即爲所求太陰食甚定分也。

求太陰逐時行過太陽分

法曰：置太陰望日徑度，内減前一日太陰經度，餘數寄左。置望日太陽度，内減前一日太陽度，餘數用減寄左，得爲太陰晝夜行過太陽度，通秒以二十四除之，滿六十約之，得即爲所求太陰逐時行過太陽分也。

求時差即初虧至食甚也

法曰：置求到望時太陰緯度，通秒自之，得寄左。又置二徑折半分，亦通秒自之，得數内減寄左。餘爲積平方開之，得爲實。以太陰逐時行過太陽分通秒爲法，除實得爲時差。其時下小餘以六十通之爲分，分下小餘以六十通之爲秒，即爲所求時差也。

求初虧時刻[1] 午後望者，食甚定時内減十二時用，初虧、食既、生光、復圓同。

法曰：置求到食甚定時，内減時差，餘命起子正減之。如午後望，命起午正減之。得初正時。其小餘通秒，以一千乘之，得以一百四十四除之，得滿六十約之，得數百約爲刻，得幾刻幾十幾秒也。

求復圓時刻

法曰：置求到食甚定時内加時差，得數命起子正減之。如午後望，命起午正。得初正時。依前求刻法約之，即得刻

1 依次推算月食初虧和復圓的時刻。

秒也。

求食既食甚加減差

法曰：置二徑折半分内減太陰徑分，餘通秒自乘之，得數寄左。又置望時太陰緯度，亦通秒自乘之，去減寄左。餘以平方開之，得數爲實，以太陰逐時行過太陽度通秒爲法除實，得數以六十通之爲分。其分下小餘以六十通之爲秒，即爲所求食既至食甚加減時差也。

求食既生光時刻

法曰：置食甚定時，内減食既至食甚加減時差，爲食既時。又置食甚定時，内加食既至食甚加減時差，

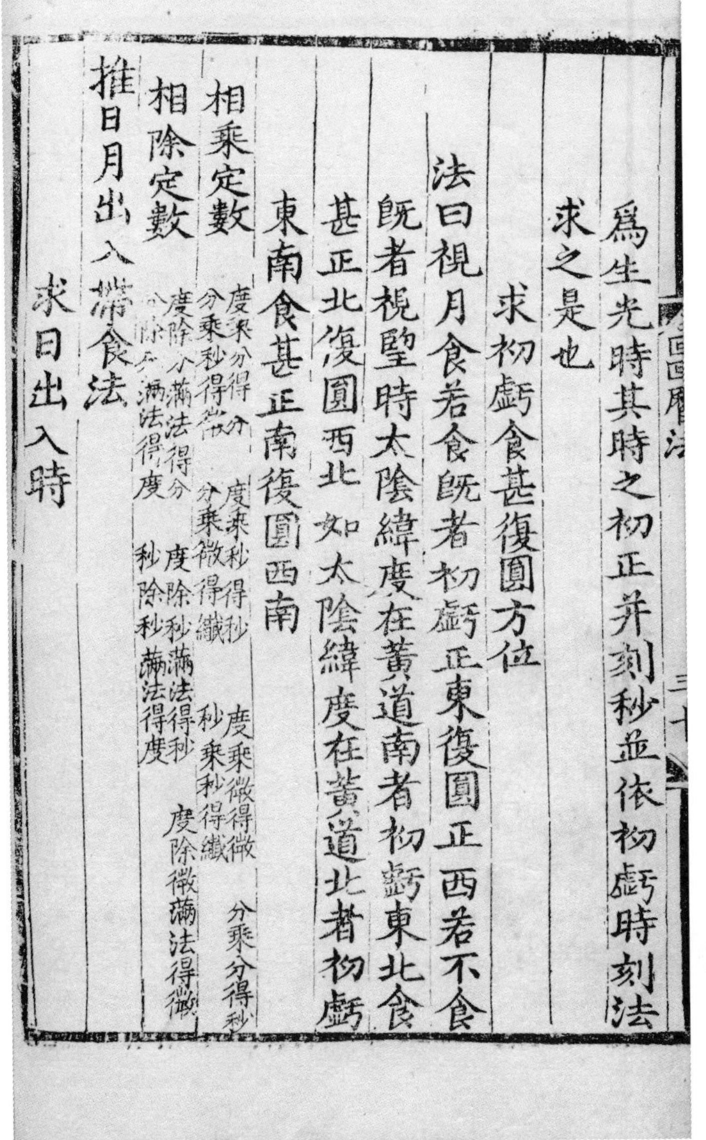

爲生光時。其時之初正并刻秒，并依初虧時刻法求之是也。

求初虧食甚復圓方位[1]

法曰：視月食若食既者，初虧正東，復圓正西。若不食既者，視望時太陰緯度在黄道南者，初虧東北，食甚正北，復圓西北。如太陰緯度在黄道北者，初虧東南，食甚正南，復圓西南。

相乘定數

度乘分得分，度乘秒得秒，度乘微得微，分乘分得秒，分乘秒得微，分乘微得纖，秒乘秒得纖。

相除定數

度除分滿法得分，度除秒滿法得秒，度除微滿法得微，分除分滿法得度，秒除秒滿法得度。

推日月出入帶食法

求日出入時[2]

1 依次推算月食初虧和復圓的時刻。

2 回回曆法利用“西域晝夜時立成”獲取每日不同的日出與日落時間。

法曰：視其日午正太陽經度，入西域晝夜時立成内宫内度下兩取之，得數爲未定分。其未定分本行與後行相減，餘通分爲法。又置太陽經度分已下小餘，通秒爲實，以法乘之，得數爲微。以六十約之爲秒，又以六十約之爲分。加入兩取未定分，得數寄左。又視其日午正太陽經度相對宫度内兩取之，如太陽在初宫三度，却於六宫三度内取之，他倣此。得數爲後取未定分，其後取未定分本行與後行相減，餘通分爲法。又置太陽經度分已下小餘，通秒爲實，以法乘之，得數爲微，以六十約之爲秒。又以六十約之爲分，加入後取未定分，得數内減寄左。如不及減者，加三百六十度減之。餘

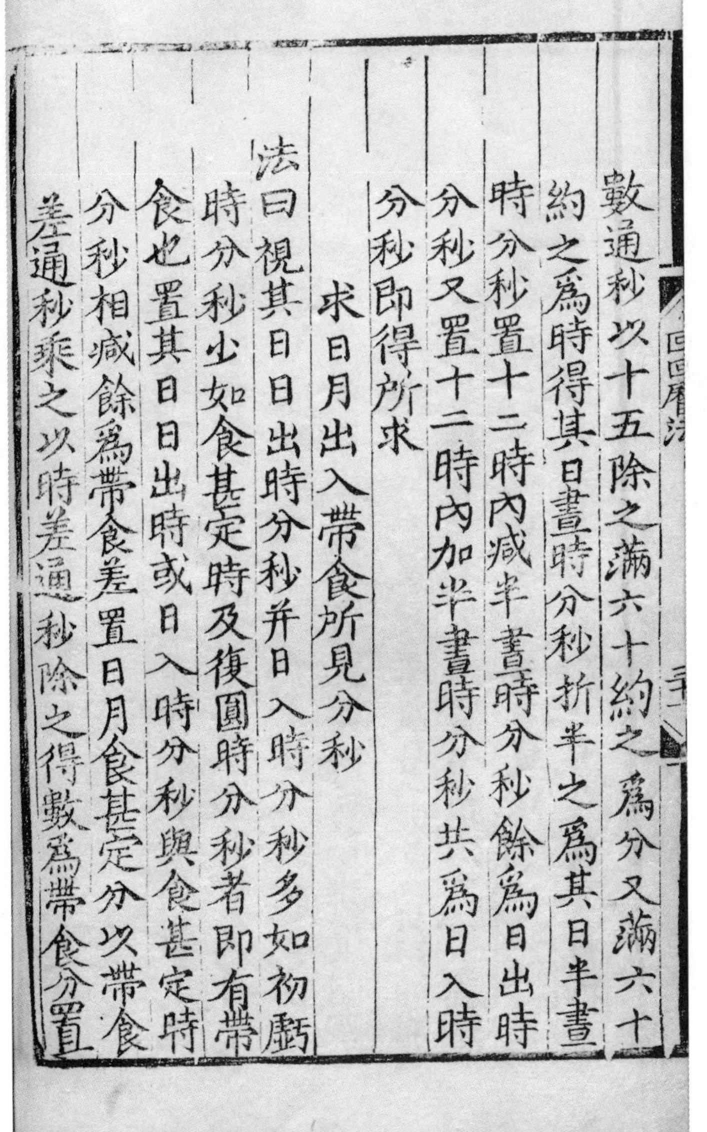

數通秒，以十五除之，滿六十約之爲分。又滿六十約之爲時，得其日晝時分秒，折半之爲其日半晝時分秒。置十二時内減半晝時分秒，餘爲日出時分秒，又置十二時内減半晝時分秒，共爲日入時分秒即得所求。

求日月出入帶食所見分秒

法曰：視其日日出時分秒并日入時分秒，多如初虧時分秒，少如食甚定時及復圓時分秒者，即有帶食也。置其日日出時或日入時分秒，與食甚定時分秒相減，餘爲帶食差。置日月食甚定分，以帶食差通秒乘之，以時差通秒除之，得數爲帶食分。置食甚定分内减帶食分，餘爲日月帶食所見之分也。

求月食更點[1]

法曰：置其日晝時，内加七十二分爲晨昏時，折半之爲半晨昏時。置二十四時，内減晨昏時，餘爲月食之日夜時，通秒以五約之爲更法，又五約更法爲點法。如食在子正以前者，置各初虧食甚復圓等時分秒，内減十二時，又減半晨昏時分秒，餘通秒以更法除之，爲更數。不滿法者，以點法除之，爲點數，皆命起初更初點算外爲各更點也。

如食在子正以後者，置月食之日夜時分秒，内減初虧食甚復圓等時分秒，餘通秒以更法除之，爲

1 將月食時刻换算成中國更點制度的方法。

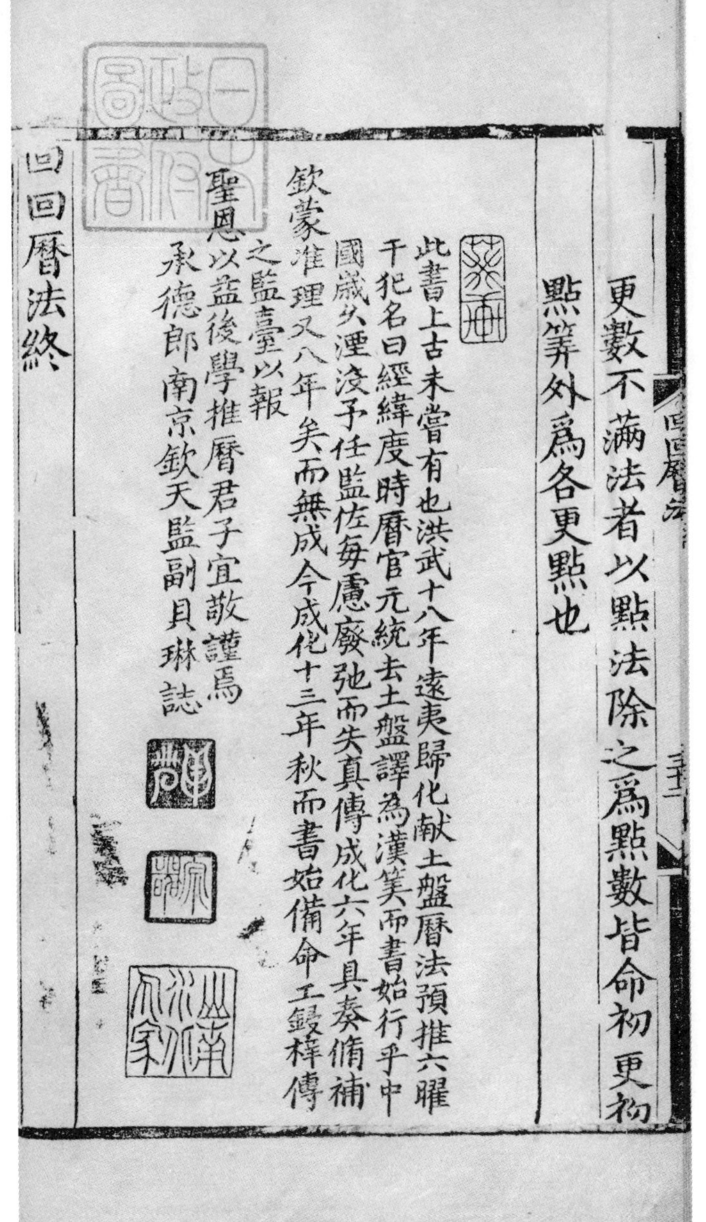

更數。不滿法者，以點法除之，爲點數，皆命初更初點，算外爲各更點也。

此書上古未嘗有也。洪武十八年遠夷歸化，献土盤曆法，預推六曜干犯，名曰經緯度。時曆官元統去土盤，譯爲漢算，而書始行乎中國，歲久湮没。予任監佐，每慮廢弛而失真傳。成化六年，具奏修補，欽蒙准理，又八年矣而無成。今成化十三年秋，而書始備，命工鋟梓，傳之監臺，以報聖恩，以益後學推曆，君子宜敬謹焉。

承德郎南京欽天監副貝琳誌

《回回曆法》卷二

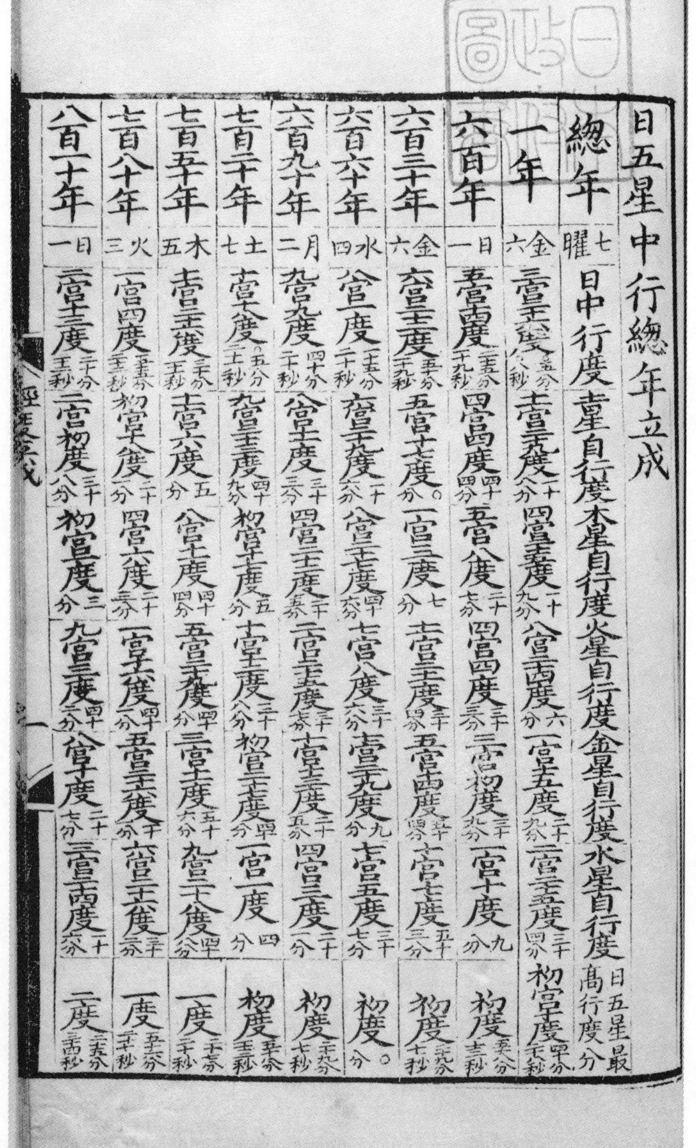

日五星中行總年立成

總年	七曜	日中行度	土星自行度	木星自行度	火星自行度	金星自行度	水星自行度	日五星最高行度分
一年	金六	三宮二十六度五分〇八秒	十一宮二十九度一十八分	四宮二十五度一十九分	八宮二十四度六分	一宮十五度二十九分	二宮二十五度三十四分	初宮十度四十分二十八秒
六百年	日一	五宮十四度二十五分一十九秒	四宮四度四十四分	五宮八度二十七分	四宮四度三十三分	三宮初度三十九分	一宮十度九分	初度五十八分十三秒
六百三十年	金六	六宮二十二度五十分一十九秒	五宮十七度〇分	一宮三度七分	十一宮二十一度三十四分	五宮十四度五十四分	十宮七度五十三分	初度二十九分七秒
六百六十年	水四	八宮一度二十五分二十秒	六宮二十九度一十六分	八宮二十七度四十六分	七宮八度三十六分	七宮二十九度九分	七宮五度三十七分	初度〇分
六百九十年	月二	九宮九度四十分二十秒	八宮十一度三十三分	四宮二十二度二十五分	二宮二十五度三十七分	十宮十三度二十五分	四宮三度二十一分	初度二十九分七秒
七百二十年	土七	十宮十八度〇五分二十一秒	九宮二十三度四十九分	初宮十七度五分	十宮十二度三十八分	初宮二十七度四十分	一宮一度四分	初度五十八分一十三秒
七百五十年	木五	十一宮二十六度三十分一十一秒	十一宮六度五分	八宮十一度四十四分	五宮二十九度四十分	三宮十一度五十六分	九宮二十八度四十八分	一度二十七分二十秒
七百八十年	火三	一宮四度五十五分二十二秒	初宮十八度二十一分	四宮六度二十三分	一宮十六度四十一分	五宮二十六度一十分	六宮二十一度三十二分	一度五十六分二十七秒
八百一十年	日一	二宮十三度二十分一十二秒	二宮初度三十八分	初宮一度三分	九宮三度四十二分	八宮十度二十七分	三宮二十四度一十六分	二度二十九分三十四秒

八百四十年	金六	三宫二十一度四十五分二十三秒	三宫十二度五十四分	七宫二十五度四十二分	四宫二十度四十四分	十宫二十四度四十二分	初宫二十一度五十九分	二度五十四分四十秒
八百七十年	水四	五宫初度一十分二十三秒	四宫二十五度一十分	三宫二十度二十二分	初宫七度四十五分	一宫八度五十八分	九宫十九度四十三分	三度二十三分四十七秒
九百年	月二	六宫八度三十五分二十四秒	六宫七度二十七分	十一宫十五度一分	七宫二十四度四十六分	三宫二十二度一十三分	六宫十七度二十七分	三度五十二分五十四秒
九百三十年	土七	七宫十七度〇分二十四秒	七宫十九度四十三分	七宫九度四十分	三宫十一度四十八分	六宫七度二十九分	三宫十五度一十一分	四度二十二分一秒
九百六十年	木五	八宫二十五度二十五分二十五秒	九宫一度五十九分	三宫四度二十分	十宫二十八度四十九分	八宫二十一度四十四分	初宫十二度五十五分	四度五十一分七秒
九百九十年	火三	十宫三度五十分二十六秒	十宫十四度一十五秒	十宫二十八度五十九分	六宫十五度三十分	十一宫六度〇分	九宫十度三十八分	五度二十分一十四秒
一千二十年	日一	十一宫十二度一十五分二十六秒	十一宫二十六度三十二分	六宫二十三度三十八分	二宫二度五十二分	一宫二十度一十五分	六宫八度二十二分	五度四十九分二十一秒
一千五十年	金六	初宫二十度四十分二十七秒	一宫八度四十八分	二宫十八度一十八分	九宫十九度五十三分	四宫四度三十分	三宫六度六分	六度一十八分二十八秒
一千八十年	水四	一宫二十九度〇五分二十七秒	二宫二十一度四分	十宫十二度五十七分	五宫六度五十四分	六宫十八度四十六分	初宫三度五十分	六度四十七分三十四秒
一千一百一十年	月二	三宫七度三十分二十八秒	四宫三度二十分	六宫七度三十七分	初宫二十三度五十六分	九宫三度一分	九宫一度三十三分	七度一十六分四十一秒
一千一百四十年	土七	四宫十五度五十五分二十八秒	五宫十五度二十七分	二宫二度一十六分	八宫十度五十七分	十一宫十七度一十七分	五宫二十九度一十七分	七度四十五分四十八秒

一千一百七十年	木五	五宮二十四度二十分二十九秒	六宮二十七度五十三分	九宮二十六度五十五分	三宮二十七度五十九分	二宮一度三十二分	二宮二十七度一分	初宮八度一十四分五十五秒
一千二百年	火三	七宮二度四十五分二十九秒	八宮十度九分	五宮二十一度三十五分	十一宮十五度〇分	四宮十五度四十八分	十一宮二十四度四十五分	八度四十四分一秒
一千二百三十年	日一	八宮十一度一十分三十秒	九宮二十二度二十六分	一宮十六度一十四分	七宮二度一分	七宮初度三分	八宮二十二度二十八分	九度一十三分八秒
一千二百六十年	金六	九宮十九度三十五分三十秒	十一宮四度四十二分	九宮十度五十四分	二宮十九度三分	九宮十四度一十九分	五宮二十度一十二分	九度四十二分一十五秒
一千二百九十年	水四	十宮二十八度〇分十一秒	初宮十六度五十八分	五宮五度三十三分	十宮六度四分	十一宮二十八度三十四分	二宮十七度五十六分	十度一十一分二十二秒
一千三百二十年	月二	初宮六度二十五分三十一秒	一宮二十九度一十四分	一宮初度一十二分	五宮二十三度五分	二宮十二度五十分	十一宮十五度四十分	十度四十分二十八秒
一千三百五十年	土七	一宮十四度五十分三十二秒	三宮十一度三十一分	八宮二十四度五十二分	一宮十度七分	四宮二十七度五分	八宮十三度二十三分	十一度九分三十五秒
一千三百八十年	木五	二宮二十三度一十五分三十二秒	四宮二十三度四十七分	四宮十九度三十一分	八宮二十七度八分	七宮十一度二十一分	五宮十一度七分	十一度三十八分四十二秒
一千四百一十年	火三	四宮一度四十分三十三秒	六宮六度三分	初宮十四度一十分	四宮十四度九分	九宮二十五度三十六分	二宮八度五十一分	十二度七分四十九秒
一千四百四十年	日一	五宮十度五分三十三秒	七宮十八度二十分	八宮八度五十分	初宮一度一十一分	初宮九度五十一分	十一宮六度三十五分	十二度三十六分五十五秒

日五星中行零年立成

零年	七曜	日中行度	土星自行度	木星自行度	火星自行度	金星自行度	水星自行度	日五星最高行度分
一年	水四	十一宫十八度五十五分九秒	十一宫七度四分	十宫十九度二十九分	五宫十三度二十四分	七宫八度一十五分	初宫十九度四十七分	初度〇分五十八秒
二年	月二	十一宫八度四十九分二十六秒	十宫十五度四分	九宫九度五十三分	十宫二十七度一十五分	二宫十七度七分	一宫十二度四十一分	初度一分五十六秒
三年	金六	十宫二十七度四十四分三十五秒	九宫二十二度八分	七宫二十九度二十三分	四宫十度三十九分	九宫二十五度二十二分	二宫二度二十八分	初度二分五十五秒
四年	火三	十宫十六度三十九分四十四秒	八宫二十九度一十一分	六宫十八度五十三分	九宫二十四度三分	五宫三度三十七分	二宫二十二度一十五分	初度三分五十三秒
五年	日一	十宫六度三十四分一秒	八宫七度一十二分	五宫九度一十六分	三宫七度五十五分	初宫十二度二十九分	三宫十五度八分	初度四分五十一秒
六年	木五	九宫二十五度二十九分一十秒	七宫十四度一十六分	三宫二十八度四十五分	八宫二十一度一十九分	七宫二十度四十四分	四宫四度五十五分	初度五分四十九秒
七年	火三	九宫五度二十三分二十八秒	六宫二十二度一十七分	二宫十九度九分	二宫五度一十分	二宫二十九度三十六分	四宫二十七度四十九分	初度六分四十八秒
八年	土七	九宫四度一十八分三十七秒	五宫二十九度二十分	一宫八度三十八分	七宫十八度三十四分	十宫七度五十一分	五宫十七度三十六分	初度七分四十六秒
九年	水四	八宫二十三度一十五分四十六秒	五宫六度二十四分	十一宫二十八度八分	一宫一度五十八分	五宫十六度六分	六宫七度二十三分	初度八分四十四秒

十年	月二	八宫十三度八分三秒	四宫十四度二十四分	十宫十八度三十一分	六宫十五度五十分	初宫二十四度五十七分	七宫初度一十七分	初度九分四十二秒
十一年	金六	八宫二度三分一十二秒	三宫二十一度二十八分	九宫八度一分	十一宫二十九度一十四分	八宫三度一十二分	七宫二十度四分	初度一十分四十秒
十二年	火三	七宫二十度五十八分二十一秒	二宫二十八度二十三分	七宫二十七度三十分	五宫十二度三十七分	三宫十一度三十七分	八宫九度五十一分	初度一十一分三十九秒
十三年	日一	七宫十度五十二分三十八秒	二宫六度三十二分	六宫一十七度五十四分	十宫二十六度二十九分	十宫二十度一十九分	九宫二度四十四分	初度一十二分三十七秒
十四年	木五	六宫二十九度四十七分四十七秒	一宫十三度三十六分	五宫七度二十三分	四宫九度五十三分	五宫二十八度三十四分	九宫二十二度三十二分	初度一十三分三十五秒
十五年	月二	六宫十八度四十二分五十六秒	初宫二十度四十分	三宫二十六度五十三分	九宫二十三度一十七分	一宫六度四十九分	十宫十二度一十九分	初度一十四分三十三秒
十六年	土七	六宫八度三十七分一十二秒	十一宫二十八度四十分	二宫十七度一十六分	三宫七度八分	八宫五度四十一分	十一宫五度一十二分	初度一十五分三十二秒
十七年	水四	五宫二十七度三十二分二十二秒	十一宫五度四十四分	一宫六度四十六分	八宫二十度三十二分	三宫二十三度五十六分	十一宫二十四度五十九分	初度一十六分三十秒
十八年	月二	五宫十七度二十六分四十秒	十宫十三度四十五分	十一宫二十七度九分	二宫四度二十四分	十一宫二度四十八分	初宫十七度五十三分	初度一十七分二十八秒
十九年	金六	五宫六度二十一分四十九秒	九宫二十度四十八分	十宫十六度三十九分	七宫十七度四十八分	六宫十一度三分	一宫七度四十分	初度一十八分二十六秒
二十年	火三	四宫二十五度一十六分五十八秒	八宫二十七度五十二分	九宫六度八分	一宫一度一十二分	一宫十九度一十八分	一宫二十七度二十七分	初度一十九分二十四秒

二十一年	日一	四宮十五度一十一分一十五秒	八宮五度五十三分	七宮二十六度三十二分	六宮十五度三分	八宮二十八度一十分	二宮二十度二十一分	初度二十分二十三秒
二十二年	木五	四宮四度六分二十四秒	七宮十二度五十七分	六宮十六度一分	十一宮二十八度二十七分	四宮六度二十五分	三宮十度八分	初度二十一分二十一秒
二十三年	月二	三宮二十三度一分三十三秒	六宮二十度〇分	五宮五度三十一分	五宮十一度五十一分	十一宮十四度四十分	三宮二十九度五十五分	初度二十二分一十九秒
二十四年	土七	三宮十二度五十五分五十秒	五宮二十八度〇分	三宮二十五度五十四分	十宮二十五度四十三分	六宮二十三度三十二分	四宮二十二度四十八分	初度二十三分一十七秒
二十五年	水四	三宮一度五十分五十九秒	五宮五度四分	二宮十五度二十四分	四宮九度六分	二宮一度四十七分	五宮十二度三十五分	初度二十四分一十六秒
二十六年	月二	二宮二十一度四十五分一十六秒	四宮十三度五分	一宮五度四十七分	九宮二十二度五十八分	九宮十度三十九分	六宮五度二十九分	初度二十五分一十四秒
二十七年	金六	二宮十度四十分二十五秒	三宮二十度八分	十一宮二十五度一十七分	三宮六度二十二分	四宮十八度五十四分	六宮二十五度一十六分	初度二十六分一十二秒
二十八年	火三	一宮二十九度三十五分三十四秒	二宮二十七度一十二分	十宮十四度四十六分	八宮十九度四十六分	十一宮二十七度九分	七宮十五度三分	初度二十七分一十秒
二十九年	日一	一宮十九度二十九分五十二秒	二宮五度一十三分	九宮五度一十分	二宮三度三十七分	七宮六度〇分	八宮七度五十七分	初度二十八分九秒
三十年	木五	一宮八度二十五分一秒	一宮十二度一十六分	七宮二十四度三十九分	七宮十七度一分	二宮十四度一十五分	八宮二十七度四十四分	初度二十九分七秒

日五星中行月分立成

月分	七曜	日中行度	土星自行度	木星自行度	火星自行度	金星自行度	水星自行度	日五星最高行度分
一月大	月二	初宫二十九度三十四分一十秒	初宫二十八度三十四分	初宫二十七度五分	初宫十三度五十一分	初宫十八度三十分	三宫三度一十二分	○分四秒五十六微
二月小	火三	一宫二十八度九分一十二秒	一宫二十六度一十一分	一宫二十三度一十五分	初宫二十七度一十四分	一宫六度二十二分	六宫三度一十八分	○分九秒四十二微
三月大	木五	二宫二十七度四十三分二十一秒	二宫二十四度四十四分	二宫二十度一十九分	一宫十一度五分	一宫二十四度五十二分	九宫六度三十分	○分一十四秒二十七微
四月小	金六	三宫二十六度一十八分二十三秒	三宫二十二度二十一分	三宫十六度三十分	一宫二十四度二十八分	二宫十二度四十五分	初宫六度三十六分	○分一十九秒二十三微
五月大	日一	四宫二十五度五十二分三十三秒	四宫二十度五十五分	四宫十三度三十四分	二宫八度一十九分	三宫一度一十五分	三宫九度四十八分	○分二十四秒一十九微
六月小	月二	五宫二十四度二十七分三十四秒	五宫十八度三十二分	五宫九度四十五分	二宫二十一度四十二分	三宫十九度七分	六宫九度五十四分	○分二十九秒五微
七月大	水四	六宫二十四度一分四十四秒	六宫十七度六分	六宫六度四十九分	三宫五度三十三分	四宫七度三十七分	九宫十三度六分	○分三十四秒一微
八月小	木五	七宫二十二度三十六分四十六秒	七宫十四度四十二分	七宫三度○分	三宫十八度五十六分	四宫二十五度三十分	初宫十三度一十一分	○分三十八秒四十七微
九月大	土七	八宫二十二度一十分五十六秒	八宫十三度一十六分	八宫初度四分	四宫二度四十七分	五宫十四度○分	三宫十六度二十四分	○分四十三秒四十二微

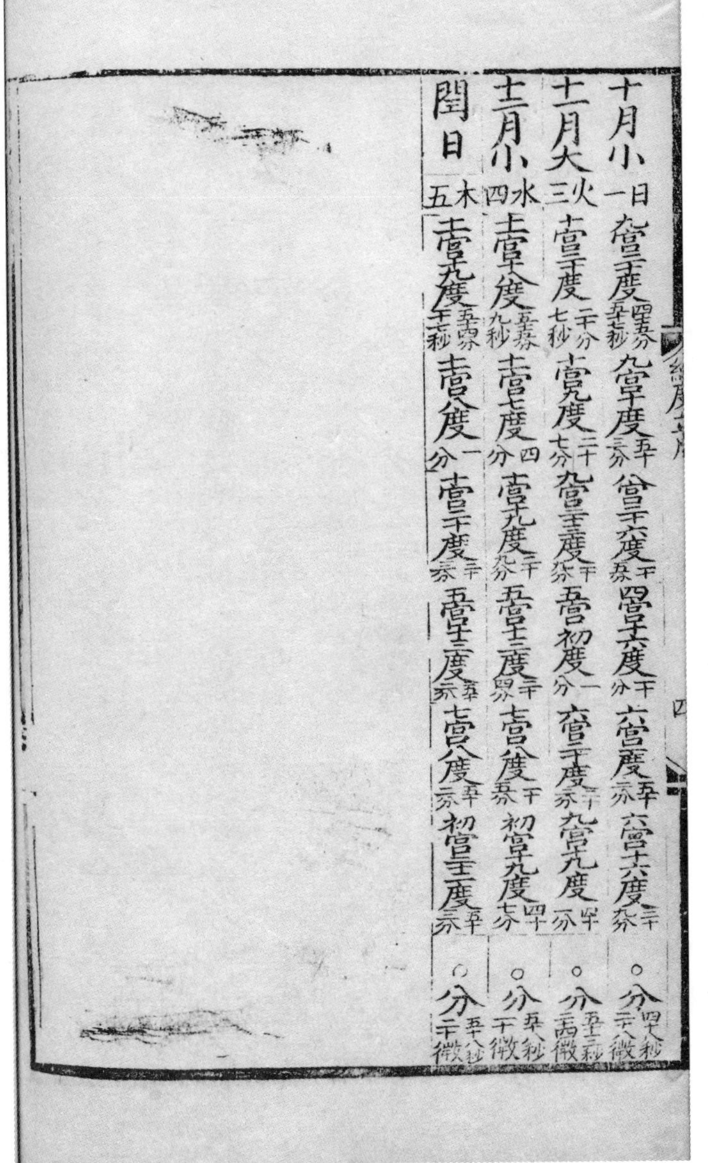

十月小	日一	九宫二十度四十五分五十七秒	九宫十度五十三分	八宫二十六度一十五分	四宫十六度一十分	六宫一度五十二分	六宫十六度三十九分	○分四十八秒二十八微
十一月大	火三	十宫二十度二十分七秒	十宫九度二十七分	九宫二十三度一十九分	五宫初度一分	六宫二十度二十二分	九宫十九度四十一分	○分五十三秒二十四微
十二月小	水四	十一宫十八度五十五分九秒	十一宫七度四分	十宫十九度二十九分	五宫十三度二十四分	七宫八度一十五分	初宫十九度四十七分	○分五十八秒一十微
閏日	木五	十一宫十九度五十四分一十七秒	十一宫八度一分	十宫二十度二十三分	五宫十三度五十二分	七宫八度五十二分	初宫二十二度五十三分	○分五十八秒二十微

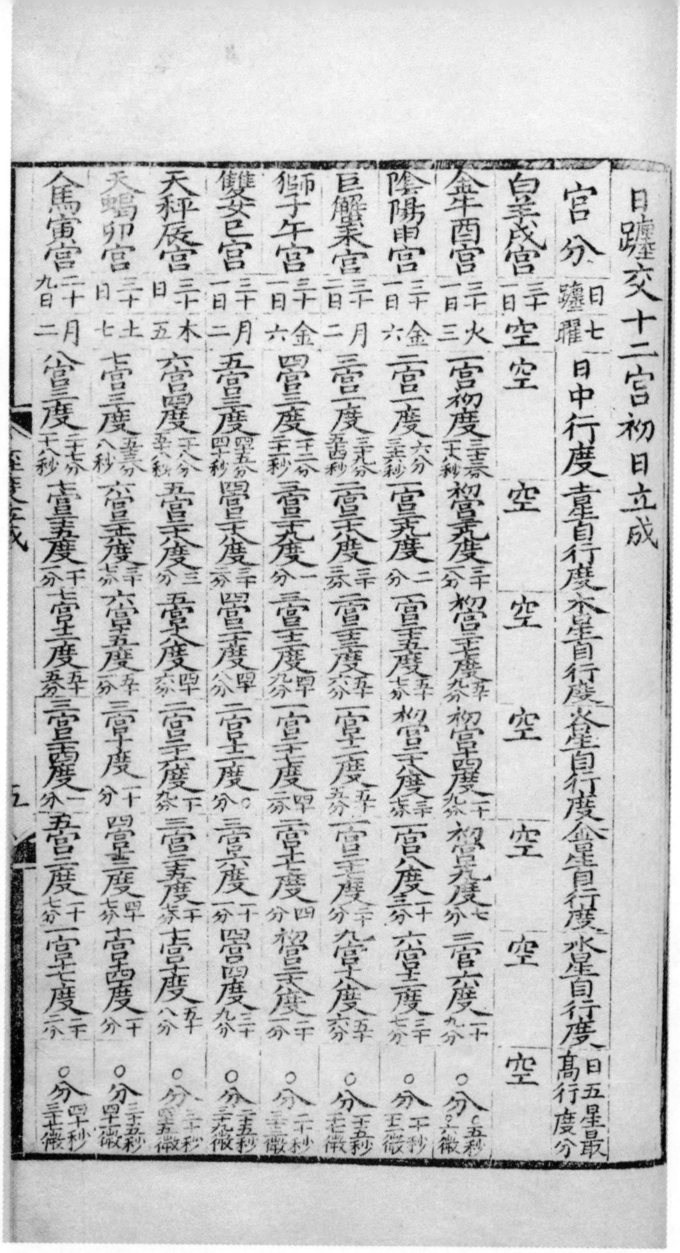

日躔交十二宫初日立成

宫分	日躔	七曜	日中行度	土星自行度	木星自行度	火星自行度	金星自行度	水星自行度	日五星最高行度分
白羊戌宫	三十一日	空	空	空	空	空	空	空	空
金牛酉宫	三十一日	火三	一宫初度三十三分一十八秒	初宫二十九度三十一分	初宫二十七度五十九分	初宫十四度一十九分	初宫九度七分	三宫六度一十九分	○分○五秒○六微
陰陽申宫	三十一日	金六	二宫一度六分三十六秒	一宫二十九度二分	一宫二十五度五十七分	初宫二十八度三十七分	一宫八度一十三分	六宫十二度三十七分	○分一十秒一十二微
巨蟹未宫	三十二日	月二	三宫一度三十九分五十四秒	二宫二十八度三十三分	二宫二十三度五十六分	一宫十二度五十五分	一宫二十七度二十分	九宫十八度五十六分	○分一十五秒一十七微
獅子午宫	三十一日	金六	四宫三度一十二分二十一秒	三宫二十九度一分	三宫二十二度四十九分	一宫二十七度四十二分	二宫十七度四分	初宫二十八度二十一分	○分二十秒三十三微
雙女巳宫	三十一日	月二	五宫三度四十五分四十秒	四宫二十八度三十二分	四宫二十度四十八分	二宫十二度○分	三宫六度一十一分	四宫四度三十九分	○分二十五秒三十九微
天秤辰宫	三十日	木五	六宫四度一十八分五十八秒	五宫二十八度三分	五宫十八度四十六分	二宫二十六度一十九分	三宫二十五度一十七分	七宫十度五十八分	○分三十秒四十五微
天蝎卯宫	三十日	土七	七宫三度五十三分八秒	六宫二十六度三十七分	六宫十五度五十一分	三宫十度一十分	四宫十三度四十七分	十宫十四度一十分	○分三十五秒四十一微
人馬寅宫	二十九日	月二	八宫三度二十七分一十八秒	七宫二十五度一十一分	七宫十二度五十五分	三宫二十四度一分	五宫二度一十七分	一宫十七度二十二分	○分四十秒三十七微

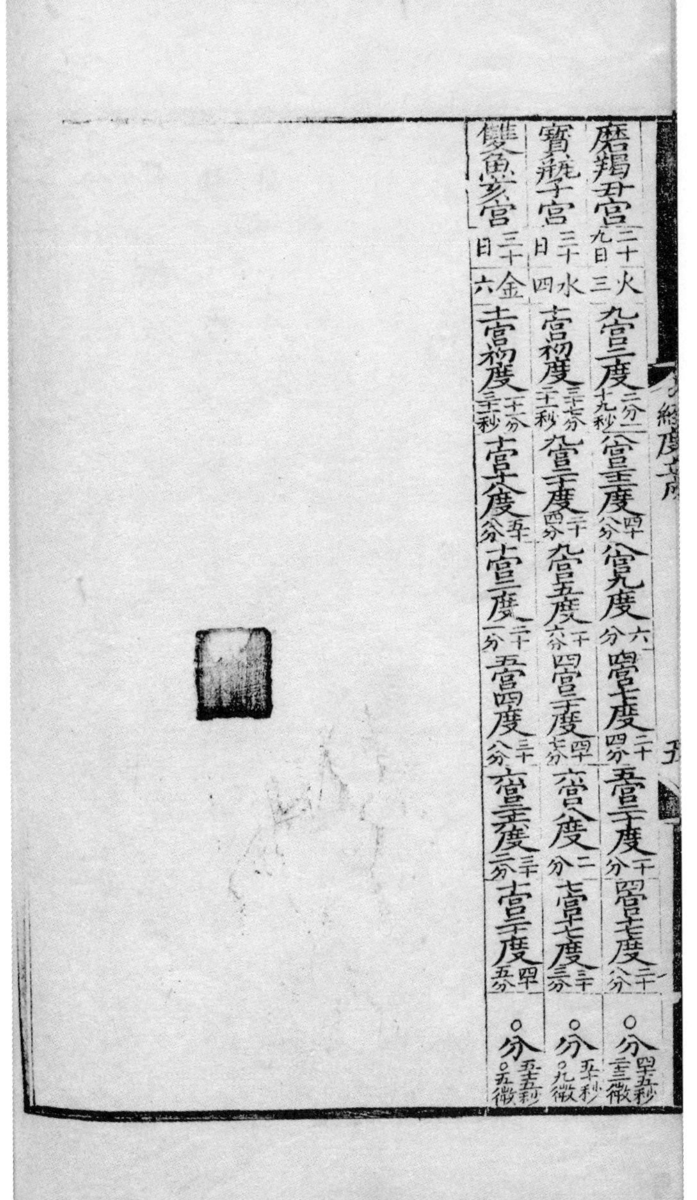

磨羯丑宮	二十九日	火三	九宮二度二分一十九秒	八宮二十二度四十八分	八宮九度六分	四宮七度二十四分	五宮二十度一十分	四宮十七度二十八分	○分四十五秒二十三微
寶瓶子宮	三十日	水四	十宮初度三十七分二十一秒	九宮二十度二十四分	九宮五度一十六分	四宮二十度四十七分	六宮八度二分	七宮十七度三十三分	○分五十秒○九微
雙魚亥宮	三十日	金六	十一宮初度一十一分三十一秒	十宮十八度五十八分	十宮二度二十一分	五宮四度三十八分	六宮二十六度三十二分	十宮二十度四十五分	○分五十五秒○五微

日五星中行日分立成

日分	七曜	日中行度	土星自行度	木星自行度	火星自行度	金星自行度	水星自行度	日五星最高行度分
一日	日一	初宫初度五十九分八秒	初宫初度五十七分	初宫初度五十四分	初宫初度二十八分	初宫初度三十七分	初宫三度六分	〇分〇秒一十 微
二日	月二	一度五十八分一十七秒	一宫五十四分	一度四十八分	初度五十五四分	一度一十四分	六度一十三分	〇分〇秒二十 微
三日	火三	二度五十七分二十五秒	二度五十一分	二度四十二分	一度二十三分	一度五十一分	九度一十九分	〇分〇秒三十 微
四日	水四	三度五十六分三十二秒	三度四十八分	三度三十七分	一度五十一分	二度二十八分	十二度二十六分	〇分〇秒三十九微
五日	木五	四度五十五分四十二秒	四度四十六分	四度三十一分	二度一十八分	三度五分	十五度三十二分	〇分〇秒四十九微
六日	金六	五度五十四分五十秒	五度四十三分	五度二十五分	二度四十六分	三度四十二分	十八度三十八分	〇分〇秒五十九微
七日	土七	六度五十三分五十八秒	六度四十分	六度一十九分	三度一十四分	四度一十九分	二十一度四十五分	〇分一秒九微
八日	日一	七度五十三分七秒	七度三十七分	七度一十三分	三度四十二分	四度五十六分	二十四度五十一分	〇分一秒一十九微
九日	月二	八度五十二分一十五秒	八度三十四分	八度七分	四度九分	五度三十三分	二十七度五十八分	〇分一秒二十九微

十日	火三	九度五十一分二十二秒	九度三十一分	九度一分	四度三十七分	六度一十分	一宫一度四分	○分一秒三十九微
十一日	水四	十度五十分三十二秒	十度二十八分	九度五十六分	五度五分	六度四十七分	四度一十分	○分一秒四十八微
十二日	木五	十一度四十九分四十秒	十一度二十六分	十度五十分	五度三十二分	七度二十四分	七度一十七分	○分一秒五十八微
十三日	金六	十二度四十八分四十八秒	十二度二十三分	十一度四十四分	六度○分	八度一分	十度二十三分	○分二秒八微
十四日	土七	十三度四十七分五十七秒	十三度二十分	十二度三十八分	六度二十八分	八度三十八分	十三度三十分	○分二秒一十八微
十五日	日一	十四度四十七分○五秒	十四度一十七分	十三度三十三分	六度五十五分	九度一十五分	十六度三十六分	○分二秒二十八微
十六日	月二	十五度四十六分一十三秒	十五度一十四分	十四度二十六分	七度二十三分	九度五十二分	十九度四十三分	○分二秒三十八微
十七日	火三	十六度四十五分二十二秒	十六度一十一分	十五度二十一分	七度五十一分	十度二十九分	二十二度四十九分	○分二秒四十八微
十八日	水四	十七度四十四分三十秒	十七度八分	十六度一十五分	八度一十八分	十一度六分	二十五度五十五分	○分二秒五十七微
十九日	木五	十八度四十三分三十八秒	十八度五分	十七度九分	八度四十六分	十一度四十三分	二十九度二分	○分三秒七微
二十日	金六	十九度四十二分四十七秒	十九度三分	十八度三分	九度一十四分	十二度二十分	二宫二度八分	○分三秒一十七微

二十一日	土七	初宫二十度四十一分五十五秒	初宫二十度〇分	初宫十八度五十七分	初宫九度四十二分	初宫十二度五十七分	二宫五度一十四分	〇分三秒二十七微
二十二日	日一	二十一度四十一分三秒	二十度五十七分	十九度五十一分	十度九分	十三度三十四分	八度二十一分	〇分三秒三十七微
二十三日	月二	二十二度四十分一十二秒	二十一度五十四分	二十度四十五分	十度三十七分	十四度一十一分	十一度二十七分	〇分三秒四十七微
二十四日	火三	二十三度三十分三十秒	二十二度五十一分	二十一度四十分	十一度五分	十四度四十八分	十四度三十四分	〇分三秒五十七微
二十五日	水四	二十四度三十八分二十八秒	二十三度四十八分	二十二度三十四分	十一度三十二分	十五度二十五分	十七度四十分	〇分四秒六微
二十六日	木五	二十五度三十七分三十七秒	二十四度四十五分	二十三度二十八分	十二度〇分	十六度二分	二十度四十六分	〇分四秒一十六微
二十七日	金六	二十六度三十六分四十五秒	二十五度四十二分	二十四度二十二分	十二度二十八分	十六度三十九分	二十三度五十三分	〇分四秒二十六微
二十八日	土七	二十七度三十五分五十三秒	二十六度四十分	二十五度一十六分	十二度五十五分	十七度一十六分	二十六度五十九分	〇分四秒三十六微
二十九日	日一	二十八度三十五分二秒	二十七度三十七分	二十六度一十分	十三度二十三分	十七度五十三分	三宫初度六分	〇分四秒四十六微
三十日	月二	二十九度三十四分一十秒	二十八度三十四分	二十七度五分	十三度五十一分	十八度三十分	三度一十二分	〇分四秒五十六微

太陰經度總年立成

總年	七曜	中心行度	加倍相離度	本輪行度	羅計中心行度
一年	金六	四宮二十八度四十九分	一宮二十五度二十八分	四宮十二度一十一分	七宮二十三度六分
六百年	日一	六宮八度四十二分	一宮十八度三十三分	八宮八度八分	十一宮二度三十四分
六百三十年	金六	七宮十六度五十七分	一宮十八度一十三分	六宮一度五十五分	五宮二十五度三十三分
六百六十年	水四	八宮二十五度一十二分	一宮十七度五十四分	三宮二十五度四十一分	初宮十八度三十一分
六百九十年	月二	十宮三度二十七分	一宮十七度三十四分	一宮十九度二十八分	七宮十一度三十分
七百二十年	土七	十一宮十一度四十二分	一宮十七度三十四分	十一宮十三度一十五分	二宮四度二十八分
七百五十年	木五	初宮十九度五十八分	一宮十六度五十四分	九宮七度二分	八宮二十七度二十六分
七百八十年	火三	一宮二十八度一十三分	一宮十六度三十五分	七宮初度四十九分	三宮二十度二十五分
八百一十年	日一	三宮六度二十八分	一宮十六度一十五分	四宮二十四度三十六分	十宮十三度二十三分

八百四十年	金六	四宫十四度四十三分	一宫十五度五十五分	二宫十八度二十二分	五宫六度二十二分
八百七十年	水四	五宫二十二度五十八分	一宫十五度三十六分	初宫十二度九分	十一宫二十九度二十分
九百年	月二	七宫一度一十三分	一宫十五度一十六分	十宫五度五十六分	六宫二十二度一十九分
九百三十年	土七	八宫九度二十八分	一宫十四度五十六分	七宫二十九度四十三分	一宫十五度一十七分
九百六十年	木五	九宫十七度四十四分	一宫十四度三十六分	五宫二十三度三十分	八宫八度一十五分
九百九十年	火三	十宫二十五度五十九分	一宫十四度一十七分	三宫十七度一十六分	三宫一度一十四分
一千二十年	日一	初宫四度一十四分	一宫十三度五十七分	一宫十一度三分	九宫二十四度一十二分
一千五十年	金六	一宫十二度二十九分	一宫十三度三十七分	十一宫四度五十分	四宫十七度一十一分
一千八十年	水四	二宫二十度四十四分	一宫十三度一十七分	八宫二十八度三十七分	十一宫十度九分
一千一百一十年	月二	三宫二十八度五十九分	一宫十二度五十八分	六宫二十二度二十四分	六宫三度八分
一千一百四十年	土七	五宫七度一十四分	一宫十二度三十八分	四宫十六度一十分	初宫二十六度六分

日本國立公文書館藏《回回曆法》明刊本

一千一百七十年	木五	六宮十五度三十分	一宮十二度一十八分	二宮九度五十七分	七宮十九度四分
一千二百年	火三	七宮二十三度四十五分	一宮十一度五十九分	初宮三度四十四分	二宮十二度三分
一千二百三十年	日一	九宮二度〇分	一宮十一度三十九分	九宮二十七度三十一分	九宮五度一分
一千二百六十年	金六	十宮十度一十五分	一宮十一度一十九分	七宮二十一度一十八分	三宮二十八度〇分
一千二百九十年	水四	十一宮十八度三十分	一宮十度五十九分	五宮十五度五分	十宮二十度五十八分
一千三百二十年	月二	初宮二十六度四十五分	一宮十度四十分	三宮八度五十一分	五宮十三度五十七分
一千三百五十年	土七	二宮五度〇分	一宮十度二十分	一宮二度三十八分	初宮六度五十五分
一千三百八十年	木五	三宮十三度一十六分	一宮十度〇分	十宮二十六度二十五分	六宮二十九度五十三分
一千四百一十年	火三	四宮二十一度三十一分	一宮九度四十分	八宮二十度一十二分	一宮二十二度五十二分
一千四百四十年	日一	五宮二十九度四十七分	一宮九度二十一分	六宮十四度九分	八宮十五度五十分

太陰經度零年立成

零年 七曜 中心行度 加倍相離度 本輪行度 羅計中心行度

一年 水四 十一宮十四度二十七分 十一宮二十一度三分 十宮五度○分 初宮十八度四十五分

二年 月二 十一宮十二度四分 初宮六度二十九分 八宮二十三度四分 一宮七度三十三分

三年 金六 十宮二十六度三十分 十一宮二十七度三十二分 六宮二十八度四分 一宮二十六度一十八分

四年 火三 十宮十度五十七分 十一宮十八度三十五分 五宮三度四分 二宮十五度二分

五年 日一 十宮八度三十四分 初宮四度一分 三宮二十一度八分 三宮三度五十分

六年 木五 九宮二十三度一分 十一宮二十五度三分 一宮二十六度九分 三宮二十二度三十五分

七年 火三 九宮二十度三十八分 初宮十度二十九分 初宮十四度一十三分 四宮十一度二十三分

八年 土七 九宮五度五分 初宮一度三十二分 十宮十九度一十三分 五宮初度八分

九年 水四 八宮十九度三十一分 十一宮二十二度三十五分 八宮二十四度一十三分 五宮十八度五十三分

太陰經度零年立成

零年	七曜	中心行度	加倍相離度	本輪行度	羅計中心行度
一年	水四	十一宮十四度二十七分	十一宮二十一度三分	十宮五度〇分	初宮十八度四十五分
二年	月二	十一宮十二度四分	初宮六度二十九分	八宮二十三度四分	一宮七度三十三分
三年	金六	十宮二十六度三十分	十一宮二十七度三十二分	六宮二十八度四分	一宮二十六度一十八分
四年	火三	十宮十度五十七分	十一宮十八度三十五分	五宮三度四分	二宮十五度二分
五年	日一	十宮八度三十四分	初宮四度一分	三宮二十一度八分	三宮三度五十分
六年	木五	九宮二十三度一分	十一宮二十五度三分	一宮二十六度九分	三宮二十二度三十五分
七年	火三	九宮二十度三十八分	初宮十度二十九分	初宮十四度一十三分	四宮十一度二十三分
八年	土七	九宮五度五分	初宮一度三十二分	十宮十九度一十三分	五宮初度八分
九年	水四	八宮十九度三十一分	十一宮二十二度三十五分	八宮二十四度一十三分	五宮十八度五十三分

十年	月二	八宮十七度九分	初宮八度一分	七宮十二度一十七分	六宮七度四十一分
十一年	金六	八宮一度三十五分	十一宮二十九度四分	五宮十七度一十七分	六宮二十六度二十五分
十二年	火三	七宮十六度二分	十一宮二十度六分	三宮二十二度一十七分	七宮十五度一十分
十三年	日一	七宮十三度三十九分	初宮五度三十三分	二宮十度二十一分	八宮三度五十八分
十四年	木五	六宮二十八度六分	十一宮二十六度三十六分	初宮十五度二十一分	八宮二十二度四十三分
十五年	月二	六宮十二度三十二分	十一宮十七度三十九分	十宮二十度二十一分	九宮十一度二十八分
十六年	土七	六宮十度九分	初宮三度五分	九宮八度二十五分	十宮 初度一十三分
十七年	水四	五宮二十四度三十六分	十一宮二十四度七分	七宮十三度二十六分	十宮十九度〇分
十八年	月二	五宮二十二度一十六分	初宮九度三十三分	六宮一度三十分	十一宮七度四十八分
十九年	金六	五宮六度四十分	初宮初度三十六分	四宮六度三十分	十一宮二十六度三十三分
二十年	火三	四宮二十一度七分	十一宮二十一度三十九分	二宮十一度三十分	初宮十五度一十分

二十一年	日一	四宮十八度四十四分	初宮七度五分	初宮二十九度三十四分	一宮四度六分
二十二年	木五	四宮三度一十分	十一宮二十八度八分	十一宮四度三十四分	一宮二十二度五十一分
二十三年	月二	三宮十七度三十七分	十一宮十九度一十一分	九宮九度三十四分	三宮十一度三十五分
二十四年	土七	三宮十五度一十四分	初宮四度三十七分	七宮二十七度三十八分	二宮初度二十三分
二十五年	水四	二宮二十九度四十一分	十一宮二十五度四十分	六宮二度三十八分	三宮十九度九分
二十六年	月二	二宮二十七度一十八分	初宮十一度六分	四宮二十度四十二分	四宮七度五十六分
二十七年	金六	二宮十一度四十五分	初宮二度九分	二宮二十五度四十三分	四宮二十六度四十一分
二十八年	火三	一宮二十六度一十一分	十一宮二十三度一十一分	一宮初度四十三分	五宮十五度二十六分
二十九年	日一	一宮二十三度四十九分	初宮八度三十七分	十一宮十八度四十七分	六宮四度一十四分
三十年	木五	一宮八度一十五分	十一宮二十九度四十分	九宮二十二度四十七分	六宮二十二度五十八分

一一六　日本國立公文書館藏《回回曆法》明刊本

太陰經度月分立成

月分　七曜　中心行度　加倍相離度　本輪行度　羅計中心行度
一月大　月二　一宮五度一十七分　初宮十一度二十七分　一宮一度五十七分　初宮一度三十五分
二月小　火三　一宮二十七度二十四分　十一宮二十八度三十分　一宮二十度五十分　初宮三度七分
三月大　木五　三宮二度四十二分　初宮九度五十七分　二宮二十二度四十七分　初宮四度四十三分
四月小　金六　三宮二十四度四十九分　十一宮二十七度一分　三宮十一度四十分　初宮六度一十五分
五月大　日一　五宮初度六分　初宮八度二十八分　四宮十三度三十七分　初宮七度五十分
六月小　月二　五宮二十二度一十三分　十一宮二十五度三十一分　五宮三度三十分　初宮九度二十二分
七月大　水四　六宮二十七度三十一分　初宮六度五十八分　六宮四度二十七分　初宮十度五十八分
八月小　木五　七宮十九度三十八分　十一宮二十四度二分　六宮二十三度二十分　初宮十二度三十分
九月大　土七　八宮二十四度五十五分　初宮五度二十九分　七宮二十五度一十七分　初宮十四度五分

太陰經度月分立成

月分	七曜	中心行度	加倍相離度	本輪行度	羅計中心行度
一月大	月二	一宮五度一十七分	初宮十一度二十七分	一宮一度五十七分	初宮一度三十五分
二月小	火三	一宮二十七度二十四分	十一宮二十八度三十分	一宮二十度五十分	初宮三度七分
三月大	木五	三宮二度四十二分	初宮九度五十七分	二宮二十二度四十七分	初宮四度四十三分
四月小	金六	三宮二十四度四十九分	十一宮二十七度一分	三宮十一度四十分	初宮六度一十五分
五月大	日一	五宮初度六分	初宮八度二十八分	四宮十三度三十七分	初宮七度五十分
六月小	月二	五宮二十二度一十三分	十一宮二十五度三十一分	五宮三度三十分	初宮九度二十二分
七月大	水四	六宮二十七度三十一分	初宮六度五十八分	六宮四度二十七分	初宮十度五十八分
八月小	木五	七宮十九度三十八分	十一宮二十四度二分	六宮二十三度二十分	初宮十二度三十分
九月大	土七	八宮二十四度五十五分	初宮五度二十九分	七宮二十五度一十七分	初宮十四度五分

十月小 日一 九宮十七度二分 十一宮二十二度三十二分 八宮十四度一十分 初宮十五度三十七分
十一月大 火三 十宮二十二度二十分 初宮三度五十九分 九宮十六度七分 初宮十七度一十三分
十二月小 水四 十一宮十四度二十七分 十一宮二十一度三分 十宮五度〇分 初宮十八度四十五分
閏日 木五 十一宮二十七度三十八分 初宮十五度二十六分 十宮十八度四分 初宮十八度四十八分

十月小	日一	九宮十七度二分	十一宮二十二度三十二分	八宮十四度一十分	初宮十五度三十七分
十一月大	火三	十宮二十二度二十分	初宮三度五十九分	九宮十六度七分	初宮十七度一十三分
十二月小	水四	十一宮十四度二十七分	十一宮二十一度三分	十宮五度〇分	初宮十八度四十五分
閏日	木五	十一宮二十七度三十八分	初宮十五度二十六分	十宮十八度四分	初宮十八度四十八分

太陰經度日躔交十二宫初日立成

宫分	日躔	七曜	中心行度	加倍相離度	本輪行度	羅計中心行度
白羊戌宫	三十一日	空	空	空	空	空
金牛酉宫	三十一日	火三	一宫十八度二十八分	一宫五度五十分	一宫五度一分	初宫一度三十八分
陰陽申宫	三十一日	金六	三宫六度五十六分	二宫十一度三十九分	三宫初度二分	初宫三度一十七分
巨蟹未宫	三十二日	月二	四宫二十五度二十四分	三宫十七度二十九分	四宫十五度三分	初宫四度五十六分
獅子午宫	三十一日	金六	六宫二十七度三分	五宫十七度四十一分	六宫十三度七分	初宫六度三十七分
雙女巳宫	三十一日	月二	八宫十五度三十一分	六宫二十三度三十一分	七宫二十八度八分	初宫八度一十六分
天秤辰宫	三十日	木五	十宫三度五十九分	七宫二十九度二十分	九宫十三度九分	初宫九度五十四分
天蝎卯宫	三十日	土七	十一宫九度一十七分	八宫十度四十七分	十宫十五度六分	初宫十一度二十九分
人馬寅宫	二十九日	月二	初宫十四度三十四分	八宫二十二度一十四分	十一宫十七度三分	初宫十三度五分

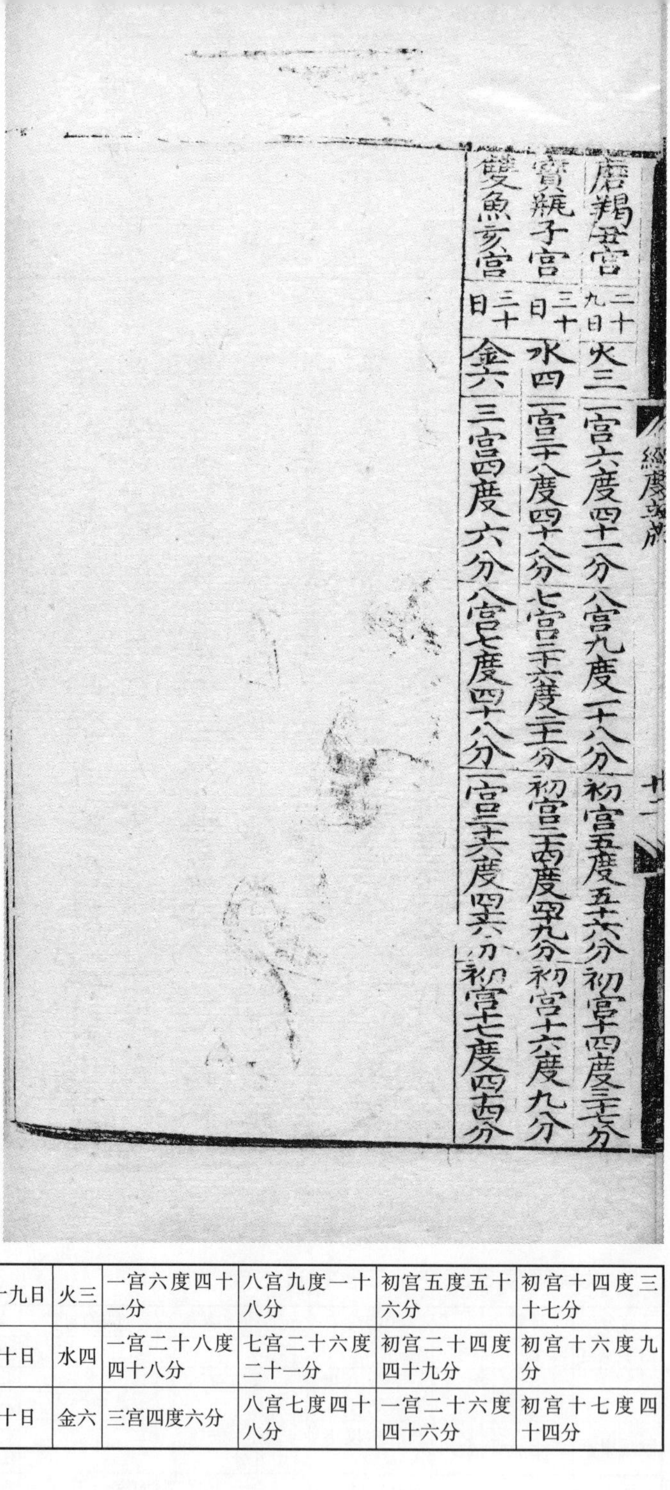

摩羯丑宫	二十九日	火三	一宫六度四十一分	八宫九度一十八分	初宫五度五十六分	初宫十四度三十七分
實瓶子宫	三十日	水四	一宫二十八度四十八分	七宫二十六度二十一分	初宫二十四度四十九分	初宫十六度九分
雙魚亥宫	三十日	金六	三宫四度六分	八宫七度四十八分	一宫二十六度四十六分	初宫十七度四十四分

太陰經度日分立成

日分	七曜	中心行度	加倍相離度	本輪行度	羅計中心行度
一日	日一	初宫十三度一十一分	初宫二十四度二十三分	初宫十三度四分	初宫初度三分
二日	月二	初宫二十六度二十一分	一宫十八度四十六分	初宫二十六度八分	六分
三日	火三	一宫九度三十二分	二宫十三度九分	二宫九度一十二分	一十分
四日	水四	一宫二十二度四十二分	三宫七度三十二分	一宫二十二度一十六分	十三分
五日	木五	二宫五度五十三分	四宫一度五十四分	二宫五度一十九分	十六分
六日	金六	二宫十九度三分	四宫二十六度一十七分	二宫十八度二十三分	十九分
七日	土七	三宫二度一十四分	五宫二十度四十分	三宫一度二十七分	二十二分
八日	日一	三宫十五度二十五分	六宫十五度三分	三宫十四度三十一分	二十五分
九日	月二	三宫二十八度三十五分	七宫九度二十六分	三宫二十七度三十五分	二十九分

十日	火三	四宫十一度四十六分	八宫三度四十九分	四宫十度三十九分	三十二分
十一日	水四	四宫二十四度五十六分	八宫二十八度一十二分	四宫二十三度四十三分	三十五分
十二日	木五	五宫八度七分	九宫二十二度三十五分	五宫六度四十七分	三十八分
十三日	金六	五宫二十一度一十八分	十宫十六度五十八分	五宫十九度五十一分	四十一分
十四日	土七	六宫四度二十八分	十一宫十一度二十分	六宫二度五十五分	四十四分
十五日	日一	六宫十七度三十九分	初宫五度四十三分	六宫十五度五十八分	四十八分
十六日	月二	七宫初度四十九分	一宫初度六分	六宫二十九度二分	五十一分
十七日	火三	七宫十四度〇分	一宫二十四度二十九分	七宫十二度六分	五十四分
十八日	水四	七宫二十七度一十分	二宫十八度五十二分	七宫二十五度一十分	五十七分
十九日	木五	八宫十度二十一分	三宫十三度一十五分	八宫八度一十四分	一度〇分
二十日	金六	八宫二十三度三十二分	四宫七度三十八分	八宫二十一度一十八分	四分

二十一日	土七	九宫六度四十二分	五宫二度一分	九宫四度二十二分	初宫一度七分
二十二日	日一	九宫十九度五十三分	五宫二十六度二十四分	九宫十七度二十六分	一十分
二十三日	月二	十宫三度三分	六宫二十度四十六分	十宫初度三十分	一十三分
二十四日	火三	十宫十六度一十四分	七宫十五度九分	十宫十三度三十四分	一十六分
二十五日	水四	十宫二十九度二十五分	八宫九度三十二分	十宫二十六度三十七分	一十九分
二十六日	木五	十一宫十二度三十五分	九宫三度五十五分	十一宫九度四十一分	二十三分
二十七日	金六	十一宫二十五度四十六分	九宫二十八度一十八分	十一宫二十二度四十五分	二十六分
二十八日	土七	初宫八度五十六分	十宫二十二度四十一分	初宫五度四十九分	二十九分
二十九日	日一	初宫二十二度七分	十一宫十七度四分	初宫十八度五十三分	三十二分
三十日	月二	一宫五度一十七分	初宫十一度二十七分	一宫一度五十七分	三十五分

太陽加減立成

自行宫度	初宫		一宫		二宫	
	加減差	加減分	加減差	加減分	加減差	加減分
初度	初度○分	二分二秒	初度五十八分三十五秒	一分四十七秒	一度四十二分四十五秒	一分四秒
一度	二分二秒	二分二秒	一度○分二十二秒	一分四十六秒	四十三分四十九秒	一分三秒
二度	四分四秒	二分二秒	二分八秒	一分四十五秒	四十四分五十二秒	一分一秒
三度	六分六秒	二分二秒	三分五十三秒	一分四十四秒	四十五分五十三秒	○分五十九秒
四度	八分八秒	二分二秒	五分三十七秒	一分四十三秒	四十六分五十二秒	○分五十七秒
五度	十分一十秒	二分二秒	七分二十秒	一分四十一秒	四十七分四十九秒	○分五十五秒
六度	十二分一十二秒	二分一秒	九分一秒	一分四十秒	四十八分四十四秒	○分五十三秒
七度	十四分一十三秒	二分二秒	十分四十一秒	一分三十九秒	四十九分三十七秒	○分五十一秒

八度	十六分一十五秒	二分一秒	十二分二十秒	一分三十八秒	五十分二十八秒	○分四十九秒
九度	十八分一十六秒	二分一秒	十三分五十八秒	一分三十七秒	五十一分一十七秒	○分四十七秒
十度	二十分一十七秒	二分○秒	十五分三十五秒	一分三十五秒	五十二分四秒	○分四十六秒
十一度	二十二分一十七秒	二分○秒	十七分一十秒	一分三十四秒	五十二分五十秒	○分四十四秒
十二度	二十四分一十六秒	二分○秒	十八分四十四秒	一分三十三秒	五十三分三十四秒	○分四十二秒
十三度	二十六分一十六秒	一分五十九秒	二十分一十七秒	一分三十二秒	五十四分一十六秒	○分四十秒
十四度	二十八分一十五秒	一分五十九秒	二十一分四十九秒	一分三十秒	五十四分五十六秒	○分三十八秒
十五度	三十分一十五秒	一分五十八秒	二十三分一十九秒	一分二十八秒	五十五分三十四秒	○分三十五秒
十六度	三十二分一十三秒	一分五十七秒	二十四分四十七秒	一分二十七秒	五十六分九秒	○分三十三秒
十七度	三十四分一十秒	一分五十七秒	二十六分一十四秒	一分二十六秒	五十六分四十二秒	○分三十一秒
十八度	三十六分七秒	一分五十六秒	二十七分四十秒	一分二十四秒	五十七分二十三秒	○分二十九秒

十九度	初度三十八分三秒	一分五十六秒	一度二十九分四秒	一分二十三秒	一度五十七分四十二秒	○分二十七秒
二十度	三十九分五十九秒	一分五十五秒	三十分二十七秒	一分二十一秒	五十八分九秒	○分二十五秒
二十一度	四十一分五十四秒	一分五十四秒	三十一分四十八秒	一分二十秒	五十八分三十四秒	○分二十三秒
二十二度	四十三分四十八秒	一分五十四秒	三十三分八秒	一分一十八秒	五十八分五十七秒	○分二十一秒
二十三度	四十五分四十二秒	一分五十三秒	三十四分二十六秒	一分一十六秒	五十九分一十八秒	○分一十九秒
二十四度	四十七分三十五秒	一分五十二秒	三十五分四十二秒	一分一十五秒	五十九分三十七秒	○分一十七秒
二十五度	四十九分二十七秒	一分五十一秒	三十六分五十七秒	一分一十三秒	五十九分五十四秒	○分一十四秒
二十六度	五十一分一十八秒	一分五十秒	三十八分一十秒	一分一十一秒	二度○分八秒	○分一十二秒
二十七度	五十三分八秒	一分五十秒	三十九分二十一秒	一分一十秒	○分二十秒	○分一十秒
二十八度	五十四分五十八秒	一分四十九秒	四十分三十一秒	一分八秒	○分三十秒	○分八秒
二十九度	五十六分四十七秒	一分四十八秒	四十一分三十九秒	一分六秒	○分三十八秒	○分五秒

太陽加減立成

<table>
<tr><td rowspan="2">自行宮度</td><td colspan="2">三宫</td><td colspan="2">四宫</td><td colspan="2">五宫</td></tr>
<tr><td>加減差</td><td>加減分</td><td>加減差</td><td>加減分</td><td>加減差</td><td>加減分</td></tr>
<tr><td>初度</td><td>二度〇分四十三秒</td><td>〇分三秒</td><td>一度四十六分二十五秒</td><td>一分二秒</td><td>一度二分一十六秒</td><td>一分五十二秒</td></tr>
<tr><td>一度</td><td>〇分四十六秒</td><td>〇分一秒</td><td>四十五分二十三秒</td><td>一分四秒</td><td>〇分二十四秒</td><td>一分五十三秒</td></tr>
<tr><td>二度</td><td>〇分四十七秒</td><td>〇分一秒</td><td>四十四分一十九秒</td><td>一分六秒</td><td>初度五十八分三十一秒</td><td>一分五十五秒</td></tr>
<tr><td>三度</td><td>〇分四十六秒</td><td>〇分三秒</td><td>四十三分一十三秒</td><td>一分八秒</td><td>五十六分三十六秒</td><td>一分五十六秒</td></tr>
<tr><td>四度</td><td>〇分四十三秒</td><td>〇分五秒</td><td>四十二分五秒</td><td>一分一十秒</td><td>五十四分四十秒</td><td>一分五十七秒</td></tr>
<tr><td>五度</td><td>〇分三十八秒</td><td>〇分八秒</td><td>四十分五十五秒</td><td>一分一十二秒</td><td>五十二分四十三秒</td><td>一分五十八秒</td></tr>
<tr><td>六度</td><td>〇分三十秒</td><td>〇分一十秒</td><td>三十九分四十三秒</td><td>一分一十四秒</td><td>五十分四十五秒</td><td>一分五十九秒</td></tr>
<tr><td>七度</td><td>〇分二十秒</td><td>〇分一十二秒</td><td>三十八分二十九秒</td><td>一分一十六秒</td><td>四十八分四十六秒</td><td>二分〇秒</td></tr>
</table>

八度	二度〇分八秒	〇分一十五秒	一度三十七分一十三秒	一分一十七秒	初度四十六分四十六秒	二分一秒
九度	一度五十九分五十三秒	〇分一十七秒	三十五分五十六秒	一分一十八秒	四十四分四十五秒	二分二秒
十度	五十九分三十六秒	〇分一十九秒	三十四分三十八秒	一分二十二秒	四十二分四十三秒	二分三秒
十一度	五十九分一十七秒	〇分二十一秒	三十三分一十六秒	一分二十三秒	四十分四十秒	二分四秒
十二度	五十八分五十六秒	〇分二十三秒	三十一分五十三秒	一分二十五秒	三十八分三十六秒	二分四秒
十三度	五十八分三十三秒	〇分二十五秒	三十分二十八秒	一分二十七秒	三十六分三十二秒	二分五秒
十四度	五十八分八秒	〇分二十七秒	二十九分一秒	一分二十八秒	三十四分二十七秒	二分六秒
十五度	五十七分四十一秒	〇分三十秒	二十七分三十三秒	一分三十秒	三十二分二十一秒	二分六秒
十六度	五十七分一十一秒	〇分三十二秒	二十六分三秒	一分三十二秒	三十分一十五秒	二分七秒
十七度	五十六分三十九秒	〇分三十四秒	二十四分三十一秒	一分三十四秒	二十八分八秒	二分七秒
十八度	五十六分五秒	〇分三十七秒	二十二分五十七秒	一分三十五秒	二十六分一秒	二分八秒

十九度	五十五分二十秒	○分三十九秒	二十一分二十二秒	一分三十七秒	二十三分五十三秒	二分九秒
二十度	五十四分四十九秒	○分四十一秒	十九分四十五秒	一分三十八秒	二十一分四十四秒	二分九秒
二十一度	五十四分八秒	○分四十三秒	十八分七秒	一分四十秒	十九分三十五秒	二分一十秒
二十二度	五十三分二十五秒	○分四十五秒	十六分二十七秒	一分四十二秒	十七分二十五秒	二分一十秒
二十三度	五十二分四十秒	○分四十七秒	十四分四十五秒	一分四十三秒	十五分一十五秒	二分一十秒
二十四度	五十一分五十三秒	○分四十九秒	十三分二秒	一分四十四秒	十三分五秒	二分一十秒
二十五度	五十一分四秒	○分五十一秒	十一分一十八秒	一分四十五秒	十分五十五秒	二分一十一秒
二十六度	五十分一十三秒	○分五十四秒	九分三十三秒	一分四十七秒	八分四十四秒	二分一十一秒
二十七度	四十九分一十九秒	○分五十六秒	七分四十六秒	一分四十九秒	六分三十三秒	二分一十一秒
二十八度	四十八分二十三秒	○分五十八秒	五分五十七秒	一分五十秒	四分二十二秒	二分一十一秒
二十九度	四十七分二十五秒	一分○秒	四分七秒	一分五十一秒	二分一十一秒	二分一十一秒

太陽加减立成

自行宫度	六宫		七宫		八宫	
	加减差	加减分	加减差	加减分	加减差	加减分
初度	初度〇分	二分一十一秒	一度二分一十六秒	一分五十一秒	一度四十六分二十五秒	一分〇秒
一度	二分一十一秒	二分一十一秒	四分七秒	一分五十秒	四十七分二十五秒	〇分五十八秒
二度	四分二十二秒	二分一十一秒	五分五十七秒	一分四十九秒	四十八分二十三秒	〇分五十六秒
三度	六分三十三秒	二分一十一秒	七分四十六秒	一分四十七秒	四十九分一十九秒	〇分五十四秒
四度	八分四十四秒	二分一十一秒	九分三十三秒	一分四十五秒	五十分一十三秒	〇分五十一秒
五度	十分五十五秒	二分一十秒	十一分一十八秒	一分四十四秒	五十一分四秒	〇分四十九秒
六度	十三分五秒	二分一十秒	十三分二秒	一分四十三秒	五十一分五十三秒	〇分四十七秒
七度	十五分一十五秒	二分一十秒	十四分四十五秒	一分四十二秒	五十二分四十秒	〇分四十五秒

八度	十七分二十五秒	二分一十秒	十六分二十七秒	一分四十秒	五十三分二十五秒	○分四十三秒
九度	十九分三十五秒	二分九秒	十八分七秒	一分三十八秒	五十四分八秒	○分四十一秒
十度	二十一分四十四秒	二分九秒	十九分四十五秒	一分三十七秒	五十四分四十九秒	○分三十九秒
十一度	二十三分五十三秒	二分八秒	二十一秒二十二秒	一分三十五秒	五十五分二十八秒	○分三十七秒
十二度	二十六分一秒	二分七秒	二十二分五十七秒	一分三十四秒	五十六分五秒	○分三十四秒
十三度	二十八分八秒	二分七秒	二十四分三十一秒	一分三十二秒	五十六分三十九秒	○分三十二秒
十四度	三十分一十五秒	二分六秒	二十六分三秒	一分三十秒	五十七分一十一秒	○分三十秒
十五度	三十二分二十一秒	二分六秒	二十七分三十三秒	一分二十八秒	五十七分四十一秒	○分二十七秒
十六度	三十四分二十七秒	二分五秒	二十九分一秒	一分二十七秒	五十八分八秒	○分二十五秒
十七度	三十六分三十二秒	二分四秒	三十分二十八秒	一分二十五秒	五十八分三十三秒	○分二十三秒
十八度	三十八分三十六秒	二分四秒	三十一分五十三秒	一分二十三秒	五十八分五十六秒	○分二十一秒

十九度	初度四十分四十秒	二分三秒	一度三十三分一十六秒	一分二十二秒	一度五十九分一十七秒	○分一十九秒
二十度	四十二分四十三秒	二分二秒	三十四分三十八秒	一分一十八秒	五十九分三十六秒	○分一十七秒
二十一度	四十四分四十五分	二分一秒	三十五分五十六秒	一分一十七秒	五十九分五十三秒	○分一十五秒
二十二度	四十六分四十六秒	二分○秒	三十七分一十三秒	一分一十六秒	二度○分八秒	○分一十二秒
二十三度	四十八分四十六秒	一分五十九秒	三十八分二十九秒	一分一十四秒	○分二十秒	○分一十秒
二十四度	五十分四十五秒	一分五十八秒	三十九分四十三秒	一分一十二秒	○分三十秒	○分八秒
二十五度	五十二分四十三秒	一分五十七秒	四十分五十五秒	一分一十秒	○分三十八秒	○分五秒
二十六度	五十四分四十秒	一分五十六秒	四十二分五秒	一分八秒	○分四十三秒	○分三秒
二十七度	五十六分三十六秒	一分五十五秒	四十三分一十三秒	一分六秒	○分四十六秒	○分一秒
二十八度	五十八分三十一秒	一分五十三秒	四十四分一十九秒	一分四秒	○分四十七秒	○分一秒
二十九度	一度○分二十四秒	一分五十二秒	四十五分二十三秒	一分二秒	○分四十六秒	○分三秒

太陽加減立成

自行宮度	九宮		十宮		十一宮	
	加減差	加減分	加減差	加減分	加減差	加減分
初度	二度〇分四十三秒	〇分五秒	一度四十二分四十五秒	一分六秒	初度五十八分三十五秒	一分四十八秒
一度	〇分三十八秒	〇分八秒	四十一分三十九秒	一分八秒	五十六分四十七秒	一分四十九秒
二度	〇分三十秒	〇分一十秒	四十分三十一秒	一分一十秒	五十四分五十八秒	一分五十秒
三度	〇分二十秒	〇分一十二秒	三十九分二十一秒	一分一十一秒	五十三分八秒	一分五十秒
四度	〇分八秒	〇分一十四秒	三十八分一十秒	一分一十三秒	五十一分一十八秒	一分五十一秒
五度	一度五十九分五十四秒	〇分一十七秒	三十六分五十七秒	一分一十五秒	四十九分二十七秒	一分五十二秒
六度	五十九分三十七秒	〇分一十九秒	三十五分四十二秒	一分一十六秒	四十七分三十五秒	一分五十三秒
七度	五十九分十八秒	〇分二十一秒	三十四分二十六秒	一分一十八秒	四十五分四十二秒	一分五十四秒

八度	一度五十八分五十七秒	○分二十三秒	一度三十三分八秒	一分二十秒	初度四十三分四十八秒	一分五十四秒
九度	五十八分三十四秒	○分二十五秒	三十一分四十八秒	一分二十一秒	四十一分五十四秒	一分五十五秒
十度	五十八分九秒	○分二十七秒	三十分二十七秒	一分二十三秒	三十九分五十九秒	一分五十六秒
十一度	五十七分四十二秒	○分二十九秒	二十九分四秒	一分二十四秒	三十八分三秒	一分五十六秒
十二度	五十七分一十三秒	○分三十一秒	二十七分四十秒	一分二十六秒	三十六分七秒	一分五十七秒
十三度	五十六分四十二秒	○分三十三秒	二十六分一十四秒	一分二十七秒	三十四分一十秒	一分五十七秒
十四度	五十六分九秒	○分三十五秒	二十四分四十七秒	一分二十八秒	三十二分一十三秒	一分五十八秒
十五度	五十五分三十四秒	○分三十八秒	二十三分一十九秒	一分三十秒	三十分一十五秒	一分五十九秒
十六度	五十四分五十六秒	○分四十秒	二十一分四十九秒	一分三十二秒	二十八分一十五秒	一分五十九秒
十七度	五十四分一十六秒	○分四十二秒	二十分一十七秒	一分三十三秒	二十六分一十六秒	二分○秒
十八度	五十三分三十四秒	○分四十四秒	十八分四十四秒	一分三十四秒	二十四分一十六秒	二分○秒

十九度	五十二分五十秒	○分四十六秒	十七分一十秒	一分三十五秒	二十二分一十七秒	二分○秒
二十度	五十二分四秒	○分四十七秒	十五分三十五秒	一分三十七秒	二十分一十七秒	二分一秒
二十一度	五十一分一十七秒	○分四十九秒	十三分五十八秒	一分三十八秒	十八分一十六秒	二分一秒
二十二度	五十分二十八秒	○分五十一秒	十二分二十秒	一分三十九秒	十六分一十五秒	二分二秒
二十三度	四十九分三十七秒	○分五十三秒	十分四十一秒	一分四十秒	十四分一十三秒	二分一秒
二十四度	四十八分四十四秒	○分五十五秒	九分一秒	一分四十一秒	十二分一十二秒	二分二秒
二十五度	四十七分四十九秒	○分五十七秒	七分二十秒	一分四十三秒	十分一十秒	二分二秒
二十六度	四十六分五十二秒	○分五十九秒	五分三十七秒	一分四十四秒	八分八秒	二分二秒
二十七度	四十五分五十三秒	一分一秒	三分五十三秒	一分四十五秒	六分六秒	二分二秒
二十八度	四十四分五十二秒	一分三秒	二分八秒	一分四十六秒	四分四秒	二分二秒
二十九度	四十三分四十九秒	一分四秒	一度○分二十二秒	一分四十七秒	二分二秒	二分二秒

太陰經度第一加減比敷立成

加倍相離宮度	初宮			一宮			二宮		
	加減差	加減分	比敷分	加減差	加減分	比敷分	加減差	加減分	比敷分
初度	初度〇分	九分	〇分	四度一十五分	九分	三分	八度一十八分	七分	十三分
一度	九分	八分	〇分	二十四分	八分	四分	二十五分	八分	十三分
二度	一十七分	九分	〇分	三十二分	八分	四分	三十三分	七分	十四分
三度	二十六分	八分	〇分	四十分	九分	四分	四十分	七分	十四分
四度	三十四分	九分	〇分	四十九分	八分	四分	四十七分	八分	十五分
五度	四十三分	八分	〇分	五十一分	八分	五分	五十五分	七分	十五分
六度	五十一分	九分	〇分	五度五分	九分	五分	九度二分	七分	十六分
七度	一度〇分	八分	〇分	一十四分	八分	五分	九分	七分	十六分

八度	八分	九分	○分	二十二分	八分	五分	一十六分	七分	十六分
九度	一十七分	八分	○分	三十分	九分	六分	二十三分	七分	十七分
十度	二十五分	九分	○分	三十九分	八分	六分	三十分	七分	十七分
十一度	三十四分	九分	○分	四十七分	八分	六分	三十七分	七分	十八分
十二度	四十三分	八分	○分	五十五分	八分	七分	四十四分	六分	十八分
十三度	五十一分	九分	一分	六度三分	八分	七分	五十分	七分	十九分
十四度	二度○分	八分	一分	一十一分	八分	八分	五十七分	七分	十九分
十五度	八分	九分	一分	一十九分	九分	八分	十度四分	六分	二十分
十六度	一十七分	八分	一分	二十八分	八分	八分	一十分	七分	二十分
十七度	二十五分	九分	一分	三十六分	八分	八分	一十七分	六分	二十一分
十八度	三十四分	八分	一分	四十四分	八分	八分	二十三分	七分	二十一分

十九度	二度四十二分	九分	一分	六度五十二分	八分	九分	十度三十分	六分	二十二分
二十度	五十一分	八分	一分	七度〇分	八分	九分	三十六分	六分	二十二分
二十一度	五十九分	九分	二分	八分	八分	九分	四十二分	五分	二十三分
二十二度	三度八分	九分	二分	一十六分	八分	十分	四十七分	五分	二十三分
二十三度	一十七分	八分	二分	二十四分	七分	十分	五十二分	六分	二十四分
二十四度	二十五分	八分	二分	三十一分	八分	十一分	五十八分	五分	二十四分
二十五度	三十三分	八分	二分	三十九分	八分	十一分	十一度三分	六分	二十四分
二十六度	四十一分	九分	三分	四十七分	八分	十一分	九分	五分	二十五分
二十七度	五十分	八分	三分	五十五分	八分	十二分	一十四分	五分	二十五分
二十八度	五十八分	八分	三分	八度三分	七分	十二分	一十九分	六分	二十六分
二十九度	四度六分	九分	三分	一十分	八分	十三分	二十五分	五分	二十六分

太陰經度第一加減比敷立成

加倍相離宮度	三宮			四宮			五宮		
	加減差	加減分	比敷分	加減差	加減分	比敷分	加減差	加減分	比敷分
初度	十一度三十分	四分	二十七分	十二度二十五分	三分	四十三分	八度四十四分	十三分	五十五分
一度	三十四分	四分	二十七分	二十二分	三分	四十三分	三十一分	十四分	五十五分
二度	三十八分	四分	二十八分	一十九分	四分	四十四分	一十七分	十四分	五十六分
三度	四十二分	四分	二十八分	一十五分	三分	四十四分	三分	十四分	五十六分
四度	四十六分	四分	二十九分	一十二分	四分	四十五分	七度四十九分	十五分	五十六分
五度	五十分	四分	二十九分	八分	三分	四十五分	三十四分	十五分	五十六分
六度	五十四分	四分	三十分	五分	四分	四十六分	一十九分	十五分	五十七分
七度	五十八分	四分	三十一分	一分	四分	四十六分	四分	十六分	五十七分

八度	十二度二分	四分	三十一分	十一度五十七分	四分	四十七分	六度四十八分	十六分	五十七分
九度	六分	四分	三十二分	五十三分	五分	四十七分	三十二分	十七分	五十八分
十度	一十分	三分	三十二分	四十八分	五分	四十七分	一十五分	一十七分	五十八分
十一度	一十三分	三分	三十三分	四十三分	六分	四十八分	五度五十八分	一十七分	五十八分
十二度	一十六分	二分	三十四分	三十七分	七分	四十八分	四十一分	一十七分	五十八分
十三度	一十八分	二分	三十四分	三十分	七分	四十九分	二十四分	一十八分	五十九分
十四度	二十分	二分	三十五分	二十三分	七分	四十九分	六分	一十八分	五十九分
十五度	二十二分	二分	三十五分	一十六分	七分	四十九分	四度四十八分	一十八分	五十九分
十六度	二十四分	二分	三十六分	九分	八分	五十分	三十分	一十八分	五十九分
十七度	二十六分	二分	三十六分	一分	八分	五十分	一十二分	一十八分	五十九分
十八度	二十八分	一分	三十七分	一度五十三分	八分	五十一分	三度五十四分	一十九分	五十九分

十九度	二十九分	一分	三十七分	四十五分	九分	五十一分	三十五分	一十九分	五十九分
二十度	三十分	一分	三十七分	三十六分	九分	五十二分	一十六分	一十九分	五十九分
二十一度	三十一分	○分	三十八分	二十七分	一十分	五十二分	二度五十七分	二十分	五十九分
二十二度	三十一分	○分	三十八分	一十七分	一十分	五十二分	三十七分	二十分	六十分
二十三度	三十一分	○分	三十九分	七分	一十一分	五十三分	一十七分	一十九分	六十分
二十四度	三十一分	○分	三十九分	九度五十六分	一十一分	五十三分	一度五十八分	二十分	六十分
二十五度	三十一分	一分	四十分	四十五分	一十一分	五十四分	三十八分	二十分	六十分
二十六度	三十分	○分	四十分	三十四分	一十二分	五十四分	一十八分	一十九分	六十分
二十七度	三十分	一分	四十一分	二十二分	一十二分	五十四分	初度五十九分	二十分	六十分
二十八度	二十九分	二分	四十一分	一十分	一十三分	五十五分	三十九分	十九分	六十分
二十九度	二十七分	二分	四十二分	八度五十七分	一十三分	五十五分	二十分	二十分	六十分

太陰經度第一加減比敷立成

加倍相離宮度	六宮			七宮			八宮		
	加減差	加減分	比敷分	加減差	加減分	比敷分	加減差	加減分	比敷分
初度	初度〇分	二十分	六十分	八度四十四分	十三分	五十五分	十二度二十五分	二分	四十三分
一度	二十分	十九分	六十分	五十七分	十三分	五十五分	二十七分	二分	四十二分
二度	三十九分	二十分	六十分	九度一十分	十二分	五十五分	二十九分	一分	四十一分
三度	五十九分	十九分	六十分	二十二分	十二分	五十四分	三十分	〇分	四十一分
四度	一度一十八分	二十分	六十分	三十四分	十一分	五十四分	三十分	一分	四十分
五度	三十八分	二十分	六十分	四十五分	十一分	五十四分	三十一分	〇分	四十分
六度	五十八分	十九分	六十分	五十六分	十一分	五十三分	三十一分	〇分	三十九分
七度	二度一十七分	二十分	六十分	十度七分	十分	五十三分	三十一分	〇分	三十九分

八度	三十七分	二十分	六十分	一十七分	十分	五十二分	三十一分	○分	三十八分
九度	五十七分	十九分	五十九分	二十七分	九分	五十二分	三十一分	一分	三十八分
十度	三度一十六分	十九分	五十九分	三十六分	九分	五十二分	三十分	一分	三十七分
十一度	三十五分	十九分	五十九分	四十五分	八分	五十一分	二十九分	一分	三十七分
十二度	五十四分	十八分	五十九分	五十三分	八分	五十一分	二十八分	二分	三十七分
十三度	四度一十二分	十八分	五十九分	十一度一分	八分	五十分	二十六分	二分	三十六分
十四度	三十分	十八分	五十九分	九分	七分	五十分	二十四分	二分	三十六分
十五度	四十八分	十八分	五十九分	一十六分	七分	四十九分	二十二分	二分	三十五分
十六度	五度六分	十八分	五十九分	二十三分	七分	四十九分	二十分	二分	三十五分
十七度	二十四分	十七分	五十九分	三十分	七分	四十九分	一十八分	二分	三十四分
十八度	四十一分	十七分	五十八分	三十七分	六分	四十八分	一十六分	三分	三十四分

十九度	五度五十八分	十七分	五十八分	一十度四十三分	五分	四十八分	十二度一十三分	三分	三十三分
二十度	六度一十五分	十七分	五十八分	四十八分	五分	四十七分	一十分	四分	三十二分
二十一度	三十二分	十六分	五十八分	五十三分	四分	四十七分	六分	四分	三十二分
二十二度	四十八分	十六分	五十七分	五十七分	四分	四十七分	二分	四分	三十一分
二十三度	七度四分	十五分	五十七分	十二度一分	四分	四十六分	十一度五十八分	四分	三十一分
二十四度	一十九分	十五分	五十七分	五分	三分	四十六分	五十四分	四分	三十分
二十五度	三十四分	十五分	五十六分	八分	四分	四十五分	五十分	四分	二十九分
二十六度	四十九分	十四分	五十六分	一十二分	三分	四十五分	四十六分	四分	二十九分
二十七度	八度三分	十四分	五十六分	一十五分	四分	四十四分	四十二分	四分	二十八分
二十八度	一十七分	十四分	五十六分	一十九分	三分	四十四分	三十八分	四分	二十八分
二十九度	三十一分	十三分	五十五分	二十二分	三分	四十三分	三十四分	四分	二十七分

太陰經度第一加減比敷立成

加倍相離宮度	九宮			十宮			十一宮		
	加減差	加減分	比敷分	加減差	加減分	比敷分	加減差	加減分	比敷分
初度	十一度三十分	五分	二十七分	八度一十八分	八分	十三分	四度一十五分	九分	三分
一度	二十五分	六分	二十六分	一十分	七分	十三分	六分	八分	三分
二度	一十九分	五分	二十六分	三分	八分	十二分	三度五十八分	八分	三分
三度	一十四分	五分	二十五分	七度五十五分	八分	十二分	五十分	九分	三分
四度	九分	六分	二十五分	四十七分	八分	十一分	四十一分	八分	三分
五度	三分	五分	二十四分	三十九分	八分	十一分	三十三分	八分	二分
六度	十度五十八分	六分	二十四分	三十一分	七分	十一分	二十五分	八分	二分
七度	五十二分	五分	二十四分	二十四分	八分	十分	一十七分	九分	二分

八度	十度四十七分	五分	二十三分	七度一十六分	八分	十分	三度八分	九分	二分
九度	四十二分	六分	二十三分	八分	八分	九分	二度五十九分	八分	二分
十度	三十六分	六分	二十二分	○分	八分	九分	五十一分	九分	一分
十一度	三十分	七分	二十二分	六度五十二分	八分	九分	四十二分	八分	一分
十二度	二十三分	六分	二十一分	四十四分	八分	八分	三十四分	九分	一分
十三度	一十七分	七分	二十一分	三十六分	八分	八分	二十五分	八分	一分
十四度	一十分	六分	二十分	二十八分	九分	八分	一十七分	九分	一分
十五度	四分	七分	二十分	一十九分	八分	八分	八分	八分	一分
十六度	九度五十七分	七分	十九分	一十一分	八分	八分	○分	九分	一分
十七度	五十分	六分	十九分	三分	八分	七分	一度五十一分	八分	一分
十八度	四十四分	七分	十八分	五度五十五分	八分	七分	四十三分	九分	○分

十九度	三十七分	七分	十八分	四十七分	八分	六分	三十四分	九分	○分
二十度	三十分	七分	十七分	三十九分	九分	六分	二十五分	八分	○分
二十一度	二十三分	七分	十七分	三十分	八分	六分	一十七分	九分	○分
二十二度	一十六分	七分	十六分	二十二分	八分	五分	八分	八分	○分
二十三度	九分	七分	十六分	一十四分	九分	五分	○分	九分	○分
二十四度	二分	七分	十六分	五分	八分	五分	初度五十一分	八分	○分
二十五度	八度五十五分	八分	十五分	四度五十七分	八分	五分	四十三分	九分	○分
二十六度	四十七分	七分	十五分	四十九分	九分	四分	三十四分	八分	○分
二十七度	四十分	七分	十四分	四十分	八分	四分	二十六分	九分	○分
二十八度	三十三分	八分	十四分	三十二分	八分	四分	一十七分	八分	○分
二十九度	二十五分	七分	十三分	二十四分	九分	四分	九分	九分	○分

太陰經度第二加減遠近立成

本輪行定宮度	初宮			一宮			二宮		
	加減差	加減分	遠近度	加減差	加減分	遠近度	加減差	加減分	遠近度
初度	初度〇分	五分	初度〇分	二度一十五分	四分	一度三分	四度一分	二分	一度五十六分
一度	五分	四分	二分	一十九分	四分	五分	三分	三分	五十八分
二度	九分	五分	四分	二十三分	四分	六分	六分	二分	五十九分
三度	一十四分	五分	六分	二十七分	四分	八分	八分	二分	二度一分
四度	一十九分	五分	八分	三十一分	四分	十分	一十分	三分	二分
五度	二十四分	五分	十分	三十五分	四分	十二分	一十三分	二分	三分
六度	二十九分	四分	十三分	三十九分	四分	十四分	一十五分	二分	五分
七度	三十三分	五分	十五分	四十三分	四分	十七分	一十七分	二分	六分

八度	三十八分	四分	十七分	四十七分	四分	十八分	一十九分	二分	七分
九度	四十二分	五分	十九分	五十一分	四分	二十分	二十一分	二分	八分
十度	四十七分	五分	二十一分	五十五分	四分	二十二分	二十三分	二分	九分
十一度	五十二分	五分	二十三分	五十九分	三分	二十三分	二十五分	二分	十分
十二度	五十七分	四分	二十六分	三度二分	四分	二十五分	二十七分	二分	十二分
十三度	一度一分	四分	二十八分	六分	三分	二十七分	三十九分	二分	十三分
十四度	五分	五分	三十分	九分	四分	二十九分	三十一分	二分	十四分
十五度	一十分	四分	三十二分	一十三分	三分	三十一分	三十三分	二分	十五分
十六度	一十四分	五分	三十四分	一十六分	四分	三十三分	三十五分	一分	十六分
十七度	一十九分	四分	三十六分	二十分	三分	三十五分	三十六分	二分	十七分
十八度	二十三分	五分	三十八分	二十三分	四分	三十六分	三十八分	一分	十八分

十九度	一度二十八分	四分	初度四十一分	三度二十七分	二分	一度三十八分	四度三十九分	一分	二度一十九分
二十度	三十二分	四分	四十三分	三十分	四分	四十分	四十分	一分	二十分
二十一度	三十六分	四分	四十五分	三十四分	三分	四十一分	四十一分	一分	二十一分
二十二度	四十分	四分	四十七分	三十七分	三分	四十三分	四十二分	一分	二十二分
二十三度	四十四分	五分	四十九分	四十分	三分	四十五分	四十三分	一分	二十三分
二十四度	四十九分	五分	五十一分	四十三分	三分	四十七分	四十四分	一分	二十四分
二十五度	五十四分	四分	五十三分	四十六分	三分	四十八分	四十五分	一分	二十四分
二十六度	五十八分	四分	五十五分	四十九分	三分	五十分	四十六分	一分	二十五分
二十七度	二度二分	四分	五十七分	五十二分	三分	五十一分	四十七分	一分	二十五分
二十八度	六分	四分	五十九分	五十五分	三分	五十三分	四十八分	一分	二十六分
二十九度	一十分	五分	一度一分	五十八分	三分	五十四分	四十九分	○分	二十六分

太陰經度第二加減遠近立成

本輪行定宮度	三宮			四宮			五宮		
	加減差	加減分	遠近度	加減差	加減分	遠近度	加減差	加減分	遠近度
初度	四度四十九分	一分	二度二十七分	四度二十分	二分	二度二十二分	二度三十五分	四分	一度三十分
一度	五十分	○分	二十七分	一十八分	二分	二十一分	三十一分	五分	二十七分
二度	五十分	○分	二十八分	一十六分	三分	二十分	二十六分	四分	二十四分
三度	五十分	○分	二十八分	一十三分	二分	十八分	二十二分	五分	二十一分
四度	五十分	○分	二十八分	一十一分	三分	十七分	一十七分	五分	十九分
五度	五十分	一分	二十九分	八分	三分	十六分	一十二分	五分	十六分
六度	四十九分	○分	二十九分	五分	二分	十四分	七分	五分	十三分
七度	四十九分	○分	二十九分	三分	三分	十三分	二分	五分	十分

八度	四度四十九分	一分	二度二十九分	四度〇分	三分	二度一十二分	一度五十七分	五分	一度八分
九度	四十八分	〇分	三十分	三度五十七分	三分	十分	五十二分	五分	五分
十度	四十八分	一分	三十分	五十四分	四分	九分	四十七分	五分	二分
十一度	四十七分	〇分	三十分	五十分	三分	八分	四十二分	五分	初度五十九分
十二度	四十七分	一分	三十分	四十七分	四分	六分	三十七分	五分	五十六分
十三度	四十六分	一分	三十分	四十三分	三分	五分	三十二分	五分	五十三分
十四度	四十五分	一分	三十分	四十分	三分	三分	二十七分	六分	五十一分
十五度	四十四分	一分	三十分	三十七分	三分	一分	二十一分	六分	四十七分
十六度	四十三分	一分	二十九分	三十四分	四分	一度五十九分	一十五分	五分	四十四分
十七度	四十二分	一分	二十九分	三十分	四分	五十七分	一十分	五分	四十一分
十八度	四十一分	一分	二十九分	二十六分	四分	五十六分	五分	五分	三十八分

十九度	四十分	一分	二十九分	二十二分	四分	五十四分	初分	五分	三十五分
二十度	三十九分	二分	二十八分	一十八分	四分	五十二分	初度五十五分	六分	三十二分
二十一度	三十七分	一分	二十八分	一十四分	四分	五十分	四十九分	六分	二十九分
二十二度	三十六分	二分	二十八分	一十分	四分	四十八分	四十三分	五分	二十六分
二十三度	三十四分	一分	二十七分	六分	四分	四十六分	三十八分	五分	二十二分
二十四度	三十三分	二分	二十七分	二分	四分	四十三分	三十三分	六分	十九分
二十五度	三十一分	二分	二十六分	二度五十八分	四分	四十一分	二十七分	五分	十六分
二十六度	二十九分	二分	二十六分	五十四分	五分	三十九分	二十二分	五分	十三分
二十七度	二十七分	二分	二十五分	四十九分	五分	三十七分	一十七分	六分	十分
二十八度	二十五分	三分	二十四分	四十四分	四分	三十五分	一十一分	六分	六分
二十九度	二十二分	二分	二十三分	四十分	五分	三十三分	五分	五分	三分

太陰經度第二加減遠近立成

本輪行定宮度	六宮			七宮			八宮		
	加減差	加減分	遠近度	加減差	加減分	遠近度	加減差	加減分	遠近度
初度	初度〇分	五分	初度〇分	二度三十五分	五分	一度三十分	四度二十分	二分	二度二十二分
一度	五分	六分	三分	四十分	四分	三十三分	二十二分	三分	二十三分
二度	一十一分	六分	六分	四十四分	五分	三十五分	二十五分	二分	二十四分
三度	一十七分	五分	一十分	四十九分	五分	三十七分	二十七分	二分	二十五分
四度	二十二分	五分	一十三分	五十四分	四分	三十九分	二十九分	二分	二十六分
五度	二十七分	六分	一十六分	五十八分	四分	四十一分	三十一分	二分	二十六分
六度	三十三分	五分	一十九分	三度二分	四分	四十三分	三十三分	一分	二十七分
七度	三十八分	五分	二十二分	六分	四分	四十六分	三十四分	二分	二十七分

八度	四十三分	六分	二十六分	一十分	四分	四十八分	三十六分	一分	二十八分
九度	四十九分	六分	二十九分	一十四分	四分	五十分	三十七分	二分	二十八分
十度	五十五分	五分	三十二分	一十八分	四分	五十二分	三十九分	一分	二十八分
十一度	一度〇分	五分	三十五分	二十二分	四分	五十四分	四十分	一分	二十九分
十二度	五分	五分	三十八分	二十六分	四分	五十六分	四十一分	一分	二十九分
十三度	一十分	五分	四十一分	三十分	四分	五十七分	四十二分	一分	二十九分
十四度	一十五分	六分	四十四分	三十四分	三分	五十九分	四十三分	一分	二十九分
十五度	二十一分	六分	四十七分	三十七分	三分	二度一分	四十四分	一分	三十分
十六度	二十七分	五分	五十一分	四十分	三分	三分	四十五分	一分	三十分
十七度	三十二分	五分	五十三分	四十三分	四分	五分	四十六分	一分	三十分
十八度	三十七分	五分	五十六分	四十七分	三分	六分	四十七分	〇分	三十分

十九度	一度四十二分	五分	初度五十九分	三度五十分	四分	二度八分	四度四十七分	一分	二度三十分
二十度	四十七分	五分	一度二分	五十四分	三分	九分	四十八分	○分	三十分
二十一度	五十二分	五分	五分	五十七分	三分	一十分	四十八分	一分	三十分
二十二度	五十七分	五分	八分	四度○分	三分	一十二分	四十九分	○分	二十九分
二十三度	二度二分	五分	一十分	三分	二分	一十三分	四十九分	○分	二十九分
二十四度	七分	五分	一十三分	五分	三分	一十四分	四十九分	一分	二十九分
二十五度	一十二分	五分	一十六分	八分	三分	一十六分	五十分	○分	二十九分
二十六度	一十七分	五分	一十九分	一十一分	二分	一十七分	五十分	○分	二十八分
二十七度	二十二分	四分	二十一分	一十三分	三分	一十八分	五十分	○分	二十八分
二十八度	二十六分	五分	二十四分	一十六分	二分	二十分	五十分	○分	二十八分
二十九度	三十一分	四分	二十七分	一十八分	二分	二十一分	五十分	一分	二十七分

太陰經度第二加减遠近立成

本輪行定宫度	九宫			十宫			十一宫		
	加減差	加減分	遠近度	加減差	加減分	遠近度	加減差	加減分	遠近度
初度	四度四十九分	○分	二度二十七分	四度一分	三分	一度五十六分	二度一十五分	五分	一度三分
一度	四十九分	一分	二十六分	三度五十八分	三分	五十四分	一十分	四分	一分
二度	四十八分	一分	二十六分	五十五分	三分	五十三分	六分	四分	初度五十九分
三度	四十七分	一分	二十五分	五十二分	三分	五十一分	二分	四分	五十七分
四度	四十六分	一分	二十五分	四十九分	三分	五十分	一度五十八分	四分	五十五分
五度	四十五分	一分	二十四分	四十六分	三分	四十八分	五十四分	五分	五十三分
六度	四十四分	一分	二十四分	四十三分	三分	四十七分	四十九分	五分	五十一分
七度	四十三分	一分	二十三分	四十分	三分	四十五分	四十四分	四分	四十九分

八度	四度四十二分	一分	二度二十二分	三度三十七分	三分	一度四十三分	一度四十分	四分	初度四十七分
九度	四十一分	一分	二十一分	三十四分	四分	四十一分	三十六分	四分	四十五分
十度	四十分	一分	二十分	三十分	三分	四十分	三十二分	四分	四十三分
十一度	三十九分	一分	一十九分	二十七分	四分	三十八分	二十八分	五分	四十一分
十二度	三十八分	二分	一十八分	二十三分	三分	三十六分	二十三分	四分	三十八分
十三度	三十六分	一分	一十七分	二十分	四分	三十五分	一十九分	五分	三十六分
十四度	三十五分	二分	一十六分	一十六分	三分	三十三分	一十四分	四分	三十四分
十五度	三十三分	二分	一十五分	一十三分	四分	三十一分	一十分	五分	三十二分
十六度	三十一分	二分	一十四分	九分	三分	二十九分	五分	四分	三十分
十七度	二十九分	二分	一十三分	六分	四分	二十七分	一分	四分	二十八分
十八度	二十七分	二分	一十二分	二分	三分	二十五分	初度五十七分	五分	二十六分

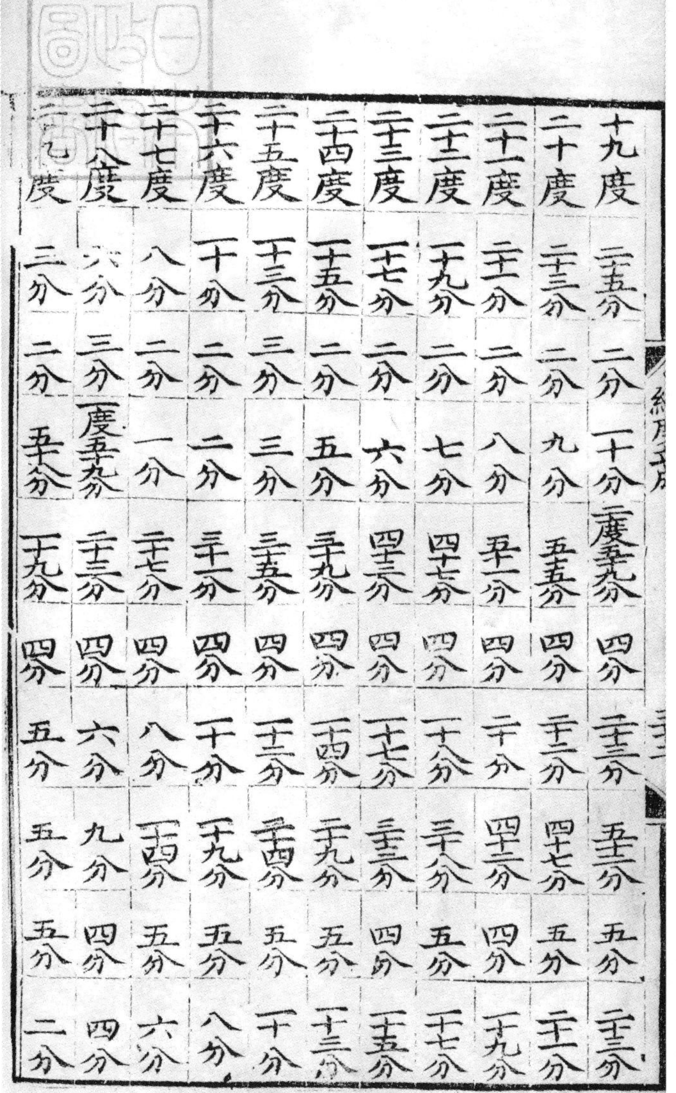

十九度	二十五分	二分	一十分	二度五十九分	四分	二十三分	五十二分	五分	二十三分
二十度	二十三分	二分	九分	五十五分	四分	二十二分	四十七分	五分	二十一分
二十一度	二十一分	二分	八分	五十一分	四分	二十分	四十二分	四分	一十九分
二十二度	一十九分	二分	七分	四十七分	四分	一十八分	三十八分	五分	一十七分
二十三度	一十七分	二分	六分	四十三分	四分	一十七分	三十三分	四分	一十五分
二十四度	一十五分	二分	五分	三十九分	四分	一十四分	二十九分	五分	一十三分
二十五度	一十三分	三分	三分	三十五分	四分	一十二分	二十四分	五分	一十分
二十六度	一十分	二分	二分	三十一分	四分	一十二分	二十四分	五分	八分
二十七度	八分	二分	一分	二十七分	四分	八分	一十四分	五分	六分
二十八度	六分	三分	一度五十九分	二十三分	四分	六分	九分	四分	四分
二十九度	三分	二分	五十八分	一十九分	四分	五分	五分	五分	二分

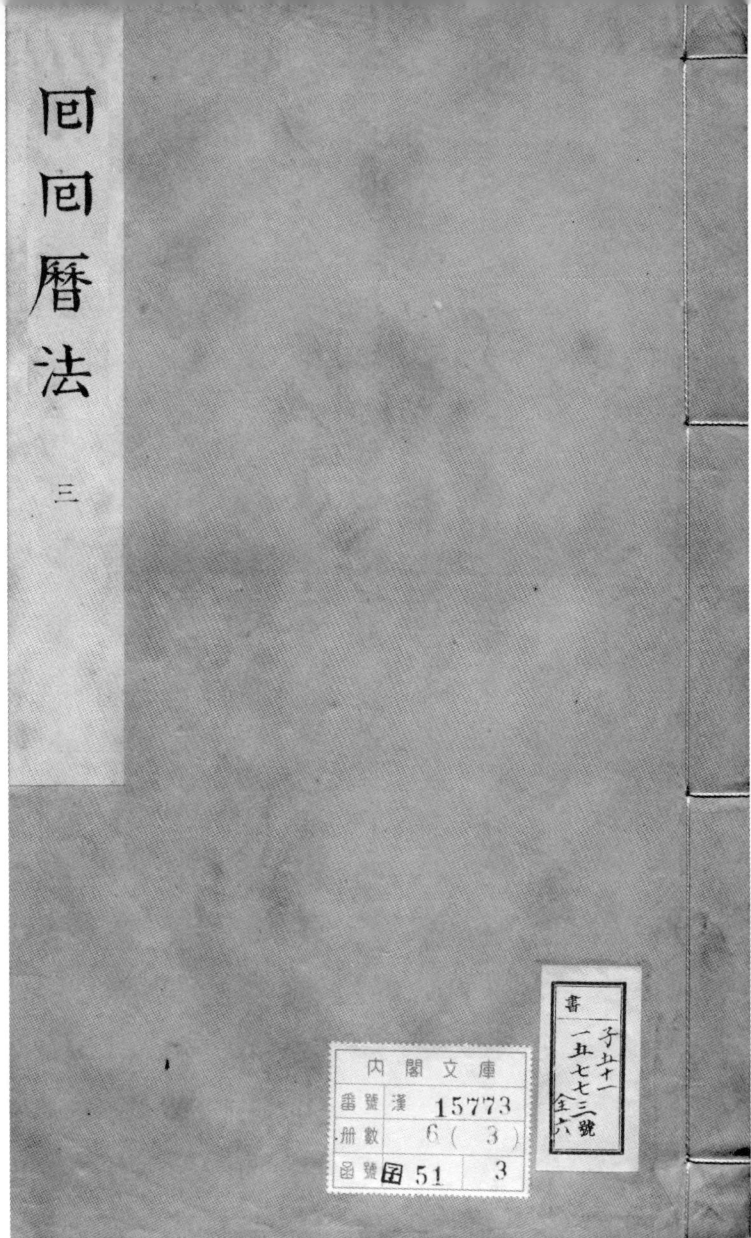

《回回曆法》卷三

土星第一加減比敷立成

小輪心宫度	初宫			一宫			二宫		
	加减差	加减分	比敷分	加减差	加减分	比敷分	加减差	加减分	比敷分
初度	初度〇分	六分	〇分	三度〇分	六分	四分	五度一十七分	三分	十三分
一度	六分	六分	〇分	六分	五分	四分	二十分	三分	十三分
二度	一十二分	七分	〇分	一十一分	五分	四分	二十三分	三分	十三分
三度	一十九分	六分	〇分	一十六分	五分	四分	二十六分	三分	十四分
四度	二十五分	六分	〇分	二十一分	五分	五分	二十九分	四分	十四分
五度	三十一分	六分	〇分	二十六分	六分	五分	三十三分	三分	十五分
六度	三十七分	六分	〇分	三十二分	五分	五分	三十六分	三分	十五分
七度	四十三分	七分	〇分	三十七分	五分	五分	三十九分	三分	十五分

八度	五十分	六分	○分	四十二分	五分	六分	四十二分	三分	十六分
九度	五十六分	六分	○分	四十七分	五分	六分	四十五分	二分	十六分
十度	一度二分	七分	一分	五十二分	五分	六分	四十七分	三分	十七分
十一度	九分	六分	一分	五十七分	五分	六分	五十分	二分	十七分
十二度	一十五分	六分	一分	四度二分	五分	七分	五十二分	二分	十八分
十三度	二十一分	六分	一分	七分	四分	七分	五十四分	二分	十八分
十四度	二十七分	六分	一分	一十一分	五分	七分	五十六分	二分	十九分
十五度	三十三分	六分	一分	一十六分	五分	七分	五十八分	二分	十九分
十六度	三十九分	六分	一分	二十一分	四分	八分	六度○分	二分	二十分
十七度	四十五分	六分	一分	二十五分	五分	八分	二分	二分	二十分
十八度	五十一分	六分	一分	三十分	五分	八分	四分	二分	二十一分

十九度	一度五十七分	六分	二分	四度三十五分	四分	九分	六度六分	二分	二十一分
二十度	二度三分	六分	二分	三十九分	四分	九分	八分	一分	二十二分
二十一度	九分	六分	二分	四十三分	四分	九分	九分	一分	二十二分
二十二度	一十五分	六分	二分	四十七分	四分	十分	一十分	一分	二十三分
二十三度	二十一分	六分	二分	五十一分	三分	十分	一十一分	一分	二十三分
二十四度	二十七分	六分	二分	五十四分	四分	十分	一十二分	一分	二十四分
二十五度	三十三分	六分	二分	五十八分	四分	十一分	一十三分	一分	二十五分
二十六度	三十九分	五分	三分	五度二分	四分	十一分	一十四分	一分	二十五分
二十七度	四十四分	六分	三分	六分	四分	十二分	一十五分	一分	二十六分
二十八度	五十分	五分	三分	一十分	三分	十二分	一十六分	○分	二十六分
二十九度	五十五分	五分	三分	一十三分	四分	十二分	一十六分	一分	二十七分

一六五

土星第一加減比敷立成

小輪心宮度	三宮			四宮			五宮		
	加減差	加減分	比敷分	加減差	加減分	比敷分	加減差	加減分	比敷分
初度	六度一十七分	一分	二十七分	五度三十六分	三分	四十二分	三度一十七分	六分	五十五分
一度	一十八分	一分	二十八分	三十三分	三分	四十三分	一十一分	六分	五十五分
二度	一十九分	○分	二十九分	三十分	三分	四十三分	五分	六分	五十五分
三度	一十九分	○分	三十分	二十七分	三分	四十四分	二度五十九分	六分	五十六分
四度	一十九分	○分	三十一分	二十四分	四分	四十四分	五十三分	六分	五十六分
五度	一十九分	一分	三十一分	二十分	四分	四十五分	四十七分	六分	五十六分
六度	一十八分	一分	三十二分	一十六分	四分	四十五分	四十一分	六分	五十七分
七度	一十八分	一分	三十二分	一十二分	四分	四十五分	三十五分	六分	五十七分

八度	六度一十七分	一分	三十二分	五度八分	四分	四十六分	二度二十九分	六分	五十七分
九度	一十六分	一分	三十三分	四分	四分	四十六分	二十三分	六分	五十七分
十度	一十五分	一分	三十三分	○分	四分	四十七分	一十七分	七分	五十八分
十一度	一十四分	二分	三十四分	四度五十六分	五分	四十七分	一十分	七分	五十八分
十二度	一十二分	一分	三十四分	五十一分	四分	四十八分	三分	六分	五十八分
十三度	一十一分	一分	三十五分	四十七分	五分	四十八分	一度五十七分	七分	五十八分
十四度	一十分	二分	三十五分	四十二分	四分	四十八分	五十分	七分	五十八分
十五度	八分	一分	三十六分	三十八分	五分	四十九分	四十三分	七分	五十九分
十六度	七分	二分	三十六分	三十三分	五分	四十九分	三十六分	六分	五十九分
十七度	五分	一分	三十七分	二十八分	五分	五十分	三十分	七分	五十九分
十八度	四分	一分	三十七分	二十三分	五分	五十分	二十三分	七分	五十九分

十九度	三分	二分	三十八分	一十八分	五分	五十一分	一十六分	七分	五十九分
二十度	一分	二分	三十八分	一十三分	五分	五十一分	九分	七分	六十分
二十一度	五度五十九分	二分	三十八分	八分	六分	五十二分	二分	七分	六十分
二十二度	五十七分	二分	三十九分	二分	六分	五十二分	初度五十五分	六分	六十分
二十三度	五十五分	三分	三十九分	三度五十六分	五分	五十二分	四十九分	七分	六十分
二十四度	五十二分	二分	四十分	五十一分	六分	五十三分	四十二分	七分	六十分
二十五度	五十分	二分	四十分	四十五分	五分	五十三分	三十五分	七分	六十分
二十六度	四十八分	三分	四十一分	四十分	六分	五十三分	二十八分	七分	六十分
二十七度	四十五分	三分	四十一分	三十四分	五分	五十四分	二十一分	七分	六十分
二十八度	四十二分	三分	四十二分	二十九分	六分	五十四分	一十四分	七分	六十分
二十九度	三十九分	三分	四十二分	二十三分	六分	五十四分	七分	七分	六十分

土星第一加減比敷立成

小輪心宫度	六宫			七宫			八宫		
	加減差	加減分	比敷分	加減差	加減分	比敷分	加減差	加減分	比敷分
初度	初度○分	七分	六十分	三度一十七分	六分	五十五分	五度三十六分	三分	四十二分
一度	七分	七分	六十分	二十三分	六分	五十四分	三十九分	三分	四十二分
二度	一十四分	七分	六十分	二十九分	五分	五十四分	四十二分	三分	四十二分
三度	二十一分	七分	六十分	三十四分	六分	五十四分	四十五分	三分	四十一分
四度	二十八分	七分	六十分	四十分	五分	五十三分	四十八分	二分	四十一分
五度	三十五分	七分	六十分	四十五分	六分	五十三分	五十分	二分	四十分
六度	四十二分	七分	六十分	五十一分	五分	五十三分	五十二分	三分	四十分
七度	四十九分	六分	六十分	五十六分	六分	五十二分	五十五分	二分	三十九分

八度	五十五分	七分	六十分	四度二分	六分	五十二分	五十七分	二分	三十九分
九度	一度二分	七分	六十分	八分	五分	五十二分	五十九分	二分	三十八分
十度	九分	七分	六十分	一十三分	五分	五十一分	六度一分	二分	三十八分
十一度	一十六分	七分	五十九分	一十八分	五分	五十一分	三分	一分	三十八分
十二度	二十三分	七分	五十九分	二十三分	五分	五十分	四分	一分	三十七分
十三度	三十分	六分	五十九分	二十八分	五分	五十分	五分	二分	三十七分
十四度	三十六分	七分	五十九分	三十三分	五分	四十九分	七分	一分	三十六分
十五度	四十三分	七分	五十九分	三十八分	四分	四十九分	八分	二分	三十六分
十六度	五十分	七分	五十八分	四十二分	五分	四十八分	十分	一分	三十五分
十七度	五十七分	六分	五十八分	四十七分	四分	四十八分	十一分	一分	三十五分
十八度	二度三分	七分	五十八分	五十一分	五分	四十八分	十二分	二分	三十四分

十九度	二度一十分	七分	五十八分	四度五十六分	四分	四十七分	六度一十四分	一分	三十四分
二十度	一十七分	六分	五十八分	五度〇分	四分	四十七分	一十五分	一分	三十三分
二十一度	二十三分	六分	五十七分	四分	四分	四十六分	一十六分	一分	三十三分
二十二度	二十九分	六分	五十七分	八分	四分	四十六分	一十七分	一分	三十二分
二十三度	三十五分	六分	五十七分	一十二分	四分	四十五分	一十八分	〇分	三十二分
二十四度	四十一分	六分	五十七分	一十六分	四分	四十五分	一十八分	一分	三十二分
二十五度	四十七分	六分	五十六分	二十分	四分	四十五分	一十九分	〇分	三十一分
二十六度	五十三分	六分	五十六分	二十四分	三分	四十四分	一十九分	〇分	三十一分
二十七度	五十九分	六分	五十六分	二十七分	三分	四十四分	一十九分	〇分	三十分
二十八度	三度五分	六分	五十五分	三十分	三分	四十三分	一十九分	一分	二十九分
二十九度	一十一分	六分	五十五分	三十三分	三分	四十三分	一十八分	一分	二十八分

土星第一加減比敷立成

小輪心宮度	九宮			十宮			十一宮		
	加減差	加減分	比敷分	加減差	加減分	比敷分	加減差	加減分	比敷分
初度	六度一十七分	一分	二十七分	五度一十七分	四分	十三分	三度〇分	五分	四分
一度	一十六分	〇分	二十七分	一十三分	三分	十二分	二度五十五分	五分	三分
二度	一十六分	一分	二十六分	一十分	四分	十二分	五十分	六分	三分
三度	一十五分	一分	二十六分	六分	四分	十二分	四十四分	五分	三分
四度	一十四分	一分	二十五分	二分	四分	十一分	三十九分	六分	三分
五度	一十三分	一分	二十五分	四度五十八分	四分	十一分	三十三分	六分	二分
六度	一十二分	一分	二十四分	五十四分	三分	十分	二十七分	六分	二分
七度	一十一分	一分	二十三分	五十一分	四分	十分	二十一分	六分	二分

八度	六度一十分	一分	二十三分	四度四十七分	四分	十分	二度一十五分	六分	二分
九度	九分	一分	二十二分	四十三分	四分	九分	九分	六分	二分
十度	八分	二分	二十二分	三十九分	四分	九分	三分	六分	二分
十一度	六分	二分	二十一分	三十五分	五分	九分	一度五十七分	六分	二分
十二度	四分	二分	二十一分	三十分	五分	八分	五十一分	六分	一分
十三度	二分	二分	二十分	二十五分	四分	八分	四十五分	六分	一分
十四度	○分	二分	二十分	二十一分	五分	八分	三十九分	六分	一分
十五度	五度五十八分	二分	十九分	一十六分	五分	七分	三十三分	六分	一分
十六度	五十六分	二分	十九分	一十一分	四分	七分	二十七分	六分	一分
十七度	五十四分	二分	十八分	七分	五分	七分	二十一分	六分	一分
十八度	五十二分	二分	十八分	二分	五分	七分	一十五分	六分	一分

十九度	五十分	三分	十七分	三度五十七分	五分	六分	九分	七分	一分
二十度	四十七分	二分	十七分	五十二分	五分	六分	二分	六分	一分
二十一度	四十五分	三分	十六分	四十七分	五分	六分	初度五十六分	六分	○分
二十二度	四十二分	三分	十六分	四十二分	五分	六分	五十分	七分	○分
二十三度	三十九分	三分	十五分	三十七分	五分	五分	四十三分	六分	○分
二十四度	三十六分	三分	十五分	三十二分	六分	五分	三十七分	六分	○分
二十五度	三十三分	四分	十五分	二十六分	五分	五分	三十一分	六分	○分
二十六度	二十九分	三分	十四分	二十一分	五分	五分	二十五分	六分	○分
二十七度	二十六分	三分	十四分	一十六分	五分	四分	一十九分	七分	○分
二十八度	二十三分	三分	十三分	一十一分	五分	四分	一十二分	六分	○分
二十九度	二十分	三分	十三分	六分	六分	四分	六分	六分	○分

土星第二加減遠近立成

自行定宮度	初宮			一宮			二宮		
	加減差	加減分	遠近度	加減差	加減分	遠近度	加減差	加減分	遠近度
初度	初度〇分	五分	初度〇分	二度三十七分	五分	初度一十八分	四度三十八分	四分	初度三十一分
一度	五分	六分	一分	四十二分	四分	一十八分	四十二分	四分	三十二分
二度	一十一分	五分	一分	四十六分	四分	一十九分	四十六分	四分	三十二分
三度	一十六分	五分	二分	五十分	五分	一十九分	五十分	四分	三十三分
四度	二十一分	六分	三分	五十五分	五分	二十分	五十四分	四分	三十三分
五度	二十七分	五分	三分	三度〇分	四分	二十分	五十八分	三分	三十三分
六度	三十二分	六分	四分	四分	五分	二十一分	五度一分	四分	三十四分
七度	三十八分	五分	四分	九分	五分	二十二分	五分	三分	三十四分

八度	四十三分	五分	五分	一十四分	四分	二十三分	八分	三分	三十五分
九度	四十八分	六分	六分	一十八分	五分	二十四分	一十一分	三分	三十五分
十度	五十四分	六分	六分	二十三分	四分	二十四分	一十四分	二分	三十六分
十一度	一度〇分	五分	七分	二十七分	四分	二十四分	一十六分	一分	三十六分
十二度	五分	五分	七分	三十一分	四分	二十五分	一十七分	一分	三十六分
十三度	一十分	六分	八分	三十五分	四分	二十五分	一十八分	二分	三十七分
十四度	一十六分	五分	八分	三十九分	四分	二十六分	二十分	一分	三十七分
十五度	二十一分	五分	九分	四十三分	五分	二十六分	二十一分	二分	三十七分
十六度	二十六分	五分	十分	四十八分	四分	二十六分	二十三分	一分	三十七分
十七度	三十一分	六分	十分	五十二分	四分	二十六分	二十四分	二分	三十七分
十八度	三十七分	五分	十一分	五十六分	四分	二十七分	二十六分	一分	三十七分

十九度	一度四十二分	五分	初度一十一分	四度〇分	四分	初度二十七分	五度二十七分	二分	初度三十八分
二十度	四十七分	五分	十二分	四分	四分	二十七分	二十九分	一分	三十八分
二十一度	五十二分	五分	十三分	八分	三分	二十七分	三十分	一分	三十八分
二十二度	五十七分	五分	十三分	一十一分	四分	二十八分	三十一分	一分	三十八分
二十三度	二度二分	五分	十四分	一十五分	三分	二十八分	三十二分	一分	三十八分
二十四度	七分	五分	十四分	一十八分	三分	二十九分	三十三分	一分	三十九分
二十五度	一十二分	五分	十五分	二十一分	四分	二十九分	三十四分	一分	三十九分
二十六度	一十七分	五分	十六分	二十五分	三分	三十分	三十五分	一分	三十九分
二十七度	二十二分	五分	十六分	二十八分	四分	三十分	三十六分	一分	四十分
二十八度	二十七分	五分	十七分	三十二分	三分	三十分	三十七分	一分	四十分
二十九度	三十二分	五分	十七分	三十五分	三分	三十一分	三十八分	一分	四十分

土星第二加减遠近立成

自行定宫度	三宫			四宫			五宫		
	加减差	加减分	遠近度	加减差	加减分	遠近度	加减差	加减分	遠近度
初度	五度三十九分	○分	初度四十一分	五度七分	三分	初度三十九分	三度六分	六分	初度二十四分
一度	三十九分	○分	四十一分	四分	三分	三十九分	○分	六分	二十三分
二度	三十九分	一分	四十一分	一分	三分	三十九分	二度五十四分	六分	二十三分
三度	四十分	○分	四十一分	四度五十八分	三分	三十八分	四十八分	六分	二十二分
四度	四十分	○分	四十一分	五十五分	三分	三十八分	四十二分	六分	二十二分
五度	四十分	○分	四十一分	五十二分	三分	三十八分	三十六分	五分	二十一分
六度	四十分	○分	四十一分	四十九分	三分	三十七分	三十一分	五分	二十一分
七度	四十分	○分	四十一分	四十六分	三分	三十七分	二十六分	六分	二十分

八度	五度四十分	○分	初度四十一分	四度四十三分	三分	初度三十七分	二度二十分	六分	初度一十九分
九度	四十分	○分	四十一分	四十分	三分	三十七分	一十四分	六分	一十八分
十度	四十分	一分	四十一分	三十七分	四分	三十六分	八分	六分	一十七分
十一度	三十九分	○分	四十二分	三十三分	四分	三十六分	二分	六分	一十六分
十二度	三十九分	一分	四十二分	二十九分	四分	三十五分	一度五十六分	七分	一十五分
十三度	三十八分	○分	四十二分	二十五分	四分	三十五分	四十九分	六分	一十五分
十四度	三十八分	○分	四十二分	二十一分	四分	三十四分	四十三分	六分	一十四分
十五度	三十八分	一分	四十二分	一十六分	四分	三十四分	三十七分	六分	一十三分
十六度	三十七分	○分	四十二分	一十二分	四分	三十三分	三十一分	七分	一十二分
十七度	三十七分	○分	四十二分	八分	四分	三十三分	二十四分	六分	一十二分
十八度	三十七分	一分	四十二分	四分	四分	三十二分	一十八分	六分	一十一分

十九度	三十六分	一分	四十二分	○分	四分	三十一分	一十二分	七分	一十分
二十度	三十五分	二分	四十一分	三度五十六分	五分	三十分	五分	六分	九分
二十一度	三十三分	三分	四十一分	五十一分	五分	三十分	初度五十九分	七分	八分
二十二度	三十分	三分	四十一分	四十六分	五分	二十九分	五十二分	六分	七分
二十三度	二十七分	三分	四十分	四十一分	五分	二十九分	四十六分	七分	六分
二十四度	二十四分	三分	四十分	三十六分	五分	二十八分	三十九分	六分	五分
二十五度	二十一分	三分	四十分	三十一分	五分	二十七分	三十三分	七分	四分
二十六度	一十八分	二分	四十分	二十六分	五分	二十七分	二十六分	六分	三分
二十七度	一十六分	三分	三十九分	二十一分	五分	二十六分	二十分	七分	二分
二十八度	一十三分	三分	三十九分	一十六分	五分	二十五分	一十三分	六分	一分
二十九度	一十分	三分	三十九分	一十一分	五分	二十四分	七分	七分	○分

土星第二加減遠近立成

自行定宮度	六宮			七宮			八宮		
	加減差	加減分	遠近度	加減差	加減分	遠近度	加減差	加減分	遠近度
初度	初度〇分	七分		三度六分	五分	初度二十四分	五度七分	三分	初度三十九分
一度	七分	六分	初度〇分	一十一分	五分	二十四分	一十分	三分	三十九分
二度	一十三分	七分	一分	一十六分	五分	二十五分	一十三分	三分	三十九分
三度	二十分	六分	二分	二十一分	五分	二十六分	一十六分	二分	三十九分
四度	二十六分	七分	三分	二十六分	五分	二十七分	一十八分	三分	四十分
五度	三十三分	六分	四分	三十一分	五分	二十七分	二十一分	三分	四十分
六度	三十九分	七分	五分	三十六分	五分	二十八分	二十四分	三分	四十分
七度	四十六分	六分	六分	四十一分	五分	二十九分	二十七分	三分	四十分

八度	五十二分	七分	七分	四十六分	五分	二十九分	三十分	三分	四十一分
九度	五十九分	六分	八分	五十一分	五分	三十分	三十三分	二分	四十一分
十度	一度五分	七分	九分	五十六分	四分	三十分	三十五分	一分	四十一分
十一度	一十二分	六分	十分	四度○分	四分	三十一分	三十六分	一分	四十二分
十二度	一十八分	六分	十一分	四分	四分	三十二分	三十七分	○分	四十二分
十三度	二十四分	七分	十二分	八分	四分	三十三分	三十七分	○分	四十二分
十四度	三十一分	六分	十二分	一十二分	四分	三十三分	三十七分	一分	四十二分
十五度	三十七分	六分	十三分	一十六分	五分	三十四分	三十八分	○分	四十二分
十六度	四十三分	六分	十四分	二十一分	四分	三十四分	三十八分	○分	四十二分
十七度	四十九分	七分	十五分	二十五分	四分	三十五分	三十八分	一分	四十二分
十八度	五十六分	六分	十五分	二十九分	四分	三十五分	三十九分	○分	四十二分

十九度	二度二分	六分	初度一十六分	四度三十三分	四分	初度三十六分	五度三十九分	一分	初度四十二分
二十度	八分	六分	一十七分	三十七分	三分	三十六分	四十分	○分	四十一分
二十一度	一十四分	六分	一十八分	四十分	三分	三十七分	四十分	○分	四十一分
二十二度	二十分	六分	一十九分	四十三分	三分	三十七分	四十分	○分	四十一分
二十三度	二十六分	五分	二十分	四十六分	三分	三十七分	四十分	○分	四十一分
二十四度	三十一分	五分	二十一分	四十九分	三分	三十七分	四十分	○分	四十一分
二十五度	三十六分	六分	二十一分	五十二分	三分	三十八分	四十分	○分	四十一分
二十六度	四十二分	六分	二十二分	五十五分	三分	三十八分	四十分	○分	四十一分
二十七度	四十八分	六分	二十二分	五十八分	三分	三十八分	四十分	一分	四十一分
二十八度	五十四分	六分	二十三分	五度一分	三分	三十九分	三十九分	○分	四十一分
二十九度	三度○分	六分	二十三分	四分	三分	三十九分	三十九分	○分	四十一分

土星第二加減遠近立成

自行定宮度	九宮			十宮			十一宮		
	加減差	加減分	遠近度	加減差	加減分	遠近度	加減差	加減分	遠近度
初度	五度三十九分	一分	初度四十一分	四度三十八分	三分	初度三十一分	二度三十七分	五分	初度一十八分
一度	三十八分	一分	四十分	三十五分	三分	三十一分	三十二分	五分	一十七分
二度	三十七分	一分	四十分	三十二分	四分	三十分	二十七分	五分	一十七分
三度	三十六分	一分	四十分	二十八分	三分	三十分	二十二分	五分	一十六分
四度	三十五分	一分	三十九分	二十五分	四分	三十分	一十七分	五分	一十六分
五度	三十四分	一分	三十九分	二十一分	三分	二十九分	一十二分	五分	一十五分
六度	三十三分	一分	三十九分	一十八分	三分	二十九分	七分	五分	一十四分
七度	三十二分	一分	三十八分	一十五分	四分	二十八分	二分	五分	一十四分

八度	五度三十一分	一分	初度三十八分	四度一十一分	三分	初度二十八分	一度五十七分	五分	初度一十三分
九度	三十分	一分	三十八分	八分	四分	二十七分	五十二分	五分	十三分
十度	二十九分	二分	三十八分	四分	四分	二十七分	四十七分	五分	十二分
十一度	二十七分	一分	三十八分	○分	四分	二十七分	四十二分	五分	十一分
十二度	二十六分	二分	三十七分	三度五十六分	四分	二十七分	三十七分	六分	十一分
十三度	二十四分	一分	三十七分	五十二分	四分	二十六分	三十一分	五分	十分
十四度	二十三分	二分	三十七分	四十八分	五分	二十六分	二十六分	五分	十分
十五度	二十一分	一分	三十七分	四十三分	四分	二十六分	二十一分	五分	九分
十六度	二十分	二分	三十七分	三十九分	四分	二十六分	一十六分	六分	八分
十七度	一十八分	一分	三十七分	三十五分	四分	二十五分	一十分	五分	八分
十八度	一十七分	一分	三十六分	三十一分	四分	二十五分	五分	五分	七分

十九度	一十六分	二分	三十六分	二十七分	四分	二十四分	○分	六分	七分
二十度	一十四分	三分	三十六分	二十三分	五分	二十四分	初度五十四分	六分	六分
二十一度	一十一分	三分	三十五分	一十八分	四分	二十四分	四十八分	五分	六分
二十二度	八分	三分	三十五分	一十四分	五分	二十三分	四十三分	五分	五分
二十三度	五分	四分	三十四分	九分	五分	二十二分	三十八分	六分	四分
二十四度	一分	三分	三十四分	四分	四分	二十一分	三十二分	五分	四分
二十五度	四度五十八分	四分	三十三分	○分	五分	二十分	二十七分	六分	三分
二十六度	五十四分	四分	三十三分	二度五十五分	五分	二十分	二十一分	五分	三分
二十七度	五十分	四分	三十三分	五十分	四分	一十九分	一十六分	五分	二分
二十八度	四十六分	四分	三十二分	四十六分	四分	一十九分	一十一分	六分	一分
二十九度	四十二分	四分	三十二分	四十二分	五分	一十八分	五分	五分	一分

木星第一加減比敷立成

小輪心宫度	初宫			一宫			二宫		
	加減差	加減分	比敷分	加減差	加減分	比敷分	加減差	加減分	比敷分
初度	初度〇分	五分	〇分	二度二十七分	四分	四分	四度一十九分	二分	一十五分
一度	五分	五分	〇分	三十一分	五分	四分	二十一分	二分	一十五分
二度	一十分	五分	〇分	三十六分	四分	四分	二十三分	三分	一十五分
三度	一十五分	五分	〇分	四十分	四分	五分	二十六分	二分	一十六分
四度	二十分	五分	〇分	四十四分	四分	五分	二十八分	二分	一十六分
五度	二十五分	五分	〇分	四十八分	五分	五分	三十分	三分	一十七分
六度	三十分	六分	〇分	五十三分	四分	五分	三十三分	二分	一十七分
七度	三十六分	五分	〇分	五十七分	四分	六分	三十五分	三分	一十八分

八度	四十一分	五分	〇分	三度一分	四分	六分	三十八分	二分	一十八分
九度	四十六分	五分	〇分	五分	五分	六分	四十分	二分	一十九分
十度	五十一分	五分	〇分	一十分	四分	七分	四十二分	二分	一十九分
十一度	五十六分	五分	〇分	一十四分	三分	七分	四十四分	二分	二十分
十二度	一度一分	五分	一分	一十七分	四分	七分	四十六分	一分	二十分
十三度	六分	五分	分	二十一分	四分	八分	四十七分	二分	二十一分
十四度	一十一分	五分	一分	二十五分	三分	八分	四十九分	一分	二十一分
十五度	一十六分	四分	一分	二十八分	四分	八分	五十分	二分	二十二分
十六度	二十分	五分	一分	三十二分	四分	九分	五十二分	一分	二十二分
十七度	二十五分	五分	一分	三十六分	四分	九分	五十三分	二分	二十三分
十八度	三十分	五分	二分	四十分	三分	十分	五十五分	二分	二十三分

十九度	一度三十五分	五分	二分	三度四十三分	四分	十分	四度五十七分	一分	二十四分
二十度	四十分	五分	二分	四十七分	三分	十分	五十八分	一分	二十四分
二十一度	四十五分	五分	二分	五十分	三分	十一分	五十九分	一分	二十五分
二十二度	五十分	四分	二分	五十三分	三分	十一分	五度〇分	〇分	二十五分
二十三度	五十四分	五分	二分	五十六分	四分	十二分	〇分	一分	二十六分
二十四度	五十九分	五分	三分	四度〇分	三分	十二分	一分	一分	二十六分
二十五度	二度四分	四分	三分	三分	三分	十二分	二分	〇分	二十七分
二十六度	八分	五分	三分	六分	三分	十三分	二分	一分	二十七分
二十七度	一十三分	五分	三分	九分	三分	十三分	三分	一分	二十八分
二十八度	一十八分	四分	四分	一十二分	四分	十四分	四分	〇分	二十八分
二十九度	二十二分	五分	四分	一十六分	三分	十四分	四分	一分	二十九分

木星第一加減比敷立成

小輪心宮度	三宮			四宮			五宮		
	加減差	加減分	比敷分	加減差	加減分	比敷分	加減差	加減分	比敷分
初度	五度五分	○分	二十九分	四度三十分	三分	四十五分	二度三十九分	五分	五十六分
一度	五分	○分	三十分	二十七分	三分	四十五分	三十四分	五分	五十六分
二度	五分	一分	三十分	二十四分	三分	四十五分	二十九分	五分	五十六分
三度	四分	○分	三十一分	二十一分	三分	四十六分	二十四分	五分	五十七分
四度	四分	○分	三十一分	一十八分	二分	四十六分	一十九分	五分	五十七分
五度	四分	○分	三十二分	一十六分	三分	四十七分	一十四分	五分	五十七分
六度	四分	○分	三十二分	一十三分	三分	四十七分	九分	五分	五十七分
七度	四分	一分	三十三分	一十分	三分	四十八分	四分	五分	五十八分

八度	五度三分	○分	三十三分	四度七分	三分	四十八分	一度五十九分	五分	五十八分
九度	三分	○分	三十四分	四分	三分	四十八分	五十四分	五分	五十八分
十度	三分	一分	三十五分	一分	四分	四十九分	四十九分	五分	五十八分
十一度	二分	一分	三十五分	三度五十七分	四分	四十九分	四十四分	六分	五十八分
十二度	一分	一分	三十六分	五十三分	四分	五十分	三十八分	五分	五十九分
十三度	○分	一分	三十六分	四十九分	三分	五十分	三十三分	五分	五十九分
十四度	四度五十九分	一分	三十七分	四十六分	四分	五十一分	二十八分	六分	五十九分
十五度	五十八分	二分	三十七分	四十二分	四分	五十一分	二十二分	五分	五十九分
十六度	五十六分	一分	三十八分	三十八分	四分	五十一分	一十七分	五分	五十九分
十七度	五十五分	一分	三十八分	三十四分	三分	五十二分	一十二分	六分	六十分
十八度	五十四分	二分	三十九分	三十一分	四分	五十二分	六分	五分	六十分

十九度	五十二分	一分	三十九分	二十七分	四分	五十二分	一分	六分	六十分
二十度	五十一分	二分	四十分	二十三分	四分	五十三分	初度五十三分	六分	六十分
二十一度	四十九分	二分	四十分	一十九分	五分	五十三分	四十九分	五分	六十分
二十二度	四十七分	二分	四十一分	一十四分	四分	五十四分	四十四分	六分	六十分
二十三度	四十五分	二分	四十一分	一十分	五分	五十四分	三十八分	五分	六十分
二十四度	四十三分	二分	四十二分	五分	四分	五十四分	三十三分	六分	六十分
二十五度	四十一分	二分	四十二分	一分	四分	五十五分	二十七分	五分	六十分
二十六度	三十九分	二分	四十三分	二度五十七分	五分	五十五分	二十二分	六分	六十分
二十七度	三十七分	二分	四十三分	五十二分	四分	五十五分	一十六分	五分	六十分
二十八度	三十五分	二分	四十四分	四十八分	五分	五十五分	一十一分	五分	六十分
二十九度	三十三分	三分	四十四分	四十三分	四分	五十六分	六分	六分	六十分

木星第一加减比敷立成

小輪心宫度	六宫			七宫			八宫		
	加減差	加減分	比敷分	加減差	加減分	比敷分	加減差	加減分	比敷分
初度	初度〇分	六分	六十分	二度三十九分	四分	五十六分	四度三十分	三分	四十五分
一度	六分	五分	六十分	四十三分	五分	五十六分	三十三分	二分	四十四分
二度	一十一分	五分	六十分	四十八分	四分	五十五分	三十五分	二分	四十四分
三度	一十六分	六分	六十分	五十二分	五分	五十五分	三十七分	二分	四十三分
四度	二十二分	五分	六十分	五十七分	四分	五十五分	三十九分	二分	四十三分
五度	二十七分	六分	六十分	三度一分	四分	五十五分	四十一分	二分	四十二分
六度	三十二分	五分	六十分	五分	五分	五十四分	四十三分	二分	四十二分
七度	三十八分	六分	六十分	一十分	四分	五十四分	四十五分	二分	四十一分

八度	四十四分	五分	六十分	一十四分	五分	五十四分	四十七分	二分	四十一分
九度	四十九分	六分	六十分	一十九分	四分	五十三分	四十九分	二分	四十分
十度	五十五分	六分	六十分	二十三分	四分	五十三分	五十一分	一分	四十分
十一度	一度一分	五分	六十分	二十七分	四分	五十二分	五十二分	二分	三十九分
十二度	六分	六分	六十分	三十一分	三分	五十二分	五十四分	一分	三十九分
十三度	一十二分	五分	六十分	三十四分	四分	五十二分	五十五分	一分	三十八分
十四度	一十七分	五分	五十九分	三十八分	四分	五十一分	五十六分	二分	三十八分
十五度	二十二分	六分	五十九分	四十二分	四分	五十一分	五十八分	一分	三十七分
十六度	二十八分	五分	五十九分	四十六分	三分	五十一分	五十九分	一分	三十七分
十七度	三十三分	五分	五十九分	四十九分	四分	五十分	五度〇分	一分	三十六分
十八度	三十八分	六分	五十九分	五十三分	四分	五十分	一分	一分	三十六分

十九度	一度四十四分	五分	五十八分	三度五十七分	四分	四十九分	五度二分	一分	三十五分
二十度	四十九分	五分	五十八分	四度一分	三分	四十九分	三分	○分	三十五分
二十一度	五十四分	五分	五十八分	四分	三分	四十八分	三分	○分	三十四分
二十二度	五十九分	五分	五十八分	七分	三分	四十八分	三分	一分	三十三分
二十三度	二度四分	五分	五十八分	一十分	三分	四十八分	四分	○分	三十三分
二十四度	九分	五分	五十七分	一十三分	三分	四十七分	四分	○分	三十二分
二十五度	一十四分	五分	五十七分	一十六分	二分	四十七分	四分	○分	三十二分
二十六度	一十九分	五分	五十七分	一十八分	三分	四十六分	四分	○分	三十一分
二十七度	二十四分	五分	五十七分	二十一分	三分	四十六分	四分	一分	三十一分
二十八度	二十九分	五分	五十六分	二十四分	三分	四十五分	五分	○分	三十分
二十九度	三十四分	五分	五十六分	二十七分	三分	四十五分	五分	○分	三十分

木星第一加減比敷立成

小輪心宮度	九宮			十宮			十一宮		
	加減差	加减分	比敷分	加減差	加減分	比敷分	加減差	加減分	比敷分
初度	五度五分	一分	二十九分	四度一十九分	三分	一十五分	二度二十七分	五分	四分
一度	四分	○分	二十九分	一十六分	四分	一十四分	二十二分	四分	四分
二度	四分	一分	二十八分	一十二分	三分	一十四分	一十八分	五分	四分
三度	三分	一分	二十八分	九分	三分	一十三分	一十三分	五分	三分
四度	二分	○分	二十七分	六分	三分	一十三分	八分	四分	三分
五度	二分	一分	二十七分	三分	三分	一十二分	四分	五分	三分
六度	一分	一分	二十六分	○分	四分	一十二分	一度五十九分	五分	三分
七度	○分	○分	二十六分	三度五十六分	三分	一十二分	五十四分	四分	二分

八度	五度〇分	一分	二十五分	三度五十三分	三分	十一分	一度五十分	五分	二分
九度	四度五十九分	一分	二十五分	五十分	三分	十一分	四十五分	五分	二分
十度	五十八分	一分	二十四分	四十七分	四分	十分	四十分	五分	二分
十一度	五十七分	二分	二十四分	四十三分	三分	十分	三十五分	五分	二分
十二度	五十五分	二分	二十三分	四十分	四分	十分	三十分	五分	二分
十三度	五十三分	一分	二十三分	三十六分	四分	九分	二十五分	五分	一分
十四度	五十二分	二分	二十二分	三十二分	四分	九分	二十分	四分	一分
十五度	五十分	一分	二十二分	二十八分	三分	八分	一十六分	五分	一分
十六度	四十九分	二分	二十一分	二十五分	四分	八分	一十一分	五分	一分
十七度	四十七分	一分	二十一分	二十一分	四分	八分	六分	五分	一分
十八度	四十六分	二分	二十分	一十七分	三分	七分	一分	五分	一分

十九度	四十四分	二分	二十分	一十四分	四分	七分	初度五十六分	五分	○分
二十度	四十二分	二分	十九分	一十分	五分	七分	五十一分	五分	○分
二十一度	四十分	二分	十九分	五分	四分	六分	四十六分	五分	○分
二十二度	三十八分	三分	十八分	一分	四分	六分	四十一分	五分	○分
二十三度	三十五分	二分	十八分	二度五十七分	四分	六分	三十六分	六分	○分
二十四度	三十三分	三分	十七分	五十三分	五分	五分	三十分	五分	○分
二十五度	三十分	二分	十七分	四十八分	四分	五分	二十五分	五分	○分
二十六度	二十八分	二分	十六分	四十四分	四分	五分	二十分	五分	○分
二十七度	二十六分	三分	十六分	四十分	四分	五分	一十五分	五分	○分
二十八度	二十三分	二分	十五分	三十六分	五分	四分	一十分	五分	○分
二十九度	二十一分	二分	十五分	三十一分	四分	四分	五分	五分	○分

木星第二加减遠近立成

<table>
<tr><td rowspan="2">自行定
宫度</td><td colspan="3">初宫</td><td colspan="3">一宫</td><td colspan="3">二宫</td></tr>
<tr><td>加减差</td><td>加减分</td><td>遠近度</td><td>加减差</td><td>加减分</td><td>遠近度</td><td>加减差</td><td>加减分</td><td>遠近度</td></tr>
<tr><td>初度</td><td>初度〇分</td><td>九分</td><td>初度〇分</td><td>四度二十七分</td><td>九分</td><td>初度二十一分</td><td>八度九分</td><td>六分</td><td>初度四十一分</td></tr>
<tr><td>一度</td><td>九分</td><td>九分</td><td>一分</td><td>三十六分</td><td>八分</td><td>二十二分</td><td>一十五分</td><td>六分</td><td>四十一分</td></tr>
<tr><td>二度</td><td>一十八分</td><td>九分</td><td>一分</td><td>四十四分</td><td>八分</td><td>二十二分</td><td>二十一分</td><td>六分</td><td>四十二分</td></tr>
<tr><td>三度</td><td>二十七分</td><td>十分</td><td>二分·</td><td>五十二分</td><td>九分</td><td>二十三分</td><td>二十七分</td><td>六分</td><td>四十二分</td></tr>
<tr><td>四度</td><td>三十七分</td><td>九分</td><td>三分</td><td>五度一分</td><td>八分</td><td>二十四分</td><td>三十三分</td><td>六分</td><td>四十三分</td></tr>
<tr><td>五度</td><td>四十六分</td><td>九分</td><td>四分</td><td>九分</td><td>八分</td><td>二十四分</td><td>三十九分</td><td>五分</td><td>四十四分</td></tr>
<tr><td>六度</td><td>五十五分</td><td>九分</td><td>四分</td><td>一十七分</td><td>八分</td><td>二十五分</td><td>四十四分</td><td>五分</td><td>四十四分</td></tr>
<tr><td>七度</td><td>一度四分</td><td>九分</td><td>五分</td><td>二十五分</td><td>八分</td><td>二十六分</td><td>四十九分</td><td>五分</td><td>四十五分</td></tr>
</table>

八度	一十三分	九分	六分	三十三分	八分	二十七分	五十四分	五分	四十五分
九度	二十二分	九分	六分	四十一分	八分	二十七分	五十九分	五分	四十六分
十度	三十一分	九分	七分	四十九分	八分	二十八分	九度四分	五分	四十七分
十一度	四十分	九分	八分	五十七分	八分	二十八分	九分	四分	四十七分
十二度	四十九分	九分	九分	六度五分	八分	二十九分	一十三分	四分	四十八分
十三度	五十八分	九分	九分	一十三分	八分	三十分	一十七分	四分	四十八分
十四度	二度七分	九分	十分	二十一分	七分	三十分	二十一分	四分	四十九分
十五度	一十六分	九分	十一分	二十八分	七分	三十一分	二十五分	四分	四十九分
十六度	二十五分	九分	十一分	三十五分	七分	三十二分	二十九分	四分	五十分
十七度	三十四分	九分	十二分	四十二分	七分	三十二分	三十三分	五分	五十分
十八度	四十三分	九分	十三分	四十九分	七分	三十三分	三十八分	四分	五十一分

十九度	二度五十二分	九分	初度一十三分	六度五十六分	七分	初度三十四分	九度四十二分	四分	初度五十一分
二十度	三度一分	九分	十四分	七度三分	七分	三十五分	四十六分	四分	五十二分
二十一度	一十分	九分	十五分	一十分	七分	三十五分	五十分	三分	五十二分
二十二度	一十九分	九分	十六分	一十七分	七分	三十六分	五十三分	三分	五十三分
二十三度	二十八分	九分	十六分	二十四分	七分	三十六分	五十六分	三分	五十三分
二十四度	三十七分	九分	十七分	三十一分	七分	三十七分	五十九分	三分	五十三分
二十五度	四十六分	九分	十八分	三十八分	七分	三十八分	十度二分	三分	五十四分
二十六度	五十五分	八分	十八分	四十五分	六分	三十八分	五分	二分	五十四分
二十七度	四度三分	八分	十九分	五十一分	六分	三十九分	七分	二分	五十五分
二十八度	一十一分	八分	二十分	五十七分	六分	三十九分	九分	二分	五十五分
二十九度	一十九分	八分	二十分	八度三分	六分	四十分	十一分	二分	五十五分

木星第二加減遠近立成

自行定宫度	三宫			四宫			五宫		
	加减差	加减分	遠近度	加减差	加减分	遠近度	加减差	加减分	遠近度
初度	十度一十三分	二分	初度五十六分	九度四十四分	四分	一度〇分	六度六分	十分	初度四十一分
一度	一十五分	二分	五十六分	四十分	四分	初度五十九分	五度五十六分	十一分	四十分
二度	一十七分	二分	五十六分	三十六分	五分	五十九分	四十五分	十一分	三十九分
三度	一十九分	一分	五十七分	三十一分	五分	五十九分	三十四分	十一分	三十八分
四度	二十分	一分	五十七分	二十六分	五分	五十九分	二十三分	十一分	三十七分
五度	二十一分	一分	五十七分	二十一分	五分	五十八分	一十二分	十一分	三十六分
六度	二十二分	〇分	五十七分	一十六分	五分	五十八分	一分	十一分	三十四分
七度	二十二分	一分	五十八分	一十一分	六分	五十七分	四度五十分	十一分	三十三分

八度	一十度二十三分	○分	初度五十八分	九度五分	六分	初度五十七分	四度三十九分	一十二分	初度三十二分
九度	二十三分	○分	五十九分	八度五十九分	六分	五十七分	二十七分	一十二分	三十分
十度	二十三分	○分	五十九分	五十三分	七分	五十六分	一十五分	一十二分	二十九分
十一度	二十三分	○分	五十九分	四十六分	七分	五十六分	三分	一十二分	二十八分
十二度	二十三分	一分	五十九分	三十九分	七分	五十五分	三度五十一分	一十二分	二十七分
十三度	二十二分	○分	五十九分	三十二分	七分	五十五分	三十九分	一十二分	二十五分
十四度	二十二分	一分	五十九分	二十五分	七分	五十四分	二十七分	一十二分	二十四分
十五度	二十一分	一分	五十九分	一十八分	七分	五十四分	一十五分	一十二分	二十二分
十六度	二十分	一分	一度○分	一十一分	八分	五十三分	三分	一十三分	二十一分
十七度	一十九分	一分	○分	三分	八分	五十二分	二度五十分	一十三分	二十分
十八度	一十八分	二分	○分	七度五十五分	八分	五十二分	三十七分	一十三分	一十八分

十九度	一十六分	二分	○分	四十七分	八分	五十一分	二十四分	一十三分	一十七分
二十度	一十四分	二分	○分	三十九分	九分	五十分	一十一分	一十三分	一十五分
二十一度	一十二分	二分	○分	三十分	九分	五十分	一度五十八分	一十三分	一十四分
二十二度	一十分	三分	○分	二十一分	九分	四十九分	四十五分	一十三分	一十三分
二十三度	七分	三分	○分	一十二分	九分	四十八分	三十二分	一十三分	一十一分
二十四度	四分	三分	○分	三分	九分	四十七分	一十九分	一十三分	九分
二十五度	一分	三分	○分	六度五十四分	九分	四十六分	六分	一十三分	八分
二十六度	九度五十八分	三分	○分	四十五分	九分	四十五分	初度五十三分	一十三分	六分
二十七度	五十五分	三分	○分	三十六分	十分	四十四分	四十分	一十三分	五分
二十八度	五十二分	四分	○分	二十六分	十分	四十三分	二十七分	一十三分	三分
二十九度	四十八分	四分	○分	一十六分	十分	四十二分	一十四分	一十四分	二分

木星第二加減遠近立成

自行定宫度	六宫			七宫			八宫		
	加減差	加減分	遠近度	加減差	加減分	遠近度	加減差	加減分	遠近度
初度	初度○分	十四分	○度○分	六度六分	十分	初度四十一分	九度四十四分	四分	一度○分
一度	一十四分	十三分	初度二分	一十六分	十分	四十二分	四十八分	四分	○分
二度	二十七分	十三分	三分	二十六分	十分	四十三分	五十二分	三分	○分
三度	四十分	十三分	五分	三十六分	九分	四十四分	五十五分	三分	○分
四度	五十三分	十三分	六分	四十五分	九分	四十五分	五十八分	三分	○分
五度	一度六分	十三分	八分	五十四分	九分	四十六分	十度一分	三分	○分
六度	一十九分	十三分	九分	七度三分	九分	四十七分	四分	三分	○分
七度	三十二分	十三分	十一分	一十二分	九分	四十八分	七分	三分	○分

八度	四十五分	十三分	十三分	二十一分	九分	四十九分	一十分	二分	○分
九度	五十八分	十三分	十四分	三十分	九分	五十分	一十二分	二分	○分
十度	二度一十一分	十三分	十五分	三十九分	八分	五十分	一十四分	二分	○分
十一度	二十四分	十三分	十七分	四十七分	八分	五十一分	一十六分	二分	○分
十二度	三十七分	十三分	十八分	五十五分	八分	五十二分	一十八分	一分	○分
十三度	五十分	十三分	二十分	八度三分	八分	五十二分	一十九分	一分	○分
十四度	三度三分	十二分	二十一分	一十一分	七分	五十三分	二十分	一分	○分
十五度	一十五分	十二分	二十二分	一十八分	七分	五十四分	二十一分	一分	初度五十九分
十六度	二十七分	十二分	二十四分	二十五分	七分	五十四分	二十二分	○分	五十九分
十七度	三十九分	十二分	二十五分	三十二分	七分	五十五分	二十二分	一分	五十九分
十八度	五十一分	十二分	二十七分	三十九分	七分	五十五分	二十三分	○分	五十九分

十九度	四度三分	一十二分	初度二十八分	八度四十六分	七分	初度五十六分	一十度二十三分	○分	初度五十九分
二十度	一十五分	一十二分	二十九分	五十三分	六分	五十六分	二十三分	○分	五十九分
二十一度	二十七分	一十二分	三十分	五十九分	六分	五十七分	二十三分	○分	五十九分
二十二度	三十九分	一十一分	三十二分	九度五分	六分	五十七分	二十三分	一分	五十八分
二十三度	五十分	一十一分	三十三分	一十一分	五分	五十七分	二十二分	○分	五十八分
二十四度	五度一分	一十一分	三十四分	一十六分	五分	五十八分	二十二分	一分	五十七分
二十五度	一十二分	一十一分	三十六分	二十一分	五分	五十八分	二十一分	一分	五十七分
二十六度	二十三分	一十一分	三十七分	二十六分	五分	五十九分	二十分	一分	五十七分
二十七度	三十四分	一十一分	三十八分	三十一分	五分	五十九分	一十九分	二分	五十七分
二十八度	四十五分	一十一分	三十九分	三十六分	四分	五十九分	一十七分	二分	五十六分
二十九度	五十六分	一十分	四十分	四十分	四分	五十九分	一十五分	二分	五十六分

木星第二加減遠近立成

自行定宮度	九宮			十宮			十一宮		
	加減差	加減分	遠近度	加減差	加減分	遠近度	加減差	加減分	遠近度
初度	一十度一十三分	二分	初度五十六分	八度九分	六分	初度四十一分	四度二十七分	八分	初度二十一分
一度	一十一分	二分	五十五分	三分	六分	四十分	一十九分	八分	二十分
二度	九分	二分	五十五分	七度五十七分	六分	三十九分	一十一分	八分	二十分
三度	七分	二分	五十五分	五十一分	六分	三十九分	三分	八分	一十九分
四度	五分	三分	五十四分	四十五分	七分	三十八分	三度五十五分	九分	一十八分
五度	二分	三分	五十四分	三十八分	七分	三十八分	四十六分	九分	一十八分
六度	九度五十九分	三分	五十三分	三十一分	七分	三十七分	三十七分	九分	一十七分
七度	五十六分	三分	五十三分	二十四分	七分	三十六分	二十八分	九分	一十六分

八度	九度五十三分	三分	初度五十三分	七度一十七分	七分	初度三十六分	三度一十九分	九分	初度一十六分
九度	五十分	四分	五十二分	一十分	七分	三十五分	一十分	九分	十五分
十度	四十六分	四分	五十二分	三分	七分	三十五分	一分	九分	十四分
十一度	四十二分	四分	五十一分	六度五十六分	七分	三十四分	二度五十二分	九分	十三分
十二度	三十八分	五分	五十一分	四十九分	七分	三十三分	四十三分	九分	十三分
十三度	三十三分	四分	五十分	四十二分	七分	三十二分	三十四分	九分	十二分
十四度	二十九分	四分	五十分	三十五分	七分	三十二分	二十五分	九分	十一分
十五度	二十五分	四分	四十九分	二十八分	七分	三十一分	一十六分	九分	十一分
十六度	二十一分	四分	四十九分	二十一分	八分	三十分	七分	九分	十分
十七度	一十七分	四分	四十八分	一十三分	八分	三十分	一度五十八分	九分	九分
十八度	一十三分	四分	四十八分	五分	八分	二十九分	四十九分	九分	九分

十九度	九分	五分	四十七分	五度五十七分	八分	二十八分	四十分	九分	八分
二十度	四分	五分	四十七分	四十九分	八分	二十八分	三十一分	九分	七分
二十一度	八度五十九分	五分	四十六分	四十一分	八分	二十七分	二十二分	九分	六分
二十二度	五十四分	五分	四十五分	三十三分	八分	二十七分	一十三分	九分	六分
二十三度	四十九分	五分	四十五分	二十五分	八分	二十六分	四分	九分	五分
二十四度	四十四分	五分	四十四分	一十七分	八分	二十五分	初度五十五分	九分	四分
二十五度	三十九分	六分	四十四分	九分	八分	二十四分	四十六分	九分	四分
二十六度	三十三分	六分	四十三分	一分	九分	二十四分	三十七分	十分	三分
二十七度	二十七分	六分	四十二分	四度五十二分	八分	二十三分	二十七分	九分	二分
二十八度	二十一分	六分	四十二分	四十四分	八分	二十二分	一十八分	九分	一分
二十九度	一十五分	六分	四十一分	三十六分	九分	二十二分	九分	九分	一分

火星第一加减比敷立成

小輪心宫度	初宫			一宫			二宫		
	加减差	加减分	比敷分	加减差	加减分	比敷分	加减差	加减分	比敷分
初度	初度〇分	一十一分	〇分〇秒	五度一十六分	一十分	三分四十一秒	九度二十四分	六分	一十三分五十二秒
一度	一十一分	一十一分	〇分一秒	二十六分	九分	三分五十五秒	三十分	六分	一十四分一十七秒
二度	二十二分	一十一分	〇分二秒	三十五分	一十分	四分九秒	三十六分	六分	一十四分四十二秒
三度	三十三分	一十一分	〇分四秒	四十五分	一十分	四分二十四秒	四十二分	六分	一十五分八秒
四度	四十四分	一十一分	〇分六秒	五十五分	九分	四分三十九秒	四十八分	六分	一十五分三十四秒
五度	五十五分	一十分	〇分八秒	六度四分	九分	四分五十七秒	五十四分	六分	一十六分七秒
六度	一度五分	一十一分	〇分一十 秒	一十三分	九分	五分一十四秒	一十度〇分	五分	一十六分二十七秒
七度	一十六分	一十一分	〇分一十二秒	二十二分	九分	五分三十一秒	五分	五分	一十六分五十四秒

八度	二十七分	一十一分	○分一十五秒	三十一分	九分	五分四十九秒	一十分	五分	一十七分二十二秒
九度	三十八分	一十一分	○分一十八秒	四十分	九分	六分八秒	一十五分	四分	一十七分五十秒
十度	四十九分	一十一分	○分二十一秒	四十九分	九分	六分二十五秒	一十九分	五分	一十八分一十九秒
十一度	二度○分	一十分	○分二十五秒	五十八分	九分	六分四十二秒	二十四分	五分	一十八分四十七秒
十二度	一十分	一十一分	○分三十秒	七度七分	九分	七分○秒	二十九分	四分	一十九分一十五秒
十三度	二十一分	一十一分	○分三十五秒	一十六分	八分	七分一十八秒	三十三分	四分	一十九分四十三秒
十四度	三十二分	一十分	○分四十一秒	二十四分	八分	七分三十七秒	三十七分	四分	二十分一十一秒
十五度	四十二分	一十一分	○分四十八秒	三十二分	九分	七分五十七秒	四十一分	四分	二十分四十秒
十六度	五十三分	一十分	○分五十六秒	四十一分	八分	八分一十八秒	四十五分	四分	二十一分九秒
十七度	三度三分	一十分	一分五秒	四十九分	八分	八分四十秒	四十九分	四分	二十一分三十八秒
十八度	一十三分	一十一分	一分一十五秒	五十七分	八分	九分三秒	五十三分	三分	二十二分七秒

十九度	三度二十四分	十一分	一分二十六秒	八度五分	八分	九分二十七秒	十度五十六分	四分	二十二分三十四秒
二十度	三十五分	十一分	一分三十八秒	一十三分	七分	九分五十一秒	十一度〇分	三分	二十三分七秒
二十一度	四十六分	十分	一分五十秒	二十分	八分	十分一十五秒	三分	三分	二十三分三十七秒
二十二度	五十六分	十分	二分二秒	二十八分	七分	十分三十九秒	六分	三分	二十四分七秒
二十三度	四度六分	十分	二分一十四秒	三十五分	七分	十一分三秒	九分	三分	二十四分三十八秒
二十四度	一十六分	十分	二分二十六秒	四十二分	八分	十一分二十七秒	一十二分	二分	二十五分九秒
二十五度	二十六分	十分	二分三十八秒	五十分	七分	十一分五十一秒	一十四分	二分	二十五分四十秒
二十六度	三十六分	十分	二分五十秒	五十七分	七分	十二分一十五秒	一十六分	三分	二十六分一十二秒
二十七度	四十六分	十分	三分二秒	九度四分	七分	十二分三十九秒	一十九分	二分	二十六分四十四秒
二十八度	五十六分	十分	三分一十五秒	一十一分	七分	十三分三秒	二十一分	一分	二十七分一十六秒
二十九度	五度六分	十分	三分二十八秒	一十八分	六分	十三分二十七秒	二十二分	一分	二十七分四十八秒

火星第一加減比數立成

小輪心宮度	三宮			四宮			五宮		
	加減差	加減分	比數分	加減差	加減分	比數分	加減差	加減分	比數分
初度	十一度二十三分	○分	二十八分二十秒	十度二十二分	五分	四十三分三十九秒	六度一十六分	十一分	五十五分二十八秒
一度	二十三分	一分	二十八分五十二秒	一十七分	五分	四十四分七秒	五分	十一分	五十五分四十四秒
二度	二十四分	一分	二十九分二十四秒	一十二分	六分	四十四分三十五秒	五度五十四分	十一分	五十六分○秒
三度	二十五分	○分	二十九分五十六秒	六分	六分	四十五分三秒	四十三分	十一分	五十六分一十五秒
四度	二十五分	○分	三十分二十八秒	○分	六分	四十五分三十秒	三十二分	十一分	五十六分三十秒
五度	二十五分	一分	三十一分○秒	九度五十四分	六分	四十五分五十四秒	二十一分	十二分	五十六分四十五秒
六度	二十四分	○分	三十一分三十二秒	四十八分	七分	四十六分二十四秒	九分	十二分	五十七分○秒
七度	二十四分	一分	三十二分四秒	四十一分	七分	四十六分五十一秒	四度五十七分	十二分	五十七分一十五秒

八度	十一度二十三分	一分	三十二分三十六秒	九度三十四分	七分	四十七分一十八秒	四度四十五分	十三分	五十七分二十九秒
九度	二十二分	一分	三十三分七秒	二七分	七分	四十七分四十三秒	三十二分	十二分	五十七分四十三秒
十度	二十一分	一分	三十三分三十八秒	二十分	七分	四十八分一十一秒	二十分	十二分	五十七分五十七秒
十一度	二十分	一分	三十四分九秒	一十三分	八分	四十八分三十六秒	八分	十三分	五十八分一十秒
十二度	一十九分	二分	三十四分四十秒	五分	八分	四十九分一秒	三度五十五分	十二分	五十八分二十二秒
十三度	一十七分	二分	三十五分一十一秒	八度五十七分	八分	四十九分二十六秒	四十三分	十二分	五十八分三十三秒
十四度	一十五分	二分	三十五分四十二秒	四十九分	八分	四十九分五十秒	三十一分	十三分	五十八分四十三秒
十五度	一十三分	二分	三十六分一十三秒	四十一分	九分	五十分一十四秒	一十八分	十三分	五十八分五十二秒
十六度	一十一分	二分	三十六分四十四秒	三十二分	九分	五十分三十八秒	五分	十三分	五十九分〇秒
十七度	九分	三分	三十七分一十五秒	二十三分	九分	五十一分二秒	二度五十二分	十三分	五十九分七秒
十八度	六分	三分	三十七分四十六秒	一十四分	九分	五十一分二十六秒	三十九分	十三分	五十九分一十三秒

十九度	三分	三分	三十八分一十六秒	五分	九分	五十一分五十秒	二十六分	十三分	五十九分一十九秒
二十度	○分	三分	三十八分四十六秒	七度五十六分	九分	五十二分一十三秒	一十三分	十四分	五十九分二十四秒
二十一度	十度五十七分	四分	三十九分一十六秒	四十七分	十分	五十二分三十六秒	一度五十九分	十三分	五十九分二十九秒
二十二度	五十三分	四分	三十九分四十六秒	三十七分	十分	五十二分五十九秒	四十六分	十三分	五十九分三十四秒
二十三度	四十九分	四分	四十分一十六秒	二十七分	十分	五十三分二十一秒	三十三分	十三分	五十九分三十八秒
二十四度	四十五分	四分	四十分四十六秒	一十七分	十分	五十三分四十三秒	二十分	十三分	五十九分四十三秒
二十五度	四十一分	四分	四十一分一十六秒	七分	十分	五十四分四秒	七分	十三分	五十九分四十七秒
二十六度	三十七分	四分	四十一分四十五秒	六度五十七分	十一分	五十四分二十四秒	初度五十四分	十四分	五十九分五十二秒
二十七度	三十三分	四分	四十二分一十四秒	四十六分	十分	五十四分四十三秒	四十分	十三分	五十九分五十四秒
二十八度	二十九分	三分	四十二分四十三秒	三十六分	十分	五十五分○秒	二十七分	十三分	五十九分五十七秒
二十九度	二十六分	四分	四十三分一十一秒	二十六分	十分	五十五分一十六秒	一十四分	十四分	五十九分五十九秒

火星第一加減比敷立成

小輪心宮度	六宮			七宮			八宮		
	加減差	加減分	比敷分	加減差	加減分	比敷分	加減差	加減分	比敷分
初度		十四分		六度十六分	十分	五十五分二十八秒	一十度二十二分	四分	四十三分三十九秒
一度	初度十四分	十三分	五十九分五十九秒	二十六分	十分	五十五分一十六秒	二十六分	三分	四十三分一十一秒
二度	二十七分	十三分	五十九分五十七秒	三十六分	十分	五十五分〇秒	二十九分	四分	四十二分四十三秒
三度	四十分	十四分	五十九分五十四秒	四十六分	十一分	五十四分四十三秒	三十三分	四分	四十二分一十四秒
四度	五十四分	十三分	五十九分五十一秒	五十七分	十分	五十四分二十四秒	三十七分	四分	四十一分四十五秒
五度	一度七分	十三分	五十九分四十七秒	七度七分	十分	五十四分四秒	四十一分	四分	四十一分一十六秒
六度	二十分	十三分	五十九分四十三秒	十七分	十分	五十三分四十三秒	四十五分	四分	四十分四十六秒
七度	三十三分	十三分	五十九分三十八秒	二十七分	十分	五十三分二十一秒	四十九分	四分	四十分一十六秒

八度	四十六分	十三分	五十九分三十四秒	三十七分	十分	五十二分五十九秒	五十三分	四分	三十九分四十六秒
九度	五十九分	十四分	五十九分二十九秒	四十七分	九分	五十二分三十六秒	五十七分	三分	三十九分一十六秒
十度	二度一十三分	十三分	五十九分二十四秒	五十六分	九分	五十二分一十三秒	一十一度〇分	三分	三十八分四十六秒
十一度	二十六分	十三分	五十九分一十九秒	八度五分	九分	五十一分五十秒	三分	三分	三十八分一十六秒
十二度	三十九分	十三分	五十九分一十三秒	十四分	九分	五十一分二十六秒	六分	三分	三十七分四十六秒
十三度	五十二分	十三分	五十九分七秒	二十三分	九分	五十一分二秒	九分	二分	三十七分一十五秒
十四度	三度五分	十三分	五十九分〇秒	三十二分	九分	五十分三十八秒	十一分	二分	三十六分四十四秒
十五度	十八分	十三分	五十八分五十二秒	四十一分	八分	五十分一十四秒	十三分	二分	三十六分一十三秒
十六度	三十一分	十二分	五十八分四十三秒	四十九分	八分	四十九分五十秒	十五分	二分	三十五分四十二秒
十七度	四十三分	十二分	五十八分三十三秒	五十七分	八分	四十九分二十六秒	十七分	二分	三十五分一十一秒
十八度	五十五分	十三分	五十八分二十二秒	九度五分	八分	四十九分一秒	十九分	一分	三十四分四十秒

十九度	四度八分	一十二分	五十八分一十秒	九度一十三分	七分	四十八分三十六秒	十一度二十分	一分	三十四分九秒
二十度	二十分	一十二分	五十七分五十七秒	二十分	七分	四十八分一十一秒	二十一分	一分	三十三分三十八秒
二十一度	三十二分	一十三分	五十七分四十三秒	二十七分	七分	四十七分四十五秒	二十二分	一分	三十三分七秒
二十二度	四十五分	一十二分	五十七分二十九秒	三十四分	七分	四十七分一十八秒	二十三分	一分	三十二分三十六秒
二十三度	五十七分	一十二分	五十七分一十五秒	四十一分	七分	四十六分五十一秒	二十四分	○分	三十二分四秒
二十四度	五度九分	一十二分	五十七分○秒	四十八分	六分	四十六分二十四秒	二十四分	一分	三十一分三十二秒
二十五度	二十一分	一十一分	五十六分四十五秒	五十四分	六分	四十五分五十四秒	二十五分	○分	三十一分○秒
二十六度	三十二分	一十一分	五十六分三十秒	一十度○分	六分	四十五分三十秒	二十五分	○分	三十分二十八秒
二十七度	四十三分	一十一分	五十六分一十五秒	六分	六分	四十五分三秒	二十五分	一分	二十九分五十六秒
二十八度	五十四分	一十一分	五十六分○秒	一十二分	五分	四十四分三十五秒	二十四分	一分	二十九分二十四秒
二十九度	六度五分	一十一分	五十五分四十四秒	一十七分	五分	四十四分七秒	二十三分	○分	二十八分五十二秒

火星第一加减比敷立成

小輪心宮度	九宮			十宮			十一宮		
	加減差	加減分	比數分	加減差	加減分	比數分	加減差	加減分	比數分
初度	一十一度二十三分	一分	二十八分二十秒	九度二十四分	六分	一十三分五十二秒	五度一十六分	一十分	三分四十一秒
一度	二十二分	一分	二十七分四十八秒	一十八分	七分	十三分二十七秒	六分	一十分	三分二十八秒
二度	二十一分	二分	二十七分一十六秒	一十一分	七分	一十三分三秒	四度五十六分	一十分	三分一十五秒
三度	一十九分	三分	二十六分四十四秒	四分	七分	一十二分三十九秒	四十六分	一十分	三分二秒
四度	一十六分	二分	二十六分一十二秒	八度五十七分	七分	一十二分一十五秒	三十六分	一十分	二分五十秒
五度	一十四分	二分	二十五分四十秒	五十分	八分	一十一分五十一秒	二十六分	一十分	二分三十八秒
六度	一十二分	三分	二十五分九秒	四十二分	七分	一十一分二十七秒	一十六分	一十分	二分二十六秒
七度	九分	三分	二十四分三十八秒	三十五分	七分	一十一分三秒	六分	一十分	二分一十四秒

八度	十一度六分	三分	二十四分七秒	八度二十八分	八分	十分三十九秒	三度五十六分	十分	二分二秒
九度	三分	三分	二十三分三十七秒	二十分	七分	十分一十五秒	四十六分	十一分	一分五十秒
十度	○分	四分	二十三分七秒	一十三分	八分	九分五十一秒	三十五分	十一分	一分三十八秒
十一度	十度五十六分	三分	二十二分三十四秒	五分	八分	九分二十七秒	二十四分	十一分	一分二十六秒
十二度	五十三分	四分	二十二分七秒	七度五十七分	八分	九分三秒	一十三分	十分	一分一十五秒
十三度	四十九分	四分	二十一分三十八秒	四十九分	八分	八分四十秒	三分	十分	一分五秒
十四度	四十五分	四分	二十一分九秒	四十一分	九分	八分一十八秒	二度五十三分	十一分	○分五十六秒
十五度	四十一分	四分	二十分四十秒	三十二分	八分	七分五十七秒	四十二分	十分	○分四十八秒
十六度	三十七分	四分	二十分一十一秒	二十四分	八分	七分三十七秒	三十二分	十一分	○分四十一秒
十七度	三十三分	四分	十九分四十三秒	一十六分	九分	七分一十八秒	二十一分	十一分	○分三十五秒
十八度	二十九分	五分	十九分一十五秒	七分	九 分	七分○秒	一十分	十分	○分三十秒

日本國立公文書館藏《回回曆法》明刊本

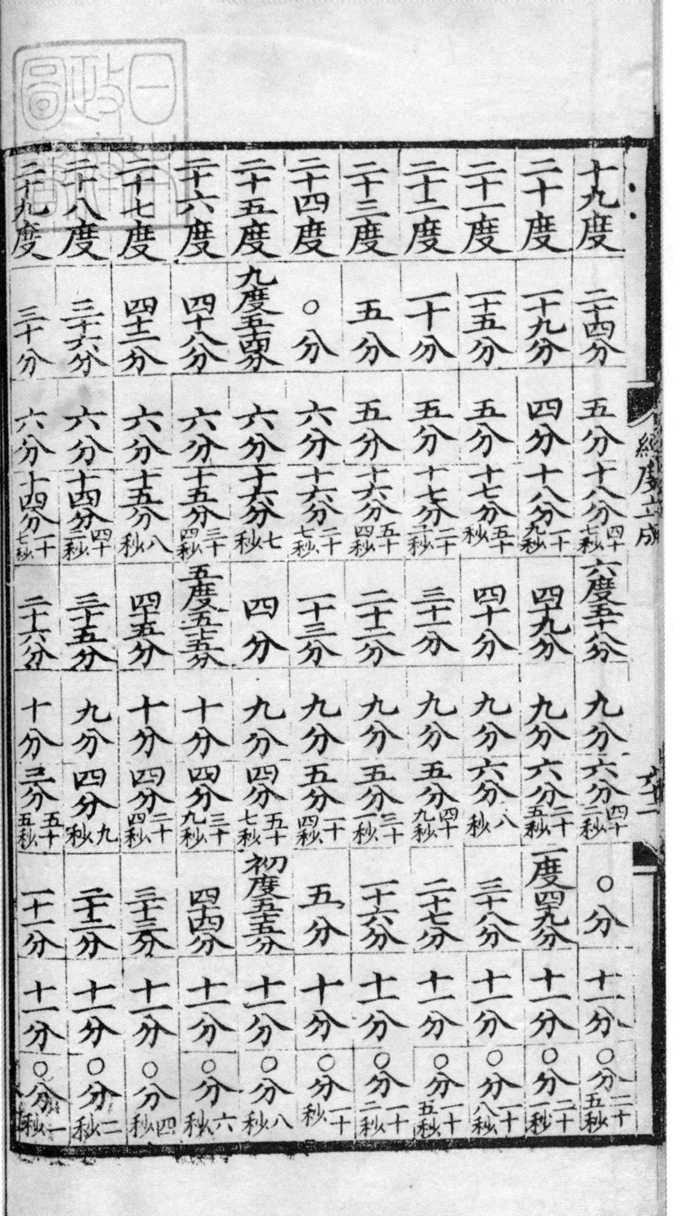

十九度	二十四分	五分	十八分四十七秒	六度五十八分	九分	六分四十二秒	○分	十一分	○分二十五秒
二十度	一十九分	四分	十八分一十九秒	四十九分	九分	六分二十五秒	一度四十九分	十一分	○分二十一秒
二十一度	一十五分	五分	十七分五十秒	四十分	九分	六分八秒	三十八分	十一分	○分一十八秒
二十二度	一十分	五分	十七分二十二秒	三十一分	九分	五分四十九秒	二十七分	十一分	○分一十五秒
二十三度	五分	五分	十六分五十四秒	二十二分	九分	五分三十一秒	一十六分	十一分	○分一十二秒
二十四度	○分	六分	十六分二十七秒	一十三分	九分	五分一十四秒	五分	十分	○分一十秒
二十五度	九度五十四分	六分	十六分七秒	四分	九分	四分五十七秒	初度五十五分	十一分	○分八秒
二十六度	四十八分	六分	十五分三十四秒	五度五十五分	十分	四分三十九秒	四十四分	十一分	○分六秒
二十七度	四十二分	六分	十五分八秒	四十五分	十分	四分二十四秒	三十三分	十一分	○分四秒
二十八度	三十六分	六分	十四分四十二秒	三十五分	九分	四分九秒	二十二分	十一分	○分二秒
二十九度	三十分	六分	十四分一十七秒	二十六分	十分	三分五十五秒	一十一分	十一分	○分一秒

《回回曆法》卷四

火星第二加减遠近立成

自行定宫度	初宫			一宫			二宫		
	加减差	加减分	遠近度	加减差	加减分	遠近度	加减差	加减分	遠近度
初度	初度〇分	二十三分	初度〇分	十一度九分	二十二分	一度二十八分	二十一度四十六分	二十分	三度七分
一度	二十三分	二十三分	二分	三十一分	二十二分	三十一分	二十二度六分	二十分	十分
二度	四十六分	二十三分	五分	五十三分	二十二分	三十四分	二十六分	二十分	十四分
三度	一度九分	二十二分	八分	十二度一十五分	二十二分	三十七分	四十六分	二十分	十八分
四度	三十一分	二十三分	十一分	三十七分	二十二分	四十分	二十三度六分	二十分	二十二分
五度	五十四分	二十二分	十三分	五十九分	二十一分	四十三分	二十六分	十九分	二十六分
六度	二度一十六分	二十三分	十六分	十三度二十分	二十一分	四十六分	四十五分	二十分	三十分
七度	三十九分	二十二分	十九分	四十一分	二十二分	五十分	二十四度五分	十九分	三十三分

八度	三度一分	二十二分	二十三分	十四度三分	二十二分	五十三分	二十四分	二十分	三十七分
九度	二十三分	二十二分	二十六分	二十五分	二十二分	五十六分	四十四分	十九分	四十二分
十度	四十五分	二十三分	二十九分	四十七分	二十一分	五十九分	二十五度三分	十九分	四十六分
十一度	四度八分	二十三分	三十一分	十五度八分	二十一分	二度三分	二十二分	十八分	五十分
十二度	三十一分	二十二分	三十四分	二十九分	二十一分	六分	四十分	十九分	五十五分
十三度	五十三分	二十二分	三十七分	五十分	二十二分	九分	五十九分	十八分	五十九分
十四度	五度一十五分	二十二分	四十分	十六度一十二分	二十一分	十二分	二十六度一十七分	十九分	四度四分
十五度	三十七分	二十二分	四十三分	三十三分	二十一分	十五分	三十六分	十八分	八分
十六度	五十九分	二十三分	四十六分	五十四分	二十二分	十八分	五十四分	十九分	十二分
十七度	六度二十二分	二十二分	四十九分	十七度一十六分	二十一分	二十二分	二十七度一十三分	十八分	十六分
十八度	四十四分	二十二分	五十二分	三十七分	二十一分	二十五分	三十一分	十七分	二十分

十九度	七度六分	二十三分	初度五十五分	十七度五十八分	二十一分	二度二十九分	二十七度四十八分	十八分	四度二十五分
二十度	二十九分	二十二分	五十八分	十八度一十九分	二十一分	三十三分	二十八度六分	十八分	三十分
二十一度	五十一分	二十三分	一度二分	四十分	二十分	三十六分	二十四分	十七分	三十四分
二十二度	八度一十四分	二十二分	五分	十九度〇分	二十一分	四十分	四十一分	十八分	三十八分
二十三度	三十六分	二十二分	八分	二十一分	二十一分	四十三分	五十九分	十七分	四十三分
二十四度	五十八分	二十二分	十一分	四十二分	二十分	四十六分	二十九度一十六分	十六分	四十七分
二十五度	九度二十分	二十二分	十四分	二十度二分	二十一分	五十分	三十二分	十七分	五十二分
二十六度	四十二分	二十二分	十六分	二十三分	二十分	五十三分	四十九分	十六分	五十六分
二十七度	十度四分	二十二分	十九分	四十三分	二十一分	五十七分	三十度五分	十六分	五度〇分
二十八度	二十六分	二十二分	二十二分	二十一度四分	二十一分	三度一分	二十一分	十七分	五分
二十九度	四十八分	二十一分	二十五分	二十五分	二十一分	四分	三十八分	十六分	九分

火星第二加減遠近立成

自行定宫度	三宫			四宫			五宫		
	加減差	加減分	遠近度	加減差	加減分	遠近度	加減差	加減分	遠近度
初度	三十度五十四分	十五分	五度十三分	三十六度三十分	四分	八度二十九分	三十一度五十一分	三十分	十三度五分
一度	三十一度九分	十五分	二十分	三十四分	三分	三十七分	二十一分	三十一分	十三分
二度	二十四分	十六分	二十六分	三十七分	三分	四十六分	三十度五十分	三十五分	十九分
三度	四十分	十五分	三十二分	四十分	二分	五十四分	一十五分	三十八分	二十四分
四度	五十五分	十四分	三十八分	四十二分	二分	九度二分	二十九度三十七分	四十分	二十九分
五度	三十二度九分	十五分	四十三分	四十四分	一分	十分	二十八度五十七分	四十二分	三十三分
六度	二十四分	十四分	四十八分	四十五分	○分	十九分	一十五分	四十五分	三十六分
七度	三十八分	十四分	五十四分	四十五分	一分	二十八分	二十七度三十分	四十六分	三十八分

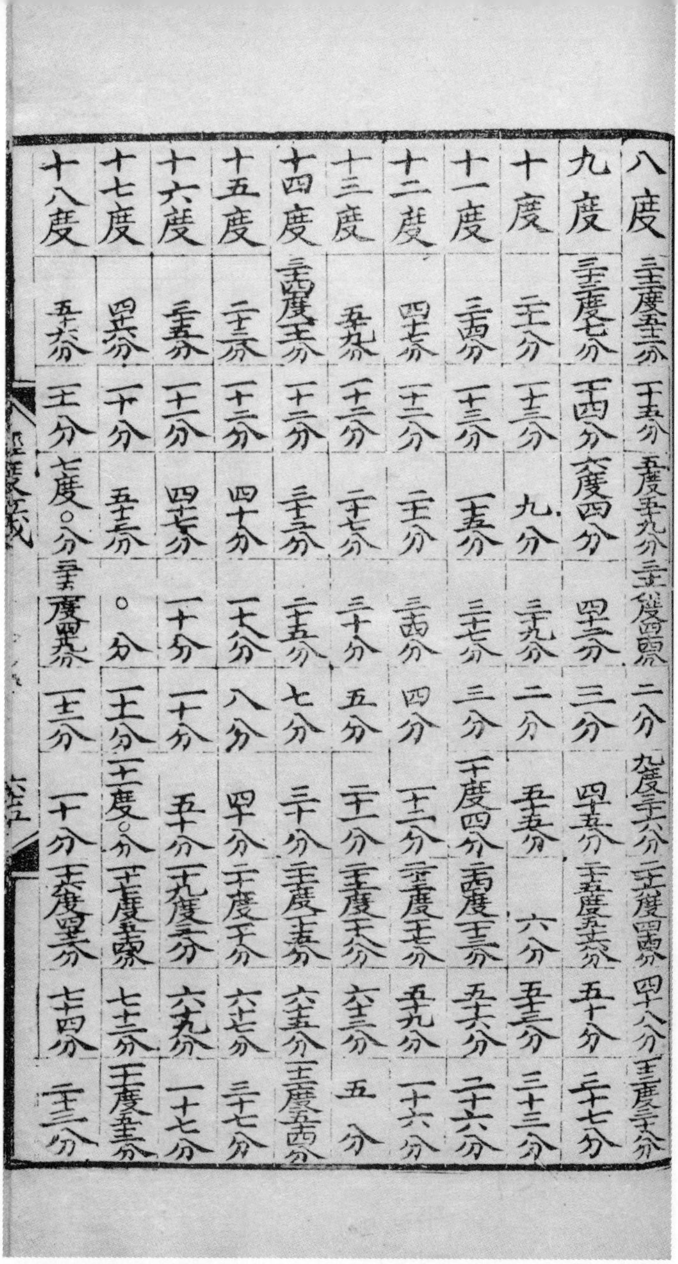

八度	三十二度五十二分	一十五分	五度五十九分	三十六度四十四分	二分	九度三十六分	二十六度四十四分	四十八分	一十三度三十八分
九度	三十三度七分	一十四分	六度四分	四十二分	三分	四十五分	二十五度五十六分	五十分	三十七分
十度	二十一分	一十三分	九分	三十九分	二分	五十五分	六分	五十三分	三十三分
十一度	三十四分	一十三分	一十五分	三十七分	三分	一十度四分	二十四度一十三分	五十六分	二十六分
十二度	四十七分	一十二分	二十一分	三十四分	四分	一十二分	二十三度一十七分	五十九分	一十六分
十三度	五十九分	一十二分	二十七分	三十分	五分	二十一分	二十二度一十八分	六十三分	五分
十四度	三十四度一十一分	一十二分	三十三分	二十五分	七分	三十分	二十一度一十五分	六十五分	一十二度五十四分
十五度	二十三分	一十二分	四十分	一十八分	八分	四十分	二十度一十分	六十七分	三十七分
十六度	三十五分	一十一分	四十七分	一十分	一十分	五十分	一十九度三分	六十九分	一十七分
十七度	四十六分	一十分	五十三分	○分	一十一分	一十一度○分	一十七度五十四分	七十二分	一十一度五十二分
十八度	五十六分	一十一分	七度○分	三十三度四十九分	一十二分	一十分	一十六度四十二分	七十四分	二十三分

十九度	二十五度七分	一十分	七分	三十七分	一十三分	二十一分	一十五度二十八分	七十六分	一十度四十九分
二十度	一十七分	九分	一十三分	二十四分	一十四分	三十一分	一十四度一十二分	七十九分	一十一分
二十一度	二十六分	九分	二十分	一十分	一十五分	四十一分	一十二度五十三分	八十分	九度二十九分
二十二度	三十五分	八分	二十七分	三十四度五十五分	一十七分	五十分	一十一度三十三分	八十二分	八度四十二分
二十三度	四十三分	九分	三十四分	三十八分	一十九分	一十二度〇分	一十度一十一分	八十三分	七度五十分
二十四度	五十二分	八分	四十一分	一十九分	二十一分	一十一分	八度四十八分	八十五分	六度五十三分
二十五度	三十六度〇分	八分	四十八分	三十三度五十八分	二十二分	二十分	七度二十三分	八十六分	五度五十一分
二十六度	八分	七分	五十六分	三十六分	二十四分	三十一分	五度五十七分	八十七分	四度四十四分
二十七度	一十五分	六分	八度四分	一十二分	二十五分	四十分	四度三十分	八十九分	三度三十六分
二十八度	二十一分	五分	一十二分	三十二度四十七分	二十七分	四十八分	三度一分	九十分	二度二十六分
二十九度	二十六分	四分	二十分	二十分	二十九分	五十六分	一度三十一分	九十一分	一度一十四分

火星第二加減遠近立成

自行定宮度	六宮			七宮			八宮		
	加減差	加減分	遠近度	加減差	加減分	遠近度	加減差	加減分	遠近度
初度	初度〇分	九十一分	初度〇分	三十一度五十一分	二十九分	十三度五分	三十六度三十分	四分	八度二十九分
一度	一度三十一分	九十分	一度一十四分	三十二度二十分	二十七分	十二度五十六分	二十六分	五分	二十分
二度	三度一分	八十九分	二度二十六分	四十七分	二十五分	四十八分	二十一分	六分	十二分
三度	四度三十分	八十七分	三度三十六分	三十三度一十二分	二十四分	四十分	一十五分	七分	四分
四度	五度五十七分	八十六分	四度四十四分	三十六分	二十二分	三十一分	八分	八分	七度五十六分
五度	七度二十三分	八十五分	五度五十一分	五十八分	二十一分	二十分	〇分	八分	四十八分
六度	八度四十八分	八十三分	六度五十三分	三十四度一十九分	十九分	一十一分	三十五度五十二分	九分	四十一分
七度	十度一十一分	八十二分	七度五十分	三十八分	十七分	〇分	四十三分	八分	三十四分

八度	十一度三十三分	八十分	八度四十二分	五十五分	十五分	十一度五十分	三十五分	九分	二十七分
九度	十二度五十三分	七十九分	九度二十九分	三十五度一十分	十四分	四十一分	二十六分	九分	二十分
十度	十四度一十二分	七十六分	十度一十一分	二十四分	十三分	三十一分	一十七分	十分	十三分
十一度	十五度二十八分	七十四分	四十九分	三十七分	十二分	二十一分	七分	十一分	七分
十二度	十六度四十二分	七十二分	十一度二十三分	四十九分	十一分	一十分	三十四度五十六分	十分	○分
十三度	十七度五十四分	六十九分	五十二分	三十六度○分	十分	○分	四十六分	十一分	六度五十三分
十四度	十九度三分	六十七分	十二度一十七分	一十分	八分	十度五十分	三十五分	十二分	四十七分
十五度	二十度一十分	六十五分	三十七分	一十八分	七分	四十分	二十三分	十二分	四十分
十六度	二十一度一十五分	六十三分	五十四分	二十五分	五分	三十分	一十一分	十二分	三十三分
十七度	二十二度一十八分	五十九分	十三度五分	三十分	四分	二十一分	三十三度五十九分	十二分	二十七分
十八度	二十三度一十七分	五十六分	一十六分	三十四分	三分	一十二分	四十七分	十三分	二十一分

十九度	二十四度一十三分	五十三分	一十三度二十六分	三十六度三十七分	二分	一十度四分	三十三度三十四分	一十三分	六度一十五分
二十度	二十五度六分	五十分	三十三分	三十九分	三分	九度五十五分	二十一分	一十四分	九分
二十一度	五十六分	四十八分	三十七分	四十二分	二分	四十五分	七分	一十五分	四分
二十二度	二十六度四十四分	四十六分	三十八分	四十四分	一分	三十六分	三十二度五十二分	一十四分	五度五十九分
二十三度	二十七度三十分	四十五分	三十八分	四十五分	○分	二十八分	三十八分	一十四分	五十四分
二十四度	二十八度一十五分	四十二分	三十六分	四十五分	一分	一十九分	二十四分	一十五分	四十八分
二十五度	五十七分	四十分	三十三分	四十四分	二分	一十分	九分	一十四分	四十三分
二十六度	二十九度三十七分	三十八分	二十九分	四十二分	二分	二分	三十一度五十五分	一十五分	三十八分
二十七度	三十度一十五分	三十五分	二十四分	四十分	三分	八度五十四分	四十分	一十六分	三十二分
二十八度	五十分	三十一分	一十九分	三十七分	三分	四十六分	二十四分	一十五分	二十六分
二十九度	三十一度二十一分	三十分	一十三分	三十四分	四分	三十七分	九分	一十五分	二十分

日本國立公文書館藏《回回曆法》明刊本

火星第二加减遠近立成

自行定宫度	九宫			十宫			十一宫		
	加减差	加减分	遠近度	加减差	加减分	遠近度	加减差	加减分	遠近度
初度	三十度五十四分	一十六分	五度一十三分	二十一度四十六分	二十一分	三度七分	一十一度九分	二十一分	一度二十八分
一度	三十八分	一十七分	九分	二十五分	二十一分	四分	十度四十八分	二十二分	二十五分
二度	二十一分	一十六分	五分	四分	二十一分	一分	二十六分	二十二分	二十二分
三度	五分	一十六分	〇分	二十度四十三分	二十分	二度五十七分	四分	二十二分	一十九分
四度	二十九度四十九分	一十七分	四度五十六分	二十三分	二十一分	五十三分	九度四十二分	二十二分	一十六分
五度	三十二分	一十六分	五十二分	二分	二十分	五十分	二十分	二十二分	一十四分
六度	一十六分	一十七分	四十七分	一十九度四十二分	二十一分	四十六分	八度五十八分	二十二分	一十一分
七度	二十八度五十九分	一十八分	四十三分	二十一分	二十一分	四十三分	三十六分	二十二分	八分

八度	二十八度四十一分	十七分	四度三十八分	十九度〇分	二十分	二度四十分	八度一十四分	二十三分	一度五分
九度	二十四分	十八分	三十四分	十八度四十分	二十一分	三十六分	七度五十一分	二十二分	二分
十度	六分	十八分	三十分	一十九分	二十一分	三十三分	二十九分	二十三分	初度五十八分
十一度	二十七度四十八分	十七分	二十五分	十七度五十八分	二十一分	二十九分	六分	二十二分	五十五分
十二度	三十一分	十八分	二十分	三十七分	二十一分	二十五分	六度四十四分	二十二分	五十二分
十三度	一十三分	十九分	十六分	一十六分	二十二分	二十二分	二十二分	二十三分	四十九分
十四度	二十六度五十四分	十八分	十二分	十六度五十四分	二十一分	十八分	五度五十九分	二十二分	四十六分
十五度	三十六分	十九分	八分	三十三分	二十一分	十五分	三十七分	二十二分	四十三分
十六度	一十七分	十八分	四分	一十二分	二十二分	十二分	一十五分	二十二分	四十分
十七度	二十五度五十九分	十九分	三度五十九分	十五度五十分	二十一分	九分	四度五十三分	二十二分	三十七分
十八度	四十分	十八分	五十五分	二十九分	二十一分	六分	三十一分	二十三分	三十四分

十九度	二十二分	十九分	五十分	八分	二十一分	三分	八分	二十三分	三十一分
二十度	三分	十九分	四十六分	十四度四十七分	二十二分	一度五十九分	三度四十五分	二十二分	二十九分
二十一度	二十四度四十四分	二十分	四十二分	二十五分	二十二分	五十六分	二十三分	二十二分	二十六分
二十二度	二十四分	十九分	三十七分	三分	二十二分	五十三分	一分	二十二分	二十三分
二十三度	五分	二十分	三十三分	十三度四十一分	二十一分	五十分	二度三十九分	二十三分	十九分
二十四度	二十三度四十五分	十九分	三十分	二十分	二十一分	四十六分	一十六分	二十二分	十六分
二十五度	二十六分	二十分	二十六分	十二度五十九分	二十二分	四十三分	一度五十四分	二十三分	十三分
二十六度	六分	二十分	二十二分	三十七分	二十二分	四十分	三十一分	二十二分	十一分
二十七度	二十二度四十六分	二十分	十八分	一十五分	二十二分	三十七分	九分	二十三分	八分
二十八度	二十六分	二十分	十四分	十一度五十三分	二十二分	三十四分	初度四十六分	二十三分	五分
二十九度	六分	二十分	十分	三十一分	二十二分	三十一分	二十三分	二十三分	二分

金星第一加減比敷立成

小輪心宮度	初宮			一宮			二宮		
	加減差	加減分	比敷分	加減差	加減分	比敷分	加減差	加減分	比敷分
初度	初度〇分	二分	〇分	初度五十八分	二分	四分	一度四十三分	一分	十四分
一度	二分	二分	〇分	一度〇分	二分	四分	四十四分	一分	十五分
二度	四分	二分	〇分	二分	二分	四分	四十五分	一分	十五分
三度	六分	二分	〇分	四分	二分	四分	四十六分	一分	十五分
四度	八分	二分	〇分	六分	一分	五分	四十七分	一分	十六分
五度	一十分	二分	〇分	七分	二分	五分	四十八分	一分	十六分
六度	一十二分	二分	〇分	九分	二分	五分	四十九分	一分	十七分
七度	一十四分	二分	〇分	一十一分	一分	六分	五十分	〇分	十七分

八度	一十六分	二分	一分	一十二分	二分	六分	五十分	一分	十八分
九度	一十八分	二分	一分	一十四分	二分	六分	五十一分	一分	十八分
十度	二十分	二分	一分	一十六分	一分	六分	五十二分	一分	十九分
十一度	二十二分	二分	一分	一十七分	二分	七分	五十三分	一分	十九分
十二度	二十四分	二分	一分	一十九分	一分	七分	五十四分	○分	二十分
十三度	二十六分	二分	一分	二十分	二分	七分	五十四分	一分	二十分
十四度	二十八分	二分	一分	二十二分	一分	八分	五十五分	一分	二十一分
十五度	三十分	二分	一分	二十三分	二分	八分	五十六分	○分	二十一分
十六度	三十二分	二分	一分	二十五分	一分	八分	五十六分	一分	二十二分
十七度	三十四分	二分	二分	二十六分	二分	九分	五十七分	一分	二十二分
十八度	三十六分	二分	二分	二十八分	一分	九分	五十八分	○分	二十三分

十九度	初度三十八分	二分	二分	一度二十九分	一分	九分	一度五十八分	一分	二十三分
二十度	四十分	二分	二分	三十分	二分	十分	五十九分	○分	二十四分
二十一度	四十二分	二分	二分	三十二分	一分	十分	五十九分	○分	二十四分
二十二度	四十四分	二分	二分	三十三分	一分	十一分	五十九分	○分	二十五分
二十三度	四十六分	二分	二分	三十四分	二分	十一分	五十九分	一分	二十五分
二十四度	四十八分	一分	三分	三十六分	一分	十一分	二度○分	○分	二十六分
二十五度	四十九分	二分	三分	三十七分	一分	十二分	○分	○分	二十六分
二十六度	五十一分	二分	三分	三十八分	一分	十二分	○分	○分	二十七分
二十七度	五十三分	二分	三分	三十九分	二分	十三分	○分	○分	二十七分
二十八度	五十五分	二分	三分	四十一分	一分	十三分	○分	一分	二十八分
二十九度	五十七分	一分	三分	四十二分	一分	十四分	一分	○分	二十九分

金星第一加減比敷立成

小輪心宮度	三宮			四宮			五宮		
	加減差	加減分	比敷分	加減差	加減分	比敷分	加減差	加減分	比敷分
初度	二度一分	○分	二十九分	一度四十六分	一分	四十四分	一度二分	二分	五十六分
一度	一分	○分	三十分	四十五分	一分	四十五分	○分	二分	五十六分
二度	一分	○分	三十分	四十四分	一分	四十五分	初度五十八分	一分	五十六分
三度	一分	○分	三十一分	四十三分	一分	四十五分	五十七分	二分	五十六分
四度	一分	一分	三十一分	四十二分	一分	四十六分	五十五分	二分	五十七分
五度	○分	○分	三十二分	四十一分	一分	四十六分	五十三分	二分	五十七分
六度	○分	○分	三十二分	四十分	一分	四十七分	五十一分	二分	五十七分
七度	○分	○分	三十三分	三十九分	二分	四十七分	四十九分	二分	五十七分

八度	二度〇分	〇分	三十三分	一度三十七分	一分	四十八分	初度四十七分	二分	五十七分
九度	〇分	〇分	三十四分	三十六分	一分	四十八分	四十五分	二分	五十八分
十度	〇分	一分	三十四分	三十五分	二分	四十九分	四十三分	二分	五十八分
十一度	一度五十九分	〇分	三十五分	三十三分	一分	四十九分	四十一分	二分	五十八分
十二度	五十九分	〇分	三十五分	三十二分	二分	四十九分	三十九分	二分	五十八分
十三度	五十九分	一分	三十六分	三十分	一分	五十分	三十七分	三分	五十八分
十四度	五十八分	〇分	三十六分	二十九分	一分	五十分	三十四分	二分	五十九分
十五度	五十八分	一分	三十七分	二十八分	二分	五十一分	三十二分	二分	五十九分
十六度	五十七分	〇分	三十七分	二十六分	一分	五十一分	三十分	二分	五十九分
十七度	五十七分	一分	三十八分	二十五分	二分	五十一分	二十八分	二分	五十九分
十八度	五十六分	一分	三十八分	二十三分	二分	五十二分	二十六分	二分	五十九分

十九度	五十五分	○分	三十九分	二十一分	一分	五十二分	二十四分	二分	五十九分
二十度	五十五分	一分	三十九分	二十分	二分	五十二分	二十二分	二分	五十九分
二十一度	五十四分	一分	四十分	一十八分	二分	五十三分	二十分	三分	五十九分
二十二度	五十三分	○分	四十分	一十六分	一分	五十三分	一十七分	二分	六十分
二十三度	五十三分	一分	四十一分	一十五分	二分	五十四分	一十五分	二分	六十分
二十四度	五十二分	一分	四十一分	一十三分	二分	五十四分	一十三分	二分	六十分
二十五度	五十一分	一分	四十二分	一十一分	一分	五十四分	一十一分	二分	六十分
二十六度	五十分	一分	四十二分	一十分	二分	五十五分	九分	二分	六十分
二十七度	四十九分	一分	四十三分	八分	二分	五十五分	七分	三分	六十分
二十八度	四十八分	一分	四十三分	六分	二分	五十五分	四分	二分	六十分
二十九度	四十七分	一分	四十四分	四分	二分	五十五分	二分	二分	六十分

金星第一加减比敷立成

小輪心 宫度	六宫			七宫			八宫		
	加減差	加減分	比敷分	加減差	加減分	比敷分	加減差	加減分	比敷分
初度		二分	六十分	一度二分	二分	五十六分	一度四十六分	一分	四十四分
一度	初度二分	二分	六十分	四分	二分	五十五分	四十七分	一分	四十四分
二度	四分	三分	六十分	六分	二分	五十五分	四十八分	一分	四十三分
三度	七分	二分	六十分	八分	二分	五十五分	四十九分	一分	四十三分
四度	九分	二分	六十分	一十分	一分	五十五分	五十分	一分	四十二分
五度	十一分	二分	六十分	十一分	二分	五十四分	五十一分	一分	四十二分
六度	十三分	二分	六十分	十三分	二分	五十四分	五十二分	一分	四十一分
七度	十五分	二分	六十分	十五分	一分	五十四分	五十三分	○分	四十一分

八度	十七分	三分	六十分	十六分	二分	五十三分	五十三分	一分	四十分
九度	二十分	二分	五十九分	十八分	二分	五十三分	五十四分	一分	四十分
十度	二十二分	二分	五十九分	二十分	一分	五十二分	五十五分	〇分	三十九分
十一度	二十四分	二分	五十九分	二十一分	二分	五十二分	五十五分	一分	三十九分
十二度	二十六分	二分	五十九分	二十三分	二分	五十二分	五十六分	一分	三十八分
十三度	二十八分	二分	五十九分	二十五分	一分	五十一分	五十七分	〇分	三十八分
十四度	三十分	二分	五十九分	二十六分	二分	五十一分	五十七分	一分	三十七分
十五度	三十二分	二分	五十九分	二十八分	一分	五十一分	五十八分	〇分	三十七分
十六度	三十四分	三分	五十九分	二十九分	一分	五十分	五十八分	一分	三十六分
十七度	三十七分	二分	五十八分	三十分	二分	五十分	五十九分	〇分	三十六分
十八度	三十九分	二分	五十八分	三十二分	一分	四十九分	五十九分	〇分	三十五分

十九度	初度四十一分	二分	五十八分	一度三十三分	二分	四十九分	一度五十九分	一分	三十五分
二十度	四十三分	二分	五十八分	三十五分	一分	四十九分	二度〇分	〇分	三十四分
二十一度	四十五分	二分	五十八分	三十六分	一分	四十八分	〇分	〇分	三十四分
二十二度	四十七分	二分	五十七分	三十七分	二分	四十八分	〇分	〇分	三十三分
二十三度	四十九分	二分	五十七分	三十九分	一分	四十七分	〇分	〇分	三十三分
二十四度	五十一分	二分	五十七分	四十分	一分	四十七分	〇分	〇分	三十二分
二十五度	五十三分	二分	五十七分	四十一分	一分	四十六分	〇分	一分	三十二分
二十六度	五十五分	二分	五十七分	四十二分	一分	四十六分	一分	〇分	三十一分
二十七度	五十七分	一分	五十六分	四十三分	一分	四十五分	一分	〇分	三十一分
二十八度	五十八分	二分	五十六分	四十四分	一分	四十五分	一分	〇分	三十分
二十九度	一度〇分	二分	五十六分	四十五分	一分	四十五分	一分	〇分	三十分

金星第一加減比敷立成

小輪心宮度	九宮			十宮			十一宮		
	加減差	加減分	比敷分	加減差	加減分	比敷分	加減差	加減分	比敷分
初度	二度一分	○分	二十九分	一度四十三分	一分	十四分	初度五十八分	一分	四分
一度	一分	一分	二十九分	四十二分	一分	十四分	五十七分	二分	三分
二度	○分	○分	二十八分	四十一分	二分	十三分	五十五分	二分	三分
三度	○分	○分	二十七分	三十九分	一分	十三分	五十三分	二分	三分
四度	○分	○分	二十七分	三十八分	一分	十二分	五十一分	二分	三分
五度	○分	○分	二十六分	三十七分	一分	十二分	四十九分	一分	三分
六度	○分	一分	二十六分	三十六分	二分	十一分	四十八分	二分	三分
七度	一度五十九分	○分	二十五分	三十四分	一分	十一分	四十六分	二分	二分

八度	一度五十九分	〇分	二十五分	一度三十三分	一分	十一分	初度四十四分	二分	二分
九度	五十九分	〇分	二十四分	三十二分	二分	十分	四十二分	二分	二分
十度	五十九分	一分	二十四分	三十分	一分	十分	四十分	二分	二分
十一度	五十八分	〇分	二十三分	二十九分	一分	九分	三十八分	二分	二分
十二度	五十八分	一分	二十三分	二十八分	二分	九分	三十六分	二分	二分
十三度	五十七分	一分	二十二分	二十六分	一分	九分	三十四分	二分	二分
十四度	五十六分	〇分	二十二分	二十五分	二分	八分	三十二分	二分	一分
十五度	五十六分	一分	二十一分	二十三分	一分	八分	三十分	二分	一分
十六度	五十五分	一分	二十一分	二十二分	二分	八分	二十八分	二分	一分
十七度	五十四分	〇分	二十分	二十分	一分	七分	二十六分	二分	一分
十八度	五十四分	一分	二十分	一十九分	二分	七分	二十四分	二分	一分

十九度	五十三分	一分	十九分	十七分	一分	七分	二十二分	二分	一分
二十度	五十二分	一分	十九分	十六分	二分	六分	二十分	二分	一分
二十一度	五十一分	一分	十八分	十四分	二分	六分	十八分	二分	一分
二十二度	五十分	○分	十八分	十二分	一分	六分	十六分	二分	一分
二十三度	五十分	一分	十七分	十一分	二分	六分	十四分	二分	○分
二十四度	四十九分	一分	十七分	九分	二分	五分	十二分	二分	○分
二十五度	四十八分	一分	十六分	七分	一分	五分	十分	二分	○分
二十六度	四十七分	一分	十六分	六分	二分	五分	八分	二分	○分
二十七度	四十六分	一分	十五分	四分	二分	四分	六分	二分	○分
二十八度	四十五分	一分	十五分	二分	二分	四分	四分	二分	○分
二十九度	四十四分	一分	十五分	○分	二分	四分	二分	二分	○分

金星第二加减遠近立成

自行定宮度	初宮			一宮			二宮		
	加減差	加減分	遠近度	加減差	加減分	遠近度	加減差	加減分	遠近度
初度	初度〇分	二十六分	初度〇分	一十二度二十二分	二十五分	初度一十六分	二十四度二十二分	二十三分	初度三十三分
一度	二十六分	二十五分	一分	四十七分	二十五分	十六分	四十五分	二十二分	三十四分
二度	五十一分	二十四分	一分	一十三度一十二分	二十四分	十七分	二十五度七分	二十三分	三十五分
三度	一度一十五分	二十五分	二分	三十六分	二十四分	十八分	三十分	二十三分	三十五分
四度	四十分	二十五分	二分	一十四度〇分	二十五分	十八分	五十三分	二十二分	三十六分
五度	一度五分	二十五分	三分	二十五分	二十四分	十九分	二十六度一十五分	二十三分	三十七分
六度	三十分	二十四分	三分	四十九分	二十四分	十九分	三十八分	二十三分	三十八分
七度	五十四分	二十五分	四分	一十五度一十三分	二十四分	二十分	二十七度一分	二十二分	三十八分

八度	三度一十九分	二十五分	四分	三十七分	二十四分	二十分	二十三分	二十三分	三十九分
九度	四十四分	二十五分	五分	一十六度一分	二十五分	二十一分	四十六分	二十三分	四十分
十度	四度九分	二十五分	五分	二十六分	二十四分	二十一分	二十八度九分	二十二分	四十一分
十一度	三十四分	二十四分	六分	五十分	二十四分	二十二分	三十一分	二十二分	四十二分
十二度	五十八分	二十五分	六分	一十七度一十四分	二十四分	二十三分	五十三分	二十二分	四十二分
十三度	五度二十三分	二十五分	六分	三十八分	二十四分	二十三分	二十九度一十五分	二十二分	四十三分
十四度	四十八分	二十五分	七分	一十八度二分	二十四分	二十四分	三十七分	二十二分	四十四分
十五度	六度一十三分	二十四分	七分	二十六分	二十四分	二十四分	五十九分	二十一分	四十五分
十六度	三十七分	二十五分	八分	五十分	二十四分	二十五分	三十度二十度	二十二分	四十六分
十七度	七度二分	二十五分	八分	一十九度一十四分	二十四分	二十六分	四十二分	二十二分	四十六分
十八度	二十七分	二十五分	九分	三十八分	二十三分	二十六分	三十一度四分	二十一分	四十七分

十九度	七度五十二分	二十四分	初度九分	二十度一分	二十四分	初度二十七分	三十一度二十五分	二十二分	初度四十八分
二十度	八度一十六分	二十五分	十分	二十五分	二十四分	二十八分	四十七分	二十二分	四十九分
二十一度	四十一分	二十五分	十分	四十九分	二十四分	二十八分	三十二度九分	二十一分	四十九分
二十二度	九度六分	二十四分	十一分	二十一度一十三分	二十三分	二十九分	三十分	二十一分	五十分
二十三度	三十分	二十五分	十一分	三十六分	二十四分	二十九分	五十一分	二十二分	五十一分
二十四度	五十五分	二十五分	十二分	二十二度〇分	二十四分	三十分	三十三度一十三分	二十一分	五十二分
二十五度	十度二十分	二十四分	十二分	二十四分	二十三分	三十一分	三十四分	二十一分	五十三分
二十六度	四十四分	二十五分	十三分	四十七分	二十四分	三十一分	五十五分	二十一分	五十四分
二十七度	十一度九分	二十五分	十四分	二十三度一十一分	二十四分	三十二分	三十四度一十六分	二十分	五十五分
二十八度	三十四分	二十四分	十四分	三十五分	二十三分	三十二分	三十六分	二十分	五十五分
二十九度	五十八分	二十四分	十五分	五十八分	二十四分	三十三分	五十六分	二十分	五十六分

金星第二加減遠近立成

自行定宫度	三宫			四宫			五宫		
	加減差	加減分	遠近度	加減差	加減分	遠近度	加減差	加減分	遠近度
初度	三十五度一十六分	二十分	初度五十七分	四十三度二十六分	十一分	一度三十四分	四十二度二十分	二十五分	二度四十二分
一度	三十六分	十九分	五十八分	三十七分	十一分	三十五分	四十一度五十五分	二十八分	四十五分
二度	五十五分	二十分	五十九分	四十八分	十分	三十七分	二十七分	三十一分	四十七分
三度	三十六度一十五分	十九分	一度〇分	五十八分	九分	三十八分	四十度五十六分	三十四分	五十分
四度	三十四分	十九分	一分	四十四度七分	八分	四十分	二十二分	三十八分	五十二分
五度	五十三分	十九分	二分	一十五分	七分	四十二分	三十九度四十四分	四十分	五十四分
六度	三十七度一十二分	十九分	三分	二十二分	六分	四十四分	四分	四十三分	五十七分
七度	三十一分	十八分	四分	二十八分	五分	四十六分	三十八度二十一分	四十八分	五十九分

八度	三十七度四十九分	十九分	一度五分	四十四度三十三分	五分	一度四十八分	三十七度三十三分	初度五十二分	三度一分
九度	三十八度八分	十八分	六分	三十八分	五分	五十一分	三十六度四十一分	五十六分	三分
十度	二十六分	十七分	七分	四十三分	五分	五十三分	三十五度四十五分	一度○分	四分
十一度	四十三分	十七分	八分	四十八分	四分	五十六分	三十四度四十五分	五分	四分
十二度	三十九度○分	十八分	十分	五十二分	三分	五十八分	三十三度四十分	九分	五分
十三度	一十八分	十七分	十一分	五十五分	二分	二度○分	三十二度三十一分	十三分	六分
十四度	三十五分	十七分	十二分	五十七分	一分	三分	三十一度一十八分	十九分	六分
十五度	五十二分	十七分	十三分	五十八分	一分	五分	二十九度五十九分	二十四分	五分
十六度	四十度九分	十六分	十五分	五十七分	二分	七分	二十八度三十五分	三十一分	三分
十七度	二十五分	十七分	十六分	五十五分	三分	十分	二十七度四分	三十七分	○分
十八度	四十二分	十六分	十八分	五十二分	四分	十二分	二十五度二十七分	四十一分	二度五十五分

十九度	五十八分	十六分	十九分	四十八分	五分	十四分	二十三度四十六分	四十六分	四十八分
二十度	四十一度一十四分	十五分	二十一分	四十三分	六分	十七分	二十二度〇分	五十二分	三十八分
二十一度	二十九分	十四分	二十二分	三十七分	八分	十九分	二十度八分	五十九分	二十五分
二十二度	四十三分	十四分	二十四分	二十九分	十分	二十二分	十八度九分	二度四分	九分
二十三度	五十七分	十四分	二十五分	一十九分	十一分	二十四分	十六度五分	八分	一度五十二分
二十四度	四十二度一十一分	十三分	二十七分	八分	十三分	二十七分	十三度五十七分	十二分	三十五分
二十五度	二十四分	十三分	二十八分	四十三度五十五分	十五分	二十九分	十一度四十五分	十五分	十八分
二十六度	三十七分	十三分	二十九分	四十分	十七分	三十二分	九度三十分	十八分	二分
二十七度	五十分	十二分	三十一分	二十三分	十九分	三十四分	七度一十二分	二十一分	初度四十六分
二十八度	四十三度二分	十二分	三十二分	四分	二十一分	三十七分	四度五十一分	二十五分	三十分
二十九度	一十四分	十二分	三十三分	四十二度四十三分	二十三分	三十九分	二度二十六分	二十六分	十五分

金星第二加減遠近立成

自行定宮度	六宮			七宮			八宮		
	加減差	加減分	遠近度	加減差	加減分	遠近度	加減差	加減分	遠近度
初度	初度〇分	二度二十六分	初度〇分	四十二度二十分	二十三分	二度四十二分	四十三度二十六分	十二分	一度三十四分
一度	二度二十六分	二十五分	一十五分	四十三分	二十一分	三十九分	一十四分	十二分	三十三分
二度	四度五十一分	二十一分	三十分	四十三度四分	十九分	三十七分	二分	十二分	三十二分
三度	七度一十二分	十八分	四十六分	二十三分	十七分	三十四分	四十二度五十分	十三分	三十一分
四度	九度三十分	十五分	一度二分	四十分	十五分	三十二分	三十七分	十三分	二十九分
五度	十一度四十五分	十二分	十八分	五十五分	十三分	二十九分	二十四分	十三分	二十八分
六度	十三度五十七分	八分	三十五分	四十四度八分	十一分	二十七分	一十一分	十四分	二十七分
七度	十六度五分	四分	五十二分	一十九分	十分	二十四分	四十一度五十七分	十四分	二十五分

八度	十八度九分	一度五十九分	二度九分	二十九分	八分	二十二分	四十三分	十四分	二十四分
九度	二十八度八分	五十二分	二十五分	三十七分	六分	十九分	二十九分	十五分	二十二分
十度	二十二度○分	四十六分	三十八分	四十三分	五分	十七分	一十四分	十六分	二十一分
十一度	二十三度四十六分	四十一分	四十八分	四十八分	四分	十四分	十度五十八分	十六分	十九分
十二度	二十五度二十七分	三十七分	五十五分	五十二分	三分	十二分	四十二分	十七分	十八分
十三度	二十七度四分	三十一分	三度○分	五十五分	二分	十分	二十五分	十六分	十六分
十四度	二十八度三十五分	二十四分	三分	五十七分	一分	七分	九分	十七分	十五分
十五度	二十九度五十九分	十九分	五分	五十八分	一分	五分	三十九度五十二分	十七分	十三分
十六度	三十一度一十八分	十三分	六分	五十七分	二分	三分	三十五分	十七分	十二分
十七度	三十二度三十一分	九分	六分	五十五分	三分	○分	一十八分	十八分	十一分
十八度	三十三度四十分	五分	五分	五十二分	四分	一度五十八分	○分	十七分	十分

十九度	三十四度四十五分	一度〇分	三度四分	四十四度四十八分	五分	一度五十六分	三十八度四十三分	十七分	一度八分
二十度	三十五度四十五分	初度五十六分	四分	四十三分	五分	五十三分	二十六分	十八分	七分
二十一度	三十六度四十一分	五十二分	三分	三十八分	五分	五十一分	八分	十九分	六分
二十二度	三十七度三十三分	四十八分	一分	三十三分	五分	四十八分	三十七度四十九分	十八分	五分
二十三度	三十八度二十一分	四十三分	二度五十九分	二十八分	六分	四十六分	三十一分	十九分	四分
二十四度	三十九度四分	四十分	五十七分	二十二分	七分	四十四分	一十二分	十九分	三分
二十五度	四十四分	三十八分	五十四分	一十五分	八分	四十二分	三十六度五十三分	十九分	二分
二十六度	四十度二十二分	三十四分	五十二分	七分	九分	四十分	三十四分	十九分	一分
二十七度	五十六分	三十一分	五十分	四十三度五十八分	十分	三十八分	一十五分	二十分	〇分
二十八度	四十一度二十七分	二十八分	四十七分	四十八分	十一分	三十七分	三十五度五十五分	十九分	初度五十九分
二十九度	五十五分	二十五分	四十五分	三十七分	十一分	三十五分	三十六分	二十分	五十八分

金星第二加减遠近立成

自行定宫度	九宫			十宫			十一宫		
	加减差	加减分	遠近度	加减差	加减分	遠近度	加减差	加减分	遠近度
初度	三十五度一十六分	二十分	初度五十七分	二十四度二十二分	二十四分	初度三十三分	一十二度二十二分	二十四分	初度一十六分
一度	三十四度五十六分	二十分	五十六分	二十三度五十八分	二十三分	三十三分	一十一度五十八分	二十四分	十五分
二度	三十六分	二十分	五十五分	三十五分	二十四分	三十二分	三十四分	二十五分	十四分
三度	一十六分	二十一分	五十五分	一十一分	二十四分	三十二分	九分	二十五分	十四分
四度	三十三度五十五分	二十一分	五十四分	二十二度四十七分	二十三分	三十一分	一十度四十四分	二十四分	十三分
五度	三十四分	二十一分	五十三分	二十四分	二十四分	三十一分	二十分	二十五分	十二分
六度	一十三分	二十二分	五十二分	○分	二十四分	三十分	九度五十五分	二十五分	十二分
七度	三十二度五十一分	二十一分	五十一分	二十一度三十六分	二十三分	二十九分	三十分	二十四分	十一分

八度	三十二度三十分	二十一分	初度五十分	二十一度十三分	二十四分	初度二十九分	九度六分	二十五分	初度十一分
九度	九分	二十二分	四十九分	二十度四十九分	二十四分	二十八分	八度四十一分	二十五分	十分
十度	三十一度四十七分	二十二分	四十九分	二十五分	二十四分	二十八分	十六分	二十四分	十分
十一度	二十五分	二十一分	四十八分	一分	二十三分	二十七分	七度五十二分	二十五分	九分
十二度	四分	二十二分	四十七分	十九度三十八分	二十四分	二十六分	二十七分	二十五分	九分
十三度	三十度四十二分	二十二分	四十六分	十四分	二十四分	二十六分	二分	二十五分	八分
十四度	二十分	二十一分	四十六分	十八度五十分	二十四分	二十五分	六度三十七分	三十四分	八分
十五度	二十九度五十九分	二十二分	四十五分	二十六分	二十四分	二十四分	十三分	二十五分	七分
十六度	三十七分	二十二分	四十四分	二分	二十四分	二十四分	五度四十八分	二十五分	七分
十七度	十五分	二十二分	四十三分	十七度三十八分	二十四分	二十三分	二十三分	二十五分	六分
十八度	二十八度五十三分	二十二分	四十二分	十四分	二十四分	二十三分	四度五十八分	二十四分	六分

十九度	三十一分	二十二分	四十二分	十六度五十分	二十四分	二十二分	三十四分	二十五分	六分
二十度	九分	二十三分	四十一分	二十六分	二十五分	二十一分	九分	二十五分	五分
二十一度	二十七度四十六分	三十三分	四十分	一分	二十四分	二十一分	三度四十四分	二十五分	五分
二十二度	二十三分	二十二分	三十九分	十五度三十七分	二十四分	二十分	十九分	二十五分	四分
二十三度	一分	二十三分	三十八分	十三分	二十四分	二十分	二度五十四分	二十四分	四分
二十四度	二十六度三十八分	二十三分	三十八分	十四度四十九分	二十四分	十九分	三十分	二十五分	三分
二十五度	十五分	二十二分	三十七分	二十五分	二十五分	十九分	五分	二十五分	三分
二十六度	二十五度五十三度	二十三分	三十六分	○分	二十四分	十八分	一度四十分	二十五分	二分
二十七度	三十分	二十三分	三十五分	十三度三十六分	二十四分	十八分	十五分	二十四分	二分
二十八度	七分	二十二分	三十五分	十二分	二十五分	十七分	初度五十一分	二十五分	一分
二十九度	二十四度四十五分	二十三分	三十四分	十二度四十七分	二十五分	十六分	二十六分	二十六分	一分

水星第一加減比敷立成

火星第一加减比敷立成

小輪心宫度	初宫			一宫			二宫		
	加减差	加减分	比敷分	加减差	加减分	比敷分	加减差	加减分	比敷分
初度	初度〇分	三分	〇分	一度二十七分	三分	七分	二度二十五分	二分	二十五分
一度	三分	四分	〇分	三十分	二分	八分	二十七分	二分	二十六分
二度	七分	三分	〇分	三十二分	二分	八分	二十九分	一分	二十七分
三度	一十分	三分	〇分	三十四分	三分	九分	三十分	一分	二十八分
四度	一十三分	三分	〇分	三十七分	二分	九分	三十一分	〇分	二十九分
五度	一十六分	三分	〇分	三十九分	二分	十分	三十一分	一分	三十分
六度	一十九分	三分	〇分	四十一分	三分	十分	三十二分	一分	三十一分
七度	二十二分	三分	〇分	四十四分	二分	十一分	三十三分	一分	三十二分

八度	二十五分	三分	一分	四十六分	二分	十一分	三十四分	一分	三十三分
九度	二十八分	三分	一分	四十八分	三分	十二分	三十五分	○分	三十三分
十度	三十一分	三分	一分	五十一分	二分	十二分	三十五分	一分	三十四分
十一度	三十四分	三分	一分	五十三分	二分	十三分	三十六分	一分	三十五分
十二度	三十七分	三分	一分	五十五分	二分	十三分	三十七分	○分	三十六分
十三度	四十分	三分	二分	五十七分	二分	十四分	三十七分	一分	三十六分
十四度	四十三分	三分	二分	五十九分	二分	十五分	三十八分	一分	三十七分
十五度	四十六分	三分	二分	二度一分	二分	十五分	三十九分	○分	三十八分
十六度	四十九分	三分	二分	三分	二分	十六分	三十九分	一分	三十八分
十七度	五十二分	三分	二分	五分	二分	十七分	四十分	○分	三十九分
十八度	五十五分	三分	三分	七分	二分	十七分	四十分	一分	四十分

十九度	初度五十八分	三分	三分	二度九分	一分	十八分	二度四十一分	〇分	四十一分
二十度	一度一分	三分	三分	一十分	二分	十八分	四十一分	一分	四十二分
二十一度	四分	三分	四分	一十二分	一分	十九分	四十二分	〇分	四十二分
二十二度	七分	三分	四分	一十三分	二分	二十分	四十二分	〇分	四十三分
二十三度	一十分	二分	四分	一十五分	一分	二十分	四十二分	一分	四十四分
二十四度	一十二分	三分	五分	一十六分	二分	二十一分	四十三分	〇分	四十五分
二十五度	一十五分	二分	五分	一十八分	一分	二十二分	四十三分	〇分	四十六分
二十六度	一十七分	三分	五分	一十九分	二分	二十二分	四十三分	〇分	四十六分
二十七度	二十分	三分	六分	二十一分	一分	二十三分	四十三分	〇分	四十七分
二十八度	二十三分	二分	六分	二十二分	二分	二十四分	四十三分	〇分	四十八分
二十九度	二十五分	二分	七分	二十四分	一分	二十四分	四十三分	〇分	四十九分

火星第一加減比敷立成

小輪心宮度	三宮			四宮			五宮		
	加減差	加減分	比敷分	加減差	加減分	比敷分	加減差	加減分	比敷分
初度	二度四十三分	一分	五十分	二度二十五分	二分	六十分	一度二十八分	二分	五十五分
一度	四十二分	○分	五十分	二十三分	一分	六十分	二十六分	三分	五十四分
二度	四十二分	○分	五十一分	二十二分	一分	六十分	二十三分	三分	五十四分
三度	四十二分	○分	五十二分	二十一分	二分	六十分	二十分	三分	五十四分
四度	四十二分	○分	五十二分	一十九分	一分	六十分	一十七分	三分	五十四分
五度	四十二分	一分	五十三分	一十八分	二分	六十分	一十四分	三分	五十三分
六度	四十一分	○分	五十四分	一十六分	一分	六十分	一十一分	二分	五十三分
七度	四十一分	○分	五十四分	一十五分	一分	六十分	九分	三分	五十三分

八度	二度四十一分	○分	五十五分	二度一十四分	二分	五十九分	一度六分	二分	五十三分
九度	四十一分	一分	五十五分	一十二分	二分	五十九分	四分	三分	五十二分
十度	四十分	○分	五十五分	一十分	二分	五十九分	一分	三分	五十二分
十一度	四十分	○分	五十六分	八分	二分	五十九分	初度五十八分	三分	五十二分
十二度	四十分	一分	五十六分	六分	一分	五十九分	五十五分	三分	五十二分
十三度	三十九分	○分	五十七分	五分	二分	五十九分	五十二分	三分	五十一分
十四度	三十九分	一分	五十七分	三分	二分	五十九分	四十九分	三分	五十一分
十五度	三十八分	○分	五十七分	一分	二分	五十八分	四十六分	三分	五十一分
十六度	三十八分	一分	五十八分	一度五十九分	二分	五十八分	四十三分	三分	五十一分
十七度	三十七分	一分	五十八分	五十七分	二分	五十八分	四十分	三分	五十一分
十八度	三十六分	○分	五十九分	五十五分	二分	五十八分	三十七分	三分	五十一分

十九度	三十六分	一分	五十九分	五十三分	二分	五十八分	三十四分	三分	五十一分
二十度	三十五分	○分	五十九分	五十一分	二分	五十七分	三十一分	三分	五十一分
二十一度	三十五分	一分	五十九分	四十九分	二分	五十七分	二十八分	三分	五十分
二十二度	三十四分	一分	五十九分	四十七分	二分	五十七分	二十五分	三分	五十分
二十三度	三十三分	一分	六十分	四十五分	二分	五十六分	二十二分	三分	五十分
二十四度	三十二分	一分	六十分	四十三分	二分	五十六分	一十九分	三分	五十分
二十五度	三十一分	一分	六十分	四十一分	三分	五十六分	一十六分	三分	五十分
二十六度	三十分	二分	六十分	三十八分	三分	五十六分	一十三分	四分	五十分
二十七度	二十八分	一分	六十分	三十五分	二分	五十五分	九分	三分	五十分
二十八度	二十七分	一分	六十分	三十三分	二分	五十五分	六分	三分	五十分
二十九度	二十六分	一分	六十分	三十一分	三分	五十五分	三分	三分	五十分

水星第一加減比敷立成

火星第一加減比敷立成

小輪心宮度	六宮			七宮			八宮		
	加減差	加減分	比敷分	加減差	加減分	比敷分	加減差	加減分	比敷分
初度	初度〇分	三分	五十分	一度二十八分	三分	五十五分	二度二十五分	一分	六十分
一度	三分	三分	五十分	三十一分	二分	五十五分	二十六分	一分	六十分
二度	六分	三分	五十分	三十三分	二分	五十五分	二十七分	一分	六十分
三度	九分	四分	五十分	三十五分	三分	五十五分	二十八分	二分	六十分
四度	一十三分	三分	五十分	三十八分	三分	五十六分	三十分	一分	六十分
五度	一十六分	三分	五十分	四十一分	二分	五十六分	三十一分	一分	六十分
六度	一十九分	三分	五十分	四十三分	二分	五十六分	三十二分	一分	六十分
七度	二十二分	三分	五十分	四十五分	二分	五十六分	三十三分	一分	六十分

八度	二十五分	三分	五十分	四十七分	二分	五十七分	三十四分	一分	五十九分
九度	二十八分	三分	五十分	四十九分	二分	五十七分	三十五分	○分	五十九分
十度	三十一分	三分	五十一分	五十一分	二分	五十七分	三十五分	一分	五十九分
十一度	三十四分	三分	五十一分	五十三分	二分	五十八分	三十六分	○分	五十九分
十二度	三十七分	三分	五十一分	五十五分	二分	五十八分	三十六分	一分	五十九分
十三度	四十分	三分	五十一分	五十七分	二分	五十八分	三十七分	一分	五十八分
十四度	四十三分	三分	五十一分	五十九分	二分	五十八分	三十八分	○分	五十八分
十五度	四十六分	三分	五十一分	二度一分	二分	五十八分	三十八分	一分	五十七分
十六度	四十九分	三分	五十一分	三分	二分	五十九分	三十九分	○分	五十七分
十七度	五十二分	三分	五十一分	五分	一分	五十九分	三十九分	一分	五十七分
十八度	五十五分	三分	五十二分	六分	二分	五十九分	四十分	○分	五十六分

十九度	初度五十八分	三分	五十二分	二度八分	二分	五十九分	二度四十分	○分	五十六分
二十度	一度一分	三分	五十二分	一十分	二分	五十九分	四十分	一分	五十五分
二十一度	四分	二分	五十二分	一十二分	二分	五十九分	四十一分	○分	五十五分
二十二度	六分	三分	五十三分	一十四分	一分	五十九分	四十一分	○分	五十五分
二十三度	九分	二分	五十三分	一十五分	一分	六十分	四十一分	○分	五十四分
二十四度	一十一分	三分	五十三分	一十六分	二分	六十分	四十一分	一分	五十四分
二十五度	一十四分	三分	五十三分	一十八分	一分	六十分	四十二分	○分	五十三分
二十六度	一十七分	三分	五十四分	一十九分	二分	六十分	四十二分	○分	五十二分
二十七度	二十分	三分	五十四分	二十一分	一分	六十分	四十二分	○分	五十二分
二十八度	二十三分	三分	五十四分	二十二分	一分	六十分	四十二分	○分	五十一分
二十九度	二十六分	二分	五十四分	二十三分	二分	六十分	四十二分	一分	五十分

水星第一加減比敷立成

火星第一加減比敷立成

小輪心宫度	九宫			十宫			十一宫		
	加減差	加減分	比敷分	加減差	加減分	比敷分	加減差	加減分	比敷分
初度	二度四十三分	○分	五十分	二度二十五分	一分	二十五分	一度二十七分	二分	七分
一度	四十三分	○分	四十九分	二十四分	二分	二十四分	二十五分	二分	七分
二度	四十三分	○分	四十八分	二十二分	一分	二十四分	二十三分	三分	六分
三度	四十三分	○分	四十七分	二十一分	二分	二十三分	二十分	三分	六分
四度	四十三分	○分	四十六分	一十九分	一分	二十二分	一十七分	二分	五分
五度	四十三分	○分	四十六分	一十八分	二分	二十二分	一十五分	三分	五分
六度	四十三分	一分	四十五分	一十六分	一分	二十一分	一十二分	二分	五分
七度	四十二分	○分	四十四分	一十五分	二分	二十分	一十分	三分	四分

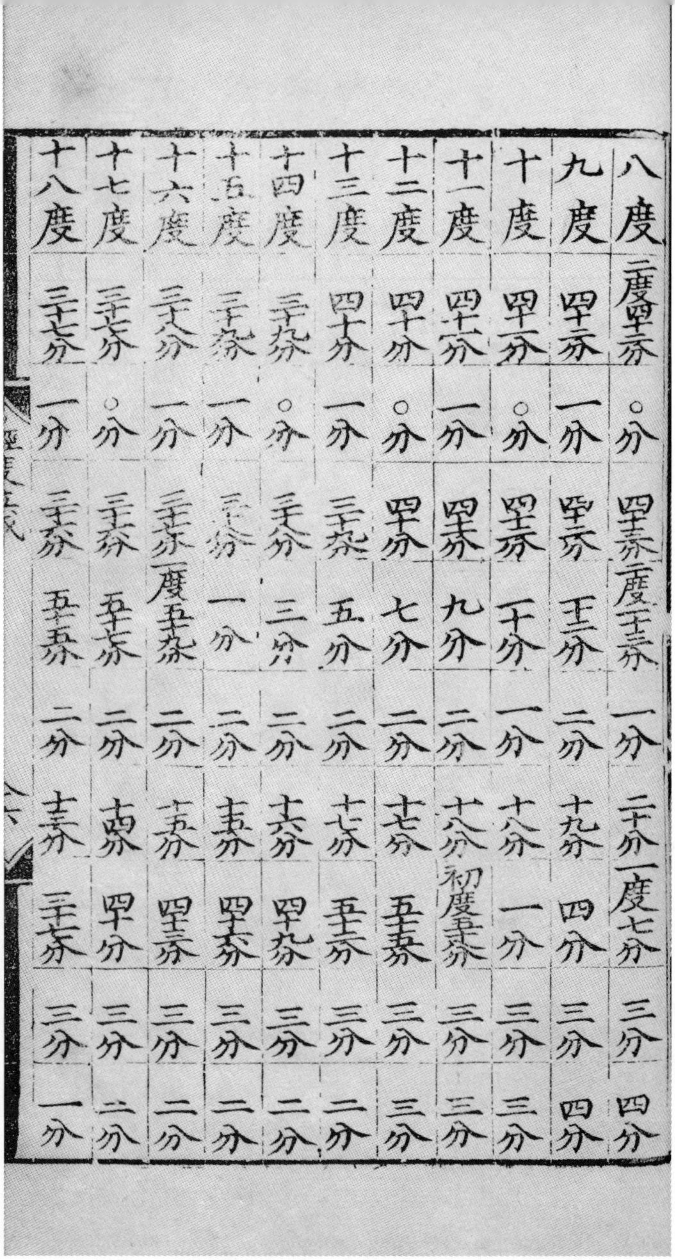

八度	二度四十二分	○分	四十三分	二度一十三分	一分	二十分	一度七分	三分	四分
九度	四十二分	一分	四十二分	一十二分	二分	十九分	四分	三分	四分
十度	四十一分	○分	四十二分	一十分	一分	十八分	一分	三分	三分
十一度	四十一分	一分	四十一分	九分	二分	十八分	初度五十八分	三分	三分
十二度	四十分	○分	四十分	七分	二分	十七分	五十五分	三分	三分
十三度	四十分	一分	三十九分	五分	二分	十七分	五十二分	三分	二分
十四度	三十九分	○分	三十八分	三分	二分	十六分	四十九分	三分	二分
十五度	三十九分	一分	三十八分	一分	二分	十五分	四十六分	三分	二分
十六度	三十八分	一分	三十七分	一度五十九分	二分	十五分	四十三分	三分	二分
十七度	三十七分	○分	三十六分	五十七分	二分	十四分	四十分	三分	二分
十八度	三十七分	一分	三十六分	五十五分	二分	十三分	三十七分	三分	一分

十九度	三十六分	一分	三十五分	五十三分	二分	十三分	三十四分	三分	一分
二十度	三十五分	○分	三十四分	五十一分	三分	十二分	三十一分	三分	一分
二十一度	三十五分	一分	三十三分	四十八分	二分	十二分	二十八分	三分	一分
二十二度	三十四分	一分	三十三分	四十六分	二分	十一分	二十五分	三分	一分
二十三度	三十三分	一分	三十二分	四十四分	三分	十一分	二十二分	三分	○分
二十四度	三十二分	一分	三十一分	四十一分	二分	十分	一十九分	三分	○分
二十五度	三十一分	○分	三十分	三十九分	二分	十分	一十六分	三分	○分
二十六度	三十一分	一分	二十九分	三十七分	三分	九分	一十三分	三分	○分
二十七度	三十分	一分	二十八分	三十四分	二分	九分	一十分	三分	○分
二十八度	二十九分	二分	二十七分	三十二分	二分	八分	七分	四分	○分
二十九度	二十七分	二分	二十六分	三十分	三分	八分	三分	三分	○分

水星第二加減遠近立成

自行定宫度	初宫			一宫			二宫		
	加減差	加減分	遠近度	加減差	加減分	遠近度	加減差	加減分	遠近度
初度	初度〇分	十五分	初度〇分	七度三十分	十四分	初度五十九分	一十四度一十分	十二分	二度一分
一度	一十五分	十六分	二分	四十四分	十五分	一度一分	二十二分	十二分	三分
二度	三十一分	十五分	四分	五十九分	十四分	三分	三十四分	十一分	六分
三度	四十六分	十五分	六分	八度一十三分	十四分	五分	四十五分	十一分	八分
四度	一度一分	十五分	八分	二十七分	十四分	七分	五十六分	十一分	十分
五度	一十六分	十六分	十分	四十一分	十四分	九分	一十五度七分	十一分	十二分
六度	三十二分	十五分	十二分	五十五分	十四分	十二分	一十八分	十一分	十五分
七度	四十七分	十五分	十四分	九度九分	十四分	十四分	二十九分	十一分	十七分

八度	二度二分	十五分	十六分	二十三分	十四分	十六分	四十分	十分	十九分
九度	一十七分	十五分	十八分	三十七分	十四分	十八分	五十分	十分	二十一分
十度	三十二分	十五分	二十分	五十一分	十四分	二十分	一十六度〇分	十分	二十三分
十一度	四十七分	十五分	二十二分	一十度五分	十三分	二十二分	一十分	十分	二十五分
十二度	三度二分	十五分	二十四分	一十八分	十四分	二十四分	二十分	十分	二十七分
十三度	一十七分	十六分	二十六分	三十二分	十四分	二十六分	三十分	九分	三十分
十四度	三十三分	十五分	二十七分	四十六分	十三分	二十八分	三十九分	十分	三十二分
十五度	四十八分	十五分	二十九分	五十九分	十四分	三十一分	四十九分	九分	三十四分
十六度	四度三分	十五分	三十一分	一十一度一十三分	十三分	三十三分	五十八分	十分	三十七分
十七度	一十八分	十五分	三十三分	二十六分	十三分	三十五分	一十七度八分	九分	三十九分
十八度	三十三分	十五分	三十五分	三十九分	十三分	三十七分	一十七分	九分	四十一分

十九度	四度四十八分	十五分	初度三十七分	一十一度五十二分	十三分	一度三十九分	一十七度二十六分	九分	二度四十三分
二十度	五度三分	十五分	三十九分	一十二度五分	十三分	四十一分	三十五分	九分	四十五分
二十一度	一十八分	十五分	四十一分	一十八分	十三分	四十三分	四十四分	八分	四十七分
二十二度	三十三分	十五分	四十三分	三十一分	十三分	四十五分	五十二分	八分	四十九分
二十三度	四十八分	十五分	四十五分	四十四分	十二分	四十七分	一十八度〇分	八分	五十一分
二十四度	六度三分	十四分	四十七分	五十六分	十三分	四十九分	八分	八分	五十四分
二十五度	一十七分	十五分	四十九分	一十三度九分	十二分	五十一分	一十六分	七分	五十六分
二十六度	三十二分	十五分	五十一分	二十一分	十三分	五十三分	二十三分	七分	五十八分
二十七度	四十七分	十四分	五十三分	三十四分	十二分	五十五分	三十分	六分	三度〇分
二十八度	七度一分	十五分	五十五分	四十六分	十二分	五十七分	三十六分	七分	二分
二十九度	一十六分	十四分	五十七分	五十八分	十二分	五十九分	四十三分	六分	四分

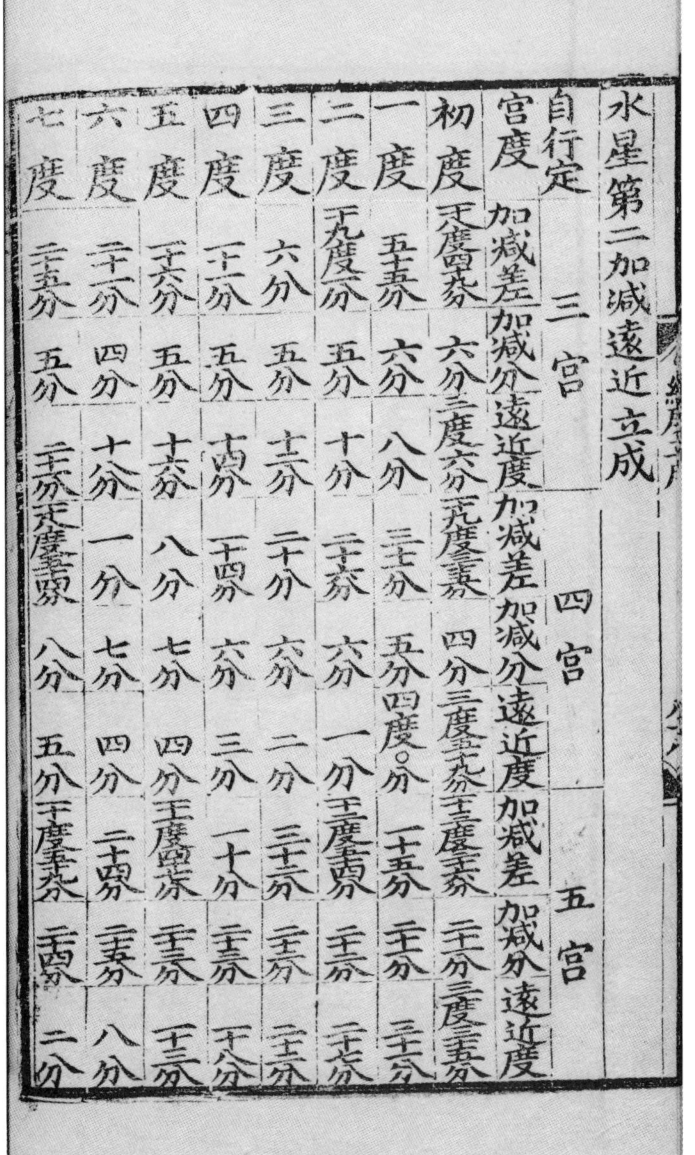

水星第二加减遠近立成

自行定宫度	三宫			四宫			五宫		
	加减差	加减分	遠近度	加减差	加减分	遠近度	加减差	加减分	遠近度
初度	一十八度四十九分	六分	三度六分	一十九度三十五分	四分	三度五十九分	一十三度三十六分	二十一分	三度三十五分
一度	五十五分	六分	八分	三十一分	五分	四度〇分	一十五分	二十一分	三十一分
二度	一十九度一分	五分	十分	二十六分	六分	一分	一十二度五十四分	二十二分	二十七分
三度	六分	五分	十二分	二十分	六分	二分	三十二分	二十二分	二十二分
四度	一十一分	五分	十四分	一十四分	六分	三分	一十分	二十三分	一十八分
五度	一十六分	五分	十六分	八分	七分	四分	一十一度四十七分	二十三分	一十三分
六度	二十一分	四分	十八分	一分	七分	四分	二十四分	二十五分	八分
七度	二十五分	五分	二十一分	一十八度五十四分	八分	五分	一十度五十九分	二十四分	二分

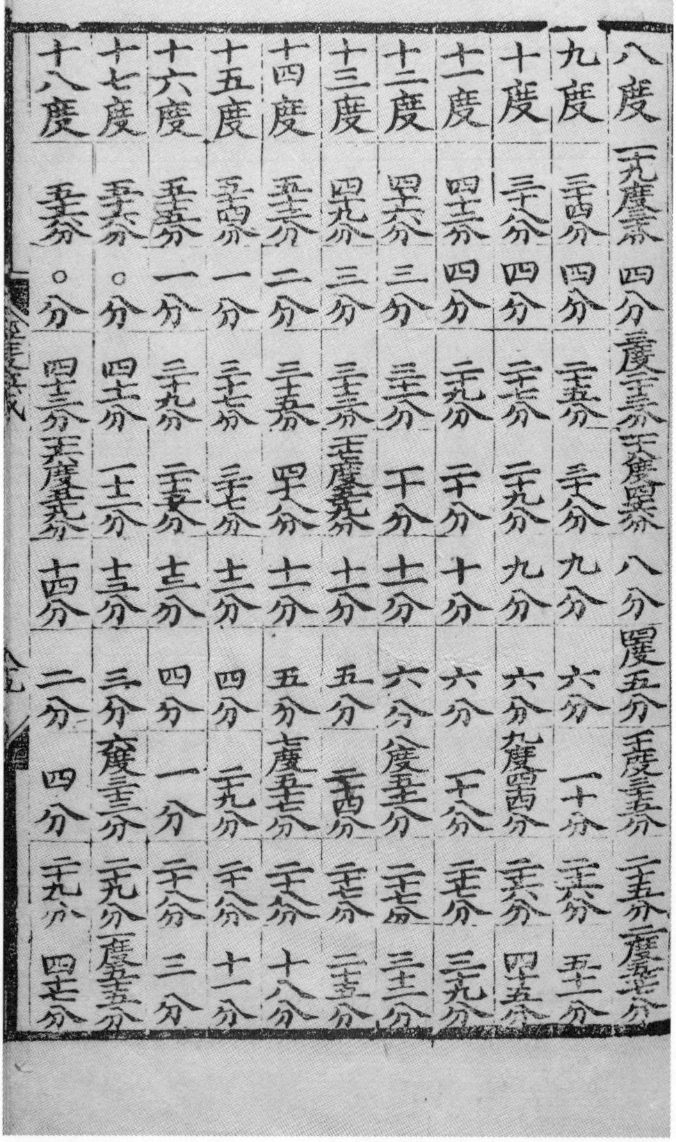

八度	一十九度三十分	四分	三度二十三分	一十八度四十六分	八分	四度五分	一十度三十五分	二十五分	二度五十七分
九度	三十四分	四分	二十五分	三十八分	九分	六分	一十分	二十六分	五十一分
十度	三十八分	四分	二十七分	二十九分	九分	六分	九度四十四分	二十六分	四十五分
十一度	四十二分	四分	二十九分	二十分	十分	六分	一十八分	二十七分	三十九分
十二度	四十六分	三分	三十一分	一十分	十一分	六分	八度五十一分	二十七分	三十二分
十三度	四十九分	三分	三十三分	一十七度五十九分	十一分	五分	二十四分	二十七分	二十五分
十四度	五十二分	二分	三十五分	四十八分	十一分	五分	七度五十七分	二十八分	十八分
十五度	五十四分	一分	三十七分	三十七分	十二分	四分	二十九分	二十八分	十一分
十六度	五十五分	一分	三十九分	二十五分	十三分	四分	一分	二十八分	三分
十七度	五十六分	○分	四十一分	一十二分	十三分	三分	六度三十三分	二十九分	一度五十五分
十八度	五十六分	○分	四十三分	一十六度五十九分	十四分	二分	四分	二十九分	四十七分

十九度	五十六分	一分	四十四分	四十五分	十四分	一分	五度三十五分	三十分	三十九分
二十度	五十五分	○分	四十六分	三十一分	十五分	○分	五分	三十分	三十一分
二十一度	五十五分	一分	四十七分	一十六分	十五分	三度五十九分	四度三十五分	三十分	二十二分
二十二度	五十四分	○分	四十九分	一分	十六分	五十七分	五分	三十分	十三分
二十三度	五十四分	一分	五十分	一十五度四十五分	十七分	五十五分	三度三十五分	三十分	四分
二十四度	五十三分	一分	五十二分	二十八分	十七分	五十三分	五分	三十一分	初度五十六分
二十五度	五十二分	二分	五十三分	一十一分	十八分	五十一分	二度三十四分	三十分	四十七分
二十六度	五十分	三分	五十四分	一十四度五十三分	十八分	四十八分	四分	三十一分	三十七分
二十七度	四十七分	四分	五十六分	三十五分	十九分	四十五分	一度三十三分	三十一分	二十八分
二十八度	四十三分	四分	五十七分	一十六分	二十分	四十二分	二分	三十一分	十九分
二十九度	三十九分	四分	五十八分	一十三度五十六分	二十分	三十九分	初度三十一分	三十一分	十分

水星第二加减遠近立成

自行定宫度	六宫			七宫			八宫		
	加减差	加减分	遠近度	加减差	加减分	遠近度	加减差	加减分	遠近度
初度	初度〇分	三十一分	初度〇分	十三度三十六分	二十分	三度三十五分	十九度三十五分	四分	三度五十九分
一度	三十一分	三十一分	十分	五十六分	二十分	三十九分	三十九分	四分	五十八分
二度	一度二分	三十一分	十九分	十四度一十六分	十九分	四十二分	四十三分	四分	五十七分
三度	三十三分	三十一分	二十八分	三十五分	十八分	四十五分	四十七分	三分	五十六分
四度	二度四分	三十分	三十七分	五十三分	十八分	四十八分	五十分	二分	五十四分
五度	三十四分	三十一分	四十七分	十五度一十一分	十七分	五十一分	五十二分	一分	五十三分
六度	三度五分	三十分	五十六分	二十八分	十七分	五十三分	五十三分	一分	五十二分
七度	三十五分	三十分	一度四分	四十五分	十六分	五十五分	五十四分	〇分	五十分

八度	四度五分	三十分	一十三分	十六度一分	十五分	五十七分	五十四分	一分	四十九分
九度	三十五分	三十分	二十二分	一十六分	十五分	五十九分	五十五分	○分	四十七分
十度	五度五分	三十分	三十一分	三十一分	十四分	四度○分	五十五分	一分	四十六分
十一度	三十五分	二十九分	三十九分	四十五分	十四分	一分	五十六分	○分	四十四分
十二度	六度四分	二十九分	四十七分	五十九分	十三分	二分	五十六分	○分	四十三分
十三度	三十三分	二十八分	五十五分	十七度一十二分	十三分	三分	五十六分	一分	四十一分
十四度	七度一分	二十八分	二度三分	二十五分	十二分	四分	五十五分	一分	三十九分
十五度	二十九分	二十八分	十一分	三十七分	十一分	四分	五十四分	二分	三十七分
十六度	五十七分	二十七分	十八分	四十八分	十一分	五分	五十二分	三分	三十五分
十七度	八度二十四分	二十七分	二十五分	五十九分	十一分	五分	四十九分	三分	三十三分
十八度	五十一分	二十七分	三十二分	十八度一十分	十分	六分	四十六分	四分	三十一分

十九度	九度一十八分	二十六分	二度三十九分	一十八度二十分	九分	四度六分	一十九度四十二分	四分	三度二十九分
二十度	四十四分	二十六分	四十五分	二十九分	九分	六分	三十八分	四分	二十七分
二十一度	一十度一十分	二十五分	五十一分	三十八分	八分	六分	三十四分	四分	二十五分
二十二度	三十五分	二十四分	五十七分	四十六分	八分	五分	三十分	五分	二十三分
二十三度	五十九分	二十五分	三度二分	五十四分	七分	五分	二十五分	四分	二十一分
二十四度	一十一度二十四分	二十三分	八分	一十九度一分	七分	四分	二十一分	五分	十八分
二十五度	四十七分	二十三分	十三分	八分	六分	四分	一十六分	五分	十六分
二十六度	一十二度一十分	二十二分	十八分	一十四分	六分	三分	一十一分	五分	十四分
二十七度	三十二分	二十二分	二十二分	二十分	六分	二分	六分	五分	十二分
二十八度	五十四分	二十一分	二十七分	二十六分	五分	一分	一分	六分	十分
二十九度	一十三度一十五分	二十一分	三十一分	三十一分	四分	○分	一十八度五十五分	六分	八分

水星第二加減遠近立成

自行定宮度	九宮			十宮			十一宮		
	加減差	加減分	遠近度	加減差	加減分	遠近度	加減差	加減分	遠近度
初度	一十八度四十九分	六分	三度六分	一十四度一十分	十二分	二度一分	七度三十分	十四分	初度五十九分
一度	四十三分	七分	四分	一十三度五十八分	十二分	一度五十九分	一十六分	十五分	五十七分
二度	三十六分	六分	二分	四十六分	十二分	五十七分	一分	十四分	五十五分
三度	三十分	七分	〇分	三十四分	十三分	五十五分	六度四十七分	十五分	五十三分
四度	二十三分	七分	二度五十八分	二十一分	十二分	五十三分	三十二分	十五分	五十一分
五度	一十六分	八分	五十六分	九分	十三分	五十一分	一十七分	十四分	四十九分
六度	八分	八分	五十四分	一十二度五十六分	十二分	四十九分	三分	十五分	四十七分
七度	〇分	八分	五十一分	四十四分	十三分	四十七分	五度四十八分	十五分	四十五分

八度	十七度五十二分	八分	二度四十九分	十二度三十一分	十三分	一度四十五分	五度三十三分	十五分	初度四十三分
九度	四十四分	九分	四十七分	一十八分	十三分	四十三分	一十八分	十五分	四十一分
十度	三十五分	九分	四十五分	五分	十三分	四十一分	三分	十五分	三十九分
十一度	二十六分	九分	四十三分	十度五十二分	十三分	三十九分	四度四十八分	十五分	三十七分
十二度	一十七分	九分	四十一分	三十九分	十三分	三十七分	三十三分	十五分	三十五分
十三度	八分	十分	三十九分	二十六分	十三分	三十五分	一十八分	十五分	三十三分
十四度	一十六度五十八分	九分	三十七分	一十三分	十四分	三十三分	三分	十五分	三十一分
十五度	四十九分	十分	三十四分	十度五十九分	十三分	三十一分	三度四十八分	十五分	二十九分
十六度	三十九分	九分	三十二分	四十六分	十四分	二十八分	三十三分	十六分	二十七分
十七度	三十分	十分	三十分	三十二分	十四分	二十六分	一十七分	十五分	二十六分
十八度	二十分	十分	二十七分	一十八分	十三分	二十四分	二分	十五分	二十四分

十九度	一十分	十分	二十五分	五分	十四分	二十二分	二度四十七分	十五分	二十二分
二十度	○分	十分	二十三分	九度五十一分	十四分	二十分	三十二分	十五分	二十分
二十一度	十五度五十分	十分	二十一分	三十七分	十四分	十八分	一十七分	十五分	十八分
二十二度	四十分	十一分	十九分	二十三分	十四分	十六分	二分	十五分	十六分
二十三度	二十九分	十一分	十七分	九分	十四分	十四分	一度四十七分	十五分	十四分
二十四度	一十八分	十一分	十五分	八度五十五分	十四分	十二分	三十二分	十六分	十二分
二十五度	七分	十一分	十二分	四十一分	十四分	九分	一十六分	十五分	十分
二十六度	十四度五十六分	十一分	十分	二十七分	十四分	七分	一分	十五分	八分
二十七度	四十五分	十一分	八分	一十三分	十四分	五分	初度四十六分	十五分	六分
二十八度	三十四分	十二分	六分	七度五十九分	十五分	三分	三十一分	十六分	四分
二十九度	二十二分	十二分	三分	四十四分	十四分	一分	一十五分	十五分	二分

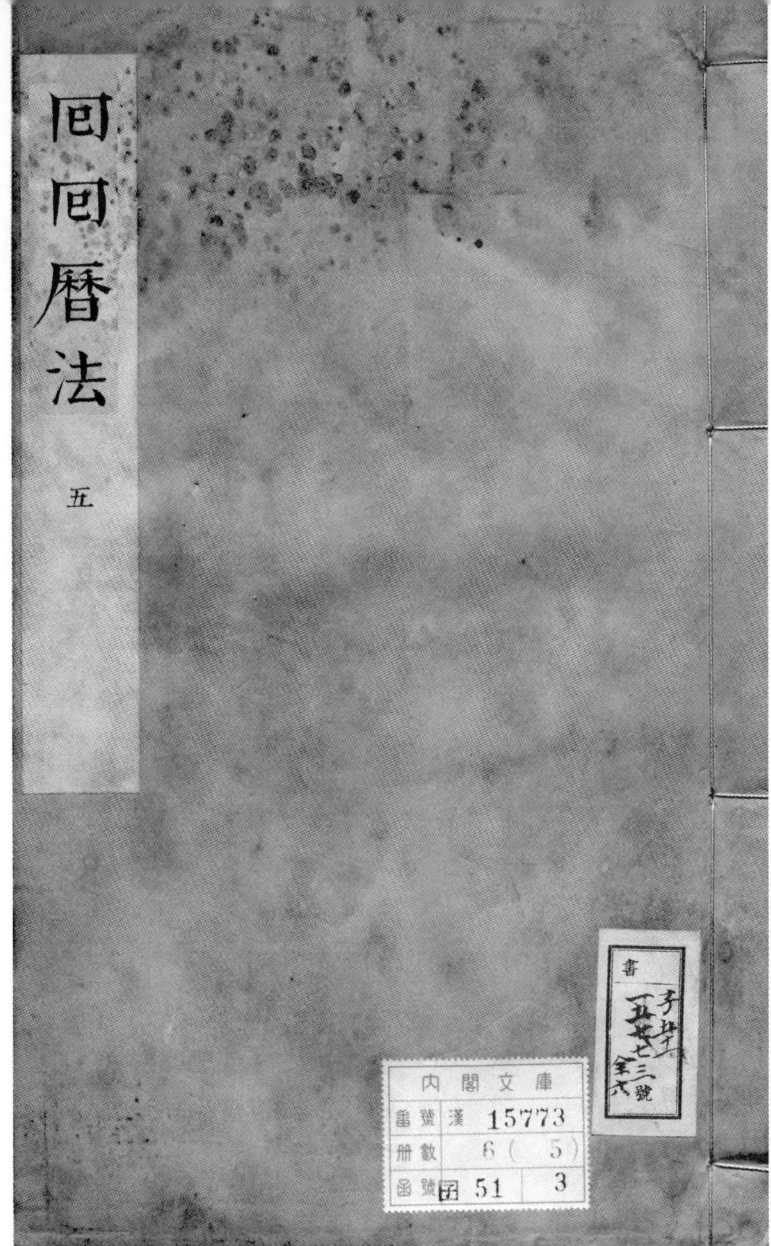

《回回曆法》卷五

太陰黃道南北緯度立成

月離計都宮	初宮北六宮南	加	一宮北七宮南	加	二宮北八宮南	加
月離計都度	南北緯度	加減分	南北緯度	加減分	南北緯度	加減分
初度	初度〇分〇秒	五分一十六秒	二度三十一分六秒	四分三十三秒	四度二十一分五十三秒	二分三十六秒
一度	五分一十六秒	五分一十六秒	三十五分三十九秒	四分三十秒	二十四分三十秒	二分三十一秒
二度	一十分三十二秒	五分一十六秒	四十分九秒	四分二十七秒	二十七分一秒	二分二十六秒
三度	一十五分四十八秒	五分一十五秒	四十四分三十五秒	四分二十四秒	二十九分二十七秒	二分二十二秒
四度	二十一分三秒	五分一十五秒	四十八分五十九秒	四分二十一秒	三十一分四十九秒	二分一十七秒
五度	二十六分一十八秒	五分一十五秒	五十三分二十秒	四分一十八秒	三十四分六秒	二分一十二秒
六度	三十一分三十三秒	五分一十四秒	五十七分三十七秒	四分一十五秒	三十六分一十秒	二分七秒
七度	三十六分四十七秒	五分一十四秒	三度一分五十二秒	四分一十二秒	三十八分四秒	二分一秒

八度	四十二分一秒	五分一十四秒	六分四秒	四分九秒	四十分二十五秒	一分五十六秒
九度	四十七分一十五秒	五分一十三秒	一十分一十二秒	四分六秒	四十二分二十二秒	一分五十一秒
十度	五十二分二十八秒	五分一十一秒	一十四分一十八秒	四分一秒	四十四分一十三秒	一分四十六秒
十一度	五十七分三十九秒	五分一十秒	一十八分一十九秒	三分五十七秒	四十五分五十九秒	一分四十一秒
十二度	一度二分四十九秒	五分九秒	二十二分一十六秒	三分五十三秒	四十七分四十秒	一分三十五秒
十三度	七分五十七秒	五分七秒	二十六分九秒	三分五十秒	四十九分一十五秒	一分三十秒
十四度	一十三分四秒	五分六秒	二十九分五十九秒	三分四十六秒	五十分四十五秒	一分二十五秒
十五度	一十八分一十秒	五分五秒	三十三分四十五秒	三分四十二秒	五十二分一十秒	一分一十九秒
十六度	二十三分一十五秒	五分三秒	三十七分二十七秒	三分三十八秒	五十三分二十九秒	一分一十四秒
十七度	二十八分一十八秒	五分二秒	四十一分五秒	三分三十四秒	五十四分四十四秒	一分九秒
十八度	三十三分二十秒	五分一秒	四十四分三十九秒	三分三十一秒	五十五分五十二秒	一分三秒
十九度	三十八分二十一秒	四分五十九秒	四十八分一十秒	三分二十七秒	五十六分五十六秒	○分五十八秒

二十度	一度四十三分二十一秒	四分五十六秒	三度五十一分三十六秒	三分二十一秒	四度五十七分五十四秒	○分五十二秒
二十一度	四十八分一十七秒	四分五十四秒	五十四分五十秒	三分一十六秒	五十八分四十六秒	○分四十七秒
二十二度	五十三分一十一秒	四分五十二秒	五十八分一十四秒	三分一十二秒	五十九分三十三秒	○分四十一秒
二十三度	五十八分三秒	四分五十秒	四度一分二十六秒	三分八秒	五度○分一十四秒	○分三十六秒
二十四度	二度二分五十三秒	四分四十八秒	四分三十四秒	三分五秒	○分五十秒	○分三十一秒
二十五度	七分四十一秒	四分四十五秒	七分三十八秒	三分○秒	一分二十一秒	○分二十五秒
二十六度	一十二分二十六秒	四分四十三秒	一十分三十七秒	二分五十五秒	一分四十六秒	○分一十九秒
二十七度	一十七分一十秒	四分四十一秒	一十三分三十三秒	二分五十一秒	二分五秒	○分一十四秒
二十八度	二十一分五十一秒	四分三十九秒	一十六分二十四秒	二分四十七秒	二分一十九秒	○分八秒
二十九度	二十六分三十秒	四分三十六秒	一十九分一十一秒	二分四十三秒	二分二十七秒	○分三秒

太陰黃道南北緯度立成

月離計都宫	三宫北九宫南	減	四宫北十宫南	減	五宫北十一宫南	減
月離計都度	南北緯度	加減分	南北緯度	加減分	南北緯度	加減分
初度	五度二分三十秒	〇分三秒	四度二十一分五十三秒	二分四十三秒	二度三十一分六秒	四分三十六秒
一度	二分二十七秒	〇分八秒	一十九分一十一秒	二分四十七秒	二十六分三十秒	四分三十九秒
二度	二分一十九秒	〇分一十四秒	一十六分二十四秒	二分五十一秒	二十一分五十一秒	四分四十一秒
三度	二分五秒	〇分一十九秒	一十三分三十三秒	二分五十五秒	一十七分一十秒	四分四十三秒
四度	一分四十六秒	〇分二十五秒	一十分三十七秒	三分〇秒	一十二分二十六秒	四分四十五秒
五度	一分二十一秒	〇分三十一秒	七分三十八秒	三分五秒	七分四十一秒	四分四十八秒
六度	〇分五十秒	〇分三十六秒	四分三十四秒	三分八秒	二分五十三秒	四分五十秒
七度	〇分一十四秒	〇分四十一秒	一分二十六秒	三分一十二秒	一度五十八分三秒	四分五十二秒

八度	四度五十九分三十三秒	○分四十七秒	三度五十八分一十四秒	三分一十六秒	一度五十三分一十一秒	四分五十四秒
九度	五十八分四十六秒	○分五十二秒	五十四分五十七秒	三分二十一秒	四十八分一十七秒	四分五十六秒
十度	五十七分五十四秒	○分五十八秒	五十一分三十六秒	三分二十七秒	四十三分二十一秒	四分五十九秒
十一度	五十六分五十六秒	一分三秒	四十八分一十秒	三分三十一秒	三十八分二十一秒	五分一秒
十二度	五十五分五十二秒	一分九秒	四十四分三十九秒	三分三十四秒	三十三分二十秒	五分二秒
十三度	五十四分四十四秒	一分一十四秒	四十一分五秒	三分三十八秒	二十八分一十八秒	五分三秒
十四度	五十三分二十九秒	一分一十九秒	三十七分二十七秒	三分四十二秒	二十三分一十五秒	五分五秒
十五度	五十二分一十秒	一分二十五秒	三十三分四十五秒	三分四十六秒	一十八分一十秒	五分六秒
十六度	五十分四十五秒	一分三十秒	二十九分五十九秒	三分五十秒	一十三分四秒	五分七秒
十七度	四十九分一十五秒	一分三十五秒	二十六分九秒	三分五十三秒	七分五十七秒	五分九秒
十八度	四十七分四十秒	一分四十一秒	二十二分一十六秒	三分五十七秒	二分四十九秒	五分一十秒
十九度	四十五分五十九秒	一分四十六秒	一十八分一十九秒	四分一秒	初度五十七分三十九秒	五分一十一秒

二十度	四十四分一十三秒	一分五十一秒	一十四分一十八秒	四分六秒	五十二分二十八秒	五分一十三秒
二十一度	四十二分二十二秒	一分五十六秒	一十分一十二秒	四分九秒	四十七分一十五秒	五分一十四秒
二十二度	四十分二十五秒	二分一秒	六分四秒	四分一十二秒	四十二分一秒	五分一十四秒
二十三度	三十八分二十四秒	二分七秒	一分五十二秒	四分一十五秒	三十六分四十七秒	五分一十四秒
二十四度	三十六分一十七秒	二分一十二秒	二度五十七分三十七秒	四分一十八秒	三十一分三十三秒	五分一十五秒
二十五度	三十四分六秒	二分一十七秒	五十三分二十秒	四分二十一秒	二十六分一十八秒	五分一十五秒
二十六度	三十一分四十九秒	二分二十二秒	四十八分五十九秒	四分二十四秒	二十一分三秒	五分一十五秒
二十七度	二十九分二十七秒	二分二十六秒	四十四分三十五秒	四分二十七秒	一十五分四十八秒	五分一十六秒
二十八度	二十七分一秒	二分三十一秒	四十分九秒	四分三十秒	一十分三十二秒	五分一十六秒
二十九度	二十四分三十秒	二分三十六秒	三十五分三十九秒	四分三十三秒	五分一十六秒	五分一十六秒

土星黃道南北緯度立成

	自行定度 / 小輪心定度	初度	十度	二十度	三十度	四十度	五十度	六十度	七十度	八十度	九十度	一百度	一百一十度	一百二十度
北	五十度	二度四分	二度七分	二度一十二分	二度二十一分	二度三十二分	二度四十二分	二度四十七分	二度四十五分	二度三十六分	二度二十五分	二度一十五分	二度九分	二度四分
北	五十三度	二度〇分	二度三分	二度八分	二度一十七分	二度二十八分	二度三十八分	二度四十一分	二度四十分	二度三十分	二度一十九分	二度一十分	二度五分	二度〇分
北	五十六度	一度四十五分	一度四十八分	一度五十二分	二度一分	二度一十分	二度一十九分	二度二十二分	二度二十一分	二度一十二分	二度二分	一度五十四分	一度五十分	一度四十五分
北	五十九度	一度二十三分	一度二十五分	一度二十九分	一度三十五分	一度四十三分	一度四十九分	一度五十一分	一度四十九分	一度四十三分	一度三十五分	一度二十九分	一度二十五分	一度二十三分
黃道	二度	初度五十四分	初度五十五分	初度五十八分	一度二分	一度七分	一度一十一分	一度一十二分	一度一十一分	一度七分	一度二分	初度五十八分	初度五十五分	初度五十四分
黃道	五度	初度二十一分	初度二十一分	初度二十二分	初度二十四分	初度二十六分	初度二十七分	初度二十八分	初度二十七分	初度二十五分	初度二十四分	初度二十二分	初度二十一分	初度二十一分
黃道	八度	初度一十四分	初度一十五分	初度一十六分	初度一十七分	初度一十八分	初度一十九分	初度二十分	初度一十九分	初度一十八分	初度一十七分	初度一十六分	初度一十五分	初度一十四分
黃道	十一度	初度四十九分	初度五十一分	初度五十四分	初度五十八分	一度二分	一度六分	一度八分	一度五分	一度一分	初度五十六分	初度五十二分	初度五十分	初度四十九分
黃道	十四度	一度一十九分	一度二十三分	一度二十七分	一度三十四分	一度四十一分	一度四十八分	一度五十分	一度四十六分	一度三十九分	一度三十一分	一度二十五分	一度二十一分	一度一十九分
黃道	十七度	一度四十四分	一度四十八分	一度五十四分	二度三分	二度一十三分	二度二十一分	二度二十四分	二度一十九分	二度九分	一度五十九分	一度五十一分	一度四十六分	一度四十四分

南	二十度	二度○分	二度五分	二度一十二分	二度二十三分	二度三十四分	二度四十四分	二度四十七分	二度四十一分	二度三十分	二度一十八分	二度九分	二度三分	二度 ○分
	二十三度	二度四分	二度九分	二度一十四分	二度二十四分	二度三十五分	二度四十五分	二度四十七分	二度四十三分	二度三十一分	二度二十二分	二度一十二分	二度七分	二度 四分
	二十六度	一度五十分	一度五十三分	一度五十八分	二度七分	二度一十七分	二度二十五分	二度二十八分	二度二十四分	二度一十五分	二度五分	一度五十七分	一度五十三分	一度 五十分
	二十九度	一度二十五分	一度二十七分	一度三十一分	一度三十八分	一度四十五分	一度五十二分	一度五十四分	一度五十二分	一度四十五分	一度三十八分	一度三十一分	一度二十七分	一度 二十五分
	三十二度	初度四十八分	初度四十九分	初度五十一分	初度五十五分	初度五十九分	一度三分	一度四分	一度三分	初度五十九分	初度五十五分	初度五十一分	初度四十九分	初度 四十八分
	三十五度	初度六分	初度六分	初度七分	初度七分	初度七分	初度八分	初度八分	初度八分	初度八分	初度七分	初度七分	初度六分	初度 六分
黄道	三十八度	初度三十三分	初度三十五分	初度三十八分	初度四十三分	初度四十九分	初度五十五分	初度五十八分	初度五十七分	初度五十一分	初度四十五分	初度三十九分	初度三十六分	初度 三十三分
	四十一度	一度九分	一度一十一分	一度一十四分	一度一十九分	一度二十六分	一度三十二分	一度三十六分	一度三十四分	一度二十八分	一度二十二分	一度一十六分	一度一十二分	一度 九分
北	四十四度	一度三十八分	一度四十分	一度四十五分	一度五十二分	二度二分	二度一十分	二度一十五分	二度一十三分	二度五分	一度五十六分	一度四十七分	一度四十二分	一度 三十八分
	四十七度	一度五十六分	一度五十九分	二度四分	二度一十三分	二度二十四分	二度三十五分	二度四十一分	二度三十八分	二度二十八分	二度一十八分	二度七分	二度一分	一度 五十六分
	五十度	二度二分	二度五分	二度一十一分	二度二十分	二度三十二分	二度四十三分	二度四十九分	二度四十六分	二度三十六分	二度二十五分	二度一十四分	二度七分	二度 二分

木星黄道南北緯度立成

	自行定度 / 小輪心定度	初度	十度	二十度	三十度	四十度	五十度	六十度	七十度	八十度	九十度	一百度	一百一十度	一百二十度
	初度	一度一分	一度三分	一度七分	一度一十五分	一度二十四分	一度三十三分	一度三十六分	一度三十三分	一度二十四分	一度一十五分	一度七分	一度三分	一度一分
	三度	初度五十八分	一度〇分	一度四分	一度一十一分	一度二十分	一度二十八分	一度三十一分	一度二十八分	一度二十分	一度一十一分	一度四分	一度〇分	初度五十八分
北	六度	初度五十一分	初度五十二分	初度五十六分	一度三分	一度一十一分	一度一十八分	一度二十分	一度一十七分	一度九分	一度二分	初度五十六分	初度五十三分	初度五十一分
	九度	初度三十九分	初度四十分	初度四十三分	初度四十八分	初度五十四分	一度〇分	一度一分	初度五十八分	初度五十三分	初度四十七分	初度四十二分	初度四十分	初度三十九分
	十二度	初度二十三分	初度二十四分	初度二十六分	初度三十分	初度三十三分	初度三十六分	初度三十六分	初度三十五分	初度三十一分	初度二十八分	初度二十五分	初度二十四分	初度二十三分
	十五度	初度五分	初度五分	初度六分	初度六分	初度七分	初度八分	初度八分	初度八分	初度七分	初度六分	初度六分	初度五分	初度五分
黄道	十八度	初度一十三分	初度一十三分	初度一十五分	初度一十七分	初度一十九分	初度二十一分	初度二十一分	初度二十分	初度一十八分	初度一十六分	初度一十四分	初度一十三分	初度一十三分
	二十一度	初度三十二分	初度三十三分	初度三十六分	初度四十一分	初度四十六分	初度五十一分	初度五十三分	初度五十分	初度四十五分	初度三十九分	初度三十五分	初度三十三分	初度三十二分
	二十四度	初度四十六分	初度四十八分	初度五十一分	初度五十八分	一度六分	一度一十三分	一度一十五分	一度一十二分	一度四分	初度五十七分	初度五十一分	初度四十七分	初度四十六分
	二十七度	初度五十六分	初度五十八分	一度三分	一度一十一分	一度二十分	一度二十九分	一度三十二分	一度二十七分	一度一十八分	一度九分	一度二分	初度五十八分	初度五十六分

南

黃道

北

南	三十度	一度○分	一度二分	一度六分	一度一十五分	一度二十五分	一度三十四分	一度三十九分	一度三十四分	一度二十五分	一度一十五分	一度六分	一度二分	一度○分
	三十三度	初度五十六分	初度五十八分	一度二分	一度九分	一度一十八分	一度二十八分	一度三十二分	一度二十九分	一度二十分	一度一十一分	一度三分	初度五十八分	初度五十六分
	三十六度	初度四十六分	初度四十七分	初度五十一分	初度五十七分	一度四分	一度一十一分	一度一十五分	一度一十三分	一度六分	初度五十八分	初度五十一分	初度四十八分	初度四十六分
	三十九度	初度三十二分	初度三十三分	初度三十五分	初度三十九分	初度四十五分	初度五十分	初度五十二分	初度五十一分	初度四十六分	初度四十一分	初度三十六分	初度三十三分	初度三十二分
	四十二度	初度一十三分	初度一十三分	初度一十四分	初度一十六分	初度一十八分	初度二十分	初度二十一分	初度二十一分	初度一十九分	初度一十七分	初度一十五分	初度一十三分	初度一十三分
黃道	四十五度	初度五分	初度五分	初度六分	初度六分	初度七分	初度八分	初度八分	初度八分	初度一十七分	初度六分	初度六分	初度五分	初度五分
	四十八度	初度二十三分	初度二十四分	初度二十五分	初度二十八分	初度三十二分	初度三十五分	初度三十六分	初度三十六分	初度三十三分	初度二十九分	初度二十六分	初度二十四分	初度二十三分
北	五十一度	初度三十九分	初度四十分	初度四十二分	初度四十七分	初度五十三分	初度五十七分	一度一分	初度五十九分	初度五十四分	初度四十八分	初度四十二分	初度四十分	初度三十九分
	五十四度	初度五十一分	初度五十二分	初度五十五分	一度二分	一度九分	一度一十七分	一度一十九分	一度一十八分	一度一十一分	一度三分	初度五十六分	初度五十二分	初度五十一分
	五十七度	初度五十八分	初度五十九分	一度三分	一度一十分	一度一十九分	一度二十七分	一度三十分	一度二十九分	一度二十一分	一度一十二分	一度五分	一度○分	初度五十八分
	六十度	一度一分	一度三分	一度七分	一度一十五分	一度二十四分	一度三十三分	一度三十六分	一度三十三分	一度二十四分	一度一十五分	一度七分	一度三分	一度一分

火星黄道南北緯度立成

	自行定度／小輪心定度	初度	四度	八度	十二度	十六度	二十度	二十四度	二十八度	三十二度	三十六度	四十度	四十四度	四十八度	五十二度	五十六度	六十度
	一度	初度三十九分	初度四十一分	初度四十四分	初度四十七分	初度五十三分	初度五十九分	一度九分	一度二十分	一度二十九分	一度五十一分	二度一十分	二度三十分	二度五十一分	三度一十八分	三度四十五分	四度三分
	三度	初度三十八分	初度四十分	初度四十三分	初度四十六分	初度五十一分	初度五十八分	一度八分	一度一十九分	一度二十八分	一度五十分	二度九分	二度二十八分	二度五十分	三度一十五分	三度四十一分	三度五十二分
	五度	初度三十五分	初度三十七分	初度四十分	初度四十三分	初度四十八分	初度五十五分	一度四分	一度一十三分	一度二十六分	一度四十四分	二度一分	二度一十九分	二度四十分	三度二分	三度二十六分	三度二十八分
北	七度	初度三十一分	初度三十三分	初度三十五分	初度三十八分	初度四十四分	初度四十九分	初度五十七分	一度六分	一度一十九分	一度三十四分	一度五十分	二度四分	二度二十五分	二度四十四分	三度五分	三度三分
	九度	初度二十七分	初度二十九分	初度三十一分	初度三十三分	初度三十八分	初度四十三分	初度五十分	初度五十七分	一度九分	一度二十二分	一度三十五分	一度四十七分	二度五分	二度二十二分	二度三十九分	二度三十四分
	十一度	初度二十分	初度二十二分	初度二十三分	初度二十六分	初度二十九分	初度三十三分	初度三十九分	初度四十四分	初度五十四分	一度三分	一度一十四分	一度二十三分	一度三十七分	一度五十分	二度三分	一度五十六分
	十三度	初度一十三分	初度一十四分	初度一十五分	初度一十六分	初度一十八分	初度二十二分	初度二十五分	初度二十八分	初度三十五分	初度四十一分	初度四十七分	初度五十四分	一度二分	一度一十一分	一度一十八分	一度一十三分
	十五度	初度五分	初度五分	初度六分	初度六分	初度七分	初度八分	初度九分	初度一十一分	初度一十三分	初度一十五分	初度一十七分	初度二十分	初度二十三分	初度二十六分	初度二十九分	初度二十七分
黃道	十七度	初度三分	初度三分	初度三分	初度四分	初度四分	初度五分	初度六分	初度七分	初度九分	初度一十一分	初度一十三分	初度一十七分	初度二十一分	初度二十八分	初度三十三分	初度二十九分
	十九度	初度一十分	初度一十一分	初度一十二分	初度一十三分	初度一十五分	初度一十八分	初度二十一分	初度二十五分	初度二十九分	初度三十六分	初度四十五分	初度五十七分	一度一十二分	一度三十四分	一度五十三分	一度三十九分

	二十一度	初度一十八分	初度一十九分	初度二十分	初度二十三分	初度二十六分	初度三十一分	初度三十七分	初度四十三分	初度五十一分	一度二分	一度一十八分	一度三十八分	二度四分	二度四十三分	三度一十八分	二度五十八分
	二十三度	初度二十四分	初度二十五分	初度二十七分	初度三十一分	初度三十五分	初度四十一分	初度四十九分	初度五十八分	一度七分	一度二十三分	一度四十五分	二度二十一分	二度二十三分	三度三十五分	四度二十六分	四度九分
	二十五度	初度三十分	初度三十一分	初度三十三分	初度三十七分	初度四十二分	初度四十九分	初度五十九分	一度一十分	一度二十二分	一度四十一分	二度六分	二度三十七分	三度一十五分	四度一十五分	五度二十三分	五度二十分
	二十七度	初度三十三分	初度三十四分	初度三十七分	初度四十一分	初度四十七分	初度五十三分	一度五分	一度一十六分	一度二十九分	一度四十八分	二度一十四分	二度四十八分	三度二十八分	四度二十九分	五度四十八分	六度一十分
南	二十九度	初度三十五分	初度三十六分	初度三十八分	初度四十二分	初度四十八分	初度五十四分	一度五分	一度一十七分	一度三十一分	一度四十九分	二度一十四分	二度四十八分	三度二十九分	四度二十八分	五度五十一分	六度四十一分
	三十一度	初度三十四分	初度三十五分	初度三十六分	初度四十分	初度四十六分	初度五十一分	一度二分	一度一十四分	一度二十七分	一度四十一分	二度五分	二度三十六分	三度一十七分	四度九分	五度二十七分	六度三十三分
	三十三度	初度三十一分	初度三十二分	初度三十三分	初度三十六分	初度四十分	初度四十六分	初度五十四分	一度五分	一度一十六分	一度二十八分	一度五十分	二度一十七分	二度五十二分	三度三十四分	四度四十三分	五度五十分
	三十五度	初度二十七分	初度二十七分	初度二十八分	初度三十分	初度三十四分	初度三十七分	初度四十四分	初度五十四分	一度三分	一度一十六分	一度三十分	一度五十二分	二度二十分	二度五十三分	三度四十七分	四度四十九分
	三十七度	初度二十分	初度二十分	初度二十一分	初度二十三分	初度二十二分	初度二十九分	初度三十二分	初度四十分	初度四十七分	初度五十五分	一度六分	一度二十二分	一度四十三分	二度七分	二度四十五分	三度三十三分
	三十九度	初度一十三分	初度一十三分	初度一十三分	初度一十四分	初度一十五分	初度一十八分	初度二十分	初度二十四分	初度二十九分	初度三十四分	初度四十分	初度五十分	一度二分	一度一十八分	一度四十分	二度一十分
黄道	四十一度	初度五分	初度五分	初度五分	初度六分	初度六分	初度七分	初度八分	初度一十分	初度一十二分	初度一十三分	初度一十六分	初度二十分	初度二十五分	初度三十一分	初度四十分	初度五十二分
北	四十三度	初度二分	初度二分	初度二分	初度二分	初度三分	初度三分	初度三分	初度三分	初度四分	初度五分	初度六分	初度七分	初度八分	初度九分	初度一十分	初度一十一分

北

自行定度 小輪心定度	初度	四度	八度	十二度	十六度	二十度	二十四度	二十八度	三十二度	三十六度	四十度	四十四度	四十八度	五十二度	五十六度	六十度
四十五度	初度一十分	初度一十分	初度一十一分	初度一十一分	初度一十二分	初度一十三分	初度一十五分	初度一十七分	初度二十分	初度二十三分	初度二十八分	初度三十三分	初度三十八分	初度四十三分	初度五十分	初度五十七分
四十七度	初度一十八分	初度一十八分	初度一十九分	初度二十分	初度二十二分	初度二十四分	初度二十七分	初度三十一分	初度三十六分	初度四十一分	初度五十一分	初度五十九分	一度九分	一度一十八分	一度三十分	一度四十三分
四十九度	初度二十五分	初度二十五分	初度二十六分	初度二十八分	初度三十分	初度三十三分	初度三十七分	初度四十四分	初度五十一分	初度五十六分	一度一十二分	一度二十三分	一度三十六分	一度四十九分	二度五分	二度二十二分
北 五十一度	初度三十二分	初度三十一分	初度三十一分	初度三十四分	初度三十六分	初度四十分	初度四十六分	初度五十二分	一度二分	一度一十一分	一度二十八分	一度四十三分	一度五十八分	二度一十五分	二度二十四分	三度三十七分
五十三度	初度三十五分	初度三十四分	初度三十七分	初度三十九分	初度四十二分	初度四十七分	初度五十五分	一度三分	一度一十一分	一度二十三分	一度四十二分	一度五十九分	二度一十五分	二度三十六分	二度五十八分	三度二十一分
五十五度	初度三十七分	初度三十七分	初度四十分	初度四十三分	初度四十七分	初度五十二分	一度〇分	一度一十分	一度二十分	一度三十五分	一度五十四分	二度一十三分	二度三十一分	二度五十五分	三度一十九分	三度四十四分
五十七度	初度三十九分	初度四十分	初度四十三分	初度四十六分	初度五十分	初度五十七分	一度五分	一度一十六分	一度二十七分	一度四十四分	二度三分	二度二十四分	二度四十三分	三度九分	三度三十四分	三度五十九分
五十九度	初度四十分	初度四十一分	初度四十四分	初度四十八分	初度五十二分	初度五十九分	一度八分	一度一十八分	一度二十九分	一度五十分	二度八分	二度二十八分	二度四十九分	三度一十七分	三度四十四分	四度七分
一度	初度三十九分	初度四十一分	初度四十四分	初度四十七分	初度五十三分	初度五十九分	一度九分	一度二十分	一度二十九分	一度五十一分	二度一十分	二度三十分	二度五十一分	三度一十八分	三度四十六分	四度三分

火星黄道南北緯度立成

	自行定度 小輪心定度	六十度	六十四度	六十八度	七十二度	七十六度	八十度	八十四度	八十八度	九十二度	九十六度	一百度	一百四度	一百八度	一百十二度	一百十六度	一百二十度
	一度	四度三分	三度三十九分	三度一十四分	二度四十六分	二度二十八分	二度七分	一度四十八分	一度二十八分	一度一十八分	一度七分	初度五十八分	初度五十一分	初度四十七分	初度四十三分	初度四十分	初 度 三十九分
	三度	三度五十二分	三度二十七分	三度四分	二度三十七分	二度一十九分	二度〇分	一度四十二分	一度二十四分	一度一十三分	一度三分	初度五十五分	初度四十八分	初度四十五分	初度四十二分	初度三十九分	初 度 三十八分
	五度	三度二十八分	三度五分	二度四十三分	二度二十分	二度三分	一度四十六分	一度二十八分	一度一十五分	一度五分	初度五十五分	初度四十九分	初度四十三分	初度四十分	初度三十七分	初度三十六分	初 度 三十五分
北	七度	三度三分	二度四十分	二度二十一分	二度二分	一度四十七分	一度三十二分	一度一十五分	一度四分	初度五十七分	初度四十八分	初度四十二分	初度三十八分	初度三十五分	初度三十三分	初度三十一分	初 度 三十一分
	九度	二度三十四分	二度一十四分	一度五十七分	一度四十二分	一度二十九分	一度一十六分	一度二分	初度五十四分	初度四十七分	初度四十分	初度三十五分	初度三十二分	初度二十九分	初度二十七分	初度二十六分	初 度 二十七分
	十一度	一度五十六分	一度四十一分	一度二十八分	一度一十七分	一度七分	初度五十七分	初度四十六分	初度四十一分	初度三十五分	初度三十分	初度二十七分	初度二十四分	初度二十二分	初度二十一分	初度二十分	初 度 二十分
	十三度	一度一十三分	一度四分	初度五十五分	初度四十八分	初度四十二分	初度三十六分	初度二十九分	初度二十六分	初度二十二分	初度一十九分	初度一十七分	初度一十五分	初度一十四分	初度一十三分	初度一十三分	初 度 一十三分
黄道	十五度	初度二十七分	初度二十三分	初度二十分	初度一十八分	初度一十四分	初度一十三分	初度一十一分	初度九分	初度八分	初度七分	初度六分	初度六分	初度五分	初度五分	初度五分	初 度 五分
	十七度	初度二十九分	初度二十二分	初度一十七分	初度一十四分	初度一十一分	初度九分	初度七分	初度六分	初度五分	初度四分	初度四分	初度三分	初度三分	初度三分	初度三分	初 度 三分
南	十九度	一度三十九分	一度一十六分	初度五十九分	初度四十八分	初度三十八分	初度三十一分	初度二十六分	初度二十二分	初度一十八分	初度一十五分	初度一十四分	初度一十三分	初度一十一分	初度一十分	初度一十分	初 度 一十分

南

黃道

自行定度 / 小輪心定度	六十度	六十四度	六十八度	七十二度	七十六度	八十度	八十四度	八十八度	九十二度	九十六度	一百度	一百四度	一百八度	一百十二度	一百十六度	一百二十度
二十一度	二度五十八分	二度一十六分	一度四十七分	一度二十五分	一度九分	初度五十五分	初度四十六分	初度三十九分	初度三十三分	初度二十七分	初度二十四分	初度二十一分	初度一十九分	初度一十八分	初度一十七分	初度一十八分
二十三度	四度九分	三度一十三分	二度二十九分	二度〇分	一度三十六分	一度一十八分	一度四分	初度五十五分	初度四十六分	初度三十九分	初度三十三分	初度二十九分	初度二十七分	初度二十五分	初度二十四分	初度二十四分
二十五度	五度二十分	四度一十二分	三度一十二分	二度三十六分	二度四分	一度三十九分	一度二十二分	一度一十分	初度五十九分	初度四十九分	初度四十二分	初度三十七分	初度三十三分	初度三十一分	初度三十分	初度三十分
二十七度	六度一十分	四度五十八分	三度四十七分	三度一分	二度二十四分	一度五十六分	一度三十三分	一度二十一分	一度八分	初度五十七分	初度四十八分	初度四十三分	初度三十七分	初度三十五分	初度三十三分	初度三十三分
南 二十九度	六度四十一分	五度三十三分	四度一十三分	三度二十分	二度三十九分	二度七分	一度四十三分	一度二十八分	一度一十五分	一度三分	初度五十三分	初度四十七分	初度四十一分	初度三十八分	初度三十六分	初度三十五分
三十一度	六度三十三分	五度四十五分	四度二十四分	三度二十六分	二度四十八分	二度一十二分	一度四十七分	一度二十九分	一度一十六分	一度三分	初度五十三分	初度四十七分	初度四十分	初度三十七分	初度三十五分	初度三十四分
三十三度	五度五十分	五度三十分	四度一十五分	三度一十七分	二度三十八分	二度七分	一度四十三分	一度二十五分	一度一十二分	一度〇分	初度五十分	初度四十四分	初度三十九分	初度三十五分	初度三十二分	初度三十一分
三十五度	四度四十九分	四度五十一分	三度五十分	二度五十六分	二度二十二分	一度五十三分	一度三十一分	一度一十四分	一度三分	初度五十四分	初度四十四分	初度三十七分	初度三十四分	初度三十分	初度二十八分	初度二十七分
三十七度	三度三十三分	三度四十七分	三度四分	二度一十九分	一度五十二分	一度二十九分	一度一十一分	初度五十七分	初度五十分	初度四十二分	初度三十五分	初度三十分	初度二十六分	初度二十三分	初度二十一分	初度二十分
三十九度	二度一十分	二度二十六分	二度〇分	一度五十一分	一度一十二分	初度五十八分	初度四十六分	初度三十七分	初度三十二分	初度二十七分	初度二十三分	初度一十九分	初度一十七分	初度一十五分	初度一十四分	初度一十三分
黃道 四十一度	初度五十二分	一度〇分	初度五十一分	初度三十八分	初度三十分	初度二十四分	初度一十九分	初度一十六分	初度一十三分	初度一十一分	初度九分	初度八分	初度七分	初度六分	初度六分	初度五分

北

四十三度	初度一十一分	初度一十二分	初度一十一分	初度一十分	初度八分	初度七分	初度六分	初度五分	初度四分	初度四分	初度三分	初度三分	初度三分	初度二分	初度二分	初度二分
四十五度	初度五十七分	一度二分	初度五十六分	初度四十九分	初度四十二分	初度三十七分	初度三十二分	初度二十八分	初度二十二分	初度二十分	初度一十七分	初度一十五分	初度一十三分	初度一十二分	初度一十一分	初度一十分
四十七度	一度四十三分	一度五十一分	一度四十一分	一度二十九分	一度一十六分	一度七分	初度五十八分	初度四十九分	初度四十分	初度三十六分	初度三十一分	初度二十七分	初度二十三分	初度二十二分	初度二十分	初度一十八分
四十九度	二度二十二分	二度二十二分	二度一十六分	二度六分	一度四十三分	一度三十一分	一度一十八分	一度七分	初度五十五分	初度四十八分	初度四十一分	初度三十六分	初度三十三分	初度二十九分	初度二十七分	初度二十五分
五十一度	三度三十七分	三度三分	二度四十三分	二度二十四分	二度四分	一度四十九分	一度二分	一度一十九分	一度六分	初度五十八分	初度四十九分	初度四十三分	初度三十八分	初度五十七分	初度三十四分	初度三十二分
五十三度	三度二十一分	三度三十五分	三度二分	二度三十九分	二度一十八分	二度二分	一度四十五分	一度二十八分	一度一十三分	一度四分	初度五十四分	初度四十八分	初度四十二分	初度三十九分	初度三十七分	初度三十五分
五十五度	三度四十四分	三度四十二分	三度一十六分	二度五十三分	二度二十九分	二度一十一分	一度五十二分	一度三十二分	一度一十八分	一度九分	初度五十九分	初度五十二分	初度四十七分	初度四十三分	初度四十分	初度三十七分
五十七度	三度五十九分	三度五十分	三度二十二分	二度五十六分	二度三十三分	二度一十四分	一度五十四分	一度三十二分	一度二十二分	一度一十一分	初度五十九分	初度五十三分	初度四十八分	初度四十四分	初度四十一分	初度三十九分
五十九度	四度七分	三度五十一分	三度二十分	二度五十四分	二度三十三分	二度一十二分	一度五十三分	一度三十一分	一度二十一分	一度一十分	一度〇分	初度五十三分	初度四十八分	初度四十五分	初度四十二分	初度四十分
一度	四度三分	三度二十九分	三度一十四分	二度四十六分	二度二十八分	二度七分	一度四十八分	一度二十八分	一度一十八分	一度七分	初度五十八分	初度五十一分	初度四十七分	初度四十三分	初度四十分	初度三十九分

金星黃道南北緯度立成

自行定度 / 小輪心定度	初度	三度	六度	九度	十二度	十五度	十八度	二十一度	二十四度	二十七度	三十度	三十三度	三十六度	三十九度	四十二度
初度	初度一十三分	初度二十四分	初度三十六分	初度四十七分	初度五十八分	一度九分	一度一十九分	一度二十九分	一度三十九分	一度四十八分	一度五十八分	二度六分	二度一十五分	二度二十二分	二度二十五分
二度	初度二十八分	初度三十八分	初度五十分	初度五十八分	一度九分	一度一十八分	一度二十七分	一度三十四分	一度四十二分	一度四十八分	一度五十六分	二度四分	二度六分	二度二十八分	二度五分
四度	初度四十一分	初度四十八分	初度五十八分	一度七分	一度一十四分	一度二十三分	一度二十六分	一度三十三分	一度三十九分	一度四十二分	一度四十七分	一度四十八分	一度四十九分	一度四十五分	一度三十八分
六度	初度四十九分	初度五十八分	一度六分	一度一十三分	一度一十八分	一度二十三分	一度二十七分	一度二十九分	一度三十一分	一度三十二分	一度三十四分	一度三十二分	一度二十八分	一度二十二分	一度八分
八度	初度五十八分	一度六分	一度一十二分	一度一十七分	一度二十分	一度二十一分	一度二十二分	一度二十二分	一度一十九分	一度一十七分	一度九分	初度五十九分	初度四十八分	初度二十七分	初度二十七分
十度	一度三分	一度一十分	一度一十五分	一度一十七分	一度一十八分	一度一十八分	一度一十五分	一度一十二分	一度九分	一度四分	一度一分	初度五十一分	初度三十九分	初度二十四分	初度三分
十二度	一度一十分	一度一十三分	一度一十四分	一度一十四分	一度一十一分	一度八分	初度五十九分	初度五十五分	初度四十九分	初度四十一分	初度三十五分	初度一十九分	初度四分	初度一十七分	初度四十五分
十四度	一度一十一分	一度一十二分	一度一十一分	一度九分	一度一分	初度五十七分	初度四十七分	初度三十九分	初度三十一分	初度二十一分	初度一十一分	初度七分	初度二十五分	初度四十八分	一度一十七分
十六度	一度一十二分	一度一十一分	一度九分	一度四分	初度五十七分	初度五十一分	初度四十分	初度二十九分	初度一十八分	初度七分	初度一十分	初度二十一分	初度四十一分	一度四分	一度三十二分
十八度	一度一十二分	一度九分	一度四分	初度五十八分	初度四十八分	初度四十一分	初度二十九分	初度二十七分	初度三分	初度八分	初度二十一分	初度三十九分	初度五十九分	一度二十二分	一度五十分

北　黃道　北

	二十度	一度八分	一度二分	初度五十四分	初度四十六分	初度三十六分	初度二十七分	初度一十二分	初度二分	初度一十六分	初度二十九分	初度四十三分	一度一分	一度二十二分	一度五十五分	二度一十三分	
	二十二度	一度二分	初度五十四分	初度四十六分	初度三十六分	初度二十四分	初度六分	初度八分	初度二十二分	初度三十一分	初度四十四分	初度五十八分	一度一十七分	一度二十七分	一度五十八分	二度二十三分	南
	二十四度	初度五十四分	初度四十四分	初度三十二分	初度二十二分	初度一十分	初度一分	初度一十七分	初度三十一分	初度四十六分	初度五十九分	一度一十三分	一度三十分	一度四十八分	二度七分	二度二十八分	
	二十六度	初度四十三分	初度三十二分	初度一十八分	初度八分	初度四分	初度一十六分	初度二十九分	初度四十二分	初度五十六分	一度九分	一度二十四分	一度三十九分	一度五十五分	二度一十一分	二度二十八分	
	二十八度	初度二十八分	初度一十七分	初度五分	初度七分	初度一十九分	初度三十一分	初度四十四分	初度五十六分	一度八分	一度一十八分	一度三十分	一度四十二分	一度五十五分	二度六分	二度一十五分	
	三十度	初度一十三分	初度二分	初度一十分	初度二十一分	初度三十二分	初度四十三分	初度五十三分	一度三分	一度一十三分	一度二十二分	一度三十二分	一度四十分	一度四十九分	一度五十六分	一度五十九分	
	三十二度	初度〇分	初度一十二分	初度二十四分	初度三十三分	初度四十三分	初度五十二分	一度〇分	一度八分	一度一十六分	一度二十二分	一度三十分	一度三十五分	一度四十分	一度四十二分	一度三十九分	
黃道	三十四度	初度一十七分	初度二十八分	初度三十八分	初度四十六分	初度五十四分	一度〇分	一度五分	一度一十分	一度一十六分	一度二十九分	一度二十三分	一度二十四分	一度二十三分	一度二十分	一度一十二分	
	三十六度	初度三十二分	初度四十二分	初度五十一分	初度五十七分	一度一分	一度六分	一度九分	一度一十一分	一度一十四分	一度一十三分	一度一十五分	一度一十一分	一度七分	初度五十九分	初度四十六分	
南	三十八度	初度四十八分	初度五十六分	一度二分	一度六分	一度八分	一度一十分	一度九分	一度八分	一度七分	一度四分	一度二分	初度五十五分	初度四十五分	初度三十三分	初度一十五分	黃道
	四十度	一度〇分	一度四分	一度九分	一度一十分	一度一十分	一度九分	一度六分	一度二分	初度五十八分	初度五十一分	初度四十六分	初度三十七分	初度二十四分	初度八分	初度一十五分	
	四十二度	一度八分	一度一十一分	一度一十三分	一度一十二分	一度八分	一度五分	初度五十九分	初度五十二分	初度四十五分	初度三十七分	初度二十八分	初度一十六分	初度一分	初度二十分	初度四十六分	北

南

黄道

自行定度 小輪心定度	初度	三度	六度	九度	十二度	十五度	十八度	二十一度	二十四度	二十七度	三十度	三十三度	三十六度	三十九度	四十二度
四十四度	一度一十二分	一度一十二分	一度一十一分	一度八分	一度三分	初度五十七分	初度四十八分	初度三十九分	初度三十分	初度一十九分	初度九分	初度七分	初度二十五分	初度四十六分	一度一十四分
四十六度	一度一十一分	一度一十分	一度六分	一度一分	初度五十四分	初度四十六分	初度三十四分	初度二十三分	初度一十三分	初度一分	初度一十二分	初度二十九分	初度四十八分	一度一十一分	一度四十分
四十八度	一度六分	一度三分	初度五十六分	初度五十分	初度四十一分	初度三十二分	初度一十九分	初度六分	初度七分	初度二十分	初度三十三分	初度五十一分	一度一十三分	一度三十四分	二度一分
五十度	初度五十九分	初度五十一分	初度四十四分	初度三十五分	初度二十四分	初度一十四分	初度一分	初度一十四分	初度二十九分	初度四十三分	初度五十七分	一度一十七分	一度三十七分	一度五十九分	二度二十五分
五十二度	初度四十八分	初度四十分	初度三十一分	初度一十九分	初度八分	初度三分	初度一十八分	初度三十三分	初度四十七分	一度一分	一度一十六分	一度三十四分	一度五十四分	二度一十五分	二度三十八分
五十四度	初度三十四分	初度二十四分	初度一十二分	初度一分	初度一十一分	初度二十三分	初度三十七分	初度五十一分	一度六分	一度一十九分	一度三十三分	一度五十分	二度八分	二度二十七分	二度四十六分
五十六度	初度一十九分	初度八分	初度五分	初度一十六分	初度二十八分	初度四十分	初度五十五分	一度八分	一度二十一分	一度三十二分	一度四十六分	二度一分	二度一十五分	二度三十分	二度四十五分
五十八度	初度二分	初度一十分	初度二十二分	初度三十四分	初度四十六分	初度五十七分	一度一十分	一度二十二分	一度三十四分	一度四十四分	一度五十七分	二度七分	二度二十分	二度三十二分	二度四十一分
六十度	初度一十三分	初度二十四分	初度三十六分	初度四十七分	初度五十八分	一度九分	一度一十九分	一度二十九分	一度三十九分	一度四十八分	一度五十八分	二度六分	二度一十五分	二度二十二分	二度二十五分

北

北

金星黃道南北緯度立成

黃道

自行定度 / 小輪心定度	四十二度	四十五度	四十八度	五十一度	五十四度	五十七度	六十度	六十三度	六十六度	六十九度	七十二度	七十五度	七十八度	八十一度
初度	二度二十五分	二度二十八分	二度二十五分	二度一十七分	一度五十七分	一度一十五分	初度一十三分	初度四十九分	一度三十一分	一度五十一分	一度五十九分	二度二分	一度五十九分	一度五十六分
二度	二度五分	二度〇分	一度四十八分	一度二十四分	初度五十分	初度七分	一度一十九分	二度七分	二度三十一分	二度三十七分	二度三十一分	二度二十五分	二度一十五分	二度六分
北 四度	一度三十八分	一度二十五分	一度四分	初度三十分	初度一十八分	一度二十八分	二度四十三分	三度一十七分	三度二十三分	三度一十二分	二度五十六分	二度四十分	二度二十三分	二度八分
六度	一度八分	初度四十五分	初度二十四分	初度三十分	一度三十一分	二度五十一分	四度七分	四度二十一分	四度九分	三度四十三分	三度一十四分	二度五十分	二度二十八分	二度八分
八度	初度二十七分	初度〇分	初度三十八分	一度三十三分	二度二十分	三度四十分	五度〇分	五度二十三分	四度五十七分	四度一十九分	三度三十八分	二度五十四分	二度三十五分	二度二分 南
十度	初度三分	初度二十四分	一度四分	一度五十八分	三度四十一分	四度三十五分	六度一分	六度五分	五度二十三分	四度三十三分	三度四十三分	三度三分	二度二十九分	二度〇分
黃道 十二度	初度四十五分	一度二十分	二度七分	三度一十二分	四度三十分	五度四十七分	六度五十分	六度九分	五度八分	四度七分	三度一十四分	二度三十三分	一度五十九分	一度三十一分
南 十四度	一度一十七分	一度五十六分	二度四十六分	三度五十二分	五度九分	六度三十分	七度一十一分	六度一十五分	五度三分	三度五十四分	二度五十七分	二度一十四分	一度四十分	一度一十分
十六度	一度三十二分	二度六分	二度五十一分	三度四十八分	五度〇分	六度一十七分	七度一十五分	六度三十九分	六度二十二分	四度四分	二度五十七分	二度六分	一度二十九分	初度五十七分
十八度	一度五十分	二度二十四分	三度七分	四度二十八分	五度八分	六度一十六分	七度三分	六度一十七分	四度五十三分	三度三十四分	二度二十八分	一度三十九分	一度三分	初度三十三分

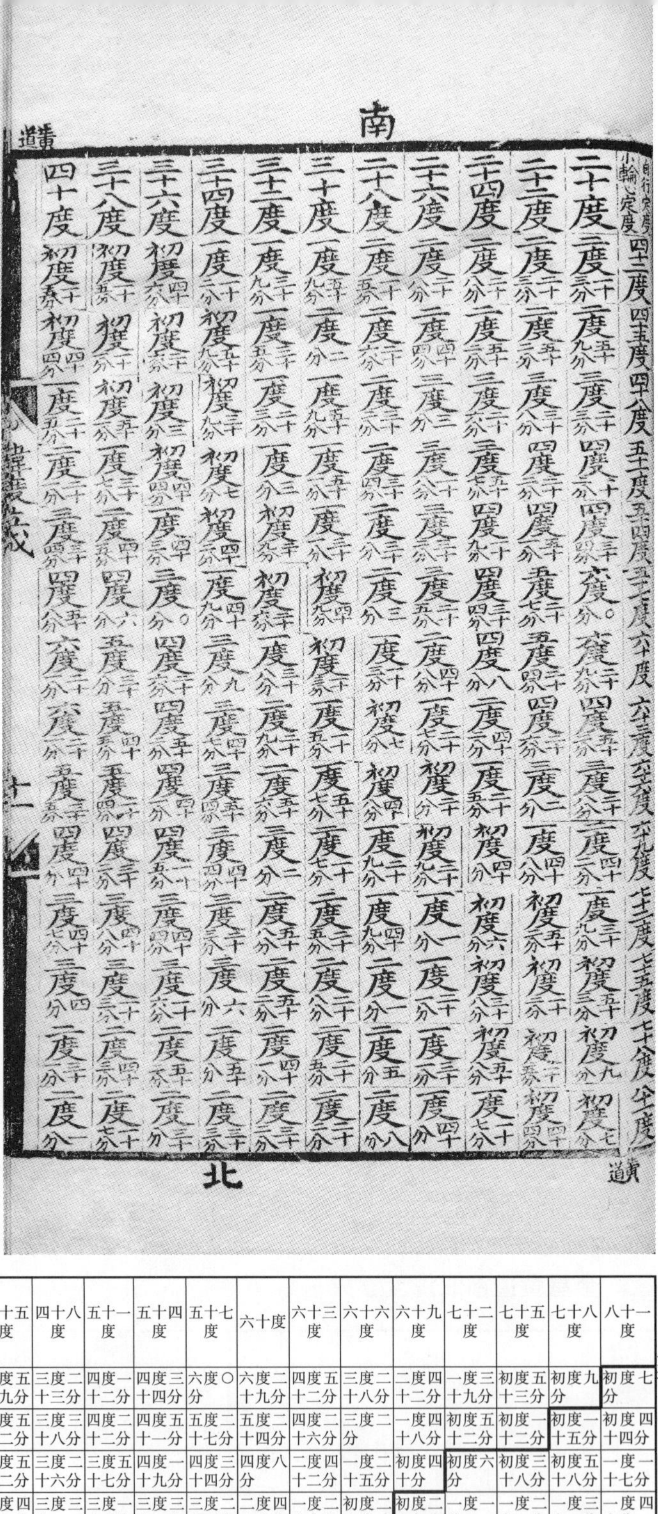

黄道 南 北

自行定度 小輪心定度	四十二度	四十五度	四十八度	五十一度	五十四度	五十七度	六十度	六十三度	六十六度	六十九度	七十二度	七十五度	七十八度	八十一度
二十度	二度一十三分	二度五十九分	三度二十三分	四度一十二分	四度三十四分	六度〇分	六度二十九分	四度五十二分	三度二十八分	二度四十二分	一度三十九分	初度五十三分	初度九分	初度七分
二十二度	二度二十三分	二度五十二分	三度三十八分	四度二十二分	四度五十一分	五度二十七分	五度二十四分	四度二十六分	三度二分	一度四十八分	初度五十二分	初度一十二分	初度一十五分	初度四十四分
二十四度	二度二十八分	二度五十二分	三度二十六分	三度五十七分	四度一十九分	四度三十四分	四度八分	二度四十二分	一度二十五分	初度四十分	初度六分	初度三十八分	初度五十八分	一度一十七分
二十六度	二度二十八分	二度四十四分	三度三分	三度一十八分	三度三十二分	三度二十五分	二度四十八分	一度二十七分	初度二十分	初度二十九分	一度一分	一度二十一分	一度三十一分	一度四十分
二十八度	二度一十五分	二度二十六分	二度三十二分	二度三十四分	二度三十分	二度三分	一度一十三分	初度七分	初度四十八分	一度二十九分	一度四十九分	二度一分	二度五分	二度八分
三十度	一度五十九分	二度二分	一度五十九分	一度五十一分	一度三十一分	初度四十九分	初度一十三分	一度一十五分	一度五十七分	二度一十七分	二度二十五分	二度二十八分	二度二十五分	二度二十二分
三十二度	一度三十九分	一度三十五分	一度二十三分	一度三分	初度二十九分	初度二十六分	一度三十八分	二度二十九分	二度五十六分	三度二分	二度五十八分	二度五十二分	二度四十一分	二度三十二分
三十四度	一度一十二分	初度五十九分	初度三十九分	初度七分	初度四十二分	一度四十九分	三度九分	三度四十七分	三度五十四分	三度四十四分	三度二十三分	三度六分	二度五十分	二度三十三分
三十六度	初度四十六分	初度二十六分	初度三分	初度四十四分	一度四十三分	三度〇分	四度二十六分	四度五十二分	四度四十一分	四度一十五分	三度四十四分	三度一十六分	二度五十二分	二度三十分
三十八度	初度一十五分	初度一十一分	初度五十一分	一度三十七分	二度四十五分	四度六分	五度三十分	五度四十五分	五度一十四分	四度三十二分	三度四十八分	三度一十三分	二度四十三分	二度一十七分
四十度	初度一十五分	初度四十四分	一度二十五分	二度二十一分	三度三十四分	四度五十八分	六度二十一分	六度二十一分	五度三十五分	四度四十分	三度四十七分	三度四分	二度三十一分	二度一分

四十二度	初度四十六分	一度五十八分	二度二分	三度一分	四度一十六分	五度四十一分	六度五十八分	六度四十三分	五度四十一分	四度三十六分	三度三十六分	二度四十六分	二度一十一分	一度四十分
四十四度	一度一十四分	一度四十六分	二度三十三分	三度三十三分	四度四十六分	六度六分	七度一十三分	六度四十六分	五度三十四分	四度二十分	三度一十五分	二度二十五分	一度四十七分	一度一十五分
四十六度	一度四十分	二度一十四分	二度五十七分	三度五十四分	五度三分	六度一十五分	七度九分	六度二十九分	五度一十分	三度五十二分	二度四十六分	一度五十五分	一度一十八分	初度四十八分
四十八度	二度一分	二度三十五分	三度一十四分	四度九分	五度一十分	六度一十二分	六度五十分	六度〇分	四度三十五分	三度一十六分	二度一十一分	一度二十二分	初度四十八分	初度二十分
五十度	二度二十五分	二度五十七分	三度三十四分	四度二十二分	五度一十四分	五度五十九分	六度二十一分	五度八分	三度四十九分	二度三十一分	一度三十分	初度四十七分	初度一十五分	初度一十一分
五十二度	二度三十八分	三度六分	三度三十八分	四度一十八分	四度五十八分	五度三十分	五度三十三分	四度二十三分	二度五十六分	一度四十五分	初度五十分	初度一十二分	初度一十四分	初度三十六分
五十四度	二度四十六分	三度八分	三度三十二分	三度五十八分	四度二十七分	四度三十九分	四度二十四分	三度八分	一度四十九分	初度四十八分	初度四分	初度二十六分	初度四十七分	一度〇分
五十六度	二度四十五分	三度二分	三度一十七分	三度三十四分	三度四十四分	三度三十八分	三度五分	一度五十分	初度四十分	初度八分	初度四十一分	一度三分	一度一十六分	一度二十三分
五十八度	二度四十一分	二度五十一分	二度五十七分	三度三分	二度五十七分	二度三十四分	一度四十四分	初度三十二分	初度二十四分	一度〇分	一度二十二分	一度三十四分	一度三十九分	一度四十二分
六十度	二度二十五分	二度二十八分	二度二十五分	二度一十七分	一度五十七分	一度一十五分	初度一十三分	初度四十九分	一度三十分	一度五十一分	一度五十九分	二度二分	一度五十九分	一度五十六分

北　黄道　南

北　黄道　南

金星黃道南北緯度立成

南　　　黃道　　　北

自行定度 小輪心定度	八十一度	八十四度	八十七度	九十度	九十三度	九十六度	九十九度	一百二度	一百五度	一百八度	一百一十一度	一百一十四度	一百一十七度	一百二十度
初度	一度五十六分	一度四十九分	一度四十分	一度三十二分	一度二十二分	一度一十三分	一度三分	初度五十三分	初度四十二分	初度三十二分	初度二十一分	初度一十一分	初度二分	初度一十三分
二度	二度六分	一度五十四分	一度四十一分	一度三十分	一度一十八分	一度八分	初度五十六分	初度四十四分	初度三十一分	初度一十九分	初度七分	初度四分	初度一十六分	初度二十八分
四度	二度八分	一度五十三分	一度三十九分	一度二十四分	一度一十分	一度〇分	初度四十五分	初度三十三分	初度一十八分	初度六分	初度六分	初度一十八分	初度二十九分	初度四十一分
六度	二度八分	一度五十分	一度三十二分	一度一十六分	一度二分	初度四十八分	初度三十六分	初度二十三分	初度九分	初度四分	初度一十六分	初度二十九分	初度三十九分	初度四十九分
八度	二度二分	一度四十七分	一度二十七分	一度八分	初度五十三分	初度三十八分	初度二十五分	初度一十一分	初度四分	初度一十八分	初度二十九分	初度四十一分	初度四十九分	初度五十八分
十度	二度〇分	一度三十七分	一度一十五分	初度五十五分	初度四十分	初度二十六分	初度一十四分	初度一分	初度一十五分	初度二十八分	初度三十九分	初度四十九分	初度五十七分	一度三分
十二度	一度三十一分	一度九分	初度四十八分	初度三十一分	初度一十七分	初度四分	初度九分	初度二十一分	初度三十二分	初度四十二分	初度五十二分	初度五十八分	一度五分	一度一十分
十四度	一度一十分	初度四十八分	初度二十九分	初度一十二分	初度一分	初度一十三分	初度二十三分	初度三十四分	初度四十六分	初度五十三分	一度一分	一度六分	一度九分	一度一十一分
十六度	初度五十七分	初度三十四分	初度二十四分	初度三分	初度一十四分	初度二十五分	初度三十四分	初度四十四分	初度五十四分	一度一分	一度七分	一度一十分	一度一十二分	一度一十二分
十八度	初度三十三分	初度二分	初度七分	初度二十二分	初度三十一分	初度四十分	初度四十七分	初度五十五分	一度三分	一度八分	一度一十一分	一度一十三分	一度一十三分	一度一十二分

南　　　北

北

黄道

南

黄道

二十度	初度七分	初度二十四分	初度三十八分	初度四十八分	初度五十二分	一度四分	一度八分	一度九分	一度一十三分	一度一十五分	一度一十七分	一度一十六分	一度一十三分	一度八分
二十二度	初度四十四分	初度五十二分	一度二分	一度一十一分	一度一十二分	一度一十六分	一度一十七分	一度一十八分	一度二十一分	一度一十八分	一度一十七分	一度一十三分	一度八分	一度二分
二十四度	一度一十七分	一度二十三分	一度二十九分	一度三十三分	一度三十分	一度三十二分	一度二十九分	一度二十六分	一度二十六分	一度二十一分	一度一十五分	一度九分	一度二分	初度五十四分
二十六度	一度四十分	一度四十四分	一度四十六分	一度四十六分	一度四十一分	一度三十七分	一度三十二分	一度二十八分	一度二十三分	一度一十六分	一度九分	一度二分	初度五十二分	初度四十三分
二十八度	二度八分	二度五分	二度一分	一度五十七分	一度四十八分	一度四十一分	一度三十三分	一度二十五分	一度一十七分	一度九分	一度〇分	初度五十分	初度三十九分	初度二十八分
三十度	二度二十二分	二度一十五分	二度六分	一度五十八分	一度四十八分	一度三十九分	一度二十九分	一度一十九分	一度九分	初度五十八分	初度四十七分	初度三十六分	初度二十四分	初度一十三分
三十二度	二度三十二分	二度二十一分	二度八分	一度五十六分	一度四十四分	一度三十五分	一度二十二分	一度一十分	初度五十八分	初度四十五分	初度三十三分	初度二十二分	初度一十分	初度〇分
三十四度	二度三十三分	二度一十八分	二度二分	一度四十七分	一度三十二分	一度二十一分	一度八分	初度五十四分	初度四十一分	初度二十八分	初度一十五分	初度四分	初度八分	初度一十七分
三十六度	二度三十分	二度一十分	一度五十二分	一度三十五分	一度一十九分	一度六分	初度五十三分	初度三十九分	初度二十四分	初度一十一分	初度一分	初度一十三分	初度二十四分	初度三十二分
三十八度	二度一十七分	一度五十四分	一度三十四分	一度一十五分	一度〇分	初度四十六分	初度三十二分	初度一十八分	初度四分	初度九分	初度二十一分	初度三十一分	初度四十一分	初度四十八分
四十度	二度一分	一度三十六分	一度一十六分	初度五十六分	初度四十一分	初度二十七分	初度一十三分	初度一分	初度六分	初度二十六分	初度三十七分	初度四十五分	初度五十三分	一度〇分
四十二度	一度四十分	一度一十五分	初度五十三分	初度三十三分	初度一十五分	初度六分	初度六分	初度一十九分	初度三十二分	初度四十二分	初度五十一分	初度五十八分	一度四分	一度八分

黄道 北 黄道 南

自行定度 小輪心定度	八十一度	八十四度	八十七度	九十度	九十三度	九十六度	九十九度	一百二度	一百五度	一百八度	一百一十一度	一百一十四度	一百一十七度	一百二十度
四十四度	一度一十五分	初度五十分	初度三十分	初度一十一分	初度二分	初度一十三分	初度二十四分	初度三十四分	初度四十六分	初度五十五分	一度二分	一度六分	一度一十分	一度一十二分
北 四十六度	初度四十八分	初度二十五分	初度七分	初度一十一分	初度二十一分	初度三十一分	初度三十九分	初度四十七分	初度五十七分	一度三分	一度八分	一度一十分	一度一十二分	一度一十一分
四十八度	初度二十分	初度一分	初度一十六分	初度三十一分	初度三十八分	初度四十六分	初度五十二分	初度五十八分	一度五分	一度八分	一度一十一分	一度一十二分	一度一十分	一度六分
五十度	初度一十一分	初度二十七分	初度三十九分	初度五十一分	初度五十五分	初度五十九分	一度三分	一度五分	一度九分	一度一十分	一度九分	一度八分	一度三分	初度五十九分 南
黄道 五十二度	初度三十六分	初度四十七分	初度五十七分	一度四分	一度六分	一度八分	一度九分	一度九分	一度一十分	一度八分	一度六分	一度一分	初度五十五分	初度四十八分
五十四度	一度〇分	一度九分	一度一十三分	一度一十七分	一度一十五分	一度一十三分	一度一十一分	一度九分	一度七分	一度二分	初度五十七分	初度五十分	初度四十一分	初度三十四分
南 五十六度	一度二十三分	一度二十六分	一度二十五分	一度二十五分	一度二十分	一度一十七分	一度一十一分	一度五分	一度一分	初度五十三分	初度四十六分	初度三十七分	初度二十七分	初度一十九分
五十八度	一度四十二分	一度三十九分	一度三十四分	一度三十分	一度二十二分	一度一十六分	一度八分	一度〇分	初度五十二分	初度四十三分	初度三十三分	初度二十四分	初度一十二分	初度二分
六十度	一度五十六分	一度四十九分	一度四十分	一度三十二分	一度二十二分	一度一十三分	一度三分	初度五十三分	初度四十三分	初度三十二分	初度二十一分	初度一十分	初度二分	初度一十三分 黄道

南　　黄道　北

水星黄道南北緯度立成

自行定度 / 小輪心定度	初度	三度	六度	九度	十二度	十五度	十八度	二十一度	二十四度	二十七度	三十度	三十三度	三十六度	三十九度	四十二度
初度	初度四十五分	初度五十九分	一度一十五分	一度二十九分	一度四十五分	一度五十八分	二度一十分	二度二十二分	二度三十一分	二度四十二分	二度五十一分	二度五十七分	二度五十九分	三度〇分	二度五十六分
二度	一度二分	一度一十六分	一度三十一分	一度四十四分	一度五十八分	二度一十分	二度二十分	二度二十九分	二度三十四分	二度四十二分	二度四十七分	二度四十九分	二度四十七分	二度四十三分	二度三十五分
四度	一度一十六分	一度三十分	一度四十二分	一度五十六分	二度六分	二度一十五分	二度二十四分	二度二十八分	二度三十分	二度三十三分	二度三十六分	二度三十三分	二度二十五分	二度一十六分	二度二分
六度	一度二十七分	一度三十九分	一度五十分	二度〇分	二度九分	二度一十四分	二度二十一分	二度二十一分	二度二十一分	二度二十分	二度一十七分	二度一十一分	一度五十九分	一度四十五分	一度二十七分
八度	一度三十五分	一度四十四分	一度五十四分	二度一分	二度六分	二度八分	二度一十一分	二度九分	二度四分	一度五十七分	一度五十一分	一度三十八分	一度二十三分	一度五分	初度四十三分
十度	一度三十八分	一度四十六分	一度五十三分	一度五十八分	二度〇分	一度五十九分	二度〇分	一度五十三分	一度四十七分	一度三十七分	一度二十八分	一度一十一分	初度五十二分	初度三十一分	初度五分
十二度	一度四十四分	一度四十八分	一度五十二分	一度五十四分	一度五十三分	一度四十八分	一度四十五分	一度三十五分	一度二十三分	一度一十分	初度五十七分	初度三十八分	初度一十五分	初度七分	初度三十六分
十四度	一度四十四分	一度四十六分	一度四十七分	一度四十六分	一度四十分	一度三十四分	一度二十七分	一度一十四分	初度五十九分	初度四十四分	初度二十七分	初度五分	初度一十八分	初度四十五分	一度一十二分
十六度	一度四十五分	一度四十四分	一度四十二分	一度三十九分	一度三十分	一度二十分	一度九分	初度五十四分	初度三十八分	初度二十分	初度〇分	初度二十二分	初度四十七分	一度一十四分	一度四十二分
十八度	一度四十六分	一度四十二分	一度三十五分	一度二十九分	一度一十六分	一度四分	初度五十一分	初度三十二分	初度一十五分	初度六分	初度二十七分	初度五十分	一度一十五分	一度四十一分	二度八分

南　黄道　北

南　黄道

自行定度 / 小輪心定度	初度	三度	六度	九度	十二度	十五度	十八度	二十一度	二十四度	二十七度	三十度	三十三度	三十六度	三十九度	四十二度
二十度	一度四十五分	一度三十六分	一度二十五分	一度一十四分	初度五十八分	初度四十二分	初度二十六分	初度七分	初度一十二分	初度三十四分	初度五十六分	一度二十分	一度四十三分	二度七分	二度三十二分
二十二度	一度四十一分	一度三十一分	一度一十七分	一度三分	初度四十五分	初度二十八分	初度一十一分	初度一十一分	初度三十分	初度五十二分	一度一十三分	一度三十六分	一度五十七分	二度一十九分	二度三十九分
二十四度	一度三十六分	一度二十一分	一度五分	初度四十八分	初度二十九分	初度一十一分	初度八分	初度二十九分	初度四十八分	一度九分	一度三十分	一度五十分	二度八分	二度二十五分	二度四十分
二十六度	一度二十三分	一度六分	初度四十九分	初度三十二分	初度一十分	初度七分	初度二十五分	初度四十五分	一度一分	一度二十一分	一度三十八分	一度五十五分	二度八分	二度二十分	二度三十分
二十八度	一度七分	初度五十分	初度三十二分	初度一十三分	初度八分	初度二十四分	初度四十一分	初度五十九分	一度一十四分	一度三十分	一度四十五分	一度五十八分	二度四分	二度一十三分	二度一十六分
三十度	初度四十五分	初度三十一分	初度一十五分	初度一分	初度一十五分	初度二十八分	初度四十分	初度五十二分	一度一分	一度一十二分	一度二十一分	一度二十六分	一度二十九分	一度三十分	一度二十六分
三十二度	初度二十一分	初度八分	初度七分	初度二十分	初度三十四分	初度四十五分	初度五十六分	一度四分	一度八分	一度一十六分	一度二十分	一度二十一分	一度一十八分	一度一十三分	一度五分
三十四度	初度五分	初度一十七分	初度三十分	初度四十三分	初度五十三分	一度二分	一度一十分	一度一十三分	一度一十六分	一度一十七分	一度一十八分	一度一十四分	一度七分	初度五十五分	初度四十二分
三十六度	初度三十五分	初度四十五分	初度五十六分	一度六分	一度一十三分	一度一十八分	一度二十二分	一度二十一分	一度一十八分	一度一十六分	一度一十一分	一度一分	初度四十九分	初度三十四分	初度一十四分
三十八度	初度五十九分	一度八分	一度一十六分	一度二十三分	一度二十七分	一度二十八分	一度二十九分	一度二十五分	一度一十九分	一度一十一分	一度三分	初度四十九分	初度三十二分	初度一十三分	初度一十一分
四十度	一度二十一分	一度二十七分	一度三十二分	一度三十六分	一度三十六分	一度三十四分	一度三十二分	一度二十五分	一度一十六分	一度五分	初度五十二分	初度三十五分	初度一十五分	初度八分	初度三十七分

北　黄道

北

四十二度	一度三十六分	一度四十分	一度四十二分	一度四十三分	一度三十九分	一度三十四分	一度二十八分	一度一十六分	一度五分	初度四十九分	初度三十四分	初度一十五分	初度八分	初度三十五分	一度二分
四十四度	一度四十四分	一度四十五分	一度四十三分	一度四十一分	一度三十四分	一度二十六分	一度一十七分	一度三分	初度四十八分	初度三十分	初度一十三分	初度一十分	初度三十五分	一度一分	一度三十分
四十六度	一度四十一分	一度三十九分	一度三十三分	一度二十九分	一度一十八分	一度七分	初度五十五分	初度三十八分	初度三十一分	初度二分	初度一十九分	初度四十二分	一度六分	一度三十三分	二度一分
四十八度	一度三十二分	一度二十六分	一度一十七分	一度九分	初度五十五分	初度四十一分	初度二十六分	初度七分	初度一十一分	初度三十二分	初度五十四分	一度一十八分	一度四十一分	二度七分	二度三十四分
五十度	一度一十八分	一度八分	初度五十七分	初度四十五分	初度二十八分	初度一十二分	初度五分	初度二十五分	初度四十四分	一度六分	一度二十八分	一度五十二分	二度一十五分	二度三十八分	三度一分
五十二度	初度五十五分	初度四十四分	初度二十九分	初度一十五分	初度四分	初度二十一分	初度三十九分	一度〇分	一度一十九分	一度四十分	二度一分	二度二十四分	二度四十四分	三度三分	三度二十二分
五十四度	初度三十分	初度一十四分	初度一分	初度二十分	初度四十分	初度五十七分	一度一十六分	一度三十七分	一度五十四分	二度一十五分	二度三十六分	二度五十四分	三度一十二分	三度二十七分	三度四十分
五十六度	初度四分	初度一十二分	初度三十分	初度四十八分	一度九分	一度二十六分	一度四十四分	二度四分	二度二十分	二度三十九分	二度五十七分	三度一十二分	三度二十四分	三度三十五分	三度四十四分
五十八度	初度二十四分	初度四十一分	一度〇分	一度一十八分	一度三十九分	一度五十六分	二度一十三分	二度三十分	二度四十四分	三度〇分	三度一十四分	二度二十六分	三度三十三分	三度三十九分	三度四十二分
六十度	初度四十五分	一度三分	一度二十一分	一度三十九分	一度五十九分	二度一十四分	二度二十九分	二度四十四分	二度五十五分	三度八分	三度一十九分	三度二十七分	三度二十九分	三度三十分	三度二十六分

黄道

南

水星黃道南北緯度立成

南　黃道　北

自行定度 / 小輪心定度	四十二度	四十五度	四十八度	五十一度	五十四度	五十七度	六十度	六十三度	六十六度	六十九度	七十二度	七十五度	七十八度	八十一度
初度	二度五十六分	二度四十七分	二度三十三分	二度一十三分	一度四十八分	一度一十七分	初度四十五分	初度一十三分	初度一十八分	初度四十三分	一度三分	一度一十七分	一度二十六分	一度三十分
二度	二度三十五分	二度二十分	二度一分	一度三十八分	一度八分	初度三十四分	初度一分	初度三十一分	初度五十八分	一度一十八分	一度三十二分	一度四十一分	一度四十五分	一度四十三分
四度	二度二分	一度四十二分	一度一十八分	初度四十八分	初度一十六分	初度一十九分	初度五十二分	一度二十分	一度四十二分	一度五十七分	二度五分	二度八分	二度五分	一度五十七分
六度	一度二十七分	一度四分	初度三十四分	初度二分	初度三十三分	一度八分	一度三十八分	二度三分	二度二十一分	二度三十一分	二度三十一分	二度二十七分	二度一十八分	二度五分
八度	初度四十三分	初度一十六分	初度一十七分	初度五十分	一度二十七分	一度五十九分	二度二十八分	二度四十八分	二度五十九分	三度一分	二度五十四分	二度四十二分	二度二十七分	二度八分
十度	初度五分	初度二十五分	初度五十七分	一度三十一分	二度八分	二度四十分	三度五分	三度二十一分	三度二十六分	三度二十三分	三度一十分	二度五十三分	二度三十三分	二度一十分
十二度	初度三十六分	一度八分	一度四十一分	二度一十五分	二度四十九分	三度一十六分	三度三十八分	三度四十七分	三度四十四分	三度三十三分	三度一十二分	二度五十分	二度二十五分	一度五十七分
十四度	一度一十二分	一度四十四分	二度一十六分	二度四十七分	三度一十八分	三度四十二分	三度五十七分	三度五十九分	三度五十一分	三度三十三分	三度五分	二度三十九分	二度九分	一度四十一分
十六度	一度四十二分	二度一十三分	二度四十三分	三度一十一分	三度三十八分	三度五十五分	四度四分	四度〇分	三度四十三分	三度二十一分	二度四十八分	二度一十七分	一度四十六分	一度一十六分
十八度	二度八分	二度三十六分	三度二分	三度二十四分	三度四十五分	三度五十四分	三度五十四分	三度四十三分	三度一十九分	二度五十分	二度一十四分	一度四十一分	一度八分	初度三十七分

（表左側標注：南、黃道；右側標注：北）

北

南

黄道

二十度	二度三十二分	二度五十五分	三度一十四分	三度二十八分	三度四十一分	三度四十二分	三度三十分	三度一十分	二度三十九分	二度四分	一度二十五分	初度四十九分	初度一十六分	初度一十四分
二十二度	二度三十九分	二度五十七分	三度一十分	三度一十六分	三度二十分	三度一十二分	二度五十三分	二度二十六分	一度五十分	一度一十三分	初度三十四分	初度二分	初度三十四分	一度〇分
二十四度	二度四十分	二度五十一分	二度五十八分	二度五十七分	二度五十一分	二度三十五分	二度七分	一度三十五分	初度五十六分	初度一十六分	初度二十三分	初度五十五分	一度二十五分	一度四十七分
二十六度	二度三十分	二度三十四分	二度三十分	二度二十二分	二度七分	一度四十二分	一度一十分	初度三十三分	初度八分	初度四十五分	一度二十一分	一度五十一分	二度一十五分	二度三十一分
二十八度	二度一十六分	二度一十二分	二度二分	一度四十六分	一度一十七分	初度五十分	初度一十二分	初度二十七分	一度八分	一度四十二分	二度一十二分	二度三十七分	二度五十五分	三度六分
三十度	一度二十六分	一度一十七分	一度三分	初度四十三分	初度一十八分	初度一十三分	初度四十五分	一度一十七分	一度四十八分	二度一十三分	二度三十三分	二度四十八分	二度五十六分	三度〇分
三十二度	一度五分	初度四十九分	初度三十分	初度三分	初度二十七分	一度〇分	一度三十三分	二度五分	二度三十一分	二度五十一分	三度四分	三度一十二分	三度一十四分	三度一十二分
三十四度	初度四十一分	初度二十一分	初度五分	初度三十五分	一度八分	一度四十三分	二度一十五分	二度四十二分	三度三分	三度一十八分	三度二十五分	三度二十四分	三度二十分	三度一十二分
三十六度	初度一十四分	初度一十一分	初度四十一分	一度一十五分	一度五十分	二度二十四分	二度五十三分	三度一十六分	三度三十二分	三度三十八分	三度三十五分	三度二十九分	三度一十七分	三度二分
三十八度	初度一十一分	初度三十九分	一度一十二分	一度四十五分	二度二十二分	二度五十四分	三度二十分	三度四十分	三度四十八分	三度四十七分	三度三十七分	三度二十四分	三度八分	二度四十六分
四十度	初度三十七分	一度五分	一度三十八分	二度一十二分	二度四十九分	三度一十九分	三度四十一分	三度五十四分	三度五十六分	三度四十九分	三度三十一分	三度一十三分	二度五十分	二度二十五分
四十二度	一度二分	一度三十四分	二度八分	二度四十分	三度一十四分	三度三十九分	三度五十七分	四度四分	三度五十七分	三度四十三分	三度一十九分	二度五十五分	二度二十七分	二度〇分

南

自行定度 / 小輪心定度	四十二度	四十五度	四十八度	五十一度	五十四度	五十七度	六十度	六十三度	六十六度	六十九度	七十二度	七十五度	七十八度	八十一度
四十四度	一度三十分	二度一分	二度三十三分	三度四分	三度三十二分	三度五十三分	四度四分	四度四分	三度五十一分	三度三十一分	三度三分	二度三十五分	二度二分	一度三十二分
四十六度	二度一分	二度三十分	二度五十七分	三度二十一分	三度四十六分	四度〇分	四度三分	三度五十六分	三度三十五分	三度一十分	二度三十四分	二度三分	一度三十分	一度〇分
四十八度	二度三十四分	三度〇分	三度二十二分	三度四十一分	三度五十八分	四度三分	三度五十八分	三度四十三分	三度一十六分	二度四十四分	二度五分	一度三十一分	初度五十八分	初度二十八分
五十度	三度一分	三度二十三分	三度三十九分	三度五十二分	四度二分	四度〇分	三度四十六分	三度二十三分	二度五十分	二度一十四分	一度三十六分	初度五十八分	初度二十五分	初度三分
五十二度	三度二十二分	三度三十八分	三度四十九分	三度五十四分	三度五十五分	三度四十三分	三度二十二分	二度五十四分	二度一十七分	一度三十八分	一度〇分	初度二十四分	初度六分	初度三十一分
五十四度	三度四十分	三度四十九分	三度五十三分	三度四十九分	三度四十分	三度二十分	二度五十一分	二度一十六分	一度三十六分	初度五十八分	初度二十分	初度一十二分	初度四十分	一度二分
五十六度	三度四十四分	三度四十七分	三度四十二分	三度三十二分	三度一十六分	二度五十分	二度一十七分	一度三十九分	初度五十九分	初度二十一分	初度一十三分	初度四十二分	一度五分	一度二十一分
五十八度	三度四十二分	三度三十七分	三度二十五分	三度七分	二度四十二分	二度八分	一度三十一分	初度五十一分	初度一十一分	初度二十四分	初度五十三分	一度一十七分	一度三十三分	一度四十四分
六十度	三度二十六分	三度一十五分	二度五十七分	二度三十三分	二度二分	一度二十五分	初度四十五分	初度五分	初度三十三分	一度三分	一度二十七分	一度四十五分	一度五十六分	二度〇分

（左側：南；右側自上而下：南、黃道、北；下方：南、黃道、北）

三一六

三一七

水星黄道南北緯度立成

北　　黄道　　南

自行定度 小輪心定度	八十一度	八十四度	八十七度	九十度	九十三度	九十六度	九十九度	一百二度	一百五度	一百八度	一百一十一度	一百一十四度	一百一十七度	一百二十度
初度	一度三十分	一度二十九分	一度二十七分	一度二十一分	一度一十二分	一度一分	初度五十二分	初度四十分	初度二十八分	初度一十五分	初度一分	初度一十五分	初度三十一分	初度四十五分
二度	一度四十三分	一度三十八分	一度三十二分	一度二十二分	一度一十分	初度五十五分	初度四十三分	初度二十八分	初度一十四分	初度〇分	初度一十八分	初度三十一分	初度四十八分	一度二分
四度	一度五十七分	一度四十六分	一度三十四分	一度二十一分	一度四分	初度四十八分	初度三十三分	初度一十七分	初度一分	初度一十五分	初度三十三分	初度四十八分	一度三分	一度一十六分
六度	二度五分	一度五十分	一度三十五分	一度一十八分	初度五十九分	初度四十一分	初度二十二分	初度五分	初度一十一分	初度二十七分	初度四十五分	一度〇分	一度一十四分	一度二十七分
八度	二度八分	一度四十九分	一度二十九分	一度一十分	初度四十八分	初度二十九分	初度九分	初度一十分	初度二十六分	初度四十一分	初度五十八分	一度一十二分	一度二十五	一度三十五分
十度	二度一十分	一度四十八分	一度二十五分	一度四分	初度四十一分	初度二十一分	初度〇分	初度一十九分	初度三十六分	初度五十分	一度六分	一度一十九分	一度三十分	一度三十八分
十二度	一度五十七分	一度三十二分	一度八分	初度四十五分	初度二十一分	初度一分	初度一十九分	初度三十七分	初度五十二分	一度五分	一度一十九分	一度二十九分	一度三十七分	一度四十四分
十四度	一度四十一分	一度一十三分	初度四十七分	初度二十四分	初度一分	初度一十八分	初度三十六分	初度五十四分	一度七分	一度一十八分	一度二十八分	一度三十六分	一度四十一分	一度四十四分
十六度	一度一十六分	初度四十八分	初度二十二分	初度一分	初度二十三分	初度四十分	初度五十七分	一度一十二分	一度二十二分	一度三十一分	一度三十九分	一度四十四分	一度四十六分	一度四十六分
十八度	初度三十七分	初度一十分	初度一十四分	初度三十六分	初度五十三分	一度九分	一度二十二分	一度三十四分	一度四十分	一度四十六分	一度五十分	一度五十二分	一度五十分	一度四十六分

（表左側標"北"，右側標"南"）

北 南 黄道 南

自行定度 / 小輪心定度	八十一度	八十四度	八十七度	九十度	九十三度	九十六度	九十九度	一百二度	一百五度	一百八度	一百一十一度	一百一十四度	一百一十七度	一百二十度
二十度	初度一十四分	初度三十八分	一度〇分	一度一十七分	一度三十一分	一度四十二分	一度五十二分	一度五十九分	二度二分	二度三分	二度三分	一度五十九分	一度五十二分	一度四十五分
二十二度	一度〇分	一度二十三分	一度四十二分	一度五十三分	二度三分	二度一十分	二度一十五分	二度一十九分	二度一十七分	二度一十五分	二度一十分	二度二分	一度五十二分	一度四十一分
二十四度	一度四十七分	二度四分	二度一十九分	二度二十九分	二度三十二分	二度三十四分	二度三十五分	二度三十五分	二度二十八分	二度二十二分	二度一十二分	二度一分	一度四十八分	一度三十六分
二十六度	二度三十一分	二度四十二分	二度五十一分	二度五十五分	二度五十三分	二度五十分	二度四十六分	二度四十一分	二度三十一分	二度二十一分	二度七分	一度五十三分	一度三十八分	一度二十三分
二十八度	三度六分	三度一十一分	三度一十五分	三度一十三分	三度七分	二度五十八分	二度五十一分	二度四十分	二度二十七分	二度一十五分	一度五十七分	一度四十一分	一度二十四分	一度七分
三十度	三度〇分	二度五十九分	二度五十七分	二度五十一分	二度四十二分	二度三十一分	二度二十二分	二度一十分	一度五十八分	一度四十五分	一度二十九分	一度一十五分	初度五十九分	初度四十五分
三十二度	三度一十二分	三度六分	二度五十八分	二度四十八分	二度三十五分	二度二十分	二度八分	一度五十三分	一度三十八分	一度二十四分	一度六分	初度五十一分	初度三十六分	初度二十一分
三十四度	三度一十二分	三度一分	二度四十八分	二度三十三分	二度一十七分	二度〇分	一度四十四分	一度二十七分	一度一十三分	初度五十六分	初度三十九分	初度二十四分	初度九分	初度五分
三十六度	三度二分	二度四十六分	二度二十八分	二度九分	一度五十分	一度三十一分	一度一十三分	初度五十五分	初度四十分	初度二十二分	初度五分	初度九分	初度二十三分	初度三十五分
三十八度	二度四十六分	二度二十五分	二度四分	一度四十三分	一度二十二分	一度二分	初度四十二分	初度二十四分	初度八分	初度八分	初度二十五分	初度三十七分	初度四十九分	初度五十九分
四十度	二度二十五分	二度一分	一度三十八分	一度一十四分	初度五十二分	初度三十二分	初度一十一分	初度七分	初度二十三分	初度三十八分	初度五十三分	一度三分	一度一十二分	一度二十一分

四十二度	二度〇分	一度三十三分	一度八分	初度四十三分	初度二十分	初度〇分	初度一十八分	初度三十七分	初度四十九分	一度二分	一度一十五分	一度二十五分	一度三十一分	一度三十六分
四十四度	一度三十二分	一度四分	初度三十八分	初度一十五分	初度七分	初度二十六分	初度四十三分	一度〇分	一度一十二分	一度二十分	一度三十一分	一度三十八分	一度四十二分	一度四十四分
四十六度	一度〇分	初度三十二分	初度六分	初度一十六分	初度三十五分	初度五十分	一度五分	一度一十九分	一度二十七分	一度三十五分	一度四十分	一度四十三分	一度四十二分	一度四十一分
四十八度	初度二十八分	初度二分	初度二十二分	初度四十二分	初度五十八分	一度一十一分	一度二十三分	一度三十三分	一度三十七分	一度四十分	一度四十三分	一度四十二分	一度三十七分	一度三十二分
五十度	初度三分	初度二十八分	初度四十八分	一度五分	一度一十七分	一度二十六分	一度三十五分	一度四十一分	一度四十二分	一度四十二分	一度四十分	一度三十五分	一度二十七分	一度一十八分
五十二度	初度三十一分	初度五十分	一度九分	一度二十分	一度二十八分	一度三十三分	一度三十七分	一度三十九分	一度三十六分	一度三十二分	一度二十七分	一度一十八分	一度七分	初度五十五分
五十四度	一度二分	一度一十七分	一度三十分	一度三十七分	一度三十九分	一度三十九分	一度三十九分	一度三十六分	一度二十八分	一度二十分	一度一十分	初度五十八分	初度四十三分	初度三十分
五十六度	一度二十一分	一度三十一分	一度三十九分	一度四十二分	一度四十分	一度三十六分	一度三十一分	一度二十五分	一度一十五分	一度四分	初度五十分	初度三十六分	初度一十九分	初度四分
五十八度	一度四十四分	一度四十八分	一度五十分	一度四十九分	一度四十一分	一度三十二分	一度二十四分	一度一十三分	初度五十九分	初度四十六分	初度二十八分	初度一十二分	初度七分	初度二十四分
六十度	二度〇分	一度五十九分	一度五十七分	一度四十九分	一度三十八分	一度二十五分	一度一十四分	初度五十九分	初度四十四分	初度二十九分	初度九分	初度九分	初度二十七分	初度四十五分

太陰出入晨昏加减度立成

	昏刻加差	月入加差		月出加差	晨刻减差
初一日			十六日	三度	三度
初二日	三度	三度	十七日	四度	三度
初三日	三度	四度	十八日	四度半	三度
初四日	三度	四度半	十九日	五度	三度
初五日	三度	五度	二十日	六度	三度
初六日	三度	六度	二十一日	六度	三度
初七日	三度	六度	二十二日	七度	三度
初八日	三度	七度	二十三日	七度	三度
初九日	三度	八度	二十四日	七度	三度

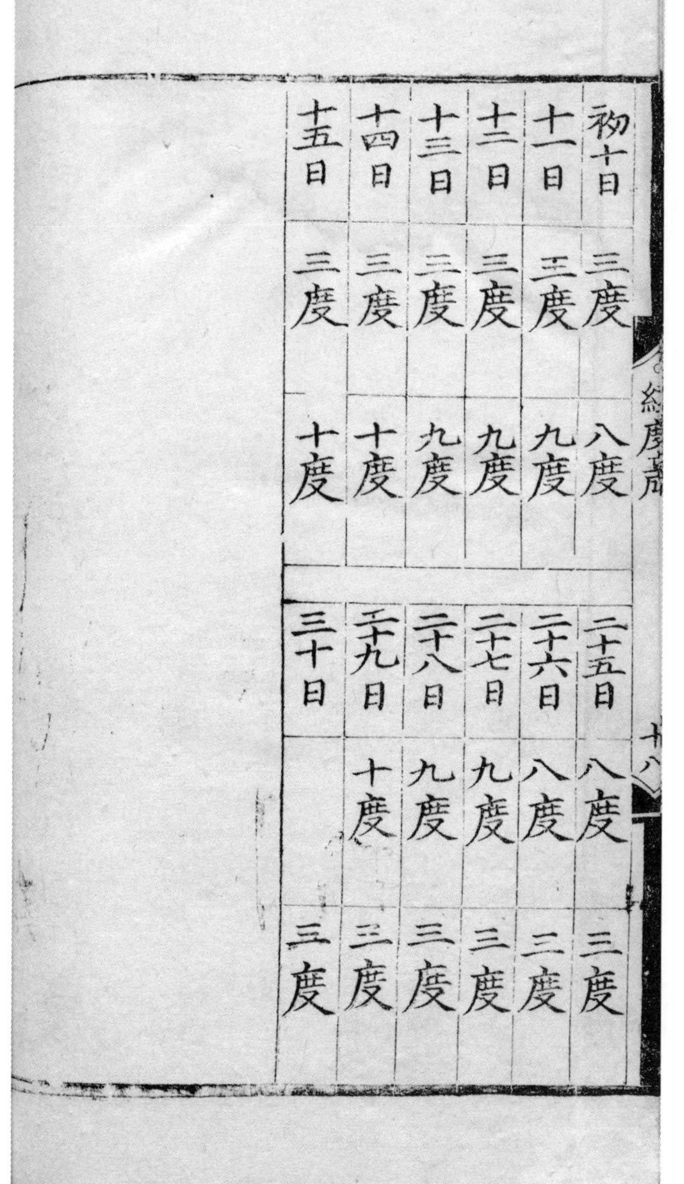

初十日	三度	八度	二十五日	八度	三度
十一日	三度	九度	二十六日	八度	三度
十二日	三度	九度	二十七日	九度	三度
十三日	三度	九度	二十八日	九度	三度
十四日	三度	十度	二十九日	十度	三度
十五日	三度	十度	三十日		三度

五星伏見立成			自行定度	
土星	晨	見	二十度	初宫二十度
	夕	伏	三百四十度	十一宫十度
木星	晨	見	一十四度	初宫十四度
	夕	伏	三百四十六度	十一宫十六度
火星	晨	見	二十八度	初宫二十八度
	夕	伏	三百三十二度	十一宫二度

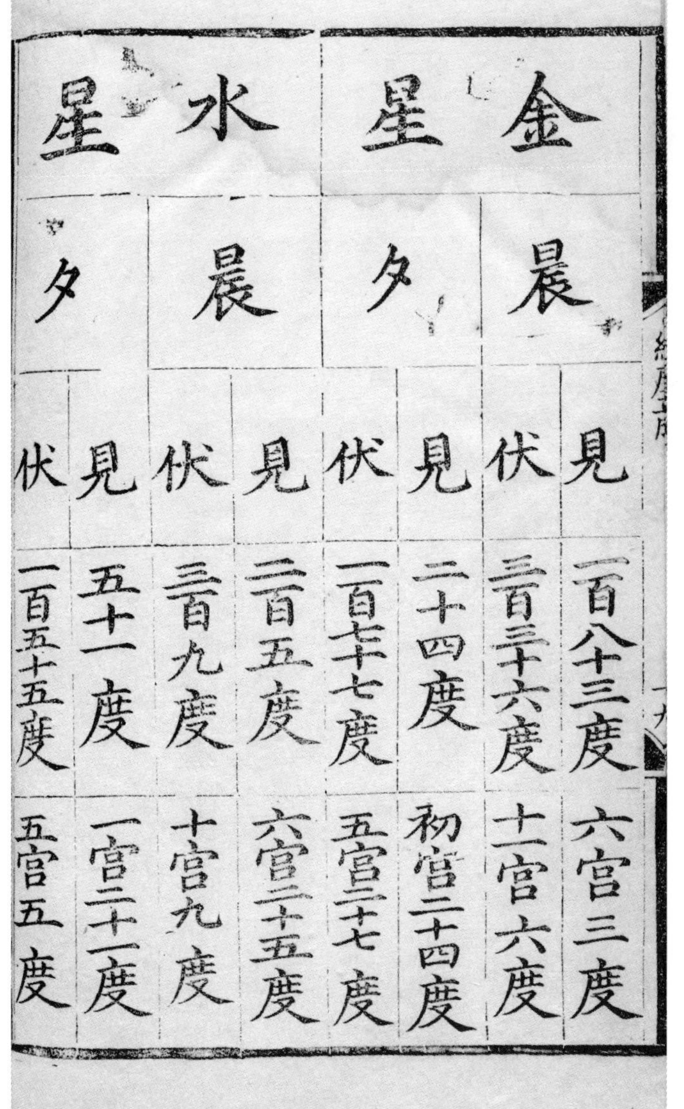

金星	晨	見	一百八十三度	六宮三度
		伏	三百三十六度	十一宮六度
	夕	見	二十四度	初宮二十四度
		伏	一百七十七度	五宮二十七度
水星	晨	見	二百五度	六宮二十五度
		伏	三百九度	十宮九度
	夕	見	五十一度	一宮二十一度
		伏	一百五十五度	五宮五度

金星	晨	見	一百八十三度	六宮三度
		伏	三百三十六度	十一宮六度
	夕	見	二十四度	初宮二十四度
		伏	一百七十七度	五宮二十七度
水星	晨	見	二百五度	六宮二十五度
		伏	三百九度	十宮九度
	夕	見	五十一度	一宮二十一度
		伏	一百五十五度	五宮五度

五星順留立成

小輪心定度		土星	木星	火星	金星	水星
初宫初度	初宫初度	三宫二十三度八分	四宫四度二十三分	五宫七度二十八分	五宫五度五十五分	四宫二十七度三十六分
六度	二十四度	八分	二十四分	二十九分	五十五分	三十五分
十二度	十八度	九分	二十五分	三十四分	五十六分	三十一分
十八度	十二度	一十一分	二十七分	四十一分	五十八分	二十三分
二十四度	六度	一十四分	三十分	五十分	十六度〇分	一十二分
一宫初度	十一宫初度	一十七分	三十四分	八度二分	二分	二十六度五十八分
六度	二十四度	二十一分	三十九分	一十八分	六分	四十三分
十二度	十八度	二十六分	四十四分	三十五分	一十二分	二十八分
十八度	十二度	三十一分	五十分	五十六分	一十七分	一十八分

二十四度	六度	三十八分	五十七分	九度一十七分	二十一分	二十五度五十七分
二宫初度	十宫初度	四十五分	五度四分	四十二分	二十八分	四十一分
六度	二十四度	五十二分	一十二分	十度一十分	三十三分	二十五分
十二度	十八度	二十四度〇分	二十一分	三十九	三十八分	九分
十八度	十二度	七分	三十一分	十一度一十分	四十五分	二十四度五十四分
二十四度	六度	一十六分	四十分	四十四分	五十分	三十九分
三宫初度	九宫初度	二十四分	五十分	十二度一十八分	五十五分	二十五分
六度	二十四度	三十三分	五十九分	五十四分	十七度四分	一十三分
十二度	十八度	四十一分	六度九分	十三度三十一分	一十二分	九分
十八度	十二度	五十分	一十八分	十四度九分	一十九分	二十三度五十八分
二十四度	六度	五十八分	二十八分	四十七分	二十五分	五十五分

四宫初度	八宫初度	三宫二十五度六分	四宫六度三十七分	五宫十五度二十五分	五宫十七度三十一分	四宫二十三度五十四分
六度	二十四度	一十四分	四十六分	十六度三分	三十六分	五十四分
十二度	十八度	二十一分	五十四分	三十六分	四十二分	五十六分
十八度	十二度	二十八分	七度二分	十七度一十分	四十六分	五十九分
二十四度	六度	三十四分	九分	三十九分	五十一分	二十四度三分
五宫初度	七宫初度	三十九分	一十五分	十八度三分	五十五分	八分
六度	二十四度	四十四分	二十分	二十八分	五十八分	一十三分
十二度	十八度	四十八分	二十四分	四十六分	十八度〇分	一十九分
十八度	十二度	五十分	二十六分	五十九分	二分	二十分
二十四度	六度	五十二分	二十八分	十九度八分	三分	二十二分
六宫初度	六宫初度	五十二分	三十分	九分	四分	二十二分

三二七

五星退留立成

小輪心定度		土星	木星	火星	金星	水星
初宫初度	初宫初度	八宫六度五十二分	七宫二十五度三十七分	六宫二十二度三十二分	六宫十四度五分	七宫二度二十四分
六度	二十四度	五十二分	三十六分	三十一分	五分	二十五分
十二度	十八度	五十一分	三十五分	二十六分	四分	二十九分
十八度	十二度	四十九分	三十三分	一十九分	二分	三十七分
二十四度	六度	四十六分	三十分	一十分	○分	四十八分
一宫初度	十一宫初度	四十三分	二十六分	二十一度五十八分	十三度五十八分	三度二分
六度	二十四度	三十九分	二十一分	四十二分	五十四分	一十七分
十二度	十八度	三十四分	一十六分	二十五分	四十八分	三十二分
十八度	十二度	二十九分	一十分	四分	四十三分	四十七分

一宫二十四度	十一宫六度	八宫六度二十二分	七宫二十五度三分	六宫二十度四十三分	六宫十三度三十九分	七宫四度三分
二宫初度	十宫初度	一十五分	二十四度五十六分	一十八分	三十二分	一十九分
六度	二十四度	八分	四十八分	十九度五十分	二十七分	三十五分
十二度	十八度	○分	三十九分	二十一分	二十二分	五十一分
十八度	十二度	五度五十三分	二十九分	十八度五十分	一十五分	五度六分
二十四度	六度	四十四分	二十分	一十六分	一十分	二十一分
三宫初度	九宫初度	三十六分	一十分	十七度四十二分	五分	三十五分
六度	二十四度	二十七分	一分	六分	十二度五十六分	四十七分
十二度	十八度	一十九分	二十三度五十一分	十六度二十九分	四十八分	五十一分
十八度	十二度	一十分	四十二分	十五度五十一分	四十一分	六度二分
二十四度	六度	二分	三十二分	一十三分	三十五分	五分

四宮初度	八宮初度	四度五十四分	二十三分	十四度三十五分	二十九分	六分
六度	二十四度	四十六分	一十四分	十三度五十七分	二十四分	六分
十二度	十八度	三十九分	六分	二十四分	一十八分	四分
十八度	十二度	三十二分	二十二度五十八分	十二度五十分	一十四分	一分
二十四度	六度	二十六分	五十一分	二十一分	九分	五度五十七分
五宮初度	七宮初度	二十一分	四十五分	十一度五十七分	五分	五十二分
六度	二十四度	一十六分	四十分	三十二分	二分	四十七分
十二度	十八度	一十二分	三十六分	一十四分	○分	四十一分
十八度	十二度	一十分	三十四分	一分	十一度五十八分	四十分
二十四度	六度	八分	三十二分	十度五十二分	五十七分	三十八分
六宮初度	六宮初度	八分	三十分	五十一分	五十六分	三十八分

黄道南北各像内外星經緯度立成

各像經度每五年加四分，洪武丙子積七百九十八算，巳加四分。訖至辛巳年八百三算，又當加四分，累五年加之，至於永久。

黄道南北各像星	各星經度	各星緯度	各星等第	各星宿次
雙魚像内第十星	初宫一度九分	北三度四十分	第四等中星	壁宿東南無名星
雙魚像内第十一星	初宫五度四分	北二度五分	第四等中星	奎宿南無名星
新譯星無像	初宫六度九分	北初度五十四分		外屏西第一星
雙魚像内第十二星	初宫八度九分	北初度三十分	第四等中星	外屏西第二星
雙魚像内第十三星	初宫十度七分	南初度五十七分	第五等小星	外屏西第三星
雙魚像内第十四星	初宫十二度四十四分	南四度一十五分	第六等小星	奎宿東南無名星
雙魚像内第十五星	初宫十四度九分	南六度五十七分	第五等小星	奎宿東南無名星
雙魚像内第十九星	初宫十七度四分	南四度四十五分	第四等中星	外屏西第五星
雙魚像内第二十二星	初宫十八度二分	北五度二十分	第三等中星	奎宿東南無名星

白羊像内第十三星	一宫二度二十九分	北五度〇分	第四等中星	婁宿東南無名星
海獸像内第六星	一宫二度四十九分	南六度五十分	第四等中星	天囷西第二星
白羊像内第六星	一宫五度七分	北五度三十五分	第六等小星	胃宿南無名星
白羊像内第十二星	一宫五度五十九分	北一度四十三分	第五等小星	胃宿南無名星
新譯星無像	一宫六度五十分	南六度〇分		天囷南第二星
白羊像内第十一星	一宫六度二十四分	北一度三十分	第五等小星	胃宿南無名星
白羊像内第七星	一宫八度四十三分	北四度三十二分	第四等中星	胃宿南無名星
白羊像内第八星	一宫十一度六分	北一度五十分	第五等小星	天陰下星
白羊像内第九星	一宫十二度一十四分	北二度三十二分	第五等小星	胃宿東南無名星
金牛像内第二星	一宫十三度三十九分	南七度二十五分	第五等小星	胃宿東南無名星
金牛像内第一星	一宫十四度一分	南六度六分	第四等中星	天廩北第一星

雙魚像内第二十一星	初宫十八度六分	北一度三十五分	第六等小星	奎宿東南無名星
雙魚像内第二十星	初宫十八度三十四分	南一度二十三分	第四等中星	奎宿東南無名星
新譯星無像	初宫二十二度三分	北八度二十四分		婁宿西星
白羊像内第一星	初宫二十四度二十四分	北七度五十分	第三等中星	婁宿南無名星
白羊像内第五星	初宫二十四度二十五分	北五度五十分	第四等中星	婁宿南無名星
白羊像内第二星	初宫二十五度六分	北八度四十六分	第三等中星	婁宿南無名星
海獸像内第七星	初宫二十六度三十九分	南六度二十五分	第四等中星	婁宿南無名星
白羊像内第三星	初宫二十八度四十四分	北七度五十分	第四等中星	婁宿東無名星
海獸像内第五星	初宫二十九度一十九分	南七度四十分	第四等中星	婁宿東南無名星
白羊像内第四星	初宫二十九度四十九分	北六度三十分	第五等小星	婁宿東南無名星
新譯星無像	一宫一度三十五分	南四度〇分		天囷西南星

白羊像内第十星	一宫十四度二分	北一度四十五分	第五等小星	胃宿東南無名星
金牛像内第三十星	一宫十九度五十九分	北四度三十分	第四等中星	胃宿東南無名星
金牛像内第三十一星	一宫二十度二十四分	北三度三十分	第五等小星	胃宿東南無名星
金牛像内第三十二星	一宫二十一度二十九分	北三度一十五分	第三等中星	昴宿星
金牛像内第三十三星	一宫二十一度三十一分	北三度四十八分	第四等中星	昴宿星
金牛像内第二十五星	一宫二十四度三十九分	北二度一十分	第六等小星	昴宿東南無名星
金牛像内第二十四星	一宫二十四度四十九分	北初度三十分	第五等小星	月星
金牛像内第二十六星	一宫二十五度一十九分	北四度五十五分	第六等小星	昴宿東無名星
金牛像内第二十七星	一宫二十六度二十五分	北七度〇分	第六等小星	昴宿東無名星
金牛像内第十一星	一宫二十七度一十九分	南六度〇分	第四等中星	昴宿東南無名星
金牛像内第二十九星	一宫二十八度九分	北五度一十三分	第六等小星	昴宿東無名星

金牛像内第十二星　一宫二十八度一十四分　南四度三十分　第四等中星　畢宿右股北第二星
金牛像内第十三星　一宫二十九度四分　南六度○分　第四等中星　畢宿南無名星
金牛像内第十五星　一宫二十九度四十九分　南三度一十五分　第四等中星　畢宿右股北第一星
金牛像内第二十三星　一宫二十九度四十九分　北三度○分　第六等小星　畢宿北無名星
金牛像内第二十二星　一宫二十九度五十九分　北初度二十六分　第五等小星　天街下星
新譯星無像　二宫初度一分　北一度二分　第五等小星　天街上星
新譯星無像　二宫一度四十九分　南六度一十八分　畢宿左股第一星
新譯星無像　二宫二度四十分　南六度五十分　畢宿附耳星
金牛像内第二十八星　二宫初度二分　北三度五十分　第六等小星　畢宿北無名星
金牛像内第十四星　二宫初度五十一分　南五度二十分　第一等大星　畢宿大星
金牛像内第二十星　二宫三度二十五分　南四度一十分　第六等小星　畢宿東無名星

二十五

金牛像内第十二星	一宫二十八度一十四分	南四度三十分	第四等中星	畢宿右股北第二星
金牛像内第十三星	一宫二十九度四分	南六度○分	第四等中星	畢宿南無名星
金牛像内第十五星	一宫二十九度四十九分	南三度一十五分	第四等中星	畢宿右股北第一星
金牛像内第二十三星	一宫二十九度四十九分	北三度○分	第六等小星	畢宿北無名星
金牛像内第二十二星	一宫二十九度五十九分	北初度二十六分	第五等小星	天街下星
新譯星無像	二宫初度一分	北一度二分	第五等小星	天街上星
新譯星無像	二宫一度四十九分	南六度一十八分		畢宿左股第一星
新譯星無像	二宫二度四十分	南六度五十分		畢宿附耳星
金牛像内第二十八星	二宫初度二分	北三度五十分	第六等小星	畢宿北無名星
金牛像内第十四星	二宫初度五十一分	南五度二十分	第一等大星	畢宿大星
金牛像内第二十星	二宫三度二十五分	南四度一十分	第六等小星	畢宿東無名星

金牛像內第十六星二宮四度五十四分南四度二十五分第五等小星天高東星
金牛像內第十八星二宮七度二十九分南二度二十五分第五等小星畢宿東無名星
金牛像外第二星二宮七度二十九分南初度〇分第五等小星諸王西第二星
人像內第二十星二宮七度四十九分南八度五十分第六等小星畢宿東南無名星
金牛像內第十七星二宮八度四分南五度〇分第五等小星畢宿東南無名星
人像內第十九星二宮八度五十六分南八度五十三分第六等小星畢宿東南無名星
金牛像外第三星二宮十一度四十九分南一度三十五分第五等小星諸王東第二星
金牛像外第四星二宮十三度一十四分南三度二十五分第六等小星畢宿東無名星
金牛像內第二十一星二宮十四度九分北五度二十分第三等中星五車東南星
金牛像外第七星二宮十四度三十四分南一度一十二分第六等小星諸王東第一星
金牛像內第十九星二宮十五度一分南二度一十八分第四等中星天關星

金牛像內第十六星	二宮四度五十四分	南四度二十五分	第五等小星	天高東星
金牛像內第十八星	二宮七度二十九分	南二度二十五分	第五等小星	畢宿東無名星
金牛像外第二星	二宮七度二十九分	南初度〇分	第五等小星	諸王西第二星
人像內第二十星	二宮七度四十九分	南八度五十分	第六等小星	畢宿東南無名星
金牛像內第十七星	二宮八度四分	南五度〇分	第五等小星	畢宿東南無名星
人像內第十九星	二宮八度五十六分	南八度五十三分	第六等小星	畢宿東南無名星
金牛像外第三星	二宮十一度四十九分	南一度三十五分	第五等小星	諸王東第二星
金牛像外第四星	二宮十三度一十四分	南三度二十五分	第六等小星	畢宿東無名星
金牛像內第二十一星	二宮十四度九分	北五度二十分	第三等中星	五車東南星
金牛像外第七星	二宮十四度三十四分	南一度一十二分	第六等小星	諸王東第一星
金牛像內第十九星	二宮十五度一分	南二度一十八分	第四等中星	天關星

金牛像外第六星	二宫十六度三十六分	南七度四十分	第六等小星	参宿北無名星
金牛像外第五星	二宫十六度四十四分	南六度一十分	第五等小星	参宿北無名星
金牛像外第八星	二宫十七度九分	北一度三十六分	第六等小星	参宿北無名星
金牛像外第九星	二宫十八度四十四分	南一度一十五分	第六等小星	司怪上星
陰陽像外第七星	二宫十九度一十九分	南二度○分	第四等中星	司怪中星
人像内第十三星	二宫十九度三十四分	南三度一十五分	第五等小星	司怪下星
金牛像外第十星	二宫二十度七分	南三度七分	第六等小星	参宿北無名星
金牛像外第十一星	二宫二十一度一十四分	南初度五十五分	第六等小星	参宿北無名星
陰陽像外第一星	二宫二十二度四分	南初度二十分	第四等中星	参宿北無名星
人像内第十四星	二宫二十二度一十四分	南三度四十五分	第五等小星	参宿北無名星
陰陽像内第十四星	二宫二十四度一十九分	南一度二十分	第三等中星	井宿鉞星

陰陽像外第二星　二宮二十四度三十一分　北六度五分　第四等中星　井宿西北無名星
人像内第十二星　二宮二十四度三十四分　南七度四十分　第六等小星　井宿南無名星
人像内第十一星　二宮二十五度一十四分　南七度四十分　第六等小星　井宿南無名星
陰陽像内第十五星　二宮二十五度五十九分　南一度一十分　第三等中星　井宿西扇北第一星
陰陽像内第十六星　二宮二十七度五十九分　南三度一十五分　第四等中星　井宿西扇北第二星
陰陽像内第十七星　三宮初度一十四分　南七度一十五分　第三等中星　井宿西扇南第二星
陰陽像内第十星　三宮初度五十四分　北一度三十五分　第三等中星　井宿東扇北第一星
陰陽像内第十一星　三宮三度一十七分　南一度五分　第六等小星　井宿東扇北第二星
陰陽像内第十二星　三宮六度九分　南二度二十五分　第三等中星　井宿東扇北第三星
陰陽像内第四星　三宮七度一分　北七度二十七分　第三等中星　五諸侯北第二星
陰陽像内第十三星　三宮九度一分　南六度〇分　第三等中星　井宿東扇南第一星

二十六

陰陽像外第二星	二宮二十四度三十一分	北六度五分	第四等中星	井宿西北無名星
人像内第十二星	二宮二十四度三十四分	南七度四十分	第六等小星	井宿南無名星
人像内第十一星	二宮二十五度一十四分	南七度四十分	第六等小星	井宿南無名星
陰陽像内第十五星	二宮二十五度五十九分	南一度一十分	第三等中星	井宿西扇北第一星
陰陽像内第十六星	二宮二十七度五十九分	南三度一十五分	第四等中星	井宿西扇北第二星
陰陽像内第十七星	三宮初度一十四分	南七度一十五分	第三等中星	井宿西扇南第二星
陰陽像内第十星	三宮初度五十四分	北一度三十五分	第三等中星	井宿東扇北第一星
陰陽像内第十一星	三宮三度一十七分	南一度五分	第六等小星	井宿東扇北第二星
陰陽像内第十二星	三宮六度九分	南二度二十五分	第三等中星	井宿東扇北第三星
陰陽像内第四星	三宮七度一分	北七度二十七分	第三等中星	五諸侯北第二星
陰陽像内第十三星	三宮九度一分	南六度〇分	第三等中星	井宿東扇南第一星

陰陽像内第九星	三宫九度三十四分	北初度二十五分	第三等中星	天罇西星
陰陽像内第五星	三宫九度四十九分	北五度四十三分	第三等中星	五諸侯北第三星
陰陽像内第八星	三宫十度一十五分	北三度〇分	第五等小星	井宿北無名星
陰陽像内第一星	三宫十一度三十三分	北九度五十二分	第二等大星	井宿東北無名星
陰陽像内第六星	三宫十二度二十九分	北五度五分	第三等中星	五諸侯南第二星
陰陽像外第六星	三宫十三度三十九分	南四度三十分	第五等小星	井宿東無名星
陰陽像外第五星	三宫十四度九分	南三度一十五分	第五等小星	井宿東無名星
陰陽像内第七星	三宫十四度一十二分	北三度〇分	第四等中星	五諸侯南第一星
陰陽像内第二星	三宫十四度四十四分	北六度一十七分	第二等大星	北河東星
陰陽像外第四星	三宫十七度四十九分	南三度三十分	第五等小星	井宿東無名星
巨蟹像内第八星	三宫二十一度三十四分	北初度四十五分	第四等中星	積薪星

巨蟹像内第六星	三宫二十五度二十四分	南五度二十分	第四等中星	井宿東無名星
巨蟹像内第三星	三宫二十七度九分	南初度四十五分	第五等小星	鬼宿西南星
巨蟹像内第二星	三宫二十七度一十四分	北一度五十分	第五等小星	鬼宿西北星
巨蟹像内第一星	三宫二十八度五十六分	北一度四分		積尸氣星
巨蟹像内第四星	三宫二十九度三十四分	北三度〇分	第五等小星	鬼宿東北星
巨蟹像内第五星	四宫初度一十四分	南初度三十分	第四等中星	鬼宿東南星
巨蟹像外第四星	四宫二度四分	北四度四十五分	第五等小星	柳宿北無名星
巨蟹像外第三星	四宫三度二十四分	北四度四十八分	第六等小星	柳宿北無名星
巨蟹像外第一星	四宫四度一十九分	南一度一十五分	第六等小星	柳宿北無名星
獅子像内第一星	四宫七度二十四分	北四度二十五分	第四等中星	柳宿北無名星
巨蟹像外第二星	四宫七度三十一分	南六度二十五分	第六等小星	柳宿北無名星

獅子像内第二星	四宫九度三十四分	北七度三十分	第四等中星	柳宿北無名星
獅子像内第十二星	四宫十三度一分	南三度五十分	第五等小星	軒轅西南無名星
獅子像内第十一星	四宫十五度三十四分	南初度〇分	第六等小星	軒轅西無名星
獅子像内第十三星	四宫十五度四十九分	南四度一十分	第三等中星	軒轅右角星
獅子像内第十星	四宫十六度二十四分	南初度一十二分	第六等小星	軒轅西無名星
獅子像内第七星	四宫十九度四分	北四度二十二分	第四等中星	軒轅南第五星
獅子像内第六星	四宫二十度三十四分	北八度三十分	第二等大星	軒轅北無名星
獅子像内第八星	四宫二十度五十二分	北初度一十分	第一等大星	軒轅大星
獅子像内第五星	四宫二十度五十四分	南一度一十二分	第五等小星	御女星
獅子像内第十四星	四宫二十一度四分	南四度〇分	第五等小星	軒轅南無名星
獅子像内第九星	四宫二十一度五十九分	南一度三十分	第五等小星	軒轅南無名星

獅子像内第十六星	四宫二十五度二十四分	北四度一十分	第六等小星	軒轅東無名星
獅子像内第十五星	四宫二十七度二十四分	北初度五分	第四等中星	軒轅左角星
獅子像内第十七星	四宫二十八度一十四分	北五度一十分	第五等小星	軒轅東無名星
獅子像内第十八星	五宫初度三十一分	北三度一十二分	第五等小星	軒轅東無名星
獅子像外第四星	五宫五度九分	南初度一十八分	第五等小星	張宿東北無名星
獅子像外第三星	五宫五度五十四分	北一度三十分	第五等小星	靈臺中星
獅子像外第五星	五宫六度二十五分	北二度二十分	第五等小星	靈臺上星
獅子像内第二十三星	五宫八度四十七分	北六度五分	第四等中星	翼宿北無名星
獅子像内第二十四星	五宫九度五十九分	北一度三十五分	第四等中星	上將星
新譯星無像	五宫十度三十分	北六度三十分		次將星
新譯星無像	五宫十三度○分	南四度二十分		明堂上星

獅子像內第二十五星　五宮九度五十九分　南五度三十分　第四等中星　翼宿北無名星
雙女像內第一星　五宮十四度三十九分　北四度五十分　第五等小星　內屏西南星
雙女像內第二星　五宮十四度二十四分　北七度〇分　第五等小星　內屏西北星
獅子像內第二十六星　五宮十五度三十四分　南二度三十分　第五等小星　翼宿北無名星
雙女像內第五星　五宮十七度四分　北初度〇分　第三等中星　右執法星
雙女像內第四星　五宮十八度一十九分　北五度三十分　第五等小星　內屏東南星
雙女像內第三星　五宮十八度三十九分　北八度〇分　第五等小星　內屏東北星
雙女像內第六星　五宮二十五度一十四分　北初度四十八分　第三等中星　左執法星
雙女像內第七星　六宮初度一十九分　北二度三十五分　第三等中星　上相星
雙女像外第一星　六宮二度三十四分　南四度五分　第五等小星　軫宿北無名星
雙女像內第十星　六宮二度四十二分　北八度一十二分　第三等中星　軫宿北無名星

獅子像内第二十五星	五宫九度五十九分	南五度三十分	第四等中星	翼宿北無名星
雙女像内第一星	五宫十四度三十九分	北四度五十分	第五等小星	内屏西南星
雙女像内第二星	五宫十四度二十四分	北七度〇分	第五等小星	内屏西北星
獅子像内第二十六星	五宫十五度三十四分	南二度三十分	第五等小星	翼宿北無名星
雙女像内第五星	五宫十七度四分	北初度〇分	第三等中星	右執法星
雙女像内第四星	五宫十八度一十九分	北五度三十分	第五等小星	内屏東南星
雙女像内第三星	五宫十八度三十九分	北八度〇分	第五等小星	内屏東北星
雙女像内第六星	五宫二十五度一十四分	北初度四十八分	第三等中星	左執法星
雙女像内第七星	六宫初度一十九分	北二度三十五分	第三等中星	上相星
雙女像外第一星	六宫二度三十四分	南四度五分	第五等小星	軫宿北無名星
雙女像内第十星	六宫二度四十二分	北八度一十二分	第三等中星	軫宿北無名星

雙女像内第八星	六宮五度一十九分	北二度一十七分	第六等小星	軫宿東北無名星
雙女像外第二星	六宮七度六分	南四度一十分	第五等小星	軫宿東北無名星
雙女像内第九星	六宮九度四分	北二度三十七分	第四等中星	進賢星
雙女像外第三星	六宮十度二十四分	南三度五十五分	第五等小星	軫宿東北無名星
雙女像内第十五星	六宮十二度四十九分	北八度〇分	第三等中星	角宿西北無名星
雙女像内第十六星	六宮十四度一十九分	北三度〇分	第六等小星	平道西星
雙女像内第十四星	六宮十四度四十分	南二度一十九分	第一等大星	角宿南星
雙女像内第十九星	六宮十五度五十四分	南初度四十分	第五等小星	角宿東無名星
雙女像内第十七星	六宮十六度一分	北五度八分	第五等小星	平道東星
新譯星無像	六宮十七度〇分	北八度五十分		角宿北星
雙女像内第十八星	六宮十七度四分	北二度二十五分	第五等小星	角宿東無名星

雙女像外第四星　六宮十七度二十四分　南七度〇分　第六等小星　角宿東南無名星
雙女像内第二十星　六宮十九度一十九分　南一度五分　第五等小星　角宿東無名星
雙女像外第六星　六宮二十三度一十一分　南七度四十五分　第六等小星　角宿東南無名星
雙女像内第二十三星　六宮二十四度三十四分　北一度一十五分　第四等中星　角宿東無名星
雙女像内第二十二星　六宮二十四度四十四分　北四度五十五分　第四等中星　角宿東無名星
雙女像内第二十五星　六宮二十五度四十九分　南一度五十五分　第四等中星　角宿東無名星
新譯星無像　六宮二十七度〇分　北三度〇分　亢宿南第二星
新譯星無像　六宮二十八度三十分　南初度二十四分　亢宿南第一星
天秤像内第二星　七宮四度五十四分　北一度一十五分　第六等小星　亢宿東無名星
天秤像内第一星　七宮六度一十八分　北初度一十五分　第三等中星　氐宿西南星
天秤像内第六星　七宮九度三十四分　北一度七分　第六等小星　氐宿中無名星

雙女像外第四星	六宮十七度二十四分	南七度〇分	第六等小星	角宿東南無名星
雙女像内第二十星	六宮十九度一十九分	南一度五分	第五等小星	角宿東無名星
雙女像外第六星	六宮二十三度一十一分	南七度四十五分	第六等小星	角宿東南無名星
雙女像内第二十三星	六宮二十四度三十四分	北一度一十五分	第四等中星	角宿東無名星
雙女像内第二十二星	六宮二十四度四十四分	北四度五十五分	第四等中星	角宿東無名星
雙女像内第二十五星	六宮二十五度四十九分	南一度五十五分	第四等中星	角宿東無名星
新譯星無像	六宮二十七度〇分	北三度〇分		亢宿南第二星
新譯星無像	六宮二十八度三十分	南初度二十四分		亢宿南第一星
天秤像内第二星	七宮四度五十四分	北一度一十五分	第六等小星	亢宿東無名星
天秤像内第一星	七宮六度一十八分	北初度一十五分	第三等中星	氐宿西南星
天秤像内第六星	七宮九度三十四分	北一度七分	第六等小星	氐宿中無名星

天秤像内第三星	七宫十度五十三分	北八度二十五分	第三等中星	氐宿西北星
天秤像外第七星	七宫十一度四十三分	南七度三十三分	第四等中星	氐宿南無名星
天秤像内第五星	七宫十二度二十四分	南二度一十七分	第五等小星	氐宿東南星
天秤像内第八星	七宫十二度二十九分	北六度三十分	第六等小星	氐宿北無名星
天秤像内第七星	七宫十六度七分	北四度一十分	第五等小星	氐宿東北星
天秤像外第五星	七宫十八度五十三分	北三度五十分	第六等小星	氐宿東無名星
天秤像外第六星	七宫十九度五十九分	南初度三十分	第六等小星	氐宿東無名星
天秤像外第二星	七宫二十二度六分	北五度四十分	第五等小星	氐宿東無名星
天秤像外第四星	七宫二十二度六分	北二度五十分	第五等小星	西咸南第一星
新譯星無像	七宫二十二度二十四分	南八度二十九分		房宿南第一星
天蝎像内第二星	七宫二十三度五十四分	南一度五十九分	第二等大星	房宿北第二星

新譯星無像	七宫二十三度二十一分	南五度二十九分		房宿南第二星
天蝎像内第三星	七宫二十四度一十八分	南五度二十二分	第三等中星	房宿東無名星
天蝎像内第一星	七宫二十四度二十九分	北一度〇分	第四等中星	房宿北第一星
天蝎像内第六星	七宫二十四度四十六分	北初度一十三分	第五等小星	鈎鈐東星
天蝎像内第五星	七宫二十五度二十九分	北一度一十七分	第五等小星	鍵閉星
天蝎像内第十星	七宫二十七度二十四分	南六度三十五分	第六等小星	房宿南無名星
人蛇像内第二十二星	七宫二十七度五十九分	北一度三十分	第六等小星	罰星下星
人蛇像内第二十一星	七宫二十八度一十九分	北三度〇分	第六等小星	罰星中星
天蝎像内第七星	七宫二十八度二十五分	南四度一十二分	第四等中星	心宿西星
天蝎像内第十一星	七宫二十八度三十九分	南七度七分	第六等小星	心宿南無名星
人蛇像内第二十四星	七宫二十八度四十四分	北一度〇分	第六等小星	東咸西第二星

人蛇像内第二十四星	八宮二度〇分	北四度五十五分	第六等小星	東咸東第一星
天蝎像内第八星	八宮初度五十九分	南四度三十六分	第一等大星	心宿大星
人蛇像内第二十三星	八宮一度五十六分	北二度三十分	第六等小星	東咸東第二星
天蝎像内第九星	八宮二度二十九分	南五度五十七分	第三等中星	心宿東星
人蛇像内第十四星	八宮十二度三十四分	北初度三十五分	第六等小星	天江中星
新譯星無像	八宮十二度一十分	南二度一十分		天江下星
人蛇像内第十三星	八宮十三度一十九分	北一度二十分	第五等小星	天江中星
天蝎像外第二星	八宮十三度二十七分	南六度五十七分	第五等小星	尾宿北無名星
人蛇像内第十八星	八宮十三度四十九分	北三度五十分	第五等小星	天江上星
人蛇像内第十五星	八宮十三度五十四分	北初度三十分	第四等中星	尾宿北無名星
人蛇像内第十六星	八宮十四度四十四分	北一度〇分	第四等中星	尾宿北無名星

人蛇像内第十七星	八宫十六度四分	北一度二十五分	第五等小星	尾宿北無名星
天蝎像外第三星	八宫十七度三十九分	南三度五十四分	第五等小星	尾宿北無名星
人馬像内第一星	八宫二十二度三十五分	南六度四十分	第四等中星	箕宿西北星
人馬像内第五星	八宫二十四度二十九分	北二度三十五分	第四等中星	南斗杓第一星
人馬像内第二星	八宫二十五度五十六分	南六度五分	第四等中星	箕宿東北星
人馬像内第四星	八宫二十七度三十五分	南一度四十二分	第四等中星	南斗杓第二星
人馬像内第八星	九宫一度三十四分	南三度五十三分	第四等中星	南斗魁第四星
人馬像内第七星	九宫三度四分	北初度三十分		南斗魁北無名星
人馬像内第六星	九宫三度四十九分	南三度一十六分	第三等中星	南斗魁第三星又杓第四星
人馬像内第九星	九宫四度四分	北一度五十五分	第五等小星	建星西第一星
人馬像内第二十二星	九宫四度二十九分	南七度一十分	第三等中星	南斗魁第一星

人馬像内第二十一星	九宫五度五十九分	南四度四十七分	第四等中星	南斗魁第二星
人馬像内第十一星	九宫六度一分	北一度五分	第五等小星	建星西第二星
人馬像内第十星	九宫七度一十九分	北一度三十三分	第三等中星	建星西第三星
人馬像内第二十星	九宫七度一十九分	南二度三十分	第六等小星	斗魁東無名星
人馬像内第十二星	九宫九度五十四分	北四度五分	第六等小星	建星東第二星
人馬像内第十三星	九宫十度七分	北五度〇分	第五等小星	建星東第一星
人馬像内第十八星	九宫十度九分	南二度三十八分	第六等小星	狗星上星
人馬像内第十四星	九宫十一度五十四分	北六度三十六分	第五等小星	斗魁東北無名星
人馬像内第十九星	九宫十二度三十七分	南三度五十五分	第五等小星	狗星下星
人馬像内第十五星	九宫十五度一十九分	北四度五十五分	第六等小星	斗宿東北無名星
人馬像内第十七星	九宫十五度二十九分	北一度一十五分	第五等小星	斗宿東北無名星

人馬像内第二十八星	九宫十五度五十四分	南五度一十五分	第五等小星	斗宿東無名星
人馬像内第三十星	九宫十六度二十九分	南六度一十分	第五等小星	斗宿東無名星
人馬像内第二十九星	九宫十六度五十九分	南五度一十分	第五等小星	斗宿東無名星
人馬像内第三十一星	九宫十七度四十九分	南六度三十分	第五等小星	斗宿東無名星
人馬像内第十六星	九宫十八度四十四分	北五度五分	第六等小星	斗宿東北無名星
磨羯像内第四星	九宫二十三度四十九分	北七度三十三分	第四等中星	斗宿東北無名星
磨羯像内第八星	九宫二十三度五十四分	北初度一十分	第六等小星	斗宿東北無名星
磨羯像内第一星	九宫二十六度七分	北六度三十分	第三等中星	牛宿北星
磨羯像内第三星	九宫二十六度一十四分	北四度五分	第三等中星	牛宿大星
磨羯像内第二星	九宫二十六度二十九分	北六度一十分	第四等中星	牛宿上東星
磨羯像内第五星	九宫二十七度一十九分	北初度二十五分	第五等小星	牛宿南星

磨羯像内第六星 九宮二十七度一十九分 北一度〇五分 第五等小星 牛宿下西星
磨羯像内第七星 九宮二十七度三十九分 北初度四十八分 第六等小星 牛宿下東星
磨羯像内第十一星 九宮二十九度二十九分 南六度三十分 第四等中星 牛宿南無名星
磨羯像内第十星 九宮二十九度五十九分 北初度二十五分 第四等中星 羅堰下星
磨羯像内第九星 十宮初度二十四分 北三度二十分 第四等中星 羅堰上星
磨羯像内第十三星 十宮四度四十九分 南七度二十分 第四等中星 女宿南無名星
磨羯像内第十八星 十宮五度一分 南二度五十五分 第四等中星 十二諸國秦星
磨羯像内第十七星 十宮五度二十九分 南四度二十分 第五等小星 女宿南無名星
寶瓶像内第六星 十宮六度四分 北五度二十五分 第五等小星 女宿東南無名星
磨羯像内第十九星 十宮六度三十四分 南初度三十分 第四等中星 女宿東南無名星
磨羯像内第十六星 十宮七度九分 南四度一十八分 第五等小星 十二諸國代星

磨羯像内第六星	九宮二十七度一十九分	北一度〇五分	第五等小星	牛宿下西星
磨羯像内第七星	九宮二十七度三十九分	北初度四十八分	第六等小星	牛宿下東星
磨羯像内第十一星	九宮二十九度二十九分	南六度三十分	第四等中星	牛宿南無名星
磨羯像内第十星	九宮二十九度五十九分	北初度二十五分	第四等中星	羅堰下星
磨羯像内第九星	十宮初度二十四分	北三度二十分	第四等中星	羅堰上星
磨羯像内第十三星	十宮四度四十九分	南七度二十分	第四等中星	女宿南無名星
磨羯像内第十八星	十宮五度一分	南二度五十五分	第四等中星	十二諸國秦星
磨羯像内第十七星	十宮五度二十九分	南四度二十分	第五等小星	女宿南無名星
寶瓶像内第六星	十宮六度四分	北五度二十五分	第五等小星	女宿東南無名星
磨羯像内第十九星	十宮六度三十四分	南初度三十分	第四等中星	女宿東南無名星
磨羯像内第十六星	十宮七度九分	南四度一十八分	第五等小星	十二諸國代星

磨羯像内第十四星	十宫八度一十九分	南六度五十二分	第三等中星	女宿東南無名星
磨羯像内第十五星	十宫八度五十四分	南六度三十分	第四等中星	女宿東南無名星
磨羯像内第二十星	十宫十度三十四分	南一度三十分	第四等中星	女宿東南無名星
磨羯像内第二十一星	十宫十一度五十九分	南四度四十五分	第四等中星	壘壁陣西方第一星
磨羯像内第二十二星	十宫十三度二十六分	南四度二十分	第四等中星	壘壁陣西方第二星
磨羯像内第二十三星	十宫十三度四十九分	南二度三十分	第三等中星	壘壁陣西方第三星
寳瓶像内第五星	十宫十四度三十六分	北八度四十八分	第四等中星	虚宿南星
磨羯像内第二十五星	十宫十四度三十七分	南初度〇分	第五等小星	虚宿南無名星
磨羯像内第二十四星	十宫十五度四分	南二度一十三分	第三等中星	壘壁陣西方第四星
磨羯像内第二十七星	十宫十六度二十四分	北二度七分	第五等小星	虚宿東南無名星
磨羯像内第二十六星	十宫十六度五十九分	南初度二十分	第五等小星	虚宿東南無名星

磨羯像内第二十八星	十宫十六度五十九分	北四度〇分	第五等小星	虚宿東南無名星
寶瓶像内第十六星	十宫十九度一十九分	南一度四十五分	第四等中星	壘壁陣西第五星
寶瓶像内第十七星	十宫二十度三十九分	南初度一十分	第六等小星	虚宿東南無名星
寶瓶像内第二十星	十宫二十一度五十四分	南五度四十分	第六等小星	危宿南無名星
寶瓶像内第十三星	十宫二十三度四十九分	北二度四十五分	第四等中星	危宿南無名星
寶瓶像内第十四星	十宫二十四度三十六分	北二度四十五分	第五等小星	泣星下星
寶瓶像内第十五星	十宫二十六度九分	南一度五分	第五等小星	壘壁陣西第六星
寶瓶像内第十八星	十宫二十九度一十九分	南七度五十分	第三等中星	危宿東南無名星
寶瓶像内第十九星	十宫二十九度二十九分	南五度一十七分	第四等中星	危宿東南無名星
寶瓶像内第二十三星	十一宫初度一十四分	北四度一十五分	第六等小星	危宿東南無名星
寶瓶像内第二十四星	十一宫二度三十四分	南初度二十五分	第四等中星	壘壁陣東第六星

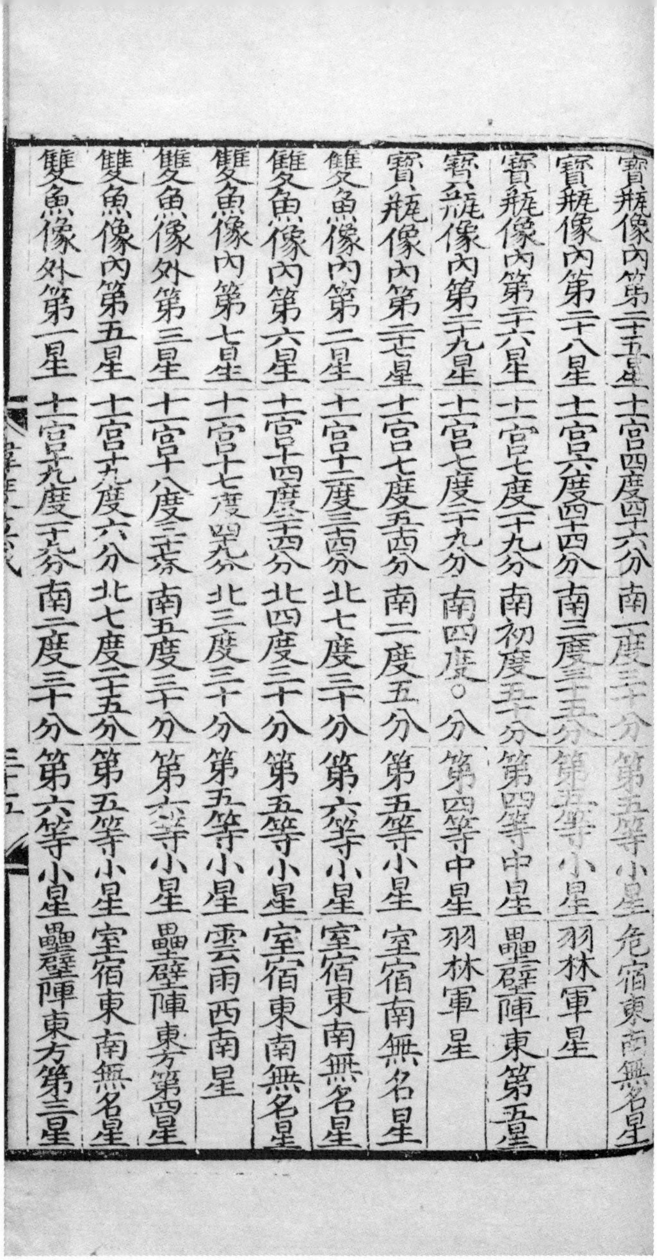

寶瓶像内第二十五星	十一宫四度四十六分	南一度三十分	第五等小星	危宿東南無名星
寶瓶像内第二十八星	十一宫六度四十四分	南三度三十五分	第五等小星	羽林軍星
寶瓶像内第二十六星	十一宫七度一十九分	南初度五十分	第四等中星	壘壁陣東第五星
寶瓶像内第二十九星	十一宫七度二十九分	南四度〇分	第四等中星	羽林軍星
寶瓶像内第二十七星	十一宫七度五十四分	南二度五分	第五等小星	室宿南無名星
雙魚像内第二星	十一宫十二度三十四分	北七度三十分	第六等小星	室宿東南無名星
雙魚像内第六星	十一宫十四度二十四分	北四度三十分	第五等小星	室宿東南無名星
雙魚像内第七星	十一宫十七度四十九分	北三度三十分	第五等小星	雲雨西南星
雙魚像外第三星	十一宫十八度三十七分	南五度三十分	第六等小星	壘壁陣東方第四星
雙魚像内第五星	十一宫十九度六分	北七度二十五分	第五等小星	室宿東南無名星
雙魚像外第一星	十一宫十九度一十九分	南二度三十分	第六等小星	壘壁陣東方第三星

雙魚像外第四星 十一宫二十度六分 南五度二十五分 第六等小星 壘壁陣東方第二星
雙魚像外第二星 十一宫二十度二十九分 南二度二十五分 第六等小星 壘壁陣東方第一星
雙魚像内第八星 十一宫二十四度五十四分 北五度四十七分 第四等中星 室宿東南無名星
雙魚像内第九星 十一宫二十九度七分 北五度三十分 第六等小星 壁宿東南無名星

雙魚像外第四星	十一宫二十度六分	南五度二十五分	第六等小星	壘壁陣東方第二星
雙魚像外第二星	十一宫二十度二十九分	南二度二十五分	第六等小星	壘壁陣東方第一星
雙魚像内第八星	十一宫二十四度五十四分	北五度四十七分	第四等中星	室宿東南無名星
雙魚像内第九星	十一宫二十九度七分	北五度三十分	第六等小星	壁宿東南無名星

太陰凌犯時刻立成

午前		午後		十一度三十分	十二度〇分	十二度三十分	十三度〇分	十三度三十分	十四度〇分	十四度三十分	十五度〇分
辰初	初刻〇分		初刻〇分	二度二十四分	二度三十分	二度三十六分	二度四十二分	二度四十九分	二度五十五分	三度一分	三度七分
卯正	三刻五十二分	酉初	初刻五十二分	二度二十七分	二度三十四分	二度四十分	二度四十六分	二度五十三分	二度五十九分	三度六分	三度一十二分
	三刻〇分		一刻〇分	二度三十一分	二度三十七分	二度四十四分	二度五十一分	二度五十七分	三度四分	三度一十分	三度一十七分
	二刻五十二分		一刻五十二分	二度三十五分	二度四十一分	二度四十八分	二度五十五分	三度一分	三度八分	三度一十五分	三度二十二分
	二刻〇分		二刻〇分	二度三十八分	二度四十五分	二度五十二分	二度五十九分	三度六分	三度一十二分	三度一十九分	三度二十六分
	一刻五十二分		二刻五十二分	二度四十二分	二度四十九分	二度五十六分	三度三分	三度一十分	三度一十七分	三度二十四分	三度三十一分
	一刻〇分		三刻〇分	二度四十五分	二度五十二分	二度五十九分	三度七分	三度一十四分	三度二十一分	三度二十八分	三度三十六分
	初刻五十二分		三刻五十二分	二度四十九分	二度五十六分	三度三分	三度一十一分	三度一十八分	三度二十六分	三度三十三分	三度四十分
	初刻〇分		初刻〇分	二度五十二分	三度〇分	三度七分	三度一十五分	三度二十二分	三度三十分	三度三十七分	三度四十五分

卯初	三刻五十二分	酉正	初刻五十二分	二度五十六分	三度四分	三度一十一分	三度一十九分	三度二十七分	三度三十四分	三度四十二分	三度五十分
	三刻〇分		一刻〇分	三度〇分	三度七分	三度一十五分	三度二十三分	三度三十一分	三度三十九分	三度四十七分	三度五十四分
	二刻五十二分		一刻五十二分	三度三分	三度一十一分	三度一十九分	三度二十七分	三度三十五分	三度四十三分	三度五十一分	三度五十九分
	二刻〇分		二刻〇分	三度七分	三度一十五分	三度二十三分	三度三十一分	三度三十九分	三度四十七分	三度五十六分	四度四分
	一刻五十二分		二刻五十二分	三度一十分	三度一十九分	三度二十七	三度三十五分	三度四十四分	三度五十二分	四度〇分	四度八分
	一刻〇分		三刻〇分	三度一十四分	三度二十二分	三度三十一分	三度三十九分	三度四十八分	三度五十六分	四度五分	四度一十三分
	初刻五十二分		三刻五十二分	三度一十八分	三度二十六分	三度三十五分	三度四十三分	三度五十二分	四度一分	四度九分	四度一十八分
	初刻〇分	戌初	初刻〇分	三度二十一分	三度三十分	三度三十九分	三度四十七分	三度五十六分	四度五分	四度一十四分	四度二十二分
寅正	三刻五十二分		初刻五十二分	三度二十五分	三度三十四分	三度四十三分	三度五十二分	四度〇分	四度九分	四度一十八分	四度二十七分
	三刻〇分		一刻〇分	三度二十八分	三度三十七分	三度四十七分	三度五十六分	四度五分	四度一十四分	四度二十三分	四度三十二分
	二刻五十二分		一刻五十二分	三度三十二分	三度四十一分	三度五十分	四度〇分	四度九分	四度一十八分	四度二十七分	四度三十七分

午前		午後		十一度三十分	十二度〇分	十二度三十分	十三度〇分	十三度三十分	十四度〇分	十四度三十分	十五度〇分
寅正	二刻〇分	戌初	二刻〇分	三度三十六分	三度四十五分	三度五十四分	四度四分	四度一十三分	四度二十二分	四度三十二分	四度四十一分
	一刻五十二分		二刻五十二分	三度三十九分	三度四十九分	三度五十八分	四度八分	四度一十七分	四度二十七分	四度三十六分	四度四十六分
	一刻〇分		三刻〇分	三度四十三分	三度五十二分	四度二分	四度一十二分	四度二十二分	四度三十一分	四度四十一分	四度五十一分
	初刻五十二分		三刻五十二分	三度四十七分	三度五十六分	四度六分	四度一十六分	四度二十六分	四度三十六分	四度四十五分	四度五十五分
	初刻〇分		初刻〇分	三度五十分	四度〇分	四度一十分	四度二十分	四度三十分	四度四十分	四度五十一分	五度〇分
寅初	三刻五十二分	戌正	初刻五十二分	三度五十四分	四度四分	四度一十四分	四度二十四分	四度三十四分	四度四十四分	四度五十五分	五度五分
	三刻〇分		一刻〇分	三度五十七分	四度七分	四度一十八分	四度二十八分	四度三十八分	四度四十九分	四度五十九分	五度九分
	二刻五十二分		一刻五十二分	四度一分	四度一十一分	四度二十二分	四度三十二分	四度四十三分	四度五十三分	五度四分	五度一十四分
	二刻〇分		二刻〇分	四度四分	四度一十五分	四度二十六分	四度三十六分	四度四十七分	四度五十七分	五度八分	五度一十九分
	一刻五十二分		二刻五十二分	四度八分	四度一十九分	四度二十九分	四度四十分	四度五十一分	五度二分	五度一十三分	五度二十三分

<table>
<tr><td></td><td>一刻〇分</td><td></td><td>三刻〇分</td><td>四度一十二分</td><td>四度二十二分</td><td>四度三十三分</td><td>四度四十四分</td><td>四度五十五分</td><td>五度六分</td><td>五度一十七分</td><td>五度二十八分</td></tr>
<tr><td></td><td>初刻五十二分</td><td></td><td>三刻五十二分</td><td>四度一十五分</td><td>四度二十六分</td><td>四度三十七分</td><td>四度四十八分</td><td>五度〇分</td><td>五度一十一分</td><td>五度二十二分</td><td>五度三十三分</td></tr>
<tr><td></td><td>初刻〇分</td><td rowspan="9">亥初</td><td>初刻〇分</td><td>四度一十九分</td><td>四度三十分</td><td>四度四十一分</td><td>四度五十二分</td><td>五度四分</td><td>五度一十五分</td><td>五度二十六分</td><td>五度三十七分</td></tr>
<tr><td rowspan="8">丑正</td><td>三刻五十二分</td><td>初刻五十二分</td><td>四度二十二分</td><td>四度三十四分</td><td>四度四十五分</td><td>四度五十七分</td><td>五度八分</td><td>五度一十九分</td><td>五度三十一分</td><td>五度四十二分</td></tr>
<tr><td>三刻〇分</td><td>一刻〇分</td><td>四度二十六分</td><td>四度三十七分</td><td>四度四十九分</td><td>五度一分</td><td>五度一十二分</td><td>五度二十四分</td><td>五度三十五分</td><td>五度四十七分</td></tr>
<tr><td>二刻五十二分</td><td>一刻五十二分</td><td>四度二十九分</td><td>四度四十一分</td><td>四度五十三分</td><td>五度五分</td><td>五度一十六分</td><td>五度二十八分</td><td>五度四十分</td><td>五度五十二分</td></tr>
<tr><td>二刻〇分</td><td>二刻〇分</td><td>四度三十三分</td><td>四度四十五分</td><td>四度五十七分</td><td>五度九分</td><td>五度二十一分</td><td>五度三十二分</td><td>五度四十四分</td><td>五度五十六分</td></tr>
<tr><td>一刻五十二分</td><td>二刻五十二分</td><td>四度三十七分</td><td>四度四十九分</td><td>五度一分</td><td>五度一十三分</td><td>五度二十五分</td><td>五度三十七分</td><td>五度四十九分</td><td>六度一分</td></tr>
<tr><td>一刻〇分</td><td>三刻〇分</td><td>四度四十分</td><td>四度五十二分</td><td>五度五分</td><td>五度一十七分</td><td>五度二十九分</td><td>五度四十一分</td><td>五度五十三分</td><td>六度六分</td></tr>
<tr><td>初刻五十二分</td><td>三刻五十二分</td><td>四度四十四分</td><td>四度五十六分</td><td>五度九分</td><td>五度二十一分</td><td>五度三十三分</td><td>五度四十六分</td><td>五度五十八分</td><td>六度一十分</td></tr>
<tr><td>初刻〇分</td><td>初刻〇分</td><td>四度四十七分</td><td>五度〇分</td><td>五度一十二分</td><td>五度二十五分</td><td>五度三十七分</td><td>五度五十分</td><td>六度二分</td><td>六度一十五分</td></tr>
</table>

午前		午後		十一度三十分	十二度〇分	十二度三十分	十三度〇分	十三度三十分	十四度〇分	十四度三十分	十五度〇分
丑初	三刻五十二分	亥初	初刻五十二分	四度五十一分	五度四分	五度一十六分	五度二十九分	五度四十二分	五度五十四分	六度七分	六度二十分
	三刻〇分		一刻〇分	四度五十五分	五度七分	五度二十分	五度三十三分	五度四十六分	五度五十九分	六度一十二分	六度二十四分
	二刻五十二分		一刻五十二分	四度五十八分	五度一十一分	五度二十四分	五度三十七分	五度五十分	六度三分	六度一十六分	六度二十九分
	二刻〇分		二刻〇分	五度二分	五度一十五分	五度二十八分	五度四十一分	五度五十四分	六度七分	六度二十一分	六度三十四分
	一刻五十二分		二刻五十二分	五度五分	五度一十九分	五度三十二分	五度四十五分	五度五十九分	六度一十二分	六度二十五分	六度三十八分
	一刻〇分		三刻〇分	五度九分	五度二十二分	五度三十六分	五度四十九分	六度三分	六度一十六分	六度三十分	六度四十三分
	初刻五十二分		三刻五十二分	五度一十三分	五度二十六分	五度四十分	五度五十三分	六度七分	六度二十一分	六度三十四分	六度四十八分
	初刻〇分		初刻〇分	五度一十六分	五度三十分	五度四十四分	五度五十七分	六度一十一分	六度二十五分	六度三十九分	六度五十二分
	三刻五十二分		初刻五十二分	五度二十分	五度三十四分	五度四十八分	六度二分	六度一十五分	六度二十九分	六度四十三分	六度五十七分
	三刻〇分		一刻〇分	五度二十三分	五度三十七分	五度五十二分	六度六分	六度二十分	六度三十四分	六度四十八分	七度二分

<table>
<tr><td rowspan="6">子正</td><td>二刻五十二分</td><td rowspan="5">子初</td><td>一刻五十二分</td><td>五度二十七分</td><td>五度四十一分</td><td>五度五十五分</td><td>六度一十分</td><td>六度二十四分</td><td>六度三十八分</td><td>六度五十二分</td><td>七度七分</td></tr>
<tr><td>二刻〇分</td><td>二刻〇分</td><td>五度三十一分</td><td>五度四十五分</td><td>五度五十九分</td><td>六度一十四分</td><td>六度二十八分</td><td>六度四十二分</td><td>六度五十七分</td><td>七度一十一分</td></tr>
<tr><td>一刻五十二分</td><td>二刻五十二分</td><td>五度三十四分</td><td>五度四十九分</td><td>六度三分</td><td>六度一十八分</td><td>六度三十二分</td><td>六度四十七分</td><td>七度一分</td><td>七度一十六分</td></tr>
<tr><td>一刻〇分</td><td>三刻〇分</td><td>五度三十八分</td><td>五度五十二分</td><td>六度七分</td><td>六度二十二分</td><td>六度三十七分</td><td>六度五十一分</td><td>七度六分</td><td>七度二十一分</td></tr>
<tr><td>初刻五十二分</td><td>三刻五十二分</td><td>五度四十一分</td><td>五度五十六分</td><td>六度五分</td><td>六度二十六分</td><td>六度四十一分</td><td>六度五十六分</td><td>七度一十分</td><td>七度二十五分</td></tr>
<tr><td>初刻〇分</td><td>子正</td><td>初刻〇分</td><td>五度四十五分</td><td>六度〇分</td><td>六度一十五分</td><td>六度三十〇分</td><td>六度四十五分</td><td>七度〇分</td><td>七度一十五分</td><td>七度三十分</td></tr>
</table>

凌犯入宿圖

推月與五星入宿法

法曰：置各宿初界宫度分其月入宿緯度并時刻，并依太陰凌犯求緯度時刻法推之，其五星入宿者，視各宿初界宫度與五星午正經度相近者取之，是也。

角宿

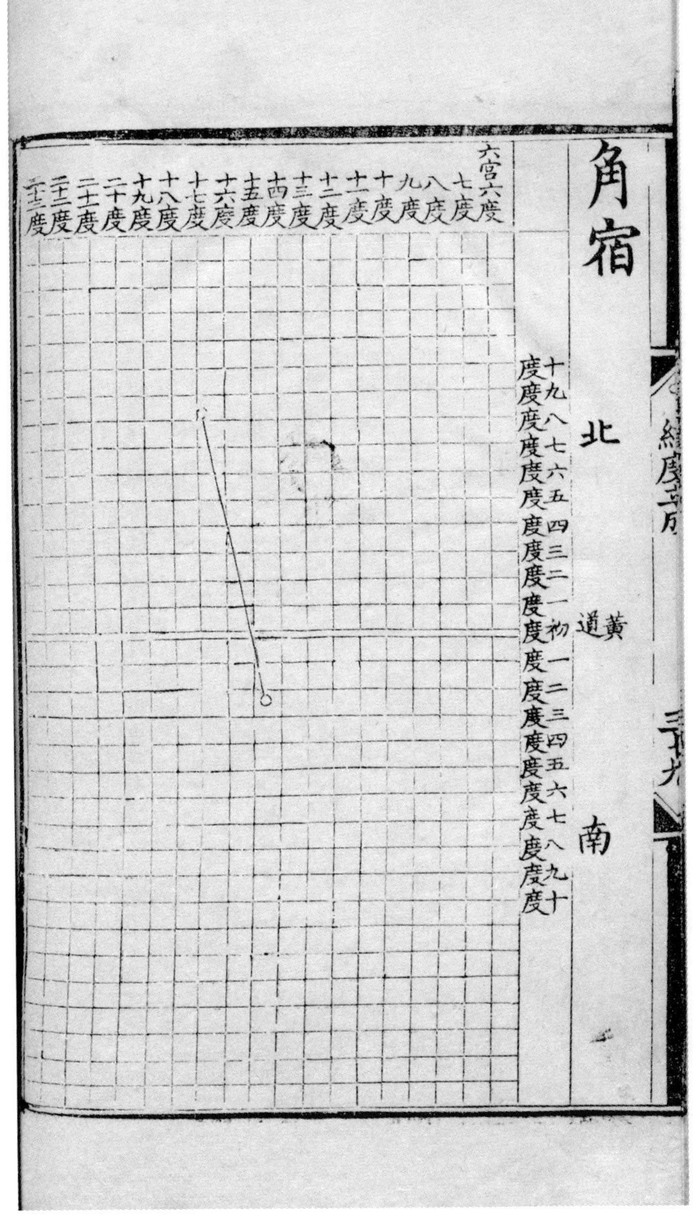
六宫六度
七度
八度
九度
十度
十一度
十二度
十三度
十四度
十五度
十六度
十七度
十八度
十九度
二十度
二十一度
二十二度
二十三度
北
黄道
南
十度
九度
八度
七度
六度
五度
四度
三度
二度
一度
初度
一度
二度
三度
四度
五度
六度
七度
八度
九度
十度

亢宿

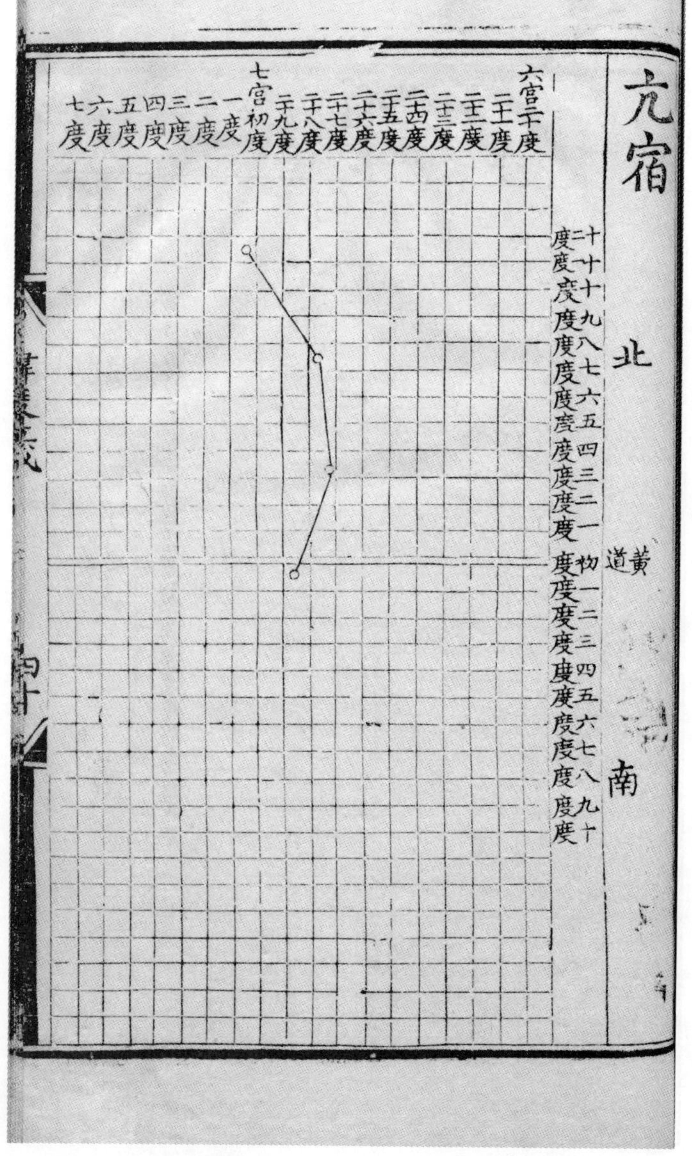

六宫二十度
二十一度
二十二度
二十三度
二十四度
二十五度
二十六度
二十七度
二十八度
二十九度
七宫初度
一度
二度
三度
四度
五度
六度
七度
北
十度
九度
八度
七度
六度
五度
四度
三度
二度
一度
黄道
初度
一度
二度
三度
四度
五度
六度
七度
八度
九度
十度
南

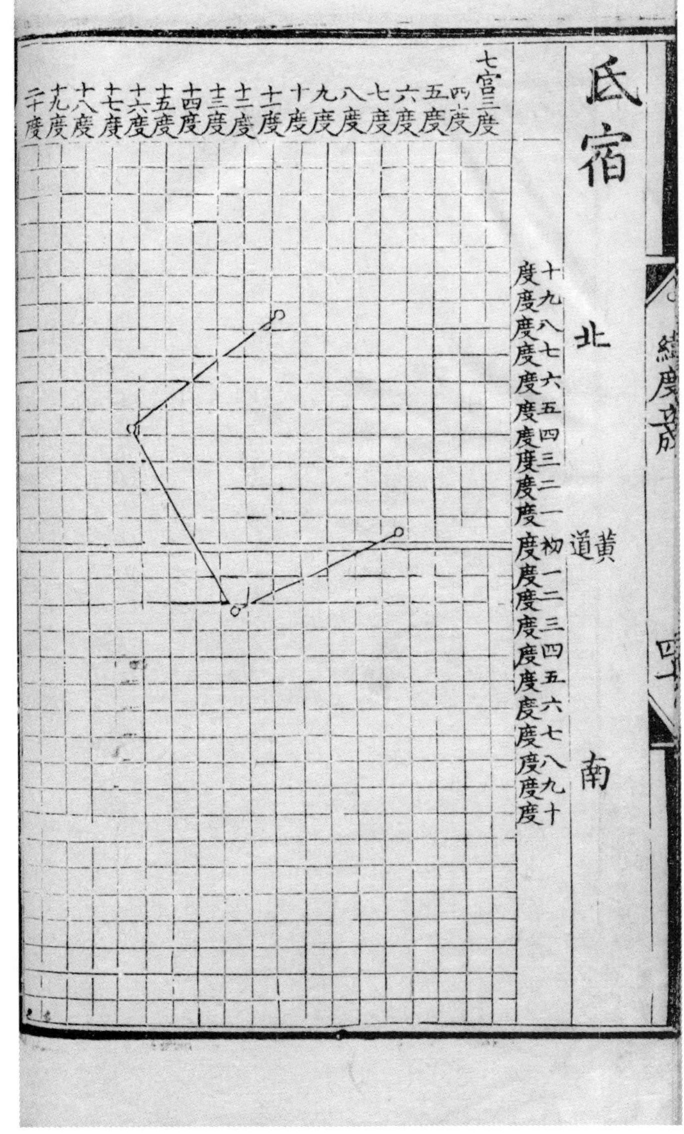

氐宿
七宫三度
四度
五度
六度
七度
八度
九度
十度
十一度
十二度
十三度
十四度
十五度
十六度
十七度
十八度
十九度
二十度
北
十度
九度
八度
七度
六度
五度
四度
三度
二度
一度
黄道
初度
一度
二度
三度
四度
五度
六度
七度
八度
九度
十度
南

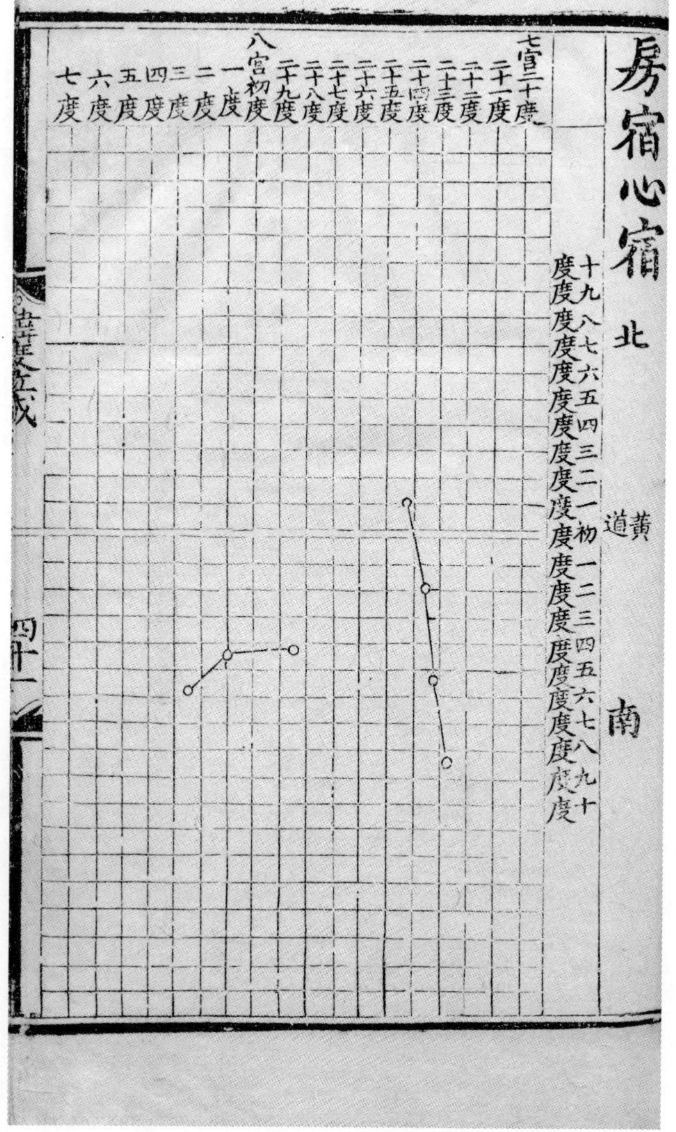
房宿心宿
北
黄道
南
十度 九度 八度 七度 六度 五度 四度 三度 二度 一度 初度 一度 二度 三度 四度 五度 六度 七度 八度 九度 十度
七宫二十度 二十一度 二十二度 二十三度 二十四度 二十五度 二十六度 二十七度 二十八度 二十九度 八宫初度 一度 二度 三度 四度 五度 六度 七度

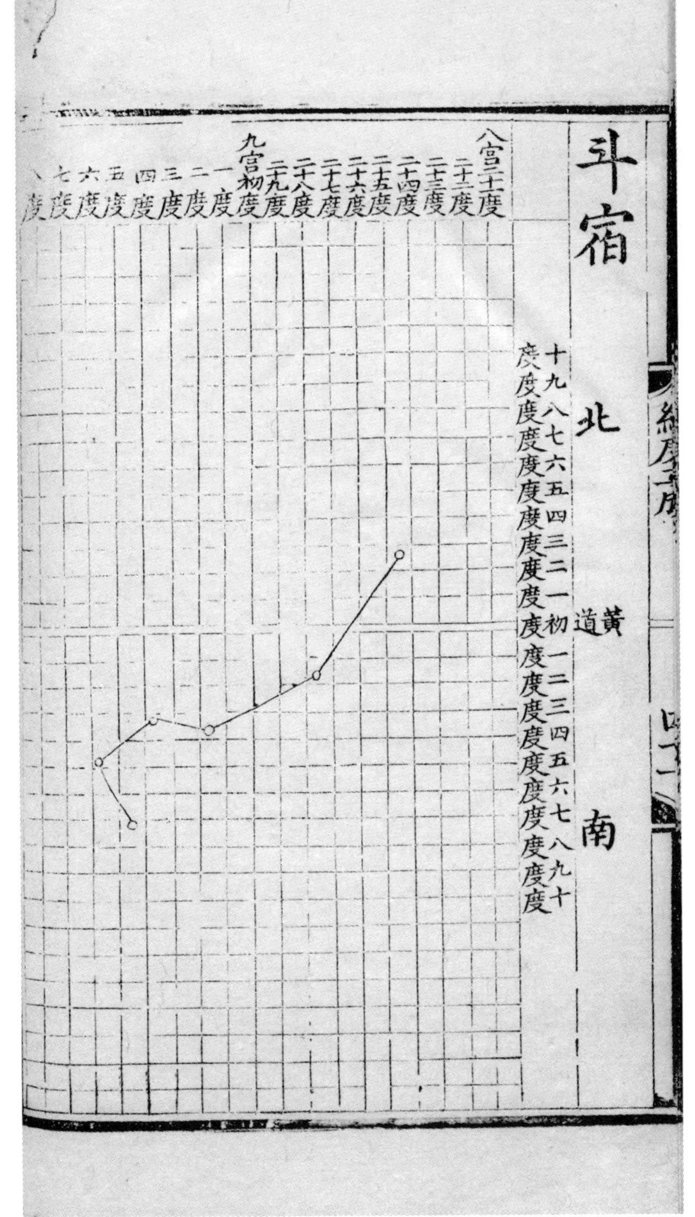
斗宿
北
黃道
南
八宮二十一度
二十二度
二十三度
二十四度
二十五度
二十六度
二十七度
二十八度
二十九度
九宮初度
一度
二度
三度
四度
五度
六度
七度
八度
十度
九度
八度
七度
六度
五度
四度
三度
二度
一度
初度
一度
二度
三度
四度
五度
六度
七度
八度
九度
十度

建星

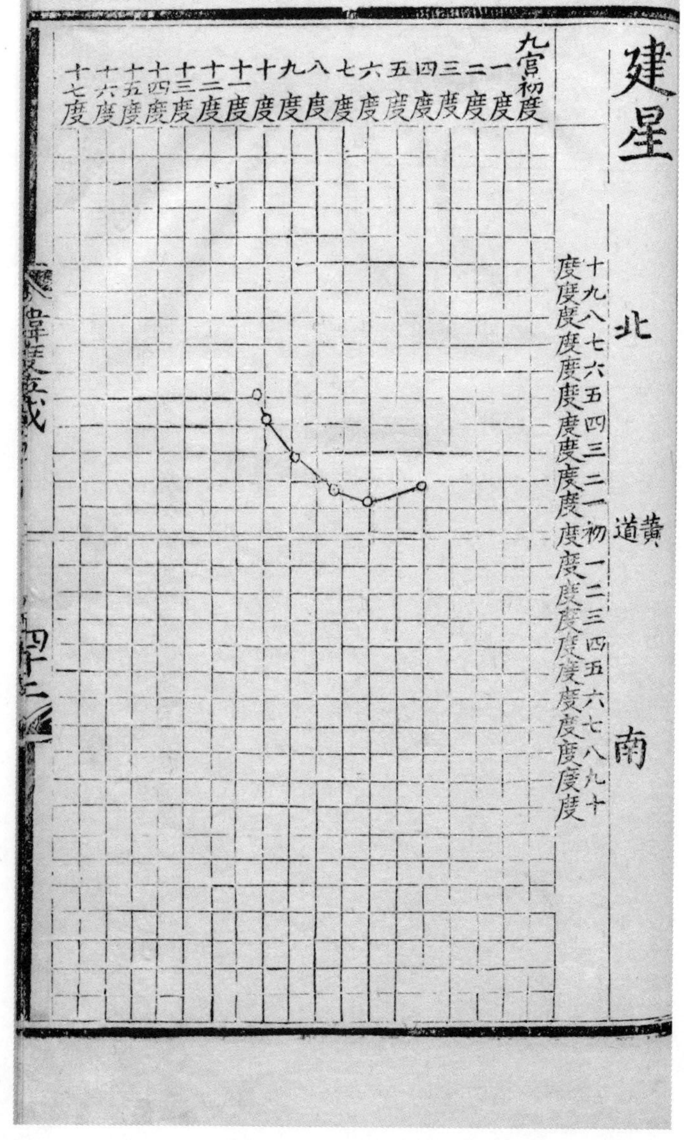

九宫初度
一度
二度
三度
四度
五度
六度
七度
八度
九度
十度
十一度
十二度
十三度
十四度
十五度
十六度
十七度
北
黄道
南
十度
九度
八度
七度
六度
五度
四度
三度
二度
一度
初度
一度
二度
三度
四度
五度
六度
七度
八度
九度
十度

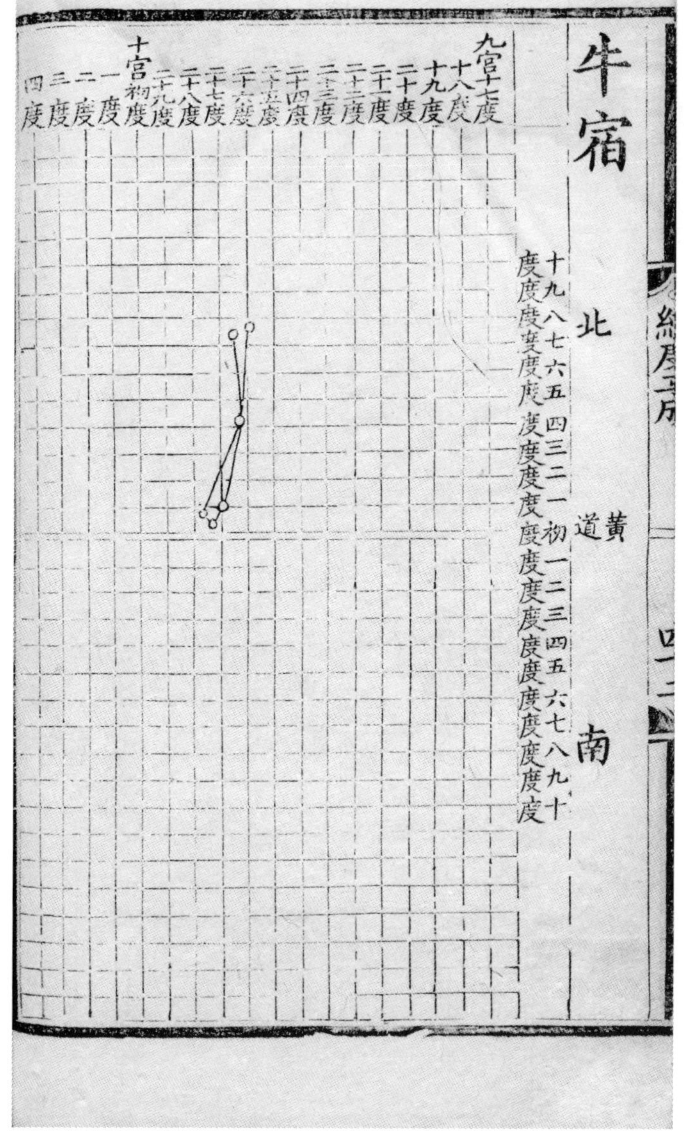
牛宿
北
黃道
南
十度
九度
八度
七度
六度
五度
四度
三度
二度
一度
初度
一度
二度
三度
四度
五度
六度
七度
八度
九度
十度
九宮十七度
十八度
十九度
二十度
二十一度
二十二度
二十三度
二十四度
二十五度
二十六度
二十七度
二十八度
二十九度
十宮初度
一度
二度
三度
四度

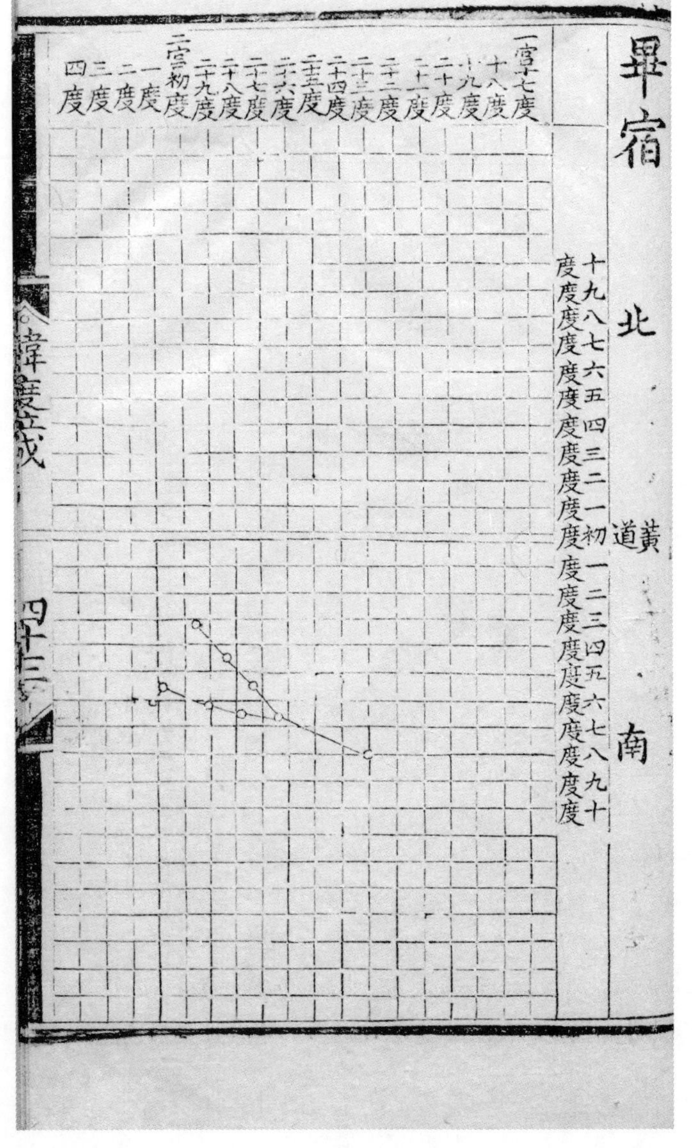
畢宿
北
黃道
南
一宮十七度
十八度
十九度
二十度
二十一度
二十二度
二十三度
二十四度
二十五度
二十六度
二十七度
二十八度
二十九度
二宮初度
一度
二度
三度
四度
十度
九度
八度
七度
六度
五度
四度
三度
二度
一度
初度
一度
二度
三度
四度
五度
六度
七度
八度
九度
十度
儀象考成
四十三

井宿

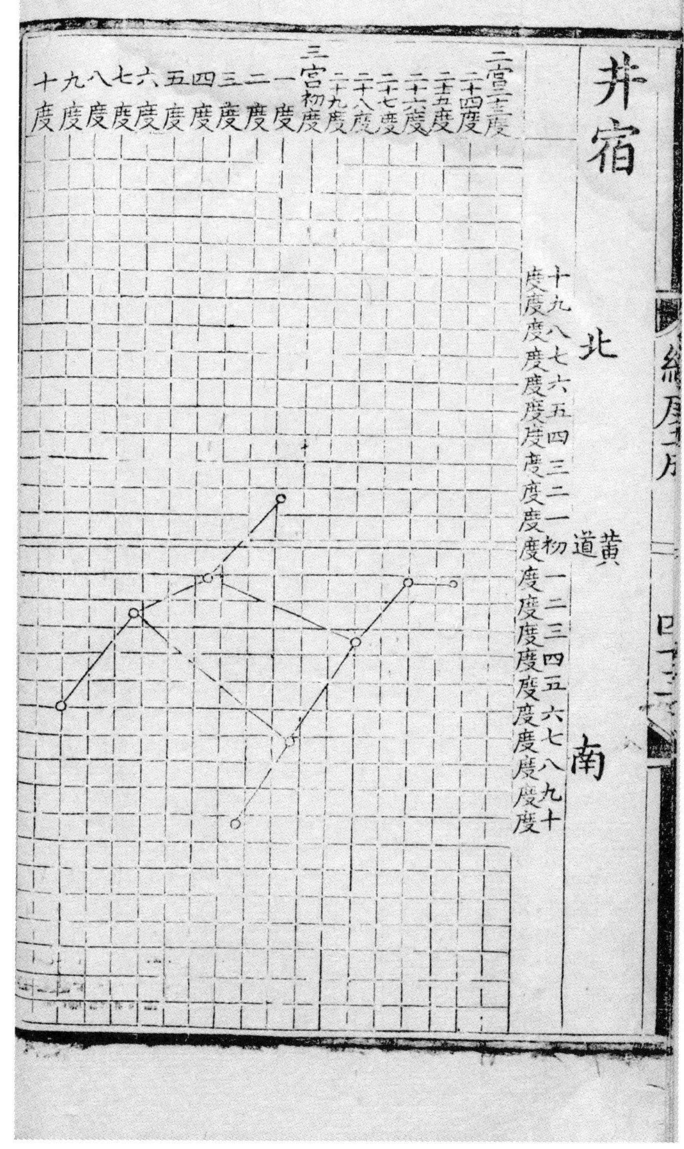

二宫二十三度
二十四度
二十五度
二十六度
二十七度
二十八度
二十九度
三宫初度
一度
二度
三度
四度
五度
六度
七度
八度
九度
十度
北
黄道
南
十度
九度
八度
七度
六度
五度
四度
三度
二度
一度
初度
一度
二度
三度
四度
五度
六度
七度
八度
九度
十度

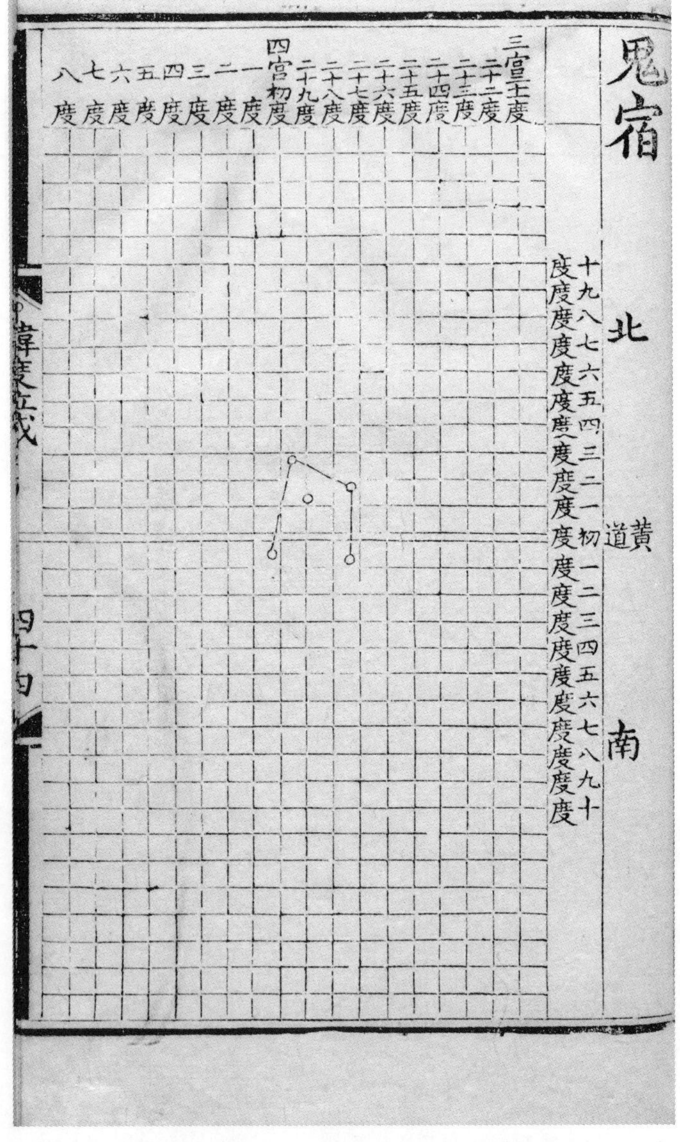
鬼宿
北
黃道
南
三宮二十一度
二十二度
二十三度
二十四度
二十五度
二十六度
二十七度
二十八度
二十九度
四宮初度
一度
二度
三度
四度
五度
六度
七度
八度
十度
九度
八度
七度
六度
五度
四度
三度
二度
一度
初度
一度
二度
三度
四度
五度
六度
七度
八度
九度
十度

軒轅星

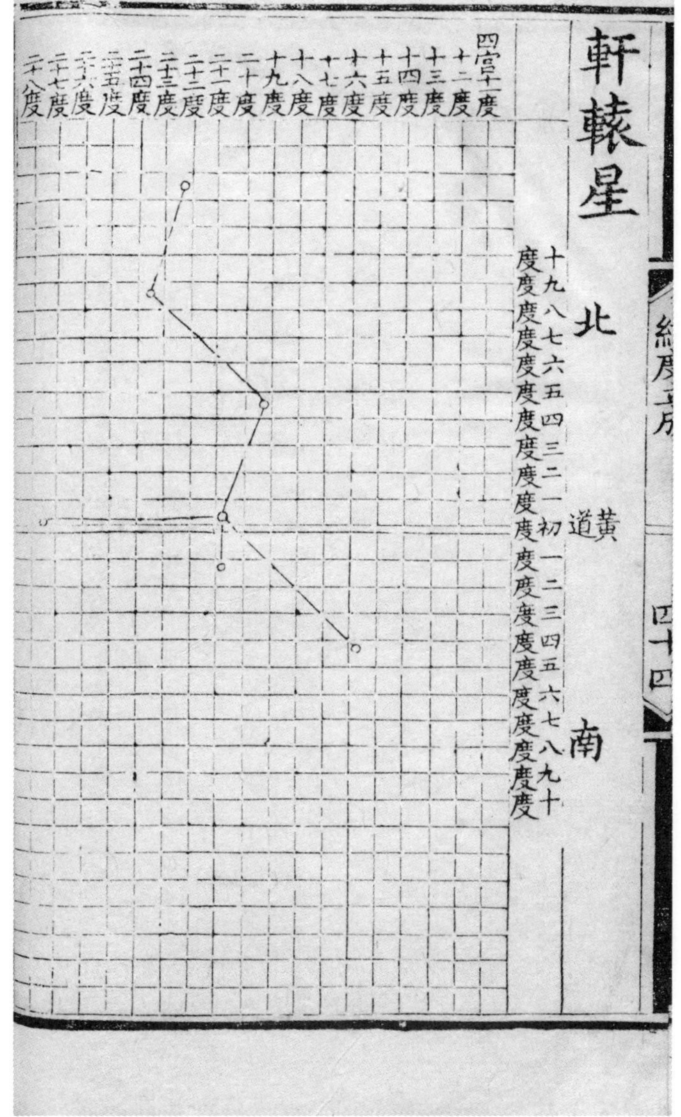
四宮十一度
十二度
十三度
十四度
十五度
十六度
十七度
十八度
十九度
二十度
二十一度
二十二度
二十三度
二十四度
二十五度
二十六度
二十七度
二十八度
北
十度
九度
八度
七度
六度
五度
四度
三度
二度
一度
初
黄道
一度
二度
三度
四度
五度
六度
七度
八度
九度
十度
南

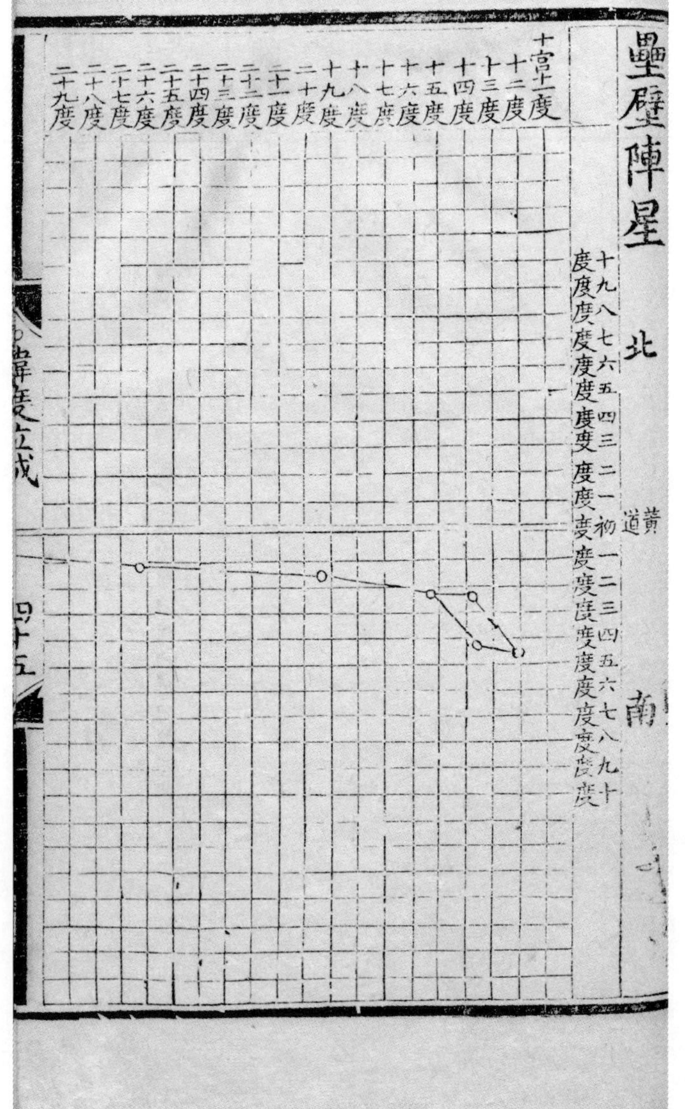
壘壁陣星
北
黄道
南
十宫十一度
十二度
十三度
十四度
十五度
十六度
十七度
十八度
十九度
二十度
二十一度
二十二度
二十三度
二十四度
二十五度
二十六度
二十七度
二十八度
二十九度
十度
九度
八度
七度
六度
五度
四度
三度
二度
一度
初度
一度
二度
三度
四度
五度
六度
七度
八度
九度
十度

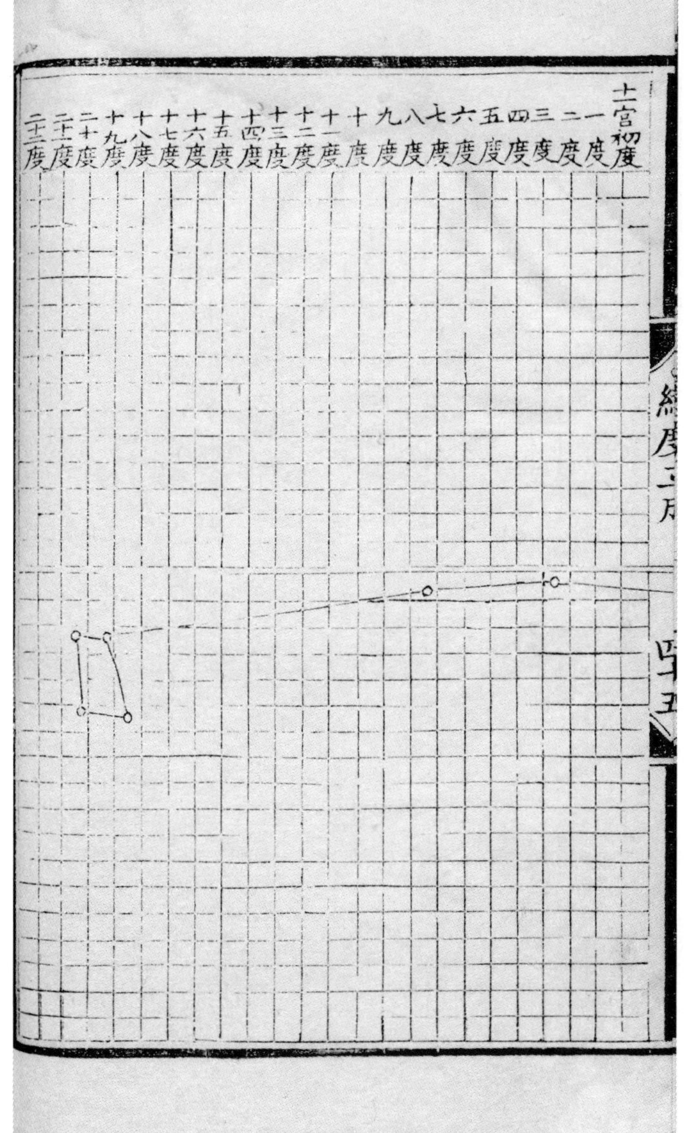
十一宮初度
一度
二度
三度
四度
五度
六度
七度
八度
九度
十度
十一度
十二度
十三度
十四度
十五度
十六度
十七度
十八度
十九度
二十度
二十一度
二十二度

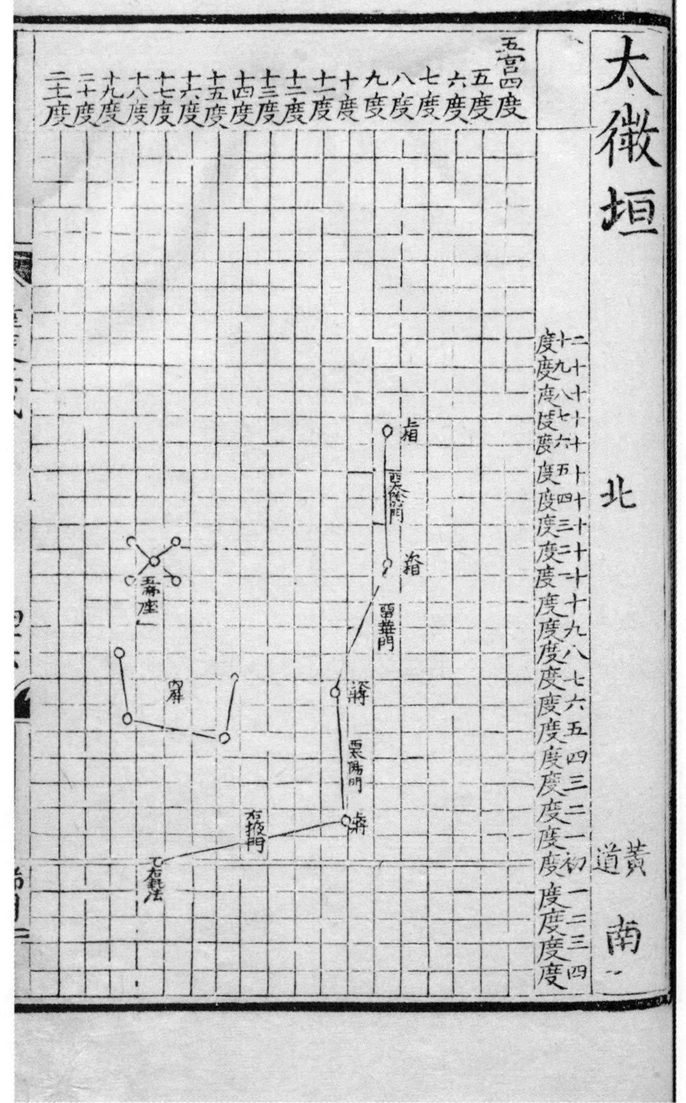
太微垣
北
南
黃道
五宮四度
五度
六度
七度
八度
九度
十度
十一度
十二度
十三度
十四度
十五度
十六度
十七度
十八度
十九度
二十度
二十一度
上相
東次相
次將
西華門
內屏
五帝座
右執法
右掖門
東陽門

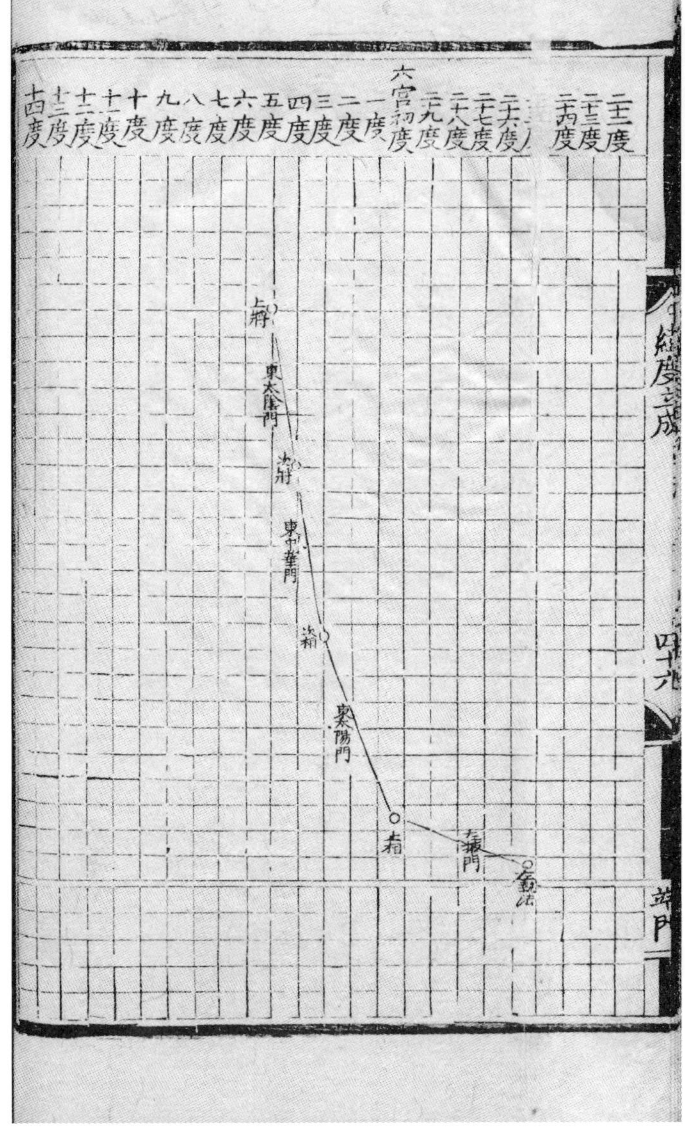
二十二度
二十三度
二十四度
二十五度
二十六度
二十七度
二十八度
二十九度
六宮初度
一度
二度
三度
四度
五度
六度
七度
八度
九度
十度
十一度
十二度
十三度
十四度
上將
東太陰門
次將
東中華門
次相
東太陽門
上相
左掖門
左執法

晝夜加減差立成　推算交食用

	初宮	一宮	二宮	三宮	四宮	五宮	六宮	七宮	八宮	九宮	十宮	十一宮
初度	七分五十一秒	十七分二十一秒	二十分四十一秒	十五分五十四秒	十一分七秒	十四分二十六秒	二十三分五十六秒	三十一分一十八秒	二十八分四十二秒	十五分五十二秒	三分三秒	○分三十秒
一度	八分一十一秒	十七分三十六秒	二十分三十八秒	十五分四十秒	十一分四秒	十四分四十秒	二十四分一十六秒	三十一分二十四秒	二十八分二十六秒	十五分二十三秒	二分四十七秒	○分三十七秒
二度	八分三十一秒	十七分五十秒	二十分三十四秒	十五分二十七秒	十一分三秒	十四分五十七秒	二十四分三十六分	三十一分三十秒	二十八分八秒	十四分五十三秒	二分三十一秒	○分四十四秒
三度	八分五十一秒	十八分五秒	二十分三十秒	十五分一十四秒	十一分二秒	十五分一十三秒	二十四分五十六秒	三十一分三十四秒	二十七分四十八秒	十四分二十三秒	二分一十六秒	○分五十二秒
四度	九分一十一秒	十八分一十八秒	二十分二十五秒	十五分一秒	十一分一秒	十五分二十九秒	二十五分一十五秒	三十一分三十八秒	二十七分二十九秒	十三分五十三秒	二分一秒	一分一秒
五度	九分三十二秒	十八分三十一秒	二十分二十秒	十四分四十七秒	十一分一秒	十五分四十六秒	二十五分三十四秒	三十一分四十二秒	二十七分八秒	十三分二十三秒	一分四十八秒	一分一十一秒
六度	九分五十二秒	十八分四十三秒	二十分一十四秒	十四分三十四秒	十一分二秒	十六分四秒	二十五分五十七秒	三十一分四十四秒	二十六分四十七秒	十二分五十四秒	一分三十五秒	一分二十二秒
七度	一十分一十三秒	十八分五十四秒	二十分八秒	十四分二十二秒	十一分四秒	十六分二十二秒	二十六分一十二秒	三十一分四十六秒	二十六分二十五秒	十二分二十四秒	一分二十二秒	一分三十二秒
八度	一十分三十三秒	十九分六秒	二十分一秒	十四分九秒	十一分六秒	十六分三十九秒	二十六分三十秒	三十一分四十七秒	二十六分三秒	十一分五十五秒	一分一十一秒	一分四十四秒

九度	一十分五十四秒	十九分一十七秒	十九分五十三秒	十三分五十七秒	十一分八秒	十六分五十七秒	二十六分四十八秒	三十一分四十七秒	二十五分三十七秒	一十分二十六秒	一分一秒	一分五十六秒
十度	十一分一十四秒	十九分二十七秒	十九分四十六秒	十三分四十五秒	十一分一十二秒	十七分一十六秒	二十七分五秒	三十一分四十七秒	二十五分一十六秒	一十分五十九秒	○分五十一秒	二分九秒
十一度	十一分三十四秒	十九分三十七秒	十九分三十七秒	十三分三十三秒	十一分一十六秒	十七分三十五秒	二十七分二十三秒	三十一分四十五秒	二十四分五十一秒	一十分二十八秒	○分四十二秒	二分二十二秒
十二度	十一分五十五秒	十九分四十五秒	十九分二十八秒	十三分二十一秒	十一分二十一秒	十七分五十四秒	二十七分四十秒	三十一分四十三秒	二十四分二十七秒	一十分○秒	○分三十四秒	二分三十五秒
十三度	十二分一十五秒	十九分五十四秒	十九分一十九秒	十三分一十秒	十一分二十七秒	十八分一十三秒	二十七分五十六秒	三十一分四十秒	二十三分五十九秒	九分三十三秒	○分二十七秒	二分五十秒
十四度	十二分三十五秒	二十分二秒	十九分九秒	十二分五十九秒	十一分三十三秒	十八分三十三秒	二十八分一十二秒	三十一分三十六秒	二十三分三十二秒	九分五秒	○分二十一秒	三分五秒
十五度	十二分五十五秒	二十分九秒	十八分五十九秒	十二分四十八秒	十一分四十一秒	十八分五十二秒	二十八分二十八秒	三十一分三十二秒	二十三分四秒	八分三十九秒	○分一十六秒	三分二十秒
十六度	十三分一十四秒	二十分一十六秒	十八分四十八秒	十二分三十八秒	十一分四十九秒	十九分一十三秒	二十八分四十三秒	三十一分二十六秒	二十二分三十五秒	八分一十二秒	○分一十一秒	三分三十六秒
十七度	十三分三十四秒	二十分二十一秒	十八分三十七秒	十二分二十八秒	十一分五十四秒	十九分三十三秒	二十八分五十八秒	三十一分二十秒	二十二分六分	七分四十六秒	○分七秒	三分五十一秒
十八度	十三分五十三秒	二十分二十七秒	十八分二十六秒	十二分一十九秒	十二分五秒	十九分五十二秒	二十九分一十二秒	三十一分一十三秒	二十一分四十秒	七分二十一秒	○分四秒	四分八秒
十九度	十四分一十二秒	二十分三十二秒	十八分一十五秒	十二分一十秒	十二分一十三秒	二十分二十一秒	二十九分二十五秒	三十一分五秒	二十一分一十三秒	六分五十六秒	○分二秒	四分二十五秒

	初宫	一宫	二宫	三宫	四宫	五宫	六宫	七宫	八宫	九宫	十宫	十一宫
二十度	十四分三十一秒	二十分三十六秒	十八分三秒	十二分二秒	十二分二十二秒	二十分三十三秒	二十九分二十九秒	三十分五十六秒	二十分四十七秒	六分三十二秒	〇分一秒	四分四十二秒
二十一度	十四分五十秒	二十分三十九秒	十七分五十五秒	十一分五十四秒	十二分三十一秒	二十分五十三秒	二十九分五十一秒	三十分四十六秒	二十分二十秒	六分八秒	〇分〇秒	五分七秒
二十二度	十五分八秒	二十分四十一秒	十七分三十八秒	十一分四十六秒	十二分四十一秒	二十一分一十四秒	三十分四秒	三十分三十六秒	十九分五十三秒	五分四十五秒	〇分〇秒	五分一十七秒
二十三度	十五分二十六秒	二十分四十四秒	十七分二十六秒	十一分四十秒	十二分五十二秒	二十一分三十四秒	三十分一十五秒	三十分二十五秒	十九分二十三秒	五分二十二秒	〇分一秒	五分三十六秒
二十四度	十五分四十三秒	二十分四十五秒	十七分一十三秒	十一分三十三秒	十三分四秒	二十一分五十五秒	三十分二十六秒	三十分一十三秒	十八分五十四秒	五分〇秒	〇分三秒	五分五十五秒
二十五度	十六分一秒	二十分四十六秒	十七分〇秒	十一分二十七秒	十三分一十六秒	二十二分一十五秒	三十分三十六秒	三十分〇秒	十八分二十四秒	四分三十九秒	〇分六秒	六分一十三秒
二十六度	十六分一十七秒	二十分四十六秒	十六分四十七秒	十一分二十二秒	十三分二十五秒	二十二分三十六秒	三十分四十六秒	二十九分五十六秒	十七分五十四秒	四分一十九秒	〇分九秒	六分三十二秒
二十七度	十六分三十四秒	二十分四十六秒	十六分三十四秒	十一分一十八秒	十三分四十三秒	二十二分五十六秒	三十分五十五秒	二十九分三十二秒	十七分二十四秒	三分五十九秒	〇分一十三秒	六分五十一秒
二十八度	十六分五十秒	二十分四十五秒	十六分二十秒	十一分一十三秒	十三分五十七秒	二十三分一十六秒	三十一分三秒	二十九分一十六秒	十六分五十四秒	三分四十秒	〇分一十八秒	七分一十一秒
二十九度	十七分六秒	二十分四十三秒	十六分七秒	十一分一十秒	十四分四十一秒	二十三分三十六秒	三十一分一十一秒	二十九分〇秒	十六分二十四秒	三分二十二秒	〇分二十四秒	七分三十一秒

太陽太陰晝夜時行影徑分立成　推算交食用

太陽太陰自行宮度		太陽					太陰				
		太陽晝夜行分	太陽逐時行分	太陰影徑減差	太陽徑分	太陽比敷分	太陰晝夜行度	太陰逐時行分	太陰影徑分	太陰比敷分	太陰徑分
初宮初度	初宮初度	五十七分八秒	二分二十三秒	○分○秒	三十二分二十六秒	○分	十二度一十二分	三十分三十秒	七十九分四十九秒	○分○秒	三十分五十秒
六度	二十四度	五十七分九秒	二分二十三秒	○分○秒	三十二分二十六秒	○分	十二度一十四分	三十分三十四秒	七十九分五十三秒	○分一秒	三十分五十一秒
十二度	十八度	五十七分一十一秒	二分二十三秒	○分一秒	三十二分二十七秒	○分	十二度一十五分	三十分三十八秒	八十分二秒	○分四秒	三十分五十三秒
十八度	十二度	五十七分一十四秒	二分二十三秒	○分二秒	三十二分二十八秒	一分	十二度一十六分	三十分四十秒	八十分一十六秒	○分一十六秒	三十分五十七秒
二十四度	六度	五十七分一十八秒	二分二十三秒	○分四秒	三十二分三十秒	二分	十二度一十八分	三十分四十四秒	八十分三十五秒	○分三十二秒	三十一分一秒
一宮初度	十一宮初度	五十七分二十二秒	二分二十三秒	○分七秒	三十二分三十四秒	四分	十二度二十一分	三十分五十三秒	八十分五十九秒	○分五十五秒	三十一分七秒
六度	二十四度	五十七分三十秒	二分二十四秒	○分一十一秒	三十二分三十七秒	六分	十二度二十五分	三十一分二秒	八十一分二十六秒	一分五秒	三十一分一十四秒
十二度	十八度	五十七分三十七秒	二分二十四秒	○分一十四秒	三十二分四十一秒	八分	十二度二十八分	三十一分一十秒	八十一分五十八秒	一分三十秒	三十一分二十二秒

一宮十八度	十一宮十二度	五十七分四十五秒	二分二十四秒	〇分一十八秒	三十二分四十六秒	一十分	十二度三十二分	三十一分二十一秒	八十二分三十六秒	二分〇秒	三十一分三十二秒
二十四度	六度	五十七分五十五秒	二分二十五秒	〇分二十三秒	三十二分五十秒	十二分	十二度三十七分	三十一分三十三秒	八十三分一十七秒	二分三十秒	三十一分四十二秒
二宮初度	十宮初度	五十八分五秒	二分二十五秒	〇分二十九秒	三十二分五十五秒	十五分	十二度四十二分	三十一分四十五秒	八十四分一秒	三分〇秒	三十一分五十五秒
六度	二十四度	五十八分一十六秒	二分二十六秒	〇分三十四秒	三十三分二秒	十八分	十二度四十八分	三十一分五十九秒	八十四分四十八秒	三分三十秒	三十二分八秒
十二度	十八度	五十八分二十七秒	二分二十七秒	〇分三十九秒	三十三分一十秒	二十一分	十二度五十四分	三十二分一十四秒	八十五分三十九秒	四分〇秒	三十二分二十一秒
十八度	十二度	五十八分四十秒	二分二十七秒	〇分四十七秒	三十三分一十六秒	二十四分	十三度〇分	三十二分二十九秒	八十六分三十三秒	四分三十五秒	三十二分三十四秒
二十四度	六度	五十八分五十秒	二分二十八秒	〇分五十二秒	三十三分二十四秒	二十八分	十三度六分	三十二分四十五秒	八十七分三十一秒	五分一十秒	三十二分四十七秒
三宮初度	九宮初度	五十九分五秒	二分二十八秒	〇分五十九秒	三十三分三十二秒	三十一分	十三度一十三分	三十三分二秒	八十八分三十一秒	五分五十秒	三十三分五秒
六度	二十四度	五十九分一十八秒	二分二十九秒	一分六秒	三十三分四十一秒	三十四分	十三度一十九分	三十三分一十九秒	八十九分四十四秒	六分三十秒	三十三分二十一秒
十二度	十八度	五十九分三十一秒	二分二十九秒	一分一十一秒	三十三分四十八秒	三十七分	十三度二十六分	三十三分三十六分	九十分三十九秒	七分五秒	三十三分三十九秒
十八度	十二度	五十九分四十四秒	二分三十秒	一分一十八秒	三十三分五十六秒	四十分	十三度三十三分	三十三分五十三秒	九十一分三十六秒	七分四十秒	三十三分五十七秒
二十四度	六度	五十九分五十七秒	二分三十一秒	一分二十五秒	三十四分三秒	四十三分	十三度四十分	三十四分一十秒	九十二分三十二秒	八分一十秒	三十四分一十四秒

四宮初度	八宮初度	五十九分五十秒	二分三十一秒	一分三十三秒	三十四分一十秒	四十六分	十三度四十七分	三十四分二十七秒	九十三分二十七秒	八分四十秒	三十四分三十一秒
六度	二十四度	六十分二十一秒	二分三十一秒	一分三十九秒	三十四分一十六秒	四十八分	十三度五十三分	三十四分四十二秒	九十四分二十一秒	九分一十秒	三十四分四十八秒
十二度	十八度	六十分三十二秒	二分三十二秒	一分四十三秒	三十四分二十一秒	五十分	十三度五十九分	三十四分五十七秒	九十五分一十三秒	九分四十秒	三十五分五秒
十八度	十二度	六十分四十三秒	二分三十二秒	一分四十八秒	三十四分二十七秒	五十二分	十四度四分	三十五分一十秒	九十六分四秒	一十分一十秒	三十五分二十一秒
二十四度	六度	六十分五十一秒	二分三十二秒	一分五十二秒	三十四分三十二秒	五十四分	十四度一十分	三十五分二十四秒	九十六分五十三秒	一十分三十五秒	三十五分三十七秒
五宮初度	七宮初度	六十分五十九秒	二分三十二秒	一分五十六秒	三十四分三十七秒	五十六分	十四度一十三分	三十五分三十二秒	九十七分五十八秒	一十分五十五秒	三十五分五十二秒
六度	二十四度	六十一分六秒	二分三十三秒	二分〇分	三十四分四十一秒	五十七分	十四度一十五分	三十五分三十九秒	九十八分一十四秒	十一分八秒	三十六分三秒
十二度	十八度	六十一分一十一秒	二分三十三秒	二分二秒	三十四分四十四秒	五十八分	十四度一十八分	三十五分四十五秒	九十八分三十七秒	十一分二十四秒	三十六分一十一秒
十八度	十二度	六十一分一十五秒	二分三十三秒	二分四秒	三十四分四十六秒	五十九分	十四度一十九分	三十五分四十九秒	九十八分四十秒	十一分三十六秒	三十六分一十四秒
二十四度	六度	六十一分一十七秒	二分三十三秒	二分五秒	三十四分四十七秒	六十分	十四度二十分	三十五分五十秒	九十八分四十五秒	十一分三十九秒	三十六分一十七秒
六宮初度	六宮初度	六十一分一十八秒	二分三十三秒	二分六秒	三十四分四十八秒	六十分	十四度一十九分	三十五分四十八秒	九十八分四十七秒	十一分四十秒	三十六分一十八秒

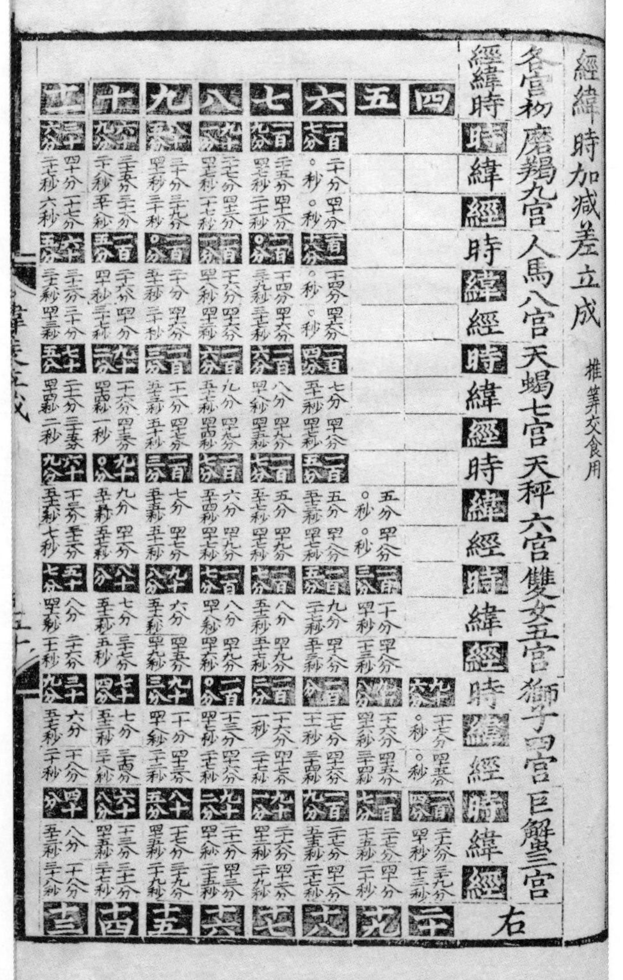

經緯時加減差立成　推算交食用

各宮初／經緯時	磨羯九宮			人馬八宮			天蝎七宮			天秤六宮			雙女五宮			獅子四宮			巨蟹三宮			右
	時	緯	經	時	緯	經	時	緯	經	時	緯	經	時	緯	經	時	緯	經	時	緯	經	
四																九十六分	一十七分○秒	四十五分○秒	一百四分	二十六分四十秒	三十九分一十三秒	二十
五											五分○秒	四十八分○秒	二百三分	一十分四十秒	四十八分一十三秒	九十八分	一十六分四十六秒	四十五分三十四秒	一百七分	二十七分一十五秒	四十分二十秒	十九
六	一百七分	二十分○秒	四十分○秒	一百一十八分	一十四分○秒	四十六分○秒	一百四分	七分五十一秒	四十八分四十七秒	一百五分	五分五十三秒	四十八分四十七秒	一百五分	九分二十七秒	四十八分五十三秒	一百分	一十七分一十一秒	四十六分三十四秒	一百九分	二十七分五十五秒	四十一分二十七秒	十八
七	一百九分	二十五分四十七秒	四十一分二十一秒	一百○分	一十四分三十九秒	四十六分三十七秒	一百六分	八分四十八秒	四十九分四十五秒	一百七分	五分五十七秒	四十九分四十七秒	一百七分	八分五十二秒	四十九分五十七秒	一百二分	一十六分一秒	四十七分二十七秒	九十一分	二十六分四十二秒	四十二分二十九秒	十七
八	九十一分	二十七分四十七秒	四十二分一十七秒	一百一分	一十六分四十八秒	四十六分四十二秒	一百六分	九分五十七秒	四十九分四十四秒	一百七分	六分五十四秒	四十九分四十七秒	一百七分	八分四十八秒	四十九分四十六秒	一百○分	一十三分四十七秒	四十六分二十七秒	九十二分	二十一分四十八秒	四十三分二十五秒	十六
九	八十五分	三十分四十一秒	三十九分三十秒	一百○分	二十分五十一秒	四十六分三十秒	一百三分	一十一分五十三秒	四十七分五十秒	一百三分	七分五十五秒	四十七分五十一秒	九十八分	六分五十六秒	四十五分四十九秒	九十三分	一十分四十八秒	四十三分二十二秒	八十五分	一十七分四十五秒	三十九分二十九秒	十五
十	六十九分	三十五分二十八秒	三十一分五十八秒	一百五分	二十六分四十秒	四十分三十七秒	九十二分	一十六分四十四秒	四十三分一秒	九十○分	九分五十三秒	四十一分五十七秒	八十分	七分五十二秒	三十七分五秒	七十四分	七分五十二秒	三十四分三十八秒	六十八分	一十三分四十五秒	三十一分三十七秒	十四
十一	三十六分	四十分二十七秒	一十七分六秒	六十五分	三十二分三十六秒	三十分四十三秒	七十五分	二十一分四十四秒	三十五分二秒	六十九分	一十三分五十六秒	五十二分七秒	五十七分	八分四十六秒	二十六分一十一秒	三十九分	六分五十七秒	一十八分二十秒	四十分	八分五十二秒	一十八分三十八秒	十三

十二	○○分	四十二分二十五秒	○分○秒	二十八分	三十八分二十五秒	一十三分一十秒	四十六分	二十九分二十九秒	二十一分一十五秒	三十三分	二十一分四十一秒	一十五分三十二秒	二十二分	一十三分五十五秒	一十分二十三秒	○七分	九分五十秒	三分二十秒	○○分	六分五十六秒	○分○秒	十二
十三	三十六分	四十分二十六秒	一十七分六秒	○八分	四十一分二十四秒	三分三十五秒	○三分	三十六分三十秒	一分二十七秒	○二分	二十八分三十六秒	○分三十六秒	一十五分	二十一分四十秒	七分一十三秒	二十九分	一十分一十八秒	一十三分二十九秒	四十分	八分五十二秒	一十八分三十一秒	十一
十四	六十九分	三十五分二十八秒	三十一分五十八秒	四十二分	四十一分二十九秒	一十九分二十四秒	二十九分	三十九分三十四秒	一十二分二十九秒	二十八分	三十五分二十五秒	一十三分一十三秒	四十一分	二十七分三十六秒	一十九分一十一秒	五十九分	一十八分五十四秒	二十七分二十二秒	六十八分	一十三分四十五秒	三十一分三十七秒	十
十五	八十五分	三十分四十一秒	三十九分三十秒	六十四分	四十分二十六秒	三十分八秒	五十○分	四十一分二十九秒	二十三分二十二秒	四十七分	三十八分三十一秒	二十二分一十一秒	五十八分	三十三分三十秒	二十七分七秒	七十四分	二十五分三十九秒	三十四分一十二秒	八十五分	一十七分四十五秒	三十九分二十九秒	九
十六	九十一分	二十七分四十七秒	四十二分一十七秒	七十五分	三十六分三十八秒	三十三分二十七秒	六十二分	四十分三十九秒	二十九分一十六秒	六十分	四十分三十秒	二十八分四秒	六十七分	三十八分二十一秒	三十一分九秒	七十四分	三十分三十秒	三十四分三十六秒	九十二分	二十分四十八秒	四十三分二十五秒	八
十七	一百九分	二十五分四十七秒	四十一分二十秒	七十五分	三十五分三十三秒	三十五分七秒	六十四分	三十九分三十七秒	三十分一十四秒	六十四分	四十一分二十八秒	三十分五秒	六十六分	四十分三十八秒	三十分一十五秒	六十八分	三十四分三十一秒	三十一分五十四秒	九十一分	二十六分四十二秒	四十二分二十九秒	七
十八	一百七分	二十分○秒	四十分○秒	七十五分	三十四分四十秒	○分○秒	六十四分	三十八分二十六秒	三十一分一十三秒	六十四分	四十一分二十七秒	三十分三秒	六十一分	四十一分二十六秒	二十八分二十六秒	六十四分	三十六分三十三秒	二十九分五十二秒	一百九分	二十七分五十五秒	四十一分二十七秒	六
十九											四十分○秒	二十九分○秒	五十九分	三十九分四十七秒	二十七分三十三秒	六十二分	三十五分七秒	二十八分五十三秒	一百七分	二十七分一十五秒	四十分二十秒	五
二十																五十九分	三十五分一十七秒	二十七分四十秒	一百四分	二十六分四十秒	三十九分一十三秒	四
	時	緯	經	時	緯	經	時	緯	經	時	緯	經	時	緯	經	時	緯	經	時	緯	經	左
	磨羯九宮			實瓶十宮			雙魚十一宮			白羊初宮			金牛一宮			陰陽二宮			巨蟹三宮			

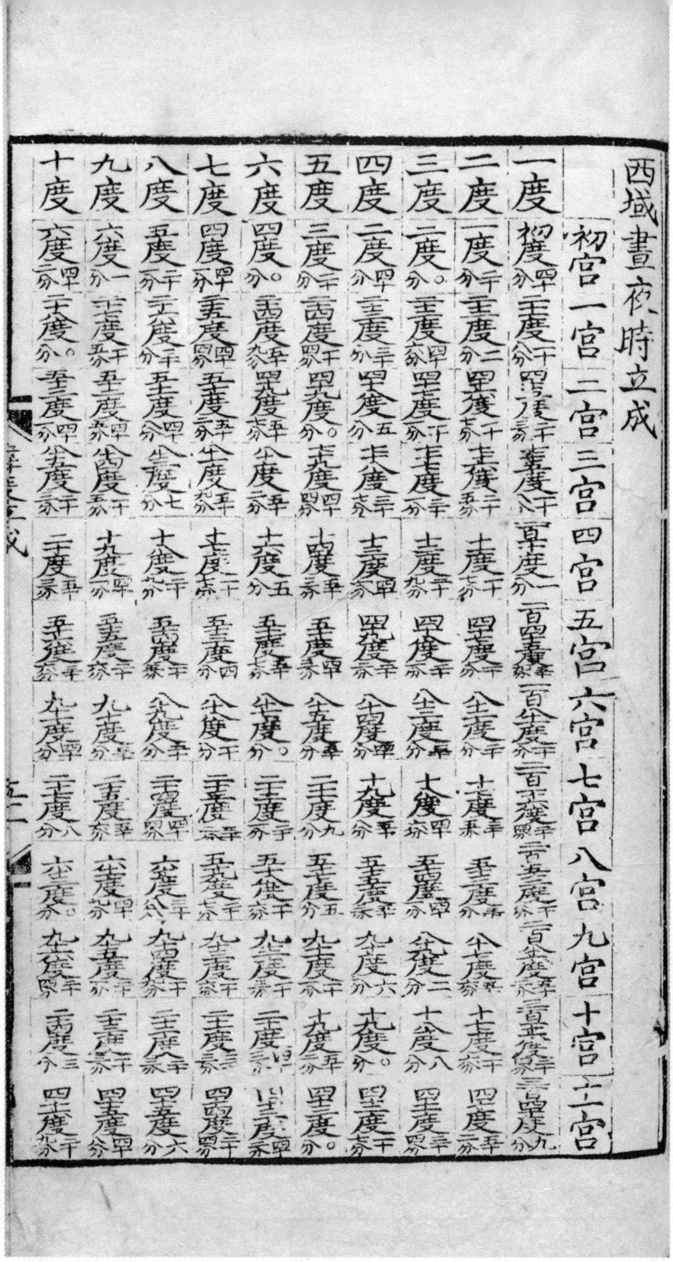

西域晝夜時立成

	初宫	一宫	二宫	三宫	四宫	五宫	六宫	七宫	八宫	九宫	十宫	十一宫
一度	初度四十分	二十一度一十八分	四十五度二十三分	七十五度一十八分	一百一十度一分	一百四十五度五十九分	一百八十一度一十分	二百一十六度二十四分	二百五十二度一十分	二百八十七度五十二分	三百一十六度二十四分	三百四十度九分
二度	一度二十分	二十二度二分	四十六度一十七分	七十六度二十五分	十一度一十七分	四十七度一十分	八十二度二十分	十七度三十五分	五十三度一十分	八十七度五十六分	十七度一十六分	四十度五十二分
三度	二度〇分	二十二度四十六分	四十七度一十一分	七十七度三十一分	十二度二十九分	四十八度二十一分	八十三度一十分	十八度四十六分	五十四度四十一分	八十九度二分	十八度八分	四十一度三十四分
四度	二度四十分	二十三度三十分	四十八度五分	七十八度三十七分	十三度四十一分	四十九度二十二分	八十四度四十分	十九度五十八分	五十五度五十三分	九十度六分	十九分〇分	四十二度一十七分
五度	三度二十分	二十四度一十四分	四十九度〇分	七十九度四十四分	十四度五十三分	五十度四十三分	八十五度五十分	二十一度九分	五十七度五分	九十一度一十一分	十九度五十二分	四十三度〇分
六度	四度〇分	二十四度五十九分	四十九度五十七分	八十度五十二分	十六度五分	五十一度五十七分	八十七度〇分	二十二度二十一分	五十八度一十六分	九十二度一十三分	二十度四十三分	四十三度四十二分
七度	四度四十一分	二十五度四十四分	五十度五十二分	八十一度五十九分	十七度一十七分	五十三度四分	八十八度一十分	二十三度三十二分	五十九度二十七分	九十三度一十六分	二十一度三十三分	四十四度二十四分
八度	五度二十一分	二十六度三十分	五十一度四十八分	八十三度七分	十八度二十九分	五十四度一十五分	八十九度五十分	二十四度四十四分	六十七度三十八分	九十四度一十九分	二十二度二十三分	四十五度六分
九度	六度一分	二十七度一十五分	五十二度四十五分	八十四度一十五分	十九度四十一分	五十五度二十六分	九十度三十分	二十五度五十六分	六十七度四十九分	九十五度二十一分	二十三度一十三分	四十五度四十八分
十度	六度四十二分	二十八度〇分	五十三度四十一分	八十五度二十三分	二十度五十三分	五十六度三十六分	九十一度四十分	二十七度八分	六十三度〇分	九十六度二十四分	二十四度三分	四十六度二十九分

三八六

十一度	七度二十二分	二十八度四十七分	五十四度四十分	八十六度三十二分	二十二度五分	五十七度四十七分	九十二度五十分	二十八度一十九分	六十四度十分	九十七度二十四分	二十四度五十二分	四十七度一十一分
十二度	八度三分	二十九度三十四分	五十五度三十八分	八十七度四十一分	二十三度一十八分	五十八度五十七分	九十四度一分	二十九度三十一分	六十五度二十分	九十八度二十五分	二十五度四十一分	四十七度五十二分
十三度	八度四十三分	三十度二十分	五十六度三十六分	八十八度四十九分	二十四度三十分	六十度八分	九十五度一十一分	三十度四十三分	六十六度三十分	九十九度二十六分	二十六度二十九分	四十八度三十三分
十四度	九度二十四分	三十一度七分	五十七度三十五分	九十度〇分	二十五度四十一分	六十一度一十八分	九十六度二十一分	三十一度五十五分	六十七度四十一分	三百度二十六分	二十七度一十六分	四十九度一十七分
十五度	十度五分	三十一度五十五分	五十八度三十四分	九十一度九分	二十六度五十三分	六十二度二十九分	九十七度三十一分	三十三度七分	六十八度五十一分	一度二十六分	二十八度三分	四十九度五十五分
十六度	十度四十六分	三十二度四十三分	五十九度三十四分	九十二度一十九分	二十八度五分	六十三度三十九分	九十八度四十二分	三十四度一十九分	七十度〇分	二度二十六分	二十八度五十二分	五十度三十六分
十七度	十一度二十七分	三十三度三十一分	六十度三十四分	九十三度三十分	二十九度二十七分	六十四度四十九分	九十九度五十二分	三十五度三十分	七十一度九分	三度二十四分	二十九度四十分	五十一度一十七分
十八度	十二度八分	三十四度一十九分	六十一度三十五分	九十四度四十分	三十度二十九分	六十五度五十九分	二百一度三分	三十六度四十二分	七十二度一十九分	四度二十四分	三十度二十六分	五十一度五十七分
十九度	十二度四十九分	三十五度八分	六十二度三十六分	九十五度五十分	三十一度四十一分	六十七度一十分	二度一十三分	三十七度五十五分	七十三度二十八分	五度二十分	三十一度一十三分	五十二度二十八分
二十度	十三度二十一分	三十五度一十七分	六十三度三十七分	九十七度〇分	三十二度五十二分	六十八度二十分	三度二十五分	三十九度七分	七十四度三十七分	六度一十九分	三十二度〇分	五十三度一十八分
二十一度	十四度一十二分	三十六度四十七分	六十四度三十九分	九十八度一十一分	三十四度四分	六十九度三十分	四度三十四分	四十度一十九分	七十五度四十五分	七度一十五分	三十二度四十五分	五十三度五十九分
二十二度	十四度三十四分	三十七度三十七分	六十五度四十一分	九十九度一十二分	三十五度二十分	七十度四十分	五度四十五分	四十一度三十一分	七十六度五十五分	八度一十二分	三十三度三十分	五十四度三十九分

	初宫	一宫	二宫	三宫	四宫	五宫	六宫	七宫	八宫	九宫	十宫	十一宫
二十三度	十五度三十六分	三十八度二十七分	六十六度四十四分	一百度三十三分	一百三十六度二十分	七十一度五十分	二百六度五十六分	二百四十二度四十二分	二百七十八度一分	三百九度八分	三百三十四度一十五分	三百五十五度三十九分
二十四度	十六度一十八分	三十九度一十七分	六十七度四十七分	一度四十四分	三十七度三十一分	七十三度〇分	八度六分	四十三度五十分	七十九度八分	一十度四分	三十五度〇分	五十六度〇分
二十五度	十七度〇分	四十度八分	六十八度四十九分	二度五十五分	三十八度五十一分	七十四度一十分	九度一十七分	四十五度一十分	八十度一十分	十一度〇分	三十五度四十六分	五十六度四十分
二十六度	十七度四十三分	四十度〇分	六十九度五十四分	四度七分	四十一度二分	七十五度二十分	一十度二十八分	四十六度一十九分	八十一度二十三分	十一度五十五分	三十六度三十分	五十七度二十分
二十七度	十八度二十六分	四十一度五十二分	七十度五十八分	五度一十九分	四十一度一十四分	七十六度三十分	十一度三十九分	四十七度一十分	八十二度二十九分	十二度四十九分	三十七度一十四分	五十八度〇分
二十八度	十九度八分	四十二度四十四分	七十二度四十分	六度三十分	四十二度二十五分	七十七度四十分	十二度五十分	四十八度四十五分	八十三度三十五分	十三度四十三分	三十七度五十八分	五十八度四十分
二十九度	十九度五十一分	四十三度三十六分	七十三度八分	七度四十二分	四十三度三十六分	七十八度五十分	十四度一分	四十九度五十五分	八十四度四十二分	十四度三十四分	三十八度四十分	五十九度二十分
三十度	二十度三十四分	四十四度二十九分	七十四度一十二分	八度五十三分	四十四度四十七分	八十度〇分	十五度一十二分	五十一度七分	八十五度四十八分	十五度三十一分	三十九度二十五分	六十度〇分

三八八

緯度立成終

圖書在版編目（CIP）數據

回回曆法三種 /［明］貝琳等著. — 長沙 : 湖南科學技術出版社, 2022.2
（中國科技典籍選刊. 第六輯）
ISBN 978-7-5710-1248-9

Ⅰ. ①回… Ⅱ. ①貝… Ⅲ. ①伊斯蘭教歷 Ⅳ. ①P194.9

中國版本圖書館 CIP 數據核字(2021)第 215370 號

中國科技典籍選刊（第六輯）
HUIHUI LIFA SANZHONG

回回曆法三種

著　　者：[明]貝　琳等
整　　理：李　亮
出 版 人：潘曉山
責任編輯：楊　林
出版發行：湖南科學技術出版社
社　　址：湖南省長沙市開福區芙蓉中路一段 416 號泊富國際金融中心 40 樓
网　　址：http://www.hnstp.com
郵購聯係：本社直銷科 0731-84375808
印　　刷：長沙鴻和印務有限公司
　　　　　（印裝質量問題請直接與本廠聯係）
廠　　址：長沙市望城區普瑞西路 858 号
郵　　編：410200
版　　次：2022 年 2 月第 1 版
印　　次：2022 年 2 月第 1 次印刷
開　　本：787mm×1092mm　1/16
印　　張：52.75
字　　數：1080 千字
書　　號：ISBN 978-7-5710-1248-9
定　　價：398.00 圓（共兩冊）

中國科技典籍選刊

第六輯

叢書主編：孫顯斌

日本國立公文書館藏
明成化十三年刊本等

回回曆法三種

【下】

[明]貝琳等◇撰　李亮◇整理

湖南科學技術出版社

國家古籍整理出版專項經費資助項目

自行	初宮 加減差			一宮 加減差			二宮 加減差			自行
	度	分	秒	度	分	秒	度	分	秒	
〇		〇	〇〇		五八	三五	一	四二	四五	三〇
一		二	〇二	一	〇〇	二二	一	四三	四九	二九
二		四	〇四	一	〇二	〇八	一	四四	五二	二八
三		六	〇六	一	〇三	五三	一	四五	五三	二七
四		八	〇八	一	〇五	三七	一	四六	五二	二六
五		一〇	一〇	一	〇七	二〇	一	四七	四九	二五
六		一二	一二	一	〇九	〇一	一	四八	四四	二四
七		一四	一三	一	一〇	四一	一	四九	三七	二三
八		一六	一五	一	一二	二〇	一	五〇	二八	二二
九		一八	一六	一	一三	五八	一	五一	一七	二一
一〇		二〇	一七	一	一五	三五	一	五二	〇四	二〇
一一		二二	一七	一	一七	一〇	一	五二	五〇	一九
一二		二四	一六	一	一八	四四	一	五三	三四	一八
一三		二六	一六	一	二〇	一七	一	五四	一六	一七
一四		二八	一五	一	二一	四九	一	五四	五六	一六
一五		三〇	一五	一	二三	一九	一	五五	三四	一五
一六		三二	一三	一	二四	四七	一	五六	〇九	一四
一七		三四	一〇	一	二六	一四	一	五六	四二	一三
一八		三六	〇七	一	二七	四〇	一	五七	一三	一二
一九		三八	〇三	一	二九	〇四	一	五七	四二	一一
二〇		三九	五九	一	三〇	二七	一	五八	〇九	一〇
二一		四一	五四	一	三一	四八	一	五八	三四	九
二二		四三	四八	一	三三	〇八	一	五八	五七	八
二三		四五	四二	一	三四	二六	一	五九	一八	七
二四		四七	三五	一	三五	四二	一	五九	三七	六
二五		四九	二七	一	三六	五七	一	五九	五四	五
二六		五一	一八	一	三八	一〇	二	〇〇	〇八	四
二七		五三	〇八	一	三九	二一	二	〇〇	二〇	三
二八		五四	五八	一	四〇	三一	二	〇〇	三〇	二
二九		五六	四七	一	四一	三九	二	〇〇	三八	一
三〇		五八	三五	一	四二	四五	二	〇〇	四三	〇
減	十一宮			十宮			九宮			加

中國科技典籍選刊

中國科學院自然科學史研究所組織整理

叢書主編　孫顯斌

編輯辦公室　高　峰　程占京

學術委員會（按中文姓名拼音爲序）

陳紅彦（中國國家圖書館）

馮立昇（清華大學圖書館）

韓健平（中國科學院大學）

黄顯功（上海圖書館）

雷　恩（Jürgen Renn 德國馬克斯普朗克學會科學史研究所）

李　雲（北京大學圖書館）

林力娜（Karine Chemla 法國國家科研中心）

劉　薔（清華大學圖書館）

羅桂環（中國科學院自然科學史研究所）

羅　琳（中國科學院文獻情報中心）

潘吉星（中國科學院自然科學史研究所）

田　淼（中國科學院自然科學史研究所）

徐鳳先（中國科學院自然科學史研究所）

曾雄生（中國科學院自然科學史研究所）

張柏春（中國科學院自然科學史研究所）

張志清（中國國家圖書館）

鄒大海（中國科學院自然科學史研究所）

《中國科技典籍選刊》總序

我國有浩繁的科學技術文獻，整理這些文獻是科技史研究不可或缺的基礎工作。竺可楨、李儼、錢寶琮、劉仙洲、錢臨照等我國科技史事業開拓者就是從解讀和整理科技文獻開始的。二十世紀五十年代，科技史研究在我國開始建制化，相關文獻整理工作有了突破性進展，涌現出許多作品，如胡道静的力作《夢溪筆談校證》。

改革開放以來，科技文獻的整理再次受到學術界和出版界的重視，這方面的出版物呈現系列化趨勢。巴蜀書社出版《中華文化要籍導讀叢書》（簡稱《導讀叢書》），如聞人軍的《考工記導讀》、傅維康的《黄帝内經導讀》、繆啓愉的《齊民要術導讀》、胡道静的《夢溪筆談導讀》及潘吉星的《天工開物導讀》。上海古籍出版社與科技史專家合作，爲一些科技文獻作注釋并譯成白話文，刊出《中國古代科技名著譯注叢書》（簡稱《譯注叢書》），包括程貞一和聞人軍的《周髀算經譯注》、聞人軍的《考工記譯注》、郭書春的《九章算術譯注》、繆啓愉的《東魯王氏農書譯注》、陸敬嚴和錢學英的《新儀象法要譯注》、潘吉星的《天工開物譯注》、李迪的《康熙幾暇格物編譯注》等。

二十世紀九十年代，中國科學院自然科學史研究所組織上百位專家選擇并整理中國古代主要科技文獻，編成共約四千萬字的《中國科學技術典籍通彙》（簡稱《通彙》）。它共影印五百四十一種書，分爲綜合、數學、天文、物理、化學、地學、生物、農學、醫學、技術、索引等共十一卷（五十册），分别由林文照、郭書春、薄樹人、戴念祖、郭正誼、唐錫仁、苟翠華、范楚玉、余瀛鰲、華覺明等科技史專家主編。編者爲每種古文獻都撰寫了『提要』，概述文獻的作者、主要内容與版本等方面。自一九九三年起，《通彙》由河南教育出版社（今大象出版社）陸續出版，受到國内外中國科技史研究者的歡迎。近些年來，國家立項支持《中華大典》數學典、天文典、理化典、生物典、農業典等類書性質的系列科技文獻整理工作。類書體例容易割裂原著的語境，這對史學研究來説多少有些遺憾。

總的來看，我國學者的工作以校勘、注釋、白話翻譯爲主，也研究文獻的作者、版本和科技内容。例如，潘吉星將《天工開物校注及研究》分爲上篇（研究）和下篇（校注），其中上篇包括時代背景，作者事跡，書的内容、刊行、版本、歷史地位和國際影響等方面。

《導讀叢書》、《譯注叢書》和《通彙》等爲讀者提供了便于利用的經典文獻校注本和研究成果，也爲科技史知識的傳播做出了重要貢獻。不過，可能由於整理目標與出版成本等方面的限制，這些整理成果不同程度地留下了文獻版本方面的缺憾。《導讀叢書》、《譯注叢書》和其他校注本基本上不提供保持原著全貌的高清影印本，并且録文時將繁體字改爲簡體字，改變版式，還存在截圖、拼圖、换圖中漢字等現象。《通彙》的編者們儘量選用文獻的善本，但《通彙》的影印質量尚需提高。

歐美學者在整理和研究科技文獻方面起步早於我國。他們整理的經典文獻爲科技史的各種專題與綜合研究奠定了堅實的基礎。有些科技文獻整理工作被列爲國家工程。例如，萊布尼兹（G. W. Leibniz）的手稿與論著的整理工作於一九〇七年在普魯士科學院與法國科學院聯合支持下展開，文獻内容包括數學、自然科學、技術、醫學、人文與社會科學，萊布尼兹所用語言有拉丁語、法語和其他語種。該項目因第一次世界大戰而失去法國科學院的支持，但在普魯士科學院支持下繼續實施。第二次世界大戰後，項目得到東德政府和西德政府的資助。迄今，這個跨世紀工程已經完成了五十五卷文獻的整理和出版，預計到二〇五五年全部結束。

二十世紀八十年代以來，國際合作促進了中文科技文獻的整理與研究。我國科技史專家與國外同行發揮各自的優勢，合作整理與研究《九章算術》、《黄帝内經素問》等文獻，并嘗試了新的方法。郭書春分别與法國科研中心林力娜（Karine Chemla）、美國紐約市立大學道本周（Joseph W. Dauben）和徐義保合作，先後校注成中法對照本《九章算術》（*Les Neuf Chapters*，二〇〇四）和中英對照本《九章算術》（*Nine Chapters on the Art of Mathematics*，二〇一四）。中科院自然科學史研究所與馬普學會科學史研究所的學者合作校注《遠西奇器圖説録最》，在提供高清影印本的同時，還刊出了相關研究專著《傳播與會通》。

按照傳統的説法，誰占有資料，誰就有學問，我國許多圖書館和檔案館都重『收藏』輕『服務』。在全球化與信息化的時代，國際科技史學者們越來越重視建設文獻平臺，整理、研究、出版與共享寶貴的科技文獻資源。德國馬普學會（Max Planck Gesellschaft）的科技史專家們提出『開放獲取』經典科技文獻整理計劃，以『文獻研究＋原始文獻』的模式整理出版重要典籍。編者盡力選擇稀見的手稿和經典文獻的善本，向讀者提供展現原著面貌的複製本和帶有校注的印刷體轉録本，甚至還有與原著對應編排的英語譯文。同時，編者爲每種典籍撰寫導言或獨立的學術專著，包含原著的内容分析、作者生平、成書與境及參考文獻等。

任何文獻校注都有不足，甚至引起對某些内容解讀的争議。真正的史學研究者不會全盤輕信已有的校注本，而是要親自解讀原始文獻，希望看到完整的文獻原貌，并試圖發掘任何細節的學術價值。與國際同行的精品工作相比，我國的科技文獻整理與出版工作還可以精益求精，比如從所選版本截取局部圖文，甚至對所截取的内容加以『改善』，這種做法使文獻整理與研究的質量打了折扣。

實際上，科技文獻的整理和研究是一項難度較大的基礎工作，對整理者的學術功底要求較高。他們須在文字解讀方面下足够的功夫，并且準確地辨析文本的科學技術内涵，瞭解文獻形成的歷史與境。顯然，文獻整理與學術研究相互支撑，研究决定着整理的質量。隨着研究的深入，整理的質量自然不斷完善。整理跨文化的文獻，最好藉助國際合作的優勢。如果翻譯成英文，還須解决語言轉换的難題，找到合適的以英語爲母語的合作者。

在我國，科技文獻整理、研究與出版明顯滯後於其他歷史文獻，這與我國古代悠久燦爛的科技文明傳統不相稱。相對龐大的傳統科技遺産而言，已經系統整理的科技文獻不過是冰山一角。比如《通彙》中的絶大部分文獻尚無校勘與注釋的整理成果，以往的校注工作集中在幾十種文獻，并且没有配套影印高清晰的原著善本，有些整理工作存在重複或雷同的現象。近年來，國家新聞出版廣电總局加大支持古籍整理和出版的力度，鼓勵科技文獻的整理工作。學者和出版家應該通力合作，借鑒國際上的經驗，高質量地推進科技文獻的整理與出版工作。

鑒於學術研究與文化傳承的需要，中科院自然科學史研究所策劃整理中國古代的經典科技文獻，并與湖南科學技術出版社合作出版，向學界奉獻《中國科技典籍選刊》。非常榮幸這一工作得到圖書館界同仁的支持和肯定，他們的慷慨支持使我們倍受鼓舞。國家圖書館、上海圖書館、清華大學圖書館、北京大學圖書館、日本國立公文書館、早稻田大學圖書館、韓國首爾大學奎章閣圖書館等都對『選刊』工作給予了鼎力支持，尤其是國家圖書館陳紅彦主任、上海圖書館黄顯功主任、清華大學圖書館馮立昇先生和劉薔女士以及北京大學圖書館李雲主任還慨允擔任本叢書學術委員會委員。我們有理由相信有科技史、古典文獻與圖書館學界的通力合作，《中國科技典籍選刊》一定能結出碩果。這項工作以科技史學術研究爲基礎，選擇存世善本進行高清影印和録文，加以標點、校勘和注釋，排版採用圖像與録文、校釋文字對照的方式，便於閱讀與研究。另外，在書前撰寫學術性導言，供研究者和讀者參考。受我們學識與客觀條件所限，《中國科技典籍選刊》還有諸多缺憾，甚至存在謬誤，敬請方家不吝賜教。

我們相信，隨着學術研究和文獻出版工作的不斷進步，一定會有更多高水平的科技文獻整理成果問世。

張柏春　孫顯斌

於中關村中國科學院基礎園區

二〇一四年十一月二十八日

目録

南京圖書館藏《回回曆法》清抄本

回回曆法

明洪武初大將軍平元都收其圖籍其中見西域書數百冊言殊字異無能知者洪武元年徵回回司天監太監黑的兒阿都剌監丞迭里月實鄭阿里等至京議曆三年定為欽天監設回回科十五年秋九月癸亥太祖御奉天門召翰林李翀吴伯宗諭之曰西域推測天象至為精密其緯度之法又中國所未備宜譯其書以時披閱遂召回回科靈臺郎海荅兒阿荅兀丁太師馬沙亦黑馬哈麻等譯之十八年西域又獻土盤曆名經緯度曆官元統譯漢算三十一年罷回回科

回回曆法
明洪武初大將軍平元都收其圖籍其中見西域書数百册
言殊字異無能知者洪武元年徵回回司天監太監黑的兒
阿都刺監丞迭里月實鄭阿里等至京議曆三年定為欽天
監設回回科十五年秋九月癸亥太祖御奉天門召翰林李
翀吳伯宗諭之曰西域推測天象至為精密其緯度之法又
中國所未備宜譯其書以時披閱遂召回回科靈臺郎海答
兒阿答兀丁太師馬沙亦黑馬哈麻等譯之十八年西域又
獻土盤曆名經緯度曆官元統譯漢算三十一年罷回回科

回回曆法

明洪武初大將軍平元都收其圖籍，其中見西域書数百册，言殊字異，無能知者。洪武元年，徵回回司天監太監黑的兒阿都剌、監丞迭里月實、鄭阿里等至京議曆。三年定爲欽天監，設回回科。十五年秋九月癸亥，太祖御奉天門召翰林李翀、吴伯宗，諭之曰："西域推測天象至爲精密，其緯度之法又中國所未備，宜譯其書，以時披閱"。遂召回回科靈臺郎海答兒、阿答兀丁、太師馬沙亦黑、馬哈麻等譯之。十八年，西域又獻土盤曆，名經緯度，曆官元統譯漢算。三十一年，罷回回科，隸於欽天監，凡交食凌犯與中曆參校推步。成化六年，具奏脩補。十三年，南京欽天監監副具[1] 琳傳之，而書始備。崇禎二年更設回回曆局，盖終有明之代，未常廢其法也。

積年起西域阿剌必年，隋開皇己未。下至洪武甲子，計積七百八十六年。其初法用天元或地元、人元積年。天元又名大元，至隋己未，中積五千二百九十四萬九千八百七十五；地元又名中元，中積二千八百七十五萬七八七五；人元又名小元，中積四百五十六萬五八七五，後廢不用。

按：回回曆，即古九執曆。唐開元六年，詔太史瞿曇悉達譯之。斷取近距，以開元二年二月爲曆首，度法六十，月有二[2] 二十九日，餘七百三分日之三百七十三。曆首有朔虛分，百二十六。周天三百六十，無餘分。日去没分，九百分度之十三。二月爲時，六時爲歲，三十度爲相，十二相而周天，望前曰白轉，望

1“具”當作“貝”。
2“二”爲衍文。

後曰黑博，與此小異。

用數：周天十二宮。每宫三十度，共三百六十度。每度六十分，每分六十秒。微纖以下准此。一日九十六刻，每刻十五分。

算法：相乘定數。度乘分得分，度乘秒得秒，度乘微得微，分乘分得秒，分乘秒得微，分乘微得纖，秒乘秒得纖。

相除定数。度除分滿法得分，度除秒滿法得秒，度除微滿法得微，分除分滿法得秒，秒除秒滿法得微。

凡通分、通秒相乘者，如一度通爲六十分，一分通爲六十秒之類，得数以六十收之。如得六千微，先以六十收之爲六百秒，又以六十收之爲六十分，又以六十收之爲一度。凡算宫度分滿十宫二者去之，不及減者，加十二宫減之。凡相減，用減餘之数。

宫分日数：白羊戌宫，三十一日；金牛酉宫，三十一日；陰陽申宫，三十一日；巨蟹未宫，三十二日；獅子午宫，三十一日；雙女巳宫，三十一日；天秤辰宫，三十日；天蝎卯宫，三十日；人馬寅宫，二十九日；磨羯丑宫，二十九日；實瓶子宫，三十日；雙魚亥宫，三十日。已十二宫所謂不動之月，凡三百六十五日乃歲周之日也。若遇宫分有閏之年，于雙魚宫加一日，凡三百六十六日。

月分大小：一月大，二月小，三月大，四月小，五月大，六月小，七月大，八月小，九月大，十月小，十一月大，十二月小。已上十二月，所謂動之月也。月大三十日，月小二十九日，凡三百五十四日，乃十二月之日也。遇月分有閏之年：于第十二月内增一日，凡三百五十五日。蓋中曆閏月，此閏日也。

七曜數：日一，月二，火三，水四，木五，金六，土七。中曆紀日，用六十甲子，此紀日用七曜。

按：回回曆出于西域馬可之地，馬哈麻所造也，初與西洋曆同傳于厄日多國。故其立法與西洋本法多同。西人云天下萬國曆法皆傳于上古聖人諾厄，是中曆亦與西曆同師。顧其事杳渺，未可爲據。中曆雖步起冬至，西曆起春分，以春分之日景，緯度闊而加准也。唐順之[1]曰：“歲之爲義，于文從步，從戊，白羊宮于辰在戊[2]，豈謂步曆當從戊[3]起與?”[4]周述學[5]曰：“回回之曆元起于隋開皇十九年己未。其法常以三百六十五日爲一歲，歲有十二宮，宮有閏日，凡百二十八年閏三十一日。又以三百五十四日爲一周，周有十二月，月有閏日。凡三十年閏十一日，歷千九百四十一年，宮月甲子再會。其白羊宮第一日，日月五星之行與中以春正定氣日之宿直同。其用以推步經緯之度，著凌犯之占，曆家以爲最密。”[6]求宮分閏日。無之餘日。置西域歲前積年減一，以一百五十九乘

1 唐順之（1507—1560年），字應德，號荆川，嘉靖八年進士，江蘇武進（今常州）人。《明史》有云：“順之於學無所不窺，自天文、樂律、地理、兵法、弧矢、勾股、壬奇、禽乙，莫不窮究原委。”

2 “戊”當作“戌”。

3 “戊”當作“戌”。

4 周述學《神道大編曆宗通議》卷十三作“歲之爲義，於文從步，從戌謂推步，從戌而起也。白羊宮於辰在戌，豈推步自戌時”。

5 周述學，字繼志，號雲淵子，浙江山陰（今紹興）人，在天文曆法上頗有建樹。

6 出自徐有貞《武功集》卷二“西域曆書序”。

之。一百二十八年内，閏三十一日。故以總数乘。内加一十五。閏應。以一百二十八屡減之，餘不滿之數。若在九十六已上。閏限。其年宫分有閏日；已下，無閏日。于除得之数内加五。宫分立成起火三，故須加五。滿七去之，餘即所求年白羊宫一日七曜。又法：置三十一，以距年乘之，外加十五，以一百二十八除之。

求月分閏日。朔之餘日。置西域積年，減一。以一百三十一乘之。總數乘。内一百九十四。閏應。以三十爲法，屡減之。餘在十八已上。閏限。其年月分有閏日；已下，則無。于除得之数滿七去之，月分立成起日一。餘即所求年第一月一日七曜。凡再閏日，有宫分閏日，有月分閏日。註：前見求得加之，或宫月俱有各加之。中曆用太陰年，故閏月回回與西洋本國曆法用太陽年，故閏日。

太陽五星最高行度。隋己未測定。太陽，二宫二十九度二十一分；土星，八宫十四度四十八分；木星，六宫〇度八分；火星

四宮十五度四分　金星二宮十七度六分　水星七宮六度
十七分
加次法　置積日全積并宮閏所得數減月閏内加三百三十一日己未春正
前日以三百五十四一年數除之餘數減去所加三百三十一又減
二十三足成一年日數又減二十四洪武甲子加次又減一改應所損之一日及實距
年己未至今得數　又法以氣積宮閏併通閏為氣積内減月閏置十一以距年乘之外加
十四以三十除之得月閏數以三百五十四除之餘減洪武加次二十四又
減補日二十三又減改應損一日得數如前求通閏置十一日以距年乘之求宮
閏前見
按加次法係彼科所秘故諸本皆所不載然不得其法此曆
無從入門特訪補之

四宫十五度四分；金星，二宫十七度六分；水星，七宫六度十七分。

加次法[1]：置積日。全積并宫閏所得数。減月閏，内加三百三十一日，己未春正前日。以三百五十四一年数。除之，餘数減去所加三百三十一，又減二十三。足成一年日数。又減二十四，洪武甲子加次。又減一。改應所損之一日。及實距年己未至今。得数。[2]

又法：以氣積。宫閏并通閏爲氣積。内減月閏。置十一以距年乘之，外加十四，以三十除之，得月閏数。以三百五十四除之，餘減洪武加次二十四。又減補日二十三，又減改應損一日，得数如前。求通閏置十一日，以距年乘之求宫閏，前見。

按：加次法係彼科所秘，故諸本皆所不載。然不得其法，此曆無從入門，特訪補之。

1 由於《回回曆法》的立成表采用的是回陰曆日期編排，因此需要一種將回曆陽曆日期轉换爲回曆陰曆日期的方法，以方便借助回曆陽曆來完成從中國傳統曆法日期到回陰曆的换算，這種方法被稱爲“加次法”。

2 南圖本介紹有“加次法”，并給出了“加次法”的具體算例。但《回回曆法》之前的各版本中皆没有介紹“加次法”，回回曆法也因此遭到“巧藏根數”的指責。

求總年零年月日：置加次年減一，以十一乘之，得数又加十四，以三十分除之。另置加次月日，内減所除之数，并入距年，共得總零年月日。

按：不得加次法，凡求總零年月日者皆錯。故此條亦彼科所秘，兹特著明之。假如崇禎二年己巳五月己酉朔，上距曆元己未一千〇三十年。已減一訖。若不得加次法，不可以求總零年月日也。故須先求加次，置全積。第一法。三十七萬五千九百五十日。以詎[1]年乘三百六十五日所得。宫閏二百四十九日零七十三分。以三十一乘距年，加一五，以一百二十八除之所得。共得積日三十七萬六千一百九十九日零七十三分，減月閏三百七十八日，餘四分。以十一乘距年，加十四，三十除之所得。内加三百三十一日，以三百五十四日除之，得一千

1 當作“距”。

〇六十二年，餘二百〇四日，内一減三百三十一日。又減二十三日，再減洪武，加二十四年，再減癸亥改應所損之一日。再減實，距年一千〇三十年，餘得加次七年二百〇三日。約爲六個月又二十六日。

求總零年月日：置加次七年減一，以一十一乘之，得六十六分，加一十四，共八十〇分。以三十分除之，得二日。此七年中閏過之月閏。餘二十分，不用。另置加次月日六個月二十六日，内減此二日，餘六個月二十四日，并入距年及加次年，共得總零年月日一千〇三十七年又六月二十四日。

太陽行度。[1] 日中行度日行五十九分〇八秒强，最高衝日行一十微弱。

求最高總度：置西域前積年。隋己未。入總年零年月分日分立成内，各取前年前月前日最高行度，并之即最高總度。如求十年則取

1 即關於太陽位置的計算。

九年。求十月，則取九月。求十日，取九日之類，即減一同法。蓋立成中行度俱本年本月日足数也。如十年竟求十年，則逾数矣。月日義同，後俱倣此。

求最高行度[1]：置求到最高總度，加測定太陽最高行度，二宫二十九度十一分。即爲所求年白羊宫最高行度。如求次宫星加五秒〇六微，求次月加四秒五十六微。太陽距地小極遠點名最高，其云測定者，即爲元之年白羊宫第一日所測距最高度也，五星倣此。

求中心行度[2]：日平行度。置積年入總年零年月日立成内，各取日中行度并之，取法同前。内減一分四秒，即所求年白羊宫第一日中行度求合宫月日。

按：每日行度五十九分八秒。累加之。内減一分四秒，一云西域距中國里差，非是。蓋係己未年之宫分末日度應也。

求自行度[3]：置其日中心行度，減其宫最高行度。即入盈縮曆度中行度内

1 最高行度即爲太陽視運動軌道離開地球最遠點的行度。

2 此處中心行度即太陽平黄經。

3 即太陽與遠地點的夾角距離。

減歲差之数也。周述學曰：“要求盈縮入曆，何故必減最高？只爲歲差積久年，年欠下盈縮分。故將一個中心行度那一段去補年，年欠数剩下度分，方爲所求日行入曆度分，用推盈縮度差者，應得所求盈縮差度。”[1]

求加減差[2]：即盈縮差。以自行宮度爲引數，入太陽加減立成内，照引數宮度取加減差。是名未定差。以此加減差與下差相减。後度加減差。

依此[3]例法，用餘数。即立成加減分。通秒。如一分通爲六十秒。與引数小餘亦通秒相乘，自行宮度剩下分秒。得数爲纖。秒乘秒得纖。以六十收之爲微、爲秒、爲分。加数多先以六十收之爲微，又以六十收之爲秒，又以六十收之爲分。視前所得未定加減差数，較少于後数者，後度加減差。加之。多于後数者，减之。是爲加減定差分。如無小餘，竟用未定差爲定差，此查立成大例，後大約準此。

求經度[4]：置其日中心行度，以加減定差分加減之。視定差引数自行宮度在初宮至五宮，爲减差；六宮至十一宮，爲加差，即所求經度。黄道度。

1 出自周述學《神道大編曆宗通議》卷十三。

2 加減差即中國傳統曆法中的盈縮積，用以表示太陽視運動不均匀地修正值。

3 “此”當作“比”。

4 即求出太陽的實黄經。

○太陰行度中心行度一日行十三度一十分三十五秒加倍相離度一日二十四度二十二分五十三秒三十二微本輪行度一日十二度三分五十四秒羅計中心行度一日三分一秒

求七曜　置積年入立成内取総零年月日下七曜数併之累去七数餘即所求年白羊宮一日七曜也求次宮者内加各宮七曜数如求逐日累加一数满七去之求太陽五星羅計七曜並准此

求中心行度月平行　置積年入立成内取総零年月日下中心行度併之得数内減一十四分己未轉應即所求年白羊宮一日中心行度如求逐日累加日行度十三度一〇三五求逐時每時加一度九分十九秒五十八微每日十二時数

求加倍相離度月体在小輪行度合朔後與日相離度　置積年入立成内取総年零年月日下加倍相離度併之内減二十六分即所求年白羊

太陰行度。中心行度一日行十三度一十分三十五秒，加倍相離度一日二十四度二十二分五十三秒三十二微，本輪行度一日十二度三分五十四秒，羅計中心行度一日三分一秒。

求七曜：置積年入立成内取總零年月日下七曜数并之，累去七数，餘即所求年白羊宫一日七曜也。求次宫者，内加各宫七曜数。如求逐日，累加一数滿七去之。求太陽五星羅計七曜并准此。

求中心行度[1]：月平行。置積年入立成内取總零年月日下中心行度并之，得数内减一十四分。己未轉應。即所求年白羊宫一日中心行度。如求逐日累加日行度，十三度一〇三五。求逐時每時加一度九分十九秒五十八微。每日十二時数。

求加倍相離度[2]：月体在小輪行度，合朔後與日相離。置積年入立成内取總年零年月日下加倍相離度并之，内减二十六分，即所求年白羊

1 此處中心行度即爲月亮的平黄經。

2 相離度即月亮距離太陽的度數，加倍相離度即月亮距離太陽度數的兩倍。

宫一日度也。如求逐日累加倍離日行度。二十四度二二五三二二半之，即小輪以離太陽数。

求本輪行度；入轉度。置積年入立成内取總零年月日下本輪行度并之，内减十四分，即所求年白羊宫一日度也。如求各日，累加本輪日行度。十三度三分五四。

求第一加减差[1]：又名倍離差。視加倍相離宫度。引数。入太陰第一加减立成内取加减差。未定差。又與下差相减，得加减分，减餘數。以乘引数小餘，倍離剩分。得数爲秒，分乘分，依六十率收之爲分。視後多寡，用加减未定差。視定成差度，少于後一行者加之，多于後一行者减之。得第一差分。

求本輪行定度[2]：置其日本輪行度以第一差分加减之。視倍離度，前六宫用加；後六宫用减。

1 回回曆法需要對月亮視運動不均匀地進行多次修正，第一次修正值即通過加倍相離度所得的第一加减差。

2 本輪行度用於第二加减差的修正。

求第二加減差即遲疾差　以本輪行定度數引入太陰第二加減立成内取未定差與下差相減用比例法與引数小餘相乘六十收之用加減未定差法詳前為第二加減差分視引數前六宮減後加

求比數分月與日相離之零數　以倍離宮度入第一加減立成内取比數分如倍離零分在三十分以上者取下度比數分

求遠近度　以本輪行定宮度數引入太陰第二加減立成内取遠近度分未定分又與下度数相減以乘引數小餘依率收之為分用加減未定分法見前

求泛差定差　置比數分以遠近度通分乘之以六十約之為分即泛差以泛差加入第二加減差凡一應定差有加無減各法皆同即為加減定差

求第二加減差[1]：即遲疾差。以本輪行定度，引数。入太陰第二加減立成内取未定差，與下差相減。用比例法與引数小餘相乘，六十收之。用加減未定差。法詳前。爲第二加減差分。視引数前六宫減，後加。

求比敷分[2]：月與日相離之零数。以倍離宫度入第一加減立成内取比敷分，如倍離零分在三十分以上者，取下度比敷分。

求遠近度：以本輪行定宫度。引数。入太陰第二加減立成内取遠近度分，未定分。又與下度数相減，以乘引数小餘，依率收之爲分，用加減未定分。法前見。

求泛差定差[3]：置比敷分以遠近度通分乘之，以六十約之爲分，即泛差。以泛差加入第二加減差，凡一應定差有加無減，各法皆同。即爲加減定差。

1 通过本輪行度求得月亮視運動的第二次修正，即第二加減差。

2 比敷分和遠近度用於太陽對於地球和月亮的引力而造成的月亮運動位置偏差的修正。

3 汎差大致相當於天文學中的出差修正。

求經度[1]：置其日太陰中心行度，以加減定差加減之，即太陰經度。視本輪行定度，前六宫减，後加。

太陰緯度[2]

求計都與月相離度。入交定度。置其日太陰經度内减其日計都行度。即一日行三分十一秒，羅計中心度。即計都與月相離度分。太陰行過交道之度。

求緯：以計都與月相離宫度爲引数，入太陰緯度立成取其度分，未定度分。又與下度分相减，乘引数小餘，依率收之。用加减未定度分。前六宫加，後减。得緯度分。引数在六宫以前爲黄道北六宫，後黄道南。

求羅計行度。置積年取總年零年月日立成内羅計中心行度并之，爲其年白羊宫一日行度。求各宫各日，以各宫日行度加之。即中法每交退天一度四六四一之数。求其日行度：置十三宫内减其日計

1 即求出月亮的實黄經。

2 即關於月亮黄道緯度位置的計算。

都行度。交常。如求計都細行，以前後二段行度相減，餘以相距日数除之，爲日差。又置前段計都行度以日差累減之，即得計都逐日細行。如求羅睺行度，置其日計度[1] 行度，内加六宫。羅睺正交，計都中交也。[2]

五星經度。五星自行度，一日土行五十七分有奇。木，五十四分。火，二十八分。金，三十七分。水，三度〇六分。五星最高行同太陽。

求最高總度：数同太陽，依前太陽術求之。

求最高行度[3]：置所求本星最高總度，加測度定本星最高行度，見前。爲其年白羊宫最高行度。求各宫各日，加各宫日行度求日中行度，亦名中心行度。依太陽術求之。

求自行度[4]：合伏一周之度，亦與日相離。置積年入立成總零年月日下各取

1 "計度" 當作 "計都"。

2 計都爲黄白升交點，羅睺爲黄白降交點。

3 即所求之日行星遠地點相對春分點的黄經值。

4 即太陽距離太陽遠地點的平黄經差。

取自行度併之得其年白羊宮一日自行度土木金三星減一分水星減三分火星不減如求各宮各日照本星自行度累加之水星如自行度遇三宮初度作五日一段算至九宮初度作十日一段算緯度亦然

求中心行度小輪心度即入曆度五星本輪土木火三星置太陽中心行度內減其星自行度為三星中心行度內又減最高行度為三星小輪心度金水二星其中心行度即太陽中心行度內減其星最高行度餘為其星小輪心度不及減加十二宮減法並同

求第一加減差盈縮差以其星小輪心宮度為引數入本星第一加減立成取其度分與下度分相減餘用比例法與引數小餘相乘依率收之用加減前取未定度分法同太陽太陰

取[1]自行度并之，得其年白羊宮一日自行度。土、木、金三星，減一分，水星減三分，火星不減。如求各宮各日，照本星自行度累加之。水星如自行度遇三宮初度，作五日一段，算至九宮初度，作十日一段，算緯度亦然。

求中心行度[2]、小輪心度[3]：即入曆度五星本輪。土、木、火三星，置太陽中心行度，内減其星自行度，爲三星中心行度。内又減最高行度，爲三星小輪心度。金、水二星，其中心行度，即太陽中心行度，内減其星最高行度，餘爲其星小輪心度。不及減，加十二宮減，法并同。

求第一加減差[4]：盈縮差。以其星小輪心宮度爲引數，入本星第一加減立成，取其度分與下度分相減。餘用比例法與引數小餘相乘，依率收之。用加減前取未定度分。法同太陽太陰。

1 “取” 爲衍文。

2 即太陽位置的平黄經值。

3 即行星本輪中心到所求日行星遠地點的夾角距離。

4 回回曆法需要對五星運動不均匀地進行多次修正，第一次修正值即通过小輪心度所得的第一加減差。

求自行定度及小輪心定度：視第一加減差引数。即各星小輪心之宫度。在初宫至五宫用加減差加自行度，減小輪心度爲两定度。在六宫至十一宫用加減差減自行度，加小輪心度爲两定度。

求第二加減差[1]：即遲疾段下平度之差。以其星自行定度入本星第二加減立成，内取其度分用比例法加減之。同前。

求比數分：如土、木、金、水星，以本星小輪心定宫度入第一加減立成内，本星。取比數分，如引數小餘在三十分已上，取下度比數分。如火星，則必用比例法與下度比數分相減，以減餘乘小餘，滿六十收之爲秒。用加減，前取比數分。加減法俱同前。

求遠近度：視自行定宫度入第二加減立成内取遠近度，又與下度相減，以乘小餘，約之爲分，視多寡数加減之。法前見。

1 通过自行定度求得五星運動的第二次修正，即第二加減差。

求泛差定差　法同太陰

求經度　置小輪心定度以定差加減之視引數自行定度在六宮以前加以後減内加其星最高行度

求留段　視其留段小輪心定宮度為引數即立成内各星入曆定限入五星順退留立成内于同宮近度取本星度分與前後度相成若取得在初宮至六宮本格與下格相減六宮至初宮本格與上格相減為法又以引數宮度減立成内同宮近度為寔通分以法乘之用六度除之立成内每隔六度六十分收之順加退減于前取度分得數與其日自行定度同者即本日留多者已過留日少者未到留日欲得細率以所得數與其日自行定度相減餘以各星一日自行度約之如土星一日自行五十七分有奇之類即得留日在本日前後數也土星留之日其留日前三日後三日皆與留日數同

求泛差定差：法同太陰。

求經度[1]：置小輪心定度，以定差加減之，視引數自行定度在六宮以前加，以後減。内加其星最高行度。

求留段：視其留段小輪心定宮度爲引數。即立成内各星入曆定限。入五星順退留立成内，于同宮近度取本星度分，與前後度相成[2]。若取得在初宮至六宮，本格與下格相減，六宮至初宮，本格與上格相減。爲法。又以引數宮度減立成内同宮近度爲實通分，以法乘之，用六度除之。立成内每隔六度。六十分收之，順加退減于前取度分，得數與其日自行定度同者，即本日留多者。已過留日，少者未到留日，欲得細率，以所得數與其日自行定度相減，餘以各星一日自行度約之，如土星一日自行五十七分有奇之類。即得留日在本日前後數也。土星留之日，其留日前三日、後三日，皆與留日數同。

1 即求出五星的實黄經。
2 “相成”當作“相減”。

木星留五日其留日前一日後二日與留日數同火金水三星不留退而即行行而即退但于行分極少處為留耳

求細行分　土木金火四星以前後二段經度相減以相距日除之為日行分水星以白羊宮初日經度又與前一日經度相減餘為初日行分又置前後二段經度相減餘以相距日除之為平行分與初日行分加減倍之以前段前一日與後段相距日數除之為日差以加減初日行分初日行分少于平行分加多減為日行分置前段經度以逐日行分順加退減之為水星逐日經度

求伏見　視各星自行定度在伏見立成內限度已上者即五星晨夕伏見也

○五星緯度求最高總度行度中心行度自行度小輪心度並依五星經度術求之

求自行定度　置自行宮度分其宮以一十乘之為度加一宮以十乘

木星留五日，其留日前一日、後二日與留日数同；火、金、水三星，不留，退而即行，行而即退。但于行分極少處爲留耳。

求細行分。土、木、金、火四星，以前後二段經度相減，以相距日除之，爲日行分，水星以白羊宫初日經度，又與前一日經度相減，餘爲初日行分。又置前後二段經度相減，餘以相距日除之，爲平行分。與初日行分加減倍之，以前段前一日與後段相距日数除之，爲日差。以加減初日行分，初日行分少于平行分加，多減。爲日行分。置前段經度，以逐日行分順加退減之，爲水星逐日經度。

求伏見：視各星自行定度在伏見立成内限度，已上者，即五星晨夕伏見也。

五星緯度。求最高總度、行度、中心行度、自行度、小輪心度，并依五星經度術求之。

求自行定度：置自行宫度分，其宫以一十乘之爲度。加一宫以十乘之，得十度。此用約法折算，以造緯度立成。其度以二十乘之爲分，滿六十約之爲度。其分亦以二十乘之，秒滿六十約之爲分，并之得数。

求小輪心定度：置小輪心宫度分，其宫以五乘之爲度。如一宫以五乘之，得五度。其度以一十乘之爲分，滿六十約之爲度。其分亦以一十乘之爲秒，滿六十約之爲分，并之。

求緯度：視小輪心定度并自行定度入本星緯度立成，内两取。一縱一横。得數以小輪心定度内減立成上小輪心定度，上横行。餘通分爲實。以所得两取数與後行相減，若遇交黄道者與後行相并。餘爲法乘之，以立成上小輪心度累加数除之。如土星上横行，小輪心度每隔三度，火星每隔二度之類。滿六十收之爲分，用加減两取数。多于後行減，少加。若遇交黄道者，即後行数多，亦減。寄左。又以自行定度内減立成上自定度，首直行。餘爲實。以两取数與下行相減，若遇交黄道者與下行并。餘爲法乘之。以立成上自行度累加数除之。如土星直行，自行度每隔十度，火星每隔四度之類。收之爲分。與前寄左數相減，如兩取數多于下行者減，少加。若遇交黄道者，所得分多，□寄左數。置所得分内減寄左數，餘爲交過黄道南北分也。即得黄道南北緯度分。

求緯度細行分：置其星前段緯度與後段緯度相減，餘以相距日除之，爲日差。置前段緯度，以日差順加退減，即逐日緯度分。

求前後段至中間交黄道：置其星前後段緯度并之，以相距段日除之，爲日差。置前段緯度，以日差累減之，至不及減者，于日差内減之。餘以日差累加之，即得星離黄道数。

推日食法[1]。日食諸数，如午前合朔，用前一日数推；午後合朔，用次日数推。

1 即關於日食的計算方法。

辨日食限　視合朔太陰緯度在黄道南四十五分已下黄道
北九十分已下為有食若合朔在晝則全見食若合朔在日未
出三時西域小時及日已入十五分一時四分之一皆有帯食餘合朔在夜
刻者不算
求食甚泛時即合朔　置午正太陰行過太陽度求法見後月食太陰逐時行過
太陽分　通秒以二十四乘之為實置太陰日行度減太陽日行度
通秒為法置日滿法除之為時時下零數以六十通之為分分
下零數以六十通之為秒三十秒以上收為一分六十分收為
一時共為食甚泛時
求合朔太陽度　以食甚泛時通分以太陽日行度通秒乘之
以二十四除之為微滿六十約之為秒為分用加減午正太陽

辨日食限[1]：視合朔太陰緯度在黄道南四十五分已下，黄道北九十分已下，爲有食。若合朔在晝，則全見食。若合朔在日未出三時，西域小時。及日已入十五分，一時四分之一。皆有帶食，餘合朔在夜刻者，不算。

求食甚泛時：即合朔。置午正太陰行過太陽度。求法見後，月食太陰逐時行過太陽分。通秒以二十四乘之爲實。置太陰日行度減太陽日行度，通秒爲法。置日滿法除之爲時，時下零数以六十通之爲分，分之下零數以六十通之爲秒，三十秒以上收爲一分，六十分收爲一時，共爲食甚泛時。

求合朔太陽度[2]：以食甚泛時通分，以太陽日行度通秒乘之，以二十四除之爲微。滿六十約之，爲秒，爲分。用加減午正太陽

1 即判斷是否發生日食的界限，回回曆法以合朔時月亮在黄道南四十五分和黄道北九十分以下爲有食的標準。

2 即合朔時太陽的黄道經度位置。

度，午前合朔減之，午後加之。即合朔時太陽度，即食甚日躔黄道度。

求加減分[1]：視合朔時太陽宫度入晝夜加減立成，内取加減分。未定分。又與後行相減，餘以乘太陽小餘，得数爲纖。滿六十收之爲微，爲秒。用加減未定分。後行多加少減，法詳前。

求子正至合朔時分秒[2]：即定朔定刻分。置食甚泛時，以加減分加減之。午前合朔減，午後加。用加減十二時，午前合朔用減十二時，午後用加十二時。即子正至合朔時分秒。

求第一東西差：經差。視合朔時太陽宫在立成。經緯時加減立成。右七宫取上行時。順行。在左七宫取下行時。逆行。視子正至合朔時取經差。未定差。又取次一時經差相減，餘通秒以乘合朔時下小餘。亦通秒。得数爲纖，依六十率收爲微，爲秒，爲分，用加減未定經差。次時少者

1 即通過真太陽時，對合朔時刻進行的修正。

2 轉換爲中國傳統的以子正爲起點的合朔時刻值。

減，多者加。爲第一東西差[1]。經緯時加減立成，右七宫自未之半，至午巳辰卯寅及丑之半，左七宫自丑之半，至子亥戌酉申及未之半。

求第二東西差：視合朔時太陽宫在立成某宫。同上。又取次一宫，又視子正至合朔時取經度差。未定差。又取次一時内經差相減，餘通秒以乘合朔時下小餘。亦通秒。得数，亦爲纖，以六十收爲微、秒、分。以加減未定經差爲第二東西差。

求第一南北差：緯度。以合朔時太陽宫及子正至合朔時入立成内，同上。取緯差。未定差。與次一時緯差相減，餘通秒以乘合朔小餘，得数收之，以加減未定緯差，法同上。爲第一南北差。

求第二南北差：視合朔太陽宫，取次宫，又視子正至合朔時取緯差。未定差。與次一時緯差相減，乘合朔小餘。俱通秒。得数收之

1 回回曆法中推算日食時所面臨的一個難點就是如何對由於視差而引起的東西差、南北差和時差，這三差進行修正。

以加減未定緯差，爲第二南北差。

求第一時差：以合朔太陽宫及自子正至合朔時入立成取時差，與次一時時差相減，以乘合朔小餘，得数爲微，依率收之。以加減未定時差爲第一時差。法詳求東西差内。

求第二時差：以合朔太陽宫于次宫視子正至合朔時取時差，又取次一時時差相減，乘合朔小餘，得数爲微，收之以加減未定差，爲第一時差。法詳前。

求合朔時東西差：以第一東西差與第二東西差相減，餘通秒以乘合朔時太陽度分。亦通秒。以三十度除之爲纖，依六十率收之，爲微，爲秒，爲分。以加減第一東西差，問第一東西差數少於第二差者加之，多者減之。爲合朔時東西差。

求合朔時南北差：以第一南北差與第二南北差相減，餘通秒以乘太陽度分，以三十除之爲纖，依率收之，爲微、秒、分。以加減第一南北差，爲合朔時南北差。法同東西差。

求合朔時差：第一、第二两時差相減，乘太陽度分，以三十除之，依数收之，用加減第一時差爲合朔時差。法同東西差。

求合朔時本輪行度：以本輪日行度一十三度四分。通分，以乘食甚泛時。亦通分。以二十四除之爲秒，依六十率收爲分度，以加減午正本輪行度，午前減，午前[1]加。爲合朔時行度。

求比敷分[2]：視上本輪行度入立成。太陽太陰晝夜時行影徑分立成。于同宮近度取太陰比敷分，未定分。與次行比敷分相減爲法。又置引数本輪行度，減立成宮度上行太陰宮度。通分。以法乘之爲微，以六度除之。

1 "午前"當作"午後"。

2 由於合朔時月亮的實際位置并不一定都位於遠地點，以月遠地點速度求得的時差與實際時差存在差距，因此需要比敷分這一參數對其進行修正。

相隔六度。滿六十爲秒，以加減未定分。次行少者減，多者加。

求東西定差：置合朔時東西差通秒爲實，以比數分通秒爲法，乘之爲纖，依六十收之爲微，爲秒，爲分。以加合朔東西差，有加無減。爲定差。

求南北定差：法同求東西定差。

求食甚定時：即食甚定分。視其日合朔時太陽度在立成。經緯時加減立成。左七宫。一百六十度已下，又爲六十限已下。其時差黑字減，白字加。在右七宫。一百八十度已上，又爲六十限已上。白字減，黑字加。皆加減于子正至合朔時，得數命起子正減之。如午後合朔，内減十二時，命起午正減之。得某時初正，餘通爲秒，以一千乘之，以一百四十四除之。六十分爲一時，每日一千四百四十分。故以千乘之，一以四四除之。以六十約之，滿百爲刻，即食甚定時。按：經緯時加減立成于時差獨分黑白字，以識加減，此係後日陳星川[1] 所修改也。考回回原法，其食甚時，時差加減必先視定朔小餘分。如在半日周五千分已下，則所得時差以減子正至合朔時分秒，爲食甚定時；如定朔小餘在半日周五千分已上，將時差加子正至合朔時分秒，爲食甚定時，不必分黑白字也。

求食甚太陰經度[2]：于合朔太陽經度内加減東西定差，即得食甚太陰經度。其加減視食甚定時時差加減。

求合朔計都度：置食甚泛時通分，以羅計日行度三分一十一秒。通秒，一百九十一秒。乘之，以二十四除之爲微。滿六十收之爲秒，爲分。以加減其日午時計都行度，羅計逆行，午前合朔加，午後減。爲合朔時計都度。

求太陰緯度：食甚時太陰經度内減合朔時計都度，餘爲計都與月相離度，入太陰緯度立成，即得黄道南北緯度分。

求食甚太陰緯度：南北定差内加減合朔時大陰緯度，在黄道南

1 陳星川，即陳壤。梅文鼎曾言：“蓋明之知回曆者，莫精于唐荆川順之，陳星川壤兩公。”

2 即將月亮的實黄經轉爲視黄經。

加，北減。得食甚緯度。

求合朔時太陽自行度：通太陽中行度，五十九分八秒。爲三千五百四十八秒，以乘食甚泛時。亦通分。用二十四除之，得数爲微。滿六分十收之爲秒，爲分，以加減其日午正自行度，午前合朔減，午後加。得合朔自行度。

求太陽徑分：以合朔太陽自行度爲引数入立成。影徑分立成。內同宮近度取太陽徑分，以與次行徑分相減爲法。又以引数宮度減立成，內同宮近度宮度，通秒爲實，相乘以六度除之，爲纖。以六十收之爲微，爲秒，以加減先取徑分。加減法詳前。

求太陰徑分：以合朔時本輪行度爲引数入立成。同上。內同宮近度取太陰徑分與次行徑分相減爲法，又以引数宮度減立成内同宫近度宫度，通分爲實，相乘以六除之爲微，以六十收之爲秒，以加减先取徑分。加减法詳前。

求二半徑分：并太陽太陰兩徑分，半之。名二徑折半分。

求太陽食限分：置二半徑分，内减食甚太陰緯度，餘爲太陽食限。如不及减者不食。

求太陽食甚定分：以太陽食限分通秒，以一十乘之爲實，以太陽徑分通秒爲法除之，以百約之爲分，爲日食甚定分。此日食分秒，非天度分秒。故不用六十收。

求時差：即定用分。食甚太陰緯度通秒，自乘二半徑分，亦通秒。自乘以减緯度自乘数，餘以平方開之。以二十四乘之爲實，以其日太陰日行度内减去太陽日行度通分爲法實，如法而一，得数爲分，滿六十分爲一時，爲時差。

求初虧[1]：置食甚定時，内減定用時差，餘時命起子正，減之得初正時。餘分通秒，以一千乘之，以一百四十四除之，以六十約之，滿百爲刻，爲初虧時刻。

求復圓：置食甚定時，内加定用時差，命起子正減之，得初正時，餘分通秒，以一千乘之，以百四十四除之，以六十約之，滿百爲刻，爲復圓時刻。

求初虧食甚復圓方位：太陽凡食八分以上，初虧正西，食甚正南，復圓正東。若八分以下，視食甚太陰緯度在黄道北者，初虧西北，食甚正北，復圓東北；在黄道南，初虧西南，食甚正南，復圓東南。如食甚太陰無緯度，太陰徑分與太陽徑分等者全食。

1 依次推算日食初虧和復圓的時刻。

太陰徑分多于太陽者，食既。少于太陽者，其食有金環。

推月食法[1] 月食諸数。午前望用前一日推，午後望用次日推。

辨月食限：視望日太陰經度與羅睺或計都度，相離一十三度之内，太陰緯度在一度八分之下，爲有食。又視合望在太陰未出時二未入二時，其限有帶食其在二時已上者，不算。

求食甚泛時[2]：即經望。置其日太陰經度内減六宫。如不及減，加十二宫減。以減其日太陽度爲午前望。如不及減者，置其日太陽度。加入六宫，内減其日太陰經度。爲午後望。置相減餘数通秒，以二十四乘之爲實。置其日太陰經度，内減前一日太陰經度，若在午後望者，減後一日太陰經度，餘爲太陰日行度。又置其日午正太陽度，内減前一日午正太陽度。若在午後望者減後一日太陽度。餘爲太陽日行度，以減太陰日行度，餘通秒爲法除實，得数爲

1 即關於月食的計算方法。

2 即望的時刻，也是發生月食的食甚大概時刻。

時其時下餘数。以六十通之爲分，分下餘数以六十通之爲秒，即爲所求食甚泛時。

求食甚月離黄道宫度分：置食甚泛時，又置求到太陽日行度俱三秒相乘，以三十四除之，得数爲纖。滿六十收之爲微，爲秒，爲分，以加減其午正太陽度，午前望減，午後望加。餘爲望時太陽度加六宫，即所求。

求晝夜加減差：以望時太陽宫度爲引数，入晝夜加減立成，内取加減分。未定分。與下度加減分相減，以乘引数小餘，俱通秒。得数爲纖。依率取爲微、秒，以加減未定分，得加減分。

求食甚定時：置食甚泛時，以晝夜加減差加減之。午前望減，午後加。得数用加減一十二時，如午後望，加十二時，起子正減之；午前望，減十二時，起子正加之。得初正時。其小餘通秒，以一千乘之，以一百四十四除之，得数爲微。滿六十爲秒，以百約之，爲刻，是定時。

求望時計都度：置食甚泛時通秒爲實，以羅計度三分一十一秒。通秒乘之，以二十四除之，得数爲纎。以六十收之爲微，爲秒，爲分。用加减其日午正羅計行度，羅計逆行，午前望加，午後望加。即望時行度。

求望時太陰緯度：置食甚用離黄道度，内減望時羅計度，爲計都與月相離度。入太陰緯度立成，得黄道南北初度分秒。

求望時本輪行度：即定望太陰入遲疾曆。置太陰本輪日行度，十三度四分。通分以食甚泛時，通秒乘之，以二十四除之爲微。以六十收之爲秒，爲分，爲度。用加减其日午正本輪行度，午前望减，午後加。即望時本輪行度。

求太陰徑分：法詳日食求太陰徑分，但此以望時本輪行宫度入影徑分立成求之。

求太陰影徑分：以望時本輪行宫度入立成，取影徑分即是。

求望時太陽自行度：以太陽日行度五十九分八秒。與食甚泛時俱通秒相乘，以二十四除之，得数爲纖。滿六十收之爲微，爲秒，爲分，以加減其日午正太陽自行度。法同日食求太陽經度。

求影徑減差：以其日太陽自行宫度爲引数，入影徑立成内于同宫近度。取太陰影徑差分以與後分相減爲法。又以引数宫度減立成宫度通分相乘，以六除之得微。以六十收之爲秒，用加減，先取未定分爲減差分。法詳前。

求影徑定分：置太陰影徑分，内減影徑減差分。

求二半徑分　置太陰徑分如影徑定分半之名二徑折半分

求太陰食限　置二半徑分内減望時太陰緯度如不及減不食

求食甚定分　置食限分通秒以一千乘之爲實以太陰徑分通秒爲法除之以百約之爲分爲食甚定分此月食分秒非天度分秒故不用六十收

求太陰逐時行之太陽分　置太陰望時經度減前一日太陰經度又置望時太陽自行度減前一日太陽自行度以兩餘数相減爲太陰晝夜行過太陽度通秒以二十四除之滿六十收之得逐時行過太陽分

求時差　以太陰緯度分通秒自乘減二半徑通秒自乘数平方開之爲實同日食以太陽行過太陽度通秒爲法除之其小餘

求二半徑分：置太陰徑分，如影徑定分半之。名二徑折半分。

求太陰食限：置二半徑分，内減望時太陰緯度。如不及減不食。

求食甚定分：置食限分通秒，以一千乘之爲實，以太陰徑分通秒爲法除之，以百約之爲分，爲食甚定分。此月食分秒，非天度分秒，故不用六十收。

求太陰逐時行之太陽分：置太陰望時經度，減前一日太陰經度。又置望時太陽自行度減前一日太陽自行度，以兩餘数相減，爲太陰晝夜行過太陽度。通秒以二十四除之，滿六十收之，得逐時行過太陽分。

求時差：以太陰緯度分通秒自乘，減二半徑通秒。自乘数平方開之，爲實。同日食。以太陽行過太陽度通秒爲法，除之。其小餘

以六十通之為分為秒即時差即初虧至食甚定用分
求初虧　置食甚定時內減時差午前望命起子正減之午後望命起午正減之得初正時其小餘通秒以一千乘之以一百四十丶除之滿六十收之又以一百約之為剋得幾剋幾十幾秒午後望者食甚定時內減十二時用初虧食既生光復圓同
求復圓　置食甚定時內加時差餘法同上
求食既食甚加減差　置二半徑分減太陰徑分通秒自乘又置望時太陰緯度亦通秒自乘相減以平方開之為實以太陰逐時行過太陽度通秒為法除之得数以六十通之為分其分下小餘以六十通之為秒即為食既至食甚加減時差闇虚大于月體故有食既食甚之分

以六十通之爲分，爲秒，即時差。即初虧至食甚定用分。

求初虧：置食甚定時，内減時差。午前望，命起子正減之；午後望，命起午正減之。得初正時，其小餘通秒，以一千乘之，以一百四十四除之。滿六十收之，又以一百約之爲刻，得幾刻幾十幾秒。午後望者，食甚定時内減十二時用初虧，食既、生光、復圓同。

求復圓：置食甚定時，内加時差，餘法同上。

求食既食甚加減差：置二半徑分，減太陰徑分，通秒自乘。又置望時太陰緯度，亦通秒自乘，相減以平方開之爲實，以太陰逐時行過太陽度通秒爲法，除之。得数以六十通之爲分。其分下小餘，以六十通之爲秒。即爲食既至食甚加減時差。闇虛大于月體，故有食既、食甚之分。

求食既生光時刻：食甚定時内減食既，至食甚加減時差爲食既時刻；食甚定時内加食既，至食甚加減時差爲生光時刻。

求初虧、食甚、復圓方位：視月食，若食既者，初虧正東，復圓正西。其不食既者，望時太陰緯度在黄道南，初虧東北，食甚正北，復圓西北。緯度在黄道北，初虧東南，食甚正南，復圓西南。

求日出入時[1]：視其日午正太陽經度。引数。入西域晝夜時立成，取其度分。未定分。與後行度分相減通分爲法。以引数小餘通秒爲實，□之得微。以六十收之，爲秒爲分，加未定分。又于引数相對宫度内取其度分。如初宫三度向六宫三度，取之。是爲後未定分。與後行度分相減，依前通分，以小餘通秒乘之，收之爲秒爲分。後加未定分，兩未定分相減。不及減，加三百六十度減。以減餘通秒，用五十除之，六十收之爲

1 回回曆法利用"西域晝夜時立成"獲取每日不同的日出與日落時間。

求食既生光時刻　食甚定時内減食既至食甚加減時差為食既時刻食甚定時内加食既至食甚加減時差為生光時刻
求初虧食甚復圓方位　視月食若食既者初虧正東復圓正西其不食既者望時太陰緯度在黄道南初虧東北食甚正北復圓西北緯度在黄道北初虧東南食甚正南復圓西南
求日出入時　視其日午正太陽經度引数入西域晝夜時立成取其度分未定分與後行度分相減通分為法以引数小餘通秒為寔□之得微以六十収之為秒為分加未定分又于引数相對宫度内取其度分如初宫三度向六宫三度取之是為後未定分與後行度分相減依前通分以小餘通秒乘之収之為秒為分後加未定分兩未定分相減不及減加三百六十度減以減餘通秒用五十除之六十收之為

分、爲時。得其日晝時分秒，半之爲其日半晝時分秒。置十二時内減半晝時分秒，餘爲日出時分秒。又置十二時内加半晝時分秒，即爲日入時分秒。

求日□出入帶食分秒：視其日日出時分秒，并日入時分秒，較多于初虧時分秒，少于食甚及復圓時分秒者，即有帶食。置其日日出時，或日入時與食甚定時分秒相減，餘爲帶食差。置月日食甚定分，以帶食差通秒乘之，以時差通秒除之，得数爲帶食分。于食甚定分内減帶食分，餘爲日月帶食所見之分。

求月食更點[1]：置二十四時，凡一千四百四十分。内減晨昏時，七十二分，即中曆之五刻弱也。餘爲月食之日夜時。如食在子正以前者，置各初虧、食甚、復圓等時分秒，内減十二時，又減半晨昏時分秒。三十六分。餘通秒

1 將月食時刻換算成中國更點制度的方法。

以更法五数减之，爲更数。不滿法者，以點法减之，爲點数。食在子正以後者，置月食之日夜時分，减初虧、食甚、復圓等時分秒，餘通秒，以點法减之，爲點数。不滿法者，以更法减之，爲更数。皆命起初更初點。更法减之，减一次爲一更，五次五更。如止有一次可减，亦虛命爲二更，三、四、五更，依此其點法照法减之，其不滿数亦虛一點。

推太陰五星凌犯

求太陰晝夜行度：以本日經度與次日經度相减，餘即本日晝夜行度。

求太陰晨昏刻度：置其日午正太陰經度，内加立成。太陰出入晨昏加减立成。其日昏刻加差，即爲其太陰昏刻經度。置其次日午正太陰經度，减立成其日晨刻减差，即爲其日太陰晨刻經度。

求月出入度：置其日午正太陰經度加立成内。即前立成。其日月入加差，即爲其日月入時。太陰經度加立成内其日月出加差，即其日月出時太陰經度。

求太陰所犯星度：朔後視昏刻度至月入度，望後視月出度至晨刻度，入黄道南北各像星立成内，經緯度相近在一度已下者，取之。

求時刻：置其日午正太陰經度，與取到各像星經度相減，餘與太陰晝夜行度入時刻立成内取之。若太陰經度多于所犯星度經[1]，取午前時刻；少于所犯星經度，取午後時刻。即得所求時刻。

求上下相離分：置太陰緯度與所犯星緯度相減，餘爲上下

1 "度經"當作"經度"。

相離分若月星同在南月多為下離月少為上離同在北月多
為上離少為下離若南北不同月在北為上離南為下離
求五星凌犯各星相離分　置其日五星經緯度入黄道立成
内視各像内外星經緯度在一度已下者取之其五星緯度與
各星緯度相減餘即上下相離分
求月犯五星五星相犯　視太陰經緯度五星經緯度相近在
一度以下者取之
○附求中國閏月　距至元甲子歳為元至元甲子距洪武甲子計積一百二十算
至所求年内減一算却加一百三十七以一百二十三乘之又
加一十以三百三十四除之得數寄左其餘不盡之數若在二
百一十一以上其年中國有閏月已下其年中國無閏月若在

相離分。若月星同在南，月多爲下離，月少爲上離。同在北，月多爲上離，少爲下離。若南北不同，月在北爲上離，南爲下離。

求五星凌犯各星相離分：置其日五星經緯度入黄道立成内，視各像内外星經緯度在一度已下者，取之。其五星緯度與各星緯度相減，餘即上下相離分。

求月犯五星五星相犯：視太陰經緯度五星經緯度相近在一度以下者，取之。

附求中國閏月：距至元甲子歳爲元，至元甲子距洪武甲子，計積一百二十算。至所求年内減一算，却加一百三十七以一百二十三乘之，又加一十以三百三十四除之，得数寄左。其餘不盡之数若在二百一十一以上，其年中國有閏月，已下其年中國無閏月。若在

己巳上者與三百三十四相減餘以四乘之又以四十一除之
得数即為所求年中國閏月也假令除得一数是正月二数是二月餘倣此
○附推崇禎二年己巳五月朔乙酉日蝕
距年
己巳上距曆元己未隋開皇得一千〇三十年
全積
置三百六十五日以距年乘之得三十七萬五千九百五十日
宮閏
置三十一以距年乘之外加十五共得三萬一千九百三十以
一百二十八除之得二百四十九日餘七十三分
積日

己巳上者，與三百三十四相減，餘以四乘之，又以四十一除之，得數即爲所求年中國閏月也。假令除得一数是正月，二数是二月，餘倣此。

附推崇禎二年己巳五月乙酉日蝕

距年：

己巳上距曆元己未，隋開皇。得一千〇三十年。

全積：

置三百六十五日，以距年乘之，得三十七萬五千九百五十日。

宮閏：

置三十一以距年乘之，外加十五，共得三萬一千九百三十。以一百二十八除之，得二百四十九日餘七十三分。

積日：

全積并宫閏，得三十七萬六千一百九十九日。

月閏：

置十一，以距年乘之，外加十四，共得一萬一千三百四十四。以三十除之，得三百七十八日餘四分。

通閏：

置十一日，以距年乘之，得一萬一千三百三十日。

氣積：

宫閏□通閏，得一萬一千五百七十九日七十三分。

加次：

置積日，減月閏，加三百三十一日，己未春正前。共得三十七萬五千八百二十一以三百五十四日，除之得一千〇六十二年二百四日，内減三百三十一日。又二十三日，足成一年数，再減洪武加次二十四年，再減癸亥改應所損之一日，再減實距一千三十年，餘得加次七年三百三日。約爲六個月又二十六日。

又法：以氣積内減月閏，以三百五十四除之，得三十一年，餘二百二十七日。内減洪武加次二十四年又二十三日，再減改應所損之一日，亦得七年二百三日。

總零年月日：

置加次七年減一，以一十一乘之，得六十六分。外加十四共八十分，以三十分除之，得二日。此七年中閏過之月閏。餘二分。不用。另置加次月日六月二十六日，内減此二日，餘六個月二十四日。并入距年及加次年，共得總零年月日一千三十七年六月二十四日。

推白羊宫第一日

太陽最高總度：六度〇六二四〇二。總零年月日，一千三十七年六個月二十四日，查立成一千二十年，得五度四九二一。又十七年得一十六分三十秒，六個月得二十九秒〇五微，二十四日得三秒五七，并之得数。

最高行度：三宫五度二七二四〇二。測定本日二宫二十九度二一，加總度六度〇六二四〇二。

中心行度：十一宫二十七度五三三八。一千二十年得十一宫十二度一五二六，又十七年得五宫度十二七度三二二二，六個月五宫二十四度二七□四，二十四日二十三度三九，并之内减一分四秒。

自行度八宫：二十二度二六一三五八。置中心行度内减最高行度。

推五月朔相距日：距春分九十三日，依回回年月七月大，得距六日。八月小，九月大，十月小、得共距九十四日，查古法春分在二月二十五日，夏至在五月初二日，而恒春分在二月二十七日，距夏至九十四日。今推距朔成[1]一日作九十三日，作三個月〇四日。二個月大，一個月小。

推五星太陽經度

最高行度：三宮五度二七三九一八。置白羊最高行度，加三個月四日行度十五秒十六微。

中心行度：二宮二九十度三三三二。置白羊中心，加三個月四日中心二宮一度三九五四。

自行度：十一宮二十四度〇五五二二二。置中二宮二九三三三二，加十二宮減最行三宮〇五二七三九一八。

加減差：定加差，十二分〇〇四五。未定差，十二分一二；減分，二分〇二。求六十一秒一五減未定差。

1“成”當作“減”。

經度：二宮二十九度四五三二。置中心行度，以加減差加減之。

次日

最高行度：三宮五度二七三九二八。加十微。

中心行度：三宮○○三十三分四十秒。加五十九分八秒。

自行度：十一宮二十五度○五○○三二。加五十九分八一。

定加差：十分。未定差，十分一十秒；減分，二分○二。求出十○秒○一減未定差。

經度：三宮○度四二四。加五十七分○八。

太陽□行分：五十七分○八。置次日經減本日經。

推白羊宮第一日太陰

太陽中心行度：十宮七度○三。俱總零年月日中心行度，得十宮七度十七分，內減應十四分。

加倍相離度：八宮十八度一八。并總零年月日倍離行度，內減二十六分。

本輪行度○宮十一度三九併總零年月日本輪行度内減一十四分
羅計中心行度八宮二十八度四六置白羊羅計加相距羅計
次日
中心行度三宮十五度三八加十三度一十一分
倍離行度一宮○度一十分加二十四度二三
本輪行度五宮九度四六加十三度○四
羅計行度八宮二十八度四九分加三
第一加減差
定加差四十九分一六未定差四十三分加分八分求出六分一六加之
本輪行定度四宮二十七度三一一六置本輪行度加定加差
第二加減差

本輪行度：〇宮十一度三九。并總零年月日本輪行度，内減一十四分。

羅計中心行度，八宮二十八度四六。置白羊羅計加相距羅計。

次日

中心行度：三宮十五度三八，加十三度一十一分。

倍離行度：一宮〇度一十分，加二十四度二三。

本輪行度：五宮九度四六，加十三度〇四。

羅計行度：八宮二十八度四九，加三分。

第一加減差

定加差：四十九分一六；未定差，四十三分；加分，八分。求出六分一六，加之。

本輪行定度：四宮二十七度三一一六，置本輪行度加定加差。

第二加減差

定减差，二度四六二四。未定差，二度四九；減分，五分。求出二分三六減之。

比敷分，○。

次日

第一加減差，定加差，四度十六分三。未定差，四度十五分，加分，九分，求出一分三十秒，加之。

本輪定度：五宫十四度○二三。置定度加定加差。

第二加減差，定減差，一度二六二五。未定差，一度二七；減分，六分，求出八分減未定差。

比敷分，三分。

遠近度：

定度，三十五分五八。未定度，三十七分；減分，二分，求出一分○二減之。

泛差：

三十七秒。以遠近度通分，乘比數分，滿六十約之，得泛差分。若干因無比數分，即用遠近未定度分，退位爲秒。

加減定差：

定減差：二度四七〇一。置第二加減差加汎差。

太陰經度：二宫二十九度四十分。置中行減定差。

次日

遠近定度：五十分五〇四。未定度，五十一分，減分，四分，求出九秒二減之。

泛差：二分三一。以比數分三分，乘遠近度五十分五〇四，得百五十一分五一，以六十約之。

定減差：一度二九二三。置一度二六五二，加泛差二分三一。

經度：三宫十四度〇八三七。置中行三宫一五三八，減定差一度二九二三。

太陰日行度：

十四度二八三七。置次日太陰經度，減本日太陰經度。

太陰實行度：

十三度三一二九。置太陰日行度，減太陽日行分。

太陰行過或不及太陽度：

不及太陽五分三二。置午正太陽經度二宫二九四五三二，減午正太陰經度二宫二九四，合朔在午後。

計都行度：

三宫一度二四。置十二宫，内減羅計中行八宫二八四六。

計都與月相離度：

十一宫二十八度二六。置午正太陰經度加十二宫，内減計都行度。

午正太陰緯度：

黄道南八分一七四四。查太陰緯度立成，相離十一宫二十八度，在黄道内未定緯差十〇分三二減分五分一六，乘宫度小餘二十六分，得一百三十四分一六。退二位爲秒，以六十約之，得二分一四一六，本行多如次行，用减。未定差。

次日

計都行度：三宫一度一一。减三分。

計都與月相離度：〇宫十二度五七三七。置次日太陰經度，减次日計都行度。

午正太陰緯度：黄道北一度〇七四一。查相離〇宫在黄道北。未定緯差，一度〇二四九，减分五分〇九，乘小餘五十七分三七，得二百九十二分〇一。退二位爲秒，以六十約之，得四分五二。本行少如後行，用加。未定差。

推五月朔日食

食甚泛時：九分五十七秒。置月不及日五分，通爲三百秒，并三十二秒，共三百三十二秒。以二十四乘之，得七千九百六十，八時以太陰實行十三度三一二九，通得四萬八千六百八十九秒，除之，以六十約之。

合朔時太陽行度：二宫二十九度四五五四。置泛時九分五七，以太陽日行五十七分〇八，通爲三千四百二十八秒，乘之得三萬二千八〇五。退二位爲微，以二十四時除之，得一千三百七十微。以六十約之，得二十二秒五。因午後合朔，加入經度二宫二十九度四五三二。

晝夜加減定分：十五分五七〇四。視合朔時太陽二宫二十九度，入晝夜加減立成内，取未定差十六分〇七，與次行十五分五四相減，餘十三秒爲法。通合朔宫度小餘四十五分五四，爲二千七百五十四秒，爲實，相乘得三萬五千八百〇二纖。以六十約之，得五百九十六微四二，再約之得九秒五六。本行多于後行，用減未定差。

子正至合朔十二時二十五分五四。并泛時晝夜加減分，因午後合朔，加于午前十二時。

第一東西差：十分五秒。查經緯時加減立成，合朔時太陽在左二宫，應取下行時視子正至合朔時乃十二時，取未定差三分二，與次行十三時經差十八分二相減，餘十五分，通爲九百秒寄左。又通合朔時小餘二十五分五四，爲一千五百五十四秒，相乘得一百三十九萬八千六百纖。以六十約之，得二萬二千三百一十微。再約得之四百五秒一，再約之得六分四五。本行少于後行，用加未定差。

第二東西差八分〇二 視合朔時太陽度元在二宮今推次宮應取第三宮又視子正至合朔時十二時立成內無經差即取次行十三時經差十八分三八通為一千一百一十八秒為法又通小餘三五五四為一千五百五四為實相乘得一百七十三萬七千三百七十二纖以六十約之得二□八千九百五十五微〇四再約之得四百八十二秒再約之□八分〇二本行無與少于次行同用加未定差

第一南北差八分三十七秒 視合朔時太陽在左二宮于下行十二時內取未定緯差九分五與次行十三時緯差六分五七相減餘二分三五通為一百七十三秒與小餘通秒一千五五四相乘得二十六萬八八四二纖以六十約之得四千四八〇微再約之得七十三秒二再約之得一分一三本行多于後行減之

第二南北差七分四十六秒 又取左第二宮十二時未定緯差六分五六與次行十三時緯差八分五二相減餘一分五六通為一百一十六秒與小餘通秒相乘得一十八萬〇二六四纖以六十約之得三千〇四微再約之得五十〇秒本行少于後行用加未定差

第一時差二十分四十八秒 于經緯時加減差之成取未定白字時差七分與次行十三時時差

第二東西差：八分〇二。視合朔時太陽度元在二宫，今推次宫應取第三宫。又視子正至合朔時十二時立成内無經差，即取次行十三時經差十八分三八，通爲一千一百一十八秒爲法。又通小餘三五五四爲一千五百五四爲實，相乘得一百七十三萬七千三百七十二纖。以六十約之，得二□八千九百五十五微〇四，再約之得四百八十二秒。再約之□八分〇二。本行無與少于次行，同用加未定差。

第一南北差：八分三十七秒，視合朔時太陽在左二宫于下行十二時，内取未定緯差九分五，與次行十三時緯差六分五七相減，餘二分三五。通爲一百七十三秒，與小餘通秒一千五五四相乘，得二十六萬八八四二纖。以六十約之，得四千四八〇微。再約之得七十三秒二，再約之得一分一三。本行多于後行，减之。

第二南北差：七分四十六秒。又取左第二宫十二時未定緯差六分五六，與次行十三時緯差八分五二相减，餘一分五六。通爲一百一十六秒，與小餘通秒相乘，得一十八萬〇二六四纖。以六十約之，得三千四〇微。再約之得五十〇秒。本行少于後行，用加未定差。

第一時差：二十分四十八秒。于經緯時加减差之成，取未定白字時差七分，與次行十三時時差三十九分相減，餘三十二分。通爲一千九百二十秒，與小餘相乘得二百九十八萬三六八〇纖，以六十三次約之，得十三分四八，加未定差。

第二時差：十七分一十六秒。又視第三宫十二時時差無分秒，即取十三時差四十分。通爲二千四百秒，與小餘相乘，三約之得十七分一六。本行元無。

合朔時東西差：八分一十二秒。第一、第二東西差相減餘二分〇二，通爲一百二十三秒，又通合朔時太陽度二十九度四五五四，爲十萬七千一五四秒相乘，得一千二百五十一萬五七四二。以二十度除之，得四十一萬七一九一纖，以六十三次約之，得一分五三。第一差多如第二差，用減差第一差。

合朔時南北差：七分四十六秒。第一、第二南北差相減，餘五十一秒。與太陽度通秒，相乘得五百五十七萬二千〇八。以三十除之，得十八萬五七三三纖。以六十兩次約之，得五十一秒，一差数多，用減一差。

合朔時時差：十七分十八秒。兩時差相減餘三分三二，通爲二百一十二秒，與太陽通秒相乘得二千二百七十一萬六二二四以三十，除之得七十五萬七二〇七纖。以六十三次約之，得三分三，用減第一差。

合朔時本輪行度：四宫二十六度四七一二。置本輪每日行十三度〇四，通爲七百八十四分，以食甚泛時九分五七乘之，得七千五百〇二秒。以二十四除之，得三百一十二秒六。以六十約之，得五分一二。合朔在午後，用加本日午正本輪行度四宫二六四二。

合朔時比敷分：十分四十五秒。以合朔時本輪行度入影徑立成，内減同宫近度四宫二十四度，餘二度四七一二，通爲一百八十七分一二爲實。取四宫二十四度下太陰未定比敷分一十分三五，與五宫初度比敷分一十五分五五相減，餘二十秒爲法，乘之得三千七百四二秒，退二位爲微，以六度除之，得六百二十三微。以六十約之，得十〇秒二三。本行少于次行用加，未定分。

東西定差：九分四十秒。置合朔時東西差通爲四百九十二秒爲實，又通合朔時比敷分爲六百四十五秒，爲法，相乘得三十一萬七三四〇纖。以六十三次約之，得一分二八。并入合朔東西差。

南北定差：九分九秒。通合朔時南北差爲四百六十六秒爲實，以合朔時比敷分通秒爲法，相乘得三十萬〇五七〇纖。以六十三次約之，得一分二三，并入合朔南北差。

食甚定時：十二時三刻。合朔時視太陽度在立成，左七宫者，其時減，在右七宫者加，反是。今在左七宫，時差一七一八，加子正至合朔時十二時二五五四，共十二時四三一二。其時下分數通爲二千五百九十二秒，以一千乘之，得二百五十九萬二千秒。以一百四十四除之，得一萬八千秒。以六十約之，得三百秒，以百約之爲三刻。用加十二整時，爲午正三刻。

食甚太陰經度：二宫二十九度五十五分三十四秒。查立成合朔時大陽在左七宫，將東西定差照時差例，加合朔時太陽經二宫二九四五五四。

合朔時計都行度：三宫一度十三分五八四四。置食甚泛時九分五七，通計都行度三分一一爲一百九十一秒，乘之得一千八二七微，以二十四除之得七十六微。以六十約之，得一秒一六。午後合朔，用減午正計都行度三宫〇一一四。

合朔時太陰緯度：在黄道南六分五十九秒。食甚太陰經度内減合朔時計都行度，不及減加十二宫減之，餘得計都與月相離十一宫二十八度四一三六。入緯度立成，取黄南未定緯差十〇分三二減分五分六，乘計都小餘四一三六，得二百二三四一。退二位爲秒，以六十約之，得三分三二，減未定差。

食甚太陰緯度：十六分八秒。置南北定差，加太陰緯度。

合朔時太陽自行度：十一宫二十四度六分一五二二。通太陽每日中心行度五十九分〇八，爲三千五百四十八秒。視食甚泛時九分五七，不滿一時，不必通分。即以相乘得三萬三千九五四微，以二十四除之，得一千四一四微。以六十約之，得二十三秒。午後合朔，用加午正自行度十一宫二四〇五五二二二。

太陽徑分：三十二分二十六秒。依法以合朔時太陽自行度入景徑立成，減同宫近度者取未定徑分，寄左。又取次一行徑分與寄左，相減爲法。以所減不盡自行度小餘，通秒爲實。相乘以六度除之，得数爲纖。滿六十約之爲微，必約之爲秒，用加減未定徑分。今取十一宫二十四度，太陽未定徑分三十二分二六，與次行初宫初度徑分相減，亦三十二分二六。無較不必取小餘相乘，竟用未定徑分爲定徑分。

太陰徑分：三十五分四十三秒。以合朔時本輪行度入景徑立，成内減同宫近度四宫二十四度餘二度四七一二，通一萬〇〇三十二秒，寄左。取四宫二十四度下太陰未定徑分三十五分三七，與次行五宫初度下徑分三十五分五二相減，餘十五秒與寄左。相乘得十五萬〇四八〇纖，以六除之，得二萬五〇八〇纖。以六十兩約之，得六秒。本行少于次行，用加未定分。

二徑折半分：三十三分九十四秒五十微。太陽徑分與太陰徑分相并，折半。

太陽食限分：十八分二十六秒五十微。二徑折半，內減食甚太陰緯度。

太陽食甚定分：五分六十八秒六十微。通食限分爲一千一〇六秒五，以一千乘之得一百一十萬六千五百秒。又通太陽徑分爲一千九百四十六秒，除之得五百六十八秒五十微，以百約之爲分。

時差：五十四分一十四秒。通食甚太陽緯度爲九百六十八秒，自之得九十三萬七千〇二四，寄左。又通二徑折半分爲二千〇七四五，自之得四百三十萬三五五秒□，寄左相減，餘三百三十六萬六五二六秒。平方開之得一千□百一六秒以二十四，乘之四萬三千五百八十四時。以太陽實行十三度三一二九，通爲八百一十一分除之，得五十四分一四，其分不滿六十不必收爲時。

初虧：十一時三刻三九。食甚定時十二時四三一二，內減時差五十四分一四，餘十一時四八五八，將時下分数通為二千九百三十八秒以一千因之得二百九十三萬八千秒以一百四十四除之得二萬〇四〇二秒以六十約之得三百四十〇秒以百約之為刻以整時為午初三刻三九

復圓十三時二刻六十〇秒食甚定時加時差共十三時三七二六時下分数通為二千二百四六秒以一千因之得二百二十四萬六千秒以百四十四除之得一萬五千五九七以六十約之得二百六十秒以百約為刻以加整時得十三時二刻六〇乃未初二刻六十秒

起復方位初虧在西南食甚在正南復圓在東南視食八分以下食甚月緯在南

右推得五月乙酉朔日食五分五十二秒

初虧西南午初三刻三十九秒

食甚正南午正三刻

復圓東南未初二刻六十秒

時下分数通爲二千九百三十八秒，以一千因之，得二百九十三萬八千秒，以一百四十四除之，得二萬〇四〇二秒。以六十約之，得三百四十〇秒。以百約之爲刻，以整時爲午初三刻三九。

復圓：十三時二刻六十〇秒。食甚定時加時差，共十三時三七二六，時下分数通爲二千二百四六秒，以一千因之，得二百二十四萬六千秒。以百四十四除之，得一萬五千五九七。以六十約之，得二百六十秒。以百約爲刻，以加整時，得十三時二刻六〇，乃未初二刻六十秒。

起復方位，初虧在西南，食甚在正南，復圓在東南。視食八分以下，食甚月緯在南。

右推得五月乙酉朔，日食五分五十二秒。

初虧：西南，午初三刻三十九秒。

食甚：正南，午正三刻。

復圓：東南，未初二刻六十秒。

日躔黃道申宮二十九度四五五四
○附推康熙九年庚戌十月二十五日土星經緯
距年一千○七十一　全積三十九萬○九百一十五日　宮
閏二百五十九日餘六十四分　積日三十九萬一千一百七
十四日　月閏三百九十三日餘五分　通閏萬一千七百八
十一日　氣積萬二千○四十日　加次八年餘二百九十五
日　總零年月日一千○七十九年九個月二十六日
白羊宮第一日午正
最高總度六度四七二四五八查立成并總零年月日一千七十九年九個月二十六日行度
日最行度三宮六度○八二四五八以測定本日行度加入總零行度
土最行度八宮二十一度三五二四五八以測定加總零

日躔：黃道申宮二十九度四五五四。

附推康熙九年庚戌十月二十五日土星經緯

距年：一千〇七十一。全積：三十九萬〇九百一十五日。

宮閏：二百五十九日餘六十四分。積日：三十九萬一千一百七十四日。

月閏：三百九十三日餘五分。通閏：萬一千七百八十一日。

氣積：萬二千〇四十日。加次：八年餘二百九十五日。

總零年月日一千〇七十九年九個月二十六日。

白羊宮第一日午正

最高總度：六度四七二四五八。查立成并總零年月日一千七十九年九個月二十六日行度。日最行度，三宮六度〇八二四五八。以測定本日行度，加入總零行度。

土最行度：八宮二十一度三五二四五八。以測定加總零。

日中心行度：十一宫二七五八五二。并總零年月日内該減應一分〇四，未減。

日自行度：八宫二十一度五〇二七〇二。日中行内減日最行。

土自行度：〇宫二十二度〇二。并總零年月日自行度。

推本日午正配

距日：二百六十二日。約爲八個月二十六日。春分二月二十九日距九月大積二百三十七日，本日距十月朔二十五日。

土最行度：八宫二十一度三六〇八〇一。置白羊一日行度，加本日四十三秒〇三。

土自行度：九宫〇一度二九。置白羊一日行度，加本日八宫〇九二七。

日中心行度：八宫十六度一二一一。置白羊一日行度，内減應一分四秒，加本日八宫一八一四二三。

土中心行度：十一宫十四度四三一一，日中行内減土自行。

土小輪心度二宫二十三度〇七〇五九。土中行内减土自行。

第一差：六度一一〇七〇三。未定差，六度一一。以加减分一分，乘輪心小餘，得七秒〇三，以加未定差。

小輪心定度：二宫一十六度五五五五五六。小輪心度内减一差。

自行定度：九宫〇七度四〇〇七〇三。自行度内加一差。

第二差：五度二一一九五三。未定差，五度三二。以加减分一分，乘自行定小餘，得四十秒〇七，以减未定差。

比敷分：二十分。本行與次行無較。

遠近度：三十八分。本行與次行無較。

泛差：一十二分四。比敷分、遠近度通分相乘，得七百六〇秒，以六十約之。

定差：五度四三五九五三。第二差加泛差。

土星經度：十一宫二度四八〇四。小輪心定度内減定差，加自行度。

步緯小輪心定度：十二度四九一九一。置小輪定度，通度分秒，以六除之。

步緯自行定度：九十二度三三一二二。置自行度，自度分秒以三除之。

未定緯度：在黄道南一度一七一四一七。小輪定十二度，與自行定九十二度，入黄道南北緯度立成，從衡[1] 兩取緯度分，初度五六減去小輪十一度，餘一度四九一九一。通爲百〇九分一九一爲實，以兩取緯〇度五六與後行一度三一相減，餘三十五分爲法，乘之得三千八百二十一秒〇六八五。以隔度三度除之，得一千二百七三秒七七四，以六十約之，爲二十一分一四一七四。加兩取緯。

定緯度：在黄道南一度一六一二。減去自行定九十度，餘二度三三二二二，通爲百五十三分二二二爲實，以兩取緯與下行初度五十二分相減，餘四分爲法，乘之得六百一十二秒八八八。以隔度除之，得六十一秒二八八，以六十約之，爲一分〇一二九，以減未定緯。

像差：三度三八四。距年二百七十四年減一，以像差四乘之，得一千〇九十六分，以五除之，得二百一十九

1 “從衡”當作“縱横”。

分二，以六十約之。

各像經度：十一宫〇二度五七四。取南北名像與土經相近者，十宫二十九度一九，以加像差。

土所犯星座：十一宫二度九分三六，爲危宿東南無名星。各像經與土經相減。

上下相離：土在無名星上六度三十三分。無名星本緯黄道南七度五十分，與土緯黄南一度一六一二四八相減。

日度説 冬夏二至乃陰陽之始春秋二分乃陰陽之交中曆之元首于冬至本陽之始也西曆之元首于春分據交之初也西曆積年起于隋開皇已未歲春分之交在于戌故以白羊戌宮為諸宮之首周天十二宮計三百六十度即中曆天周赤道度也以十二宮分為不動之月每宮三十度為不動之度行十二宮計三百六十五日即歲周之中積整日也尚有小餘約四年而成日添于雙魚亥宮得三百六十六日為宮分有閏之年至一百二十八年而宮閏三十一日其歲實比于四分之一為不及也以三百六十五日行十二宮分之度謂之中心行度以赤道橫絡天之中心也其併立成內距元之年月日中行度即中曆距元之赤道中積度也內減一分四秒乃為元之年宮分

日度説[1]

冬夏二至乃陰陽之始，春秋二分乃陰陽之交。中曆之元首于冬至，本陽之始也。西曆之元首于春分，據交之初也。西曆積年起于隋開皇已未歲春分之交，在于戌，故以白羊戌宮爲諸宮之首。周天十二宮，計三百六十度，即中曆天周赤道度也。以十二宮分爲不動之月，每宮三十度爲不動之度，行十二宮，計三百六十五日，即歲周之中積整日也。尚有小餘，約四年而成日，添于雙魚亥宮，得三百六十六日，爲宮分有閏之年。至一百二十八年，而宮閏三十一日，其歲實比于四分之一爲不及也。以三百六十五日行十二宮分之度，謂之中心行度。以赤道橫絡天之中心也，其并立成内距元之年月日中行度，即中曆距元之赤道中積度也。内減一分四秒，乃爲元之年宮分

1 出自周述學《神道大編曆宗通議》卷十三。

末日度應也。一云西域距中國里差。其以最高減其中心行度爲自行度，即赤道入盈縮曆也。以自行宫度之淺深，而求加減差之多寡，即入曆限之淺深，而求盈縮差之多寡。西曆自行度起夏至縮曆，故自初宫至五宫爲減差，六宫至十一宫爲加差，之極至二度〇〇四十七秒，即縮差二度四十分也。比課差数，雖有多寡之殊，其盈縮相補無彼此之異，故以盈縮差加減其中積度分，以加減差加減其中心行度，則經度均得矣。

月度説[1]

日行一度，月離日日行十二度奇，故以朔實除其周天而得一日月離之度。又并一日行度，而爲平行度也。然其行有遲疾，至周一轉日分，而遲疾均平其度分已一周天，而過三度矣。猶星道之周曆，皆因乎入曆之變而有遲疾之差，但五星

1 出自周述學《神道大編曆宗通議》卷十三。

之遲速係于日，故周率必起于合伏，太陰之遲速不專係于日，故轉周每離于合朔也，其黄道出入赤道，而月道又出入黄道。故先求其黄白之交度，而後推其赤白之交宿。據其赤道之交度，而變爲白道之宿次。以白道之積，而較赤道宿度之周，則白道約歛一度有半，而密移于黄道，宜亦一度有半矣。故至二百四十九交，而交道爲之一周天也。西曆之中心行度，即中曆之赤道平行度，一月一周天之多，日行一朔之度，一月與日一會也。加倍相離度者，即月在次輪逆旋再周之度也。去其日行度，而爲與日相離之度，一日十二度奇，而一月一周。倍其相離，而爲一月兩周天之度也。加倍相離取差之法，必始于朔望，其積差在朔望之後爲加，兩之後爲減，在朔弦望之日，俱少而半象

限之日為最多至十二度半加減本輪行度以為本輪行定度
而求二差不過一度有餘而已其本輪行度較之中心行度則
不及即遲疾轉周之用類乎星道之小輪心猶中曆之遲疾限
也其并立成之本輪度分即轉積度其減一十四分即轉應術
也減差起於初宮加差起于六宮至七日行一象限而差積四
度五十分本輪定度行初宮而逢朔望則帶差分少逢半象限
則帶差分多逢弦象則恰與一差相消而無所帶矣與中曆宮
轉初中雖異其始而疾加遲減則同其理極差多寡雖殊其數
而遲疾相消則同其用至取比數分與遠近度求其泛差泛差
之多每在于兩弦泛差之少每在于朔望以泛差加於二差總
為定差至于七度有餘猶遲疾之極差至于五度四十二分也

限之日，爲最多至十二度半。加減本輪行度，以爲本輪行定度，而求二差，不過一度有餘而已。其本輪行度較之中心行度則不及，即遲疾轉周之用類于星道之小輪心，猶中曆之遲疾限也。其并立成之本輪度分，即轉積度。其減一十四分，即轉應術也。減差起於初宮，加差起于六宮，至七日行一象限，而差積四度五十分。本輪定度行初宮而逢朔望，則帶差分少逢半象限，則帶差分多逢弦象，則恰與一差相消，而無所帶矣。與中曆宮轉初中雖異，其始而疾加遲減，則同其理。極差多寡，雖殊其數，而遲疾相消，則同其用。至取比數分與遠近度。求其泛差，泛差之多，每在于兩弦，泛差之少，每在于朔望。以泛差加於二差，總爲定差。至于七度有餘，猶遲疾之極差，至于五度四十二分也。

其經度以加減定差，而加減其中心行度，則是加減其赤道，而命爲月度也。

五星經度説[1]

五星之行，其遲疾不齊，由乎各行其道之有遠近。西曆之所謂本天也。而本星之行，其自有遲疾。西曆之所謂行于次輪也。又視其去日之遠近，周率起于合伏，近日則行疾，遠日則行遲，三合逢陽則留，與日相衝則逆，遲疾一周，加減過平復，與日合謂之周率，及各入其曆又有盈縮之加減焉。行盈曆則當加，縮曆則當減，盈縮一周加減適平，復會于曆初，謂之曆率。中曆步星，以所求星距元日行天度爲中積，加已前與日相會之合應，是謂道精。以周率去之，餘得入段中積日分，又置入段平度分爲中星積度，又以曆應加中積以曆率去之，餘得入曆盈縮度分，求盈縮

1 出自周述學《神道大編曆宗通議》卷十三。

差数加減其平積爲定平積度分惟金水二差則有三之倍之之用西曆步星木土火三星各以自行度分減其日中行度分餘爲各星中心行度如土星以二十八日自行度二十六度四〇減太陽二十八日中行度餘爲土星中心行度約二十八日行一度木星以十二日自行度十度五十分減太陽十二日中行度餘爲木星中心行度約十二日行一度火星以二日自行度初度五十五分減太陽二日中心行度餘即爲火星中心行度約二日行一度也金水二星以太陽一日中行度五十九分〇八秒爲中心行度同爲一歲一周天也其中心行度内減各星測定最高行度即授時曆應也餘爲小輪心度即入曆盈縮度分也視其小輪心宫度以取第一加減差西法入曆起于最

差数。加減其平積，爲定平積度分。惟金、水二差，則有三之、倍之之用。西曆步星木、土、火三星，各以自行度分減其日中行度分，餘爲各星中心行度。如土星以二十八日自行度二十六度四〇，減太陽二十八日中行度，餘爲土星中心行度，約二十八日行一度。木星以十二日自行度十度五十分，減太陽十二日中行度，餘爲木星中心行度，約十二日行一度。火星以二日自行度初度五十五分，減太陽二日中心行度，餘即爲火星中心行度，約二日行一度也。金、水二星以太陽一日中行度五十九分〇八秒爲中心行度，同爲一歲一周天也。其中心行度内減各星測定最高行度，即授時曆應也。餘爲小輪心度，即入曆盈縮度分也。視其小輪心宫度，以取第一加減差，西法入曆起于最

高故視初宮至五宮為減差自六宮至十一宮為加差減差猶
縮差加差猶盈差也西法第一加減差木星至三宮初度與九
宮初度加減差至五度五分金星至三宮初度與九宮初度差
至二度一分水星至三宮初度與九宮初度差至二度四十三
分土星至三宮五度與一宮二十八度皆差至六度一十九分
火星至三宮四度與八宮二十七度差至十一度二十五分與
至象限而盈縮極者同一道也第一加減差分加減其小輪心
度為 輪心定度是盖以其入曆之平積而為泛差定積也又
推自行度者乃其遲疾一周之度各星以一日自行度通為分
除周天三百六十度得周率土三百七十八日木三百九十九
日火七百八十日金五百八十四日水百一十六日是五星自

高，故視初宮至五宮爲減差，自六宮至十一宮爲加差。減差猶縮差，加差猶盈差也。西法第一加減差，木星至三宮初度與九宮初度，加減差至五度五分；金星至三宮初度與九宮初度，差至二度一分；水星至三宮初度與九宮初度，差至二度四十三分；土星至三宮五度與一宮二十八度，皆差至六度一十九分；火星至三宮四度與八宮二十七度，差至十一度二十五分，與至象限而盈縮極者同一道也。第一加減差分加減其小輪心度，爲小輪心定度，是盖以其入曆之平積，而爲泛差定積也。又推自行度者，乃其遲疾一周之度，各星以一日自行度通爲分，除周天三百六十度，得周率。土，三百七十八日；木，三百九十九日；火，七百八十日；金，五百八十四日；水，百一十六日。是五星自

行度之周天即中曆之周率也以立成總年零年月日自行度
併者即求周率之積度也五星各有减分亦授時周應之術也
又以第一加减差加于小輪心則减于自行度减于小輪心者
則加自行度而爲自行定度交五相求視日相離之遠近而
定行曆之遲速其立成以周率日數分配周天度分周率一轉
即謂周天所以求爲差之用而非實以爲行天之度也起初宫
即起合伏度段行至三宫而積差多者行疾段也及五宫乃遲
留而差數消矣所以初宫至五宫爲加差也六宫則行遲段至
于九宫而積遲亦多矣及十一宫起于合伏而又消其遲所以
六宫至十一宫爲减差也土星至三宫三度與八宫二十七度極
差至五度四十分木星至三宫十二度與八宫二十二度極差

行度之周天，即中曆之周率也。以立成總年零年月日自行度并者，即求周率之積度也。五星各有减分，亦授時周應之術也。又以第一加减差加于小輪心則减，于自行度减于小輪心者則加於自行度，而爲自行定度交五相求。視日相離之遠近，而定行曆之遲速。其立成以周率日數分配周天度分，周率一轉即謂周天。所以求爲差之用，而非實以爲行天之度也。起初宫即起合伏度段，行至三宫而積差多者行疾段也。及五宫乃遲留，而差数消矣。所以初宫至五宫爲加差也，六宫則行遲段，至于九宫而積遲亦多矣。及十一宫起于合伏，而又消其遲，所以六宫至十一宫爲减差也。土星至三宫三度與八宫二十七度，極差至五度四十分；木星至三宫十二度與八宫二十二度，極差

至十度二十三分火星至四宮七度與七宮十九度極差至三
十六度四十五分金星至四宮六度與七宮十五度極差至四
十四度五十八分水星至三宮十九度與八宮十三度極差至
十九度五十六分比授時不及故又求入泛差則其數齊矣蓋
二差是遲疾有常之差泛差乃增減無定之差故因其本輪入
曆盈縮之數分行自去日遠近之度數以推其本段無定之泛
差而得其遲疾加減之密率併為定差以加減其小輪心定度
而得々入曆定積度分以又加以各星之最高行度則經度得
矣
五星緯度說　星道交于黃道土木火三星則與金水二星有
異土木火之星道交有定宮金水之星道則無定度太陰白道

至十度二十三分；火星至四宮七度與七宮十九度，極差至三十六度四十五分；金星至四宮六度與七宮十五度，極差至四十四度五十八分；水星至三宮十九度與八宮十三度，極差至十九度五十六分。比授時不及，故又求入泛差，則其数齊矣。蓋二差是遲疾有常之差，泛差乃增減無定之差。故因其本輪入曆盈縮之数分，行自去日遠近之度数，以推其本段無定之泛差，而得其遲疾加減之密率，并爲定差。以加減其小輪心定度，而得其入曆定積度分，以又加以各星之最高行度，則經度得矣。

五星緯度説[1]

星道交于黄道，土、木、火三星則與金、水二星有異。土、木、火之星道交有定宫，金、水之星道則無定度。太陰白道

1 出自周述學《神道大編曆宗通議》卷十三。

以其距黄準于六度，故至于二百四十九交而交道爲之一周。星道之交黄，亦如太陰之道，但星道之距黄道據交，以定遠近。雖有相距之数，随交以推遠近，則無常距之度。凡交在黄道初宫，則緯差少，在黄道六宫，則緯差多。至于十一宫而差，復如其初矣。以相距黄道遠近而較之，則近黄之差多，而遠黄之差少。以出入黄道南北而較之，則黄南之差疾，而黄北之差遲。以逆行交道而考之，或出黄而爲勾，或入黄而爲已，是又逆行出入黄道南北之别也。土星本輪心度在一、七两宫，爲星黄之交，四宫與十宫爲星黄之距。四宫緯度自二度〇四，以至于二度四七，皆爲距南之極。十宫緯度自二度〇二，以至于二度四九，皆爲距北之極。木、火二星本輪心度皆在三九两宫，爲星黄之交。

五宫十一宫為星黄之距木星五宫緯度自一度以至于一度三九皆為距南之極十一宫緯度自一度〇一以至于一度五六皆為距北之極火星五宫緯度自初度五五以至于六度四一皆為南距之極十一宫緯度自初度四〇以至于四度〇七皆為距北之極是三星交黄約有定宫而距黄亦随有定宫矣至若金水星黄之交則不然金星本輪自六宫而五與十一宫及十宫為黄初之交四宫十宫為黄一之交三宫九宫為黄二之交二八交于黄三一七交于黄四初六交于黄五又用五宫與十一宫為黄六之交四宫十宫為黄七之交三九两宫其交在于黄八二八两宫其交在於黄九一七宫為黄十之交初六宫為黄十一之交水星大輪自六宫而五宫十一與十宫為黄

五宫、十一宫爲星黄之距，木星五宫緯度自一度，以至于一度三九，皆爲距南之極。十一宫緯度自一度〇一，以至于一度五六，皆爲距北之極。火星五宫緯度自初度五五，以至于六度四一，皆爲南距之極。十一宫緯度自初度四〇，以至于四度〇七，皆爲距北之極，是三星交黄約有定宫，而距黄亦随有定宫矣。至若金、水星黄之交則不然，金星本輪自六宫而五，與十一宫及十宫爲黄初之交，四宫十宫爲黄一之交，三宫九宫爲黄二之交，二、八交于黄三，一、七交于黄四，初、六交于黄五。又用五宫與十一宫爲黄六之交，四宫、十宫爲黄七之交，三、九两宫其交在于黄八，二、八两宫其交在於黄九，一、七宫爲黄十之交，初、六宫爲黄十一之交。水星大輪，自六宫而五宫，十一與十宫爲黄

初之交四宮九宮為黃一之交三八交于黃二二七交于黃三
一六交于黃四初五交于黃五五宮十一宮交于黃六四宮十
宮交于黃七九三交于黃八八二交于黃九七與初宮為黃十
之交、與十一為黃十一之交金星黃北至七度一三黃南至
七度五一水星黃道南北俱至四度四分星道既無交道之定
宮則距黃自無南北之定度但隨其交之初中以為南北之距
耳土星本輪一宮交黃道初宮之北緯度初段二十一分至于
較其交出黃道六宮之北緯度初段二十八分又至較其交出
黃道十一宮之北復得二十一分木星本輪三宮交黃道初宮
之南緯度初段一十三分至于較其交出黃道六宮之南緯度
初段二十一分又至于較其交黃道十一宮之南緯度初段復

初之交，四宮、九宮爲黄一之交，三、八交于黄二，二、七交于黄三，一、六交于黄四，初、五交于黄五，五宫、十一宫交于黄六，四宫、十宫交于黄七，九、三交于黄八，八、二交于黄九，七與初宫爲黄十之交，六與十一爲黄十一之交。金星黄北至七度一三，黄南至七度五一，水星黄道南北俱至四度四分。星道既無交道之定宫，則距黄自無南北之定度，但隨其交之初中，以爲南北之距耳。土星本輪一宫交黄道初宫之北緯度初段二十一分，至于較其交出黄道六宫之北緯度初段二十八分，又至較其交出黄道十一宫之北，復得二十一分。木星本輪三宫交黄道初宫之南緯度初段一十三分，至于較其交出黄道六宫之南緯度初段二十一分，又至于較其交黄道十一宫之南緯度初段，復

得一十三分火星本輪三宮交出黃道初宮之南緯度初段初
度〇三分至于較其交出黃道六宮之南緯度初段初度二十
九分又至于較其交黃道十一宮之南初度〇分金星本輪六
宮交出黃道初宮之南緯度初段初度一七至于較其初宮交
出黃道六宮之南緯度初段一度一九又至于較其初宮交出
黃道十一宮之南緯度初段初度一三水星本輪六宮交出黃
道初宮之南緯度初段初度二一至于較其初宮交出黃道六
宮之〻緯度初段初度四五又至于較其初宮交出黃道十一
宮之南緯度初段初度二四是星與黃交在黃初則緯差少黃
六則緯差多也土星黃北初段緯差四十四分至于極北末段
緯差一分木星黃南初段緯差三十二分至于極南末段緯差

得一十三分。火星本輪三宮交出黃道初宮之南緯度初段初度〇三分，至于較其交出黃道六宮之南緯度初段初度二十九分，又至于較其交黃道十一宮之南初度〇分。金星本輪六宮交出黃道初宮之南緯度初段初度一七，至于較其初宮交出黃道六宮之南緯度初段一度一九，又至于較其初宮交出黃道十一宮之南緯度初段初度一三。水星本輪六宮交出黃道初宮之南緯度初段初度二一，至于較其初宮交出黃道六宮之南緯度初段初度四五，又至于較其初宮交出黃道十一宮之南緯度初段初度二四。是星與黃交在黃初，則緯差少，黃六則緯差多也。土星黃北初段，緯差四十四分，至于極北末段，緯差一分，木星黃南初段，緯差三十二分，至于極南末段緯差

六分火星黄南初段緯差一度一十分至于極南末段緯差
三十一分金星本輪七宮交出黄道初宮之南初段緯差一十
五分至于極南末段緯差四分又視初宮交出黄道六宮之南
初段緯差一度二十四分至于極南末段緯差四分水星本輪
自六宮交出黄道初宮之南初段緯差三十四分至于極南末
段緯差一分又自初宮交出黄道六宮之南初段緯差三十五
分至于極南末段緯差十分是近黄差多而遠黄差少也土星
以黄北初段緯差四十四分而較黄南初段緯差五十六分是
南疾一十二分木星以黄南初段緯差三十二分而較黄北初
段緯差二十八分是南疾四分火星以黄南初段緯差一度一
十分而較黄北初段緯差四十六分是南疾二十四分惟金水

六分。火星黄南初段緯差一度一十分，至于極南末段緯差三十一分。金星本輪七宮交出黄道初宮之南初段緯差一十五分，至于極南末段緯差四分。又視初宮交出黄道六宮之南初段緯差一度二十四分，至于極南末段緯差四分。水星本輪自六宮交出黄道初宮之南初段緯差三十四分，至于極南末段緯差一分，又自初宮交出黄道六宮之南初段緯差三十五分，至于極南末段緯差十分，是近黄差多而遠黄差少也。土星以黄北初段緯差四十四分，而較黄南初段緯差五十六分，是南疾一十二分。木星以黄南初段緯差三十二分，而較黄北初段緯差二十八分，是南疾四分。火星以黄南初段緯差一度一十分，而較黄北初段緯差四十六分，是南疾二十四分。惟金、水

二星亦多有南遲而北疾但取其南北段数相均而較之金星
自行三宫黄南初段緯差三十七分黄北初段緯差二十六分
是南疾一十一分水星自行七宫黄南初段緯差四十九分黄
北初段緯差三十四分是南疾一十五分此皆黄南差疾而黄
北差遲也大抵土木火三星交度差少所以在黄道外者當在
外在黄道内者常在内其緯度之變一譜可書若金水二星交
度差多所以前交在黄道内者至第二交即轉而在外前交在
黄道外者至第二交即轉而在内故須分内外二譜以盡其緯
度之變也

二星亦多有南遲而北疾，但取其南北段数相均而較之。金星自行三宫，黄南初段緯差三十七分，黄北初段緯差二十六分，是南疾一十一分。水星自行七宫，黄南初段緯差四十九分，黄北初段緯差三十四分，是南疾一十五分。此皆黄南差疾，而黄北差遲也。大抵土、木、火三星交度差少，所以在黄道外者當在外，在黄道内者常在内，其緯度之變一譜可書。若金、水二星交度差多，所以前交在黄道内者，至第二交即轉而在外前，交在黄道外者，至第二交即轉而在内，故須分内外二譜以盡其緯度之變也。

回回曆法

日五星中行總年立成。原本各項宫度分秒，本行直書。今依西洋表法，另列于直次行，横查之。每格分两位，右爲十，左爲单，約法也，餘倣此。[1]

（表略，見圖）

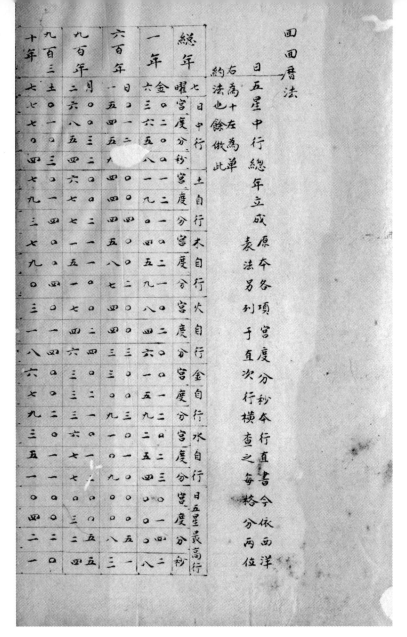

1 説明：南京圖書館藏《回回曆法》抄本算表内容與國立公文書館藏刊本大致相同，算表的格式與用法略有調整，因此下文只録表説與用法，表略見圖，下同。

九百六十年	九百九十年	一千二十年	一千五十年	一千八十年	一千一百一十年	一千一百四十年	一千一百七十年	一千二百年	一千二百三十年
五木	三火	一日	六金	四水	二月	七土	五木	三火	一日
八○	○一	一一	○○	一○	三○	四○	五○	七○	八○
五二	三○	二一	○二	九二	七○	五一	四二	二○	一一
五二	○五	[illegible]一	○四	五○	○三	五五	○二	五四	○一
五二	六二	[illegible]一	七二	七二	八弍	八二	九二	九二	○三
九○	○一	一一	一○	二○	四○	五○	六○	八○	九○
一○	四一	六二	八○	一二	三○	五一	七二	○一	二二
九五	五一	二三	八四	四○	○二	七三	三五	九○	六二
三○	○一	六○	二○	○一	六○	二○	九○	五○	一○
四○	八二	三二	八一	一二	七○	三○	六二	一二	六一
○二	九五	八三	八一	七五	七三	六一	五五	五三	四一
○一	六○	二○	九○	五○	○○	八○	三○	一一	七○
八二	五一	二○	九一	六○	三二	○○	七二	五一	二○
九四	○五	二五	三五	四五	六五	七五	九五	○○	一○
八○	一一	一○	四○	六○	九○	一一	二○	四○	七○
一二	六○	○二	四○	八一	三○	七一	一○	五一	○○
四四	○○	五一	○三	六四	一○	七一	二三	八四	三○
○○	九○	六○	三○	○○	九○	五○	二○	一一	八○
二一	○一	八○	六○	三○	一○	九二	七二	四二	二二
五五	八三	二二	六○	○五	三三	七一	一○	五四	八二
○○	○○	○○	○○	○○	○○	○○	○○	○○	○○
四○	五○	五○	六○	六○	七○	七○	八○	八○	九○
一五	○二	九四	八一	七四	六一	五四	四一	四四	二一
七○	四一	一二	八二	四三	一四	八四	五五	一○	八○

（表略，見圖）

（表略，見圖）

總年起于曆元隋己未年，日中行度第一年三宫二十六度五分八秒，此即曆元所餘末日度應。五星自行并最高，俱準此。每三十年加一宫八度二十五分一秒。土星自行度第一年十一宫二十九度十八分，每三十年加一宫十二度一十六分；木星自行度第一年四宫二十五度十九分，每三十年加七宫二十四度三十九分；火星自行度第一年八宫二十四度六分，每三十年加七宫十七度一分；金星自行度第一年一宫十五度二十九分，每三十年加二宫十四度十五分；水星自行度第一年二宫二十五度三十四分，每三十年加八宫二十七度四十四分。日五星最高行度第一年初宫十度四十分二十八秒，每三十年加二十九分七秒。依此積之成立成。

日五星中行零年立成

（表略，見圖）

十一年	十年	九年	八年	七年	六年	五年	四年	三年	二年
六金	二月	四水	七土	三火	五木	一日	三火	六金	二月
八〇	八〇	八〇	九〇	九〇	九〇	〇一	〇一	〇一	一一
二〇	三一	三二	四〇	五一	五二	六〇	六一	七二	八〇
三〇	八〇	三一	八一	三二	九二	四三	九三	四四	九四
二一	三〇	六[illegible]	七三	八二	〇一	一〇	四四	五三	六二
三〇	四〇	五〇	五〇	六〇	七〇	八〇	八〇	九〇	一一
一二	四一	六〇	九二	二二	四一	七〇	九二	二二	五一
八二	四二	四二	〇二	七一	六一	二一	一一	八〇	四〇
九〇	〇一	一一	一〇	二〇	三〇	五〇	六〇	七〇	九〇
八〇	八一	八二	八〇	九一	八二	九〇	八一	九二	九〇
一〇	一三	八〇	八三	九〇	五四	六一	二五	二二	三五
一一	六〇	一〇	七〇	二〇	八〇	三〇	九〇	四〇	〇一
九二	五一	一〇	八一	五〇	一二	七〇	四二	〇一	七二
四一	〇五	八五	四三	〇一	九一	五五	三〇	九三	五一
八〇	〇〇	五〇	〇一	二〇	七〇	〇〇	五〇	九〇	二〇
三〇	四二	六一	七〇	九五	〇二	二一	三〇	五二	七一
二一	八五	六〇	一五	六三	四四	九一	七三	二一	七〇
七〇	七〇	六〇	五〇	四〇	四〇	三〇	二〇	二〇	一〇
〇二	〇〇	七〇	七一	七二	四〇	五一	二二	二〇	二一
四〇	七一	三二	六三	九四	五五	八〇	五一	八二	一四
〇一	九〇	八〇	七〇	六〇	五〇	四〇	三〇	二〇	一〇
〇四	二四	四四	六四	八四	九四	一五	三五	五五	六五

（表略，見圖）

十二年	十三年	十四年	十五年	十六年	十七年	十八年	十九年	二十年	二十一年
三火	一日	五木	二月	七土	四水	二月	六金	三火	一日
七〇	七〇	六〇	六〇	六〇	五〇	五〇	五〇	四〇	四〇
〇二	〇一	九二	八一	八〇	七二	七一	六〇	五二	五一
八五	二五	七四	二四	七三	三三	六二	一二	六一	一一
一二	八三	[illegible]四	六五	二一	二二	〇四	九四	八五	五一
二〇	八〇	一〇	〇〇	一一	一一	〇一	九〇	八〇	八〇
八二	六〇	三一	〇二	七二	五〇	三一	〇二	七二	五〇
二三	二三	六三	〇四	四四	五四	六四	〇五	三五	五五
七〇	六〇	五〇	三〇	二〇	一〇	一一	〇一	九〇	七〇
七二	七二	七〇	六二	七一	六〇	七二	六二	六〇	六二
〇三	四五	三二	三五	六一	六四	九〇	九三	八〇	二三
五〇	〇一	四〇	五〇	三〇	八〇	二〇	七〇	一〇	六〇
二一	六二	九〇	三二	七〇	〇二	四〇	七一	一〇	五一
七三	九二	三五	七一	八〇	二三	四二	八四	二一	三〇
三〇	〇一	五〇	一〇	八〇	三〇	一一	六〇	一〇	八〇
一一	〇二	八二	七〇	五一	三二	二〇	一一	九一	八二
七二	九一	四三	六二	一四	五五	八四	三〇	八一	〇一
八〇	九〇	九〇	〇一	一一	一一	〇〇	一〇	一一	二〇
九〇	二〇	二二	二一	五一	四二	七一	七〇	七二	〇二
一五	四四	二三	九一	二一	九五	三五	〇四	七二	一二
一一	二一	三一	四一	五一	六一	七一	八一	九一	〇二
九三	七三	五三	三三	二三	〇三	八二	六二	四二	三二

（表略，見圖）

總年立成每隔三十年故以三十年補之內二年五年七年十年十三

三十年	二十九年	二十八年	二十七年	二十六年	二十五年	二十四年	二十三年	二十二年
五木	一日	三火	六金	二井	四水	七土	二月	五木
一〇	一〇	一〇	二〇	二〇	三〇	三〇	三〇	四〇
八〇	九一	九二	〇一	一二	一〇	二一	三二	四〇
五二	[illegible]	五三	〇四	五四	〇五	五五	一〇	六〇
一〇	二五	四三	五二	六一	〇五	〇五	三三	四二
一〇	二〇	二〇	三〇	四〇	五〇	五〇	六〇	七〇
二一	五〇	七二	〇二	五一	五〇	八二	〇二	二一
六一	三一	二一	八〇	五〇	四〇	〇〇	〇〇	七五
七〇	九〇	〇一	一一	一〇	二〇	三〇	五〇	六〇
四二	五〇	四一	五二	五〇	五一	五二	五〇	六一
九三	〇一	六四	七一	七四	四二	四五	一三	一〇
七〇	二〇	八〇	三〇	九〇	四〇	〇一	五〇	一一
七一	三〇	九一	六〇	二二	九〇	五二	一一	八二
一〇	七二	六四	二二	八五	六〇	三四	一五	七二
二〇	七〇	一一	四〇	九〇	二〇	六〇	一一	四〇
四一	六〇	七二	八一	〇一	一〇	三二	四一	六〇
五一	〇〇	九〇	四五	九三	七四	六三	〇四	五二
八〇	八〇	七〇	六〇	六〇	五〇	四〇	三〇	三〇
七二	七〇	五一	五二	五〇	二一	二二	九二	〇一
四四	七五	三〇	六一	九二	五三	八四	五五	八〇
九二	八二	七二	六二	五二	四二	三二	二二	一二
七〇	九〇	〇一	二一	四一	六一	七一	九一	一二

（表略，見圖）

總年立成，每隔三十年故以三十年補之。內二年、五年、七年、十年、十三年、十六年、十八年、二十一年、二十四年、二十六年、二十九年，于十一月終皆加閏日。三十年，凡閏十一日，通計日数一萬六百三十一。日中行平年十一宫十八度五十五分九秒，閏年加一日行分五十九分八秒；土自行平年十一宫七度四分，閏年加五十七分；木自行平年十宫十九度二十九分，閏年加五十四分；火自行平年五宫十三度二十四分，閏年加二十八分；金自行平年七宫八度十五分，閏年加三十七分；水自行平年初宫十九度四十七分，閏年加三度六分。最高行每年五十八秒。按年遞加三年，另加一秒，每年零二十微之積。

日五星中行月分立成

（表略，見圖）

十月小	九月大	八月小	七月大	六月小	五月大	四月小	三月大	二月小	一月大
一日	七土	五木	四水	二月	一日	六金	五木	三火	二月
九〇	八〇	七〇	六〇	五〇	四〇	三〇	二〇	一一	〇〇
〇二	二二	二二	四二	四二	五二	六二	七二	八二	九二
五四	〇一	六二	一〇	七二	二五	八一	三四	九〇	四三
七五	六五	六[illegible]	四四	四三	三三	三二	一二	二一	〇一
九〇	八〇	七〇	六〇	五〇	四〇	三〇	二〇	一一	〇〇
〇一	三一	四一	七一	八一	〇二	二二	四二	六二	八二
三五	六一	二四	六〇	二三	五五	一二	四四	一一	四三
八〇	八〇	七〇	六〇	五〇	四〇	三〇	二〇	一一	〇〇
六二	〇〇	三〇	六〇	九〇	三一	六一	〇二	三二	七二
五一	四〇	〇〇	九四	五四	四三	〇三	九一	五一	五〇
四〇	四〇	三〇	三〇	二〇	二〇	一〇	一〇	〇〇	〇〇
六一	二〇	八一	五〇	一二	八〇	四二	一一	七二	三一
〇一	七四	六五	三三	二四	九一	八二	五〇	四一	一五
六〇	五〇	四〇	四〇	三〇	三〇	二〇	一〇	一一	〇〇
一〇	四一	五二	七〇	九一	一〇	二一	四二	六〇	八一
二五	〇〇	〇三	七三	七〇	五一	五四	二五	二二	〇三
六〇	三〇	〇〇	九〇	六〇	三〇	〇〇	九〇	六〇	三〇
六一	六一	三一	三一	九〇	九〇	六〇	六〇	三〇	三〇
九二	四二	一一	六〇	四五	八四	六三	〇三	八一	二一
									〇〇
									〇〇
八四	三四	八三	四三	九二	四二	九一	四一	九〇	四〇
八二	二四	七四	一〇	五〇	九一	三二	七三	二四	六五

（表略，見圖）

（表略，見圖）

单月大，雙月小，末置一閏日。日中行小月二十八度三十五分二秒，大月二十九度三十四分十秒，十二月通計十一宫十八度五十五分九秒。土自行小月二十七度三十七分，大月二十八度三十四分，十二月十一宫七度四分；木自行小月二十六度十分，大月二十七度五分，十二月十宫十九度二十九分；火自行小月十三度二十三分，大月十三度五十一分，十二月五宫十三度二十四分；金自行小月十七度五十三分，大月十八度二十分，十二月七宫八度十五分；水自行小月三宫

初度六分大月三宮三度十二分十二月初宮十九度四十七分最高
行小月四秒四十六微大月四秒五十六微十二月五十八秒十微有
閏日加一十微

日五星中行日分立成

日分	七曜	日中行宮	日中行度	日中行分	日中行秒	土自行宮	土自行度	土自行分	大自行宮	大自行度	大自行分	火自行宮	火自行度	火自行分	金自行宮	金自行度	金自行分	水自行宮	水自行度	水自行分	日五星最高行度	日五星最高行分	日五星最高行秒	日五星最高行微
一日	一日	○○	○○	九五	八○	○○	○○	七五	○○	○○	四五	○○	○○	八二	○○	○○	七三	○○	三○	六○	○○	○○	○○	○一
二日	二月		一○	八五	七一		一○	四五		一○	八四		○○	五五		一○	四一		六○	三一				○三
三日	三火		二○	七一	五一		二○	一五		二○	二四		一○	三二		一○	一五		九○	九一				○三
四日	四水		三○	六五	三三		三四	八四		三○	七三		一○	一五		二○	八二		二一	六二				九三
五日	五木		四○	五五	二四		四○	六四		四○	一三		二○	八一		三○	五○		五一	二三				九四

初度六分，大月三宮三度十二分，十二月初宮十九度四十七分。最高行小月四秒四十六微，大月四秒五十六微，十二月五十八秒十微，有閏日加一十微。

日五星中行日分立成

（表略，見圖）

十五日	十四日	十三日	十二日	十一日	十日	九日	八日	七日	六日
一日	七土	六金	五木	四水	三火	二月	一日	七土	六金
四一	三一	二一	一一	〇一	九〇	八〇	七〇	六〇	五〇
七四	七四	八四	九四	〇五	一五	二[illegible]	[illegible]	三五	四五
五〇	七五	八四	〇四	二三	三二	五一	七〇	八五	〇五
四一	三一	二一	一一	〇一	九〇	八〇	七〇	六〇	五〇
七一	〇二	三二	六二	八二	一三	四三	七三	〇四	三四
三一	二一	一一	〇一	九〇	九〇	八〇	七〇	六〇	五〇
三三	八三	四四	〇五	六五	一〇	七〇	三一	九一	五二
六〇	六〇	六〇	五〇	五〇	四〇	四〇	三〇	三〇	二〇
五五	八二	〇〇	二三	五〇	七三	九〇	二四	四一	六四
九〇	八〇	八〇	七〇	六〇	六〇	五〇	四〇	四〇	三〇
五一	八三	一〇	四二	七四	〇一	三三	六五	九一	二四
一〇	一〇	一〇	一〇	一〇	一〇				
六一	三一	〇一	七〇	四〇	一〇	七二	四弍	一二	八一
六三	〇三	三二	七一	〇一	四〇	八五	一五	五四	八三
二〇	二〇	二〇	一〇	一〇	一〇	一〇	一〇	一〇	
八二	八一	八〇	八五	八四	九三	九二	九一	九〇	九五

（表略，見圖）

十六日	十七日	十八日	十九日	二十日	廿一日	廿二日	廿三日	廿四日	廿五日
二月	三火	四水	五木	六金	七土	一日	二月	三火	四水
五一	六一	七一	八一	九一	〇二	一二	二二	三二	四二
六四	五四	四四	三四	二四	一四	[illegible]四	[illegible]	九三	八三
三一	二二	〇三	八三	七四	五五	三〇	二一	〇二	八二
五一	六一	七一	八一	九一	〇二	〇二	一二	弍二	三二
四一	一一	八〇	五〇	三〇	〇〇	七五	四五	一五	八四
四一	五一	六一	七一	八一	八一	九一	〇二	一二	二二
七二	一二	五一	九〇	三〇	七五	一五	五四	〇四	四三
七〇	七〇	八〇	八〇	九〇	九〇	〇一	〇一	一一	一一
三二	一五	八一	六四	四一	二四	九〇	七三	五〇	二三
九〇	〇一	一一	一一	二一	二一	三一	四一	四一	五一
二五	九二	六〇	三四	〇二	七五	四三	一一	八四	五二
一〇	一〇	一〇	一〇	二〇	弍〇	二〇	二〇	二〇	二〇
九一	二二	五二	九二	二〇	五〇	八〇	一一	四一	七一
二四	九四	五五	二〇	八〇	四一	一二	七二	四三	〇四
二〇	二〇	二〇	三〇	三〇	三〇	三〇	三〇	三〇	四〇
八三	八四	七五	七〇	七一	七二	七三	七四	七五	六〇

（表略，見圖）

三十日	廿九日	廿八日	廿七日	廿六日
二月	一日	七土	六金	五木
九二	八二	七二	六二	五二
四三	五二	[illegible]	六三	七三
〇一	二〇	三五	五四	七三
八二	七二	六二	五二	四二
四三	七三	〇四	二四	五四
七二	六二	五二	四二	三二
五〇	〇一	二一	二二	八二
三一	三一	二一	二一	二一
一五	三二	五五	八二	〇〇
八一	七一	七一	六一	六一
〇三	三五	六一	九三	二〇
三〇	三〇	二〇	二〇	二〇
〇一	〇〇	六[illegible]	三二	〇二
二〇	六〇	九五	三五	六四
四〇	四〇	四〇	四〇	四〇
六五	六四	六三	六二	六一

日行分一日日中行五十九分八秒整數也寔測又有零數約二十微故二日于五九〇八之積外加一秒一度五八一七其後每隔二日加一秒三十日共加十秒土自行五十七分其五日十三日二十日二十八日增一分木自行五十四分其四日十一日十七日二十四日三十日增一分水自行三度六分其二四七九十二十四十七十九二十二

（表略，見圖）

日行分一日日中行五十九分八秒，整数也。實測又有零數。約二十微。故二日于五九〇八之積外加一秒。一度五八一七。其後每隔二日加一秒，三十日共加十秒。土自行五十七分，其五日、十三日、二十日、二十八日增一分；木自行五十四分，其四日、十一日、十七日、二十四日、三十日增一分；水自行三度六分，其二、四、七、九、十二、十四、十七、十九、二十二、

宮分		白羊戌宮	金牛酉宮	陰陽申宮
日躔		三十一日	三十一日	三十一日
七曜			火三	金六
日中行	宮		○一	○二
	[illegible]		○○	○一
	分		三三	○六
	秒		一八	三六
土自行	宮		○○	○一
	度		二九	二九
	分		三一	○二
木自行	宮		○○	○一
	度		二七	二五
	分		五九	五七
火自行	宮		○○	○○
	度		一四	二八
	分		一九	三七
金自行	宮		○○	○一
	度		一九	○八
	分		○七	一三
水自行	宮		○三	○六
	度		○六	一二
	分		一九	三七
日五星最高行	分		○○	
	秒		○五	一○
	微		○六	一二

二十四、二十七、二十九日增一分，共十二分。亦零数所積也。土一日約零八秒，木十秒，水二十四秒。火自行二十八分，其二、五、九、十二、十五、十八、二十二、二十五、二十八日各減一分，共減九分。最高行一十微，其四、十一、十八、二十五日減一微，則于整數爲弱矣。大約弱十八秒，最高八纖。惟金自行三十七分。按：日遞加無盈縮。周述學曰："土星經度與天不合，内加一度〇三十分方合。"

日躔交十二宮初日立成

（表略，見圖）

(表略，見圖)

此宮分初日立成于白羊宮初日起算，時未有積，故空至金牛宮初日，乃各曜行三十一日之積。視宫分日数多少，累加之，至雙魚宫初日，凡三百三十五日之積。通計十二宫三百六十五日。遇宫分有閏之年，三百六十六日。如求今曜一年氣周，須補雙魚三十日之積。加月分立成。有閏加日分一日之積。

附求七曜總年立成。一年起金六，六百年起日一，每三十年加五数。零年立成起水四宫分立成，金牛宫起火三月分立成，起月二日分立成，起日一。求法有閏日，滿歲用歲，七曜不滿歲，用月七曜得之，得逐月尾日七曜。

太陰經度總年立成。原本太陰總零年宫月日分立成，俱列七曜，因同日五星諸立成，不重載。

（表略，見圖）

六百年	九百年	九百三十年	九百六十年	九百九十年	一千二十年	一千五十年	一千八十年	一千一百一十年	一千一百四十年
六〇	七〇	八〇	九〇	〇一	〇〇	一〇	二〇	三〇	五〇
八〇	一〇	九〇	七一	五二	四〇	二一	〇二	八一	七〇
二四	三一	八二	四四	九五	四一	九二	四四	九五	四一
一〇	一〇	一〇	一〇	一〇	一〇	一〇	一〇	一〇	一〇
八一	五一		四一	四一	三一	三一	三一	二一	三一
三三	六一	六五	六三	七一	七五	七三	七一	八五	八三
八〇	〇一	七〇	五〇	三〇	一〇	一一	八〇	六〇	四〇
八〇	五〇	九二	三二	七一	一一	四〇	八二	二二	六一
八〇	六五	三四	〇三	六一	三〇	〇五	七三	四二	〇一
一一	六〇	一〇	八〇	三〇	九〇	四〇	一一	六〇	〇〇
二〇	二二	五一	八〇	一〇	四二	七一	〇一	三〇	六二
四三	九一	七一	五一	四一	二一	一一	九〇	八〇	六〇

一千二百年	一千二百三十年	一千二百六十年	一千二百九十年	一千三百二十年	一千三百五十年	一千三百八十年	一千四百一十年	一千四百四十年
七〇	九〇	〇一	〇一	〇〇	二〇	三〇	四〇	五〇
三二	二〇	〇一	八一	六二	五〇	三一	一二	九二
五四	〇〇	五一	〇三	五四	〇〇	六一	一三	七四
一〇	一〇	一〇	一〇	一〇	一〇	一〇	一〇	一〇
一一	一一	一一	〇一	〇一	〇一	〇一	九〇	九〇
九五	九三	九一	九五	〇四	〇二	〇〇	〇四	一二
〇〇	九〇	七〇	五〇	三〇	一〇	〇一	八〇	六〇
三〇	七二	一一	五一	八〇	二〇	六二	〇二	四一
四四	一三	八一	五〇	一五	八三	五二	二一	九〇
二〇	九〇	三〇	〇一	五〇	〇〇	六〇	一〇	八〇
二一	五〇	八二	〇六	三一	六〇	九二	二二	五一
三〇	一〇	〇〇	八五	七五	五五	三五	二五	〇五

（表略，見圖）

大陰各行第一年数，此曆元所餘末日度應，每三十年中心度加一宫八度十五分。倍離度加十一宫二十九度四十分，本輪度加九宫二十三度四十七分，羅計度加六宫二十三度五十分，至一千四百四十年，各得本数如左。

太陰經度零年立成

（表略，見圖）

十四年	十三年	十二年	十一年	十年	九年	八年	七年	六年	五年
六〇	七〇	七〇	八〇	八〇	八〇	九〇	九〇	九〇	〇一
八二	三一	六一	一〇	七一	九一	五〇	〇二	三二	八〇
六〇	九〇	二〇	五三	九〇	一三	五〇	八三	一〇	四三
一一	〇〇	一一	一一	〇〇	一一	〇〇	〇〇	一一	〇〇
六二	五〇	〇二	九二	八〇	二二	一〇	[illegible]	五二	四〇
六三	三三	六〇	四〇	一〇	五三	二三	九二	三〇	一〇
〇〇	二〇	三〇	五〇	七〇	八〇	〇一	〇〇	一〇	三〇
五一	〇一	二二	七一	二一	四二	九一	四一	六二	一二
一二	一二	七一	七一	七一	三一	三一	三一	九〇	八〇
八〇	八〇	七〇	六〇	六〇	五〇	五〇	四〇	三〇	三〇
二二	三〇	五一	六二	七〇	八一	〇〇	一一	二二	三〇
三四	八五	〇一	五二	一四	三五	八〇	三二	五三	〇五
二十九年	二十八年	二十七年	二十六年	二十五年	二十四年	二十三年	二十二年	二十一年	二十年
一〇	一〇	二〇	二〇	二〇	三〇	三〇	四〇	四〇	四〇
三二	六二	一一	七二	九二	五一	七一	三〇	八一	一二
九四	一一	五四	八一	一四	四一	七三	〇一	四四	七〇
〇〇	一一	〇〇	〇〇	一一	〇〇	一一	一一	〇〇	一一
八〇	三二	〇二	一一	五二	四〇	九一	八二	七〇	一二
七三	一一	九〇	六〇	〇四	七三	一一	八〇	五〇	九三
一一	一〇	二〇	四〇	六〇	七〇	九〇	一一	〇〇	二〇
八一	〇〇	五二	〇二	二〇	七二	九〇	四〇	九二	一一
七四	三四	三四	二四	八三	八三	四三	四三	四三	〇三
六〇	五〇	四〇	四〇	三〇	三〇	二〇	一〇	一〇	〇〇
四〇	五一	六二	七〇	九一	〇〇	一一	二二	四〇	五一
四一	六二	一四	六五	九〇	三二	五三	一五	六〇	八一

（表略，見圖）

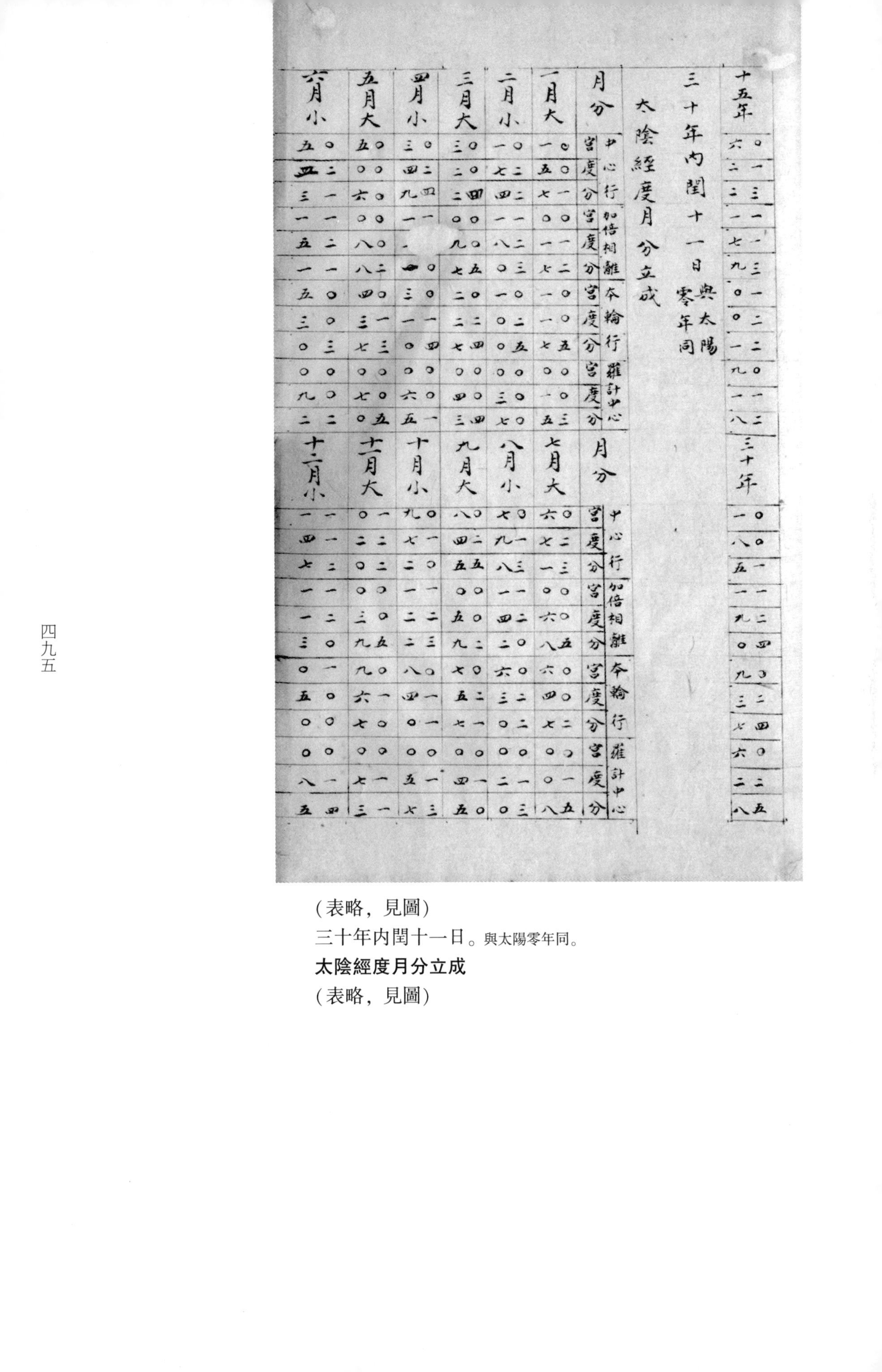

（表略，見圖）

三十年内閏十一日。與太陽零年同。

太陰經度月分立成

（表略，見圖）

（表略，見圖）

中心度，大月一宫五度十七分，小月二十二度七分。按月加之，内三月、七月、十一月各增分，十二月計十一宫十四度二十七分。有閏日，加十三度十一分。倍離度，大月十一度二十七分，小月十一宫十七度四分，内二、六、十月各減一分，十二月計十一宫二十一度三分。有閏日，加二十四度二十三分。本輪度大月一宫一度五十七分，小月十八度五十三分，十二月計十一宫二十一度三分。閏日，加十三度四分，羅計度大月一度三十五分，小月一度三十二分三七，十一月增一分，十二月計十八度四十五分。閏日，加三分。

太陰經度日分立成

日分	一日	二日	三日	四日	五日	六日	七日	八日	九日
中心行 宮	〇〇	〇〇	一〇	一〇	二〇	二〇	三〇	三〇	三〇
中心行 度	三一	六二	九〇	二二	五〇	九一	二〇	五一	八二
中心行 分	一一	一二	二三	二四	三五	三〇	四一	五二	五三
加倍相離 宮	〇〇	一〇	二〇	三〇	四〇	四〇	五〇	六〇	七〇
加倍相離 度	四二	八一	三一	七〇	一〇	[illegible]二	[illegible]	五一	九〇
加倍相離 分	三二	六四	九〇	二三	四五	七一	〇四	〇三	六二
本輪行 宮	〇〇	〇〇	一〇	一〇	二〇	二〇	三〇	三〇	三〇
本輪行 度	三一	六二	九〇	二二	五〇	八一	一〇	四一	七〇
本輪行 分	四〇	八〇	二一	六一	九一	三二	七二	一三	五三
羅計行 宮	〇〇								
羅計行 度	〇〇								
羅計行 分	三〇	六〇	〇一	七一	六一	九一	二二	五二	九二

日分	十六日	十七日	十八日	十九日	二十日	二十一日	二十二日	二十三日	二十四日
中心行 宮	七〇	七〇	七〇	八〇	八〇	九〇	九〇	〇一	〇一
中心行 度	〇〇	四一	七二	〇一	三二	六〇	九一	三〇	六一
中心行 分	九四	〇〇	〇一	一二	二三	二四	三五	三〇	四一
加倍相離 宮	一〇	一〇	二〇	三〇	四〇	五〇	三〇	六〇	七〇
加倍相離 度	〇〇	四二	八一	三一	七〇	二〇	六二	〇二	五一
加倍相離 分	六〇	九二	二五	五一	八三	一〇	四二	六四	九〇
本輪行 宮	六〇	七〇	七〇	六〇	八〇	九〇	九〇	〇一	〇一
本輪行 度	九二	二一	五二	八〇	二一	四〇	七一	〇〇	三一
本輪行 分	二〇	六〇	〇二	四一	八一	二二	六二	〇三	四三
羅計行 宮	〇〇								
羅計行 度	〇〇	〇〇	〇〇	一〇	一〇	一〇	一〇	一〇	一〇
羅計行 分	一五	四五	七三	〇〇	四〇	七〇	〇一	三一	六一

（表略，見圖）

(表略，見圖)

中心度一日實行十三度一十分三十四秒，今立成一日就整十三度一十一分。止有分位。故其積数内十二、四、六、九、十一、十四、十六、十八、二十一、二十三、二十六、二十八、三十日各減一分，共減十三分。倍離度實行二十四度二十二分五十三秒二十二微，今就整二十三分，故于五十四二十

四九九

宮分	白羊	金牛	陰陽	巨蟹	獅子
中心行 宮		一〇	三〇	四〇	六〇
中心行 度		八一	六〇	五二	一二
中心行 分		八二	六五	四二	三〇
加倍相離 宮		一〇	二〇	三〇	五〇
加倍相離 度		五〇	-	七一	七一
加倍相離 分		〇五	九三	九二	一四
本輪行 宮		一〇	三〇	四〇	六〇
本輪行 度		五一	〇〇	五一	三一
本輪行 分		一〇	二〇	三〇	七〇
羅計中心 宮		〇〇	〇〇	〇〇	〇〇
羅計中心 度		一〇	三〇	四〇	六〇
羅計中心 分		八三	七一	六五	七三

宮分	天秤	天蝎	人馬	磨羯	寶瓶
中心行 宮	〇一	一一	〇〇	一〇	一〇
中心行 度	三〇	九〇	四一	六〇	八二
中心行 分	九五	七一	四三	一四	八四
加倍相離 宮	七〇	八〇	八〇	八〇	七〇
加倍相離 度	九二	〇一	二二	九〇	六二
加倍相離 分	〇二	七四	四一	八一	一二
本輪行 宮	九〇	〇一	一一	〇〇	〇〇
本輪行 度	三一	五一	七一	五〇	四二
本輪行 分	九〇	六〇	三〇	六五	九四
羅計中心 宮	〇〇	〇〇	〇〇	〇〇	〇〇
羅計中心 度	九〇	一一	三一	四一	六一
羅計中心 分	四五	九二	五〇	七三	九〇

三日減一分。本輪度實行十三度三分五十四秒，今就整四分，故逢五日減一分，羅計度實行三分一十一秒，今就整三分，故三、九、十五、二十、二十六日增一分。

太陰經度日躔交十二宮初日立成。各宫日数前見，不重出。

（表略，見圖）

(表略，見圖)

係宫分年之度有閏日，於雙魚宫之積加本行一日行度，義同日五星。

太陽加減立成。自行宫度爲引數，原本宫縱列首行度，横列上行，每三宫順布三十度，十二宫起止，凡四次。内列加減差，又列加減分，其加減分乃本度加減差，與次度加減差相較之，餘數也。今于前求加減，用相減之法，則加減分在其中矣。故今去加減分，止列加減差数，用約法。行引数宫列上横，行度列首直行，用順逆查之，得数無異也。月五星加減立成準此。

(表略，見圖)

	宮	三		宮	二			宮
加	差	減	加	差	減	加		差
度	秒	分	度	秒	分	度	秒	分
一〇	三四	〇〇	二〇	五四	二四	一〇	五三	八五
一〇	六四	〇〇	二〇	九四	三四	一〇	二二	〇〇
一〇	七四	〇〇	二〇	二五	四四	一〇	八〇	二〇
一〇	六四	〇〇	二〇	三五	五四	一〇	三五	二〇
一〇	三四	〇〇	二〇	二五	六四	一〇	七三	五〇
一〇	八三	[illegible]	二〇	九四	七四	一〇	〇二	七〇
一〇	〇三	〇〇	二〇	四四	八四	一〇	一〇	九〇
一〇	〇二	〇〇	二〇	七三	九四	一〇	一四	〇一
一〇	八〇	〇〇	二〇	八二	〇五	一〇	〇二	二一
一〇	三五	九五	一〇	七一	一五	一〇	八五	三一
一〇	六三	九五	一〇	四〇	二五	一〇	五三	五一
一〇	七一	九五	一〇	〇五	二五	一〇	〇一	七一
一〇	六五	八五	一〇	四三	三五	一〇	四四	八一
一〇	三三	八五	一〇	六一	四五	一〇	七一	〇二
一〇	八〇	八五	一〇	六五	四五	一〇	九四	一二
一〇	一四	七五	一〇	四三	五五	一〇	九一	三二
一〇	一一	七五	一〇	九〇	六五	一〇	七四	四二
一〇	九三	六五	一〇	二四	六五	一〇	四一	六二
一〇	五〇	六五	一〇	三一	七五	一〇	〇四	七二
一〇	八二	五五	一〇	二四	七五	一〇	四〇	九二
一〇	九四	四五	一〇	九〇	八五	一〇	七二	〇三
一〇	八〇	四五	一〇	四三	八五	一〇	八四	一三
一〇	五二	三五	一〇	七五	八五	一〇	八〇	三三
一〇	〇四	二五	一〇	八一	九五	一〇	六二	四三
一〇	三五	一五	一〇	七三	九五	一〇	二四	五三
一〇	四四	一五	一〇	四五	九五	一〇	七五	六三
一〇	三一	〇五	一〇	八〇	〇〇	二〇	〇一	八五
一〇	九一	九四	一〇	〇二	〇〇	二〇	一二	九三
一〇	三二	八四	一〇	〇三	〇〇	二〇	一三	〇四
一〇	三二	七四	一〇	八三	〇〇	二〇	九三	一四
一〇	五二	六四	一〇	三四	〇〇	二〇	五四	二四
	八	宮		九	宮			十

（表略，見圖）

宮　五　　　　宮　四

數引	差	減	加	差	減
逆	秒	分	度	秒	分
〇三	六一	二〇	一〇	五二	六四
九二	四二	〇〇	一〇	三二	五四
八二	一三	八三	〇〇	九一	四四
七二	六三	六五	〇〇	三一	三四
六二	〇四	四五	〇〇	五〇	二四
五二	三四	二五		五五	〇四
四二	五四	〇〇	〇〇	三四	九三
三二	六四	八四	〇〇	九二	八三
二二	二四	六四	〇〇	三一	七三
一二	五四	四四	〇〇	六五	五三
〇二	三四	二四	〇〇	八三	四三
九一	〇四	〇四	〇〇	六一	三三
八一	六三	八三	〇〇	三五	一三
七一	二三	六三	〇〇	八二	〇三
六一	七二	四三	〇〇	一〇	九二
五一	一二	二三	〇〇	三三	七二
四一	五一	〇三	〇〇	三〇	六二
三一	八〇	八二	〇〇	二三	四二
二一	一〇	六二	〇〇	七五	二二
一一	三〇	三二	〇〇	二二	一二
〇一	四四	一二	〇〇	五四	九一
九	五三	九一	〇〇	七〇	八一
八	五二	七一	〇〇	七二	六一
七	五一	五一	〇〇	五四	四一
六	五〇	三一	〇〇	二〇	三一
五	五五	〇一	〇〇	八一	一一
四	四四	八〇	〇〇	三三	九〇
三	三三	六〇	〇〇	六四	七〇
二	二二	四〇	〇〇	七五	五〇
一	一一	二〇	〇〇	七〇	四〇
〇	〇〇	〇〇	〇〇	六一	二〇

六　宮　　七　宮

日行五十九分八秒有奇平行度也黃道圈與地同心而太陽之行黃道其本輪天有最高有最卑與地不同心行最高則距地遠而黃度廣太陽行覺遲計夏月一日實行止五十七分有奇以較平行縮二分餘此立成

（表略，見圖）

日行五十九分八秒有奇，平行度也。黃道圈與地同心，而太陽之行黃道。其本輪天有最高，有最卑，與地不同心行。最高則距地遠，而黃度廣，太陽行覺遲，計夏月一日實行止五十七分有奇，以較平行縮二分餘，此立成初宫起夏至減二分二秒也。自初宫至五宫爲減差。減差之積至三宫二度而極。高卑限中距積差二度四十七秒。自此遞降至五宫二十九度行最卑，則距地近而黄度狹，太陽行覺疾。非黄度有廣狹，亦非日行有遲疾，皆因距地遠近所生。計冬月一日實行一度一分有奇，以較平行盈二分餘，此立成六宫起冬至，加二分一十一秒也。自六宫至十一宫，爲加差。加差之積至八宫二十八度而極。即減差三宫二度。加減順逆得數正同。自此遞降至十一宫二十九度。按：終歲之間平實相符者，惟中距二日耳。立成因就整故有一秒之差。此外两□之較日日不等，故必以有恒率之平行爲根，而以加減差定之。

太陰經度第一加減比数[1]立成。以加倍相離宫度爲引数，原本宫縱列首行度，横列上行，每三宫順列三十度。

1“数”當作“數”。

二宮				初宮			
加	比數	加減差		比數	加減差		引數
度	分	分	度	分	分	度	順
一一	三一	八一	八〇	〇〇	〇〇	〇〇	〇
一一	三一	五二	八〇	〇〇	九〇	〇〇	一
一一	四一	三三	八〇	〇〇	七一	〇〇	二
一一	四一	〇四	八〇	〇〇	六二	〇〇	三
一一	五一	七四	八〇	〇〇	四三	〇〇	四
一一	五一	五五	八〇	〇〇	三四	[illegible]	五
一一	六一	二〇	九〇	〇〇	一五	[illegible]	六
一一	六一	九〇	九〇	〇〇	〇〇	一〇	七
一一	六一	六一	九〇	〇〇	八〇	一〇	八
二一	七一	三二	九〇	〇〇	七一	一〇	九
二一	七一	〇三	九〇	〇〇	五二	一〇	〇一
二一	八一	七三	九〇	〇〇	四三	一〇	一一
二一	八一	四四	九〇	〇〇	三四	一〇	二一
二一	九一	〇五	九〇	一〇	一五	一〇	三一
二一	九一	七五	九〇	一〇	〇〇	二〇	四一
二一	〇二	四〇	〇一	一〇	八〇	二〇	五一
二一	〇二	〇一	〇一	一〇	七一	二〇	六一
二一	一二	七一	〇一	一〇	五二	二〇	七一
二一	一二	三二	〇一	一〇	四三	二〇	八一
二一	二二	〇三	〇一	一〇	二四	二〇	九一
二一	二二	六三	〇一	一〇	一五	二〇	〇二
二一	三二	二四	〇一	二〇	九五	二〇	一二
二一	三二	七四	〇一	二〇	八〇	三〇	二二
二一	四二	二五	〇一	二〇	七一	三〇	三二
二一	四二	八五	〇一	二〇	五二	三〇	四二
二一	四二	三〇	一一	二〇	三三	三〇	五二
二一	五二	九〇	一一	三〇	一四	三〇	六二
二一	五二	四一	一一	三〇	〇五	三〇	七二
二一	六二	九一	一一	三〇	八五	三〇	八二
二一	六二	五二	一一	三〇	六〇	四〇	九二
二一	七二	〇三	一一	三〇	五一	四〇	〇三
九宮				十宮			

內有加減分今去之用約法將引數宮橫列上行度縱列首行順逆查之詳太陽加減註內

內有加減分，今去之，用約法將引數宮橫列上行度，縱列首行，順逆查之，詳太陽加減註內。

（表略，見圖）

三宮　四宮　五宮

三宮差 分	三宮比數 分	四宮加減差 度	四宮加減差 分	四宮比數 分	五宮加減差 度	五宮加減差 分	五宮比數 分	逆引數
三○	二七	一二	二五	四三	○八	四四	五五	三○
三四	二七	一二	二二	四三	○八	三一	五五	二九
三八	二八	一二	一九	四四	○八	一七	五六	二八
四二	二八	一二	一五	四四	○八	○三	五六	二七
四六	二九	一二	一二	四五	○七	四九	五六	二六
五○	二九	一二	○八	四五	○七	[illegible]	五六	二五
五四	三○	一二	○五	四六	○七	[illegible]	五七	二四
五八	三一	一二	○一	四六	○七	○四	五七	二三
○二	三一	一一	五七	四七	○六	四八	五七	二二
○六	三二	一一	五三	四七	○六	三二	五八	二一
一○	三二	一一	四八	四七	○六	一一	五八	二一
一三	三二	一一	四三	四八	○五	五○	五八	二○
一六	三四	一一	三七	四八	○五	四九	五八	一九
一八	三四	一一	三○	四九	○五	二八	五九	一八
二○	三五	一一	二三	四九	○五	○七	五九	一七
二二	三五	一一	一六	四九	○四	四六	五九	一六
二四	三六	一一	○九	五○	○四	三五	五九	一五
二八	三六	一一	○一	五○	○四	一四	五九	一四
二六	三七	一○	五三	五一	○三	五三	五九	一三
二九	三七	一○	四五	五一	○三	三二	五九	一二
三○	三七	一○	三一	五二	○三	一一	五九	一一
三一	三八	一○	二七	五二	○二	五○	五九	一○
三一	三八	一○	一七	五二	○二	二九	六○	九
三一	三九	一○	○七	五三	○二	一八	六○	八
三一	三九	○九	五六	五三	○一	五七	六○	七
三一	四○	○九	四五	五四	○一	三六	六○	六
三○	四○	○九	三四	五四	○一	一五	六○	五
三○	四一	○九	二二	五四	○○	五四	六○	四
二九	四一	○九	一○	五五	○○	三三	六○	三
二七	四二	○八	五七	五五	○○	二二	六○	二
二五	四三	○八	四四	五六	○○	○一	六○	○

六宮　七宮　八宮

（表略，見圖）

加倍相離度月行次輪度也。一月兩周，故初宮起朔望爲加差。加差之極至十二度三十一分，已後漸消而盡，六宮起上下兩弦爲減差，減差之極至十二度三十一分，已後漸消而盡。其差数在朔弦望之日俱少，在半象限之日爲最多。用以加減本輪行度，以爲本輪行定度，其比数[1]分係于去日之遠近，故當上下兩弦積差至于六十分。

太陰第二加減遠近立成。以本輪行定宮度爲引数，原本宮縱度横分作四，今反之用順逆，約作一，詳太陽加減註。

（表略，見圖）

1“数”當作“數”。

宮　一　宮　初

加減	近	遠	加減差		近	遠	加減差	
度	分	度	分	度	分	度	分	度
四○	三○	一○	五一	二○	○○	○○	○○	○○
四○	五○	一○	九一	二○	二○	○○	五○	○○
四○	六○	一○	三二	二○	四○	○○	九○	○○
四○	八○	一○	七二	二○	六○	○○	四一	○○
四○	○一	一○	一三	二○	八○	○○	九一	○○
四○	二一	[illegible]	五三	二○	○一	○○	四二	○○
四○	四一	一○	九三	二○	三一	○○	九二	○○
四○	七一	一○	三四	二○	五一	○○	三三	○○
四○	八一	一○	七四	二○	七一	○○	八三	○○
四○	○二	一○	一五	二○	九一	○○	二四	○○
四○	二二	一○	五五	二○	一二	○○	七四	○○
四○	三二	一○	九五	二○	三二	○○	二五	○○
四○	五二	一○	二○	三○	六二	○○	七五	○○
四○	七二	一○	六○	三○	八二	○○	一○	一○
四○	九二	一○	九○	三○	○三	○○	五○	一○
四○	一三	一○	三一	三○	一三	○○	○一	一○
四○	三三	一○	六一	三○	四二	○○	四一	一○
四○	五三	一○	○二	三○	二三	○○	九一	一○
四○	一三	一○	三二	三○	八三	○○	三二	一○
四○	八三	一○	七二	三○	一四	○○	八二	一○
四○	○四	一○	○三	三○	三四	○○	二三	一○
四○	一四	一○	四三	三○	五四	○○	六三	一○
四○	三四	一○	七三	三○	七四	○○	○四	一○
四○	五四	一○	○四	三○	九四	○○	四四	一○
四○	七四	一○	三四	三○	一五	○○	九四	一○
四○	八四	一○	六四	三○	三五	○○	四五	○○
四○	○五	一○	九四	三○	五五	○○	八五	一○
四○	一五	一○	二五	三○	七五	○○	二○	二○
四○	三五	一○	五五	三○	九五	○○	六○	二○
四○	四五	一○	八五	三○	一○	一○	○一	二○
四○	六五	一○	一○	四○	三○	一○	五一	二○

十　宮

（表略，見圖）

四 宫 三 宫

減 加		近 遠		差 減 加		近 遠		差
分	度	分	度	分	度	分	度	分
〇二	四〇	七二	二〇	九四	四〇	六五	一〇	一〇
八二	四〇	七二	二〇	〇五	四〇	八五	一〇	三〇
六一	四〇	八二	二〇	〇五	四〇	九五	一〇	六〇
三一	四〇	八二	二〇	〇五	四〇	一〇	二〇	八〇
一一	四〇	八二	二〇	〇五	四〇	二〇	二〇	〇一
八〇	四〇	九二	二〇	〇五	四〇	[illegible]	二〇	三一
三〇	四〇	九二	二〇	九四	四〇	五[illegible]	二〇	五一
三〇	四〇	九二	二〇	九四	四〇	六〇	二〇	七一
〇〇	四〇	九二	二〇	九四	四〇	七〇	二〇	九一
七五	三〇	〇三	二〇	八四	四〇	八〇	二〇	一二
四五	三〇	〇三	二〇	八四	四〇	九〇	二〇	三二
〇五	三〇	〇三	二〇	七四	四〇	〇一	二〇	五二
七四	三〇	〇三	二〇	七四	四〇	二一	二〇	七二
三四	三〇	〇三	二〇	六四	四〇	三一	二〇	九二
〇四	三〇	〇三	二〇	六四	四〇	四一	二〇	一三
七三	三〇	〇三	二〇	四四	四〇	五一	二〇	三三
四三	三〇	九二	二〇	三四	四〇	六一	二〇	五三
〇三	三〇	九二	二〇	二四	四〇	七一	二〇	六三
六三	三〇	九二	二〇	一四	四〇	八一	二〇	八三
二三	三〇	九二	二〇	〇四	四〇	九一	二〇	九三
八一	三〇	八二	二〇	九三	四〇	〇二	二〇	〇四
四一	三〇	八二	二〇	七三	四〇	一二	二〇	一四
〇一	三〇	八二	二〇	六三	四〇	二二	二〇	二四
六〇	三〇	七二	二〇	四三	四〇	三二	二〇	三四
二〇	三〇	七二	二〇	三三	四〇	四二	二〇	四四
八五	二〇	六二	二〇	一三	四〇	四二	二〇	五四
四五	二〇	六二	二〇	九二	四〇	五二	二〇	六四
九四	二〇	五二	二〇	七二	四〇	四二	二〇	七四
四四	二〇	四二	二〇	五二	四〇	六二	二〇	八四
〇四	二〇	三二	二〇	二二	四〇	六二	二〇	九四
五三	二〇	二二	二〇	〇四	四〇	七二	二〇	九四

宫 八 宫 九 宫

(表略，見圖)

宮　五　宮

土星第一加減比數立成

小輪心宮度爲引數原本宮縱度橫内有加減分詳太陽加減註

數引順	數引逆	近 分	遠 度	差減加 分	度	近 分	遠 度
○	○三	○三	一○	五三	二○	○二	二○
一	九二	七二	一○	一三	二○	一二	二○
二	八二	四二	一○	六二	二○	○二	二○
三	七二	一二	一○	二二	二○	八一	二○
四	六二	九一	一○	七一	二○	七一	二○
五	[illegible]	六一	一○	二一	二○	六一	二○
六	[illegible]	三一	一○	七○	二○	四一	二○
七	三二	○一	一○	二○	二○	三一	二○
八	○二	八○	一○	七五	一○	二一	二○
九	一二	五○	一○	二五	一○	○一	二○
○一	○二	二○	一○	七四	一○	九○	二○
一一	九一	九五	○○	二四	一○	八○	二○
二一	八一	六五	○○	七三	一○	六○	二○
三一	七一	三五	○○	二三	一○	五○	二○
四一	六一	一五	○○	七二	一○	三○	二○
五一	五一	七四	○○	一二	一○	一○	二○
六一	四一	四四	○○	五一	一○	九五	一○
七一	三一	一四	○○	○一	一○	七五	一○
八一	二一	八三	○○	五○	一○	六五	一○
九一	一一	五三	○○	○○	一○	四五	一○
○二	○一	二三	○○	五五	○○	二五	一○
一二	九	九二	○○	九四	○○	○五	一○
二二	八	六二	○○	三四	○○	八四	一○
三二	七	二二	○○	八三	○○	六四	一○
四二	六	九一	○○	三三	○○	三四	一○
五二	五	六一	○○	七二	○○	一四	一○
六二	四	三一	○○	二二	○○	九三	一○
七二	三	○一	○○	七一	○○	七三	一○
八二	二	六○	○○	一一	○○	五三	一○
九二	一	三○	○○	五○	○○	三三	一○
○三	○	○○	○○	○○	○○	○三	一○

六　宮　七

（表略，見圖）

土星第一加減比敷立成。小輪心宮度爲引數，原本宮縱度横内有加減分，詳太陽加減註。

（表略，見圖）

（表略，見圖）

五宮 比數 分	五宮 加減差 分	五宮 加減差 度	四宮 比數 分	四宮 加減差 分	四宮 加減差 度	三宮 比數 分	三宮 加減差 分	三宮 加減差 度
五五	七一	三○	二四	六三	五○	七二	七一	六○
五五	一一	三○	三四	三三	五○	八二	八一	六○
五五	五○	三○	三四	○三	五○	九二	九一	六○
六五	九五	二○	四四	七二	五○	○三	九一	六○
六五	三五	二○	四四	四二	五○	一三	九一	六○
六五	七四	二[illegible]	五四	○二	五○	一三	九一	六○
七五	一四	[illegible]	五四	六一	五○	二三	八一	六○
七五	五三	二○	五四	二一	五○	一三	八一	六○
七五	九二	二○	六四	八○	五○	二三	七一	六○
七五	三二	二○	六四	四○	五○	三三	六一	六○
八五	七一	二○	七四	○○	五○	三三	五一	六○
八五	○一	二○	七四	六○	四○	四三	四一	六○
八五	三○	二○	八四	一五	四○	四三	二一	六○
八五	七五	一○	八四	七四	四○	四三	一一	六○
八五	○五	一○	八四	二四	四○	五三	○一	六○
九五	三四	一○	九四	八三	四○	六三	八○	六○
九五	六三	一○	九四	三三	四○	六三	七○	六○
九五	○三	一○	○五	八二	四○	七三	五○	六○
九五	三二	一○	○五	三二	四○	七三	四○	六○
九五	六一	一○	一五	八一	四○	八三	三○	六○
○六	九○	一○	一五	三一	四○	八三	一○	六○
○六	二○	一○	二五	八○	四○	八三	九五	五○
○六	五五	○○	二五	二○	四○	九三	七五	五○
○六	九四	○○	二五	六五	三○	九三	五五	五○
○六	二四	○○	三五	一五	三○	○四	二五	五○
○六	五三	○○	三五	五四	三○	○四	○五	五○
○六	八二	○○	三五	○四	三○	一四	八四	五○
○六	一二	○○	四五	四三	三○	一四	五四	五○
○六	四一	○○	四五	九二	三○	二四	二四	五○
○六	七○	○○	四五	三二	三○	二四	九三	五○
○六	○○	○○	五五	七一	三○	二四	六三	五○
六宮			七宮			八宮		

（表略，見圖）

一宮			初宮					
遠近	加減差		遠近	加減差		引數		引數
分	分	度	分	分	度	順		逆
八一	七三	三〇	〇〇	〇〇	〇〇	〇	土星第二加減遠近立成	〇三
八一	二四	二〇	一〇	五〇	〇〇	一		九二
九一	六四	二〇	一〇	一一	〇〇	二		八二
九一	〇五	二〇	二〇	六一	〇〇	三		七二
〇二	五五	二〇	三〇	一二	〇〇	四		六二
〇二	〇〇	三〇	三〇	七二	〇〇			五二
一二	四〇	三〇	四〇	二三	〇〇			四二
二二	九〇	三〇	四〇	八三	〇〇	七		三二
三二	四一	三〇	五〇	三四	〇〇	八		二二
四二	八一	三〇	六〇	八四	〇〇	九		一二
四二	三二	三〇	六〇	四五	〇〇	〇一		〇二
四二	七二	三〇	七〇	〇〇	一〇	一一		九一
五二	一三	三〇	七〇	五〇	一〇	二一	自行定宮度爲引數法見太陽加減	八一
五二	五三	三〇	八〇	〇一	一〇	三一		七一
六二	九三	三〇	八〇	六一	一〇	四一		六一
六二	三四	三〇	九〇	一二	一〇	五一		五一
六二	八四	三〇	〇一	六二	一〇	六一		四一
六二	二五	三〇	〇一	一三	一〇	七一		三一
七二	六五	三〇	一一	七三	一〇	八一		二一
七二	〇〇	四〇	一一	二四	一〇	九一		一一
七二	四〇	四〇	二一	七四	一〇	〇二		〇一
七二	八〇	四〇	三一	二五	一〇	一二		九
八二	一一	四〇	三一	七五	一〇	二二		八
八二	五一	四〇	四一	二〇	二〇	三二		七
九二	八一	四〇	四一	七〇	二〇	四二		六
九二	一二	四〇	五一	二一	二〇	五二		五
〇三	五二	四〇	六一	七一	二〇	六二		四
〇三	八二	四〇	六一	二二	二〇	七二		三
〇三	五三	四〇	七一	七二	二〇	八二		二
一三	五三	四〇	七一	二三	二〇	九二		一
一三	八三	四〇	八一	七三	二〇	〇三		〇
十宮			十一宮					

(表略，見圖)

土星第二加減遠近立成。自行定宮度爲引數，法見太陽加減。

二宮			三宮			四宮		
加減差		遠近	加減差		遠近	加減差		遠近
度	分	分	度	分	分	度	分	分
○四	三八	三一	○五	三九	四一	○五	○七	三九
○四	四二	三二	○五	三九	四一	○五	○四	三九
○四	四六	三二	○五	三九	四一	○五	○一	三九
○四	五○	三三	○五	四○	四一	○四	五八	三八
○四	五四	三三	○五	四○	四一	○四	五五	三八
○四	五八	三三	○五	四○	四一	[illegible]	五二	三八
○五	○一	三四	○五	四○	四一	[illegible]	四九	三七
○五	○五	三四	○五	四○	四一	○四	四六	三七
○五	○八	三五	○五	四○	四一	○四	四三	三七
○五	一一	三五	○五	四○	四一	○四	四○	三七
○五	一四	三六	○五	四○	四一	○四	三七	三六
○五	一六	三六	○五	三九	四二	○四	三三	三六
○五	一七	三六	○五	三九	四二	○四	二九	三五
○五	一八	三七	○五	三八	四二	○四	二五	三五
○五	二○	三七	○五	三八	四二	○四	二一	三四
○五	二一	三七	○五	三八	四二	○四	一六	三四
○五	二三	三七	○五	三七	四二	○四	一二	三三
○五	二四	三七	○五	三七	四二	○四	○八	三三
○五	二六	三七	○五	三七	四二	○四	○四	三二
○五	二七	三八	○五	三六	四二	○四	○○	三一
○五	三九	三八	○五	三五	四一	○三	五六	三四
○五	三○	三八	○五	三三	四一	○三	五一	三○
○五	三一	三八	○五	三○	四一	○三	四六	二九
○五	三二	三八	○五	二七	四○	○三	四一	二九
○五	三三	三九	○五	二四	四○	○三	三八	二八
○五	三四	三九	○五	二一	四○	○三	三一	二七
○五	三五	三九	○五	一八	四○	○三	二六	二九
○五	三六	四○	○五	一六	三九	○三	二一	二六
○五	三七	四○	○五	一三	三九	○三	一六	二五
○五	三八	四○	○五	一○	三九	○三	一一	二四
○五	三九	四一	○五	○七	三九	○三	○六	二四
九宮			八			七宮		

（表略，見圖）

比敷分	加減差分	加減差度	引數順
〇 〇	〇 〇	〇 〇	〇
〇 〇	五 〇	〇 〇	一
〇 〇	〇 一	〇 〇	二
〇 〇	五 一	〇 〇	三
〇 〇	〇 二	〇 〇	四
〇 〇	五 二	〇 〇	五
〇 〇	〇 三	〇 〇	六
〇 〇	六 三	〇 〇	七
〇 〇	一 四	〇 〇	八
〇 〇	六 四	〇 〇	九
〇 〇	一 五	〇 〇	〇 一
〇 〇	六 六	〇 〇	一 一
一 〇	一 〇	一 〇	二 一
一 〇	六 〇	一 〇	三 一
一 〇	一 一	一 〇	四 一
一 〇	六 一	一 〇	五 一
一 〇	〇 二	一 〇	六 一
一 〇	五 二	一 〇	七 一
二 〇	〇 三	一 〇	八 一
二 〇	五 三	一 〇	九 一
二 〇	〇 四	一 〇	〇 二
二 〇	五 四	一 〇	一 二
二 〇	〇 五	一 〇	二 二
二 〇	四 五	一 〇	三 二
二 〇	九 五	一 〇	四 二
三 〇	四 〇	二 〇	五 二
三 〇	八 〇	二 〇	六 二
三 〇	三 一	二 〇	七 二
四 〇	八 一	二 〇	八 二
四 〇	三 二	二 〇	九 二
四 〇	七 二	二 〇	〇 三

初宮　宮

木星第一加減比敷立成　小輪心宮度爲引數法同太陽加減

引數逆	遠近分	加減差分	加減差度
〇 三	四 二	六 〇	三 〇
九 二	三 二	〇 〇	三 〇
八 二	三 二	四 五	二 〇
七 二	二 二	八 四	二 〇
六 二	二 二	二 四	二 〇
五 二		六 三	二 〇
四 二	一 二	一 三	二 〇
三 二	〇 二	六 二	二 〇
二 二	九 一	〇 二	二 〇
一 二	八 一	四 一	二 〇
〇 二	七 一	八 〇	二 〇
九 一	六 一	三 〇	二 〇
八 一	五 一	六 五	一 〇
七 一	五 一	九 四	一 〇
六 一	四 一	三 四	一 〇
五 一	三 一	七 三	一 〇
四 一	二 一	一 三	一 〇
三 一	二 一	四 二	一 〇
二 一	一 一	八 一	一 〇
一 一	〇 一	二 一	一 〇
〇 一	九 〇	五 〇	一 〇
九	八 〇	九 五	〇 〇
八	七 〇	二 五	〇 〇
七	六 〇	六 四	〇 〇
六	五 〇	九 三	〇 〇
五	四 〇	三 三	〇 〇
四	三 〇	六 二	〇 〇
三	二 〇	〇 二	〇 〇
二	一 〇	三 二	〇 〇
一	〇 〇	七 〇	〇 〇
〇	〇 〇	〇 〇	〇 〇

五宮　六宮

（表略，見圖）

木星第一加減比敷立成。小輪心宮度爲引數，法同太陽加減。

宮三			宮二			宮一		
數比	差減加		數比	差減加		數比	差減力	
分	分	度	分	分	度	分	分	度
九二	五〇	五〇	五一	九一	四〇	四〇	七二	二〇
〇三	五〇	五〇	五一	一二	四〇	四〇	一二	二〇
〇三	五〇	五〇	五一	三二	四〇	四〇	六三	二〇
一三	四〇	五〇	六一	六二	四〇	五〇	〇四	二〇
一三	四〇	五〇	六一	八二	四〇	五〇	四四	二〇
一三	四〇	[illegible]	七一	〇三	四〇	五〇	八四	二〇
二三	四〇	五[illegible]	七一	三三	四〇	五〇	三五	二〇
三三	四〇	五〇	八一	五三	四〇	六〇	七五	二〇
三三	三〇	五〇	八一	八三	四〇	六〇	一〇	三〇
四三	三〇	五〇	九一	〇四	四〇	六〇	五〇	三〇
五三	三〇	五〇	九一	二四	四〇	七〇	〇一	三〇
五三	二〇	五〇	〇二	四四	四〇	七〇	四一	三〇
六三	一〇	五〇	〇二	六四	四〇	七〇	七一	三〇
六三	〇〇	五〇	一二	七四	四〇	八〇	一二	三〇
七三	九五	四〇	一二	九四	四〇	八〇	五二	三〇
七三	八五	四〇	二二	〇五	四〇	八〇	八二	三〇
八三	六五	四〇	二二	二五	四〇	九〇	二三	三〇
八三	五五	四〇	三二	三五	四〇	九〇	六三	三〇
九三	四五	四〇	三二	五五	四〇	〇一	〇四	三〇
九三	二五	四〇	四二	七五	四〇	〇一	三四	三〇
〇四	一五	四〇	四二	八五	四〇	〇一	七四	三〇
〇四	九四	四〇	五二	九五	四〇	一一	〇五	三〇
一四	七四	四〇	五二	〇〇	五〇	二一	三五	三〇
一四	五四	四〇	六二	〇〇	五〇	二一	六五	三〇
二四	三四	四〇	六二	一〇	五〇	二一	〇〇	四〇
二四	一四	四〇	七二	二〇	五〇	二一	三〇	四〇
三四	九三	四〇	七二	二〇	五〇	三一	六〇	四〇
三四	七三	四〇	八二	三〇	五〇	三一	九〇	四〇
四四	五三	四〇	八二	四〇	五〇	四一	二一	四〇
四四	三三	四〇	九二	四〇	五〇	四一	六一	四〇
五四	〇三	四〇	九二	五〇	五〇	五一	九一	四〇
八宮			九宮			十宮		

（表略，見圖）

四宮　五宮

木星第二加減遠近立成 自行定宮度爲引數

四宮加減差 度	四宮加減差 分	四宮比數 分	五宮加減差 度	五宮加減差 分	五宮比數 分	逆引數	順引數
〇四	三〇	四五	〇二	一九	五六	三〇	〇
〇四	二七	四五	〇二	三四	五六	二九	一
〇四	二四	四五	〇二	二九	五六	二八	二
〇四	二一	四六	〇二	二四	五七	二七	三
〇四	一八	四六	〇二	一九	五七	二六	四
〇四	一六	[illegible]	〇二	一四	五七	二三	五
〇四	一三	[illegible]	〇二	〇九	五七	二四	六
〇四	一〇	四八	〇二	〇四	五八	二三	七
〇四	〇七	四八	〇一	五九	五八	二二	八
〇四	〇四	四八	〇一	五四	五八	二一	九
〇四	〇一	四九	〇一	四九	五八	二〇	一〇
〇三	五七	四九	〇一	四四	五八	一九	一一
〇三	五三	五〇	〇一	三八	五九	一八	一二
〇三	四九	五〇	〇一	三三	五九	一七	一三
〇三	四六	五一	〇一	二八	五九	一六	一四
〇三	四二	五一	〇一	二二	五九	一五	一五
〇三	三八	五一	〇一	一七	五九	一四	一六
〇三	三四	五二	〇一	一二	六〇	一三	一七
〇三	三一	五二	〇一	〇六	六〇	一二	一八
〇三	二七	五二	〇一	〇一	六〇	一一	一九
〇三	二三	五三	〇〇	五五	六〇	一〇	二〇
〇三	一九	五三	〇〇	四九	六〇	九	二一
〇三	一四	五四	〇〇	四四	六〇	八	二二
〇三	一〇	五四	〇〇	三八	六〇	七	二三
〇三	〇五	五四	〇〇	三三	六〇	六	二四
〇三	〇一	五五	〇〇	二七	六〇	五	二五
〇二	五七	五五	〇〇	二二	六〇	四	二六
〇二	五二	五五	〇〇	一六	六〇	三	二七
〇二	四八	五五	〇〇	一一	六〇	二	二八
〇二	四一	五六	〇〇	〇六	六〇	一	二九
〇二	三九	五六	〇〇	〇〇	六〇	〇	三〇

七宮　六宮

(表略，見圖)

木星第二加減遠近立成。自行定宮度爲引數。

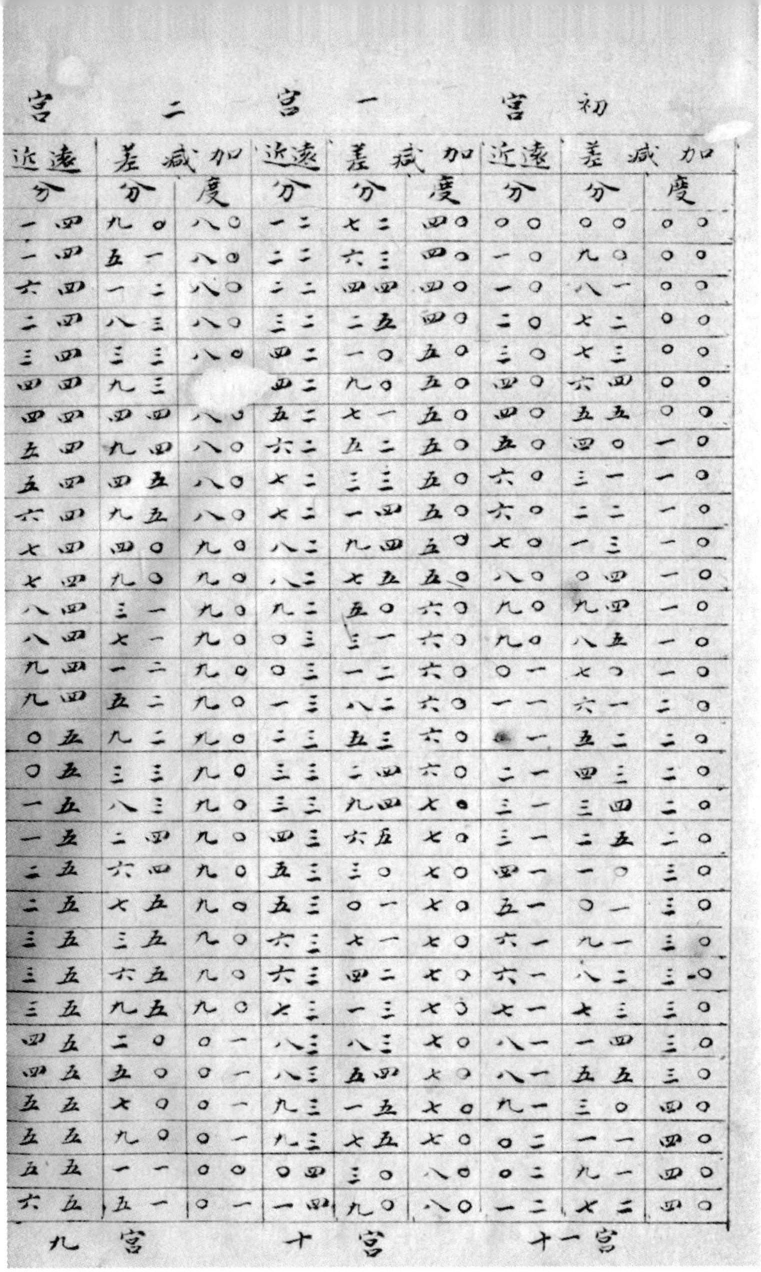

二宮			一宮			初宮		
遠近	加減差		遠近	加減差		遠近	加減差	
分	分	度	分	分	度	分	分	度
一四	九○	八○	一二	七二	四○	○○	○○	○○
一四	五一	八○	二二	六三	四○	一○	九○	○○
六四	一二	八○	二二	四四	四○	一○	八一	○○
二四	八三	八○	三二	二五	四○	二○	七二	○○
三四	三三	八○	四二	一○	五○	三○	七三	○○
四四	九三	[illegible]	四二	九○	五○	四○	六四	○○
四四	四四	八○	五二	七一	五○	四○	五五	○○
五四	九四	八○	六二	五二	五○	五○	四○	一○
五四	四五	八○	七二	三三	五○	六○	三一	一○
六四	九五	八○	七二	一四	五○	六○	二二	一○
七四	四○	九○	八二	九四	五○	七○	一三	一○
七四	九○	九○	八二	七五	五○	八○	○四	一○
八四	三一	九○	九二	五○	六○	九○	九四	一○
八四	七一	九○	○三	三一	六○	九○	八五	一○
九四	一二	九○	○三	一二	六○	○一	七○	一○
九四	五二	九○	一三	八二	六○	一一	六一	二○
○五	九二	九○	二三	五三	六○	[illegible]一	五二	二○
○五	三三	九○	三三	二四	六○	二一	四三	二○
一五	八三	九○	三三	九四	七○	三一	三四	二○
一五	二四	九○	四三	六五	七○	三一	二五	二○
二五	六四	九○	五三	三○	七○	四一	一○	三○
二五	七五	九○	五三	○一	七○	五一	○一	三○
三五	三五	九○	六三	七一	七○	六一	九一	三○
三五	六五	九○	六三	四二	七○	六一	八二	三○
三五	九五	九○	七三	一三	七○	七一	七三	三○
四五	二○	○一	八三	八三	七○	八一	一四	三○
四五	五○	○一	八三	五四	七○	八一	五五	三○
五五	七○	○一	九三	一五	七○	九一	三○	四○
五五	九○	○一	九三	七五	七○	○二	一一	四○
五五	一一	○○	○四	三○	八○	○二	九一	四○
六五	五一	○一	一四	九○	八○	一二	七二	四○

九宮　　十宮　　十一宮

（表略，見圖）

宮　五　宮　四　宮　三

近遠	差減加		近遠	差減加		近遠	差減加	
分	分	度	分	分	度	分	分	度
一四	六○	六○	○六	四四	九○	六五	三一	○一
○四	六五	五○	九五	○四	九○	六五	五一	○一
九三	五四	五○	九五	六三	九○	六五	七一	○一
八三	四三	五○	九五	一三	九○	七五	九一	○一
七三	三二	五○	九五	六二	九○	七五	○二	○一
四三	二二	五○	八五	一二	九○	[illegible]	一二	○一
四三	一○	五○	八五	六一	九○	七五	二二	○一
三三	○五	四○	七五	一一	九○	八五	二二	○一
二三	九三	四○	七五	五○	九○	八五	三二	○一
○三	七二	四○	七五	九五	八○	八五	三二	○一
九二	五一	四○	七五	三五	八○	八五	三二	○一
八二	三○	四○	六五	六四	八○	九五	三二	○一
七三	一五	三○	五五	九三	八○	九五	三二	○一
五二	九三	三○	五五	二三	八○	九五	二二	○一
四二	七二	三○	四五	五二	八○	九五	二二	○一
二二	五一	三○	四五	八一	八○	九五	一二	○一
一二	三○	三○	三五	一一	八○	○六	○二	○一
○二	○五	二○	二五	三○	八○	○六	九一	○一
八一	七三	二○	二五	五五	七○	○六	八一	○一
七一	四二	二○	一五	七四	七○	○六	六一	○一
五一	一一	二○	○五	九三	七○	○六	四一	○一
四一	八五	一○	○五	○三	七○	○六	二一	○一
三一	五四	一○	九四	一二	七○	○六	○一	○一
一一	二三	一○	八四	二一	七○	○六	七○	○一
九○	九一	一○	七四	三○	七○	○六	四○	○一
八○	六○	一○	六四	四五	六○	○六	一○	○一
六○	三五	○○	五四	五四	六○	○六	八五	九○
五○	○四	○○	四四	六三	六○	○六	五五	九○
三○	七二	○○	三四	六二	六○	○六	二五	九○
二○	四一	○○	二四	六一	六○	○六	八四	九○
○○	○○	○○	一四	六○	六○	○六	四四	九○

六宮　七宮　八宮

（表略，見圖）

(表略，見圖)

火星第二[1]加減比數立成。小輪心宮度爲引數。

1“第二”當作“第一”。

宮　三　宮　二　宮

比	差減加		數	比	差減加		數	比
分	分	度	秒	分	分	度	秒	分
八二	三二	一一	二五	三一	四二	九〇	一四	三〇
八二	三二	一一	七一	四一	〇三	九〇	五五	三〇
九二	四二	一一	二四	四一	六三	九〇	九〇	四〇
九二	四二	一一	八〇	五一	二四	九〇	四二	四〇
〇三	五二	一一	四三	五一	八四	九〇	九三	四〇
一三	五二	一一	七〇	六一	四五	[illegible]	七五	四〇
一三	四二	一一	七二	六一	〇〇	〇一	四一	五〇
二三	四二	一一	四五	六一	五〇	〇一	一三	五〇
二三	三二	一一	二二	七一	〇一	〇一	九四	五〇
三三	二二	一一	〇五	七一	五一	〇一	八〇	六〇
三三	一二	一一	九一	八一	九一	〇一	五二	六〇
四三	〇二	一一	七四	八一	四二	〇一	二四	六〇
四三	九一	一一	五一	九一	九二	〇一	〇〇	七〇
五三	七一	一一	三四	九一	三三	〇一	八一	七〇
五三	五一	一一	一一	〇二	七三	〇一	七三	七〇
六三	三一	一一	〇四	〇二	一四	〇一	八五	七〇
六三	一一	一一	九〇	一二	五四	〇一	八一	八〇
七三	九〇	一一	八三	一二	九四	〇一	〇四	八〇
七三	六〇	一一	七〇	二二	三五	〇一	三〇	九〇
八三	三〇	一一	四三	二二	六五	〇一	七二	九〇
八三	〇〇	一一	七〇	二二	〇〇	一一	一五	九〇
九三	七五	〇一	七三	三二	三〇	一一	五一	〇一
九三	三五	〇一	七〇	四二	六〇	一一	九三	〇一
〇四	九四	〇一	八三	四二	九〇	一一	三〇	一一
〇四	五四	〇一	九〇	五二	一一	一一	七二	一一
一四	一四	〇一	〇四	五二	四一	一一	一五	一一
一四	七三	〇一	二一	六二	六一	一一	五一	二一
二四	三三	〇一	四四	六二	九一	一一	九三	二一
二四	九二	〇一	六一	七二	一二	一一	三〇	三一
三四	六二	〇一	八四	七二	二二	一一	七二	三一
三四	二二	〇一	〇二	八二	三二	一一	二五	三一

八　宮　九　宮　十

（表略，見圖）

宮　　五　　宮　　四

數	比	差減	加	數	比	差減	加	數
秒	分	分	度	秒	分	分	度	秒
八二	五五	六一	六○	九三	三四	二二	○一	○二
四四	五五	五○	六○	七○	四四	七一	○一	二五
○○	六五	四五	五○	五三	四四	二一	○一	四二
五一	六五	三四	五○	三○	五四	六○	○一	六五
○三	六五	二三	五○	○三	五四	○○	○○	八二
五四	六五	[illegible]	[illegible]○	四五	五四	四五	九○	○○
○○	七五	九[illegible]	五○	四二	六四	八四	九○	二三
五一	七五	七五	四○	一五	六四	一四	九○	四○
九二	七五	五四	四○	八一	七四	四三	九○	六三
三四	七五	二三	四○	五四	七四	七二	九○	七○
七五	七五	○二	四○	一一	八四	○二	九○	八三
○一	八五	八○	四○	六三	八四	三一	九○	九○
二二	八五	五五	三○	一○	九四	五○	九○	○四
三三	八五	三四	三○	六二	九四	七五	八○	一一
三四	八五	一三	三○	○五	九四	九四	八○	二四
二五	八五	八一	三○	四一	○五	一四	八○	三一
○○	九五	五○	三○	八三	○五	二三	八○	四四
七○	九五	二五	二○	二○	一五	三二	八○	五一
三一	九五	九三	二○	六二	一五	四一	八○	六四
九一	九五	六二	二○	○五	一五	五○	八○	六一
四二	九五	三一	二○	三一	二五	六五	七○	六四
九二	九五	九五	一○	六三	二五	七四	七○	六一
四三	九五	六四	一○	九五	二五	七三	七○	六四
八三	九五	三三	一○	一二	三五	七二	七○	六一
三四	九五	○二	一○	三四	三五	七一	七○	六四
七四	九五	七○	一○	四○	四五	七○	七○	六一
一五	九五	四五	○○	四二	四五	七五	六○	五四
四五	九五	○四	○○	三四	四五	六四	六○	四一
七五	九五	七二	○○	○○	四五	六三	六○	三四
九五	九五	四一	○○	六一	五五	六二	六○	○一
○○	○○	○○	○○	八二	五五	六一	六○	九三

六　　宮　　七　　宮

（表略，見圖）

一　　　　宮　　　　初

引數順	加減差 度	加減差 分	遠近 度	遠近 分	加減差 度	加減差 分	引數逆
○	○○	○○	○○	○○	一一	○九	三○
一	○○	二三	○○	○二	一一	三一	二九
二	○○	四六	○○	○五	一一	五三	二八
三	○一	○九	○○	○八	一二	一五	二七
四	○一	三一	○○	一一	一二	三七	二六
[illegible]	○一	五四	○○	一三	一二	五九	二五
[illegible]	○二	一六	○○	一二	一三	二○	二四
七	○二	三九	○○	一九	一三	四一	二三
八	○三	○一	○○	二三	一四	○三	二二
九	○三	二三	○○	二六	一四	二五	二一
一○	○三	四五	○○	二九	一四	四七	二○
一一	○四	○八	○○	三一	一五	○八	一九
一二	○四	三一	○○	三四	一五	二九	一八
一三	○四	五三	○○	三七	一五	五○	一七
一四	○五	一五	○○	四○	一六	一二	一六
一五	○五	三七	○○	四三	一六	三三	一五
一六	○五	五九	○○	四六	一六	五四	一四
一七	○六	二二	○○	四九	一七	一六	一三
一八	○六	四四	○○	五二	一七	二七	一二
一九	○六	○六	○○	五五	一七	五八	一一
二○	○七	二九	○○	五八	一八	一九	一○
二一	○七	五一	○一	○二	一八	四○	九
二二	○八	一四	○一	○二	一九	○○	八
二三	○八	三六	○一	○八	一九	二一	七
二四	○八	五八	○一	一一	一九	四二	六
二五	○九	二○	○一	一四	二○	○二	五
二六	○九	四二	○一	一六	二○	二三	四
二七	一○	○四	○一	一九	二○	四三	三
二八	一○	二六	○一	二二	二一	○四	二
二九	[illegible]○	四八	○一	二五	二一	二五	一
三○	一一	○九	○一	二八	二一	四六	○

宮　　十　　一　　宮

火星第二加減遠近立成　自行定宮度為引數

(表略，見圖)

火星第二加減遠近立成。自行定宮度爲引數。

三　宮　二　宮

遠	加減差		近	遠	加減差		近	遠
度	分	度	分	度	分	度	分	度
五〇	四五	〇三	七〇	三〇	六四	一二	八一	一〇
五〇	九〇	一三	〇一	三〇	六〇	二二	一三	一〇
五〇	四二	一三	四一	三〇	六二	二二	四三	一〇
五〇	〇四	一三	八一	三〇	六四	二二	七三	一〇
五〇	五五	一三	二二	三〇	六〇	三二	〇四	一〇
五〇	九〇	[illegible]	六二	三〇	六二	三二	三四	一〇
五〇	四二	二二	〇三	三〇	五四	三二	六四	一〇
五〇	八三	二三	三三	三〇	五〇	四二	〇五	一〇
五〇	二五	二三	七三	三〇	四二	四二	三五	一〇
六〇	七〇	三三	二四	三〇	四四	四二	六五	一〇
六〇	一二	三三	六四	三〇	三〇	五二	九五	一〇
六〇	四三	三三	〇五	三〇	三二	五二	三〇	二〇
六〇	七四	三三	五五	三〇	〇四	五二	六〇	二〇
六〇	九五	三三	九五	三〇	九五	五二	九〇	二〇
六〇	一一	四三	四〇	四〇	七一	六二	二一	二〇
六〇	三二	四三	八〇	四〇	六三	六二	五一	二〇
六〇	五三	四三	二一	四〇	四五	六二	八一	二〇
六〇	六四	四三	六一	四〇	三一	七二	二二	二〇
七〇	六五	四三	〇二	四〇	一三	七二	五二	二〇
七〇	七〇	五三	五二	四〇	八四	七二	九二	二〇
七〇	七一	五三	〇三	四〇	六〇	八二	三三	二〇
七〇	六二	五三	四三	四〇	四二	八二	六三	二〇
七〇	五三	五三	八三	四〇	一四	八二	〇四	二〇
七〇	三四	五三	三四	四〇	九五	八二	三四	二〇
七〇	二五	五三	七四	四〇	六一	九二	六四	二〇
七〇	〇〇	六三	二五	四〇	二三	九二	〇五	二〇
七〇	八〇	六三	六八	四〇	九四	九二	三五	二〇
八〇	五一	六三	〇〇	五〇	五〇	〇三	七五	二〇
八〇	一二	六三	五〇	五〇	一二	〇三	一〇	三〇
八〇	六二	六三	[illegible]〇	五〇	八三	〇三	四〇	三〇
八〇	〇三	六三	三一	五〇	四五	〇三	七〇	三〇

宮　九　宮　十

(表略，見圖)

宮		五			宮		四	
近	遠	差	減加	近	遠	差	減加	近
分	度	分	度	分	度	分	度	分
五○	三一	一五	一三	九二	八○	○三	六三	三一
三一	三一	一二	一三	七三	八○	四三	六三	○二
九一	三一	○五	○三	六四	八○	七三	六三	六二
四二	三一	五一	○三	四五	八○	○四	六三	二三
九二	三一	七三	九二	二○	九○	二四	六三	八三
三三	三一	七五	八二	○一	九○	[illegible]	六三	三四
六三	三一	五一	八二	九一	九○	五四	六三	八四
八三	三一	○三	七二	八二	九○	五四	六三	四五
八三	三一	四四	六二	六三	九○	四四	六三	九五
七三	三一	六五	五二	五四	九○	二四	六三	四○
三三	三一	六○	五二	五五	九○	九三	六三	九○
六二	三一	三一	四二	四○	○一	七三	六三	五一
六一	三一	七一	三二	二一	○一	四三	六三	一二
五○	三一	八一	二二	一二	○一	○三	六三	七二
四五	二一	五一	一二	○三	○一	五二	六三	三三
七三	二一	○一	○二	○四	○一	八一	六三	○四
七一	二一	三○	九一	○五	○一	○一	六三	七四
二五	一一	四五	七一	○○	一一	○○	六三	三五
三二	一一	二四	六一	○一	一一	九四	五三	○○
九四	○一	八二	五一	一二	一一	七三	五三	七○
一一	○一	二一	四一	一三	一一	四二	五三	三一
九二	九○	三五	二一	一四	一一	○一	五三	○二
二四	八○	三三	一一	○五	一一	五五	四三	七二
○五	七○	一一	○一	○○	二一	八三	四三	四三
三五	六○	八四	八○	一一	二一	九一	四三	一四
一五	五○	二三	七○	○二	二一	八五	三三	八四
四四	四○	七五	五○	一三	二一	六三	三三	六五
六二	三○	○三	四○	○四	二一	二一	三三	四○
六二	二○	一○	三○	八四	二一	七四	二三	二一
四一	一○	一三	一○	六五	二一	○二	二三	○二
○○	○○	○○	○○	五○	三一	一五	一三	九二
六		宮			七		宮	

（表略，見圖）

金星第一加減比數立成 小輪心宮度爲引數

順引數	初宮 加減差 分	初宮 比數 分	一宮 加減差 度	一宮 加減差 分	一宮 比數 分	逆引數
〇	〇〇	〇〇	〇〇	五八	〇四	三〇
一	〇二	〇〇	〇一	〇〇	〇四	二九
二	〇四	〇〇	〇一	〇二	〇四	二八
三	〇六	〇〇	〇一	〇四	〇四	二七
四	〇八	〇〇	〇一	〇六	〇五	二六
五	一〇	[illegible]〇	[illegible]	〇七	〇五	二五
六	一二	〇〇	〇一	〇九	〇五	二四
七	一四	〇〇	〇一	一一	〇六	二三
八	一六	〇一	〇一	一二	〇六	二二
九	一八	〇一	〇一	一四	〇六	二一
一〇	二〇	〇一	〇一	一六	〇六	二〇
一一	二二	〇一	〇一	一七	〇七	一九
一二	二四	〇一	〇一	一九	〇七	一八
一三	二六	〇一	〇一	二〇	〇七	一七
一四	二八	〇一	〇一	二二	〇八	一六
一五	三〇	〇一	〇一	二三	〇八	一五
一六	三[illegible]	〇一	〇一	二五	〇八	一四
一七	三四	〇二	〇一	二六	〇九	一三
一八	三六	〇二	〇一	二八	〇九	一二
一九	三八	〇二	〇一	二九	〇九	一一
二〇	四〇	〇二	〇一	三〇	一〇	一〇
二一	四二	〇二	〇一	三二	一〇	九
二二	四四	〇二	〇一	三三	一一	八
二三	四六	〇二	〇一	三四	一一	七
二四	四八	〇三	〇一	三六	一一	六
二五	四九	〇三	〇一	三七	一〇	五
二六	五一	〇三	〇一	三八	一二	四
二七	五三	〇三	〇一	三九	一三	三
二八	五五	〇三	〇一	四一	一三	二
二九	五七	〇二	〇一	四二	一四	一
三〇	五八	〇四	〇一	四三	一四	〇
	十一宮			十宮		

(表略，見圖)

金星第一加減比數立成。小輪心宮度爲引數。

二宮			三宮			四宮		
加減差		比數	加減差		比數	加減差		比數
度	分	分	度	分	分	度	分	分
〇一	四三	一四	〇二	〇一	二九	〇一	四六	四四
〇一	四四	一五	〇二	〇一	三〇	〇一	四五	四五
〇一	四五	一五	〇二	〇一	三〇	〇一	四四	四五
〇一	四六	一五	〇二	〇一	三一	〇一	四三	四五
〇一	四七	一六	〇二	〇一	三一	〇一	四二	四六
〇一	四八	[illegible]	〇二	〇〇	三二	〇一	四一	四六
〇一	四九	[illegible]七	〇二	〇〇	三二	〇一	四〇	四七
〇一	五〇	一七	〇二	〇〇	三三	〇一	三九	四七
〇一	五〇	一八	〇二	〇〇	三三	〇一	三七	四八
〇一	五一	一八	〇二	〇〇	三四	〇一	三六	四八
〇一	五二	一九	〇二	〇〇	三四	〇一	三五	四九
〇一	五三	一九	〇一	五九	三五	〇一	三三	四九
〇一	五四	二〇	〇一	五九	三五	〇一	三二	四九
〇一	五四	二〇	〇一	五九	三六	〇一	三〇	五〇
〇一	五五	二一	〇一	五八	三六	〇一	三九	五〇
〇一	五六	二一	〇一	五八	三七	〇一	二八	五一
〇一	五六	二二	〇一	五七	三七	〇一	二六	五一
〇一	五七	二二	〇一	五七	三八	〇一	二五	五一
〇一	五八	二二	〇一	五六	三八	〇一	二三	五二
〇一	五八	二四	〇一	五五	三九	〇一	二一	五二
〇一	五九	二四	〇一	五五	三九	〇一	二〇	五二
〇一	五九	二四	〇一	五四	四〇	〇一	一八	五三
〇一	五九	二五	〇一	五三	四〇	〇一	一六	五三
〇一	五九	二五	〇一	五三	四一	〇一	一五	五四
〇二	〇〇	二六	〇一	五二	四一	〇一	一三	五四
〇二	〇〇	二六	〇一	五一	四二	〇一	一一	五四
〇二	〇〇	二七	〇一	五一	四二	〇一	一〇	五五
〇二	〇〇	二七	〇一	四九	四三	〇一	〇八	五五
〇二	〇〇	二八	〇一	四八	四三	〇一	〇六	五五
〇二	〇一	二九	〇一	四七	四四	〇一	〇四	五五
〇二	〇一	二九	〇一	四六	四四	〇一	〇二	五六
九宮			八宮			七宮		

（表略，見圖）

金星第二加減遠近立成 自行定宮度爲引數

初宮　十一宮

引數順	加減差 度	加減差 分	遠近 分
〇	〇〇	〇〇	〇〇
一	〇〇	二六	〇一
二	〇〇	五一	〇一
三	〇一	一五	〇二
四	〇一	四〇	〇二
五	[illegible]	〇五	〇三
六	[illegible]	三〇	〇三
七	〇二	五四	〇四
八	〇三	一九	〇四
九	〇三	四四	〇五
一〇	〇四	〇九	〇五
一一	〇四	三四	〇六
一二	〇四	五八	〇六
一三	〇五	二三	〇六
一四	〇五	四八	〇七
一五	〇六	一三	〇七
一六	〇六	三七	〇八
一七	〇七	〇二	〇八
一八	〇七	二七	〇九
一九	〇七	五二	〇九
二〇	〇八	一六	一〇
二一	〇八	四一	一〇
二二	〇九	〇六	一一
二三	〇九	三〇	一一
二四	〇九	五五	一二
二五	一〇	二〇	一二
二六	一〇	四四	一三
二七	一一	〇九	一四
二八	一一	三四	一四
二九	一一	五八	一五
三〇	一二	二二	一六

五宮　六宮

加減差 度	加減差 分	比數 分	引數逆
〇一	〇二	五六	三〇
〇一	〇〇	五六	二九
〇〇	五八	五六	二八
〇〇	五七	五六	二七
〇〇	五五	五七	二六
〇〇	五二	五七	二五
〇〇	五一	五七	二四
〇〇	四九	五七	二三
〇〇	四七	五七	二二
〇〇	四五	五八	二一
〇〇	四三	五八	二〇
〇〇	四一	五八	一九
〇〇	三九	五八	一八
〇〇	三七	五八	一七
〇〇	三四	五八	一六
〇〇	三二	五九	一五
〇〇	三〇	五九	一四
〇〇	二八	五九	一三
〇〇	二六	五五	一二
〇〇	二四	五九	一一
〇〇	二二	五九	一〇
〇〇	二〇	六〇	九
〇〇	一七	六〇	八
〇〇	一五	六〇	七
〇〇	一三	六〇	六
〇〇	一一	六〇	五
〇〇	〇九	六〇	四
〇〇	〇七	六〇	三
〇〇	〇四	六〇	二
〇〇	〇二	六〇	一
〇〇	〇〇	六〇	〇

（表略，見圖）

金星第二加減遠近立成。自行定宮度爲引數。

一宮　二宮　三

一宮加減差 度	一宮加減差 分	遠近 分	二宮加減差 度	二宮加減差 分	遠近 分	三宮加減差 度	三宮加減差 分	遠 度
一二	二二	一六	二四	二二	三三	三五	一六	〇〇
一二	四七	一六	二四	四五	三四	三五	二六	〇〇
一三	一二	一七	二五	〇七	三五	三五	五五	〇〇
一二	三六	一八	二五	三〇	三五	三六	九一	〇一
一四	〇〇	一八	二五	五三	三六	三六	三四	〇一
一四	二五	一[illegible]	二六	一五	三七	三六	五三	〇一
一四	四九	[illegible]	二六	三八	三八	三七	一二	〇一
一五	一三	二〇	二七	〇一	三八	三七	三一	〇一
一五	三七	二〇	二七	二三	三九	三七	四九	〇一
一六	〇一	二一	二七	四六	四〇	三八	〇八	〇〇
一六	二六	二一	二八	〇九	四一	三八	二六	〇一
一六	五〇	二二	二八	三一	四二	三八	四三	〇一
一七	一四	二三	二八	五三	四二	三九	〇〇	〇一
一七	三八	二三	二九	一五	四三	三九	一八	〇一
一八	〇二	二四	二九	三七	四四	三九	三五	〇一
一八	二六	二四	二九	五九	四五	三九	五二	〇一
一八	五〇	二五	三〇	二〇	四六	四〇	〇九	〇一
一九	一四	二六	三〇	四二	四六	四〇	二五	〇一
一九	三八	二六	三一	〇四	四七	四〇	四二	〇一
二〇	〇一	二七	三一	二五	四八	四〇	五八	〇一
二〇	二五	二八	三一	四七	四九	四一	一四	〇一
二〇	四九	二八	三二	〇九	四九	四一	二九	〇一
二一	一三	二九	三二	三〇	五〇	四一	四三	〇一
二一	三六	二九	三二	五一	五一	四一	五七	〇一
二二	〇〇	三〇	三三	一三	五二	四二	一一	〇一
二二	二四	三一	三三	三四	五二	四二	二四	〇一
二二	四七	三一	三三	五五	五四	四二	三七	〇一
二三	一一	三二	三四	一六	五五	四二	五〇	〇一
二三	三五	三二	三四	三六	五五	四三	〇二	〇一
二三	五八	三三	三四	五六	五六	四三	一四	〇一
二四	二二	三三	三五	一六	五七	四三	二六	〇一

宮十　宮九　宮

（表略，見圖）

宮　五　宮　四　宮

近	遠	差減加		近	遠	差減加		近
分	度	分	度	分	度	分	度	分
二四	二〇	〇二	二四	四三	一〇	六二	三四	七五
五四	二〇	五五	一四	五三	一〇	七三	三四	八五
七四	二〇	七二	一四	七三	一〇	八四	三四	九五
〇五	二〇	六五	〇四	八三	一〇	八五	三四	〇〇
二五	二〇	二二	〇四	〇四	一〇	七〇	四四	一〇
四五	二〇	四一	九三	二四	一〇	五一	四四	二〇
七五	二〇	[illegible]	九三	四四	一〇	二二	四四	三〇
九五	二〇	一二	八三	六四	一〇	八二	四四	四〇
一〇	三〇	三三	七三	八四	一〇	三三	四四	五〇
三〇	三〇	一四	六三	一五	一〇	八三	四四	六〇
四〇	三〇	五四	五三	三五	一〇	三四	四四	七〇
四〇	三〇	五四	四三	六五	一〇	八四	四四	八〇
五〇	三〇	〇四	三三	八五	一〇	二五	四四	〇一
六〇	三〇	一三	二三	〇〇	二〇	五五	四四	一一
六〇	三〇	八一	二三	三〇	二〇	七五	四四	二一
五〇	三〇	九五	九二	五〇	二〇	八五	四四	三一
三〇	三〇	五三	八二	七〇	二〇	七五	四四	五一
〇〇	三〇	四〇	七二	〇一	二〇	五五	四四	六一
五五	二〇	七二	五二	二一	二〇	二五	四四	八一
八四	二〇	六四	三二	四一	二〇	八四	四四	九一
八三	二〇	〇〇	二二	七一	二〇	三四	四四	一二
五二	二〇	八〇	〇二	九一	二〇	九三	四四	二二
九〇	二〇	九〇	八一	二二	二〇	九二	四四	四二
二五	一〇	五〇	六一	四二	二〇	九一	四四	五二
五三	一〇	七〇	三一	七二	二〇	八〇	四四	七二
八一	一〇	五四	一一	九二	二〇	五五	三四	八二
二〇	一〇	〇三	九〇	二三	二〇	〇四	三四	九二
二四	〇〇	一二	七〇	四三	二〇	三二	三四	一三
〇三	〇〇	一五	四〇	七五	二〇	四〇	三四	三三
五一	〇〇	六二	二〇	九三	二〇	三四	二四	三三
〇〇	〇〇	〇〇	〇〇	二四	二〇	〇二	二四	四三

六　宮　七　宮　八

（表略，見圖）

水星第一加減比敷立成 小輪心宮度爲引數

一宮			初宮				
比數	加減差		比數	加減差		引數	引數
分	分	度	分	分	度	順	逆
七〇	七二	一〇	〇〇	〇〇	〇〇	〇	〇三
八〇	〇三	一〇	〇〇	三〇	〇〇	一	九二
八〇	二三	一〇	〇〇	七〇	〇〇	二	八二
九〇	四三	一〇	〇〇	〇一	〇〇	三	七二
九〇	七三	一〇	〇〇	三一	〇〇	四	六二
〇一	九三	一〇	〇〇	六一	〇〇	五	五二
〇一	一四	一〇	〇〇	九一	〇〇		四二
一一	四四	一〇	〇〇	二二	〇〇	七	三二
一一	六四	一〇	一〇	五二	〇〇	八	二二
二一	八四	一〇	一〇	八二	〇〇	九	一二
二一	一五	一〇	一〇	一三	〇〇	〇一	〇二
三一	三五	一〇	一〇	四三	〇〇	一一	九一
三一	五五	一〇	一〇	七三	〇〇	二一	八一
四一	七五	一〇	二〇	〇四	〇〇	三一	七一
五一	九五	一〇	二〇	三四	〇〇	四一	六一
五一	一〇	二〇	二〇	六四	〇〇	五一	五一
六一	三〇	二〇	二〇	九四	〇〇	六一	四一
七一	五〇	二〇	二〇	二五	〇〇	七一	三一
七一	七〇	二〇	三〇	五五	〇〇	八一	二一
八一	九〇	二〇	三〇	八五	〇〇	九一	一一
八一	〇一	二〇	三〇	一〇	一〇	〇二	〇一
九一	二一	二〇	四〇	四〇	一〇	一二	九
〇二	三一	二〇	四〇	七〇	一〇	二二	八
〇二	五一	二〇	四〇	〇一	一〇	三二	七
一二	六一	二〇	五〇	二一	一〇	四二	六
二二	八一	二〇	五〇	五一	一〇	五二	五
二二	九一	二〇	五〇	七一	一〇	六二	四
三二	一二	二〇	六〇	〇二	一〇	七二	三
四二	二二	二〇	六〇	二二	一〇	八二	二
四二	四二	二〇	七〇	五二	一〇	九二	一
五二	五二	二〇	七〇	七二	一〇	〇三	〇
十宮			十一宮				

（表略，見圖）

水星第一加減比敷立成。小輪心宮度爲引數。

宮四			宮三			宮二		
數比	差減加		數比	差減加		數比	差減加	
分	分	度	分	分	度	分	分	度
○六	五二	二○	○五	三四	二○	五二	五二	二○
○六	三二	二○	○五	二四	二○	六二	七二	二○
○六	二二	二○	一五	二四	二○	七二	九二	二○
○六	一二	二○	二五	二四	二○	八二	○三	二○
○六	九一	二○	二五	二四	二○	九二	一三	二○
○六	八一	[illegible]	三五	二四	二○	○三	一三	二○
○六	六一	一[illegible]	四五	一四	二○	一三	二三	二○
○六	五一	二○	四五	一四	二○	二三	三三	二○
九五	四一	二○	五五	一四	二○	三三	四三	二○
九五	二一	二○	五五	一四	二○	三三	五三	二○
九五	○一	二○	五五	○四	二○	四三	五三	二○
九五	八○	二○	六五	○四	二○	五三	六三	二○
九五	六○	二○	六五	○四	二○	六三	七三	二○
九五	五○	二○	七五	九三	二○	六三	七三	二○
九五	三○	二○	七五	九三	二○	七三	八三	二○
八五	○	二○	七五	八三	二○	八三	九三	二○
八五	九五	一○	八五	八三	二○	八三	九三	二○
八五	七五	一○	八五	七三	二○	九三	○四	二○
八五	五五	一○	九五	六三	二○	○四	○四	二○
八五	三五	一○	九五	六三	二○	一四	一四	二○
七五	一五	一○	九五	五三	二○	二四	一四	二○
七五	九四	一○	九五	五三	二○	二四	二四	二○
七五	七四	一○	九五	四三	二○	三四	二四	二○
六五	五四	一○	○六	三三	二○	四四	二四	二○
六五	三四	一○	○六	二三	二○	五四	三四	二○
六五	一四	一○	○六	一三	二○	六四	三四	二○
五五	八三	一○	○六	○三	二○	六四	三四	二○
五五	五三	一○	○六	八二	二○	七四	三四	二○
五五	三三	一○	○六	七二	二○	八四	三四	二○
五五	一三	一○	○六	六二	二○	九四	三四	二○
五五	八二	一○	○六	九二	二○	○五	三四	二○
七宮			八宮			九宮		

（表略，見圖）

水星第二加減遠近立成 自行定宮度爲引數

初宮

遠近 度	加減差 分	加減差 度	引數 順
○○	○○	○○	○
○○	五一	○○	一
○○	一三	○○	二
○○	六四	○○	三
○○	一○	一○	四
○○	六一	一○	五
○○	二三	一○	六
○○	七四	一○	七
○○	二○	二○	八
○○	七一	二○	九
○○	二三	二○	○一
○○	七四	二○	一一
○○	二○	三○	二一
○○	七一	三○	三一
○○	三三	三○	四一
○○	八四	三○	五一
○○	三○	四○	六一
○○	八一	四○	七一
○○	三三	四○	八一
○○	八四	四○	九一
○○	三○	五○	○二
○○	八一	五○	一二
○○	三三	五○	二二
○○	八四	五○	三二
○○	三○	六○	四二
○○	七一	六○	五二
○○	二三	六○	六二
○○	七四	六○	七二
○○	一○	七○	八二
○○	六一	七○	九二
○○	○三	七○	○三

一宮

宮

引數 逆	比數 分	加減差 分	加減差 度
○二	五五	八二	一○
九二	四五	六二	一○
八二	四五	三二	一○
七二	四五	○二	一○
六二	四五	七一	一○
五二	[illegible]	四一	一○
四二	一一	一一	一○
三二	三五	九○	一○
二二	三五	六○	一○
一二	二五	四○	一○
○二	二五	一○	一○
九一	二五	八五	○○
八一	二五	五五	○○
七一	一五	二五	○○
六一	一五	九四	○○
五一	一五	六四	○○
四一	一五	三四	○○
三一	一五	○四	○○
二一	一五	七三	○○
一一	一五	四三	○○
○一	一五	一三	○○
九	○五	八二	○○
八	○五	五二	○○
七	○五	二二	○○
六	○五	九一	○○
五	○五	六一	○○
四	○五	三一	○○
三	○五	九○	○○
二	○五	六○	○○
一	○五	三○	○○
○	○五	○○	○○

六宮

（表略，見圖）

水星第二加減遠近立成。自行定宮度爲引數。

宮　二　宮　一

近	遠	差減加		近	遠	差減加		近
分	度	分	度	分	度	分	度	分
一〇	二〇	〇一	四一	九五	〇〇	〇三	七〇	〇〇
三〇	二〇	二二	四一	一〇	一〇	四四	七〇	二〇
六〇	二〇	四一	四一	三〇	一〇	九五	七〇	四〇
八〇	二〇	五四	四一	五〇	一〇	三一	八〇	六〇
〇一	二〇	六五	四一	七〇	一〇	七二	八〇	八〇
二一	二〇	七〇	五一	九〇	一〇	一四	八〇	〇一
五一	二〇	[illegible]	五一	二一	一〇	五五	八〇	二一
七一	二〇	九二	五一	四一	一〇	九〇	九〇	四一
九一	二〇	〇四	五一	六一	一〇	三二	九〇	六一
一二	二〇	〇五	五一	八一	一〇	七三	九〇	八一
三二	二〇	〇〇	六一	〇二	一〇	一五	〇一	〇二
五二	二〇	〇二	六一	二二	一〇	五〇	〇一	二二
七二	二〇	〇二	六一	四二	一〇	八一	〇一	四二
〇三	二〇	〇三	六一	六二	一〇	二三	〇一	六二
二三	二〇	九三	六一	八二	一〇	六四	〇一	七二
四三	二〇	九四	六一	一三	一〇	九五	一一	九二
七三	二〇	八五	六一	三三	一〇	三一	一一	一三
九三	二〇	八〇	七一	五三	一〇	六二	一一	二三
一四	二〇	七二	七一	七三	一〇	九三	一一	五三
三四	二〇	六二	七一	九三	一〇	二五	二一	七三
五四	二〇	五三	七一	一四	一〇	五〇	二一	九三
七四	二〇	四四	七一	三四	一〇	八一	二一	一四
九四	二〇	二五	七一	五四	一〇	一三	二一	三四
一五	二〇	〇〇	八一	七四	一〇	四四	二一	五四
四五	二〇	八〇	八一	九四	一〇	六五	三一	七四
六五	二〇	六一	八一	一五	一〇	九〇	三一	九四
八五	二〇	三二	八一	三五	一〇	一二	三一	一五
〇〇	三〇	〇三	八一	五五	一〇	四三	三一	三五
二〇	三〇	六三	八一	七五	一〇	六四	三一	五五
四〇	三〇	三四	八一	九五	一〇	八五	三一	七五
六〇	三〇	九四	八一	一〇	二〇	〇一	四一	九五

九　宮　十　宮

（表略，見圖）

三　宮　四　宮　三

減加	近	遠	差減加		近	遠	差減加	
度	分	度	分	度	分	度	分	度
三一	九五	三〇	五三	九一	六〇	三〇	九四	八一
三一	〇〇	四〇	一三	九一	八〇	三〇	五五	八一
三一	一〇	四〇	六三	九一	〇一	三〇	一〇	九一
二一	二〇	四〇	〇二	九一	二一	三〇	六〇	九一
二一	三〇	四〇	四一	九一	四一	三〇	一一	九一
一一	四〇	四〇	八〇	九一	六一	三〇	六一	九一
一一	四〇	四〇	一〇	九一	八一	[illegible]	一二	九一
〇一	五〇	四〇	四五	八一	一二	三〇	五二	九一
〇一	五〇	四〇	六四	八一	三二	三〇	〇三	九一
〇一	六〇	四〇	八三	八一	五二	三〇	四三	九一
九〇	六〇	四〇	九二	八一	七二	三〇	八三	九一
九〇	六〇	四〇	〇二	八一	九二	三〇	二四	九一
八〇	六〇	四〇	〇一	八一	一三	三〇	六四	九一
八〇	五〇	四〇	九五	七一	三三	三〇	九四	九一
七〇	五〇	四〇	八四	七一	五三	三〇	二五	九一
七〇	四〇	四〇	七三	七一	七三	三〇	四五	九一
七〇	四〇	四〇	五二	七一	九三	三〇	五五	九一
六〇	三〇	四〇	二一	七一	一四	三〇	六五	九一
六〇	二〇	四〇	九五	六一	三四	三〇	六五	九一
五〇	一〇	四〇	五四	六一	四四	三〇	六五	九一
五〇	〇〇	四〇	一三	六一	六四	三〇	五五	九一
四〇	九五	三〇	六一	六一	七四	三〇	五五	九一
四〇	七五	三〇	〇一	六一	九四	三〇	四五	九一
三〇	五五	三〇	五四	五一	〇五	三〇	四五	九一
三〇	三五	三〇	八二	五一	二五	三〇	三五	九一
二〇	一五	三〇	一一	五一	三五	三〇	二五	九一
二〇	八四	三〇	三五	四一	四五	三〇	〇五	九一
一〇	五四	三〇	五三	四一	六五	三〇	七四	九一
一〇	二四	三〇	六一	四一	七五	三〇	三四	九一
〇〇	九三	三〇	六五	三一	八五	三〇	九三	九一
〇〇	五三	三〇	六三	三一	九五	三四	五三	九一

宮　七　宮　八　宮

（表略，見圖）

（表略，見圖）

土星黄道南北緯度立成。上横行以小輪心定度爲引數，起五十度，累加三度。自直行以自行定度爲引數，累加十度，求法簡。兩引數近度縱横相遇度分，次各用比例法，得細率。

（表略，見圖）

南　　黄道　　北

輪心定度

南				黄道	北				
○二	七一	四一	一一	八○	五○	二○	九五	六五	三五
二○	一○	一○	○○	○○	○○	○○	一○	一○	二○
○○	四四	九一	九四	四一	一二	四五	三二	五四	○○
一○	一○	一○	○○	○○	○○	○○	一○	一○	二○
五○	八四	三二	一五	五一	一二	五[illegible]	[illegible]	八四	三○
二○	一○	一○	○○	○○	○○	○○	一○	一○	三○
二一	四五	七二	四五	六一	二二	八五	九二	二五	八○
二○	二○	一○	○○	○○	○○	一○	一○	二○	二○
三二	三○	四三	八五	七一	四○	二○	五三	一○	七一
二○	二○	一○	一○	○○	○○	一○	○○	二○	二○
四三	三一	一四	二○	八一	六二	七○	三四	○一	八二
一○	一○	一○	一○	○○	○○	二○	一○	二○	二○
四四	一二	八四	六○	九一	七二	一一	九四	九一	八三
二○	二○	一○	一○	○○	○○	一○	一○	三○	二○
七四	四二	○五	八○	○二	八二	二一	一五	三二	一四
二○	二○	一○	一○	○○	○○	一○	一○	二○	二○
一四	九一	六四	五○	九一	七二	一一	九四	一二	○四
○○	二○	一○	一○	○○	○○	一○	一○	二○	二○
○三	九○	九三	一○	八一	五二	七○	三四	二一	三○
二○	一○	一○	○○	○○	○○	一○	一○	二○	二○
八一	九五	一三	六五	○一	四二	二○	五五	二○	九一
二○	一○	一○	○○	○○	○○	○○	一○	一○	二○
九○	一五	五二	二五	六一	二二	八五	九二	四五	○一
○○	一○	一○	○○	○○	○○	○○	一○	一○	二○
三○	六四	一二	○五	五一	一二	五五	五二	○五	五○
二○	一○	一○	○○	○○	○○	○○	一○	一○	二○
○○	四四	九一	九四	四一	八二	四五	三二	五四	○○

黄道

（表略，見圖）

北　　　　黄道

〇五	七四	四四	一四	八三	五三	二三	九二	六二	三二
二〇	一〇	一〇	一〇	〇〇	〇〇	〇〇	一〇	一〇	二〇
二〇	六五	八三	九〇	三三	六〇	八四	五二	〇五	四〇
二〇	一〇	一〇	一〇	〇〇	〇〇	〇〇	一〇	一〇	二〇
五〇	九五	[illegible]	[illegible]一	五三	六〇	九四	七二	三五	九〇
二〇	二〇	一〇	一〇	〇〇	〇〇	〇〇	一〇	一〇	二〇
一一	四〇	五四	四一	八三	七〇	一五	一三	八五	四一
二〇	二〇	一〇	一〇	〇〇	〇〇	〇〇	一〇	二〇	二〇
〇二	三一	二五	九一	三四	七〇	五五	八三	七〇	四二
二〇	二〇	二〇	一〇	〇〇	〇〇	〇〇	一〇	二〇	二〇
一二	四二	二〇	六二	九四	七〇	九五	五四	七一	五三
二〇	二〇	二〇	一〇	〇〇	〇〇	一〇	一〇	二〇	二〇
三四	五三	〇一	二三	五五	八〇	三〇	二五	五二	五四
二〇	二〇	二〇	一〇	〇〇	〇〇	一〇	一〇	二〇	二〇
九四	一四	五一	六三	八五	八〇	四〇	四五	八二	七四
二〇	二〇	二〇	一〇	〇〇	〇〇	一〇	一〇	二〇	二〇
六四	八三	六一	四三	七五	八〇	三〇	二五	四二	三四
二〇	二〇	二〇	一〇	〇〇	〇〇	〇〇	一〇	二〇	二〇
六三	八二	五〇	八二	一五	八〇	九五	五四	五一	二三
二〇	二〇	一〇	一〇	〇〇	〇〇	〇〇	一〇	二〇	二〇
五二	八一	六五	二二	五四	八〇	五五	八三	五〇	三二
二〇	二〇	一〇	一〇	〇〇	〇〇	〇〇	一〇	一〇	二〇
四一	七〇	七四	九一	九三	七〇	一五	一三	七五	二一
二〇	二〇	一〇	一〇	〇〇	〇〇	〇〇	一〇	一〇	二〇
七〇	一〇	二四	二一	六三	六〇	九四	七二	三五	七〇
二〇	一〇	一〇	一〇	〇〇	〇〇	〇〇	一〇	一〇	二〇
二〇	六五	八三	九〇	三三	六〇	八四	五二	〇五	四〇

黄道

（表略，見圖）

黃道　北

木星緯度立成

同上星其小輪心定度起初度

八一	五一	二一	九〇	六〇	三〇	〇〇	度	自行定度
小輪心定度								
〇〇	〇〇	〇〇	〇〇	〇〇	〇〇	一〇	度	初
三一	五〇	三二	九三	一五	八五	一〇	分	
〇〇	〇〇	〇〇	〇〇	〇〇	一〇	一〇	度	〇一
三一	五〇	二四	〇四	二五	〇〇	三[illegible]	分	
〇〇	〇〇	〇〇	〇〇	〇〇	一〇	一〇	度	〇二
五一	六〇	六二	三四	六五	四〇	七四	分	
〇〇	〇〇	〇〇	〇〇	一〇	一〇	一〇	度	〇三
七一	六〇	〇三	八四	三〇	一一	五一	分	
〇〇	〇〇	〇〇	〇〇	一〇	一〇	一〇	度	〇四
九一	七〇	三三	四五	一一	〇二	四二	分	
〇〇	〇〇	〇〇	一〇	一〇	一〇	一〇	度	〇五
一二	一〇	六三	〇〇	八一	八二	三三	分	
〇〇	〇〇	〇〇	一〇	一〇	一〇	一〇	度	〇六
一二	八〇	六三	一〇	〇二	一三	六三	分	
〇〇	〇〇	〇〇	〇〇	一〇	一〇	一〇	度	〇七
〇二	八〇	五三	八五	七一	八二	三三	分	
〇〇	〇〇	〇〇	〇〇	一〇	一〇	一〇	度	〇八
八一	七〇	一三	三五	九〇	〇二	四二	分	
〇〇	〇〇	〇〇	〇〇	一〇	一〇	一〇	度	〇九
六一	六〇	八二	七四	二〇	一一	五一	分	
〇〇	〇〇	〇〇	〇〇	〇〇	一〇	一〇	度	〇百
四一	六〇	五二	二四	六五	四〇	七〇	分	
〇〇	〇〇	〇〇	〇〇	〇〇	一〇	一〇	度	十一百
三一	五〇	四二	〇四	二五	〇〇	三〇	分	
〇〇	〇〇	〇〇	〇〇	〇〇	〇〇	一〇	度	十二百
三一	五〇	三二	九三	一五	八五	一〇	分	

黃道

(表略，見圖)

木星緯度立成。同土星，其小論心定度，起初度。

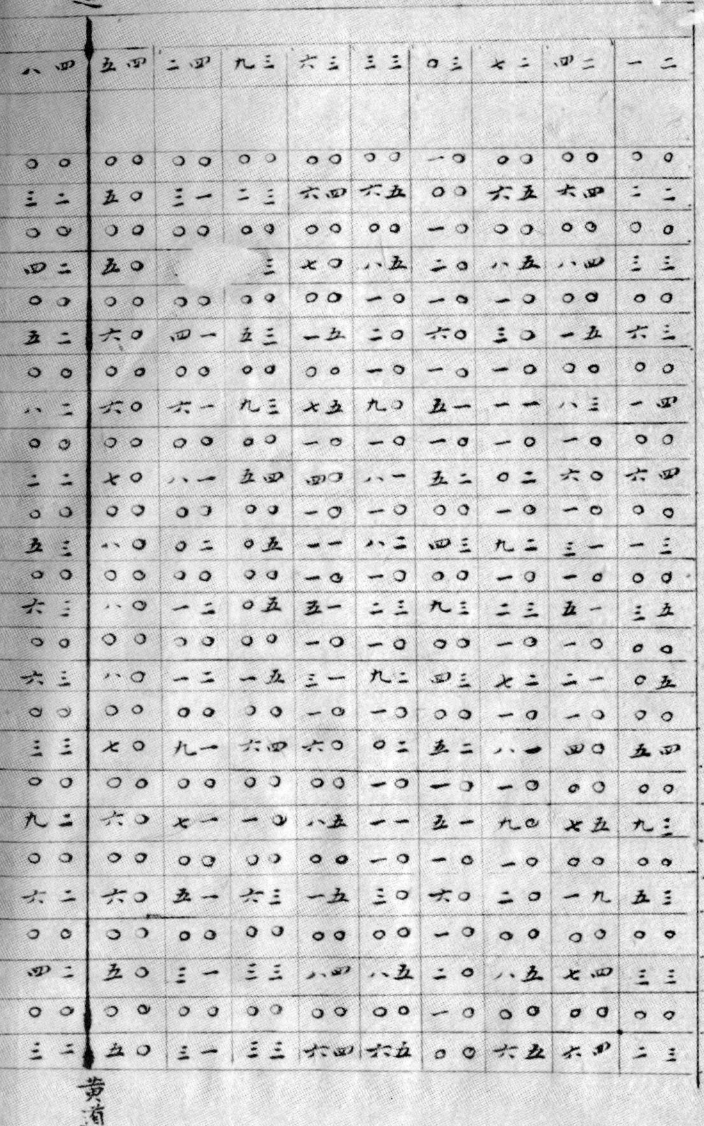

黃道　　南

八四	五四	二四	九三	六三	三三	○三	七二	四二	一二
○○	○○	○○	○○	○○	○○	一○	○○	○○	○○
三二	五○	三一	二三	六四	六五	○○	六五	六四	二二
○○	○○	○○	○○	○○	○○	一○	○○	○○	○○
四二	五○	[illegible]	[illegible]三	七○	八五	二○	八五	八四	三三
○○	○○	○○	○○	○○	一○	一○	一○	○○	○○
五二	六○	四一	五三	一五	二○	六○	三○	一五	六三
○○	○○	○○	○○	○○	一○	一○	一○	○○	○○
八二	六○	六一	九三	七五	九○	五一	一一	八三	一四
○○	○○	○○	○○	一○	一○	一○	一○	一○	○○
二二	七○	八一	五四	四○	八一	五二	○二	六○	六四
○○	○○	○○	○○	一○	一○	○○	一○	一○	○○
五三	八○	○二	○五	一一	八二	四三	九二	三一	一三
○○	○○	○○	○○	一○	一○	○○	一○	一○	○○
六三	八○	一二	○五	五一	二三	九三	二三	五一	三五
○○	○○	○○	○○	一○	一○	○○	一○	一○	○○
六三	八○	一二	一五	三一	九二	四三	七二	二一	○五
○○	○○	○○	○○	一○	一○	○○	一○	一○	○○
三三	七○	九一	六四	六○	○二	五二	八一	四○	五四
○○	○○	○○	○○	○○	一○	一○	一○	○○	○○
九二	六○	七一	一○	八五	一一	五一	九○	七五	九三
○○	○○	○○	○○	○○	一○	一○	一○	○○	○○
六二	六○	五一	六三	一五	三○	六○	二○	一九	五三
○○	○○	○○	○○	○○	○○	一○	○○	○○	○○
四二	五○	三一	三三	八四	八五	二○	八五	七四	三三
○○	○○	○○	○○	○○	○○	一○	○○	○○	○○
三二	五○	三一	三三	六四	六五	○○	六五	六四	二三

黃道

（表略，見圖）

（表略，見圖）

火星緯度立成。引數上横行小輪心定度，累加二度，首直行自行定度，累加四度。

黃道　　　北

							心定度	
二一	九一	七一	五一	三一	一一	九〇	七〇	五〇
〇〇	〇〇	〇〇	〇〇	〇〇	〇〇	〇〇	〇〇	〇〇
八一	〇一	三〇	五〇	三一	〇二	七二	一三	五三
〇〇	〇〇	〇〇	〇〇	〇〇	〇〇	〇〇	〇〇	〇〇
九一	一一	三〇	五〇	四一	二二	九二	三三	七三
〇〇	〇〇		〇〇	〇〇	〇〇	〇〇	〇〇	〇〇
〇二	二一	三〇	六〇	五一	三二	一三	五三	〇四
〇〇	〇〇	〇〇	〇〇	〇〇	〇〇	〇〇	〇〇	〇〇
三二	三一	四〇	六〇	六一	六二	三三	八三	三四
〇〇	〇〇	〇〇	〇〇	〇〇	〇〇	〇〇	〇〇	〇〇
六二	五一	四〇	七〇	八一	九二	八三	四四	八四
〇〇	〇〇	〇〇	〇〇	〇〇	〇〇	〇〇	〇〇	〇〇
一三	八一	五〇	八〇	二二	三三	三四	九四	五五
〇〇	〇〇	〇〇	〇〇	〇〇	〇〇	〇〇	〇〇	一〇
七三	一二	六〇	九〇	五二	九三	〇五	七五	四〇
〇〇	〇〇	〇〇	〇〇	〇〇	〇〇	〇〇	一〇	一〇
三四	五二	七〇	一一	八二	四四	七五	六〇	三一
〇〇	〇〇	〇〇	〇〇	〇〇	〇〇	一〇	一〇	一〇
一五	九二	九〇	三一	五三	四五	九〇	九一	六二
一〇	〇〇	〇〇	〇〇	〇〇	一〇	一〇	一〇	一〇
二〇	六三	一一	五一	一四	三〇	二二	四三	四四
一〇	〇〇	〇〇	〇〇	〇〇	一〇	一〇	一〇	二〇
八一	五四	三一	七一	七四	四一	五三	〇五	一〇
一〇	〇〇	〇〇	〇〇	〇〇	一〇	一〇	二〇	二〇
八三	七五	七一	〇二	四五	三二	七四	四〇	九一
二〇	一〇	〇〇	〇〇	一〇	一〇	二〇	二〇	二〇
四〇	一一	一二	三二	二〇	七二	五〇	五二	〇四
二〇	一〇	〇〇	〇〇	一〇	一〇	二〇	二〇	三〇
三四	四三	八二	六二	一一	〇五	二三	四四	二〇
三〇	一〇	〇〇	〇〇	一〇	二〇	二〇	三〇	三〇
八一	三五	三三	九二	八一	三〇	九三	五〇	六二
二〇	一〇	〇〇	〇〇	一〇	一〇	二〇	三〇	三〇
八五	九三	九二	七二	三一	六五	四三	三〇	八二

黃道

（表略，見圖）

南

九三	七三	五三	三三	一三	九二	七二	五二	三二
○○	○○	○○	○○	○○	○○	○○	○○	○○
三一	○二	七二	一三	四三	五三	三三	○三	四二
○○	○○	○○	○○	○○	○○	○○	○○	○○
三一	○二	七二	二三	五三	六三	四三	一三	五二
○○	○○	○○	○○	○○	○○	[illegible]	○○	○○
三一	一二	八二	三三	六三	八三	七三	三三	七二
○○	○○	○○	○○	○○	○○	○○	○○	○○
四一	三二	○三	六三	○四	二四	一四	七三	一三
○○	○○	○○	○○	○○	○○	○○	○○	○○
五一	五二	四三	○四	六四	八四	七四	二四	五三
○○	○○	○○	○○	○○	○○	○○	○○	○○
八一	九二	七三	六四	一五	四五	三五	九四	一四
○○	○○	○○	○○	一○	一○	一○	○○	○○
○二	二三	四四	四五	二○	五○	五○	九五	九四
○○	○○	○○	一○	一○	一○	一○	一○	○○
四二	○四	四五	五○	四一	七一	六一	○一	八五
○○	○○	一○	一○	一○	一○	一○	一○	一○
九二	七四	三○	六一	七二	一三	九二	二二	七○
○○	○○	一○	一○	一○	一○	一○	一○	一○
四三	五五	六一	八二	一四	九四	八四	一四	三二
○○	一○	一○	一○	二○	二○	二○	二○	一○
○四	六○	○三	○五	五○	四一	四一	六○	五四
○○	一○	一○	二○	一○	二○	二○	三○	二○
○五	一六	二五	七一	六三	八四	八四	七三	二二
一○	一○	二○	二○	三○	三○	三○	三○	二○
二○	二四	○二	二五	七一	九二	八三	五一	三二
一○	二○	二○	三○	四○	四○	四○	四○	三○
八一	七○	三五	四三	九○	八二	九二	五一	五三
一○	二○	三○	四○	五○	五○	五○	五○	四○
○四	五四	七四	三四	七二	一五	八四	三二	六二
二○	三○	四○	五○	六○	六○	六○	五○	四○
○一	三三	九四	○五	三三	一四	○一	○二	九○

（表略，見圖）

黄道

北

七五	五五	三五	一五	九四	七四	五四	三四	一四
〇〇	〇〇	〇〇	〇〇	〇〇	〇〇	〇〇	〇〇	〇〇
九三	七三	五二	二三	五二	八一	〇一	二〇	五〇
〇〇	〇〇	〇〇	〇〇	〇〇	〇〇	〇〇	〇〇	〇〇
〇四	七三	四三	一三	五二	八一	〇一	二〇	五〇
〇〇	〇〇	[illegible]	〇〇	〇〇	〇〇	〇〇	〇〇	〇〇
三四	〇四	七三	一三	六二	九一	一一	二〇	五〇
〇〇	〇〇	〇〇	〇〇	〇〇	〇〇	〇〇	〇〇	〇〇
六四	三四	九三	四三	八二	〇二	一一	二〇	六〇
〇〇	〇〇	〇〇	〇〇	〇〇	〇〇	〇〇	〇〇	〇〇
〇五	七四	二四	六三	〇三	二二	二一	三〇	六〇
〇〇	〇〇	〇〇	〇〇	〇〇	〇〇	〇〇	〇〇	〇〇
七五	二五	七四	〇四	三三	四二	三一	三〇	七〇
一〇	一〇	〇〇	〇〇	〇〇	〇〇	〇〇	〇〇	〇〇
五〇	〇〇	五五	六四	七三	七二	五一	三〇	八〇
一〇	一〇	一〇	〇〇	〇〇	〇〇	〇〇	〇〇	〇〇
六一	〇一	三〇	二五	四四	一三	七一	三〇	〇一
一〇	一〇	一〇	一〇	〇〇	〇〇	〇〇	〇〇	〇〇
七二	〇二	一一	二〇	一五	六三	〇二	四〇	二一
一〇	一〇	一〇	一〇	〇〇	〇〇	〇〇	〇〇	〇〇
四四	五三	三二	一一	六五	一四	三二	五〇	三一
二〇	一〇	一〇	一〇	一〇	〇〇	〇〇	〇〇	〇〇
三〇	四五	二四	八二	二一	一五	八二	六〇	一一
二〇	二〇	一〇	一〇	一〇	〇〇	〇〇	〇〇	〇〇
四二	三一	九五	三四	二二	九五	三三	七〇	〇二
二〇	二〇	二〇	一〇	〇〇	一〇	〇〇	〇〇	〇〇
三四	一三	五一	八五	六三	九〇	八三	八〇	五二
三〇	二〇	二〇	二〇	一〇	一〇	〇〇	〇〇	〇〇
九〇	五五	六三	五一	九四	八一	三四	九〇	一三
三〇	三〇	二〇	二〇	二〇	一〇	〇〇	〇〇	〇〇
四三	九一	八五	四三	五〇	〇三	〇五	〇一	〇〇
三〇	三〇	三〇	三〇	二〇	一〇	〇〇	〇〇	〇〇
九五	四四	一二	七三	二二	二四	七五	一一	二五

黄道

（表略，見圖）

一〇	九五
〇〇	〇〇
九三	〇四
〇〇	〇〇
一四	一四
〇〇	〇〇
四四	四四
〇〇	〇〇
七四	八四
〇〇	〇〇
三五	二五
〇〇	〇〇
九五	九五
一〇	一〇
九〇	八〇
一〇	一〇
〇二	八一
一〇	一〇
九〇	九二
一〇	一〇
一五	〇五
二〇	二〇
〇一	八〇
二〇	二〇
〇三	八二
二〇	二〇
一五	九四
三〇	三〇
八一	七一
三〇	三〇
六四	四四
四〇	四〇
三〇	七〇

火星緯度立成

北

小輪心定					自行定度
七〇	五〇	三〇	一〇	度	
三〇	三〇	三〇	四〇	度	〇六
三〇	八二	二五	三〇	分	
二〇	三〇	三〇	三〇	度	四六
〇四	五〇	七二	九三	分	
二〇	二〇	三〇	三〇	度	八六
一二	三四	四〇	四一	分	
二〇	二〇	二〇	二〇	度	二七
二〇	〇二	七三	六四	分	
一〇	二〇	二〇	二〇	度	六七
七四	三〇	九一	八二	分	
一〇	一〇	二〇	二〇	度	〇八
二三	六四	〇〇	七〇	分	
一〇	一〇	一〇	一〇	度	四八
五一	八二	二四	八四	分	
一〇	三〇	一〇	一〇	度	八八
四〇	五一	四二	八二	分	
〇〇	一〇	一〇	一〇	度	二九
七五	〇五	三一	八一	分	
〇〇	〇〇	一〇	一〇	度	六九
八四	五五	三〇	七〇	分	
〇〇	〇〇	〇〇	〇〇	度	〇百
二四	九四	九五	八五	分	
〇〇	〇〇	〇〇	〇〇	度	四〇一
八三	三四	八四	一五	分	
〇〇	〇〇	〇〇	〇〇	度	八〇一
五三	〇四	五四	七四	分	
〇〇	〇〇	四〇	〇〇	度	二一一
三三	七三	二四	三四	分	
〇〇	〇〇	〇〇	〇〇	度	六一一
一三	六三	九三	〇四	分	
〇〇	〇〇	〇〇	〇〇	度	〇二一
一三	五三	八三	九三	分	

（表略，見圖）

火星緯度立成。

（表略，見圖）

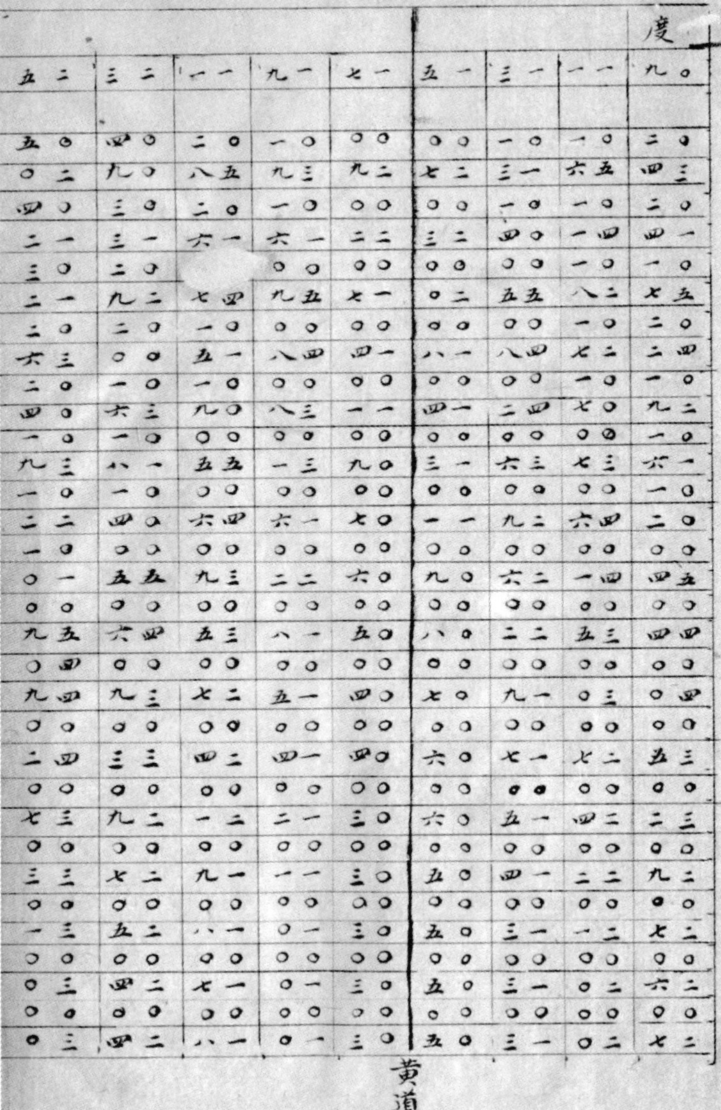

黄道

五二	三二	一一	九一	七一	五一	三一	一一	九〇 度
五〇	四〇	二〇	一〇	〇〇	〇〇	一〇	一〇	二〇
〇二	九〇	八五	九三	九二	七二	三一	六五	四三
四〇	三〇	二〇	一〇	〇〇	〇〇	一〇	一〇	二〇
二一	三一	六一	六一	二二	三二	四〇	一四	四一
三〇	二〇	[illegible]	〇〇	〇〇	〇〇	〇〇	一〇	一〇
二一	九二	七四	九五	七一	〇二	五五	八二	七五
二〇	二〇	一〇	〇〇	〇〇	〇〇	〇〇	一〇	二〇
六三	〇〇	五一	八四	四一	八一	八四	七二	二四
二〇	一〇	一〇	〇〇	〇〇	〇〇	〇〇	一〇	一〇
四〇	六三	九〇	八三	一一	四一	二四	七〇	九二
一〇	一〇	〇〇	〇〇	〇〇	〇〇	〇〇	〇〇	一〇
九三	八一	五五	一三	九〇	三一	六三	七三	六一
一〇	一〇	〇〇	〇〇	〇〇	〇〇	〇〇	〇〇	一〇
二二	四〇	六四	六一	七〇	一一	九二	六四	二〇
一〇	〇〇	〇〇	〇〇	〇〇	〇〇	〇〇	〇〇	〇〇
〇一	五五	九三	二二	六〇	九〇	六二	一四	四五
〇〇	〇〇	〇〇	〇〇	〇〇	〇〇	〇〇	〇〇	〇〇
九五	六四	五三	八一	五〇	八〇	二二	五三	四四
〇四	〇〇	〇〇	〇〇	〇〇	〇〇	〇〇	〇〇	〇〇
九四	九三	七二	五一	四〇	七〇	九一	〇三	〇四
〇〇	〇〇	〇〇	〇〇	〇〇	〇〇	〇〇	〇〇	〇〇
二四	三三	四二	四一	四〇	六〇	七一	七二	五三
〇〇	〇〇	〇〇	〇〇	〇〇	〇〇	〇〇	〇〇	〇〇
七三	九二	一二	二一	三〇	六〇	五一	四二	二三
〇〇	〇〇	〇〇	〇〇	〇〇	〇〇	〇〇	〇〇	〇〇
三三	七二	九一	一一	三〇	五〇	四一	二二	九二
〇〇	〇〇	〇〇	〇〇	〇〇	〇〇	〇〇	〇〇	〇〇
一三	五二	八一	〇一	三〇	五〇	三一	一二	七二
〇〇	〇〇	〇〇	〇〇	〇〇	〇〇	〇〇	〇〇	〇〇
〇三	四二	七一	〇一	三〇	五〇	三一	〇二	六二
〇〇	〇〇	〇〇	〇〇	〇〇	〇〇	〇〇	〇〇	〇〇
〇三	四二	八一	〇一	三〇	五〇	三一	〇二	七二

黄道

（表略，見圖）

黃道　　　　南

三四	一四	九三	七五	五三	三三	一三	九二	七二
○○	○○	二○	三○	四○	五○	六○	六○	六○
一一	二五	○一	三三	九四	○五	三三	一四	○一
○○	一○	二○	三○	○○	五○	五○	五○	四○
二一	○○	六二	七四	一五	○三	五四	三三	八五
○○	○○	二○	三○	三○	四○	[illegible]	四○	三○
一一	一五	○○	四○	○五	五一	四二	三二	七四
○○	○○	一○	二○	二○	三○	三○	三○	三○
○一	八三	一三	九一	六五	七一	六二	○二	一○
○○	○○	一○	一○	二○	二○	二○	二○	二○
八○	○三	二一	二五	二二	八三	八四	九三	四二
○○	○○	○○	一○	一○	二○	二○	二○	一○
七○	四二	八五	九二	三五	七○	二二	七○	六五
○○	○○	○○	一○	一○	一○	一○	一○	一○
六○	九一	六四	一一	一三	三四	七四	三四	二三
○○	○○	○○	○○	一○	一○	一○	一○	一○
五○	六一	七三	七五	四一	三二	九二	八二	一二
○○	○○	○○	○○	一○	一○	一○	一○	一○
四○	三一	二三	○五	三○	二一	六一	五一	八○
○○	○○	○○	○○	○○	一○	一○	一○	○○
四○	一一	七二	二四	四五	○○	三○	三○	七五
○○	○○	○○	○○	○○	○○	○○	○○	○○
三○	九○	二二	五三	四四	○五	三五	三五	八四
○○	○○	○○	○○	○○	○○	○○	○○	○○
三○	八○	九一	○三	七三	四四	七四	七四	三四
○○	○○	○○	○○	○○	○○	○○	○○	○○
三○	七○	七一	六二	四三	九三	○四	一四	六三
○○	○○	○○	○○	○○	○○	○○	○○	○○
二○	六○	五一	三二	○三	三三	七三	八三	五二
○○	○○	○○	○○	○○	○○	○○	○○	○○
二○	六○	四一	一二	八二	二三	四三	六三	三三
○○	○○	○○	○○	○○	○○	○○	○○	○○
二○	五○	三一	○二	七二	一三	四三	五三	三三

黃道

（表略，見圖）

北

一〇	九五	七五	五五	三五	一五	九四	七四	五四
四〇	四〇	三〇	三〇	三〇	三〇	二〇	一〇	〇〇
三〇	七〇	九五	四四	一二	七三	二二	三四	七五
三〇	三〇	三〇	三〇	三〇	三〇	二〇	一〇	一〇
九三	〇五	〇五	二四	五三	三〇	二三	一五	二〇
三〇	三〇		三〇	三〇	二〇	二〇	一〇	〇〇
四一	一二	二二	六一	二〇	三四	六一	一四	六五
二〇	二〇	二〇	二〇	二〇	二〇	二〇	一〇	〇〇
六四	四五	六五	三五	九三	四二	六〇	九二	九四
二〇	二〇	二〇	二〇	二〇	二〇	一〇	一〇	〇〇
八二	三五	三三	九二	八一	四〇	三四	一一	二四
二〇	二〇	二〇	二〇	二〇	一〇	一〇	一〇	〇〇
七〇	二一	四一	一一	二〇	九四	一三	七〇	七三
一〇	一〇	一〇	一〇	一〇	一〇	一〇	〇〇	〇〇
八四	三五	四五	二五	五四	二〇	八一	八五	二三
一〇	一〇	一〇	一〇	一〇	一〇	一〇	〇〇	〇〇
八二	一三	二三	二三	八二	九一	七〇	九四	八二
一〇	一〇	一〇	一〇	一〇	一〇	〇〇	〇〇	〇〇
八一	一二	二二	八一	二一	六〇	五五	〇四	二二
一〇	一〇	一〇	一〇	一〇	〇〇	〇〇	〇〇	〇〇
七〇	〇一	一一	九〇	四〇	八五	八四	六三	〇二
〇〇	一〇	〇〇	〇〇	〇〇	〇〇	〇〇	〇〇	〇〇
八五	〇〇	九五	九五	四五	九四	一四	一三	七一
〇〇	〇〇	〇〇	〇〇	〇〇	〇〇	〇〇	〇〇	〇〇
一五	三五	三五	二五	八四	三四	六三	七二	二一
〇〇	〇〇	〇〇	〇〇	〇〇	〇〇	〇〇	〇〇	〇〇
七四	八四	八四	七四	二四	八三	二三	三二	三一
〇〇	〇〇	〇〇	〇〇	〇〇	〇四	〇〇	〇〇	〇〇
三四	五二	四四	三四	九三	七五	九二	二二	三一
〇〇	〇〇	〇〇	〇〇	〇〇	〇〇	〇〇	〇〇	〇〇
〇四	二四	一四	〇四	七三	四三	七二	〇二	一一
〇〇	〇〇	〇〇	〇〇	〇〇	〇〇	〇〇	〇〇	〇〇
九三	〇四	九三	七三	五五	二三	九二	八一	〇一

（表略，見圖）

金星緯度立成 引數自行定度累加三度 小輪心定度累加二度

小輪心定度							自行定度
〇一	八〇	六〇	四〇	二〇	〇〇	度	
一〇	〇〇	〇〇	〇〇	〇〇	〇〇	度	初
三〇	八五	九四	一四	八二	三一	分	
一〇	一〇	〇〇	〇〇	〇〇	〇〇	度	三〇
〇一	六〇	八五	八四	八三	四三	分	
一〇	一〇	一〇	〇〇	〇〇	〇〇	分	六〇
五一	三一	六〇	八五	〇五	六三	[illegible]	
一〇	一〇	一〇	一〇	〇〇	〇〇	度	九〇
七一	七一	三一	七〇	八五	七四	分	
一〇	一〇	一〇	一〇	一〇	〇〇	度	二一
八一	〇二	八一	四一	九〇	八五	分	
一〇	一〇	一〇	一〇	一〇	一〇	度	五一
八一	一二	三二	三二	八一	九〇	分	
一〇	一〇	一〇	一〇	一〇	一〇	度	八一
五一	二二	七二	六二	七二	九一	分	
一〇	一〇	一〇	一〇	一〇	一〇	度	一二
二一	二二	五二	三三	四三	九二	分	
一〇	一〇	一〇	一〇	一〇	一〇	度	四二
九〇	九一	一三	九三	二四	九三	分	
一〇	一〇	一〇	一〇	一〇	一〇	度	七二
四〇	七一	二三	二四	八四	八〇	分	
一〇	一〇	一〇	一〇	一〇	一〇	度	〇三
一〇	九〇	四三	七四	六五	八五	分	
〇〇	〇〇	一〇	一〇	二〇	二〇	度	三三
一五	九五	二三	八四	四〇	六〇	分	
〇〇	〇〇	一〇	一〇	二〇	二〇	度	六三
九三	八四	八二	九四	六〇	五一	分	
〇〇	〇〇	一〇	一〇	二〇	二〇	度	九三
四二	七二	二二	九四	八二	二二	分	
〇〇	〇〇	一〇	一〇	二〇	二〇	度	二四
三〇	七一	八〇	八三	五〇	五二	分	

黃道　北

(表略，見圖)

金星緯度立成。引數自行定度，累加三度。小輪心定度，累加二度。

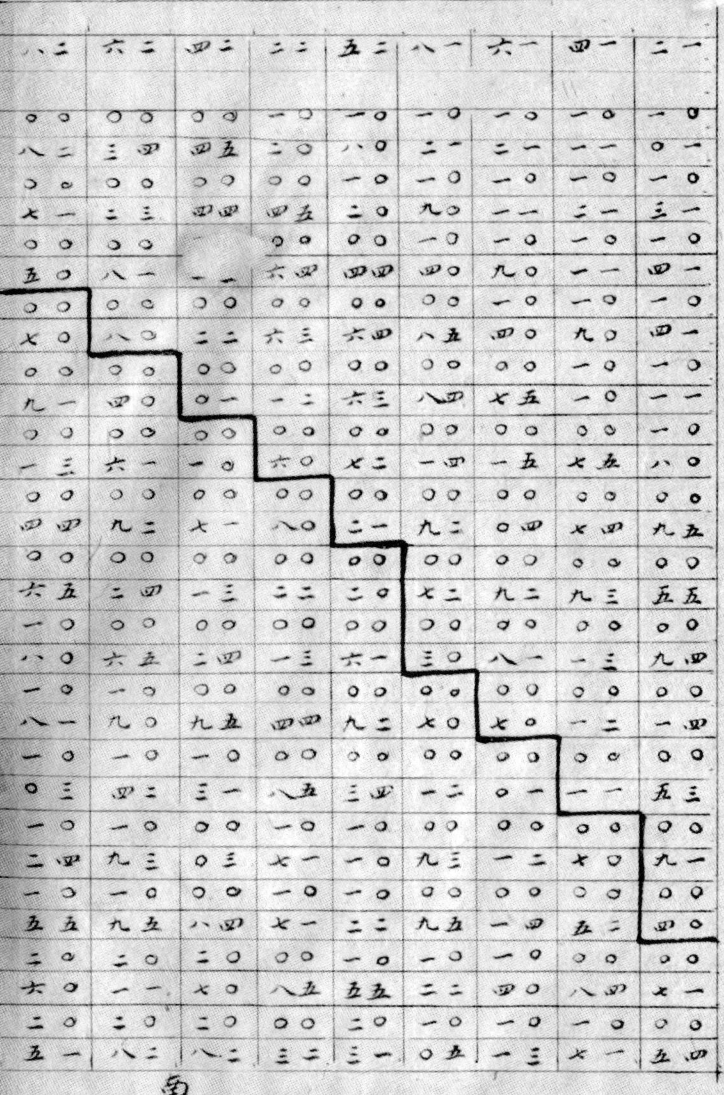

北

八二	六二	四二	二二	五二	八一	六一	四一	二一
〇〇	〇〇	〇〇	一〇	一〇	一〇	一〇	一〇	一〇
八二	三四	四五	二〇	八〇	二一	二一	一一	〇一
〇〇	〇〇	〇〇	〇〇	一〇	一〇	一〇	一〇	一〇
七一	二三	四四	四五	二〇	九〇	一一	二一	三一
〇〇	〇〇	[illegible]	〇〇	〇〇	一〇	一〇	一〇	一〇
五〇	八一	一一	六四	四四	四〇	九〇	一一	四一
〇〇	〇〇	〇〇	〇〇	〇〇	〇〇	一〇	一〇	一〇
七〇	八〇	二二	六三	六四	八五	四〇	九〇	四一
〇〇	〇〇	〇〇	〇〇	〇〇	〇〇	〇〇	一〇	一〇
九一	四〇	〇一	一二	六三	八四	七五	一〇	一一
〇〇	〇〇	〇〇	〇〇	〇〇	〇〇	〇〇	〇〇	一〇
一三	六一	一〇	六〇	七二	一四	一五	七五	八〇
〇〇	〇〇	〇〇	〇〇	〇〇	〇〇	〇〇	〇〇	〇〇
四四	九二	七一	八〇	二一	九二	〇四	七四	九五
〇〇	〇〇	〇〇	〇〇	〇〇	〇〇	〇〇	〇〇	〇〇
六五	二四	一三	二二	二〇	七二	九二	九三	五五
一〇	〇〇	〇〇	〇〇	〇〇	〇〇	〇〇	〇〇	〇〇
八〇	六五	二四	一三	六一	三〇	八一	一三	九四
一〇	一〇	〇〇	〇〇	〇〇	〇〇	〇〇	〇〇	〇〇
八一	九〇	九五	四四	九二	七〇	七〇	一二	一四
一〇	一〇	一〇	〇〇	〇〇	〇〇	〇〇	〇〇	〇〇
〇三	四二	三一	八五	三四	一二	〇一	一一	五三
一〇	一〇	〇〇	一〇	一〇	〇〇	〇〇	〇〇	〇〇
二四	九三	〇三	七一	一〇	九三	一二	七〇	九一
一〇	一〇	〇〇	一〇	一〇	〇〇	〇〇	〇〇	〇〇
五五	九五	八四	七一	二二	九五	一四	五二	四〇
二〇	二〇	二〇	〇〇	一〇	一〇	一〇	〇〇	〇〇
六〇	一一	七〇	八五	五五	二二	四〇	八四	七一
二〇	二〇	二〇	〇〇	二〇	一〇	一〇	一〇	〇〇
五一	八二	八二	三二	三一	〇五	一三	七一	五四

南

（表略，見圖）

南

黃道

六四	四四	二四	○四	八三	六三	四三	二三	○三
一○	一○	一○	一○	○○	○○	○○	○○	○○
二一	二一	八○	○○	八四	三二	七一	○○	三一
一○	一○	一○	一○	○○	○○	○○	○○	○○
○一	二一	一一	四○	六五	二四	八二	二一	一○
一○	一○	一○	一○	一○	○○	○○	○○	○○
六○	一一	三一	九○	二○	一五	[illegible]	六二	○一
一○	一○	一○	一○	一○	○○	○○	○○	○○
一○	八○	二一	○一	六○	七五	六四	三三	一二
○○	一○	一○	一○	一○	一○	○○	○○	○○
四五	三○	八○	○一	八○	一○	四五	三四	二三
○○	○○	一○	一○	一○	二○	一○	○○	○○
六四	七五	五○	九○	○一	六○	○○	二五	三四
○○	○○	○○	一○	一○	一○	一○	一○	○○
四三	八四	九五	六○	九○	九○	五○	○○	三五
○○	○○	○○	一○	一○	一○	一○	一○	一○
三二	八三	二五	二○	八○	一一	○一	八○	三○
○○	○○	○○	○○	一○	一○	一○	一○	一○
三一	○三	五四	八五	七○	四一	六一	六一	三一
○○	○○	○○	○○	一○	一○	一○	一○	一○
一○	九一	七三	一五	四○	三一	九二	二二	二二
○○	○○	○○	○○	一○	一○	一○	一○	一○
二一	九○	八二	六四	二○	五一	三二	○三	二三
○○	○○	○○	○○	○○	一○	一○	一○	一○
九二	七○	六一	七三	五五	一一	四二	五三	○四
○○	○○	○○	○○	○○	一○	一○	一○	一○
八四	五二	一○	四二	五四	七○	三二	○四	九四
一○	○○	○○	○○	○○	○○	一○	一○	一○
一一	六四	○二	八○	三三	九五	○二	二四	六五
○○	一○	○○	○○	○○	○○	一○	一○	一○
○四	四一	六四	五一	五一	六四	二一	九三	九五

黃道

(表略，見圖)

自行宮度	金星緯度立成	〇六	八五	六五	四五	二五	〇五	八四
二四		〇〇	〇〇	〇〇	〇〇	〇〇	〇〇	一〇
		三一	二〇	九一	四三	八四	九五	六〇
五四		〇〇	〇〇	〇〇	〇〇	〇〇	〇〇	一〇
		四二	〇一	八〇	四二	〇四	一五	三〇
八四			〇〇	〇〇	〇〇	〇〇	〇〇	〇〇
		六二	二二	五〇	二一	一三	四四	六五
一三		〇〇	〇〇	〇〇	〇〇	〇〇	〇〇	〇〇
		七四	四三	六一	一〇	九一	五五	〇五
四五		〇〇	〇〇	〇〇	〇〇	〇〇	〇〇	〇〇
		八五	六四	八二	一一	八〇	四二	一四
七五		一〇	〇〇	〇〇	〇〇	〇〇	〇〇	〇〇
		九〇	七五	〇四	三二	三〇	四一	二三
〇六		一〇	一〇	〇〇	〇〇	〇〇	〇〇	〇〇
	北	九一	〇一	五五	七三	八一	一〇	九一
三六		一〇	一〇	一〇	〇〇	〇〇	〇〇	〇〇
		九二	二二	八〇	一五	三三	四一	六〇
六六		一〇	一〇	一〇	一〇	〇〇	〇〇	〇〇
		九三	四三	一二	六〇	七四	九二	七〇
九六		一〇	一〇	一〇	一〇	一〇	〇〇	〇〇
		八四	四四	二三	九一	八〇	五四	〇二
三七		一〇	一〇	一〇	一〇	一〇	〇〇	〇〇
		八五	七五	六四	三三	六一	七五	三三
五七		二〇	二〇	二〇	一〇	一〇	一〇	〇〇
		六〇	七〇	一〇	〇五	四三	七一	一九
八七		二〇	二〇	二〇	二〇	一〇	一〇	一〇
		五一	〇二	五一	八〇	四五	七三	三一
一八		二〇	二〇	二〇	三〇	二〇	一〇	一〇
		二二	二三	〇三	七二	五一	九五	四三
四八		二〇	二〇	二〇	二〇	二〇	二〇	二〇
		五二	一四	五四	六四	八三	五二	一〇
							北	

（表略，見圖）

金星緯度立成。

（表略，見圖）

黃道　北

小輪心定度								
四一	二一	〇一	八〇	六〇	四〇	二〇	〇〇	度
一〇	〇〇	〇〇	〇〇	一〇	一〇	二〇	二〇	度
七一	五四	三〇	七二	八〇	八三	五二	五二	分
一〇	一〇	〇〇	〇〇	〇〇	一〇	二〇	二〇	度
六五	〇二	四二	〇〇	五四	五二	〇〇	八二	分
二〇	二〇	一〇	〇〇	〇〇	一[illegible]	[illegible]	二〇	度
六四	七〇	四〇	八三	四二	四〇	[illegible]四	五二	分
三〇	三〇	一〇	一〇	〇〇	〇〇	一〇	二〇	度
二五	一一	八五	三三	〇三	〇三	四二	七一	分
五〇	四〇	二〇	二〇	一〇	〇〇	〇〇	一〇	度
九〇	〇三	一四	〇二	一三	八一	〇五	七五	分
六〇	五〇	四〇	三〇	二〇	一〇	〇〇	一〇	度
〇三	七四	五三	〇四	一五	八二	七〇	五一	分
七〇	六〇	六〇	五〇	四〇	二〇	一〇	〇〇	度
一一	〇五	一〇	〇〇	七〇	三四	九一	三一	分
六〇	六〇	六〇	五〇	四〇	三〇	二〇	〇〇	度
五一	九〇	五〇	三一	一二	七一	七〇	九四	分
五〇	五〇	八〇	四〇	四〇	三〇	二〇	一〇	度
三〇	八〇	三二	七五	九〇	三二	一三	一三	分
三〇	四〇	四〇	四〇	三〇	三〇	二〇	一〇	度
四五	七〇	二三	九一	三四	二一	七三	一五	分
二〇	三〇	三〇	三〇	三〇	二〇	二〇	一〇	度
七五	四一	三四	八三	四一	六五	一三	九五	分
二〇	二〇	三〇	二〇	三〇	二〇	二〇	二〇	度
四一	三三	一〇	四五	〇五	〇四	五二	二〇	分
一〇	一〇	二〇	二〇	二〇	二〇	二〇	一〇	度
〇四	九五	九二	五三	八二	三二	五一	九五	分
一〇	一〇	二〇	二〇	一〇	二〇	二〇	一〇	度
〇一	一三	〇〇	二〇	八二	八〇	六〇	六〇	分
〇〇	一〇	一〇	一〇	一〇	一〇	一〇	一〇	度
八四	九〇	七三	七四	〇五	三五	四五	九四	分

南

（表略，見圖）

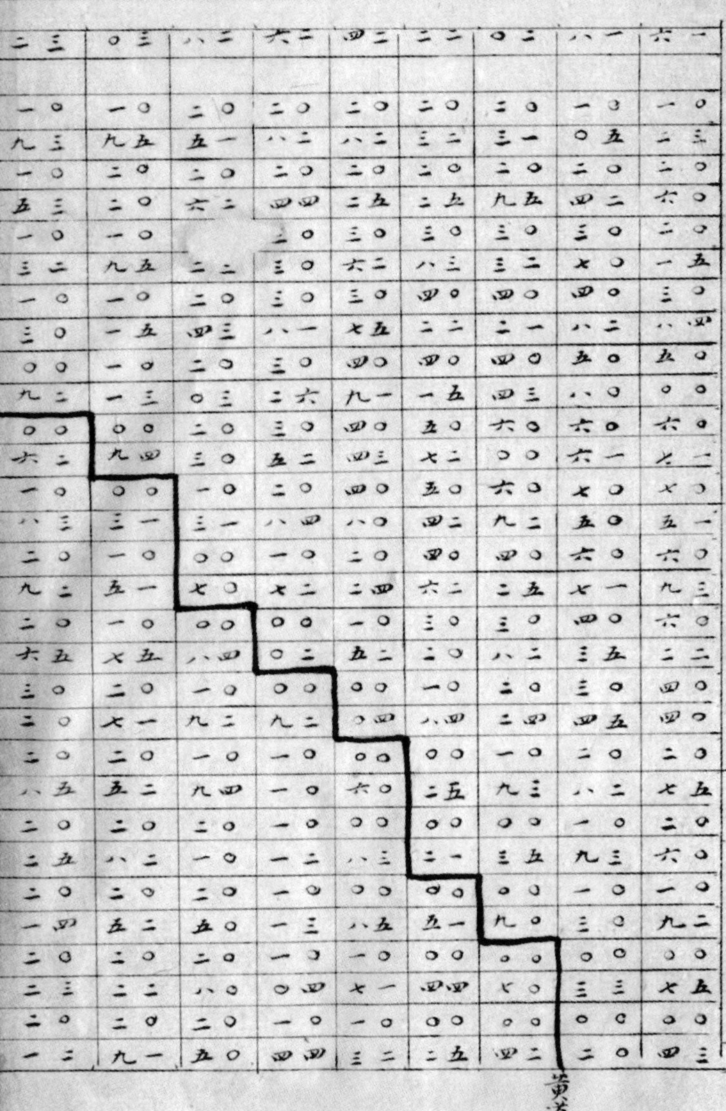

南

二三	○三	八二	六二	四二	二二	○二	八一	六一
一○	一○	二○	二○	二○	二○	二○	一○	一○
九三	九五	五一	八二	八二	三二	三一	○五	二三
一○	二○	二○	二○	二○	二○	二○	二○	二○
五三	二○	六二	四四	二五	二五	九五	四二	六○
一○	一○	[illegible]	二○	三○	三○	三○	三○	二○
三二	九五	二二	三○	六二	八三	三二	七○	一五
一○	一○	二○	三○	三○	四○	四○	四○	三○
三○	一五	四三	八一	七五	二二	二一	八二	八四
○○	一○	二○	三○	四○	四○	四○	五○	五○
九二	一三	○三	二六	九一	一五	四三	八○	○○
○○	○○	二○	三○	四○	五○	六○	六○	六○
六二	九四	三○	五二	四三	七二	○○	六一	七一
一○	○○	一○	二○	四○	五○	六○	七○	七○
八三	三一	三一	八四	八○	四二	九二	五○	五一
二○	一○	○○	一○	二○	四○	四○	六○	六○
九二	五一	七○	七二	二四	六二	二五	七一	九三
二○	一○	○○	○○	一○	三○	三○	四○	六○
六五	七五	八四	○二	五二	二○	八二	三五	二二
三○	二○	一○	○○	○○	一○	二○	三○	四○
二○	七一	九二	九二	○四	八四	二四	四五	四○
二○	二○	一○	一○	○○	○○	一○	二○	二○
八五	五二	九四	一○	六○	二五	九三	八二	七五
二○	二○	二○	一○	○○	○○	○○	一○	二○
二五	八二	一○	一二	八三	二一	三五	九三	六○
二○	二○	二○	一○	○○	○○	○○	一○	一○
一四	五二	五○	一三	八五	五一	九○	三○	九二
二○	二○	二○	一○	一○	○○	○○	○○	○○
二三	二二	八○	○四	七一	四四	七○	三三	七五
二○	二○	二○	一○	一○	○○	○○	○○	○○
一二	九一	五○	四四	三二	二五	四二	二○	四三

黄道

（表略，見圖）

北

黃道

〇五	八四	六四	四四	二四	〇四	八三	六三	四三
二〇	二〇	一〇	一〇	〇〇	〇〇	〇〇	〇〇	一〇
五二	一〇	〇四	四一	六四	五一	五一	六四	二一
二〇	二〇	二〇	一〇	一〇	〇〇	〇〇	〇〇	〇〇
七五	五三	四一	六四	八五	四四	一一	六二	九五
三〇	三〇	六〇	二〇	二〇	一[illegible]		〇〇	〇〇
四三	四一	七五	三三	二〇	五二	一五	三〇	九三
四〇	四〇	三〇	三〇	三〇	二〇	一〇	〇〇	〇〇
二二	九〇	四五	三三	一〇	一二	七二	四四	七〇
五〇	五〇	五〇	四〇	四〇	三〇	二〇	一〇	〇〇
四一	〇一	三〇	六四	六一	四三	五四	三四	二四
五〇	六〇	六〇	六〇	五〇	四〇	四〇	三〇	一〇
九五	二一	五一	六〇	一四	八五	六〇	〇〇	九四
六〇	六〇	七〇	七〇	六〇	六〇	五〇	四〇	三〇
一二	〇五	九〇	三一	八五	一二	〇三	六二	九〇
五〇	六〇	六〇	六〇	六〇	六〇	五〇	四〇	三〇
八〇	〇〇	九二	六四	三四	一二	五四	二五	七四
三〇	四〇	五〇	五〇	五〇	五〇	五〇	四〇	三〇
九四	五三	〇一	四三	一四	五三	四一	一四	四五
二〇	三〇	三〇	四〇	四〇	四〇	四〇	四〇	三〇
一三	六一	二五	〇二	六三	〇四	二三	五一	四四
一〇	二〇	二〇	三〇	三〇	三〇	三〇	三〇	三〇
〇三	一一	六四	五一	六三	七四	八四	四四	三二
〇〇	一〇	一〇	二〇	二〇	三〇	三〇	三〇	三〇
七四	二二	五五	五二	六四	四〇	三一	六一	六〇
〇〇	〇〇	一〇	一〇	二〇	二〇	二〇	二〇	一〇
五一	八四	八一	七四	一一	一三	三四	二五	〇五
〇〇	〇〇	〇〇	一〇	一〇	二〇	二〇	二〇	二〇
一一	〇二	八四	五一	〇四	一〇	七一	〇三	三五
〇〇	〇〇	〇〇	〇〇	一〇	〇一	一〇	二〇	二〇
七二	一〇	五二	〇五	五一	六三	四五	〇一	八一

黃道

（表略，見圖）

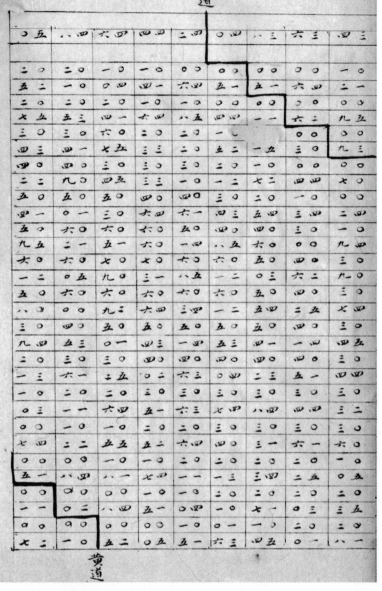

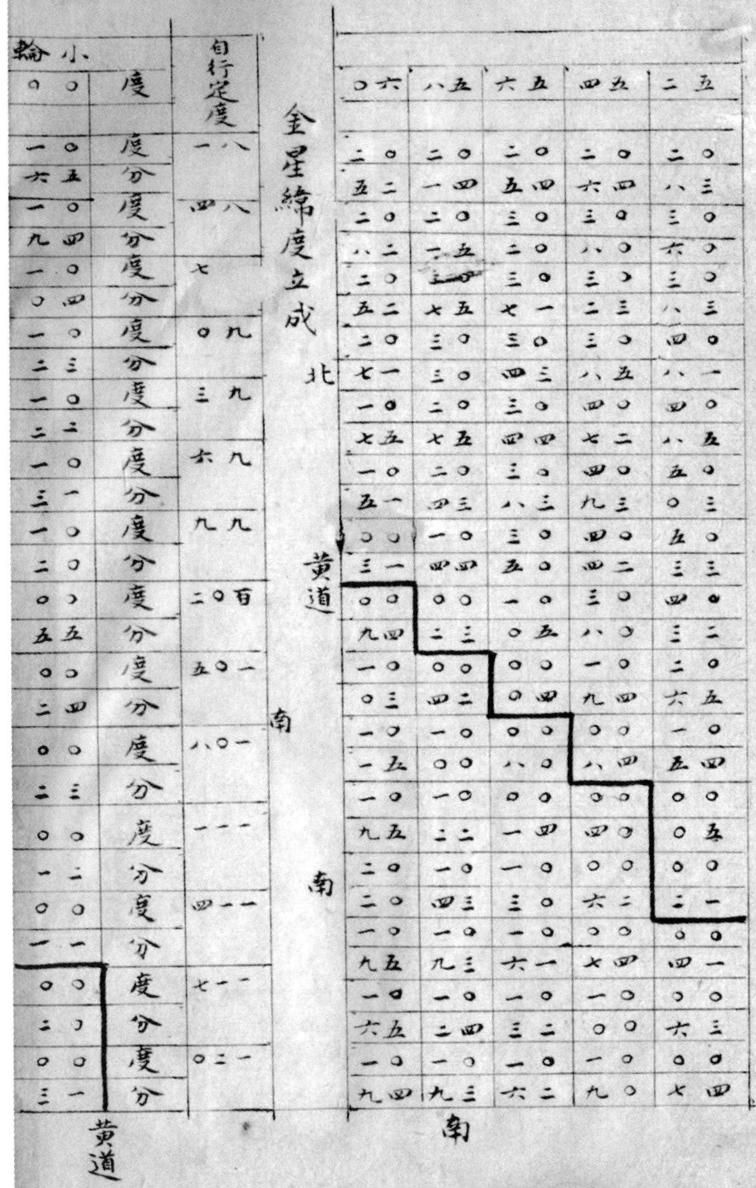

（表略，見圖）

金星緯度立成。

（表略，見圖）

心定度　南

八一	六一	四一	二一	〇一	八〇	六〇	四〇	二〇
〇〇	〇〇	一〇	一〇	二〇	二〇	二〇	二〇	二〇
三三	七五	〇一	一三	〇〇	二〇	八〇	八〇	六〇
〇〇	〇〇	〇〇	一〇	一〇	一〇	一〇	一〇	一〇
二〇	四三	八四	九〇	七三	七四	〇九	三五	四五
〇〇	〇〇	〇〇	〇〇	一〇	一〇	一[illegible]	一〇	一〇
七〇	四二	九二	八四	五一	七二	[illegible]	九三	一四
〇〇	〇〇	〇〇	〇〇	〇〇	一〇	一〇	一〇	一〇
二二	三〇	二一	一三	五五	八〇	六一	四二	〇三
〇〇	〇〇	〇〇	〇〇	〇〇	〇〇	一〇	一〇	一〇
一三	四一	一〇	七一	〇四	三五	二〇	〇一	八一
〇〇	〇〇	〇〇	〇〇	〇〇	〇〇	〇〇	一〇	一〇
〇四	五二	三一	四〇	六二	八三	八四	〇〇	八〇
〇〇	〇〇	〇〇	〇〇	〇〇	〇〇	〇〇	〇〇	〇〇
七四	四三	三二	九〇	四一	五二	六三	二四	六五
〇〇	〇〇	〇〇	〇〇	〇〇	〇〇	〇〇	〇〇	〇〇
五五	四四	四三	一二	一〇	一一	三二	三三	四四
一〇	〇〇	〇〇	〇〇	〇〇	〇〇	〇〇	〇〇	〇〇
三〇	四五	六四	二三	五一	四〇	九〇	八一	一三
一〇	一〇	〇〇	〇〇	〇〇	〇〇	〇〇	〇〇	〇〇
八〇	一〇	三五	二四	八二	八一	四〇	六〇	九一
一〇	一〇	一〇	〇〇	〇〇	〇〇	〇〇	〇〇	〇〇
一一	七〇	一〇	二五	九三	九二	六一	六〇	七〇
一〇	一〇	一〇	〇〇	〇〇	〇〇	〇〇	〇〇	〇〇
三一	〇一	六〇	八五	九四	一四	九二	八一	四〇
一〇	一〇	一〇	一〇	〇〇	〇〇	〇〇	〇〇	〇〇
三一	二一	九〇	五〇	七五	九四	九三	九二	六一
一〇	一〇	一〇	一〇	一〇	〇〇	〇〇	〇〇	〇〇
三一	二一	一一	〇一	三〇	八五	九四	一四	八一

（表略，見圖）

（表略，見圖）

南　黄道　北

四五	二五	〇五	八四	六四	四四	二四	〇四	八三
一〇	〇〇	〇〇	〇〇	〇〇	一〇	一〇	二〇	二〇
〇〇	六三	一一	〇〇	八四	五一	〇四	一〇	七一
一〇	〇〇	〇〇	〇〇	〇〇	〇〇	一〇	一〇	一〇
九〇	七四	七二	一〇	五二	〇五	五一	六三	四〇
一〇	〇〇	〇〇	〇〇	〇〇	〇〇		一〇	一〇
三一	七五	九三	六一	七〇	〇三	二一	六一	四三
一〇	一〇	〇〇	〇〇	〇〇	〇〇	〇〇	〇〇	一〇
七一	四〇	一五	一三	一一	一一	三三	六五	五一
一〇	一〇	〇〇	〇〇	〇〇	〇〇	〇〇	〇〇	一〇
五一	六〇	五五	八三	一二	二〇	五一	一四	〇〇
一〇	一〇	〇〇	〇〇	〇〇	〇〇	〇〇	〇〇	〇〇
三一	八〇	九五	六四	一三	三一	六〇	五二	六四
一〇	一〇	一〇	〇〇	〇〇	〇〇	〇〇	〇〇	〇〇
一一	九〇	三〇	二五	九三	四二	六〇	三一	二三
一〇	一〇	一〇	〇〇	〇〇	〇〇	〇〇	〇〇	〇〇
九〇	九〇	五〇	八五	七四	四三	九一	一〇	八一
一〇	一〇	一〇	一〇	〇〇	〇〇	〇〇	〇〇	〇〇
七〇	〇一	九〇	五〇	七五	六四	二三	六〇	四〇
一〇	一〇	一〇	一〇	一〇	〇〇	〇〇	〇〇	〇〇
二〇	八〇	〇一	八〇	三〇	五五	二四	六二	九〇
〇〇	一〇	一〇	一〇	一〇	一〇	〇〇	〇〇	〇〇
七五	六〇	九〇	一一	八〇	二〇	一五	七三	一二
〇〇	一〇	一〇	一〇	一〇	一〇	〇〇	〇〇	〇〇
〇五	一〇	八〇	二一	〇一	六〇	八五	五四	一三
〇〇	〇〇	一〇	一〇	一〇	一〇	一〇	〇〇	〇〇
一四	五五	三〇	〇一	二一	〇一	四〇	三五	一四
〇〇	〇〇	〇〇	一〇	一〇	一〇	一〇	一〇	〇〇
四三	八四	九五	六〇	一一	二一	八〇	〇〇	八四

南

（表略，見圖）

六五	八五	○二
一○	一○	一○
三二	二四	六五
一○	一○	一○
六二	九三	九四
一○	一○	一○
五二	四三	○四
一○	二○	一○
五二	○三	二二
一○	一○	一○
○二	二二	二二
一○	一○	一○
七一	六一	三一
一○	一○	一○
一一	八○	三○
一○	一○	○○
五○	○○	三五
一○	○○	○○
一○	二五	一四
○○	○○	○○
三五	三四	二三
○○	○○	○○
六四	三三	一二
○○	○○	○○
七三	四二	○一
○○	○○	○○
七二	二一	二○
○○	○○	○○
九一	二○	三一

水星緯度立成 引數法同金星

自行定度	小輪心定度			
	度	○○	二○	四○
初	度	○○	一○	一○
	分	五四	二○	六一
三	度	○○	一○	一○
	分	九五	六一	○三
六	度		一○	一○
	分	九一	一三	二四
九	度	一○	一○	一○
	分	九二	四四	六五
二一	度	一○	一○	二○
	分	五四	八五	六○
五一	度	一○	二○	二○
	分	八五	○一	五一
八一	度	二○	二○	二○
	分	○一	○二	四二
一二	度	二○	二○	二○
	分	二二	九二	八二
四二	度	二○	二○	二○
	分	一三	四三	○三
七二	度	二○	二○	二○
	分	二四	三四	三三
○三	度	二○	二○	二○
	分	一五	七四	六三
三三	度	二○	二○	二○
	分	七五	九四	三三
六三	度	二○	二○	二○
	分	九五	七四	五二
九三	度	三○	二○	二○
	分	○○	三四	六一
二四	度	二○	二○	二○
	分	六五	五三	二○

(表略，見圖)

水星緯度立成。引數法同金星。

(表略，見圖)

南

二二	〇二	八一	六一	四一	三一	〇一	八〇	六〇
一〇	一〇	一〇	一〇	一〇	一〇	一〇	一〇	一〇
一四	五四	六四	五四	四四	四四	〇三	五三	七二
一〇	一〇	一〇	一〇	一〇	一〇	一〇	一〇	一〇
一三	六三	二四	四四	六四	八四	六四	四四	九三
一〇	一〇	一〇	一〇	一〇	一〇		一〇	一〇
七一	五二	五三	二四	七四	二五	三五	四五	〇五
一〇	一〇	一〇	一〇	一〇	〇一	一〇	二〇	二〇
三〇	四一	九二	九三	六四	一五	八五	一〇	〇〇
〇〇	〇〇	一〇	一〇	一〇	一〇	二〇	二〇	二〇
五四	八五	六一	〇三	〇四	三五	〇〇	六〇	九〇
〇〇	〇〇	一〇	一〇	一〇	一〇	一〇	二〇	二〇
八二	二四	四〇	〇二	四三	八四	九五	八〇	四一
〇〇	〇〇	〇〇	一〇	一〇	一〇	二〇	二〇	二〇
一一	六二	一五	九〇	七二	五四	〇〇	一一	一二
〇〇	〇〇	〇〇	〇〇	一〇	一〇	一〇	二〇	二〇
一一	七〇	二三	四五	四一	五三	三五	九〇	一二
〇〇	〇〇	〇〇	〇〇	〇〇	一〇	一〇	一〇	二〇
〇三	二一	五一	八三	九五	三二	七四	四〇	一二
〇〇	〇〇	〇〇	〇〇	〇〇	一〇	一〇	一〇	二〇
二五	四三	六〇	〇二	四四	〇一	七三	七五	〇二
一〇	〇〇	〇〇	〇〇	〇〇	〇〇	一〇	一〇	二〇
三一	六五	七二	〇〇	七二	七五	八二	一五	七一
一〇	一〇	〇〇	〇〇	〇〇	〇〇	一〇	一〇	二〇
六三	〇二	〇五	二二	五〇	八三	一一	八三	〇一
一〇	一〇	一〇	〇〇	〇〇	〇〇	〇〇	一〇	一〇
七五	三四	五一	七四	八一	五一	二五	三二	九五
二〇	二〇	一〇	一〇	〇〇	〇〇	〇〇	一〇	一〇
九一	七〇	一四	四一	五四	七〇	一三	五〇	五四
二〇	二〇	二〇	一〇	一〇	〇〇	〇〇	〇〇	一〇
九三	二三	八〇	二四	二一	六三	五〇	三四	七二

北　黄道

（表略，見圖）

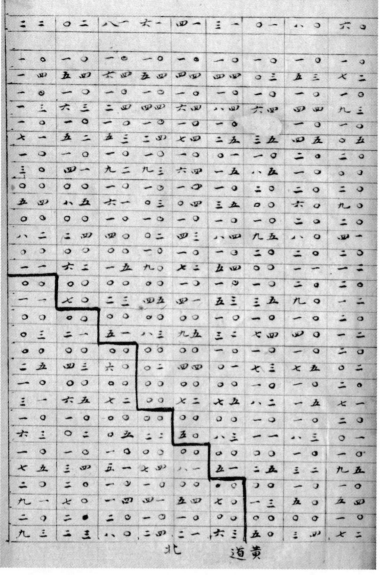

北　　黄道　　南

〇四	八三	六三	四三	二三	〇三	八二	六二	四二
一〇	〇〇	〇〇	〇〇	〇〇	〇〇	一〇	一〇	一〇
一二	九五	五三	五〇	一二	五四	七〇	三二	六三
七〇	一〇	〇〇	〇〇	〇〇	〇〇	〇〇	一〇	一〇
七二	八〇	五四	七一	八〇	一三	〇五	六〇	一二
一〇	一〇	〇〇	〇〇	〇〇	〇〇	〇〇	〇〇	一〇
二三	六一	六五	〇三	七〇	五一	二三	九四	五〇
一〇	一〇	一〇	〇〇	〇〇	〇〇	〇〇	〇〇	〇〇
六三	三二	六〇	三四	〇二	一〇	三一	二三	八四
一〇	一〇	一〇	〇〇	〇〇	〇〇	〇〇	〇〇	〇〇
六三	七二	三一	三五	四三	五一	八〇	〇一	九二
一〇	一〇	一〇	一〇	〇〇	〇〇	〇〇	〇〇	〇〇
四三	八二	八一	二〇	五四	八二	四二	七〇	一一
一〇	一〇	一〇	一〇	〇〇	〇〇	〇〇	〇〇	〇〇
二三	九二	二二	〇一	六五	〇四	一四	五二	八〇
一〇	一〇	二〇	一〇	一〇	〇〇	〇〇	〇〇	〇〇
五二	五二	一二	三一	四〇	二五	九五	五四	九二
一〇	一〇	一〇	一〇	一〇	一〇	一〇	一〇	〇〇
六一	九一	八一	六一	八〇	一〇	四一	一〇	八四
一〇	一〇	一〇	一〇	一〇	一〇	一〇	一〇	一〇
五〇	一一	六一	七一	六一	二一	〇三	一二	九〇
〇〇	一〇	一〇	一〇	一〇	一〇	一〇	一〇	一〇
二五	三〇	一一	八一	〇二	一二	五四	八五	〇三
〇〇	〇〇	[illegible]	[illegible]〇	一〇	一〇	一〇	一〇	一〇
五三	九四	一〇	四一	一二	六二	八五	五五	〇三
〇〇	〇〇	〇〇	一〇	一〇	一〇	二〇	二〇	二〇
五一	二三	九四	七〇	八一	九二	四〇	八〇	八〇
〇〇	〇〇	〇〇	〇〇	一〇	一〇	二〇	二〇	二〇
八〇	三一	四三	四五	三一	〇三	三一	〇二	五二
〇〇	〇〇	〇〇	〇〇	一〇	一〇	二〇	二〇	二〇
七三	一一	四一	一四	五〇	六二	六一	〇三	〇四

黄道　　北

（表略，見圖）

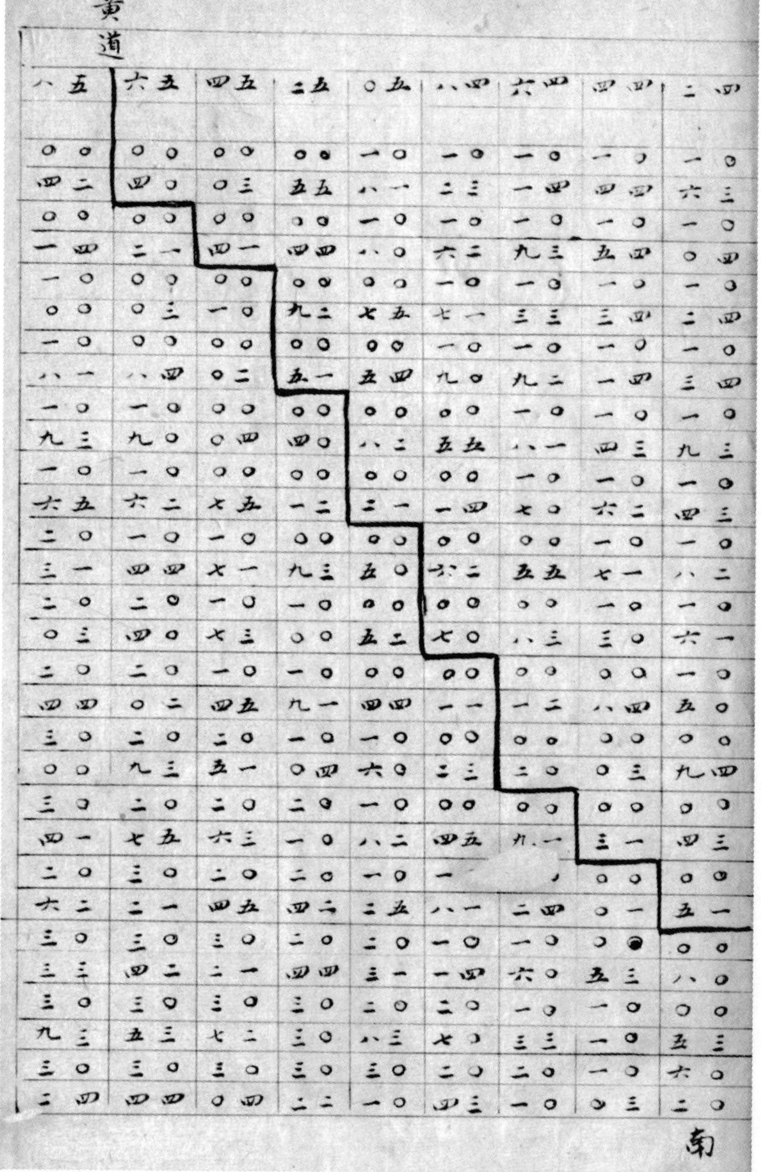

黃道

八五	六五	四五	二五	〇五	八四	六四	四四	二四
〇〇	〇〇	〇〇	〇〇	一〇	一〇	一〇	一〇	一〇
四二	四〇	〇三	五五	八一	二三	一四	四四	六三
〇〇	〇〇	〇〇	〇〇	一〇	一〇	一〇	一〇	一〇
一四	二一	四一	四四	八〇	六二	九三	五四	〇四
一〇	〇〇	〇〇	〇〇	〇〇	一〇	一〇	一〇	一〇
〇〇	〇三	一〇	九二	七五	七一	三三	三四	二四
一〇	〇〇	〇〇	〇〇	〇〇	一〇	一〇	一〇	一〇
八一	八四	〇二	五一	五四	九〇	九二	一四	三四
一〇	一〇	〇〇	〇〇	〇〇	〇〇	一〇	一〇	一〇
九三	九〇	〇四	四〇	八二	五五	八一	四三	九三
一〇	一〇	〇〇	〇〇	〇〇	〇〇	一〇	一〇	一〇
六五	六二	七五	一二	二一	一四	七〇	六二	四三
二〇	一〇	一〇	〇〇	〇〇	〇〇	〇〇	一〇	一〇
三一	四四	七一	九三	五〇	六二	五五	七一	八二
二〇	二〇	一〇	一〇	〇〇	〇〇	〇〇	一〇	一〇
〇三	四〇	七三	〇〇	五二	七〇	八三	三〇	六一
二〇	二〇	一〇	一〇	〇〇	〇〇	〇〇	〇〇	一〇
四四	〇二	四五	九一	四四	一一	一二	八四	五〇
三〇	二〇	二〇	一〇	一〇	〇〇	〇〇	〇〇	〇〇
〇〇	九三	五一	〇四	六〇	二三	二〇	〇三	九四
三〇	二〇	二〇	二〇	一〇	〇〇	〇〇	〇〇	〇〇
四一	七五	六三	一〇	八二	四五	九一	三一	四三
二〇	三〇	二〇	二〇	一〇	一[illegible]	[illegible]	〇〇	〇〇
六二	二一	四五	四二	二五	八一	二四	〇一	五一
三〇	三〇	三〇	二〇	二〇	一〇	一〇	〇〇	〇〇
三三	四二	二一	四四	三一	一四	六〇	五三	八〇
三〇	三〇	三〇	三〇	二〇	二〇	一〇	一〇	〇〇
九三	五三	七二	三〇	八三	七〇	三三	一〇	五三
三〇	三〇	三〇	三〇	三〇	二〇	二〇	一〇	六〇
二四	四四	〇四	二二	一〇	四三	一〇	〇三	二〇

南

（表略，見圖）

南			小輪心定度			自行定度
八〇	六〇	四〇	二〇	〇〇	度	
〇〇	一〇	二〇	二〇	二〇	度	二四
三四	七二	二〇	五三	六五	分	
〇〇	一〇	一〇	二〇	二〇	度	五四
六一	四〇	二四	〇二	七四	分	
〇〇	〇〇	一[illegible]	[illegible]〇	二〇	度	八四
七一	四三	八一	一〇	三三	分	
〇〇	〇〇	〇〇	一〇	二〇	度	一五
〇五	二〇	八四	八三	三一	分	
一〇	〇〇	〇〇	一〇	一〇	度	四五
七二	三三	六一	八〇	八四	分	
一〇	一〇	〇〇	〇〇	一〇	度	七五
九五	八〇	九一	四三	七一	分	
二〇	一〇	〇〇	〇〇	〇〇	度	〇六
八二	八三	二五	一〇	五四	分	
二〇	二〇	一〇	〇〇	〇〇	度	三六
八四	三〇	〇二	一三	三一	分	
二〇	三〇	一〇	〇〇	〇〇	度	六六
九五	一二	二四	八五	八一	分	
三〇	二〇	一〇	一〇	〇〇	度	九六
一〇	一三	七五	八一	三四	分	
二〇	二〇	二〇	一〇	一〇	度	二七
四五	一三	五〇	二三	三〇	分	
二〇	二〇	二〇	一〇	一〇	度	五七
二四	七二	八〇	一四	七一	分	
二〇	二〇	二〇	一〇	一〇	度	八七
七二	八一	五〇	五四	六二	分	
二〇	二〇	一〇	一〇	一〇	度	一八
八〇	五〇	七五	三四	〇三	分	
一〇	一〇	一〇	一〇	一〇	度	四八
九四	〇五	六四	八三	九二	分	

南 黃道 北

水星緯度立成

南

[illegible]
〇〇
五〇
一〇
三〇
一〇
一二
一〇
九三
一〇
九五
二〇
四一
二〇
九二
二〇
四四
二〇
五五
三〇
八〇
三〇
九一
三〇
七二
三〇
九二
三〇
〇三
三〇
六二

（表略，見圖）

水星緯度立成。

（表略，見圖）

黄道

北

六二	四二	二二	〇二	八一	六一	四一	二一	〇一
二〇	二〇	二〇	二〇	二〇	一〇	一〇	〇〇	〇〇
〇三	〇四	九三	二三	八〇	二四	二一	六三	〇五
二〇	二〇	二〇	二〇	二〇	二〇	一〇	一〇	〇〇
四三	二五	七五	五五	六三	三一	四四	八〇	五二
二〇	二〇	三〇	三〇	三〇	二[illegible]	[illegible]	一〇	〇〇
〇三	八五	〇一	四一	二〇	三四	六一	一四	七五
二〇	二〇	三〇	三〇	三〇	三〇	二〇	二〇	一〇
二二	七五	六一	八二	四二	一一	七四	五一	一三
二〇	二〇	三〇	三〇	三〇	三〇	三〇	二〇	二〇
七〇	一五	〇二	一四	五四	八三	八一	九四	八〇
一〇	二〇	三〇	三〇	三〇	五〇	三〇	三〇	二〇
二四	五三	三一	二四	四九	五五	二四	六一	〇四
一〇	二〇	二〇	三〇	三〇	四〇	三〇	三〇	三〇
〇一	七〇	三五	〇三	四五	四〇	七五	八三	五〇
〇〇	一〇	二〇	三〇	三〇	四〇	三〇	三〇	三〇
三三	五三	六二	〇一	三四	〇〇	九五	七四	一二
〇〇	〇〇	一〇	二〇	三〇	三〇	三〇	三〇	三〇
八〇	六五	〇五	九三	九一	三四	一五	四四	六二
〇〇	〇〇	一〇	二〇	二〇	三〇	三〇	三〇	三〇
五四	六一	三一	四〇	〇五	一二	三三	三三	三二
一〇	〇〇	〇〇	一〇	二〇	二〇	三〇	三〇	三〇
一二	三二	四三	五二	四一	八四	九〇	二一	〇一
一〇	〇〇	〇〇	〇〇	一〇	二〇	二〇	二〇	二〇
一五	五五	二〇	九四	一四	七一	九三	〇五	三五
二〇	一〇	〇〇	〇〇	一〇	一〇	二〇	二〇	二〇
五二	五二	四三	六一	八〇	六四	九〇	五二	三三
二〇	一〇	一〇	〇〇	〇〇	一〇	一〇	一〇	二〇
一三	七四	〇〇	四一	七三	六一	一四	七五	〇一
二〇	二〇	一〇	〇〇	〇〇	〇〇	一〇	一〇	一〇
二四	四〇	三二	八三	〇一	八四	三一	二三	八四

南　　黄道　　北

（表略，見圖）

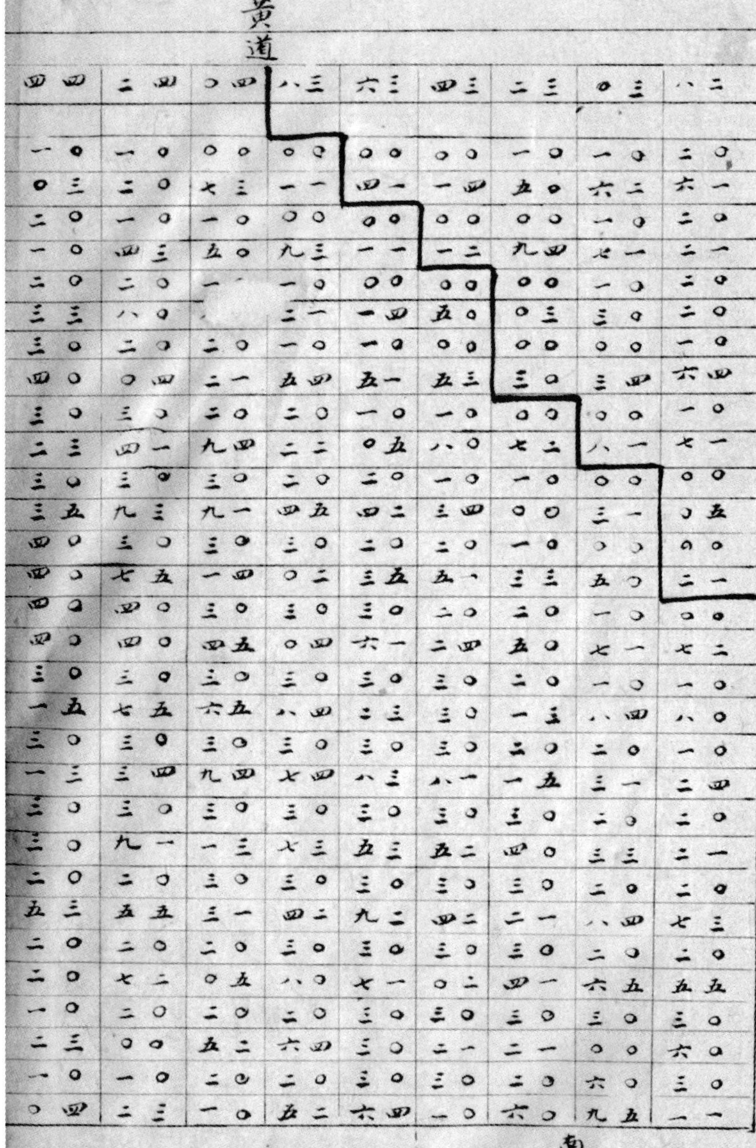
黄道

四四	二四	○四	八三	六三	四三	二三	○三	八二
一○	一○	○○	○○	○○	○○	一○	一○	二○
○三	二○	七三	一一	四一	一四	五○	六二	六一
二○	一○	一○	○○	○○	○○	○○	一○	二○
一○	四三	五○	九三	一一	一二	九四	七一	二一
二○	二○	一[illegible]	一○	○○	○○	○○	一○	二○
三三	八○	[illegible]	二一	一四	五○	○三	三○	二○
三○	二○	二○	一○	一○	○○	○○	○○	一○
四○	○四	二一	五四	五一	五三	三○	三四	六四
三○	三○	二○	二○	一○	一○	○○	○○	一○
二三	四一	九四	二二	○五	八○	七二	八一	七一
三○	三○	三○	二○	二○	一○	一○	○○	○○
三五	九三	九一	四五	四二	三四	○○	三一	○五
四○	三○	三○	三○	二○	二○	一○	○○	○○
四○	七五	一四	○二	三五	五、	三三	五○	二一
四○	四○	三○	三○	三○	二○	二○	一○	○○
四○	四○	四五	○四	六一	二四	五○	七一	七二
三○	三○	三○	三○	三○	三○	二○	一○	一○
一五	七五	六五	八四	二三	三○	一三	八四	八○
三○	三○	三○	三○	三○	三○	二○	二○	一○
一三	三四	九四	七四	八三	八一	一五	三一	二四
三○	三○	三○	三○	三○	三○	三○	二○	二○
三○	九一	一三	七三	五三	五二	四○	三三	二一
二○	二○	三○	三○	三○	三○	三○	二○	二○
五三	五五	三一	四二	九二	四二	二一	八四	七三
二○	二○	二○	三○	三○	三○	三○	二○	二○
二○	七二	○五	八○	七一	○二	四一	六五	五五
一○	二○	二○	二○	三○	三○	三○	三○	三○
二三	○○	五二	六四	三○	二一	二一	○○	六○
一○	一○	二○	二○	三○	三○	二○	六○	三○
○四	二三	一○	五二	六四	一○	六○	九五	一一

南

（表略，見圖）

水星緯度立成

南

〇六	八五	六五	四五	二五	〇五	八四	六四
三〇	三〇	三〇	三〇	二〇	三〇	二〇	二〇
六二	二四	四四	〇四	二二	一〇	四三	一〇
三〇	三〇	三〇	三〇	三〇	三〇	三〇	二〇
五一	七三	七四	九四	八三	三二	〇〇	〇三
二〇	三〇	三〇	三〇	三〇	[illegible]〇	三〇	二〇
七五	五二	二四	三五	九四	[illegible]	四二	七五
二〇	三〇	三〇	三〇	三〇	三〇	三〇	三〇
二三	七〇	二三	九四	四五	二五	一四	一二
二〇	二〇	三〇	三〇	三〇	四〇	三〇	三〇
二〇	二四	六一	〇四	五五	二〇	八五	六四
一〇	二〇	二〇	三〇	三〇	四〇	四〇	四〇
五二	八〇	〇五	四一	三四	〇〇	三〇	〇〇
〇〇	一〇	二〇	二〇	三〇	三〇	三〇	四〇
五四	一三	七一	一五	二二	六四	八五	三〇
〇〇	〇〇	一〇	二〇	二〇	三〇	三〇	三〇
五〇	一五	九三	六一	四五	三二	三四	六五
〇〇	〇〇	〇〇	二〇	二〇	二〇	三〇	三〇
二三	一一	九五	六三	七一	〇五	六一	五三
一〇	〇〇	〇〇	〇〇	一〇	二〇	二〇	三〇
三〇	四二	一二	八五	八三	四一	四四	〇一
一〇	〇〇	〇〇	〇〇	一〇	一〇	二〇	二〇
七二	三五	三一	〇二	〇〇	六三	五〇	四三
一〇	一〇	〇〇	〇〇	〇〇	〇〇	一〇	二〇
五四	七一	二四	二一	四二	八五	一三	三〇
一〇	一〇	一〇	〇〇	〇〇	〇〇	〇〇	一〇
六五	三三	九〇	〇四	六〇	五二	八五	〇三
二〇	一〇	一〇	一〇	〇〇	〇〇	〇〇	一〇
〇〇	四四	一二	二〇	一三	三〇	八二	〇〇
一〇	一〇	一〇	一〇	〇〇	〇〇	〇〇	〇〇
九五	八四	一三	七一	〇五	八二	二〇	二三

北 黃道

（表略，見圖）

水星緯度立成。

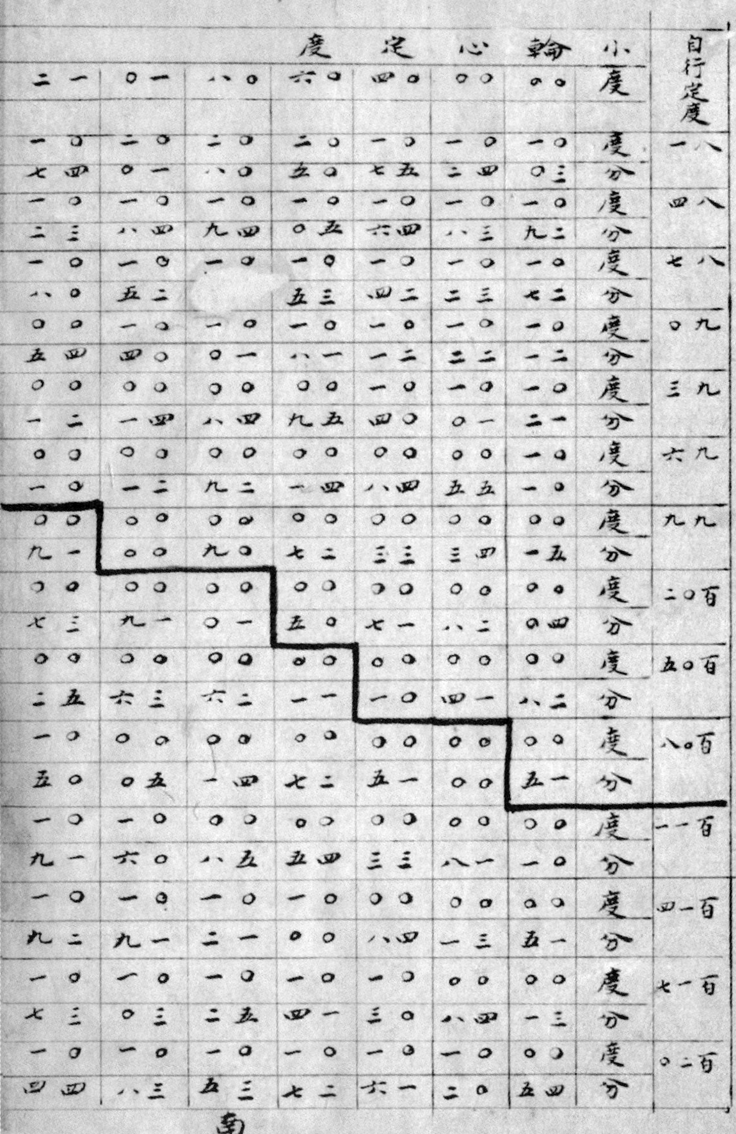

			度	定	心	輪	小	自行定度
二一	○一	八○	六○	四○	○○	○○	度	
一○	二○	二○	二○	一○	一○	一○	度	一八
七四	○一	八○	五○	七五	二四	○三	分	
一○	一○	一○	一○	一○	一○	一○	度	四八
二三	八四	九四	○五	六四	八三	九二	分	
一○	一○	一○	一○	一○	一○	一○	度	七八
八○	五二	[illegible]	五三	四二	二三	七二	分	
○○	一○	一○	一○	一○	一○	一○	度	○九
五四	四○	○一	八一	一二	二二	一二	分	
○○	○○	○○	○○	一○	一○	一○	度	三九
一二	一四	八四	九五	四○	○一	二一	分	
○○	○○	○○	○○	○○	○○	一○	度	六九
一○	一二	九二	一四	八四	五五	一○	分	
○○	○○	○○	○○	○○	○○	○○	度	九九
九一	○○	九○	七二	三三	三四	一五	分	
○○	○○	○○	○○	○○	○○	○○	度	二○百
七三	九一	○一	五○	七一	八二	○四	分	
○○	○○	○○	○○	○○	○○	○○	度	五○百
二五	六三	六二	一一	一○	四一	八二	分	
一○	○○	○○	○○	○○	○○	○○	度	八○百
五○	○五	一四	七二	五一	○○	五一	分	
一○	一○	○○	○○	○○	○○	○○	度	一一百
九一	六○	八五	五四	三三	八一	一○	分	
一○	一○	一○	一○	○○	○○	○○	度	四一百
九二	九一	二一	○○	八四	一三	五一	分	
一○	一○	一○	一○	一○	○○	○○	度	七一百
七三	○三	二五	四一	三○	八四	一三	分	
一○	一○	一○	一○	一○	一○	○○	度	○二百
四四	八三	五三	七二	六一	二○	五四	分	

南

（表略，見圖）

黃道

○三	八二	六二	四二	二二	○二	八一	六一	四一
三○	三○	二○	一○	一○	○○	○○	一○	一○
○○	六○	一三	七四	○○	四一	七三	六一	一四
二○	三○	二○	二○	一○	○○	○○	○○	一○
九五	一一	二四	四○	三二	八三	○一	八四	三一
二○	三○	二○	二○	一○	一○	○○	○○	○○
七五	五一	一五	九一	二四	○○		二二	七四
二○	三○	二○	二○	一○	一○	○○	○○	○○
一五	三一	五五	九二	三五	七一	六三	一○	四二
一○	三○	二○	二○	二○	一○	○○	○○	○○
二四	七○	三五	三三	三○	一三	三五	三二	一○
二○	二○	二○	二○	二○	一○	一○	○○	○○
一三	八五	○五	四三	○一	二四	九○	○四	八一
二○	二○	二○	二○	二○	一○	一○	○○	○○
二二	一五	六四	五三	五一	二五	二二	七五	六三
二○	二○	二○	二○	二○	一○	一○	一○	○○
○一	○四	一四	五三	九一	九五	四三	二一	四五
一○	二○	二○	二○	二○	二○	一○	二○	一○
八五	七二	一三	八二	七一	二○	○四	二二	七○
一○	二○	二○	二○	二○	二○	一○	一○	一○
五四	五一	一二	二二	五一	三○	六四	一三	八一
一○	一○	二○	二○	二○	二○	一○	一○	一○
九二	七五	七○	二一	○一	三○	○五	九三	八二
一○	一○	一○	二○	二○	一○	一○	一○	一○
五一	一四	二五	一○	二○	九五	二五	四四	二三
○○	一○	一○	一○	一○	一○	二○	一○	一○
九五	四二	八三	八四	二二	二五	○五	六四	一四
○○	一○	一○	一○	一○	一○	一○	一○	一○
二四	七○	三二	六三	一四	五四	六四	六四	四四

南

（表略，見圖）

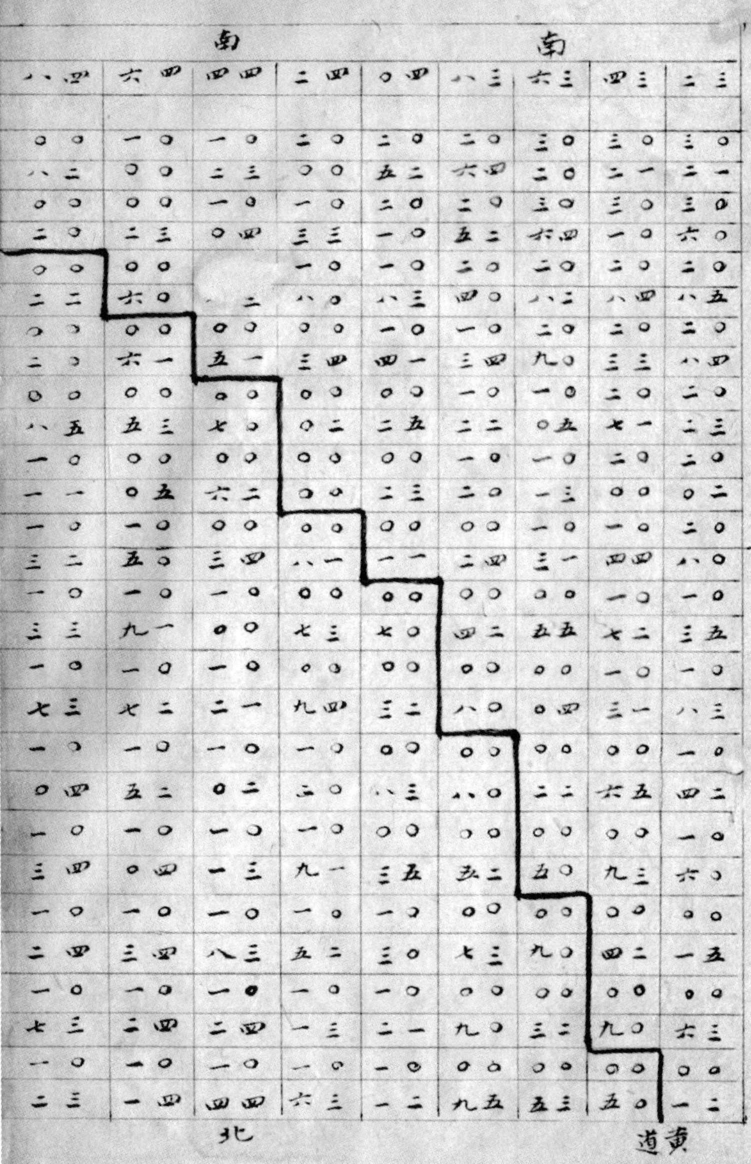

八四	六四	四四	二四	〇四	八三	六三	四三	二三
〇〇	一〇	一〇	二〇	二〇	二〇	三〇	三〇	三〇
八二	〇〇	二三	〇〇	五二	六四	二〇	二一	二一
〇〇	〇〇	一〇	一〇	二〇	二〇	三〇	三〇	三〇
二〇	二三	〇四	三三	一〇	五二	六四	一〇	六〇
〇〇	〇〇		一〇	一〇	二〇	二〇	二〇	二〇
二二	六〇	[illegible]二	八〇	八三	四〇	八二	八四	八五
〇〇	〇〇	〇〇	〇〇	一〇	一〇	二〇	二〇	二〇
二〇	六一	五一	三四	四一	三四	九〇	三三	八四
〇〇	〇〇	〇〇	〇〇	〇〇	一〇	一〇	二〇	二〇
八五	五三	七〇	〇二	二五	二二	〇五	七一	二三
一〇	〇〇	〇〇	〇〇	〇〇	一〇	一〇	二〇	二〇
一一	〇五	六二	〇〇	二三	二〇	一三	〇〇	〇二
一〇	一〇	〇〇	〇〇	〇〇	〇〇	一〇	一〇	二〇
三二	五三	三四	八一	一一	二四	三一	四四	八〇
一〇	一〇	一〇	〇〇	〇〇	〇〇	〇〇	一〇	一〇
三三	九一	〇〇	七三	七〇	四二	五五	七二	三五
一〇	一〇	一〇	〇〇	〇〇	〇〇	〇〇	一〇	一〇
七三	七二	二一	九四	三二	八〇	〇四	三一	八三
一〇	一〇	一〇	一〇	〇〇	〇〇	〇〇	〇〇	一〇
〇四	五二	〇二	二〇	八三	八〇	二二	六五	四二
一〇	一〇	一〇	一〇	〇〇	〇〇	〇〇	〇〇	一〇
三四	〇四	一三	九一	三五	五二	五〇	九三	六〇
一〇	一〇	一〇	一〇	一〇	〇〇	〇〇	〇〇	〇〇
二四	三四	八三	五二	三〇	七三	九〇	四二	一五
一〇	一〇	一〇	一〇	一〇	〇〇	〇〇	〇〇	〇〇
七三	二四	二四	一三	二一	九〇	三二	九〇	六三
一〇	一〇	一〇	一〇	一〇	〇〇	〇〇	〇〇	〇〇
二三	一四	四四	六三	一二	九五	五三	五〇	一二

（表略，見圖）

太陰黃道南北緯度立成　月離計都宮度爲引數原本引數宮縱列首行度橫列上行初一二北加宮六七八南加宮作一立成三四五北減宮九十十一南減宮作一立成内有加減分今于前求法用兩度相減去加減分約作一立成

北　黃道

〇六	八五	六五	四五	二五	〇五
二〇	一〇	一〇	一〇	〇〇	〇〇
〇〇	四四	一二	二〇	一三	三〇
一〇	一〇	一〇	一〇	〇〇	〇〇
九五	八四	一三	七一	〇五	八二
一〇	一〇	一〇	[illegible]	一〇	〇〇
七五	〇五	九三	[illegible]	九〇	八四
一〇	一〇	一〇	一〇	一〇	一〇
九四	九四	二四	七三	〇二	五〇
一〇	一〇	一〇	一〇	一〇	一〇
八三	一四	〇四	九三	八二	七一
一〇	一〇	一〇	一〇	一〇	一〇
五二	二三	六三	九三	三三	六二
一〇	一〇	一〇	一〇	一〇	一〇
四一	四二	一三	九三	七三	五三
〇〇	一〇	一〇	一〇	一〇	一〇
九五	三一	五二	六三	九三	一四
〇〇	〇〇	一〇	一〇	一〇	一〇
四四	九五	五一	八二	六三	二四
〇〇	〇〇	一〇	一〇	一〇	一〇
九二	六四	四〇	〇二	二三	二四
〇〇	〇〇	〇〇	一〇	一〇	一〇
九〇	八二	〇五	〇一	七二	〇四
〇〇	〇〇	〇〇	〇〇	一〇	一〇
九〇	二一	六三	八五	八一	五三
〇〇	〇〇	〇〇	〇〇	一〇	一〇
七二	七〇	五一	三四	七〇	七二
〇〇	〇〇	〇〇	〇〇	〇〇	一〇
五四	四二	四〇	〇三	五五	八一

南　黃道

（表略，見圖）

太陰黃道南北緯度立成。月離計都宮度爲引數，原本引數宮縱列首行度，橫列上行初、一、二，北，加宮；六、七、八，南，加宮，作一立成。三、四、五，北，減宮；九、十、十一，南，減宮，作一立成，内有加減分。今于前求法，用兩度相減，去加減分，約作一立成。

当作六宮

月離計都	初宮一宮 南北	加		一宮七宮 北南	加		二宮八宮	加
度	度	分	秒	度	分	秒	度	分
〇	〇〇	〇〇	〇〇	二〇	一三	六〇	四〇	一二
一	〇〇	五〇	六一	二〇	五三	九三	四〇	四二
二	〇〇	〇一	二三	二〇	〇四	九[illegible]	四〇	七二
三	〇〇	五一	八四	二〇	四四		四〇	九二
四	〇〇	一二	三〇	二〇	八四	九五	四〇	四三
五	〇〇	六二	八一	二〇	三五	〇二	四〇	四三
六	〇〇	一三	三三	二〇	七五	七三	四〇	六三
七	〇〇	六三	七四	三〇	一〇	二五	四〇	八三
八	〇〇	二四	一〇	三〇	六〇	四〇	四〇	〇四
九	〇〇	七四	五一	三〇	〇一	二一	四〇	二四
〇一	〇〇	二五	八二	三〇	四一	八一	四〇	四四
一一	〇〇	七五	九三	三〇	八一	九一	四〇	五四
二一	一〇	二〇	九四	三〇	二二	六一	四〇	七四
三一	一〇	七〇	七五	三〇	六二	九〇	四〇	九四
四一	一〇	三一	四〇	三〇	九二	九五	四〇	〇五
五一	一〇	〇一	〇一	三〇	三三	五四	四〇	二五
六一	一〇	三二	五一	三〇	七三	七二	四〇	三五
七一	一〇	八二	八一	三〇	一四	五〇	四〇	四五
八一	一〇	三三	〇二	三〇	四四	九三	四〇	五五
九一	一〇	八三	一二	三〇	八四	〇一	四〇	六五
〇二	一〇	三四	一二	三〇	一五	六三	四〇	七五
一二	一〇	八四	七一	三〇	四五	七五	四〇	八五
二二	一〇	三五	一一	三〇	八五	四一	四〇	九五
三二	一〇	二五	三〇	四〇	一〇	六二	五〇	〇〇
四二	二〇	二〇	三五	四〇	四〇	四三	五〇	〇〇
五二	二〇	七〇	一四	四〇	七〇	八三	五〇	一〇
六二	二〇	二一	六三	四〇	〇一	七三	五〇	一〇
七二	二〇	七一	〇一	四〇	三一	三三	五〇	二〇
八二	二〇	一二	一五	四〇	六一	四二	五〇	二〇
九二	二〇	六二	〇三	四〇	九一	一一	五〇	二〇
〇三	二〇	一三	六〇	四〇	一二	三五	五〇	二〇

（表略，見圖）

宮宮	五十	北南	宮宮	四十	北南	宮宮	三九	北南
減			減			減		
分	度	秒	分	度	秒	分	度	秒
一三	二○	三五	一二	四○	○三	二○	五○	三五
六二	二○	一一	九一	四○	七二	二○	五○	○三
一二	二○	四二	六一	四○	九一	二○	五○	一○
七一	二○	三三	三一	四○	五○		五○	七二
二一	二○	七三	○一	四○	六四	一○	五○	九四
七○	二○	八三	七○	四○	一二	一○	五○	六○
二○	二○	四三	四○	四○	○五	○○	五○	七一
八五	一○	六二	一○	四○	四一	○○	五○	四二
三五	一○	四一	八五	三○	三三	九五	四○	五二
八四	一○	七五	四五	三○	六四	八五	四○	二二
三四	一○	六三	一五	三○	四五	七五	四○	三一
八三	一○	○一	八四	三○	六五	六五	四○	九五
三三	一○	九三	四四	三○	二五	五五	四○	○四
八二	一○	五○	一四	三○	四四	四五	四○	五一
三二	一○	七二	七三	三○	九二	三五	四○	五四
八一	一○	五四	三三	三○	○一	二五	四○	○一
三一	一○	九五	九二	三○	五四	○五	四○	九二
七○	一○	九○	六二	三○	五一	九四	四○	四四
二○	一○	六一	二二	三○	○四	七四	四○	二五
七五	○○	九一	八一	三○	九五	五四	四○	六九
二五	○○	八一	四一	三○	三一	四四	四○	四五
七四	○○	二一	○一	三○	二二	二四	四○	六四
二四	○○	四○	六○	三○	五二	○四	四○	三五
六三	○○	二五	一○	三○	四二	八三	四○	四一
一三	○○	七三	七五	二○	七一	六三	四○	○五
六二	○○	○二	三五	二○	六○	四三	四○	一二
一二	○○	九五	八四	二○	九四	一三	四○	六四
五一	○○	五三	四四	三○	七二	五二	四○	五○
○一	○○	九○	○四	二○	一○	七二	四○	九一
五○	○○	九三	五三	二○	○三	四二	四○	七二
○○	○○	六○	一三	二○	三五	一二	四○	○三

（表略，見圖）

北南

秒

六〇
〇三
一五
〇一
六二
一四
三五
三〇
一一
七一
一二
一二
〇二
八一
五一
〇一
四〇
七五
九四
九三
八二
五一
一〇
七四
三三
八一
三〇
八四
二二
六一
〇〇

太陰出入晨昏加減立成

日数	昏刻加差	月入加差	日数	晨刻成差	月出加差
一			十六	三度	三度
二	三度	三度	十七	三	四
三	三	四	十八		四
四	三	四	十九	三	五
五	三	五	二十	三	六
六	三	六	廿一	三	六
七	三	六	廿二	三	七
八	三	七	廿三	三	七
九	三	八	廿四	三	七
十	二	八	廿五	三	八
十一	三	九	廿六	三	八
十二	三	九	廿七	三	九
十三	三	九	廿八	三	九
十四	二	十	廿九	三	十
十五	三	十	三十	三	

五星伏見立成

（表略，見圖）

太陰出入晨昏加減立成。

五星伏見立成。

自行定度

	宮	度
土星		
見晨	○○	○二
伏夕		一[illegible]
木星		
見晨	○○	四一
伏夕	一一	六一
火星		
見晨	○○	八二
伏夕	一一	二○
金星		
見晨	六○	三○
伏晨	一一	六○
見夕	○○	四二
伏夕	五○	七二
水星		
見晨	六○	五二
伏晨	○一	九○
見夕	一○	一二
伏夕	五○	五○

五星順留立成

小輪心定度

	初宮度	○○	六○	二一	八一
	初宮度	○○	四二	八一	二一
土星	宮	三○	三○	三○	三○
	度	三二	三二	三二	三二
	分	八○	八○	九○	一一
木星	宮	四○	四○	四○	四○
	度	四○	四○	四○	四○
	分	三二	四二	五二	七二
火星	宮	五○	五○	五○	五○
	度	七○	七○	七○	七○
	分	八二	九二	四三	一四
金星	宮	二○	○○	五○	五○
	度	五一	五一	五一	五一
	分	五五	五五	六五	八五
水星	宮	四○	四○	四○	四○
	度	七二	七二	七二	七二
	分	六三	五五	一三	三二

(表略，見圖)

五星順留立成。

(表略，見圖)

			二宮					一宮	
八一	二一	六〇	〇〇	四二	八一	二一	六〇	〇〇	四二
			十宮					十一宮	
二一	八一	四二	〇〇	六〇	二一	八一	四二	〇〇	六〇
三〇	三〇	三〇	三〇	三〇	三〇	三〇	三〇	三〇	三〇
四二	四二	三〇	三二	三二	三二	三二	三二	三二	三二
七〇	〇〇	二五	五四	八三	一三	六二	一二	七一	四一
四〇	四〇	四〇	四〇	四〇	四〇	四〇	四〇	四〇	四〇
五〇	五〇	五〇	五〇	四〇	四〇	四〇	四〇	四〇	四〇
一三	一二	二一	四〇	七五	〇五	四四	九三	四三	〇三
五〇	五〇	五〇	五〇	五〇	五〇	五〇	五〇	五〇	五〇
一一	〇一	〇一	九〇	九〇	八〇	八〇	八〇	八〇	七〇
〇一	九三	〇一	二四	七一	六五	五三	八一	二〇	〇五
五〇	五〇	五〇	五〇	〇〇	五〇	五〇	五〇	五〇	五〇
六一	六一	六一		六一	六一	六一	六一	六一	六一
五四	八三	三二	八二	一二	七一	二一	六〇	二〇	〇〇
四〇	四〇	四〇	四〇	四〇	四〇	四〇	四〇	四〇	四〇
四一	五〇	五二	五二	五二	六二	六二	六二	六一	七二
四五	九〇	五二	一四	七五	八一	八二	三四	八五	二一

（表略，見圖）

			四宮					三宮	
八一	二一	六○	○○	四二	八一	二一	六○	○○	四二
			八宮					九宮	
二一	八一	四二	○○	六○	二一	八一	四二	○○	六○
三○	三○	三○	三○	三○	三○	三○	三○	三○	三○
五二	五二	五二	五二	四二	四二	四二	四二	四二	四一
八二	一二	四一	六○	八五	○五	一四	三三	四二	六一
四○	四○	四○	四○	四○	四○	四○	四○	四○	四○
七○	六○	六○	六○	六○	六○	六○	五○	五○	五○
二○	四五	六四	七三	八二	八一	九○	五五	○五	○四
五○	五○	五○	五○	五○	五○	五○	五○	五○	五○
七一	六一	六一	五一	四一	四一	三一	二一	二一	一一
○一	六三	三○	五二	七四	九○	一三	四五	八一	四四
五○	五○	五○	五○	五○	五○	五○	五○	五○	五○
七一	七一	七一	七一	七一	七一	七一	七一	六一	六一
六四	二四	六三	一三	五二	九一	二一	四○	五九	○五
四○	四○	四○	四○	四○	四○	四○	四○	四○	四○
三二	三二	三二	三二	三二	三二	四二	四二	四二	四二
九五	六五	四五	四五	五五	八五	九○	三一	五二	九三

（表略，見圖）

小輪心定度								
初宮度		六宮					五宮	
		○○	四二	八一	二一	六○	○○	四二
初宮度		六宮					七宮	
五星退留立成		[illegible]	六○	二一	八一	四二	○○	六○
土星	宮	三○	三○	三○	三○	三○	三○	三○
	度	五二	五二	五二	五二	五二	五二	五二
	分	二五	二五	○五	八四	四四	九三	四三
木星	宮	四○	四○	四○	四○	四○	四○	四○
	度	七○	七○	七○	七○	七○	七○	七○
	分	○三	八三	六二	四二	○二	五一	九○
火星	宮	五○	五○	五○	五○	五○	五○	五○
	度	九一	九二	八一	八一	八一	八一	七一
	分	九○	八○	九五	六四	八二	三○	九三
金星	宮	五○	五○	五○	五○	五○	五○	五○
	度	八一	八一	八一	八一	七一	七一	七一
	分	四○	三○	○二	○○	八五	五五	一五
水星	宮	四○	四○	四○	四○	四○	四○	四○
	度	四二	四二	四二	四二	四二	四二	四二
	分	二二	二二	○二	九一	三一	八○	三○

（表略，見圖）

五星退留立成。

（表略，見圖）

				一宮					
四二	八一	二一	六〇	〇〇	四二	八一	二一	六〇	〇〇
				十一宮					
六〇	二一	八一	四二	〇〇	六〇	二[illegible]	[illegible]一	四二	〇〇
八〇	八〇	八〇	八〇	八〇	八〇	八〇	八〇	八〇	八〇
六〇	六〇	六〇	六〇	六〇	六〇	六〇	一〇	六〇	六〇
二二	九二	四三	九三	三四	六四	九四	一五	二五	五二
七〇	七〇	〇〇	七〇	七〇	七〇	七〇	七〇	七〇	七〇
五二	五二	五五	五二	五二	五二	五二	五二	五二	五二
三〇	〇一	六一	一二	六二	〇三	三三	五三	六三	七三
六〇	六〇	六〇	六〇	六〇	六〇	六〇	六〇	六〇	六〇
〇二	一二	一二	一二	一二	二二	二二	二二	二二	二二
三四	四〇	五二	二四	八五	〇一	九一	六二	一三	二三
六〇	六〇	六〇	六〇	六〇	六〇	六〇	六〇	六〇	六〇
三一	三一	三一	三一	三一	三一	四一	四一	四一	四一
九三	三四	八四	四五	八五	八五	二〇	四〇	五〇	二〇
七〇	七〇	七〇	七〇	七〇	七〇	七〇	七〇	七〇	七〇
四〇	三〇	三〇	三〇	三〇	二〇	二〇	二〇	二〇	二〇
三〇	七四	二三	七一	二〇	八四	七三	九二	五二	四二

(表略，見圖)

				三宮					二宮
四二	八一	二一	六〇	〇〇	四二	八一	二一	六〇	〇〇
				九宮					十宮
六〇	二一	八一	四二	〇〇	六〇	二一	八一	四二	〇〇
八〇	八〇	八〇	八〇	八〇	八〇	八〇	八〇	八〇	八〇
四〇	五〇	五〇	五〇	五〇	五〇	五〇	六〇	六〇	六〇
二〇	〇一	九一	七二	六三	四四	三五	〇〇	八〇	五一
七〇	七〇	七〇	七〇	七〇	七〇	七〇	七〇	七〇	七〇
三二	三二	三二	四二	四二	四二	四二	四二	四二	四二
二三	二四	一五	一〇	〇一	〇二	九二	九三	八四	六五
六〇	六〇	六〇	六〇	六〇	六〇	六〇	六〇	六〇	六〇
五一	五一	六一	七一	七一	八一	八一	九一	九一	〇二
三一	一五	九二	六〇	二四	六一	〇五	一二	〇五	八一
六〇	六〇	六〇	六〇	六〇	六〇	六〇	六〇	六〇	六〇
二一	二一	二一	二一	二〇	三一	三一	三一	三一	三一
五三	一四	八四	六五	五〇	〇一	五一	二二	七二	二三
七〇	七〇	七〇	七〇	七〇	七〇	七〇	七〇	七〇	七〇
六〇	六〇	五〇	五〇	五一	五〇	五〇	四〇	四〇	四〇
五〇	二〇	一五	七四	五三	一二	六〇	一五	五三	九一

（表略，見圖）

				五宮					四宮
四二	八一	二一	六〇	〇〇	四二	八一	二一	六〇	〇〇
				七宮					八宮
六〇	二一	八一	四二	〇〇	六〇	二一	[illegible]一	四二	〇〇
八〇	八〇	八〇	八〇	八〇	八〇	八〇	八〇	八〇	八〇
四〇	四〇	四〇	四〇	四〇	四〇	四〇	四〇	四〇	四〇
八〇	〇一	二一	六一	一二	六二	二三	九二	六四	四五
七〇	七〇	七〇	七〇	七〇	七〇	七〇	七〇	七〇	七〇
二二	二二	二二	二二	二二	二二	二二	三二	三二	三二
二三	四三	六三	〇四	五四	二五	八五	六〇	四一	三二
六〇	六〇	六〇	六〇	六〇	六〇	六〇	六〇	六〇	六〇
〇一	一一	一一	一一	一一	二一	二一	三一	三一	四一
二五	一〇	四一	二三	七五	一二	〇五	四二	七五	五三
六〇	六〇	六〇	六〇	六〇	六〇	六〇	六〇	六〇	六〇
一一	一一	二一	二一	二一	二一	二一	二一	二一	二一
七五	八五	〇〇	二〇	五〇	九〇	四一	八一	四二	九二
七〇	七〇	七〇	七〇	七〇	七〇	七〇	七〇	七〇	七〇
五〇	五〇	五〇	五〇	五〇	五〇	六〇	六〇	六〇	六〇
八三	〇四	一四	七四	二五	七五	一〇	四〇	六〇	六〇

（表略，見圖）

二宮 分	二宮 度	一宮 分	一宮 度	初宮 分	初宮 度	
三二	五四	八一	一二	〇四	〇〇	一
七一	六四	二〇	二二	〇二	一〇	二
一一	七四	六四	二二	〇〇	二〇	三
五〇	八四	[illegible]	[illegible]	〇四	二〇	四
〇〇	九四	[illegible]	四二	〇二	三〇	五
〇五	九四	九五	四二	〇〇	四〇	六
二五	〇五	四四	五二	一四	四〇	七
八四	一五	〇三	六二	一二	五〇	八
五四	二五	九一	七二	一〇	六〇	九
一四	三五	〇〇	八二	二四	六〇	〇一
〇四	四五	七四	八二	二二	七〇	一一
八三	五五	四三	九二	三〇	八〇	二一
六三	六五	〇三	〇三	三四	八〇	三一
五三	七五	〇〇	一三	四二	九〇	四一
四三	八五	五五	一三	五〇	〇一	五一
四三	九五	三四	三三	六四	〇一	六一
四三	〇六	一三	三三	七〇	一一	七一
五三	一六	九一	四三	八〇	二一	八一
六三	二六	八〇	五三	九四	二一	九一
七三	三六	七一	五三	一三	三一	〇二
九三	四六	七四	六三	二一	四一	一二
一四	五六	七三	七三	四五	四一	二二
四四	六六	七二	八三	六三	五一	三二
七四	七六	七一	九三	八一	六一	四二
九四	八六	八〇	〇四	〇〇	七一	五二
四五	九六	〇〇	一四	三四	七一	六二
八五	〇七	二五	一四	六二	八一	七二
〇四	二七	四四	二四	〇〇	五一	八二
[illegible]	三七	六三	三四	一五	九一	九二
二一	四七	九二	四四	四三	〇二	〇三

西域晝夜時立成

六宮
〇〇
六宮
〇〇
八〇
四〇
八〇
七〇
二二
〇三
六〇
〇一
一五
六〇
一一
六五
七〇
二〇
八三

(表略，見圖)

西域晝夜時立成。

(表略，見圖)

七	宮	六	宮	五	宮	四	宮	三
度	分	度	分	度	分	度	分	度
六^{二}一	〇一	一^{一}八	九五	五^{一}四	一〇	〇^{一}一	八一	五七
七^{二}一	〇二	二^{一}八	〇一	七^{一}四	六一	一^{一}一	五二	六七
八^{二}一	〇三	三^{一}八	一二	八^{一}四	九一	[illegible]	一三	七七
九^{二}一	〇四	四^{一}八	二二	九^{一}四	一四	[illegible]	七三	八七
一^{二}二	〇五	五^{一}八	三四	〇^{一}五	三五	[illegible]	四四	九七
二^{二}二	〇〇	七^{一}八	七五	一^{一}五	五〇	六^{一}一	二五	〇八
三^{二}二	〇一	八^{一}八	四〇	三^{一}五	六一	七^{一}一	九五	一八
四^{二}二	〇二	九^{一}八	五一	四^{一}五	九二	八^{一}一	七〇	三八
五^{二}二	〇三	〇^{一}九	六二	五^{一}五	一四	九^{一}一	五一	四八
七^{二}二	〇四	一^{一}九	六三	六^{一}五	三五	〇^{一}二	三二	五八
八^{二}二	〇五	二^{一}九	七四	七^{一}五	五〇	二^{一}二	二三	六八
九^{二}二	一〇	四^{一}九	七五	八^{一}五	八一	三^{一}二	一四	七八
〇^{二}三	一一	五^{一}九	八〇	〇^{一}六	〇三	四^{一}二	九四	八八
一^{二}三	一二	六^{一}九	八一	一^{一}六	一四	五^{一}二	〇〇	〇九
三^{二}三	一三	七^{一}九	九二	二^{一}六	三五	六^{一}二	九〇	一九
四^{二}三	二四	八^{一}九	九三	三^{一}六	五〇	八^{一}二	九一	二九
五^{二}三	二五	九^{一}九	九四	四^{一}六	七一	九^{一}二	〇三	三九
六^{二}三	三〇	一^{二}〇	九五	五^{一}六	九二	〇^{一}三	〇四	四九
七^{二}三	三一	二^{二}〇	〇一	七^{一}六	一四	一^{一}三	〇五	五九
九^{二}三	五二	三^{二}〇	〇二	八^{一}六	二五	二^{一}三	〇〇	七九
〇^{二}四	四三	四^{二}〇	〇三	九^{一}六	四〇	四^{一}三	一一	八九
一^{二}四	五四	五^{二}〇	〇四	〇^{一}七	六一	五^{一}三	二二	九九
二^{二}四	六五	六^{二}〇	〇五	一^{一}七	八二	六^{一}三	三三	〇^{一}〇
三^{二}四	六〇	八^{二}〇	〇〇	三^{一}七	九三	七^{一}三	四四	一^{一}〇
五^{二}四	七一	九^{二}〇	〇一	四^{一}七	一五	八^{一}三	五五	二^{一}〇
六^{二}四	八二	〇^{二}一	〇二	五^{一}七	二〇	〇^{一}四	七〇	四^{一}〇
七^{二}四	九三	一^{二}一	〇三	六^{一}七	四一	一^{一}四	九一	五^{一}〇
八^{二}四	〇五	二^{二}一	〇四	七^{一}七	九二	二^{一}四	〇三	六^{一}〇
九^{二}四	一〇	四^{二}一	〇五	八^{一}七	六三	三^{一}四	二四	七^{一}〇
一^{二}四	二一	五^{二}一	〇〇	〇^{一}八	七四	四^{一}四	三五	八^{一}〇

二

（表略，見圖）

宮一十		宮十		宮九		宮八		宮
分	度	分	度	分	度	分	度	分
九〇	〇三四	四二	六三一	二五	六二八	八一	二二五	四二
二五	〇三四	六一	七三一	六五	七二八	〇三	三二五	五二
四三	一三四	八〇	八三一	二〇	九二八	一四	四二五	六四
七一	二三四	[illegible]	[illegible]三一	六〇	〇二九	三五	五二五	八五
〇〇	三三四	一一	九三一	一一	一二九	五〇	七二〇	九〇
二四	三三四	三四	〇三二	三一	二二九	六一	八二五	一二
四二	四三四	三三	一三二	六一	三二九	七二	九二五	二三
六〇	五三四	三二	二三二	九一	四二九	八三	〇二六	四四
八四	五三四	三一	三三二	一二	五二九	九四	一二六	六五
九二	六三四	三〇	四三三	四二	六二九	〇〇	三二六	八〇
一一	七三四	二五	四三二	四二	七二九	〇一	四二六	九一
二五	七三四	一四	五三二	五二	八二九	〇二	五二六	一三
三三	八三四	九二	六三二	六二	九二九	〇三	六二六	三四
七一	九三四	七一	七三二	六二	〇三〇	一四	七二六	五五
五五	七三四	五〇	八三二	六二	一三〇	一五	八二六	七〇
六三	〇三五	二五	八三二	六二	二三〇	〇〇	〇二七	九一
七一	一三五	〇四	九三二	四二	三三〇	九〇	一二七	〇三
七五	一三五	六二	〇三三	四二	四三〇	九一	二二七	二四
八二	二三五	三一	一三三	〇二	五三〇	八二	三二七	五五
八一	三三五	〇〇	二三三	九一	六三〇	七三	四二七	七〇
九五	三三五	五四	二三三	九一	七三〇	五四	五二七	九一
九三	四三五	〇三	三三三	二一	八三〇	三五	六二七	一三
九五	五三五	五一	四三三	八〇	九三〇	二〇	八二七	三四
〇〇	六三五	〇〇	五三三	四〇	〇三一	八〇	九二七	五五
〇四	六三五	六四	五三三	〇〇	一三一	六一	〇二八	七〇
〇二	七三五	〇三	六三三	五五	一三一	三二	一二八	九一
〇〇	八三五	四一	七三三	九四	二三一	九二	二二八	一三
〇四	八三五	八五	七三三	三四	三三一	五三	三二八	三四
〇二	九三五	二四	八三三	四三	四三一	二四	四二八	五五
〇〇	〇三六	五二	九三三	一三	五三一	八四	五二八	七〇

（表略，見圖）

晝夜加減差立成 太陽宮度爲引數推交食用

引數	初宮		一宮		二宮		三
	分	秒	分	秒	分	秒	分
○	七○	一五	七一	一二	○二	一四	五一
一	八○	一一	七一	六三	○二	八三	五一
二	八○	一三	七一	○五	○二	四三	五一
三	[illegible]	一[illegible]	八一	五○	○二	○三	五一
四	八[illegible]	一一	八一	八一	○二	五二	五一
五	九○	二三	八一	一三	○二	○二	四一
六	九○	二五	八一	三四	○二	四一	四一
七	○一	二一	八一	四五	○二	八○	四一
八	○一	三三	九一	六○	○二	一○	四一
九	○一	四五	九一	七一	九一	三五	三一
○	一一	四一	九一	七二	九一	六四	三一
一一	一一	四三	九一	七三	九一	七三	三一
二一	一一	五五	九一	五四	九一	八二	三一
三一	二一	五一	九一	四五	九一	九一	三一
四一	六一	五三	○二	二○	九一	九○	二一
五一	二一	五五	○二	九○	八一	九五	二一
六一	三一	四一	○二	六一	八一	八四	二一
七一	三一	四三	○二	一二	八一	七三	二一
八一	三一	三五	○二	七二	八一	一二	二一
九一	四一	二一	○二	二三	八一	五一	二一
○二	四一	一三	○三	六三	八一	三○	二一
一二	四一	○五	○二	九三	七一	五五	一一
二二	五一	八○	○二	一四	七一	八三	一一
三二	五一	六二	○二	四四	七一	六二	一一
四二	五一	三四	○二	五四	七一	三一	一一
五二	六一	一○	○二	六四	七一	○○	一一
六二	六一	七一	○二	六四	六一	七四	一一
七二	六一	四三	○二	六四	六一	四三	一一
八二	六一	○九	○二	五○	六一	○二	一一
九二	七一	六○	○二	三四	六一	七○	一一

晝夜加減差立成。太陽宮度爲引數，推交食用。

（表略，見圖）

宮　七		宮　六		宮　五		宮　四		宮
秒	分	秒	分	秒	分	秒	分	秒
八一	一三	六五	三二	六二	四一	七〇	一一	四五
四二	一三	六一	四二	〇四	四一	四〇	一一	〇四
〇三	一三	六三	四二	七五	四一	三〇	一一	七二
四三	一三	六五	四二	三一	五一	二〇	一一	四一
八三	一三		五二	九二	五一	一〇	一一	一〇
二四	一三	四三	五二	一四	五一	一〇	一一	七四
四四	一三	七五	五二	四〇	六一	二〇	一一	四三
六四	一三	二一	六二	二二	六一	四〇	一一	二二
七四	一三	〇三	六二	九三	六一	六〇	一一	九〇
七四	一三	八四	六二	七五	六一	八〇	一一	七五
七四	一三	五〇	七二	六一	七一	二一	一一	五四
五四	一三	三二	七二	五三	七一	七一	一一	三三
三四	一三	〇四	七二	四五	七一	一二	一一	一二
〇四	一三	六五	七二	三一	八一	七二	一一	〇一
六三	一三	二一	八二	三三	八一	三三	一一	九五
二三	一三	八二	八二	二五	八一	一四	一一	八四
六二	一三	三四	八二	二一	九一	九四	一一	八三
〇二	一三	八五	八二	三三	九一	四五	一一	八二
三一	一三	二一	九二	二五	九一	五〇	二一	九一
五〇	一三	五二	九二	二一	〇二	三一	二一	〇一
六五	〇三	九三	九二	三三	〇二	二二	二一	二〇
六四	〇三	一九	九二	三五	〇二	一三	二一	四五
六三	〇三	四〇	〇三	四一	一二	一四	二一	六四
五二	〇三	五一	〇三	四三	一二	二五	二一	〇四
三一	〇三	六二	〇三	五五	一二	四〇	三一	三三
〇〇	〇三	六二	〇三	五一	二二	六一	三一	七二
六五	九二	六四	〇三	六三	二二	五一	三一	二二
二三	九二	五五	〇三	六三	二二	三四	三一	八一
四一	九二	三〇	一三	六一	三二	七五	三一	三一
〇〇	九二	一一	一三	六一	三二	一一	四一	〇一

（表略，見圖）

太陽太陰晝夜時行影徑分立成　推交食用太陽太陰自行宮度爲引數

十一宮		十宮		九宮		八宮	
秒	分	秒	分	秒	分	秒	分
〇三	〇〇	三〇	三〇	二五	五一	二四	八二
七三	〇〇	七四	二〇	三二	五一	六二	八二
四四	〇〇	一三	二〇	三五	四一	八〇	八二
二五	〇〇	六一	二〇	三二	四一	八四	七二
一〇	一〇	一〇	二〇	三五	[illegible]	九二	七二
一一	一〇	八四	一〇	三二	三一	八〇	一二
二二	一〇	五三	一〇	四五	二一	七四	六二
二三	一〇	二二	一〇	四二	二一	五二	六二
四四	一〇	一一	一〇	五五	一一	三〇	六二
六五	一〇	一〇	一〇	六二	一一	七三	五二
九〇	二〇	一五	〇〇	九五	〇一	六一	五二
二二	二〇	二四	〇〇	八二	〇一	一五	四二
五三	二〇	四三	〇〇	〇〇	〇一	七二	四一
〇五	二〇	七二	〇〇	三三	九〇	九五	三二
五〇	三〇	一二	〇〇	五〇	九〇	二三	二二
〇二	三〇	六一	〇〇	九三	八〇	四〇	三二
六三	三〇	一一	〇〇	二一	八〇	五三	二二
一五	三〇	七〇	〇〇	六四	七〇	六〇	二二
八〇	四〇	四〇	〇〇	一二	七〇	〇四	一二
五二	四〇	二〇	〇〇	六五	六〇	三一	一二
二四	四〇	一〇	〇〇	二三	六〇	七四	〇二
〇〇	五〇	〇〇	〇〇	八〇	六〇	〇二	〇二
七一	五〇	〇〇	〇〇	五一	五〇	三五	九一
六三	五〇	一〇	〇〇	二二	五〇	三二	九一
五五	九〇	三〇	〇〇	〇〇	五〇	四二	八一
三一	六〇	六〇	〇〇	九三	四〇	四二	八一
三三	六〇	九〇	〇〇	九一	四〇	四五	七一
一三	六〇	三一	〇〇	九五	三〇	四二	七一
一一	七〇	八一	〇〇	〇四	三〇	四五	六一
一三	七〇	四三	〇〇	二二	三〇	四六	六一

（表略，見圖）

太陽太陰晝夜時行影徑分立成。推交食用，太陽太陰自行宮度爲引數。

宮一					宮初		日行宮度	太陽太陰
○○	四二	八一	二一	六○	○○	度		
宮十					宮初			
○○	六○	一二	八一	四二	○○	度		
七五	七五	七五	七五	七五	七五	分	日行分	太陽
二二	八一	四一	一一	九○	八○	秒		
二○	二○	[illegible]	二○	二○	二○	分	時行分	太陽
三二	三二	三二	三二	三二	三二	秒		
二三	二三	二三	二三	二三	二三	分	徑分	太陰陽
四三	一三	八二	七二	六二	六二	秒		
○○	○○	○○	○○	○○	○○	分	影徑減差	太陽
七○	四○	二○	一○	○○	○○	秒		
四○	二○	一○	○○	○○	○○	分	比數分	太陰陽
二一	二一	二一	二一	二一	二一	度	日行分	太陰
一二	八一	六一	五一	四一	二一	分		
○三	○三	○三	○三	○三	○三	分	時行分	太陰
三五	四四	○四	八三	四三	○三	秒		
一三	一三	○三	○三	○三	○三	分	徑分	太陰
二○	一○	七五	三五	一五	○五	秒		
○八	○八	○八	○八	九七	九七	分	影徑分	太陰
九五	五三	六一	二○	三五	九四	秒		
○○	○○	○○	○○	○○	○○	分	比數分	太陰
五五	二三	六一	四○	一○	○○	秒		

（表略，見圖）

				宮二				
四二	八一	二一	六〇	〇〇	四二	八一	二一	六〇
				宮十				
六〇	二一	八一	四二	〇〇	六〇	二一	八一	四三
八五	八五	八五	八九	八五	七〇	七五	七九	七五
〇五	〇四	七二	六一	五〇	五五	五四	七三	〇三
二〇	二〇	二〇	二〇	三〇	二〇	[illegible]	二〇	三〇
八二	七二	七二	六二	五二	五二	四二	四二	四二
三三	三三	三三	三三	三三	二三	二五	二三	二三
四二	六一	〇一	二〇	五五	一五	六四	一四	八三
			〇〇	〇〇	〇〇	〇〇	〇〇	〇〇
二五	七四	九二	四三	九二	三二	八一	四一	一一
八二	四二	一二	八一	五一	二一	〇一	八〇	八〇
三一	三一	二一	二一	二一	二一	二一	二一	二一
六〇	〇〇	四五	八四	二四	七三	二三	八二	五二
二三	二三	二三	一三	一三	一三	一三	一三	一三
五四	九二	四一	九〇	五四	三三	一二	〇一	二〇
二三	二三	二三	二三	一三	一三	一三	一三	一三
七四	四三	一二	八〇	五五	二四	二三	二二	四一
七八	六八	五八	四八	四八	三八	二八	一八	一八
一三	三三	九三	八四	一〇	七一	六三	八五	六二
五〇	四〇	四〇	三〇	三〇	三〇	二〇	一〇	一〇
〇一	五三	〇〇	〇三	〇〇	〇三	〇〇	〇三	五〇

（表略，見圖）

			宮四					宮三
八一	三一	六〇	〇〇	四二	八一	二一	六〇	〇〇
			宮八					宮九
二一	八一	四二	〇〇	六〇	二一	八一	四二	〇〇
〇六	〇六	〇六	九五	九五	九五	九五	九五	九五
二四	二三	一二	九九	七五	四〇	一三	八一	五〇
二〇	二〇	[illegible]	一〇	二〇	二〇	二〇	二〇	二〇
二三	二三	一三	一三	一三	〇三	九二	九二	八二
四三	四三	四三	四三	四三	三三	三三	三三	三三
七二	一二	六一	〇一	三〇	六五	八四	一四	二三
一〇	一〇	一〇	一〇	一〇	一〇	一〇	一〇	
八四	三四	九三	三三	五二	八一	一一	六〇	九五
二五	〇五	八四	六四	二四	〇四	七三	四三	一三
四一	三一	三一	三一	三一	三一	三一	三一	三一
四〇	九五	三五	七四	〇四	三三	六二	九一	三一
五三	四三	四三	四三	四三	三三	三三	三三	三三
〇一	七五	二四	七二	〇一	三五	六三	九一	二〇
五三	五三	四三	四三	四三	三三	三三	三三	三二
一二	五〇	八四	一三	四一	七五	九三	一二	五〇
六九	五九	四九	三九	二九	一九	〇九	九八	八八
四〇	三一	一二	七二	二三	六三	九三	四四	一三
〇一	九〇	九〇	八〇	八〇	七〇	七〇	六〇	九〇
〇一	〇四	〇一	〇〇	〇一	〇四	五〇	〇三	〇五

（表略，見圖）

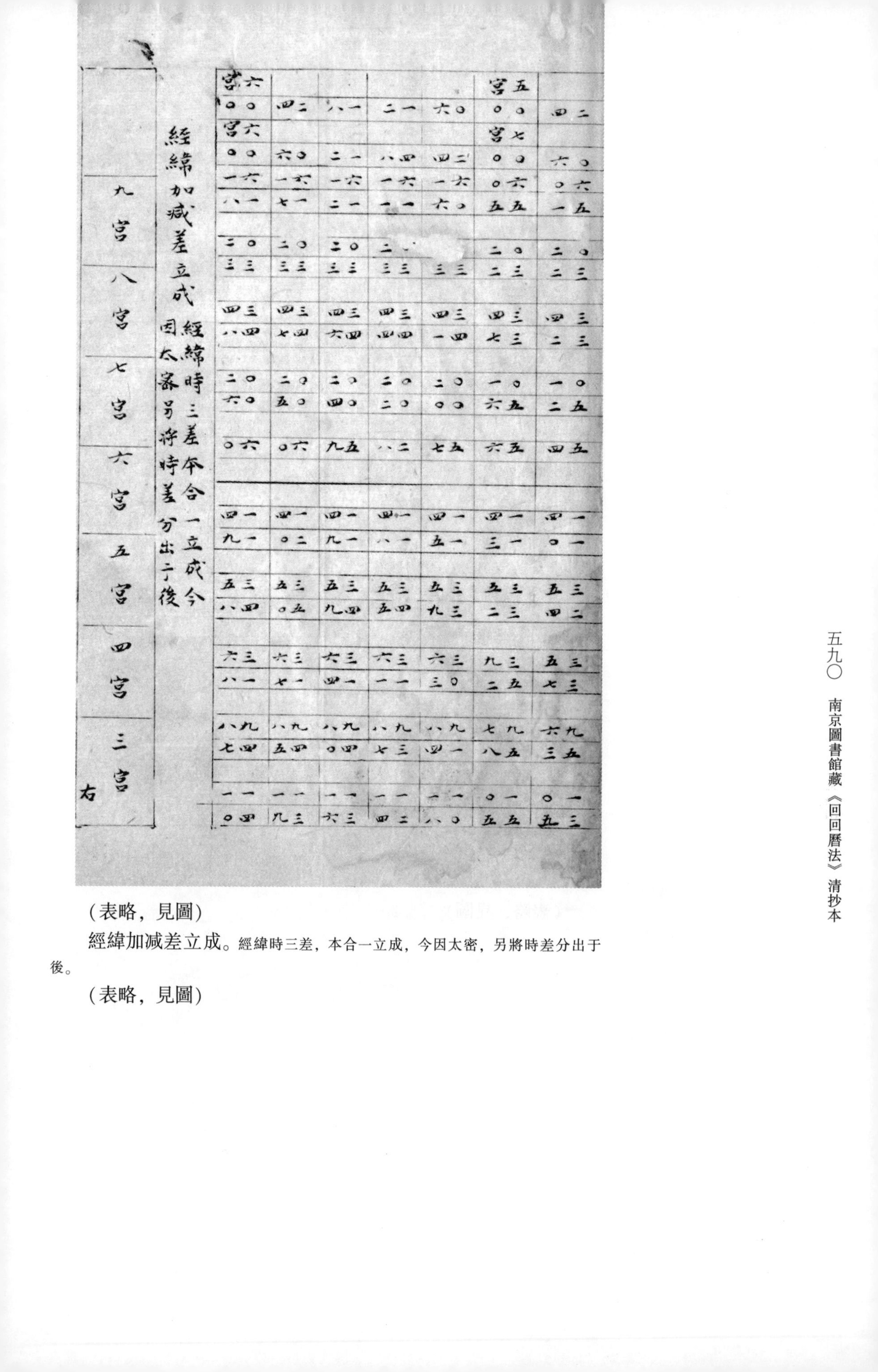

（表略，見圖）

經緯加減差立成。經緯時三差，本合一立成，今因太密，另將時差分出于後。

（表略，見圖）

十	九	八	七	六	五	四	時數	
五三	○三	七二	五二	○二			分	緯
八二	一四	七四	七四	○○			秒	
一三	九三	二四	一四	○四			分	經
八五	○三	七[illegible]	[illegible]	○○			秒	
六二	○二	[illegible]	四一	四一			分	緯
○四	一五	八四	九二	○○			秒	
○四	六四	六四	六四	六四			分	經
七三	○三	二四	七三	○○			秒	
六一	一一	九○	八○	七○			分	緯
四四	三五	七五	八四	一五			秒	
三四	七四	九四	九四	八四			分	經
一○	○五	四四	五四	七四			秒	
九○	七○	六○	五○	五○	五○		分	緯
三五	五五	四五	七五	三五	○○		秒	
一四	七四	九四	九四	八四	八四		分	經
七五	一九	七四	七四	七四	○○		秒	
七○	六○	八○	八○	九○	○一		分	緯
二五	六五	八四	二五	七二	○四		秒	
七三	五四	九四	九四	八四	八四		分	經
五○	九四	六四	七五	三五	一三		秒	
七○	○一	三一	六一	七一	六一	七一	分	緯
二五	八四	七四	一○	一一	六四	○○	秒	
四三	三四	六四	七四	六四	五四	五四	分	經
八三	二二	七二	七二	四三	四三	○○	秒	
三一	七一	一二	六二	七一	七二	六二	分	緯
五四	五四	八四	二四	五五	五一	○四	秒	
一三	九三	三四	二四	一四	○四	九三	分	經
七三	九二	五四	九二	七二	○二	三九	秒	
一四	一五	一六	一七	一八	一九	二十	時數	

（表略，見圖）

一	一	一	一	一	一	一	一	
九	八	七	六	五	四	三	二	十
	○二	五二	七二	○三	五三	○四	二四	○四
	○○	七四	七四	一四	八二	六二	五二	七二
	○四	一四	二四	九三	一三	七一	○○	七一
	○○	○二	七一	○三	八[illegible]	六○	○○	六○
	四三	五三	六三	○四	一四	[illegible]	八三	二三
	○四	三三	八三	六二	九二	四二	五二	六三
	○○	五二	三三	○三	九一	三○	三一	○三
	○○	七○	七二	八○	四二	五三	○一	三四
	八三	九三	○四	一四	九三	六三	九二	一二
	六二	七三	九三	九二	四三	○三	九二	四四
	○三	○三	九二	三二	二一	一○	一二	五三
	三一	四一	六一	一二	九二	七二	五一	二○
○四	一四	一四	○四	八三	五三	八二	一二	三一
○○	七二	八二	○三	一三	五二	六三	一四	六五
九二	○三	○三	八二	二二	三一	○○	五一	二三
○○	三○	五○	四○	一一	三一	六三	二三	七○
九三	一四	○四	八三	三三	七二	一二	三一	八○
七四	六二	八二	一二	○三	六三	○四	五五	六四
七二	八二	○三	一三	七二	九一	七○	○一	六二
三三	六二	五一	九○	七○	一一	三一	三二	一一
五三	六三	四三	○三	五二	八一	○一	九○	六○
七○	三三	一三	○三	九三	四九	八一	○五	七五
八二	九二	一三	四三	四三	七二	三一	三○	八一
三五	二五	四五	六三	二一	二二	九二	○二	○二
七二	七二	六二	一二	七一	三一	八○	六○	八○
五一	五五	二四	八四	五四	五四	二五	六五	二五
○四	一四	二四	三四	九三	一三	八一	○○	八一
○二	七二	九二	五二	九二	七三	一三	○○	八三
						一	一	一
五	六	七	八	九	十	一	二	三

（表略，見圖）

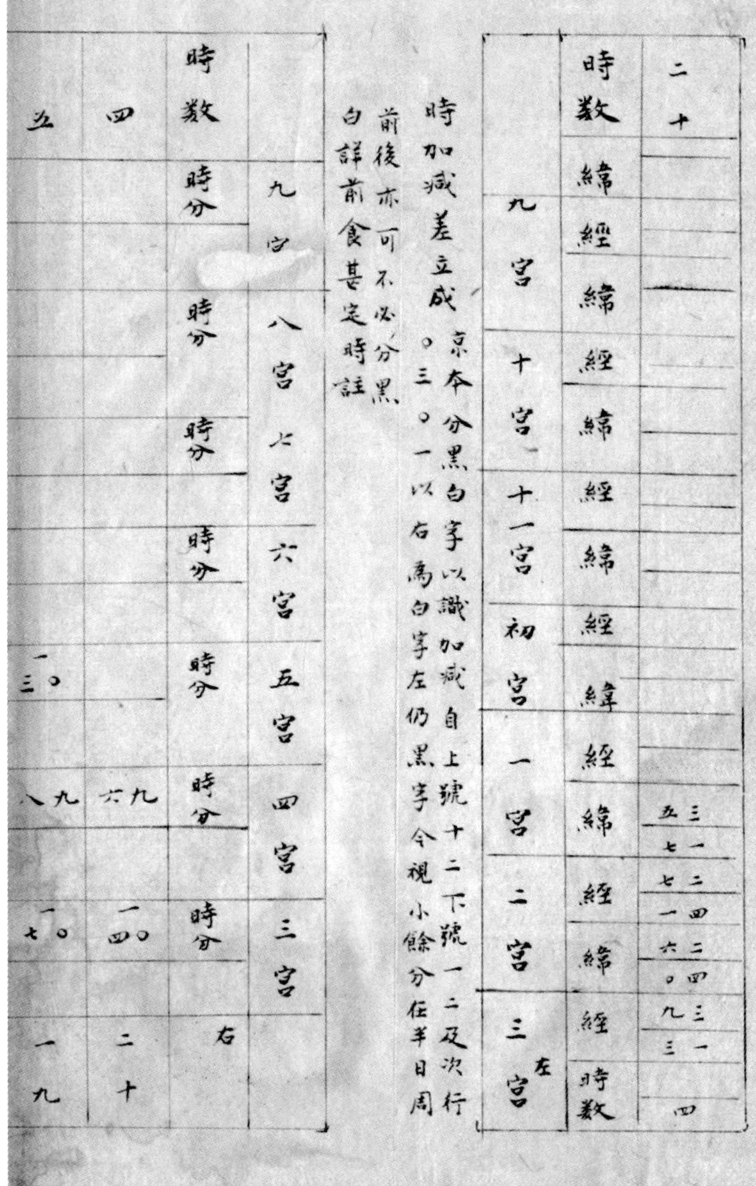

（表略，見圖）

時加減差立成。原本分黑白字，以識加減，自上號十二，下號一二及次行〇三〇一，以右爲白字，左仍黑字，今視小餘分，在半日周前後，亦可不必分黑白，詳前食甚定時註。

（表略，見圖）

	左黑字	右白字						
一四	一三	一二	一一	十	九	八	七	六
九六	六三	〇〇	六三	九二	五八	一九	一九〇	一七〇
二四	八〇	八二	五六	一三〇	一〇〇	一一〇	一〇〇	一八一
九二	三〇	六四	五七	二九	一三〇	一六〇	一六〇	一四〇
八二	一〇	三三	九六	〇九	一三〇	一七〇	一七〇	一五〇
一四	五一	一一	七五	〇八	八九	一七〇	一七〇	一五〇
九五	九二	七〇	九三	四七	三九	一〇〇	一二〇	一〇〇
八一	〇四	〇〇	〇四	八六	五八	二九	一九	一九〇
十	一	一二	一三	一四	一五	一六	一七	一八

（表略，見圖）

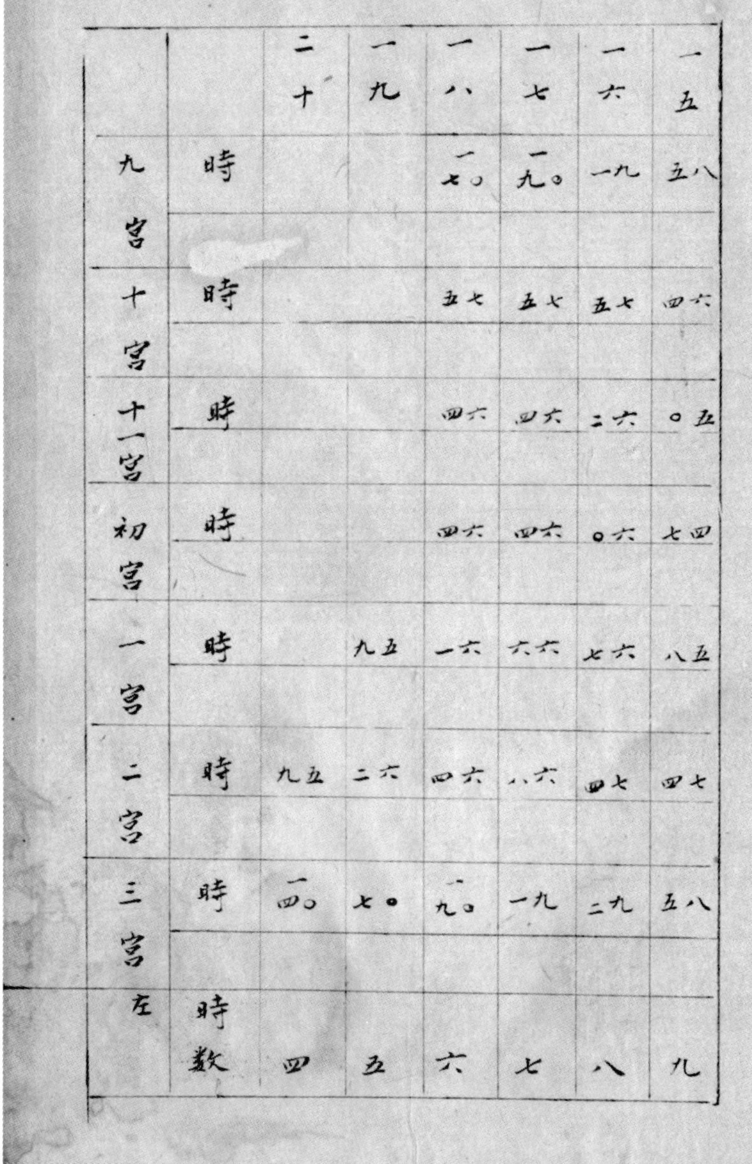

		二十	一九	一八	一七	一六	一五
九宮	時			一七〇	一九〇	一九	五八
十宮	時			五七	五七	五七	四六
十一宮	時			四六	四六	二六	〇五
初宮	時			四六	四六	〇六	七四
一宮	時		九五	一六	六六	七六	八五
二宮	時	九五	二六	四六	八六	四七	四七
三宮	時	一四〇	七〇	一九〇	一九	二九	五八
左	時數	四	五	六	七	八	九

（表略，見圖）

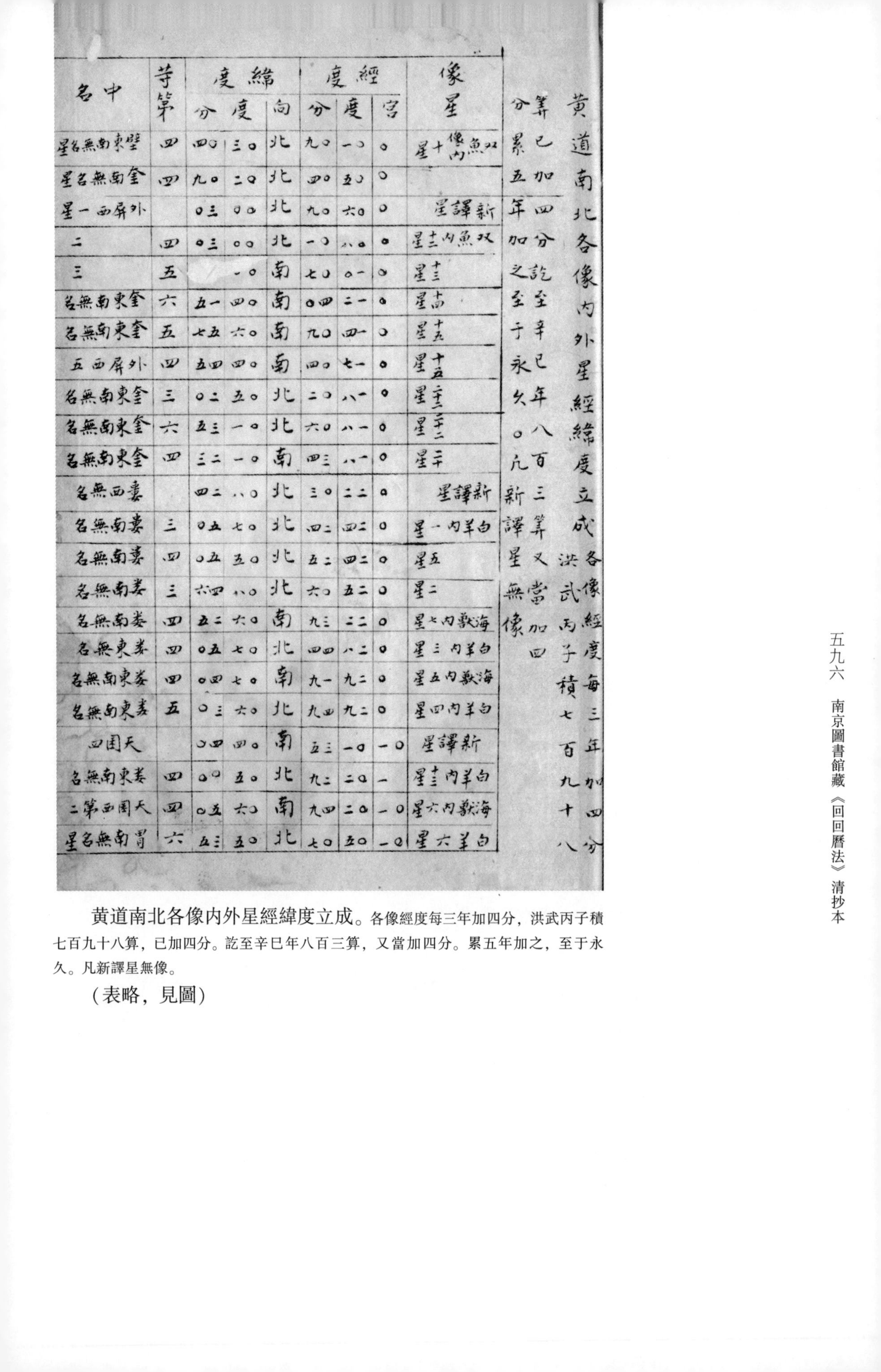

黃道南北各像内外星經緯度立成。各像經度每三年加四分，洪武丙子積七百九十八算，已加四分。訖至辛巳年八百三算，又當加四分。累五年加之，至于永久。凡新譯星無像。

（表略，見圖）

（表略，見圖）

經度			星象	中名	等第	緯度			
分	度	宮				分	度	南	分
三四	一九	〇二	仝像內十三星	天街下星	五	二六	〇〇	北	九
七〇	二一	〇二	金牛像外十星	天街上星	五	〇二	〇一	北	一
一〇	二一	〇二	十一星	畢左第一星		一八	〇六	南	九
〇四	二二	〇二	陰陽像外一星	畢附二星		五〇	〇六	南	〇
一四	二二	〇二	仝像內西二	畢北無名星	六	五〇	〇三	北	二
一九	二四	〇二	陰陽像內十四星	畢大星	一	二〇	〇五	南	一
三一	二四	〇二	像外二星	畢東無名星	六	一〇	〇四	南	五
三四	二四	〇二	仝像內十三星	天高東星	五	二五	〇四	南	四
一四	二五	〇二	十一星	畢東無名星	五	二五	〇二	南	九
五九	二五	〇二	陰陽像內十五星	諸王西二星	五	〇〇	〇〇	南	九
五九	二七	〇二	十六星	畢東南無名星	六	五〇	〇八	南	九
一四	〇〇	〇二	十七星	畢東南無名星	五	〇〇	〇五	南	四
五四	〇〇	〇二	十星	畢東南無名星	六	五三	〇八	南	六
一七	〇三	〇三	十一星	諸王東二星	五	三五	〇一	南	九
九〇	〇六	〇三	十二星	畢東無名星	六	二五	〇三	北	四
一〇	〇七	〇三	四星	五車東南星	三	二一	〇五	南	九
一〇	〇九	〇三	十三星	諸王東一星	六	一二	〇一	南	四
三四	〇九	〇三	九星	天關星	四	一八	〇二	南	一
四九	〇九	〇三	五星	參北無名星	六	四〇	〇七	南	六
一五	〇一	〇三	八星	參北無名星	五	一〇	〇六	北	四
三三	一一	〇三	一星	參北無名星	六	三六	〇一	南	九
二九	一二	〇二	六星	司怪上星	六	一五	〇一	南	四
三九	一三	〇三	像外六星	司怪中星	四	〇〇	〇二	南	五

（表略，見圖）

緯度			等第	中名	像星	經度			緯向
向	度	分				宮	度	分	向
南	〇三	一五	五	司怪下星	陰陽外像五星	〇三	一四	九〇	南
南	〇三	七〇	六	參北無名星	陰陽內像七星	〇三	一四	一二	北
南	〇〇	五五	六	參北無名星	一星	〇三	一四	四四	北
南	〇〇	二〇	四	參北無名星	外像四星	〇三	一七	四九	南
南	〇三	四五	一	參北無名星	巨蟹內像八星	〇三	二一	三四	北
南	〇一	二〇	三	井鉞星	六星	〇三	二五	二四	南
北	〇六	五〇	四	井北無名星	三星	〇三	二七	九〇	南
南	〇七	四〇	六	井南無名星	二星	〇三	二七	一四	北
南	〇七	四〇	二	井南無名星	一星	〇三	二八	五六	北
南	〇一	一〇	三	井西扇北一星	四星	〇三	二九	二四	北
南	〇三	一五	四	井西扇北二星	五星	〇四	〇〇	一四	南
南	〇七	一五	三	井西扇南二星	外像四星	〇四	〇二	四〇	北
北	〇一	三五	三	井東扇北一星	三星	〇四	〇三	二四	北
南	〇一	五〇	六	井東扇北二星	一星	〇四	〇四	一九	南
南	〇二	二五	三	井東扇北三星	獅子內像一星	〇四	〇七	二四	北
北	〇七	二七	三	五諸侯北二星	巨蟹外像二星	〇四	〇七	三一	南
南	〇六	〇〇	三	井東扇南一星	獅子內像二星	〇四	〇九	三四	北
北	〇〇	二五	三	天罇西星	十二星	〇四	一三	一〇	南
北	〇五	四三	三	五諸侯北二星	十一星	〇四	一五	三四	南
北	〇三	〇〇	五	井北無名星	十三星	〇四	一五	四九	南
北	〇九	五二	二	井東北無名星	十星	〇四	一六	二四	南
北	〇六	五〇	三	五諸侯南二星	七星	〇四	一九	四〇	北
南	〇四	三一	五	井東無名星	六星	〇四	二一	三四	北

(表略，見圖)

名中	等第	度緯			度經			像星	名中	等第	度
		分	度	向	分	度	宮				分
星大轅軒	一	一一	○○	北	四五	一二	四○	星八像内子獅	星名無東井	五	五一
星女御	五	二一	一○	南	四五	一二	四○	星五	星一南侯諸五	四	○○
名無南轅軒	五	○○	四○	南	○四	一二	四○	星十四	星東河北	二	七一
名無南轅軒	五	一三	一○	南	九五	一二	四○	星九	星名無東井	五	一三
名無東轅軒	六	一一	四○	北	四二	五二	四○	星十六	星薪積	四	五四
星角左轅軒	四	○五	○○	北	四二	七二	四○	星十五	星名無東井	四	一二
名無東轅軒	三	一一	五○	北	四一	八二	四○	星十七	星南西咒	五	五四
名無東轅軒	五	二一	五○	北	一三	○○	五○	星十八	星北西咒	五	一五
星名無北東掁	五	八一	○○	南	○九	五○	五○	星四外像子獅	星氣尸積		○四
星中臺靈	五	一三	一○	北	四五	五○	五○	星三	星北東咒	五	○○
星上臺靈	五	一二	二○	北	五二	六○	五○	星五	星南東咒	四	一二
星名無北翼	四	○五	六○	北	七四	八○	五○	星二十三像内子獅	星名無北柳	五	五四
星將上	四	五三	一○	北	九二	九○	五○	星十四	星名無北柳	六	八四
星將次		一三	六○	北	一三	一○	五○	星譯新	星名無北柳	六	五一
星上堂明		一三	四○	南	○○	三一	五○	星譯新	星名無北柳	四	五二
星名無北翼	四	一三	五○	南	九五	九○	五○	星二十五像内子獅	星名無北柳	六	五二
星南西屏内	五	一五	四○	北	九三	四一	五○	星一像内女双	星名無北柳	四	一三
星北西屏内	五	○○	七○	北	四二	四一	五○	星二像内女双	名無南西轅軒	五	一五
星名無北翼	五	一三	二○	南	四三	五一	五○	星二十六	名無西轅軒	六	○○
星法執右	三	○○	○○	北	○○	七一	五○	星五	星角右轅軒	三	一一
星南東屏内	五	一三	五○	北	九一	八一	五○	星四	名無西轅軒	六	二一
星北東屏内	五	○○	八○	北	九三	八一	五○	星三	星五南轅軒	四	二二
星法執左	三	八四	○○	北	四一	五一	五○	星六	名無北轅軒	二	一三

（表略，見圖）

（表略，見圖）

（表略，見圖）

（表略，見圖）

經度			緯度			等第	中名	像星	經度		
宮	度	分	向	度	分					度	分
七	二七	三九	北	〇〇	四八	六	牛下東星	寶瓶像內第十七星	〇一	二一	三九
九	二九	二九	南	〇六	三一	四	牛南無名星	第十二星	〇一	二一	五四
九	三九	五九	北	〇〇	二五	四	羅堰下星	第十三星	〇一	二三	四九
一	〇〇	二四	北	〇三	二一	四	羅堰上星	第十四星	〇一	二四	三六
一	〇四	四九	南	〇七	二一	四	女南無名星	第十五星	〇一	二六	九四
一	〇五	一〇	南	〇二	五五	四	十二諸國秦星	第十八星	〇一	三九	一九
一	〇五	三九	南	〇四	二一	五	女宿南無名星	第十九星	〇一	二九	二九
一	〇六	四〇	北	〇五	二五	五	女東南無名星	第廿三星	一一	〇〇	一四
一	〇六	三四	南	〇〇	三一	四	女東南無名星	第廿四星	一一	〇二	三四
一	〇七	九〇	南	〇四	一八	五	十二諸國代星	第廿五星	一一	〇四	四六
一	〇八	一九	南	〇六	五二	三	女東南無名星	第廿八星	一一	〇六	四四
一	〇八	五四	南	〇六	三一	四	女東南無名星	第廿六星	一一	〇七	二九
一	〇一	三四	南	〇一	三一	四	女東南無名星	第廿九星	一一	〇七	二九
一	一一	五六	南	〇四	四五	四	壘壁陣西方第星	第廿七星	一一	〇七	五四
一	一三	二六	南	〇四	二一	四	壘壁陣西方二星	雙魚像內第二星	一一	一二	三四
一	一三	四九	南	〇二	二一	三	壘壁陣西方三星	第六星	一一	一四	二四
一	一四	三六	北	〇八	四八	四	虛南星	第七星	一一	一七	四九
一	一四	三七	南	〇〇	〇〇	五	虛南無名星	雙魚像外第三星	一一	一八	三七
一	一五	四〇	南	〇二	一三	三	壘壁陣西方四星	雙魚像內第五星	一一	一九	六〇
一	一六	二四	北	〇二	七〇	五	虛宿東南無名星	雙魚像外第一星	一一	一九	一九
一	一六	五九	南	〇〇	二一	五	虛東南無名星	第四星	一一	二一	六〇
一	一六	五六	北	〇四	〇〇	五	虛宿東南無名星	第二星	一一	二一	二九
一	一九	一九	南	〇一	四五	四	壘壁陣西五星	雙魚像內第八星	一一	二四	五四

（表略，見圖）

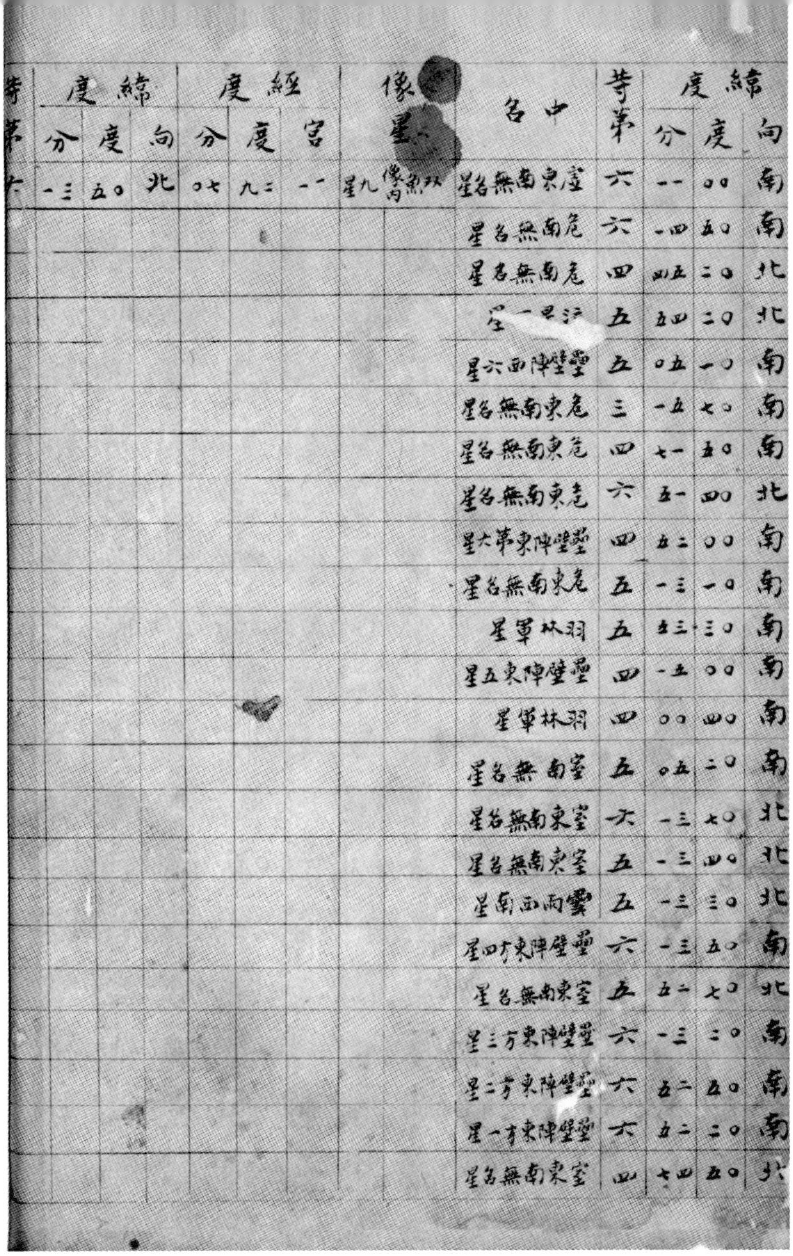

（表略，見圖）

韓國國立中央圖書館藏《回回曆法》清抄本

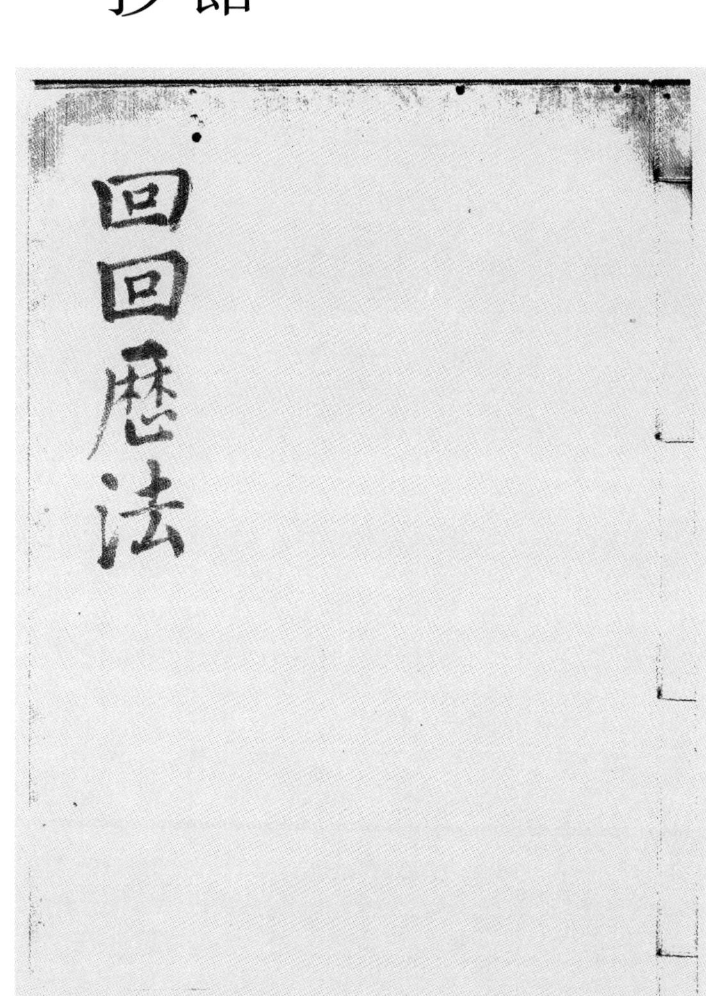

回回曆法
用數
周天三百六十度每度六十分每分六十秒微纖以下俱準此為十二宮每宮三十度
周日一千四百四十分為九十六刻每刻十五分為二十四時每時六十分
歲實三百六十五日一百二十八分日之三十一
朔實二十九日三百六十分日之一百九十一
宮閏准三十一日
月閏准十一日
回回曆法 用數 一

回回曆法

用數[1]

周天，三百六十度。每度六十分，每分六十秒，微纖以下俱準此。爲十二宮，每宮三十度。

周日，一千四百四十分，爲九十六刻。每刻十五分。爲二十四時。每時六十分。

歲實，三百六十五日一百二十八分日之三十一。[2]

朔實，二十九日三百六十分日之一百九十一。

宮閏准，三十一日。

月閏准，十一日。

1 從道光本的内容來看，該書繼承了《明史》本的一些特點。例如，先給出了基本天文常數"用數"，這與貝琳本《回回曆法》的"釋用數例"部分也相類似。

2 道光本除了沿用回回曆法的主要内容，還借用了中國傳統曆法的一些表述方式。如"歲實，三百六十五日一百二十八分日之三十一"和"朔實，二十九日三百六十分日之一百九十一"，這種用分數來表示天文常數的方法，是中國傳統曆法的特點。

宫度起白羊，節氣首春分，命時起午正。午初四刻，屬前日。

太陽中心行度應，十一宫十七度二十四分十四秒。

太陽最高行度應，三宫九度十六分四十一秒。

太陰中行度應，十一宫十四度三十二分二十四秒。

太陰本輪行度應，十一宫十七度二十二分三十五秒。

太陰計都行度應，三宫一度四十九分五十秒。[1]

已上五應，道光甲午二月初一日午正初刻截元各行度也。按回回曆本法以隋文帝開皇十九年己未爲元，距道光十四年甲午爲一千二百三十五算。[2] 以宫閏准三十一日乘之，加閏應三十一日得三萬八

1 這些數值是根據己未曆元换算而來，即道光十四年二月初一日午正時刻，太陽和太陰到春分點的平黄經值以及遠地點的位置。從中還可以看出，一方面曆元采用了中國傳統曆法術語“應”，該術語的使用與《授時曆》廢棄上元積年法而取代以實測曆元有關。如郭守敬等人在編修《授時曆》時，就將氣應、轉應、閏應、交應、周應、合應和曆應等統稱爲七應。另一方面，這些“應數”與中國傳統曆法以冬至日子夜時刻爲基準不同，而是考慮到了回回天文學的習慣，以午正爲起點。

2 道光本最顯著的特徵是以“道光十四年甲午”(1834 年）爲元，這與此前的各種回回曆法著作皆不相同。

千三百十六日為實以一百二十八為法除之得宮閏日二百九十九不滿法四十四日即為甲午閏應乃置距筭以三百六十五日乘之加周應三百四十二日又加宮閏日二百九十九日得四十五萬一千四百十六日為實以一萬零六百三十一日以三百五十四日乘三十年又加閏日十一之數即三十年積日也為法除之得總年數四十二即一千二百六十年餘不滿法四千九百十二日為實以三百五十四日為法除之得零年數十三又減五日即十三年內閏日餘三百七日為實以單月三十日雙月二十九日挨次減之得十箇月餘十二日即甲午年春分距朔日之數二十

回回曆法 用數

千三百十六日爲實，以一百二十八爲法，除之得宫閏日二百九十九。不滿法，四十四日，即爲甲午閏應。乃置距算，以三百六十五日乘之，加周應三百四十二日，又加宫閏日二百九十九日，得四十五萬一千四百十六日爲實。以一萬零六百三十一日以三百五十四日乘三十年，又加閏日十一之數，即三十年積日也。爲法除之，得總年數四十二，即一千二百六十年。餘不滿法，四千九百十二日爲實，以三百五十四日爲法除之，得零年數十三，又減五日，即十三年内閏日。餘三百七日爲實，以單月三十日，雙月二十九日挨次減之，得十個月餘十二日，即甲午年春分距朔日之數。十二日即为甲午周應。而其十一月朔日即中國二月朔日也。今截元首朔表中，以甲午十一月朔爲第一朔起算，故日月諸行皆以舊表六百年行度。太陽中心行度五宫十四度二十五分十九秒，最高行度在夏至前五十八分十三秒，太陰中心行度六宫八度四十二分，太陰本輪行度八宫八度八分，太陰計都行度十一宫二度三十四分。及二十二總年。總年四十二，内二十用舊表六百年行度，故餘爲二十二。十三零年，十個月分行度相并。太陽最高舊表，六百年行度在夏至前，故就總年零年月分行度相并數中減之。又加開皇己未應，太陽中心行度八宫二十六度九分三十九秒，太陽最高行度二宫二十九度二十一分，太陰中心行度七宫二十九度五十四分，太陰本輪行度五宫一度，太陰計都行度八宫十度四十五分。而但計都逆行，故相加後，置十二宫内減之入用。爲甲午應也。加倍相離度舊

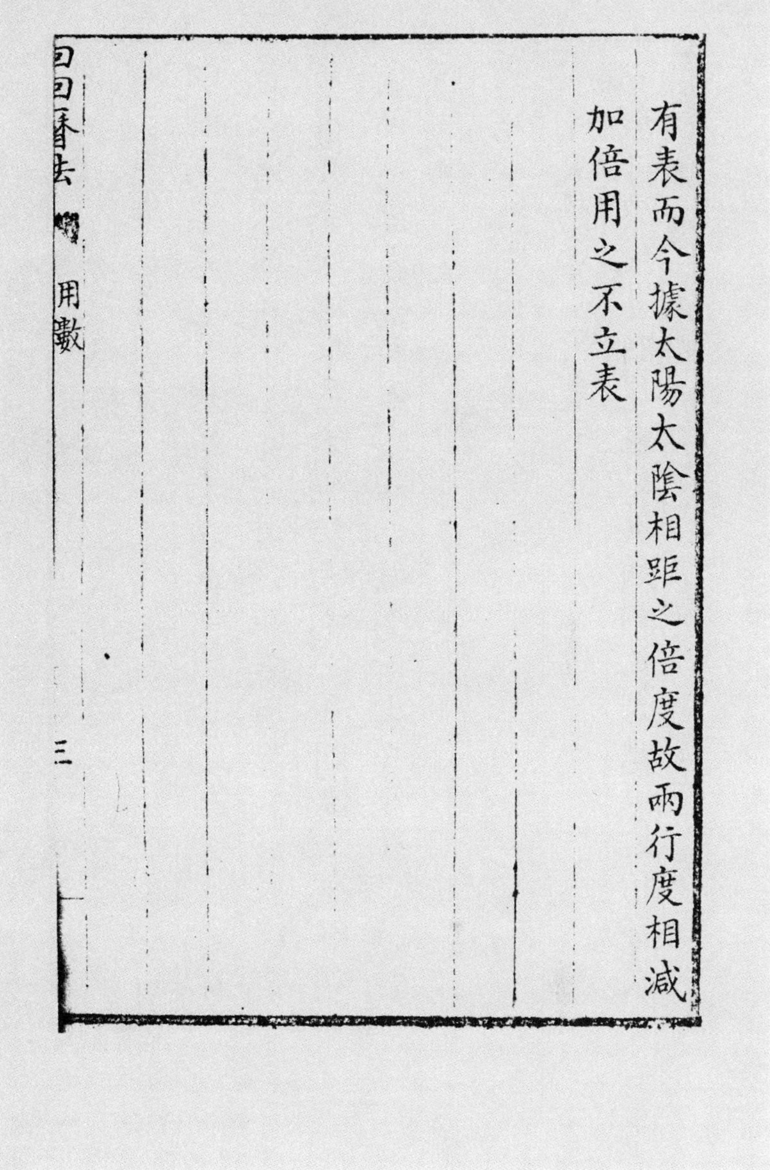
有表而今據太陽太陰相距之倍度故兩行度相減
加倍用之不立表

回回曆法 用數 三

有表，而今據太陽太陰相距之倍度，故兩行度相減加倍用之，不立表。

回回曆法

求総年零年月分

以所求某年察首朔根表録其所對之総年零年月分再以所求某年察本年二月後距幾月按數加之於前所得月分即所求月分也如滿十二月則進一年以加前所得零年為所求零年而餘為所求月分也按數加之時閏月只為通計

太陽

求太陽中心行度

以総年察総年行度表録其所對之太陽中心行度又

回回曆法 太陽 一

回回曆法

求總年零年月分

以所求其年察首朔根表，録其所對之總年零年月分，再以所求某年察本年二月後距幾月，按數加之於前所得月分，即所求月分也。如滿十二月，則進一年以加前所得零年，爲所求零年，而餘爲所求月分也。按數加之時，閏月只爲通計。

太陽[1]

求太陽中心行度[2]

以總年察總年行度表，録其所對之太陽中心行度。又

1 即關於太陽位置的計算。

2 此處中心行度即太陽平黄經。

以零年察零年行度表録其所對之太陽中心行度又以月分減一所得月分爲本月初日故減一爲所求月以前月分察月分行度表録其所對之太陽中心行度又以所求日期減一如求十五日則日期十五日即十五日之滿數故減一得十四日滿數爲始交十五日午正也察日期行度表録其所對之太陽中心行度乃以総年零年月分日期行度相併又加甲午應十一宮十七度二十四分十四秒得太陽中心行度加滿十二宮去之下皆倣此

求太陽最高行度

以総年察総年行度表録其所對之太陽最高行度又以零年察零年行度表録其所對之太陽最高行度又

1 最高行度即爲太陽視運動軌道離開地球最遠點的行度。

以零年察零年行度表，録其所對之太陽中心行度。又以月分減一，所得月分爲本月初日，故減一爲所求月以前月分。察月分行度表，録其所對之太陽中心行度。又以所求日期減一。如求十五日，則日期十五日，即十五日之滿數，故減一得十四日，滿數爲始交十五日午正也。察日期行度表，録其所对之太陽中心行度，乃以總年零年月分日期行度相并，又加甲午應十一宫十七度二十四分十四秒，得太陽中心行度。加滿十二宫去之，下皆倣此。

求太陽最高行度[1]

以總年察總年行度表，録其所對之太陽最高行度。又以零年察零年行度表，録其所對之太陽最高行度。又

回回曆法　太陽

以月分減一察月分行度表録其所對之太陽最高行
度又以日期減一察日期行度表録其所對之太陽最
高行度乃以総年零年月分日期行度相併又加甲午
應三宮九度十六分四十一秒得太陽最高行度
求太陽自行度
置太陽中心行度減太陽最高行度即得不及減者加十二宮減之
下皆倣此
求加減差
以太陽自行宮度入太陽加減差表察其所對之加減
差用中比例法求之即得三千六百秒為一率自行度下分秒通秒為二率加減差

以月分減一，察月分行度表，録其所對之太陽最高行度。又以日期減一，察日期行度表，録其所對之太陽最高行度。乃以總年零年月分日期行度相并，又加甲午應三宮九度十六分四十一秒，得太陽最高行度。

求太陽自行度[1]

置太陽中心行度，減太陽最高行度，即得。不及減者，加十二宮減之。下皆倣此。

求加減差[2]

以太陽自行宮度入太陽加減差表，察其所對之加減差。用中比例法求之，即得。三千六百秒爲一率，自行度下分秒通秒为二率，加減差

1 即太陽與遠地點的夾角距離。

2 加減差即中國傳統曆法中的盈縮積，用以表示太陽視運動不均勻的修正值。

本次位相减，餘通秒为三率。求得四率，满六十秒收作一分。乃視加减差，次位多，則以加本位；若次位少，則以减本位，为加减差。太陽自行度初宫至五宫爲减，六宫至十一宫爲加。

求太陽經度[1]

置太陽中心行度，以加减差加减之，即得。

太陰[2]

求太陰中心行度[3]

以總年察總年行度表，録其所對之太陰中心行度。又以零年察零年行度表，録其所對之太陰中心行度。又以月分减一，察月分行度表，録其所對之太陰中心行

1 即求出太陽的實黄經。

2 即關於月亮黄道經度位置的計算。由於月亮運動較爲複雜，除受到地球引力外，還需要考慮到太陽引力的影響，因此其不均勻運動的修正項更多。

3 此處中心行度即爲月亮的平黄經。

度又以日期減一察日期行度表録其所對之太陰中
心行度乃以総年零年月分日期行度相併又加甲午
應十一宫十四度三十二分二十四秒得太陰中心行
度
求太陰本輪行度
以総年察総年行度表録其所對之太陰本輪行度又
以零年察零年行度表録其所對之太陰本輪行度又
以月分减一察月分行度表録其所對之太陰本輪行
度又以日期减一察日期行度表録其所對之太陰本
輪行度乃以総年零年月分日期行度相併又加甲午

度。又以日期減一，察日期行度表，録其所對之太陰中心行度。乃以總年零年月分日期行度相并，又加甲午應十一宫十四度三十二分二十四秒，得太陰中心行度。

求太陰本輪行度[1]

以總年察總年行度表，録其所對之太阴本輪行度。又以零年察零年行度表，録其所对之太陰本輪行度。又以月分減一，察月分行度表，録其所對之太陰本輪行度。又以日期減一，察日期行度表，録其所對之太陰本輪行度。乃以總年零年月分日期行度相并，又加甲午

1 本輪行度用於第二加減差的修正。

應十一宮十七度二十二分三十五秒得太陰本輪行
度
求太陰計都行度
以総年察総年行度表録其所對之太陰計都行度又
以零年察零年行度表録其所對之太陰計都行度又
以月分減一察月分行度表録其所對之太陰計都行
度又以日期減一察日期行度表録其所對之太陰計
都行度乃以総年零年月分日期行度相併以減於甲
午應三宮一度四十九分五十秒内得太陰計都行度
求加倍相離度

應十一宮十七度二十二分三十五秒，得太陰本輪行度。

求太陰計都行度[1]

以總年察總年行度表，録其所對之太陰計都行度。又以零年察零年行度表，録其所對之太陰計都行度。又以月分減一，察月分行度表，録其所對之太陰計都行度。又以日期減一，察日期行度表，録其所對之太陰計都行度。乃以總年零年月分日期行度相并，以減於甲午應三宫一度四十九分五十秒，内得太陰計都行度。

求加倍相離度[2]

1 計都爲黄白升交點。

2 相離度即月亮距離太陽的度數，加倍相離度即月亮距離太陽度數的兩倍。

置太陰中心行度減太陽中心行度餘倍之即得
求第一加減差及比敷分
以加倍相離宮度入太陰第一加減差比敷分表察其所對之加減差用中比例法求之即得中比例法与太陽加減差同加倍相離度初宮至五宮為加六宮至十一宮為減又察其所對之比敷分直録之加倍相離度三十分以上進一度查表
求本輪行定度
置太陰本輪行度以第一加減差加減之即得
求第二加減差及遠近度
以本輪行定宮度入太陰第二加減差遠近度表察其

置太陰中心行度，減太陽中心行度，餘倍之，即得。

求第一加減差及比敷分[1]

以加倍相離宫度入太陰第一加減差比敷分表，察其所對之加減差。用中比例法求之，即得。中比例法与太阳加減差同。加倍相離度初宫至五宫爲加，六宫至十一宫爲減。又察其所對之比敷分，直録之。加倍相離度三十分以上，進一度查表。

求本輪行定度[2]

置太陰本輪行度，以第一加減差加減之，即得。

求第二加減差及遠近度[3]

以本輪行定宫度入太陰第二加減差遠近度表，察其

1 回回曆法需要對月亮視運動不均匀地進行多次修正，第一次修正值即通过加倍相離度所得的第一加減差。

2 對本輪行度作出的修正。

3 通过本輪行度求得月亮視運動的第二次修正，即第二加減差。

所對之加減差。用中比例法求之，即得。中比例法与太陽加減差同。

本輪行定度初宫至五宫爲減，六宫至十一宫爲加。又察其所對之遠近度，用中比例法求之，即得。六十分爲一率，本輪行定度下分秒滿三十秒，進一分爲二率。遠近度本次位相減，餘分爲三率。求得四率，亦三十秒進一分。乃視遠近度，次位多，則以加本位；若次位少，則以減本位，爲遠近度也。

求汎差[1]

六十分爲一率，比敷分爲二率，遠近度通分爲三率，求得四率爲分。滿六十分收作一度，分下小餘以六十通之爲秒，即得。凡六十通之者六，因降位，下倣此。

求加減定差

1 汎差大致相當於天文學中的出差修正。

置第二加減差加汎差卽得
求太陰經度
置太陰中心行度以加減定差加減之卽得
求計都与月相離度
置太陰經度減太陰計都行度卽得
求太陰緯度
以計都与月相離度宮度入太陰黃道南北緯度表察
其所對之緯度分秒用中比例法求之卽得（中比例法与太陽加減差同）
計都与月相離度初宮至五宮為北六宮至十一
宮為南

回回曆法　太陰　五

置第二加減差加汎差，即得。

求太陰經度[1]

置太陰中心行度，以加減定差加減之，即得。

求計都与月相離度

置太陰經度減太陰計都行度，即得。

求太陰緯度[2]

以計都與月相離度宮度入太陰黃道南北緯度表，察其所對之緯度分秒。用中比例法求之，即得。中比例法與太陽加減差同。計都与月相離度初宮至五宮爲北，六宮至十一宮爲南。

1 即求出月亮的實黃經。

2 即關於五星黃道緯度位置的計算。

月食

辨月食限

視望日太陰經度与羅睺度即計都行度加六宮度或計都度相離十三度之内太陰緯度在一度八分之下為有食又視合望在太陰未出二時未入二時其限有帶食其在二時已上者不筭

求食甚汎時

太陰日行度望在午前本日与前日經度相減為太陰日行度望在午後本日与次日經度相減為太陰日行度也太陽日行度倣此內減太陽日行度餘通秒為一率一千四百四十分為二率太陰經度內減六宮与太陽經

月食

辨月食限

視望日太陰經度与羅睺度，即計都行度加六宮度。或計都度相離十三度之内太陰緯度在一度八分之下爲有食。又視合望在太陰未出二時，未入二時，其限有帶食。其在二時已上者不算。

求食甚汎時[1]

太陰日行度。望在午前，本日与前日經度相減，爲太陰日行度。望在午後，本日与次日經度相減，爲太陰日行度也。太陽日行度倣此。內減太陽日行度，餘通秒爲一率，一千四百四十分爲二率，太陰經度內減六宮与太陽經

1 即望的時刻，也是發生月食的食甚大概時刻。

度相减。太陰經度多者，望在午前；太陰經度少者，望在午後。餘通秒爲三率，求得四率爲分。滿六十分收作一時，分下小餘以六十通之爲秒，即得。

求望時太陽經度

一千四百四十分爲一率，太陽日行度通秒爲二率。食甚汎時通分，三十秒進一分，下倣此。爲三率，求得四率爲秒。滿六十秒收作一分，以加減太陽經度内即得。望在午前減之，望在午後加之。

求月食月離黄道宫度

置望時太陽經度加六宫，即得。

求晝夜加减差

以望時太陽经度宫度入晝夜加减差表，察其所對之分秒。用中比例法求之，即得。中比例法与太阳加减差同。望在午前爲减，望在午后为加。

求食甚定時

置食甚汎時，以晝夜加减差加减之，得數加减十二時。午前望与十二時相减，午后望則加十二時。命起子正减之，得某時初正。满十二時，即得午正。時下餘分满十五分收作一刻，即得。

求望時計都行度

一千四百四十分爲一率，計都日行度三分十一秒。通秒爲

二率食甚汎時通分為三率求得四率為秒滿六十秒
收作一分以加減太陰計都行度内即得望在午前加之望在午後減之
求望時計都与月相離度
置食甚月離黄道宮度減望時計都行度即得
求望時太陰緯度
以望時計都与月相離宮度入太陰黄道南北緯度表
察其所對之緯度分秒用中比例法求之即得中比例法与太陽加減差同
望時計都与月相離度初宮至五宮為北六宮
至十一宮為南

回回曆法　月食　七

二率，食甚汎時通分爲三率，求得四率爲秒。滿六十秒收作一分，以加減太陰計都行度内即得。望在午前加之，望在午後減之。

求望時計都与月相離度

置食甚月離黄道宮度減望時計都行度，即得。

求望時太陰緯度

以望時計都与月相離宮度入太陰黄道南北緯度表，察其所對之緯度分秒。用中比例法求之，即得。中比例法与太陽加減差同。望時計都与月相離度，初宮至五宮爲北，六宮至十一宮爲南。

求望時本輪行度

一千四百四十分為一率本輪日行度（十三度四分）為二率食甚汎時通分為三率求得四率為分滿六十分收作一度分下小餘以六十通之為秒以加減太陰本輪行度内即得（望在午前減之望在午後加之）

求太陰徑分

以望時本輪行宮度入太陰徑分表察其所對之太陰徑分用中比例法求之即得（表中太陰本輪行宮度較望時本輪行宮度差少者為本位差多者為次位以六度通分為一率本位宮度与望時本輪行宮度相減餘通分為二率本次位太陰徑分相減為三率求得四率為秒乃視太陰徑分次位多則以加本位次位少則以減本位為太陰徑分也）

求望時本輪行度

一千四百四十分爲一率，本輪日行度十三度四分。爲二率，食甚汎時通分爲三率。求得四率爲分，滿六十分收作一度。分下小餘，以六十通之为秒。以加減太陰本輪行度内即得。望在午前減之，望在午后加之。

求太陰徑分

以望時本輪行宮度入太陰徑分表，察其所對之太陰徑分。用中比例法求之，即得。表中太陰本輪行宮度較望時本輪行宮度，差少者爲本位，差多者爲次位，以六度通分爲一率，本位宮度与望時本輪行宮度相減，餘通分爲二率，本次位太陰徑分相減爲三率，求得四率爲秒。乃視太陰徑分次位多則以加本位，次位少則以減本位，爲太陰徑分也。

求太陰影徑分

以望時本輪行宫度入大陰影徑分表，察其所對之影徑分，用中比例法求之，即得。中比例法与太陰徑分同。

求望時太陽自行度

一千四百四十分爲一率，太陽中心日行度五十九分八秒，通秒爲二率，食甚汎時通分爲三率。求得四率爲秒，滿六十秒收作一分，以加減太陽自行度内即得。望在午前減之，望在午后加之。

求影差

以望時太陽自行宫度入太陽影差表，察其所對之影

差用中比例法求之卽得中比例法与太陰徑分同

求影徑定分

置太陰影徑分減影差卽得

求二徑折半分

置太陰徑分加影徑定分半之卽得

求太陰食限分

置二徑折半分減望時太陰緯度卽得不及減者不食

求食甚定分

太陰徑分通秒為一率十分為二率太陰食限分通秒為三率求得四率為分分下小餘以六十通之為秒卽

差，用中比例法求之，即得。中比例法与太陰徑分同。

求影徑定分

置太陰影徑分減影差，即得。

求二徑折半分

置太陰徑分加影徑定分半之，即得。

求太陰食限分

置二徑折半分，減望時太陰緯度，即得。不及減者，不食。

求食甚定分

太陰徑分通秒爲一率，十分爲二率，太陰食限分通秒为三率，求得四率爲分，分下小餘，以六十通之爲秒，即得。

求初虧至食甚時差

置二徑折半分通秒，自乘得數，以望時太陰緯度通秒，自乘減之，餘平方開之爲二率，一千四百四十分爲三率。以太陽太陰日行度相減，即求食甚汎時時所用。餘通秒爲一率，求得四率爲分。分滿六十爲時。分下小餘，以六十通之爲秒，即得。

求初虧時刻[1]

置食甚定時減初虧至食甚時差，命起子正，即得。

求復圓時刻

1 依次推算月食初虧和復圓的時刻。

置食甚定時加初虧至食甚時差命起子正卽得
求食既至食甚時差
置二徑折半分減太陰徑分餘通秒自乘得數以望時
太陰緯度通秒自乘減之餘平方開之為二率一千四
百四十分為三率以太陽太陰日行度相減餘通秒為
一率求得四率為分分下小餘以六十通之為秒卽得
求食既時刻
置食甚定時減食既至食甚時差命起子正卽得
求生光時刻
置食甚定時加食既至食甚時差命起子正卽得

置食甚定時加初虧至食甚時差，命起子正，即得。

求食既至食甚時差

置二徑折半分減太陰徑分，餘通秒自乘，得數以望時太陰緯度通秒自乘減之，餘平方開之爲二率。一千四百四十分爲三率，以太陽太陰日行度相減，餘通秒爲一率。求得四率爲分，分下小餘，以六十通之为秒，即得。

求食既時刻

置食甚定時減食既至食甚時差，命起子正，即得。

求生光時刻

置食甚定時加食既至食甚時差，命起子正，即得。

求月食方位
望時太陰緯度在黃道南者初虧東北食甚正北復圓西北在黃道北者初虧東南食甚正南復圓西南食既者初虧正東復圓正西
求日出入時
以午正太陽經度宮度入西域晝夜時表察其所對之度分用中比例法求得前未定分六十分為一率太陽經度度下分秒通秒為二率晝夜時本次位相減餘通分為三率求得四率為秒滿六十秒收作一分以加本位為前未定分也後未定分法同又以午正太陽經度如太陽在初宮三度則取六宮三度察其所對之度分用中比例法求得後未定分内減去前未定
回回曆法

求月食方位

望時太陰緯度在黃道南者，初虧東北，食甚正北，復圓西北。在黃道北者，初虧東南，食甚正南，復圓西南。食既者，初虧正東，復圓正西。

求日出入時

以午正太陽經度宮度入西域晝夜時表，察其所對之度分，用中比例法求得前未定分。六十分爲一率，太陽經度度下分秒通秒，爲二率。晝夜時本次位相減，餘通分爲三率，求得四率爲秒。滿六十秒收作一分，以加本位爲前未定分也。後未定分法同。又以午正太陽經度，如太陽在初宮三度，則取六宮三度。察其所對之度分，用中比例法求得。後未定分内減去前未定

分不及減者加三百六十度減之餘通秒以五十除之滿六十秒收作
一分滿六十分收作一時得晝時分秒半之為半晝時
分秒以減十二時為日出時分秒加十二時為日入時
分秒

求月食更點

置晝時分秒加七十二分為晨昏時分秒以減二十四
時餘為夜時分秒通秒以五約之為更法又五分更法
為點法食在子正前者置初虧食既食甚生光復圓等
時減日入時又減三十六分半晨昏分餘通秒以更法除之
得更數不滿更法以點法除之得點數命起初更初點

分。不及減者，加三百六十度減之。餘通秒以五十除之，滿六十秒收作一分。滿六十分收作一時，得晝時分秒。半之爲半晝時分秒，以減十二時爲日出時分秒，加十二時爲日入時分秒。

求月食更點

置晝時分秒加七十二分爲晨昏時分秒，以減二十四時，餘爲夜時分秒，通秒以五約之，爲更法。又五分更法爲點法。食在子正前者，置初虧、食既、食甚、生光、復圓等時減日入時，又減三十六分。半晨昏分。餘通秒，以更法除之，得更數，不滿更法，以點法除之，得點數，命起初更初點。

筭外食在子正後者置夜時分秒半之加初虧食既食
甚生光復圓等時通秒以更法除之得更數不滿更法
以點法除之得點數命起初更初點筭外各得更點更法減一次為一更其減餘不滿法者亦虗命為一更點法倣此
求月出入帶食所見分
日出入時分秒在初虧已上食甚已下為帶食各以食
甚定時与日出入時分秒相減餘通秒以乘食甚定分
為實以時差通秒為法除之以減食甚定分即得
求月出入後未復光分
日出入時分秒在食甚已上復圓已下為帶生光求法
回回曆法 月食 十一

算外食在子正後者，置夜時分秒半之，加初虧食既、食甚、生光、復圓等時，通秒以更法除之得更數。不滿更法，以點法除之，得點數，命起初更初點。算外各得更點。更法減一次为一更。其減餘不滿法者，亦虛命爲一更，點法倣此。

求月出入帶食所見分

日出入時分秒在初虧已上，食甚已下爲帶食。各以食甚定時与日出入時分秒相減，餘通秒以乘食甚定分爲實，以時差通秒爲法除之，以減食甚定分，即得。

求月出入後未復光分

日出入時分秒在食甚已上，復圓已下爲帶，生光求法

並与帶食所見分同
求食甚日躔黃道宿次
以望時太陽經度察黃道南北各像内外星經緯度表
取其經度相近星為食甚宿次
日食
辨日食限
視合朔太陰緯度在黃道南四十五分已下黃道北九
十分已下為有食若合朔在日未出三時及日已入十
五分一時四分之一皆有帶食若合朔在夜刻者不筭
求食甚汎時

并与帶食所見分同。

求食甚日躔黄道宿次

以望時太陽經度察黄道南北各像内外星經緯度表，取其經度相近星爲食甚宿次。

日食

辨日食限[1]

視合朔太陰緯度在黄道南四十五分已下，黄道北九十分已下，爲有食。若合朔在日未出三時及日已入十五分，一時四分之一。皆有帶食。若合朔在夜刻者不算。

求食甚汎時[2]

1 即判斷是否發生日食的界限，回回曆法以合朔時月亮在黄道南四十五分和黄道北九十分以下爲有食的標準。

2 即合朔時刻，也是發生日食的食甚大概時刻。

太陰日行度内減太陽日行度，朔在午前，以本日前日兩經度相減，爲日行度；朔在午後，以本日次日兩經度相減，爲日行度。餘通秒爲一率，一千四百四十分爲二率。太陽經度與太陰經度相減，太陽經度多者，朔在午後；太陽經度少者，朔在午前。餘通秒爲三率，求得四率爲分。滿六十分收作一時，分下小餘，以六十通之爲秒，即得。

求合朔太陽經度[1]

一千四百四十分爲一率，太陽日行度通秒爲二率，食甚汎時通分爲三率，求得四率爲秒。滿六十秒收作一分，以加減太陽經度内，即得。朔在午前減之，朔在午后加之。

求晝夜加減差

1 即合朔時太陽的黃道經度位置。

以合朔太陽經度宮度入晝夜加減差表察其所對之分秒用中比例法求之卽得合朔在午前爲減合朔在午後爲加

求子正至合朔時分秒

置食甚汎時以晝夜加減差加減之得數用加減十二時合朔在午前減之合朔在午後加之卽得

求第一東西差

以合朔太陽經度所在宮入經差表又以子正至合朔時察其縱橫相遇之經差用中比例法求之卽得三千六百秒爲一率時下小餘通秒爲二率經差本次位相減爲三率求得四率乃視經差次位多者以加本位次位少

以合朔太陽經度宮度入晝夜加減差表，察其所對之分秒。用中比例法求之，即得。合朔在午前爲減，合朔在午後爲加。

求子正至合朔時分秒[1]

置食甚汎時以晝夜加減差加減之，得數用加減十二時。合朔在午前減之，合朔在午后加之。即得。

求第一東西差[2]

以合朔太陽經度所在宮入經差表，又以子正至合朔時，察其縱橫相遇之經差。用中比例法求之，即得。三千六百秒爲一率，時下小餘通秒爲二率，經差本次位相減爲三率。求得四率。乃視經差次位多者，以加本位；次位少

1 轉换爲中國傳統的以子正爲起點的合朔時刻值。

2 回回曆法中推算日食時所面臨的一個難點就是如何對由於視差而引起的東西差、南北差和時差這三差進行修正。

者以減本位為經差也

求第二東西差

以合朔太陽經度所在宮之次宮入經差表又以子正至合朔時察其縱横相遇之經差用中比例法求之卽得与第一東西差法同

求合朔時東西差

第一東西差与第二東西差相減餘通秒以合朔太陽經度所在宮以下度分秒通秒乘之為實以三十度通秒十萬零八千秒為法除之為秒滿六十秒收作一分以加減於第一東西差第二東西差多者加之第二東西差少者減之卽得

回回曆法　日食　十三

者，以減本位，爲經差也。

求第二東西差

以合朔太陽經度所在宫之次宫入經差表，又以子正至合朔時，察其縱横相遇之經差。用中比例法求之，即得。与第一东西差法同。

求合朔時東西差

第一東西差與第二東西差相減，餘通秒以合朔太陽經度所在宫以下度分秒，通秒乘之爲實，以三十度通秒十萬零八千秒。爲法，除之爲秒。滿六十秒收作一分，以加減於第一東西差。第二東西差多者加之，第二東西差少者減之，即得。

求第一南北差

以合朔太陽經度所在宮入緯差表又以子正至合朔時察其縱橫相遇之緯差用中比例法求之即得与第一東西差法同

求第二南北差

以合朔太陽經度所在宮之次宮入緯差表又以子正至合朔時察其縱橫相遇之緯差用中比例法求之即得与第一東西差法同

求合朔時南北差

第一南北差与第二南北差相減餘通秒以合朔太陽

求第一南北差

以合朔太陽經度所在宮入緯差表，又以子正至合朔時，察其縱横相遇之緯差。用中比例法求之，即得。与第一东西差法同。

求第二南北差

以合朔大陽經度所在宫之次宫入緯差表，又以子正至朔時，察其縱横相遇之緯差。用中比例法求之，即得。与第一东西差法同。

求合朔時南北差

第一南北差与第二南北差相减，餘通秒，以合朔太陽經度所在宫以下度分秒通秒乘之，爲實。以三十度通秒爲法，除之爲秒。滿六十秒收作一分，以加減於第一南北差。第二南北差多者加之，第二南北差少者減之。即得。

求第一時差

以合朔太陽經度所在宫入時差表，又以子正至合朔時察其横相遇之時差。用中比例法求之，即得。與第一东西差法同。

求第二時差

以合朔太陽經度所在宫之次宫入時差表，又以子正至合朔時，察其縱横相遇之時差。用中比例法求之，即

回回曆法　十四
得与第一東西差法同
求合朔時時差
第一時差与第二時差相減餘通秒以合朔太陽經度所在宫以下度分秒通秒乘之為實以三十度通秒為法除之滿六十秒收作一分以加減於第一時差第二時差多者加之第二時差少者減之即得
求合朔時本輪行度
一千四百四十分為一率本輪日行度十三度四分通分為二率食甚汎時通分為三率求得四率為分滿六十分收作一度分下小餘以六十通之為秒以加減太陰本

得。与第一东西差法同。

求合朔時時差

第一時差与第二時差相减，餘通秒，以合朔太陽經度所在宫以下度分秒通秒，乘之爲實。以三十度通秒爲法除之。滿六十秒收作一分，以加减於第一時差，第二時差多者加之，第二時差少者减之。即得。

求合朔時本輪行度

一千四百四十分爲一率，本輪日行度十三度四分。通分爲二率，食甚汎時通分爲三率。求得四率爲分。滿六十分收作一度，分下小餘以六十通之爲秒，以加减太陰本輪行度内即得。合朔在午前減之，合朔在午後加之。

求比敷分[1]

以合朔時本輪行宫度入太陰比敷分表，与太陽太陰徑分同表。察其所對之比敷分。用中比例法求之，即得。与月食太陰徑分法同。

求東西定差

合朔時東西差通秒，以比敷分通秒，乘之爲實，以三千六百秒爲法，除之爲秒。滿六十秒收作一分，以加合朔時東西差，即得。

求南北定差

1 由於合朔時月亮的實際位置并不一定都位於遠地點，以月遠地點速度求得的時差與實際時差存在差距，因此需要比敷分這一參數對其進行修正。

合朔時南北差通秒，以比敷分通秒乘之爲實，以三千六百秒爲法，除之爲秒。滿六十秒收作一分，以加合朔時南北差，即得。

求食甚定時

視合朔太陽經度在時差表内左七宫，其時差黑字者減，白字者加。右七宫，其時差白字者減，黑字者皆加。減於子正至合朔時。今表右七宫在上，左七宫在下。時差黑線以上爲白字，黑線以下爲黑字。命起子正算外即得。時差表中以百分作一時，故加減時有六十分以上，則更以六十分收作一時用之。

求食甚太陰經度[1]

1 即將月亮的實黄經轉爲視黄經。

置合朔太陽經度以東西定差加減之即得時差加者亦加之時差減者亦減之

求合朔時計都行度

一千四百四十分為一率計都日行度三分十一秒通秒為二率食甚汎時通分為三率求得四率為秒滿六十秒收作一分以加減太陰計都行度內即得合朔在午前者加之合朔在午後者減之

求合朔時計都与月相離度

置食甚太陰經度減合朔時計都行度即得

求合朔時太陰緯度

回回曆法　日食　十六

置合朔太陽經度以東西定差加減之，即得。時差加者，亦加之；時差減者，亦減之。

求合朔時計都行度

一千四百四十分爲一率，計都日行度三分十一秒。通秒爲二率，食甚汎時通分爲三率，求得四率爲秒。滿六十秒收作一分，以加減太陰計都行度内，即得。合朔在午前者加之，合朔在午后者減之。

求合朔時計都與月相離度

置食甚太陰經度減合朔時計都行度，即得。

求合朔時太陰緯度[1]

1 即合朔時月亮的視緯度。

以合朔時計都与月相離度宫度入太陰黄道南北緯度表，察其所對之緯度分秒。用中比例法求之，即得。中比例法与太陽加減差同。合朔時計都与月相離度初宫至五宫爲北，六宫至十一宫爲南。

求食甚太陰緯度

置合朔時太陰緯度以南北定差加減之，即得。在黄道南者加之，仍为南；在黄道北者減之，仍为北。不及減者，反減之，北變为南。

求合朔時太陽自行度

一千四百四十分爲一率，太陽中心日行度五十九分八秒。通秒爲二率，食甚汎時通分爲三率，求四率爲秒。滿六十

秒收作一分以加減太陽自行度内卽得合朔在午前減之合朔在午後加之

求太陽徑分

以合朔時太陽自行宮度入太陽徑分表察其所對之太陽徑分用中比例法求之卽得中比例法与月食太陰徑分同

求太陰徑分

以合朔時本輪行宮度入太陰徑分表察其所對之太陰徑分用中比例法求之卽得法見月食

求二徑折半分

置太陽徑分加太陰徑分半之卽得

秒收作一分，以加減太陽自行度内，即得。合朔在午前減之，合朔在午后加之。

求太陽徑分

以合朔時太陽自行宮度入太陽徑分表，察其所對之太陽徑分。用中比例法求之，即得。中比例法与月食太陰徑分同。

求太陰徑分

以合朔時本輪行宮度入太陰徑分表，察其所對之太陰徑分。用中比例法求之，即得。法見月食。

求二徑折半分

置太陽徑分加太陰徑分半之，即得。

求太陽食限分
置二徑折半分減食甚太陰緯度即得不及減者不食
求食甚定分
太陽徑分通秒為一率十分為二率太陽食限分通秒
為三率求得四率為分分下小餘以六十通之為秒即
得
求時差
置二徑折半分通秒自乘得數以食甚太陰緯度通秒
自乘減之餘平方開之為二率一千四百四十分為三
率以太陽太陰日行度相減即求食甚汎時時所用餘通秒為一

求太陽食限分

置二徑折半分減食甚太陰緯度，即得。不及減者不食。

求食甚定分

太陽徑分通秒爲一率，十分爲二率，太陽食限分通秒爲三率，求得四率爲分。分下小餘，以六十通之爲秒，即得。

求時差

置二徑折半分通秒自乘，得數以食甚太陰緯度通秒自乘減之，餘平方開之爲二率，一千四百四十分爲三率，以太陽太陰日行度相減，即求食甚汎時時所用。餘通秒爲一

率求得四率為分分滿六十為時分下小餘以六十通之為秒
即得
求初虧時刻
置食甚定時減時差命起子正筭外即得
求復圓時刻
置食甚定時加時差命起子正筭外即得
求日食方位
食甚太陰緯度在黃道北者初虧西北食甚正北復圓
東北在黃道南者初虧西南食甚正南復圓東南食八
分已上者初虧正西復圓正東

率，求得四率爲分，分滿六十爲時。分下小餘以六十通之爲秒，即得。

求初虧時刻[1]

置食甚定時減時差，命起子正算外，即得。

求復圓時刻

置食甚定時加時差，命起子正算外，即得。

求日食方位

食甚太陰緯度在黄道北者，初虧西北，食甚正北，復圓東北；在黄道南者，初虧西南，食甚正南，復圓東南，食八分已上者，初虧正西，復圓正東。

1 依次推算日食初虧和復圓的時刻。

四正曆法 十八

求日出入時

以午正太陽經度宫度入西域晝夜時表察其所對之度分用中比例法求得前未定分又以午正太陽經度相對宫度察其所對之度分用中比例法求淂後未定分内减去前未定分不及减者加三百六十度減之餘通秒以十五除之滿六十秒收作一分滿六十分收作一時得晝時分秒半之為半晝時分秒以減十二時為日出時分秒加十二時為日入時分秒法見月食

求日出入帶食所見分

日出入時分秒在初虧已上食甚已下為帶食各以食

求日出入時

以午正太陽經度宫度入西域晝夜時表，察其所對度之分，用中比例法求得前未定分。又以午正太陽經度相對宫度察其所對之度分，用中比例法求得後未定分。内減去前未定分，不及減者加三百六十度減之。餘通秒以十五除之，滿六十秒收作一分，滿六十分收作一時，得晝時分秒，半之为半晝時分秒，以減十二時爲日出時分秒，加十二時爲日入時分秒。法見月食。

求日出入帶食所見分

日出入時分秒在初虧已上、食甚已下爲帶食，各以食

甚定時与日出入時分秒相減餘通秒以乘食甚定分
為實以時差通秒為法除之以減食甚定分即得
求日出入後未復光分
日出入時分秒在食甚已上復圓已下為帶生光各以
食甚定時与日出入時分秒相減餘通秒以乘食甚定
分為實以時差通秒為法除之以減食甚定分即得
求食甚日躔黃道宿次
以合朔太陽經度察黃道南北各像內外星經緯度表
取其經度相近星為食甚宿次

甚定時与日出入時分秒相減，餘通秒以乘食甚定分爲實。以時差通秒爲法除之，以減食甚定分，即得。

求日出入後未復光分

日出入時分秒，在食甚已上，復圓已下，为帶。生光，各以食甚定時与日出入時分秒相減，餘通秒以乘食甚定分爲實。以時差通秒爲法除之，以減食甚定分，即得。

求食甚日躔黄道宿次

以合朔太陽經度察黄道南北各像内外星經緯度表，取其經度相近星，爲食甚宿次。

回回三十星甲午經度
一人坐椅子象上第十二星王良第一星一宮二度五十四分二十六秒
二金牛象上第十四星畢宿大星二宮七度三十一分二十六秒
三人提猩猩頭象上第十二星表作積尸五一宮
四人提猩猩頭象上第七星表作積水三一宮
五人拿柱杖象上第一星觜宿南星二宮二十一度五分二

回回三十星甲午經度[1]

一、人坐椅子象上第十二星，王良第一星。一宮二度五十四分二十六秒。

二、金牛象上第十四星，畢宿大星。二宮七度三十一分二十六秒。

三、人提猩猩頭象上第十二星，表作積尸五，一宮。

四、人提猩猩頭象上第七星，表作積水三。一宮。

五、人拿柱杖象上第一星，觜宿南星。二宮十一度五分二

1 “回回三十星甲午經度”星表與《明譯天文書》所對應的30顆星相對應，不過各星的位置以道光甲午元進行了重新計算，如第一星爲“人坐椅子象上第十二星，王良第一星，一宮二度五十四分二十六秒”。比較後可以發現，道光本的作者似乎并沒有直接參照《明譯天文書》，這些內容其實是間接源自梅文鼎的《西國三十雜星考》。

十六秒

六人拿柱杖象上弟四星參宿第四星二宫二十六度三十

分二十六秒

七人拿柱杖象上弟五星參宿弟一星二宫二十度九分二

十六秒

八人拿柱杖象上弟二十九星參宿弟三星二宫二十二度

二十五分二十六秒

九人拿柱杖象上弟三十七星參宿弟七星二宫十四度三

十五分二十六秒

十人拿馬牵脑象上弟三星五車弟二星、二宫十九度三十

回回曆法　三十星

十六秒。

六、人拿柱杖象上第四星，参宿第四星。二宫二十六度三十分二十六秒。

七、人拿柱杖象上第五星，参宿第一星。二宫二十度九分二十六秒。

八、人拿柱杖象上第二十九星，参宿第三星。二宫二十二度二十五分二十六秒。

九、人拿柱杖象上第三十七星，参宿第七星。二宫十四度三十五分二十六秒。

十、人拿馬牵脑象上第三星，五車第二星。二宫十九度三十

回回曆法

四分二十六秒

十一人拿馬牵脑象上第四星五車第三星二宮二十九度十

分二十六秒

十二大犬象上第一星天狼星三宮十一度五十四分二十

六秒

十三小人象上第五星南河南星三宮二十三度三十七分二

十六秒

十四兩童子並立象上第一星北河第二星三宮十七度五十

九分二十六秒

十五兩童子並立象上第六星北河第三星三宮二十一度一

四分二十六秒。

十一、人拿馬牵脑象上第四星，五車第三星。二宫二十九度十分二十六秒。

十二、大犬象上第一星，天狼星。三宫十一度五十四分二十六秒。

十三、小人象上第五星，南河南星。三宫二十三度三十七分二十六秒。

十四、兩童子并立象上第一星，北河第二星。三宫十七度五十九分二十六秒。

十五、兩童子并立象上第六星，北河第三星。三宫二十一度一

分二十六秒
十六大蟹象上第一星積尸氣四宮五度五分二十六秒
十七獅子象上第六星軒轅第十二星四宮二十七度十七分二
十六秒
十八獅子象上第八星軒轅大星四宮二十七度三十五分二
十六秒
十九獅子象上第二十七星五帝座五宮十九度二十一分
二十六秒
二十人呼吽象上第一星大角星六宮二十一度五十八分
二十六秒

分二十六秒。

十六、大蟹象上第一星，积尸气。四宫五度五分二十六秒。

十七、狮子象上第六星，轩辕第十二星。四宫二十七度十七分二十六秒。

十八、狮子象上第八星，轩辕大星。四宫二十七度三十五分二十六秒。

十九、狮子象上第二十七星，五帝座。五宫十九度二十一分二十六秒。

二十、人呼吽象上第一星，大角星。六宫二十一度五十八分二十六秒。

廿一 婦人有兩翅象上第十四星角宿南星六宮二十一度三十四分二十六秒

廿二 缺椀象上第一星貫索大星七宮九度五十七分二十六秒

廿三 蝎子象上第八星心宿大星八宮七度三十一分二十六秒

廿四 蝎子象上第二十二星傅說星八宮二十五度二十五分二十六秒

廿五 人彎弓騎馬象上第七星南斗魁北無名星九宮九度二十五分二十六秒

廿一、婦人有兩翅象上第十四星，角宿南星。六宫二十一度三十四分二十六秒。

廿二、缺椀象上第一星，貫索大星。七宫九度五十七分二十六秒。

廿三、蝎子象上第八星，心宿大星。八宫七度三十一分二十六秒。

廿四、蝎子象上第二十二星，傅説星。八宫二十五度二十五分二十六秒。

廿五、人彎弓騎馬象上第七星，南斗魁北，无名星。九宫九度二十五分二十六秒。

廿六 龜象上第一星織女星九宮十二度三十五分二十六秒

廿七 飛禽象上第三星河鼓大星九宮二十四度九分二十六秒

廿八 寶瓶象上第四十二星北落師門十一宮一度三十分二十六秒

廿九 雞象上第五星天津第四星十一宮三度十二分二十六秒

三十 大馬象上第三星室宿北星十一宮二十七度五十八分二十六秒

回回曆法 三十星 二十二

廿六、龜象上第一星，織女星。九宮十二度三十五分二十六秒。

廿七、飛禽象上第三星，河鼓大星。九宮二十四度九分二十六秒。

廿八、寶瓶象上第四十二星，北落師門。十一宮一度三十分二十六秒。

廿九、鷄象上第五星，天津第四星。十一宮三度十二分二十六秒。

三十、大馬象上第三星，室宿北星。十一宮二十七度五十八分二十六秒。

回回曆法

各年首朔根表

各年首朔根表者各年春分所在月即二月也距甲午首朔之年月日也求之之法置相距年數以三十一乘之得數又加四十四日如一百二十八而一得宮閏日乃置距年以三百六十五日乘之得數加宮閏日又加十二日以一萬零六百三十一日為法除之得總年數不滿法者以三百五十四日為法除之得零年數餘數内視零年數為二年則減一日五年則減二日七年則減三日十年則減四日十三年則減五日十六年則減六日十八年則減七日二十一年則減八日二十四年則減九日二十六年則減十日二十九年則減十一日其餘以單月三十日雙月二十九日除之得月分數餘為春分距朔日數也

各年首朔根表

各年首朔根表者，各年春分所在月，即二月也。距甲午首朔之年月日也。求之之法，置相距年數，以三十一乘之，得數又加四十四日，如一百二十八而一，得宫闰日。乃置距年以三百六十五日乘之，得數加宫闰日。又加十二日，以一萬零六百三十一日爲法除之，得總年數。不滿法者，以三百五十四日爲法除之，得零年數。餘數内視零年數爲二年，則減一日，五年則減二日，七年則減三日，十年則減四日，十三年則減五日，十六年則減六日，十八年則減七日，二十一年則減八日，二十四年則減九日，二十六年則減十日，二十九年則減十一日。其餘以單月三十日，雙月二十九日除之，得月分數，餘爲春分距朔日數也。

首朔根			紀年	首朔根			紀年	首朔根			紀年
總年	零年	月分		總年	零年	月分		總年	零年	月分	
			甲午	一	○○	一二	甲子			○一	甲午
			乙未	一	○一	一二	乙丑		○一	○一	乙未
			丙申	一	○三	○一	丙寅		○二	○二	丙申
			丁酉	一	○四	○一	丁卯		○三	○二	丁酉
			戊戌	一	○五	○一	戊辰		○四	○二	戊戌
			己亥	一	○六	○二	己巳		○五	○三	己亥
			庚子	一	○七	○二	庚午		○六	○三	庚子
			辛丑	一	○八	○三	辛未		○七	○三	辛丑
			壬寅	一	○九	○三	壬申		○八	○四	壬寅
			癸卯	一	一○	○三	癸酉		○九	○四	癸卯
			甲辰	一	一一	○四	甲戌		一○	○五	甲辰
			乙巳	一	一二	○四	乙亥		一一	○五	乙巳
			丙午	一	一三	○四	丙子		一二	○五	丙午
			丁未	一	一四	○五	丁丑		一三	○六	丁未
			戊申	一	一五	○五	戊寅		一四	○六	戊申
			己酉	一	一六	○五	己卯		一五	○六	己酉
			庚戌	一	一七	○六	庚辰		一六	○七	庚戌
			辛亥	一	一八	○六	辛巳		一七	○七	辛亥
			壬子	一	一九	○七	壬午		一八	○七	壬子
			癸丑	一	二○	○七	癸未		一九	○八	癸丑
			甲寅	一	二一	○七	甲申		二○	○八	甲寅
			乙卯	一	二二	○八	乙酉		二一	○九	乙卯
			丙辰	一	二三	○八	丙戌		二二	○九	丙辰
			丁巳	一	二四	○八	丁亥		二三	○九	丁巳
			戊午	一	二五	○九	戊子		二四	一○	戊午
			己未	一	二六	○九	己丑		二五	一○	己未
			庚申	一	二七	○九	庚寅		二六	一○	庚申
			辛酉	一	二八	一○	辛卯		二七	一一	辛酉
			壬戌	一	二九	一○	壬辰		二八	一一	壬戌
			癸亥	二	○○	一一	癸巳		二九	一二	癸亥

総年零年月分日期諸行表

総年諸行表者日月諸行每三十年積度也零年諸行表者日月諸行每年積度也滿三十年則入総年表二年五年七年十年十三年十六年十八年二十一年二十四年二十六年二十九年各加一日行度月分諸行表者日月諸行每月積度也單月為三十日行度雙月為二十九日行度滿十二月則入零年表首朔根表中所列為三月則減一月以二月入月分表查看日期諸行表者日月諸行每日積度也滿三十日則入月分表求之之法太陽三百六十五日一百二十八分日三十一行滿一周天故置三百六十度以一百二十八通之為實以一百二十八通三百六十五日內子三十一為法除之得太陽每日行度也每三十年月閏為十一日則是三十年月距日度適當三百六十周天故

總年諸行表

總年零年月分日期諸行表者，日月諸行，每三十年積度也。零年諸行表者，日月諸行每年積度也。滿三十年則入總年表。二年，五年，七年，十年，十三年，十六年，十八年，二十一年，二十四年，二十六年，二十九年，各加一日行度。月分諸行表者，日月諸行，每月積度也。單月爲三十日行度，雙月爲二十九日行度，滿十二月則入零年表。首朔根表中所列爲三月，則減一月，以二月入月分表查看。日期諸行表者，日月諸行每日積度也。滿三十日，則入月分表。求之之法，太陽三百六十五日一百二十八分，日三十一行滿一周天。故置三百六十度，以一百二十八通之爲實，以一百二十八通三百六十五日内子三十一爲法，除之得太陽每日行度也。每三十年月閏爲十一日，則是三十年月距日度適當三百六十周天，故

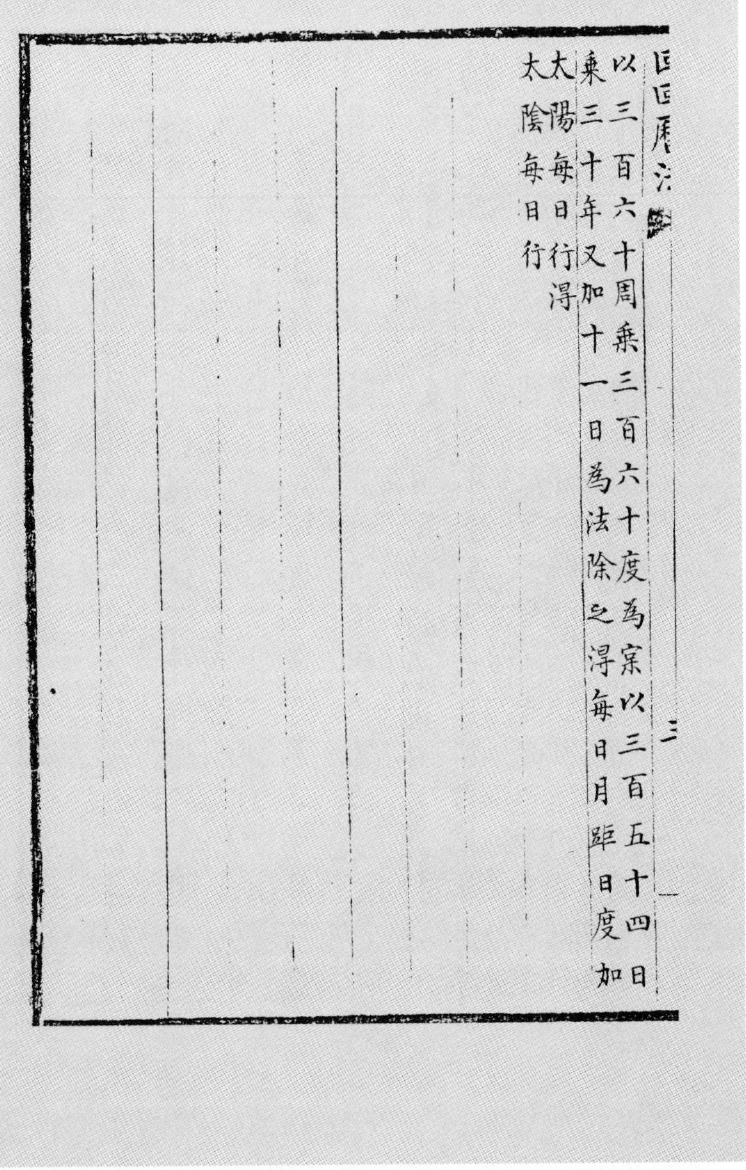

回回曆法　三

以三百六十周乘三百六十度爲宲以三百五十四日
乘三十年又加十一日爲法除之淂每日月距日度加
太陽每日行淂
太陰每日行

以三百六十周乘三百六十度爲實，以三百五十四日乘三十年，又加十一日爲法除之，得每日月距日度，加太陽每日行，得太陰每日行。

太陽最高行度			太陽中心行度				總年數
度	分	秒	宮	度	分	秒	
	二九	〇七	一	〇八	二五	〇二	一
	五八	一四	二	一六	五〇	〇三	二
一	二七	二一	三	二五	一五	〇五	三
一	五六	二七	五	〇三	四〇	〇七	四
二	二五	三四	六	一二	〇五	〇九	五
二	五四	四一	七	二〇	三〇	一〇	六
三	二三	四八	八	二八	五五	一二	七
三	五二	五四	一〇	〇七	二〇	一四	八
四	二二	〇一	一一	一五	四五	一六	九
四	五一	〇八		二四	一〇	一七	一〇
五	二〇	一五	二	〇二	三五	一九	一一
五	四九	二一	三	一一	〇〇	二一	一二
六	一八	二八	四	一九	二五	二二	一三
六	四七	三五	五	二七	五〇	二四	一四
七	一六	四一	七	〇六	一五	二五	一五
七	四五	四八	八	一四	四〇	二七	一六
八	一四	五五	九	二三	〇五	二九	一七
八	四四	〇二	一一	〇一	三〇	三一	一八
九	一三	〇八		九	五五	三三	一九
九	四二	一五	一	一八	二〇	三五	二〇

太陰計都行度				太陰本輪行度				太陰中心行度				總年數
宮	度	分	秒	宮	度	分	秒	宮	度	分	秒	
六	二二	五八		九	二三	四八	一八	一	〇八	二五	〇二	一
一	一五	五六		七	一七	三六	三六	二	一六	五〇	〇三	二
八	〇八	五四		五	一一	二四	五四	三	二五	一五	〇五	三
三	〇一	五二		三	〇五	一三	一二	五	〇三	四〇	〇七	四
九	二四	五〇			二九	〇一	三〇	六	一二	〇五	〇九	五
四	一七	四八		一〇	二二	四九	四八	七	二〇	三〇	〇九	六
一一	一〇	四六		八	一六	三八	〇六	八	二八	五五	一一	七
六	〇三	四四		六	一〇	二六	二四	一〇	〇七	二〇	一三	八
	二六	四二		四	〇四	一四	四二	一一	一五	四五	一五	九
七	一九	四〇		一	二八	〇三	〇〇		二四	一〇	一六	一〇
二	一二	三八		一一	二一	五一	一八	二	〇二	三五	一八	一一
九	〇五	三六		九	一五	三九	三六	三	一一	〇〇	二〇	一二
三	二八	三四		七	〇九	二七	五四	四	一九	二五	二一	一三
一〇	二一	三二		五	〇三	一六	一二	五	二七	五〇	二三	一四
五	一四	三〇		二	二七	〇四	三〇	七	〇六	一五	二五	一五
	七	二八			二〇	五二	四八	八	一四	四〇	二七	一六
七	〇〇	二六		一〇	一四	四一	〇六	九	二三	〇五	二八	一七
一	二三	二四		八	〇八	二九	二四	一一	一〇	三〇	三〇	一八
八	一六	二二		六	〇二	一七	四二		九	五五	三二	一九
三	〇九	二〇		三	二六	〇六	〇〇	一	一八	二〇	三四	二〇

太陽最高		太陽中心行度				零年數
分	秒	宮	度	分	秒	
	五八	一一	一八	五五	〇九	一
一	五六	一一	〇八	四九	二六	二
二	五四	一〇	二七	四四	三五	三
三	五三	一〇	一六	三九	四四	四
四	五一	一〇	〇六	三四	〇二	五
五	四九	九	二五	二九	一一	六
六	四七	九	一五	二三	二八	七
七	四六	九	〇四	一八	三七	八
八	四四	八	二三	一三	四六	九
九	四二	八	一三	〇八	〇三	一〇
〇	四〇	八	〇二	〇三	一二	一一
一	三九	七	二〇	五八	二一	一二
二	三七	七	一〇	五二	三九	一三
三	三五	六	二九	四七	四八	一四
四	三三	六	一八	四二	五七	一五
五	三二	六	〇八	三七	一四	一六
六	三〇	五	二七	三二	二三	一七
七	二八	五	一七	二六	四〇	一八
八	二六	五	〇六	二一	四九	一九
九	二五	四	二五	一六	五八	二〇
〇	二三	四	一五	一一	一六	二一
〇	二一	四	〇四	〇六	二五	二二
二	一九	三	二三	〇一	三四	二三
三	一八	三	一二	五五	五一	二四
四	一六	三	〇一	五一	〇〇	二五
五	一四	二	二一	四五	一八	二六
六	一二	二	一〇	四〇	二七	二七
七	一一	一	二九	三五	三六	二八
八	〇九	一	一九	二九	五三	二九
九	〇七	一	〇八	二五	〇二	三〇

太陰計都行度				太陰本輪行度				太陰中心行度				零年數
宫	度	分	秒	宫	度	分	秒	宫	度	分	秒	
	一八	四四	四六	一〇	〇五	〇〇	一一	一一	一四	二六	五七	一
一	〇七	三二	四三	八	二三	〇四	一六	一一	一二	〇四	三〇	二
一	二六	一七	二九	六	二八	〇四	二六	一〇	二六	三一	二七	三
二	一五	〇二	一五	五	〇三	〇四	三七	一〇	一〇	五八	二四	四
三	〇三	五〇	一二	三	二一	〇八	四二	一〇	〇八	三五	五六	五
三	二二	三四	五七	一	二六	〇八	五三	九	二三	〇二	五三	六
四	一一	二二	五五		一四	一二	五八	九	二〇	四〇	二六	七
五	〇〇	〇七	四一	一〇	一九	一三	〇八	九	〇五	〇七	二三	八
五	一八	五二	二七	八	二四	一三	一九	八	一九	三四	二〇	〇九
六	〇七	四〇	二四	七	一二	一七	二四	八	一七	一一	五二	一〇
六	二六	二五	一〇	五	一七	一七	三五	八	〇一	三八	五〇	一一
七	一五	〇九	五六	三	二二	一七	四六	七	一六	〇五	四七	一二
八	〇三	五七	五二	二	一〇	二一	五〇	七	一三	四三	一九	一三
八	二二	四二	三九		一五	二二	〇一	六	二八	一〇	一六	一四
九	一一	二七	二五	一〇	二〇	二二	一二	六	一二	三七	一三	一五
一〇	〇〇	一五	二一	九	〇八	二六	一七	六	一〇	一四	四六	一六
一〇	一九	〇〇	〇七	七	一三	二六	二八	五	二四	四一	四三	一七
一一	〇七	四八	〇四	六	〇一	三〇	三二	五	二二	一九	一五	一八
一一	二六	三二	五〇	四	〇六	三〇	四三	五	〇六	四六	一二	一九
	一五	一七	三六	二	一一	三〇	五四	四	二一	一三	一〇	二〇
一	〇四	〇五	三三		二九	三四	五九	四	一八	五〇	四二	二一
一	二二	五〇	一九	一一	〇四	三五	一〇	四	〇三	一七	三九	二二
二	一一	三五	〇五	九	〇九	三五	二〇	三	一七	四四	三六	二三
三	〇〇	二三	〇二	七	二七	三九	二五	三	一五	二二	〇八	二四
三	一九	〇七	四八	六	〇二	三九	三六	二	二九	四九	〇六	二五
四	〇七	五五	四五	四	二〇	四三	四一	二	二七	二六	三八	二六
四	二六	四〇	三一	二	二五	四三	五二	二	一一	五三	三五	二七
五	一五	二五	一七	一	〇〇	四四	〇二	一	二六	二〇	三二	二八
六	〇四	一三	一四	一一	一八	四八	〇七	一	二三	五八	〇五	二九
六	二二	五八	〇〇	九	二三	四八	一八	一	〇八	二五	〇二	三〇

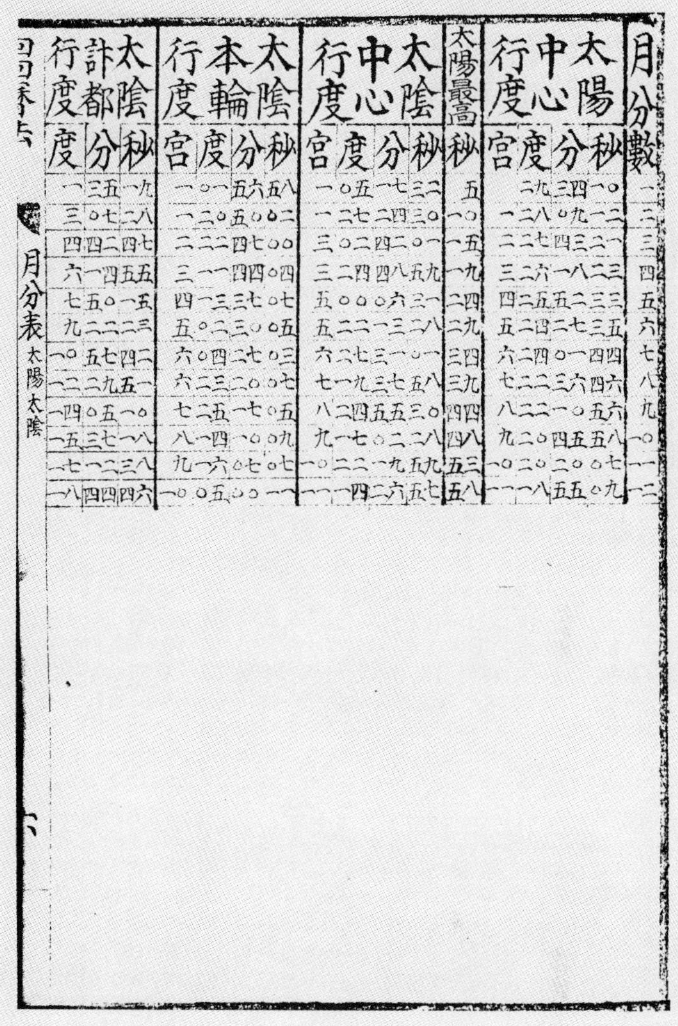

太陰計都行度			太陰本輪行度				太陰中心行度				太陽最高	太陽中心行度				月分數
度	分	秒	宮	度	分	秒	宮	度	分	秒	秒	宮	度	分	秒	
一	三五	一九	一	〇一	五六	五八	一	〇五	一七	三二	五		二九	三四	一〇	一
三	〇七	二八	一	二〇	五〇	〇二	一	二七	二四	三〇	一〇	一	二八	〇九	一二	二
四	四二	四七	二	二二	四七	〇〇	三	〇二	四二	〇一	一五	二	二七	四三	二一	三
六	一四	五五	三	一一	四四	〇四	三	二四	四八	五九	一九	三	二六	一八	二三	四
七	五〇	一五	四	一三	三七	〇七	五	〇〇	〇六	三一	二四	四	二五	五二	三三	五
九	二二	二三	五	〇二	三〇	〇五	五	二二	一三	二八	二九	五	二四	二七	三五	六
一〇	五七	四二	六	〇四	二七	〇三	六	二七	三一	〇一	三四	六	二四	〇一	四四	七
一二	二九	五一	六	二三	二〇	〇七	七	一九	三七	五八	三九	七	二二	三六	四六	八
一四	〇五	一〇	七	二五	一七	〇五	八	二四	五五	三〇	四四	八	二二	一〇	五六	九
一五	三七	一八	八	一四	一〇	〇九	九	一七	〇二	二八	四八	九	二〇	四五	五八	一〇
一七	一二	三八	九	一六	〇七	〇七	一〇	二二	一九	五九	五三	一〇	二〇	二〇	〇七	一一
一八	四四	四六	一〇	〇五	〇〇	一一	一一	一四	二六	五七	五八	一一	一八	五五	〇九	一二

日期表 太陽 太陰

太陰計都行度			太陰本輪行度				太陰中心行度				太陽最高	太陽中心行度			日期數
度	分	秒	宮	度	分	秒	宮	度	分	秒	秒	度	分	秒	
	三	一一		一三	○三	五四		一三	一○	三五	○		五九	○八	一
	六	二一		二六	○七	四八		二六	二一	一○	○	一	五八	一七	二
	九	三二	一	○九	一一	四二	一	○九	三一	四五	一	二	五七	二五	三
	一二	四三	一	二二	一五	三六	一	二二	四二	二○	一	三	五六	三三	四
	一五	五三	二	○五	一九	三○	二	○五	五二	五五	一	四	五五	四二	五
	一九	○四	二	一八	二三	二四	二	一九	○三	三○	一	五	五四	五○	六
	二二	一四	三	○一	二七	一七	三	○二	一四	○六	一	六	五三	五八	七
	二五	二五	三	一四	三一	一一	三	一五	二四	四一	一	七	五三	○七	八
	二八	三六	三	二七	三五	○五	三	二八	三五	一六	一	八	五二	一五	九
	三一	四六	四	一○	三八	五九	四	一一	四五	五一	二	九	五一	二三	一○
	三四	五七	四	二三	四二	五三	四	二四	五六	二六	二	一○	五○	三二	一一
	三八	○七	五	○六	四六	四七	五	○八	○七	○一	二	一一	四九	四○	一二
	四一	一八	五	一九	五○	四一	五	二一	一七	三六	二	一二	四八	四八	一三
	四四	二八	六	○二	五四	三五	六	○四	二八	一一	二	一三	四七	五七	一四
	四七	三九	六	一五	五八	二九	六	一七	三八	四六	二	一四	四七	○五	一五
	五○	五○	六	二九	○二	二三	七	○○	四九	二一	三	一五	四六	一三	一六
	五四	○○	七	一二	○六	一七	七	一三	五九	五六	三	一六	四五	二二	一七
	五七	一一	七	二五	二○	一一	七	二七	一○	三一	三	一七	四四	三○	一八
一	○○	二一	八	○八	一四	○五	八	一○	二一	○六	三	一八	四三	三八	一九
一	○三	三二	八	二一	一七	五九	八	二三	三一	四二	三	一九	四二	四七	二○
一	○六	四三	九	○四	二一	五三	九	○六	四二	一七	三	二○	四一	五五	二一
一	一九	五三	九	一七	二五	四六	九	一九	五二	五二	四	二一	四一	○三	二二
一	一三	○四	一○	○○	二九	四○	一○	○三	○三	二七	四	二二	四○	一二	二三
一	一六	一五	一○	一三	三三	三四	一○	一六	一四	○二	四	二三	三九	二○	二四
一	一九	二五	一○	二六	三七	二八	一○	二九	二四	三七	四	二四	三八	二八	二五
一	二二	三六	一一	○九	四一	二二	一一	一二	三五	一二	四	二五	三七	三七	二六
一	二五	四七	一一	二二	四五	一六	一一	二五	四五	四七	四	二六	三六	四五	二七
一	二八	五七		五	四九	一○		八	五六	二二	五	二七	三五	五三	二八
一	三二	○八		一八	五三	○四		二二	○六	五七	五	二八	三五	○二	二九
一	三五	一九	一○	○一	五六	五八	一○	○五	一七	三二	五	二九	三四	一○	三○

太陽加減差表

太陽加減差表以自行宮度初宮至五宮列於上六宮至十一宮列於下前後列三十度分順逆以別加減中列逐宮逐度之加減差自行度在上六宮者用順度其號為減在下六宮者用逆度其號為加

用表之法設自行度為二宮十五度二十分求加減差則察二宮十五度所對之加減差為一度五十五分三十四秒与二宮十六度所對之加減差一度五十六分九秒相減餘三十五秒為二率二十分通秒得一千二百秒為三率六十分通秒得三千六百秒為一率求得

太陽加減差表

太陽加減差表，以自行宮度初宮至五宮列於上，六宮至十一宮列於下。前後列三十度分，顺逆以别加減，中列逐宫逐度之加減差。自行度在上六宫者，用順度，其號爲減；在下六宫者，用逆度，其號爲加。

用表之法：設自行度爲二宫十五度二十分，求加減差。則察二宫十五度所對之加減差，爲一度五十五分三十四秒，与二宫十六度所對之加減差一度五十六分九秒相減，餘三十五秒爲二率，二十分通秒，得一千二百秒爲三率。六十分通秒得三千六百秒爲一率，求得

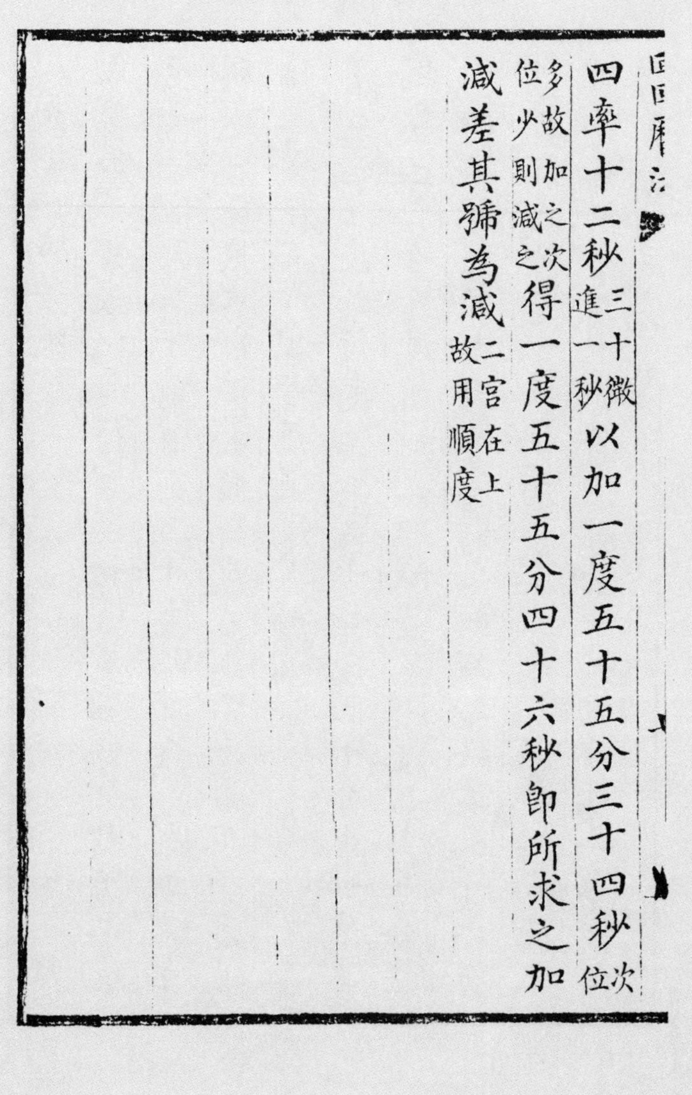

四率十二秒。三十微進一秒。以加一度五十五分三十四秒，次位多，故加之；次位少，則減之。得一度五十五分四十六秒，即所求之加減差，其號为減。二宫在上，故用順度。

太陽加減差

自行	二宮加減差 度	二宮加減差 分	二宮加減差 秒	一宮加減差 度	一宮加減差 分	一宮加減差 秒	初宮加減差 度	初宮加減差 分	初宮加減差 秒	自行
三○	一	四二	四五		五八	三五		○	○○	○
二九	一	四三	四九	一	○○	二二		二	○二	一
二八	一	四四	五二	一	○二	○八		四	○四	二
二七	一	四五	五三	一	○三	五三		六	○六	三
二六	一	四六	五二	一	○五	三七		八	○八	四
二五	一	四七	四九	一	○七	二○		一○	一○	五
二四	一	四八	四四	一	○九	○一		一二	一二	六
二三	一	四九	三七	一	一○	四一		一四	一三	七
二二	一	五○	二八	一	一二	二○		一六	一五	八
二一	一	五一	一七	一	一三	五八		一八	一六	九
二○	一	五二	○四	一	一五	三五		二○	一七	一○
一九	一	五二	五○	一	一七	一○		二二	一七	一一
一八	一	五三	三四	一	一八	四四		二四	一六	一二
一七	一	五四	一六	一	二○	一七		二六	一六	一三
一六	一	五四	五六	一	二一	四九		二八	一五	一四
一五	一	五五	三四	一	二三	一九		三○	一五	一五
一四	一	五六	○九	一	二四	四七		三二	一三	一六
一三	一	五六	四二	一	二六	一四		三四	一○	一七
一二	一	五七	一三	一	二七	四○		三六	○七	一八
一一	一	五七	四二	一	二九	○四		三八	○三	一九
一○	一	五八	○九	一	三○	二七		三九	五九	二○
九	一	五八	三四	一	三一	四八		四一	五四	二一
八	一	五八	五七	一	三三	○八		四三	四八	二二
七	一	五九	一八	一	三四	二六		四五	四二	二三
六	一	五九	三七	一	三五	四二		四七	三五	二四
五	一	五九	五四	一	三六	五七		四九	二七	二五
四	二	○○	○八	一	三八	一○		五一	一八	二六
三	二	○○	二○	一	三九	二一		五三	○八	二七
二	二	○○	三○	一	四○	三一		五四	五八	二八
一	二	○○	三八	一	四一	三九		五六	四七	二九
○	二	○○	四三	一	四二	四五		五八	三五	三○
加	九宮			十宮			十一宮			減

自行	五宮			四宮			三宮			自行
	加減差			加減差			加減差			
	度	分	秒	度	分	秒	度	分	秒	
三〇	一	〇二	一六	一	四六	二五	二	〇〇	四三	〇
二九	一	〇〇	二四	一	四五	二三	二	〇〇	四六	一
二八		五八	三一	一	四四	一九	二	〇〇	四七	二
二七		五六	三六	一	四三	一三	二	〇〇	四六	三
二六		五四	四〇	一	四二	〇五	二	〇〇	四三	四
二五		五二	四三	一	四〇	五五	二	〇〇	三八	五
二四		五〇	四五	一	三九	四三	二	〇〇	三〇	六
二三		四八	四六	一	三八	二九	二	〇〇	二〇	七
二二		四六	四六	一	三七	一三	二	〇〇	〇八	八
二一		四四	四五	一	三五	五六	一	五九	五三	九
二〇		四二	四三	一	三四	三八	一	五九	三六	一〇
一九		四〇	四〇	一	三三	一六	一	五九	一七	一一
一八		三八	三六	一	三一	五三	一	五八	五六	一二
一七		三六	三二	一	三〇	二八	一	五八	三三	一三
一六		三四	二七	一	二九	〇一	一	五八	〇八	一四
一五		三二	二一	一	二七	三三	一	五七	四一	一五
一四		三〇	一五	一	二六	〇三	一	五七	一一	一六
一三		二八	〇八	一	二四	三一	一	五六	三九	一七
一二		二六	〇一	一	二二	五七	一	五六	〇五	一八
一一		二三	五三	一	二一	二二	一	五五	二八	一九
一〇		二一	四四	一	一九	四五	一	五四	四九	二〇
九		一九	三五	一	一八	〇七	一	五四	〇八	二一
八		一七	二五	一	一六	三七	一	五三	二五	二二
七		一五	一五	一	一四	四五	一	五二	四〇	二三
六		一三	〇五	一	一三	〇二	一	五一	五三	二四
五		一〇	五五	一	一一	一八	一	五一	〇四	二五
四		八	四四	一	〇九	三三	一	五〇	一三	二六
三		六	三三	一	〇七	四六	一	四九	一九	二七
二		四	二二	一	〇五	五七	一	四八	二三	二八
一		二	一一	一	〇四	〇七	一	四七	二五	二九
〇		〇	〇〇	一	〇二	一六	一	四六	二五	三〇
加	六宮			七宮			八宮			減

太陰第一加減差比敷分表

太陰第一加減差比敷分表以加倍相離宮度初宮至五宮列於上六宮至十一宮列於下前後列三十度分順逆以別加減中列逐宮逐度之加減差及比敷分加倍相離度在上六宮者用順度其號為加在下六宮者用逆度其號為減

用表之法設加倍相離度為一宮十九度求第一加減差及比敷分則一宮十九度与第一加減差所對之數為六度五十二分即所求之第一加減差其號為加若加倍相離度有零分者按中比例法求之其与比敷分

太陰第一加減差比敷分表

太陰第一加減差比敷分表，以加倍相離宮度初宮至五宮列於上，六宮至十一宮列於下。前後列三十度分，順逆以別加減，中列逐宮逐度之加減差及比敷分、加倍相離度。在上六宮者用順度，其號爲加；在下六宮者用逆度，其號爲減。

用表之法：加倍相離度爲一宮十九度，求第一加減差及比敷分。則一宮十九度与第一加減差所對之數爲六度五十二分，即所求之第一加減差，其號爲加。若加倍相離度有零分者，按中比例法，求之。其与比敷分

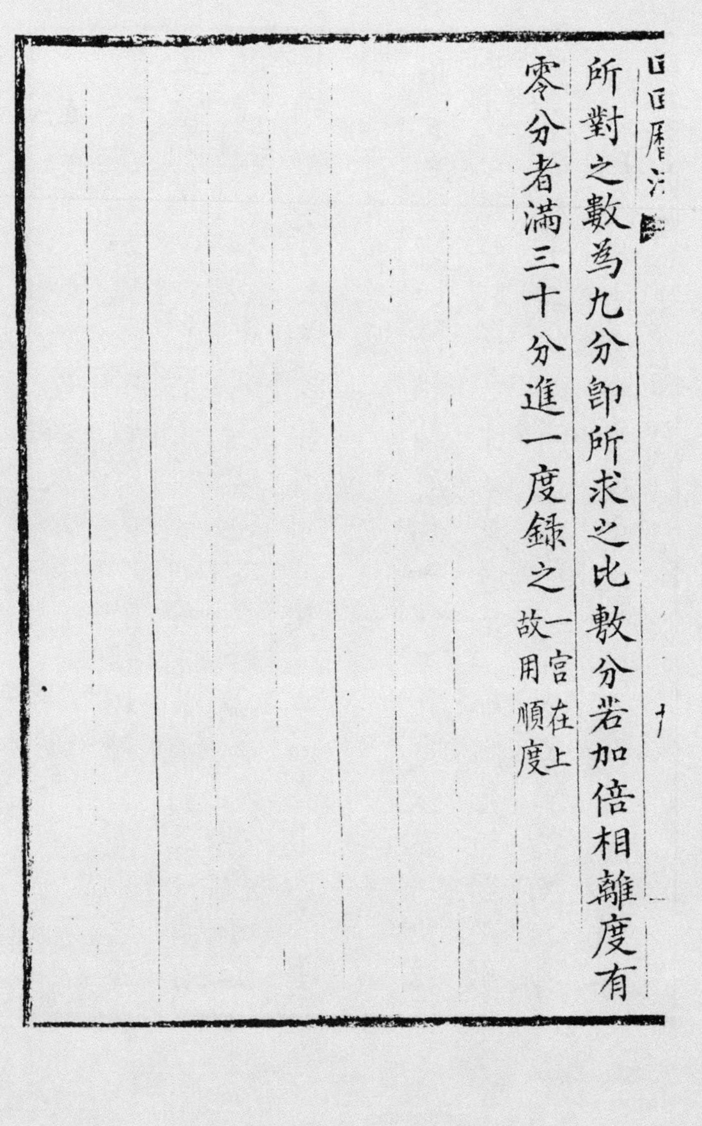

所對之數爲九分，即所求之比敷分。若加倍相离度有零分者，满三十分進一度録之。一宫在上，故用順度。

太陰第一加減差比敷分

加倍相離	二宮			一宮			初宮			加倍相離
	比敷	加減差		比敷	加減差		比敷	加減差		
	分	度	分	分	度	分	分	度	分	
三〇	一三	八	一八	三	四	一五	〇		〇〇	〇
二九	一三	八	二五	四	四	二四	〇		〇九	一
二八	一四	八	三三	四	四	三二	〇		一七	二
二七	一四	八	四〇	四	四	四〇	〇		二六	三
二六	一五	八	四七	四	四	四九	〇		三四	四
二五	一五	八	五五	五	四	五七	〇		四三	五
二四	一六	九	〇二	五	五	〇五	〇		五一	六
二三	一六	九	〇九	五	五	一四	〇	一	〇〇	七
二二	一六	九	一六	五	五	二二	〇	一	〇八	八
二一	一七	九	二三	六	五	三〇	〇	一	一七	九
二〇	一七	九	三〇	六	五	三九	〇	一	二五	一〇
一九	一八	九	三七	六	五	四七	〇	一	三四	一一
一八	一八	九	四四	七	五	五五	一	一	四三	一二
一七	一九	九	五〇	七	六	〇三	一	一	五一	一三
一六	一九	九	五七	七	六	一一	一	二	〇〇	一四
一五	二〇	一〇	〇四	八	六	一九	一	二	〇八	一五
一四	二〇	一〇	一〇	八	六	二八	一	二	一七	一六
一三	二一	一〇	一七	八	六	三六	一	二	二五	一七
一二	二一	一〇	二三	八	六	四四	一	二	三四	一八
一一	二二	一〇	三〇	九	六	五二	一	二	四二	一九
一〇	二二	一〇	三六	九	七	〇〇	二	二	五一	二〇
九	二三	一〇	四二	九	七	〇八	二	二	五九	二一
八	二三	一〇	四七	一〇	七	一六	二	三	〇八	二二
七	二四	一〇	五二	一〇	七	二四	二	三	一七	二三
六	二四	一〇	五八	一一	七	三一	二	三	二五	二四
五	二四	一一	〇三	一一	七	三九	二	三	三三	二五
四	二五	一一	〇九	一一	七	四七	三	三	四一	二六
三	二五	一一	一四	一二	七	五五	三	三	五〇	二七
二	二六	一一	一九	一二	八	〇三	三	三	五八	二八
一	二六	一一	二五	一三	八	一〇	三	四	〇六	二九
〇	二七	一一	三〇	一三	八	一八	三	四	一五	三〇
減	九宮			十宮			十一宮			加

加倍相離	五宮			四宮			三宮			加倍相離
	比敷	加減差		比敷	加減差		比敷	加減差		
	分	度	分	分	度	分	分	度	分	
三〇	五五	八	四四	四二	一二	二五	二七	一一	三〇	〇
二九	五五	八	三一	四三	一二	二二	二七	一一	三四	一
二八	五五	八	一七	四四	一二	一九	二八	一一	三八	二
二七	五六	八	〇三	四四	一二	一五	二八	一一	四二	三
二六	五六	七	四九	四五	一二	一二	二九	一一	四六	四
二五	五六	七	三四	四五	一二	〇八	二九	一一	五〇	五
二四	五七	七	一九	四六	一二	〇五	三〇	一一	五四	六
二三	五七	七	〇四	四六	一二	〇一	三一	一一	五八	七
二二	五七	六	四八	四七	一一	五七	三一	一二	〇二	八
二一	五八	六	三二	四七	一一	五三	三二	一二	〇六	九
二〇	五八	六	一五	四七	一一	四八	三二	一二	一〇	一〇
一九	五八	五	五八	四八	一一	四三	三三	一二	一三	一一
一八	五八	五	四一	四八	一一	三七	三四	一二	一六	一二
一七	五八	五	二四	四八	一一	三〇	三五	一二	一八	一三
一六	五九	五	〇六	四九	一一	二三	三五	一二	二〇	一四
一五	五九	四	四八	四九	一一	一六	三六	一二	二二	一五
一四	五九	四	三〇	四九	一一	〇九	三六	一二	二四	一六
一三	五九	四	一二	五〇	一一	〇一	三七	一二	二六	一七
一二	五九	三	五四	五〇	一〇	五三	三七	一二	二八	一八
一一	五九	三	三五	五一	一〇	四五	三七	一二	二九	一九
一〇	五九	三	一六	五一	一〇	三七	三八	一二	三〇	二〇
九	五九	二	五七	五二	一〇	二七	三八	一二	三一	二一
八	〇	二	三七	五二	一〇	一七	三五	一二	三一	二二
七	〇	二	一七	五二	一〇	〇七	三九	一二	三一	二三
六	〇	一	五八	五三	九	五六	四〇	一二	三一	二四
五	〇	一	三八	五三	九	四五	四〇	一二	三一	二五
四	〇	一	一八	五三	九	三四	四一	一二	三〇	二六
三	〇		五九	五四	九	二二	四一	一二	三〇	二七
二	〇		三九	五四	九	一〇	四二	一二	二九	二八
一	〇		二〇	五四	八	五七	四二	一二	二七	二九
〇	〇		〇〇	五五	八	四四	四二	一二	二五	三〇
減	六宮			七宮			八宮			加

太陰第二加減差遠近度表

太陰第二加減差遠近度表以本輪行定宮度初宮至
五宮列於上六宮至十一宮列於下前後列三十度分
順逆以別加減中列逐宮逐度之加減差及遠近度本
輪行定度在上六宮者用順度其號為減在下六宮者
用逆度其號為加
用表之法設本輪行定度為九宮十七度求第二加減
差及遠近度則察九宮十七度与第二加減差所對之
數為四度二十九分即所求之第二加減差其號為減
其与遠近度所對之數為二度十三分即所求之遠近

太陰第二加減差遠近度表

太陰第二加減遠近度表，以本輪行定宮度初宮至五宮列於上，六宮至十一宮列於下。前後列三十度分順逆以别加減；中列逐宮逐度之加減差及遠近度。本輪行定度在上六宮者，用順度，其號爲減；在下六宮者，用逆度，其號为加。

用表之法：設本輪行定度爲九宮十七度，求第二加減差及遠近度。則察九宮十七度与第二加減差所對之數爲四度二十九分，即所求之第二加減差，其號爲減。其与遠近度所對之數爲二度十三分，即所求之遠近

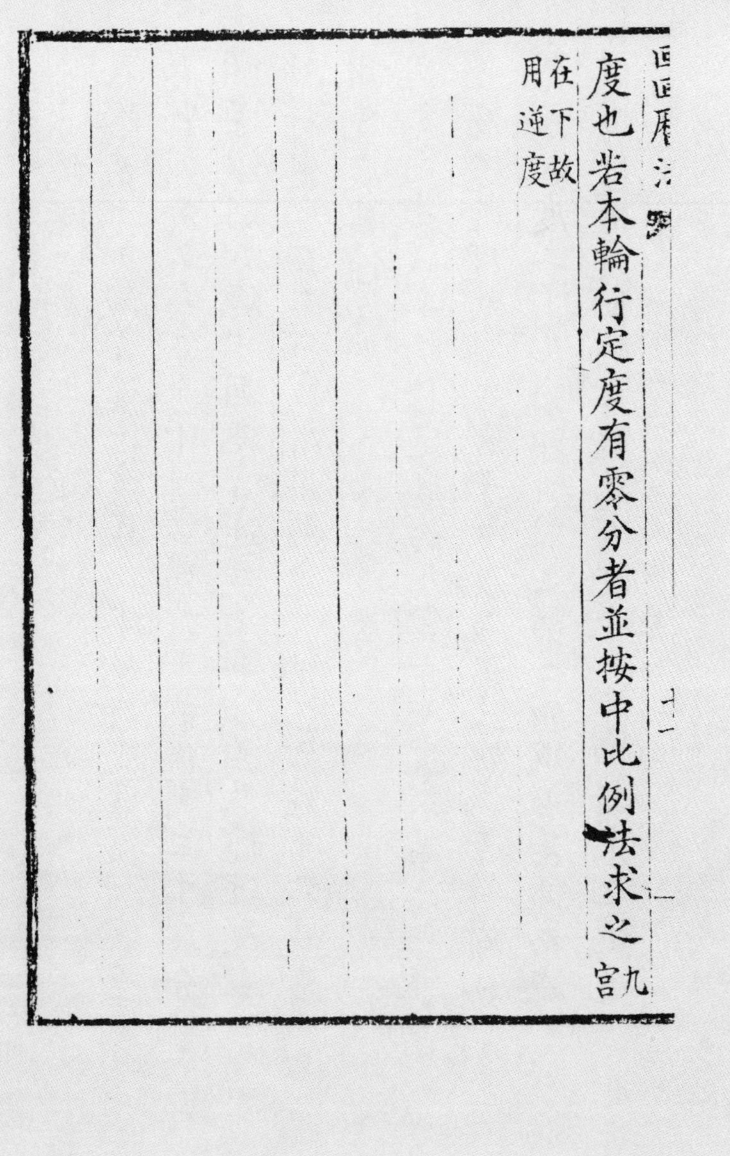

度也。若本輪行定度有零分者，并按中比例法求之。九宫在下，故用逆度。

太陰第二加減差遠近度

本輪行定	二宮				一宮				初宮				本輪行定
	遠近		加減差		遠近		加減差		遠近		加減差		
	度	分	度	分	度	分	度	分	度	分	度	分	
三〇	一	五六	四	〇一	一	〇三	二	一五		〇		〇	〇
二九	一	五八	四	〇三	一	〇五	二	一九		二		五	一
二八	一	五九	四	〇六	一	〇六	二	二三		四		九	二
二七	二	〇〇	四	〇八	一	〇八	二	二七		六		一四	三
二六	二	〇二	四	一〇	一	一〇	二	三一		八		一九	四
二五	二	〇三	四	一三	一	一二	二	三五		一〇		二四	五
二四	二	〇四	四	一五	一	一四	二	三九		一三		二九	六
二三	二	〇六	四	一七	一	一六	二	四三		一五		三三	七
二二	二	〇七	四	一九	一	一八	二	四七		一七		三八	八
二一	二	〇八	四	二一	一	二〇	二	五一		一九		四二	九
二〇	二	〇九	四	二三	一	二二	二	五五		二一		四七	一〇
一九	二	一〇	四	二五	一	二三	二	五九		二三		五二	一一
一八	二	一二	四	二七	一	二五	三	〇二		二六		五七	一二
一七	二	一三	四	二九	一	二七	三	〇六		二八		〇一	一三
一六	二	一四	四	三一	一	二九	三	〇九		三〇	一	〇五	一四
一五	二	一五	四	三三	一	三一	三	一三		三二	一	一〇	一五
一四	二	一六	四	三五	一	三三	三	一六		三四	一	一四	一六
一三	二	一七	四	三六	一	三五	三	二〇		三六	一	一九	一七
一二	二	一八	四	三八	一	三六	三	二三		三八	一	二三	一八
一一	二	一九	四	三九	一	三八	三	二七		四一	一	二八	一九
一〇	二	二〇	四	四〇	一	四〇	三	三〇		四三	一	三二	二〇
九	二	二一	四	四一	一	四一	三	三四		四五	一	三六	二一
八	二	二二	四	四二	一	四三	三	三七		四七	一	四〇	二二
七	二	二三	四	四三	一	四五	三	四〇		四九	一	四四	二三
六	二	二四	四	四四	一	四七	三	四三		五一	一	四九	二四
五	二	二四	四	四五	一	四八	三	四六		五三	一	五四	二五
四	二	二五	四	四六	一	五〇	三	四九		五五	一	五八	二六
三	二	二五	四	四七	一	五一	三	五二		五七	二	〇二	二七
二	二	二六	四	四八	一	五三	三	五五		五九	二	〇六	二八
一	二	二六	四	四九	一	五四	三	五八	一	〇一	二	一〇	二九
〇	二	二七	四	四九	一	五六	四	〇一	一	〇三	二	一五	三〇
加	九宮				十宮				十一宮				減

本輪行定	五宮				四宮				三宮				本輪行定
	遠近		加減差		遠近		加減差		遠近		加減差		
	度	分	度	分	度	分	度	分	度	分	度	分	
三〇	一	三〇	二	三五	二	二二	四	二〇	二	二七	四	四九	〇
二九	一	二七	二	三一	二	二一	四	一八	二	二七	四	五〇	一
二八	一	二四	二	二六	二	二〇	四	一六	二	二八	四	五〇	二
二七	一	二一	二	二二	二	一八	四	一三	二	二八	四	五〇	三
二六	一	一九	二	一七	二	一七	四	一一	二	二八	四	五〇	四
二五	一	一六	二	一二	二	一六	四	〇八	二	二九	四	五〇	五
二四	一	一三	二	〇七	二	一四	四	〇五	二	二九	四	四九	六
二三	一	一〇	二	〇二	二	一三	四	〇三	二	二九	四	四九	七
二二	一	〇八	一	五七	二	一二	四	〇〇	二	二九	四	四九	八
二一	一	〇五	一	五二	二	一〇	三	五七	二	三〇	四	四八	九
二〇	一	〇二	一	四七	二	〇九	三	五四	二	三〇	四	四八	一〇
一九		五九	一	四二	二	〇八	三	五〇	二	三〇	四	四七	一一
一八		五六	一	三七	二	〇六	三	四七	二	三〇	四	四七	一二
一七		五三	一	三二	二	〇五	三	四三	二	三〇	四	四六	一三
一六		五一	一	二七	二	〇三	三	四〇	二	三〇	四	四五	一四
一五		四七	一	二一	二	〇一	三	三七	二	三〇	四	四四	一五
一四		四四	一	一五	一	五九	三	三四	二	二九	四	四三	一六
一三		四一		一〇	一	五七	三	三〇	二	二九	四	四二	一七
一二		三八		〇五	一	五六	三	二六	二	二九	四	四一	一八
一一		三五		〇〇	一	五四	三	二二	二	二九	四	四〇	一九
一〇		三二		五五	一	五二	三	一八	二	二八	四	三九	二〇
九		二九		四九	一	五〇	三	一四	二	二八	四	三七	二一
八		二六		四三	一	四八	三	一〇	二	二八	四	三六	二二
七		二二		三八	一	四六	三	〇六	二	二七	四	三四	二三
六		一九		三三	一	四三	三	〇二	二	二七	四	三三	二四
五		一六		二七	一	四一	二	五八	二	二六	四	三一	二五
四		一三		二二	一	三九	二	五四	二	二六	四	二九	二六
三		一〇		一七	一	三七	二	四九	二	二五	四	二七	二七
二		六		一一	一	三五	二	四四	二	二四	四	二五	二八
一		三		五	一	三三	二	四〇	二	二三	四	二二	二九
〇		〇		〇	一	三〇	二	三五	二	二二	四	二〇	三〇
加	六宮				七宮				八宮				減

太陰黄道南北緯度表

太陰黄道南北緯度表按兩交前後分順逆列之兩交後之各宫列於上初宫至二宫係正交後在黄道北六宫至八宫係中交後在黄道南其數同兩交前之各宫列於下三宫至五宫係中交前在黄道北九宫至十一宫係正交前在黄道南其數同前後列三十度中列逐宫逐度之黄道緯度計都与月相離度在上六宫者用順度在下六宫者用逆度

用表之法設計都与月相離度為初宫二十五度求黄道緯度則察初宫二十五度所對之數為二度七分四

太陰黄道南北緯度表

太陰黄道南北緯度表，按兩交前後分順逆列之。兩交後之各宫列於上，初宫至二宫係正交後，在黄道北；六宫至八宫係中交後，在黄道南，其數同前交之各宫，列於下三宫至五宫係中交前，在黄道北；九宫至十一宫係正交前，在黄道南，其數同前。後列三十度，中列逐宫逐度之黄道緯度。計都与月相離度在上六宫者用順度，在下六宫者用逆度。

用表之法：設計都与月相離度爲初宫二十五度，求黄道緯度。則察初宫二十五度所對之數爲二度七分四

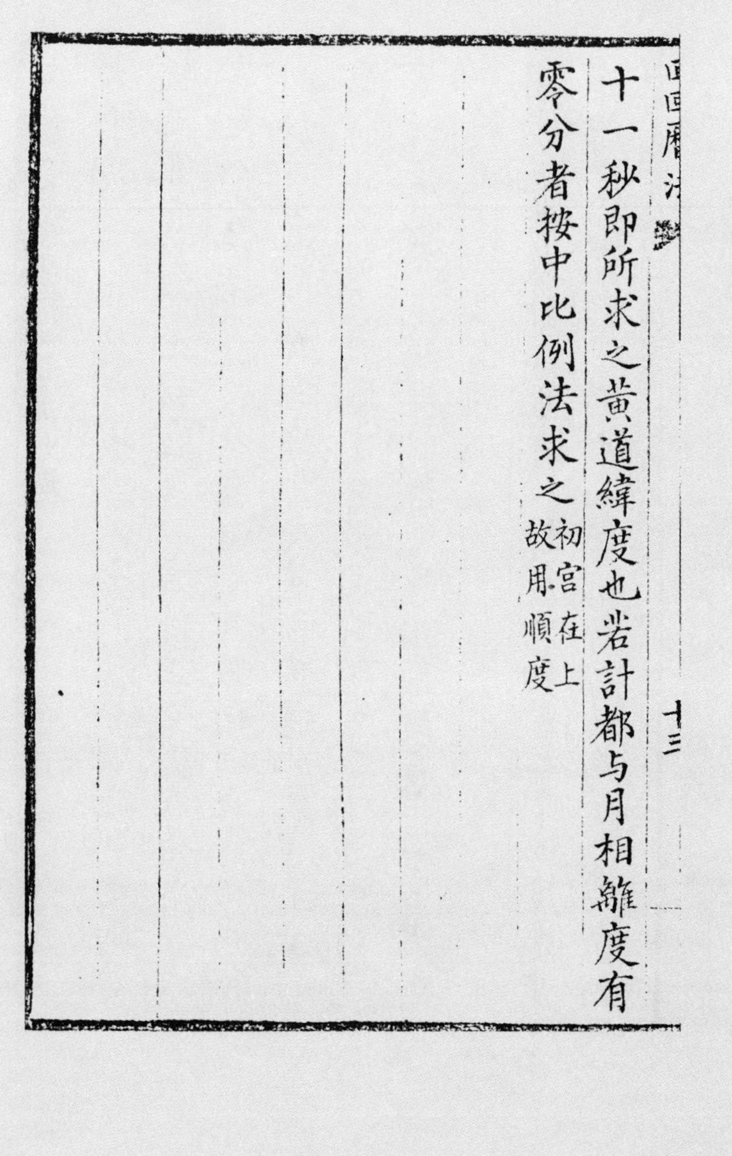

十一秒，即所求之黄道緯度也。若計都与月相離度有零分者，按中比例法求之。初宫在上，故用顺度。

太陰黃道南北緯度

月離計都	二宮 北 八宮 南			一宮 北 七宮 南			初宮 北 六宮 南			月離計都
	度	分	秒	度	分	秒	度	分	秒	
三〇	四	二一	五三	二	三一	〇六		〇	〇〇	〇
二九	四	二四	三〇	二	三五	三九		五	一六	一
二八	四	二七	〇一	二	四〇	〇九		一〇	三二	二
二七	四	二九	二七	二	四四	三五		一五	四八	三
二六	四	三一	四九	二	四八	五九		二一	〇三	四
二五	四	三四	〇六	二	五三	二〇		二六	一八	五
二四	四	三六	一七	二	五七	三七		三一	三三	六
二三	四	三八	二四	三	〇一	五二		三六	四七	七
二二	四	四〇	二五	三	〇六	〇四		四二	〇一	八
二一	四	四二	二二	三	一〇	一二		四七	一五	九
二〇	四	四四	一三	三	一四	一八		五二	二八	一〇
一九	四	四五	五九	三	一八	一九		五七	三九	一一
一八	四	四七	四〇	三	二二	一六	一	〇二	四九	一二
一七	四	四九	一五	三	二六	〇九	一	〇七	五七	一三
一六	四	五〇	四五	三	二九	五九	一	一三	〇四	一四
一五	四	五二	一〇	三	三三	四五	一	一八	一〇	一五
一四	四	五三	二九	三	三七	二七	一	二三	一五	一六
一三	四	五四	四四	三	四一	〇五	一	二八	一八	一七
一二	四	五五	五二	三	四四	三九	一	三三	二〇	一八
一一	四	五六	五六	三	四八	一〇	一	三八	二一	一九
一〇	四	五七	五四	三	五一	三六	一	四三	二一	二〇
九	四	五八	四六	三	五四	五七	一	四八	一七	二一
八	四	五九	三三	三	五八	一四	一	五三	一一	二二
七	五	〇〇	一四	四	〇一	二六	一	五八	〇三	二三
六	五	〇〇	五〇	四	〇四	二四	二	〇二	五三	二四
五	五	〇一	二一	四	〇七	三八	二	〇七	四一	二五
四	五	〇一	四六	四	一〇	三七	二	一二	一六	二六
三	五	〇二	〇五	四	一三	三三	二	一七	一〇	二七
二	五	〇二	一九	四	一六	二四	二	二一	五一	二八
一	五	〇二	二七	四	一九	一一	二	二六	三〇	二九
〇	五	〇二	三〇	四	二一	五三	二	三一	〇六	三〇
	三宮 北 九宮 南			四宮 北 十宮 南			五宮 北 十一宮 南			

晝夜加減差表

晝夜加減差表以太陽經度宮列於上三十度列於右
中列晝夜加減差並用順度
用表之法設太陽經度五宮九度求晝夜加減差則察
五宮九度所對之數為十六分三十九秒即所求之晝
夜加減差也若太陽經度有零分者用中比例法求之

晝夜加減差表

晝夜加減差表，以太陽經度宮列於上，三十度列於右，中列晝夜加減差，并用顺度。

用表之法：設太陽經度五宮九度，求晝夜加減差。則察五宮九度所對之數，爲十六分三十九秒，即所求之晝夜加減差也。若太陽經度有零分者，用中比例法求之。

五宮		四宮		三宮		二宮		一宮		初宮		太陽經度
分	秒	分	秒	分	秒	分	秒	分	秒	分	秒	
一四	二六	一一	〇七	一五	五四	二〇	四一	一七	二一	七	五一	一
一四	四〇	一一	〇四	一五	四〇	二〇	三八	一七	三六	八	一一	二
一四	五七	一一	〇三	一五	二七	二〇	三四	一七	五〇	八	三一	三
一五	一三	一一	〇二	一五	一四	二〇	三〇	一八	〇五	八	五一	四
一五	二九	一一	〇一	一五	〇一	二〇	二五	一八	一八	九	一一	五
一五	四六	一一	〇一	一四	四七	二〇	二〇	一八	三一	九	三三	六
一六	〇四	一一	〇二	一四	三四	二〇	一四	一八	四三	九	五三	七
一六	二二	一一	〇四	一四	二二	二〇	〇八	一八	五二	一〇	一三	八
一六	三九	一一	〇六	一四	〇九	二〇	〇一	一九	〇六	一〇	三三	九
一六	五七	一一	〇八	一三	五五	一九	五三	一九	一七	一〇	五四	一〇
一七	一六	一一	一二	一三	四五	一九	四六	一九	二七	一一	一四	一一
一七	三五	一一	一四	一三	三三	一九	三七	一九	三七	一一	三四	一二
一七	五四	一一	二一	一三	一一	一九	二八	一九	四五	一一	五五	一三
一八	一三	一一	二七	一三	一〇	一九	一九	一九	五四	一二	一五	一四
一八	三三	一一	三三	一二	五九	一九	〇九	二〇	〇二	一二	三五	一五
一八	五二	一一	四七	一二	四八	一八	五九	二〇	〇九	一二	五五	一六
一九	一二	一一	四九	一二	三八	一八	四八	二〇	一六	一三	一四	一七
一九	三三	一一	五一	一二	二八	一八	三七	二〇	二一	一三	三四	一八
一九	五二	一二	〇五	一二	一九	一八	二六	二〇	二七	一三	五三	一九
二〇	一二	一二	一三	一二	一〇	一八	一五	二〇	三二	一四	一二	二〇
二〇	三三	一二	二二	一二	〇一	一八	〇三	二〇	三六	一四	三一	二一
二〇	五三	一二	三一	一一	五四	一七	五五	二〇	三九	一四	五〇	二二
二一	一四	一二	四一	一一	四六	一七	三八	二〇	四一	一五	〇八	二三
二一	三四	一二	五二	一一	四〇	一七	二六	二〇	四四	一五	二六	二四
二一	五五	一三	〇四	一一	三三	一七	一三	二〇	四五	一五	四三	二五
二二	一五	一三	一六	一一	二七	一七	〇〇	二〇	四六	一六	〇一	二六
二二	三六	一三	二五	一一	二二	一六	四七	二〇	四六	一六	一七	二七
二二	五六	一三	四三	一一	一八	一六	三四	二〇	四六	一六	三四	二八
二三	一六	一三	五七	一一	一三	一六	二〇	二〇	四五	一六	五〇	二九
二三	三六	一四	一一	一一	一〇	一六	〇七	二〇	四三	一七	〇六	三〇

十一宮		十宮		九宮		八宮		七宮		六宮		太陽經度
分	秒	分	秒	分	秒	分	秒	分	秒	分	秒	
	三〇	三	〇三	一五	五五	二八	四二	三一	一八	二三	五六	一
	三七	二	四七	一五	二三	二八	二六	三一	二四	二四	一六	二
	四四	二	三一	一四	五三	二八	〇八	三一	三〇	二四	三六	三
	五二	二	一六	一四	二三	二七	四八	三一	三四	二四	五六	四
一	〇一	二	〇一	一三	五三	二七	二九	三一	三八	二五	一五	五
一	一一	一	四八	一三	二三	二七	〇八	三一	四二	二五	三四	六
一	二二	一	三五	一二	五四	二六	四七	三一	〇四	二五	五七	七
一	三二	一	二二	一二	二四	二六	二五	三一	〇六	二六	一二	八
一	四四	一	一一	一一	五五	二六	〇三	三一	〇七	二六	三〇	九
一	五六	一	〇一	一一	二六	二五	三七	三一	〇七	二六	四八	一〇
二	〇九		五一	一〇	五八	二五	一六	三一	〇七	二七	〇五	一一
二	二二		四二	一〇	二九	二四	五一	三一	〇五	二七	二四	一二
二	三五		三四	一〇	〇〇	二四	二七	三一	〇三	二七	四〇	一三
二	五〇		二七	九	五三	二三	五七	三一	四〇	二七	五六	一四
三	〇五		二一	九	〇五	二三	三三	三一	三六	二八	一一	一五
三	二〇		一六	八	三九	二三	〇四	三一	三二	二八	二八	一六
三	三六		一一	八	一二	二二	三五	三一	二六	二八	四三	一七
三	五一		七	七	四六	二二	〇六	三一	二〇	二八	五八	一八
四	〇八		四	七	一二	二一	四〇	三一	一三	二九	一一	一九
四	二五		一	六	五六	二一	一三	三一	〇五	二九	二五	二〇
四	四二		〇	六	二二	二〇	四七	三〇	五六	二九	三九	二一
五	〇〇		〇	六	〇八	二〇	二〇	三〇	四六	二九	五六	二二
五	一七		一	五	四五	一九	三五	三〇	三六	三〇	〇四	二三
五	三六		二	五	二二	一九	二三	三〇	二五	三〇	一五	二四
五	五五		六	五	〇〇	一八	五四	三〇	一三	三〇	二六	二五
六	一三		九	四	三九	一八	二四	三〇	〇〇	三〇	三六	二六
六	三二		一三	四	一九	一七	五四	二九	五六	三〇	四六	二七
六	五一		一一	三	五九	一七	二四	二九	三二	三〇	五五	二八
七	一一		一八	三	四〇	一六	五四	二九	一六	三一	〇三	二九
七	三一		二〇	三	三二	一六	二四	二九	〇〇	三一	一一	三〇

太陽太陰影徑分比數分表

太陽太陰影徑分比數分表以太陽自行宫度求太陽徑分及影差及比數分以太陰本輪行宫度求太陰徑分及影徑分及比數分初宫至五宫依次順列於右六宫至十一宫依次逆列於左

用表之法設太陽自行度為三宫十五度五十分求太陽徑分及影差及比數分則察三宫十二度所對之太陽徑分為三十三分四十八秒与三宫十八度所對之太陽徑分三十三分五十六秒相減餘八秒為二率三宫十五度五十分內減三宫十二度餘三度五十分通

太陽太陰影徑分比數分表

太陽太陰影徑分比數分表，以太陽自行宫度求太陽徑分及影差及比數分，以太陰本輪行宫度求太陰徑分及影徑分及比數分。初宫至五宫依次顺列於右，六宫至十一宫依次逆列於左。

用表之法：設太陽自行度爲三宫十五度五十分，求太陽徑分及影差及比數分。則察三宫十二度所對之太陽徑分，爲三十三分四十八秒。与三宫十八度所對之太陽徑分三十三分五十六秒相减，餘八秒爲二率，三宫十五度五十分内减三宫十二度，餘三度五十分，通

分滑二百三十分為三率六度通分得三百六十分為
一率求得四率五秒三十微進一秒以加三十三分四十八秒
次位多則加之次位少則減之得三十三分五十三秒即所求之太陽
徑分也三宮十二度所對之影差一分十一秒與三宮
十八度所對之影差一分十八秒相減餘七秒依前比
例得四秒以加一分十一秒得一分十五秒即所求之
影差也三宮十二度所對之比數分三十七分与三宮
十八度所對之比數分四十分相減餘三分依前比例
得二分以加三十七分得三十九分即所求之比數分
也三宮在右故用順度

分得二百三十分，爲三率。六度通分三百六十分爲一率，求得四率五秒，三十微，進一秒。以加三十三分四十八秒，次位多則加之，次为少則减之。得三十三分五十三秒，即所求之太陽徑分也。三宫十二度所對之影差一分十一秒，与三宫十八度所對之影差一分十八秒相减，餘七秒。依前比例得四秒，以加一分十一秒，得一分十五秒，即所求之影差也。三宫十二度所對之比敷分，三十七分与三宫十八度所對之比敷分四十分相减，餘三分。依前比例得二分，以加三十七分，得三十九分，即所求之比敷分也。三宫在右，故用顺度。

又設太陰本輪行度為七宮二十四度求太陰徑分及影徑分及比數分則察七宮二十四度所對之太陰徑分為三十三分二十一秒影徑分為八十九分四十四秒比數分為六分三十秒即所求之太陰徑分及影徑分及比數分也若太陰本輪行度有零度分則依前中比例法求之七宮在左故用逆度

又設太陰本輪行度爲七宮二十四度，求太陰徑分及影徑分及比數分。則察七宮二十四度所對之太陰徑分爲三十三分二十一秒，影徑分爲八十九分四十四秒，比數分爲六分三十秒，即所求之太陰徑分及影徑分及比數分也。若太陰本輪行度有零度分，則依前中比例法求之。七宮在左，故用逆度。

回回曆法

太陽太陰影徑分比數分表

太陽自行 太陰本輪		太陰比數分		太陰影徑分		太陰徑分		太陽比數分		太陽影差分		太陽徑分		太陽自行 太陰本輪	
宮	度	分	秒	分	秒	分	秒	分	秒	分	秒	分	秒	宮	度
〇	〇〇		〇	七九	四九	三〇	五〇	〇			〇	三二	二六	〇	〇
	二四		一	七九	五三	三〇	五一	〇			〇	三二	二六		六
	一八		四	八〇	〇三	三〇	五三	〇			一	三二	二七		一二
	一二		一六	八〇	一六	三〇	五七	一			二	三二	二八		一八
	六		三二	八〇	三五	三一	〇一	二			四	三二	三		二四
一一	〇〇		五五	八〇	五九	三一	〇七	四			七	三二	三四	一	〇〇
	二四	一	〇五	八一	二六	三一	一四	六			一一	三二	三八		六
	一八	二	三〇	八一	五八	三一	二二	八			一四	三二	四一		一二
	一二	二	〇〇	八二	三六	三一	三二	一〇			一八	三二	四六		一八
	六	二	三〇	八三	一七	三一	四二	一二			二三	三二	五一		二四
一〇	〇〇	三	〇〇	八四	一	三一	五五	一五			二九	三二	五五	二	〇〇
	二四	三	三〇	八四	四八	三二	〇八	一八			三四	三三	〇二		六
	一八	四	〇〇	八五	三九	三二	二一	二一			三九	三三	一〇		一二
	一二	四	三五	八六	三三	三二	三四	二四			四七	三三	一六		一八
	六	五	一〇	八七	三一	三二	四七	二八			五二	三三	二四		二四
九	〇〇	五	五〇	八八	三一	三三	〇五	三一			五九	三三	三二	三	〇〇
	二四	六	三〇	八九	四四	三三	二一	三四		一	〇六	三三	四一		六
	一八	七	〇五	九〇	三九	三三	三九	三七		一	一一	三三	四八		一二
	一二	七	四〇	九一	三六	三三	五七	四〇		一	一八	三三	五六		一八
	六	八	一〇	九二	三二	三四	一四	四三		一	二五	三四	〇三		二四
八	〇〇	八	四〇	九三	二七	三四	三一	四六		一	三三	三四	一〇	四	〇〇
	二四	九	一〇	九四	二一	三四	四八	四八		一	三九	三四	一六		六
	一八	九	四〇	九五	一三	三五	〇五	五〇		一	四三	三四	二一		一二
	一二	一〇	一〇	九六	〇四	三五	二一	五二		一	四八	三四	二七		一八
	六	一〇	三五	九六	五三	三五	三七	五四		一	五二	三四	三二		二四
七	〇〇	一〇	五五	九七	五八	三五	五二	五六		一	五六	三四	三七	五	〇〇
	二四	一一	〇五	九八	一四	三六	〇三	五七		二	〇〇	三四	四一		六
	一八	一一	二八	九八	三七	三六	一一	五八		二	〇二	三四	四四		一二
	一二	一一	三四	九八	四〇	三六	一四	五九		二	〇四	三四	四六		一八
	六	一一	三九	九八	四五	三六	一七	六〇		二	〇五	三四	四七		二四
六	〇〇	一一	四〇	九八	四七	三六	一八	〇		二	〇六	三四	四八	六	〇

經緯時差表

經緯時差表以太陽經度自三宮至九宮列於上舊表右七
宮自九宮至三宮列於下舊表右七宮又以時數分順逆列
於左右以經差緯差時差各列於中太陽經度在上七
宮者用右順時數在下七宮者用左逆時數且時差之
在黑線以上者上七宮減下七宮加舊表白字在黑線以下
者上七宮加下七宮減舊表黑字
用表之法設太陽經度為六宮求十一時之經緯時三
差則以六宮與十一時縱横相遇之經差為三十二分
七秒緯差為十三分五十六秒時差為六十九分即所

經緯時差表

經緯時差表，以太陽經度自三宮至九宮列於上，舊表右七宮。自九宮至三宮列於下，舊表右七宮。又以時數分順逆列於左右，以經差、緯差、時差各列於中。太陽經度在上七宮者，用右順時數；在下七宮者，用左逆時數。且時差之在黑線以上者，上七宮減，下七宮加，舊表白字；在黑線以下者，上七宮加，下七宮減。舊表黑字。

用表之法：設太陽經度爲六宮，求十一時之經緯時三差。則以六宮與十一時縱横相遇之經差爲三十二分七秒，緯差爲十三分五十六秒，時差爲六十九分，即所

求之經緯時三差也太陽經度在上七宮故用順時數
而時差在黑線以上故其號為減若時下有小餘分秒
則按中比例法求之

求之經緯時三差也。太陽經度在上七宮，故用順時數，而時差在黑線以上，故其號爲減。若時下有小餘分秒，則按中比例法求之。

時數	九宮		八宮		七宮		六宮		五宮		四宮		三宮		時數
	經		經		經		經		經		經		經		
	分	秒	分	秒	分	秒	分	秒	分	秒	分	秒	分	秒	
二〇											四五	〇〇	三九	一三	四
一九							四八	〇〇	四八	一三	四五	三四	四〇	二〇	五
一八	四〇	〇〇	四六	〇〇	四八	四七	四八	四七	四八	五三	四六	三四	四一	二七	六
一七	四一	二一	四六	三七	四九	四五	四九	四七	四九	五七	四七	二七	四二	三九	七
一六	四二	一七	四六	四二	四九	四四	四九	四七	四九	四六	四六	二七	四三	二五	八
一五	三九	三〇	四六	三〇	四七	五〇	四七	五一	四五	四九	四三	二二	三九	二九	九
一四	三一	五八	四〇	三七	四三	〇一	四一	五七	三七	〇五	三四	三八	三一	三七	一〇
一三	一七	〇六	三〇	四三	三五	〇二	三二	〇七	三六	一一	一八	二〇	一八	三八	一一
一二	〇〇	〇〇	一三	一〇	二一	一五	一五	三二	一〇	二三	三	二〇	〇〇	〇〇	一二
一一	一七	〇六	三	三五	一	二七	〇	三六	七	一三	一三	二九	一八	二一	一三
十	三一	五八	一九	四九	二一	二九	一三	一三	一九	一一	二七	二二	三一	三七	一四
九	三九	三〇	三〇	〇八	二三	二二	二一	一一	二七	〇七	三四	一二	三九	二九	一五
八	四二	一七	三三	二七	二九	一六	二八	〇四	三一	〇九	三四	三六	四三	三五	一六
七	四一	二〇	三五	〇七	三〇	一四	三〇	〇五	三〇	一五	三一	五四	四二	二九	一七
六	四〇	〇〇	〇〇	〇〇	三〇	一三	三〇	〇三	二八	二六	二九	五二	四一	二七	一八
五							二九	〇〇	二七	三三	二八	五三	四〇	二〇	一九
四											二七	四一	三九	一三	二〇
	緯		緯		緯		緯		緯		緯		緯		
二〇											一七	〇〇	二六	四〇	四
一九							五	〇〇	一〇	四〇	一六	四六	二七	一五	五
一八	二〇	〇〇	一四	〇〇	七	五一	五	五三	九	二七	一六	一一	二七	五五	六
一七	二五	四七	一四	三九	八	四八	五	五七	八	五二	一六	〇一	二六	四二	七
一六	二七	四七	一六	四八	九	五七	六	五四	八	四八	一三	四七	二一	四八	八
一五	三〇	四一	二〇	五一	一一	五三	七	五五	六	五六	一〇	四八	一七	四五	九
一四	三五	二八	二六	四〇	一六	四四	九	五三	七	五二	七	五二	一三	四五	一〇
一三	四〇	二七	三二	三六	二一	四四	一三	五六	八	四六	六	五七	八	五二	一一
一二	四二	二五	三八	二五	二九	二九	二一	四一	一三	五五	九	五〇	六	五六	一二
一一	四〇	二六	四一	二四	三六	三〇	二八	三六	二一	四〇	一〇	一八	八	五二	一三
一〇	三五	二八	四一	二九	三九	三四	三五	二五	二七	三六	一八	五四	一三	四五	一四
九	三〇	四一	四〇	二六	四一	二九	三八	三一	三三	三〇	二五	三九	一七	四五	一五
八	二七	四七	三六	三八	四〇	三九	四〇	三〇	二八	二一	三〇	三〇	二一	四八	一六
七	二五	四七	三五	三三	三九	三七	四一	二八	四〇	二八	三四	三一	二六	四二	一七
六	二〇	〇〇	三四	四〇	三八	二六	四一	二七	四一	二六	三六	三三	二七	五五	一八
五							四〇	〇〇	三九	四七	三五	〇七	二七	一五	一九
四											三五	一七	二六	四〇	二〇
左	九宮		十宮		十一宮		初宮		一宮		二宮		三宮		右

回回曆法　時差

時數	九宮		八宮		七宮		六宮		五宮		四宮		三宮		時數
	時	分	時	分	時	分	時	分	時	分	時	分	時	分	
二〇												九六	一	〇四	四
一九									一	〇三		九八	一	〇七	五
一八	一	〇七	一	一八	一	〇四	一	〇五	一	〇五	一	〇〇	一	〇九	六
一七	一	〇九	一	〇〇	一	〇六	一	〇七	一	〇七	一	〇二		九一	七
一六		九一	一	〇一	一	〇六	一	〇七	一	〇七	一	〇〇		九二	八
一五		八五	一	〇〇	一	〇三	一	〇三		九八		九三		八五	九
一四		六九	一	〇五		九二		九〇		八〇		七四		六八	一〇
一三		三六		六五		七五		六九		五七		三九		四〇	一一
一二		〇〇		二八		四六		三三		二二		〇七		〇〇	一二
一一		三六		〇		〇三		〇一		一五		二九		四〇	一三
一〇		六九		四二		二九		二八		四一		五九		六八	一四
九		八五		六四		五〇		四七		五八		七四		八五	一五
八		九一		七五		六二		六〇		六七		七四		九二	一六
七		〇九		七五		六四		六四		六六		六八		九一	一七
六										六一		六四		〇九	一八
五										五九		六二		〇七	一九
四												五九		〇四	二〇
左	九宮		十宮		十一宮		初宮		一宮		二宮		三宮		右

韓國首爾大學奎章閣藏

《緯度太陽通徑》

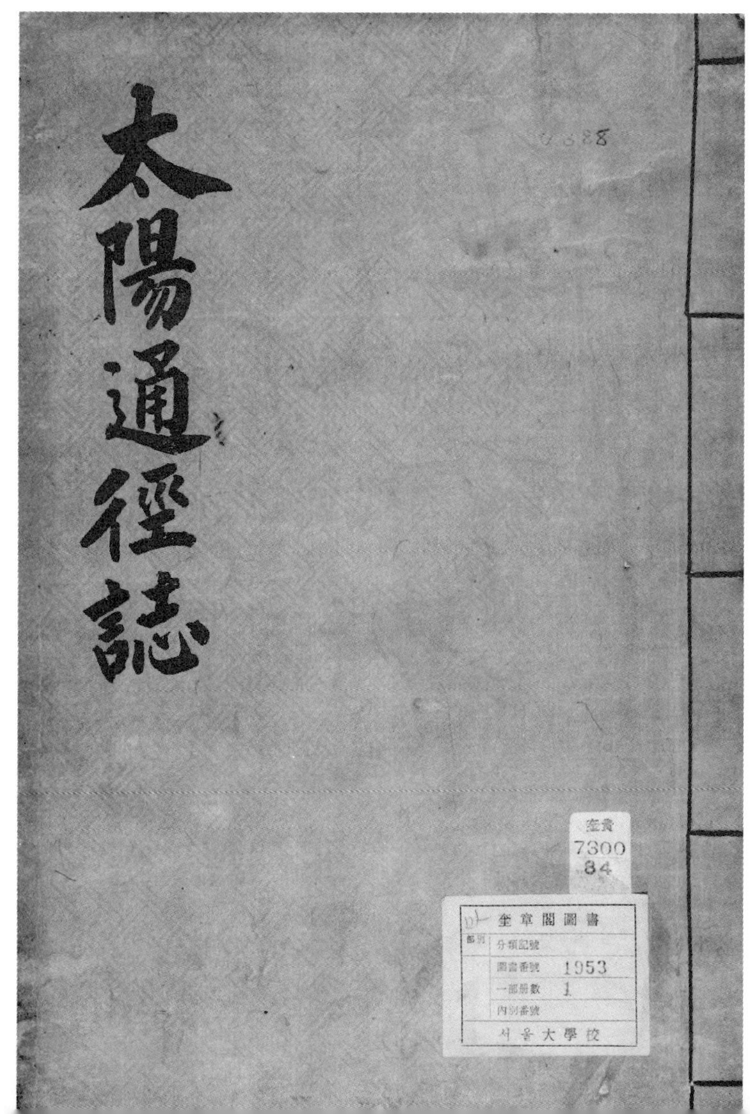

緯度太陽通徑誌
天度一也測數有經緯之分歲時一也曆法有
中外之辨夫中國曆法經度也順推其常定四
時寒暑節令之早暮也西域曆法緯度也預追
其變紀六曜犯掩前後之遠近也常變不忒七
政以齊故有經無緯不顯其文有緯無經豈成
其質文質兼全然後事備諒二法可相有而不
可相無也尚矣洪武乙丑冬十一月欽蒙
聖意念茲欲合而為一以成一代之曆制受
命選春官正張輔秋官正成著冬官正侯政就學
于回回曆官越三年有成既得其傳備書來歸

緯度太陽通徑誌

天度，一也。測數有經緯之分。歲時，一也。曆法有中外之辨。夫中國曆法，經度也。順推其常定四時寒暑節令之早暮也。西域曆法，緯度也。預追其變紀六曜犯掩前後之遠近也。常變不忒，七政以齊。故有經無緯，不顯其文。有緯無經，豈成其質。文質兼全，然後事備。諒二法可相有，而不可相無也。尚矣。洪武乙丑冬十一月，欽蒙聖意念兹，欲合而爲一，以成一代之曆制。受命選春官正張輔、秋官正成著、冬官正侯政就學于回回曆官，越三年有成。既得其傳，備書來歸。

予因公暇詳觀其法善則善矣但從春分之日
為始布算與中國曆法起首不一是以不愧荒
鄙因其法而推演合同改算亦自歲前天正冬
至之日為始與中國曆法同途共轍豈不美歟
又詳原法中間有混和難曉者亦門分類析俾
人人得而易知而無捍格不通之患爾幸望後
之君子職是業者請加斤正以傳永久
洪武丙子春二月上旬吉日　長安　抱拙子
元　謹誌

予因公暇，詳觀其法，善則善矣。但從春分之日爲始布算，與中國曆法起首不一，是以不愧荒鄙。因其法而推演合同改算，亦自歲前天正冬至之日爲始，與中國曆法同途共轍，豈不美歟。又詳原法中間有混和難曉者，亦門分類析，俾人人得而易知，而無捍格不通之患爾。幸望後之君子職是業者，請加斤正，以傳永久。

洪武丙子春二月上旬吉日　長安抱拙子　元[1]謹誌

1 即欽天監監正元統。

緯度太陽通徑
洪武二十九年歲次丙子春正月庚申朔上旬
吉日監正元　按法編述于本監之後廳以
教将来庶得其門而易入焉故扁名曰通徑
西域緯度曆法啓自隋文帝開皇十九年歲次己
未為元至今洪武二十九年歲次丙子積七百九
十八年矣若上考已往每年減一筭下推將來每年加一筭
推宫分内有無閏日法第一
置距開皇己未為元至所推積年為實以一百五
十九為法乘之得數加入四百九十六共得數以
一百二十八為法而一得為宫閏積日也視其不
太陽通徑

緯度太陽通徑

洪武二十九年歲次丙子春正月庚申朔上旬吉日，監正元[1]按法編述于本監之後廳，以教將來。庶得其門而易入焉，故扁名曰《通徑》。

西域緯度曆法啟自隋文帝開皇十九年歲次己未爲元，至今洪武二十九年歲次丙子，積七百九十八年矣。若上考已往，每年減一算。下推將來，每年加一算。

推宫分内有無閏日法第一

置距開皇己未爲元至所推積年爲實，以一百五十九爲法乘之，得數加入四百九十六，共得數以一百二十八爲法而一，得爲宫閏積日也。視其不

1 即欽天監監正元統。

滿法之餘數，如在九十七已上者，其宮爲有閏日也，即將亥宮添作三十一日用之。如在九十六已下者，爲無閏日也。却將原除得宮閏積日内加一，滿七已上，累去之。餘不滿法之數，若餘一者，爲日；餘二者，爲月；餘三者，爲火；餘四者，爲水；餘五者，爲木；餘六者，爲金；餘七者，爲土。即所推得丑宮初限之日七曜也。

推月分内有無閏日法第二

置距開皇己未爲元至所推積年爲實，以一百三十一爲法乘之，得數加入六十三，共得數以三十日爲法而一，得爲月閏積日也。視其不滿法之餘數，如在十九已上者，爲月有閏日也，即將亥月添作三十日用之。如在十八已下者，爲無閏日也，却將原除得月閏積日，滿七已上，累去之。餘不滿法之數，若餘一者，爲日；二爲月；三爲火；四爲水；五爲木；六爲金；七爲土。即所推得其年第一個月第一日之七曜也。此第一月第一日指後第三格推得西域月日之第一月第一日也。

假令今丙子年丑宫下推得西域月日在二月二十九日，其第一月第一日却當在乙亥年卯宫下有第一月第一日也，他倣此推。惟此月閏積日内，推得各年第一月第一日之七曜最真正，諸法中所得皆當照此爲定准也。

推中國有無閏及在何月約法第三
置距開皇已未為元積年減一為實以一百二十
三為法乘之得數內加五百三十共得以三百三
十四為法除之得數寄位却視其不滿法之餘數
如在二百一十一已下者其年中國曆法必無閏
月也若在已上者必有閏月也即將此有閏之數
反減三百三十四餘以四因之為實却用四十一
為法而一得為中國曆法閏在何月之數也若滿
法除得十者為閏十月得十一者為閏十一月或
得一者為閏正月得二者為閏二月也然間有與
中國曆法閏月不相同者故曰約法也

推中國有無閏及在何月約法第三

置距開皇已未爲元積年，減一爲實，以一百二十三爲法乘之，得數内加五百三十，共得以三百三十四爲法除之，得數寄位。却視其不滿法之餘數，如在二百一十一已下者，其年中國曆法必無閏月也。若在已上者，必有閏月也。即將此有閏之數反減三百三十四，餘以四因之，爲實。却用四十一爲法而一，得爲中國曆法閏在何月之數也。若滿法除得十者，爲閏十月；得十一者，爲閏十一月；或得一者，爲閏正月；得二者，爲閏二月也。然間有與中國曆法閏月不相同者，故曰約法也。

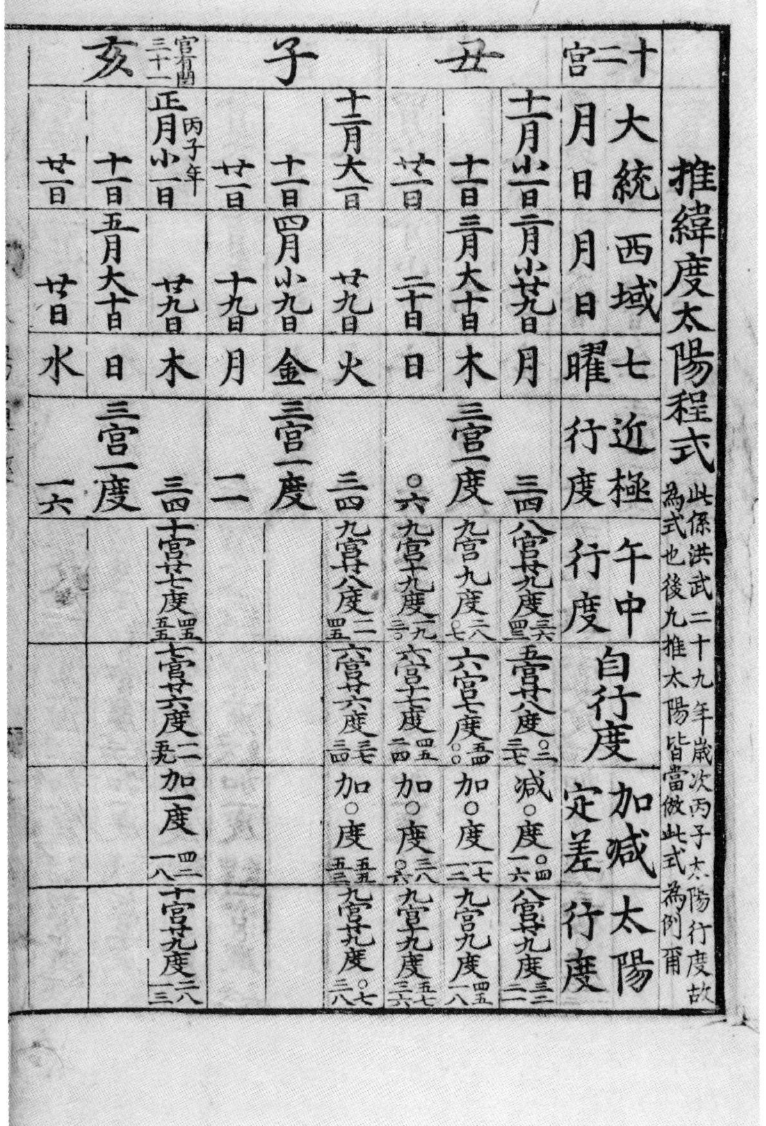

推緯度太陽程式。此系洪武二十九年歲次丙子太陽行度，故爲式也。後凡推太陽皆當倣此式爲例爾。

十二宮	大統月日	西域月日	七曜	近極行度	午中行度	自行度	加減定差	太陽行度
丑	十一月小一日	二月小廿九日	月	三宮一度三四〇六	八宮廿九度三六四三	五宮廿八度〇二三七	減〇度〇四一六	八宮廿九度三二二一
	十一日	三月大十日	木		九宮九度二八〇七	六宮七度五四〇〇	加〇度一七一二	九宮九度四五一八
	廿一日	二十日	日		九宮十九度一九三〇	六宮十七度四五二四	加〇度三八〇六	九宮十九度五七三六
子	十二月大一日	廿九日	火	三宮一度三四一一	九宮廿八度一一四五	六宮廿六度三七三四	加〇度五五五三	九宮廿九度〇七三八
	十一日	四月小九日	金					
	廿一日	十九日	月					
亥宮有閏三十一	丙子年正月小一日	廿九日	木	三宮一度三四一六	十宮廿七度四五五五	七宮廿六度一一五九	加一度四二一八	十宮廿九度二八一三
	十一日	五月大十日	日					
	廿一日	廿日	水					

戌	二月小三日	六月小一日	日	三宮一度三四二一	十一宮廿八度一九一三	八宮十六度四四五二	加二度〇〇四五	初宮〇度一七五八
	十三日	十一日	水		初宮八度一〇三六	九宮六度三六一五	加一度五九二六	初宮十度一〇〇二
	廿三日	廿一日	土		初宮十八度〇二〇〇	九宮十六度二七三九	加一度五四三八	初宮十九度五六三八
酉	三月大五日	七月大三日	水	三宮一度三四二六	初宮廿八度五二三一	九宮廿七度一八〇五	加一度四五三五	一宮〇度三八〇六
	十五日	十三日	土					
	廿五日	廿三日	火					
申	四月小六日	八月小四日	土	三宮一度三四三一	一宮廿九度二五四九	十宮廿七度五一一八	加一度〇二二三	二宮〇度二八一二
	十六日	十四日	火					
	廿六日	廿四日	金					
未	五月大八日	九月大六日	火	三宮一度三四三六	二宮廿九度五九〇七	十一宮廿八度二四三一	加〇度〇三一四	三宮〇度〇二二一
	十八日	十六日	金					
	廿八日	廿六日	月					

午	六月小十日	十月小八日	土	三宮一度三四四一	四宮一度三一三四	初宮廿九度五六五三	减○度五八二九	四宮○度三二○五
	廿日	十八日	火					
	七月大一日	廿八日	金					
巳	十二日	十一月大十日	火	三宮一度三四四六	五宮二度○四五三	二宮○度三○○七	减一度四三一七	五宮○度二一三六
	廿二日	廿日	金					
	八月大二日	三十日	月					
辰	十三日	十二月大十一日月有閏	金	三宮一度三四五一	六宮二度三八一一	三宮一度○三二○	减二度○○四六	六宮○度三七二五
	廿三日	廿一日	月					
	九月小三日	一月大一日七百九十九	木					
卯	十三日	十一日	日	三宮一度三四五六	七宮二度一二二一	四宮○度三七二五	减一度四五四六	七宮○度二六三五
	廿三日	廿一日	水					
	十月大四日	二月小一日	土					

寅	十四日	十一日	火	三宮一度 三五〇一	八宮一度 四六三一	五宮〇度 一一五〇	減一度 〇二〇〇	八宮〇度 四四三六
	廿四日	廿一日	金					
	十一月大 四日	三月大 二日	月					
丑	十三日	十一日	水	三宮一度 三五〇六	九宮〇度 二一三二	五宮廿八度 四六二六	減〇度 〇二四一	九宮〇度 一八五一
	廿三日	廿一日	土		九宮十度 一二五五	六宮八度 三七四九	加〇度 一四二七	九宮十度 三一四二
	十二月小 三日	四月小 一日	火		九宮廿度 〇四一九	六宮十八度 二九一三	加〇度 三九三六	九宮廿度 四三五五
子	十二日	十日	木	三宮一度 三五一一	九宮廿八度 五六三四	六宮廿七度 二一二三	加〇度 五七一七	九宮廿九度 五三五一
	廿二日	廿日	日					
	丁丑年正 月大三日	五月大 一日	水					

推第一格十二宮分次第法第四

凡推各年太陽皆以丑宮爲首次子宮次亥宮次戌宮逆排十二辰復至丑宮而止每宮下分爲三限也

推第二格大統月日在何月何日法第五

置歲餘五萬二千四百二十五分爲實以距開皇己未爲元積年減一爲法乘之得數定數以原置萬位仍爲萬命之內加冬准七十九萬六千七百五十分共得遇滿六十萬去之餘不滿六十萬者命其大餘甲子筭外即得其年歲前天正冬至之日辰也却視其年大統曆法定朔相同日辰在何月何日即爲推

太陽通經　五

推第一格十二宮分次第法第四

凡推各年太陽，皆以丑宮爲首，次子宮，次亥宮，次戌宮，逆排十二辰，復至丑宮而止，每宮下分爲三限也。

推第二格大統月日在何月何日法第五

置歲餘五萬二千四百二十五分爲實，以距開皇己未爲元積年減一爲法乘之，得數定數以原置萬位，仍爲萬命之。內加冬准七十九萬六千七百五十分，共得。遇滿六十萬去之，餘不滿六十萬者，命其大餘甲子算外，即得其年歲前天正冬至之日辰也。却視其年大統曆法定朔相同日辰在何月何日，即爲推

得丑宮下初限之大統月日也
假令今推得日辰某甲子與歲前十一月一日相
同者就録於丑宮下初限内爲十一月初一日是
也如推次限及三限者置其初限一日累加一十
日得次限三限之日也如遇二宮相交之際却視
其在何宮下依其交各宮加數鈐而加之然後照
各得本月大小而減之也凡大月減三十日小月
減二十九日餘即爲推得各月之三限日辰數也
假令如首位丑宮下初限十一月小一日累加二
十日至第四限交入子宮初限當加丑宮九日却
減其十一月小二十九日故得十二月大一日也

得丑宮下初限之大統月日也。

假令今推得日辰某甲子與歲前十一月一日相同者，就録於丑宮下初限内，爲十一月初一日是也。如推次限及三限者，置其初限一日，累加一十日，得次限三限之日也。如遇二宮相交之際，却視其在何宮下，依其交各宮加數鈐而加之，然後照各得本月大小而減之也。凡大月減三十日，小月減二十九日，餘即爲推得各月之三限日辰數也。

假令如首位丑宮下初限十一月小一日，累加二十日。至第四限交入子宮初限，當加丑宮九日，却減其十一月小二十九日，故得十二月大一日也。

他倣此推
交各宮加數鈐
丑宮加九日　子宮加十日　亥宮加十日如遇宮分有閏日之年將亥宮却加十一日是也
戌宮加十一日　酉宮加十一日　申宮加十一日　未宮加十二日
午宮加十一日　巳宮加十一日　辰宮加十日
卯宮加十日　寅宮加九日
推第三格西域月日在何月何日法第六此節全草之意姑示爲初學者作用數之樣爾
置距開皇己未爲元至今洪武二十九年丙子積
七百九十八年爲實以月閏准一十一日爲法乘

他倣此推。

交各宮加數鈐

丑宮加九日，子宮加十日，亥宮加十日。如遇宮分有閏日之年，將亥宮却加十一日是也。戌宮加十一日，酉宮加十一日，申宮加十一日，未宮加十二日，午宮加十一日，巳宮加十一日，辰宮加十日，卯宮加十日，寅宮加九日。

推第三格西域月日在何月何日法第六。此節全草之意，姑示爲初學者作用數之樣爾。

置距開皇己未爲元，至今洪武二十九年丙子積七百九十八年爲實。以月閏准一十一日爲法乘

之得八千七百七十八日以三十年爲法而一得
二百九十二日爲月閏日也餘不滿法有一十八
日爲月閏之餘日也　又置距開皇己未爲元至
今所推積年七百九十八爲實以宮閏准三十一
日爲法乘之得二萬四千七百三十八日以一百
二十八年爲法而一得一百九十三日爲宮閏日
也餘不滿法有三十四日爲宮閏之餘日也
再置距開皇己未爲元至今所推積年七百九十
八内減一年爲實以歲實三百六十五日爲法乘
之得二十九萬○九百○五日内加入次推得宮
閏日一百九十三日共得二十九萬一千○九十

之，得八千七百七十八日。以三十年爲法而一，得二百九十二日，爲月閏日也。餘不滿法，有一十八日，爲月閏之餘日也。

又置距開皇己未爲元，至今所推積年七百九十八爲實。以宮閏准三十一日爲法乘之，得二萬四千七百三十八日。以一百二十八年爲法而一，得一百九十三日，爲宮閏日也。餘不滿法，有三十四日，爲宮閏之餘日也。

再置距開皇己未爲元至今所推積年七百九十八，内減一年爲實，以歲實三百六十五日爲法乘之，得二十九萬〇九百〇五日，内加入次推得宮閏日一百九十三日，共得二十九萬一千〇九十

八日為宫積日也内又加入冬准二百四十一日
通得二十九萬一千三百三十九日為通積日也
内却減去前推得月閏日二百九十二日餘有二
十九萬一千〇四十七日遇滿西域年歳實三百
五十四日累去之餘不滿法有五十九日將此不
滿法之餘日視其定在何月何日鈐内挨及減之
數減之即得丑宫下初限之日在何月何日也今
滿五十九日去之得三月初日也為無初日之理
當退一月而去之得二月二十九日為丑宫下初
限之日也然又視其滿各月鈐去之餘數如是一
者為一日是二者為二日是三者為三日也他倣

八日，爲宫積日也。内又加入冬准二百四十一日，通得二十九萬一千三百三十九日，爲通積日也。内却减去前推得月閏日二百九十二日，餘有二十九萬一千〇四十七日。遇滿西域年歲實三百五十四日，累去之。餘不滿法，有五十九日。將此不滿法之餘日，視其定在何月何日鈐内挨及减之數减之，即得丑宫下初限之日在何月何日也。今滿五十九日，去之得三月初日也。爲無初日之理，當退一月而去之，得二月二十九日，爲丑宫下初限之日也。然又視其滿各月鈐去之餘數，如是一者爲一日，是二者爲二日，是三者爲三日也。他倣

此推　如推次宮各各月及三限日辰數者置其
原推得丑宮下初限之日是一日者置一日是二
日者置二日是十日或十五日者就上累加一十
日若遇二宮相交之際却視其在何宮下依其交
各宮加數鈐而加之遇滿其各月之大小數而去
之凡大月去三十日小月去二十九日餘爲各月
所得三限日辰數也　如推七曜者置其前推得
宮積日二十九萬一千〇九十八日内減一日如
遇原欠一日者不減滿七已上累去之餘一日者
爲日二日者爲月三日者爲火四日者爲水五日
者爲木六日者爲金七日者爲土也

此推。

如推次宮各各月及三限日辰數者，置其原推得丑宮下初限之日，是一日者置一日，是二日者置二日，是十日或十五日者，就上累加一十日。若遇二宮相交之際，却視其在何宮下，依其交各宮加數鈐而加之。遇滿其各月之大小數而去之，凡大月去三十日，小月去二十九日，餘爲各月所得三限日辰數也。

如推七曜者，置其前推得宮積日二十九萬一千〇九十八日，内減一日。如遇原欠一日者，不減。滿七已上，累去之。餘一日者，爲日；二日者，爲月；三日者，爲火；四日者，爲水；五日者，爲木；六日者，爲金；七日者，爲土也。

定在何月何日鈐

凡滿三百五十四日去之及不滿三十日已下者

皆得一月

滿三十日去之得二月

滿五十九日去之得三月

滿八十九日去之得四月

滿一百一十八日去之得五月

滿一百四十八日去之得六月

滿一百七十七日去之得七月

滿二百〇七日去之得八月

滿二百三十六日去之得九月

定在何月何日鈐

凡滿三百五十四日，去之。及不滿三十日已下者，皆得一月。

滿三十日，去之，得二月；

滿五十九日，去之，得三月；

滿八十九日，去之，得四月；

滿一百一十八日，去之，得五月；

滿一百四十八日，去之，得六月；

滿一百七十七日，去之，得七月；

滿二百〇七日，去之，得八月；

滿二百三十六日，去之，得九月；

滿二百六十六日去之得十月
滿二百九十五日去之得十一月
滿三百二十五日去之得十二月
推第四格七曜法第七
視其第一推宮分內有無閏日法中宮閏積日內所得某曜即為其年丑宮下初限之日七曜也就上累加三數滿七去之即得各宮下三限之日七曜也如遇二宮相交之際却視其七曜交宮鈐中各宮之加數而加之也若遇宮有閏日之年將亥宮添一日而加之方是也
又當視其丑宮下初限之日七曜與其月閏積日

滿二百六十六日，去之，得十月；

滿二百九十五日，去之，得十一月；

滿三百二十五日，去之，得十二月。

推第四格七曜法第七

視其第一推宮分内有無閏日法中宮閏積日内所得某曜，即爲其年丑宮下初限之日七曜也。就上累加三數，滿七去之，即得各宮下三限之日七曜也。如遇二宮相交之際，却視其七曜交宮鈐中各宮之加數，而加之也。若遇宮有閏日之年，將亥宮添一日而加之，方是也。

又當視其丑宮下初限之日七曜與其月閏積日

內，推得其年第一月第一日之七曜，挨日較，同者方爲真正；如不同者，不真也。

七曜交宫鈐

丑宫加二，子宫加三，亥宫加三。遇有閏日之年，加四，是也。戌宫加四，酉宫加四，申宫加四，未宫加五，午宫加四，巳宫加四，辰宫加三，卯宫加三，寅宫加二。

七曜數并次序

一爲日，二爲月，三爲火，四爲水，五爲木，六爲金，七爲土。

宫分大小并所管日數

丑即磨羯宫小管二十九日
子即寶瓶宫大管三十日
亥即雙魚宫小管三十日遇有閏日作三十一日
戌即白羊宫大管三十一日
酉即金牛宫小管三十一日
申即陰陽宫大管三十一日
未即巨蟹宫小管三十二日
午即獅子宫大管三十一日
巳即雙女宫小管三十一日
辰即天秤宫大管三十日
卯即天蝎宫小管三十日

丑，即磨羯宫，小，管二十九日；
子，即寶瓶宫，大，管三十日；
亥，即雙魚宫，小，管三十日。遇有閏日，作三十一日。
戌，即白羊宫，大，管三十一日；
酉，即金牛宫，小，管三十一日；
申，即陰陽宫，大，管三十一日；
未，即巨蟹宫，小，管三十二日；
午，即獅子宫，大，管三十一日；
巳，即雙女宫，小，管三十一日；
辰，即天秤宫，大，管三十日；
卯，即天蝎宫，小，管三十日；

寅即人馬宫大管二十九日
後第六格次積年與月及日各各鈐中所得七曜
併之得為各年戌宫初限之日七曜也如遇宫分
有閏日之年就其戌宫初限曜中加一無閏日之
年加二共得滿七去之即為其年丑宫初限之日
七曜也此法與推第一月第一日所得之曜相符
契也
推第五格近極行度法第八
視距開皇己未為元至今所推積年又視今所推
得丑宫下初限得何月及何日内各減一而用之
是也

寅，即人馬宫，大，管二十九日。

後第六格次積年與月及日各各鈐中所得七曜并之，得爲各年戌宫初限之日七曜也。如遇宫分有閏日之年，就其戌宫初限曜中加一；無閏日之年，加二，共得滿七去之，即爲其年丑宫初限之日七曜也。此法與推第一月第一日所得之曜相符契也。

推第五格近極行度法第八

視距開皇己未爲元至今所推積年，又視今所推得丑宫下初限得何月及何日，内各減一而用之，是也。

假令今推丙子積年得七百九十八止用七百九
十七得二月止用一月得二十九日止用二十八
日將此各減一之積年與月及日去對各各鈐中
相同年月日下各近極行度全分併之得內又加
入測定近極度二宮二十九度二十一分共爲推
得丑宮下近極行度分也如推各各次宮下者就
上累加五秒即得各宮下近極行度分也
推第六格午中行度法第九
視所推積年與月及日內各減一而用之皆同前
法惟對各各鈐中相同年月日下各午中行度全
分併之內却減去一分○四秒餘爲推得丑宮下

假令今推丙子積年，得七百九十八。止用七百九十七，得二月。止用一月，得二十九日。止用二十八日。將此各減一之積年與月及日，去對各各鈐中相同年月日下各近極行度全分并之得。內又加入測定近極度二宮二十九度二十一分，共爲推得丑宮下近極行度分也。如推各各次宮下者，就上累加五秒，即得各宮下近極行度分也。

推第六格午中行度法第九

視所推積年與月及日內各減一而用之，皆同前法，惟對各各鈐中相同年月日下各午中行度全分并之。內却減去一分○四秒，餘爲推得丑宮下

初限午中行度分也如推各各次宮下初限午中
行度分者皆置丑宮下原推得午中行度全分内
加日躔交宮鈐中各宮下午中行度全分共爲推
得各宮下初限午中行度分也如推各宮次十一
日者皆置各宮下推得初限午中行度分内加九
度五十一分二十三秒共爲第十一日午中行度
分也如推次二十一日者又置其宮初限午中行
度分内加一十九度四十二分四十七秒共爲第
二十一日午中行度分也他宮倣此推之
積年鈐 七曜白字附
自洪武十七年歲次甲子爲始至未來第
三甲子爲終共一百八十年滿日照依此

初限午中行度分也。

如推各各次宮下初限午中行度分者，皆置丑宮下原推得午中行度全分，内加日躔交宮鈐中各宮下午中行度全分，共爲推得各宮下初限午中行度分也。

如推各宮次十一日者，皆置各宮下推得初限午中行度分，内加九度五十一分二十三秒，共爲第十一日午中行度分也。

如推次二十一日者，又置其宮初限午中行度分，内加一十九度四十二分四十七秒，共爲第二十一日午中行度分也。他宮倣此推之。

積年鈐七曜白字附

自洪武十七年歲次甲子爲始，至未來第三甲子爲終，共一百八十年。滿日照依此鈐例再編用之，庶幾人易爲也。

積年		近極行度	午中行度
甲子七百八十六年	日	二度〇二一六	十一宮初度二四三二
乙丑□□八十七年	金	二度〇三一五	十宮二十度一八五〇
丙寅□□八十八年	火	二度〇四一三	十宮〇九度一三五九
丁卯□□八十九年	土	二度〇五一一	九宮二十八度〇九〇八
戊辰七百九十年	木	二度〇六〇九	九宮十八度〇三二五
己巳□□九十一年	月	二度〇七〇七	九宮〇六度五八三四
庚午□□九十二年	金	二度〇八〇六	八宮二十五度五三四三
辛未□□九十三年	水	二度〇九〇四	八宮十五度四八〇〇
壬申□□九十四年	日	二度一〇〇二	八宮〇四度四三〇九

癸酉□□九十五年	木	二度一一〇〇	七宫二十三度三八一八
甲戌□□九十六年	火	二度一一五九	七宫十三度五二三五
乙亥□□九十七年	土	二度一二五七	七宫〇二度二七四四
丙子□□九十八年	木	二度一三五五	六宫二十二度二二〇二
丁丑□□九十九年	月	二度一四五三	六宫十一度一七一一
戊寅八百年	金	二度一五五一	六宫初度一二二〇
己卯□□一年	水	二度一六五〇	五宫二十度〇六三七
庚辰□□二年	日	二度一七四八	五宫〇九度〇一四六
辛巳□□三年	木	二度一八四六	四宫二十七度五六五五
壬午□□四年	火	二度一九四四	四宫十七度五一一二
癸未□□五年	土	二度二〇四三	四宫〇六度四六二一

甲申□□六年 木	二度二一四一	三宮二十六度四〇三八
乙酉□□七年 月	二度二二三九	三宮十五度三五四七
丙戌□□八年 金	二度二三三七	三宮〇四度三〇五六
丁亥□□九年 水	二度二四三六	二宮二十四度二五一四
戊子八百一十年 日	二度二五三四	二宮十三度二〇二三
己丑□□十一年 木	二度二六三二	二宮〇二度一五三一
庚寅□□十二年 火	二度二七三〇	一宮二十二度〇九四八
辛卯□□十三年 土	二度二八二九	一宮十一度〇四五七
壬辰□□十四年 水	二度二九二七	一宮初度〇〇〇六
癸巳□□十五年 月	二度三〇二五	初宮十九度五四二三
甲午□□十六年 金	二度三一二三	初宮〇八度四九三二

乙未□□十七年　水	二度三二二二	十一宫十八度四三五〇
丙申□□十八年　日	二度三三二〇	十一宫十七度三八五九
丁酉□□十九年　木	二度三四一八	十一宫〇六度三四〇八
戊戌八百二十年　火	二度三五一六	十宫二十六度二八二五
己亥□□二十一年　土	二度三六一四	十宫十五度二三三四
庚子□□二十二年　水	二度三七一三	十宫〇四度一八四三
辛丑□□二十三年　月	二度三八一一	九宫二十四度一三〇〇
壬寅□□二十四年　金	二度三九〇九	九宫十三度〇八〇九
癸卯□□二十五年　火	二度四〇〇七	九宫〇二度〇三一八
甲辰□□二十六年　日	二度四一〇六	八宫二十一度五七三五
乙巳□□二十七年　木	二度四二〇四	八宫十〇度五二四四

丙午□□二十八年 火	二度四三〇二	八宫初度四七〇二
丁未□□二十九年 土	二度四四〇〇	七宫十九度四二一一
戊申八百三十年 木	二度四四五八	七宫〇八度三七二〇
己酉□□三十一年 月	二度四五五七	六宫二十八度三一三七
庚戌□□三十二年 金	二度四六五五	六宫十七度二六四六
辛亥□□三十三年 火	二度四七五三	六宫〇六度二一五五
壬子□□三十四年 日	二度四八五一	五宫二十六度一六一二
癸丑□□三十五年 木	二度四九五〇	五宫十五度一一二一
甲寅□□三十六年 火	二度五〇四八	五宫〇五度〇五三八
乙卯□□三十七年 土	二度五一四六	四宫二十四度〇〇四七
丙辰□□三十八年 水	二度五二四四	四宫十二度五五五六

丁巳□□三十九年　月	二度五三四三	四宫〇二度五〇一四
戊午八百四十年　金	二度五四四一	三宫二十一度四五二三
己未□□四十一年　火	二度五五三八	三宫十〇度四〇三二
庚申□□四十二年　日	二度五六三六	三宫初度三四四九
辛酉□□四十三年　木	二度五七三五	二宫十九度二九五八
壬戌□□四十四年　月	二度五八三三	二宫〇八度二五〇七
癸亥□□四十五年　土	二度五九三一	一宫二十八度一九二四
甲子八百四十六年　水	三度〇〇二九	一宫十七度一四三三
乙丑□□四十七年　月	三度〇一二八	一宫〇七度〇八五一
丙寅□□四十八年　金	三度〇二二六	初宫二十六度〇四〇〇
丁卯□□四十九年　火	三度〇三二四	初宫十四度五九〇九

戊辰八百五十年 日	三度○四二二	初宫○四度五三二六
己巳□□五十一年 木	三度○五二○	十一宫二十三度四八三五
庚午□□五十二年 月	三度○六一九	十一宫十二度四三四四
辛未□□五十三年 土	三度○七一七	十一宫○二度三八○一
壬申□□五十四年 水	三度○八一五	十宫二十一度三三一○
癸酉□□五十五年 日	三度○九一三	十宫十○度二八一九
甲戌□□五十六年 金	三度一○一二	十宫初度二二三六
乙亥□□五十七年 火	三度一一一○	九宫十九度一七四五
丙子□□五十八年 日	三度一二○八	九宫○九度一二○三
丁丑□□五十九年 木	三度一三○六	八宫二十八度○七一二
戊寅八百六十年 月	三度一四○四	八宫十七度○二二一

己卯□□六十一年　土	三度一五〇三	八宫〇六度五六三八
庚辰□□六十二年　水	三度一六〇一	七宫二十五度五一四七
辛巳□□六十三年　日	三度一六五九	七宫十四度四六五六
壬午□□六十四年　金	三度一七五七	七宫〇四度四一一三
癸未□□六十五年　火	三度一八五六	六宫二十三度三六二二
甲申□□六十六年　日	三度一九五四	六宫十三度三〇三九
乙酉□□六十七年　水	三度二〇五二	六宫〇二度二五四八
丙戌□□六十八年　月	三度二一五〇	五宫二十一度二〇五七
丁亥□□六十九年　土	三度二二四九	五宫十一度一五一五
戊子八百七十年　　水	三度二三四七	五宫初度一〇二四
己丑□□七十一年　日	三度二四四五	四宫十九度〇五三二

庚寅□□七十二年　金	三度二五四三	四宫〇八度五九四九
辛卯□□七十三年　火	三度二六四二	三宫二十七度五四五八
壬辰□□七十四年　土	三度二七四〇	三宫十六度五〇〇七
癸巳□□七十五年　木	三度二八三八	三宫〇六度四四二四
甲午□□七十六年　月	三度二九三六	二宫二十五度三九三三
乙未□□七十七年　土	三度三〇三五	二宫十五度三三五一
丙申□□七十八年　水	三度三一三三	二宫〇四度二九〇〇
丁酉□□七十九年　日	三度三二三一	一宫二十三度二四〇九
戊戌八百八十年　金	三度三三二九	一宫十三度一八二六
己亥□□八十一年　火	三度三四二七	一宫〇二度一三三五
庚子□□八十二年　土	三度三五二六	初宫二十一度〇八四四

辛丑□□八十三年	木	三度三六二四	初宫十一度○三○一
壬寅□□八十四年	月	三度三七二二	十一宫二十九度五八一○
癸卯□□八十五年	金	三度三八二○	十一宫十八度五三一九
甲辰□□八十六年	水	三度三九一九	十一宫○八度四七三六
乙巳□□八十七年	日	三度四○一七	十宫二十七度四二四五
丙午□□八十八年	金	三度四一一五	十宫十七度三七○二
丁未□□八十九年	火	三度四二一三	十宫○六度三二一二
戊申八百九十年	土	三度四三一一	九宫二十五度二七二一
己酉□□九十一年	木	三度四四一○	九宫十五度二一三八
庚戌□□九十二年	月	三度四五○八	九宫○四度一六四七
辛亥□□九十三年	金	三度四六○六	八宫二十三度一一五六

壬子□□九十四年 水	三度四七○四	八宮十三度○六一三
癸丑□□九十五年 日	三度四八○三	八宮○二度○一二二
甲寅□□九十六年 金	三度四九○一	七宮二十一度五五三九
乙卯□□九十七年 火	三度四九五九	七宮十○度五○四八
丙辰□□九十八年 土	三度五○五七	六宮二十九度四五五七
丁巳□□九十九年 木	三度五一五六	六宮十九度四○一五
戊午九百年 日	三度五二五四	六宮○八度三五二四
己未□□一年 金	三度五三五二	五宮二十七度三○三三
庚申□□二年 水	三度五四五○	五宮十七度二四五○
辛酉□□三年 日	三度五五四九	五宮○六度一九五九
壬戌□□四年 木	三度五六四七	四宮二十五度一五○八

癸亥□□五年	火	三度五七四五	四宫十五度○九二五
甲子□□六年	土	三度五八四三	四宫○四度○四三四
乙丑□□七年	木	三度五九四二	三宫二十三度五八五二
丙寅□□八年	月	四度○○四○	三宫十二度五四○一
丁卯□□九年	金	四度○一三八	三宫○一度四九一○
戊辰九百一十年	水	四度○二三六	二宫二十一度四三二七
己巳□□十一年	日	四度○三三四	二宫十○度三八三六
庚午□□十二年	木	四度○四三三	一宫二十九度三三四五
辛未□□十三年	火	四度○五三一	一宫十九度二八○二
壬申□□十四年	土	四度○六二九	一宫○八度二三一一
癸酉□□十五年	水	四度○七二七	初宫二十七度一八二○

甲戌□□十六年	月	四度○八二六	初宮十七度一二三七
乙亥□□十七年	金	四度○九二四	初宮○六度○七四六
丙子□□十八年	水	四度一○二二	十一宮二十六度○二○四
丁丑□□十九年	日	四度一一二○	十一宮十四度五七一三
戊寅九百二十年	木	四度一二一八	十一宮○三度五二二二
己卯□□二十一年	火	四度一三一七	十宮二十三度四六三九
庚辰□□二十二年	土	四度一四一五	十宮十二度四一四八
辛巳□□二十三年	水	四度一五一三	十宮○一度三六五七
壬午□□二十四年	月	四度一六一一	九宮二十一度三一一四
癸未□□二十五年	金	四度一七一○	九宮十○度二六二三
甲申□□二十六年	水	四度一八○八	九宮初度二○四○

乙酉□□二十七年　日	四度一九〇六	八宫十九度一五四九
丙戌□□二十八年　木	四度二〇〇四	八宫〇八度一〇五八
丁亥□□二十九年　火	四度二一〇三	七宫二十八度〇五一六
戊子九百三十年　　土	四度二二〇一	七宫十七度〇〇二五
己丑□□三十一年　水	四度二二五九	七宫〇五度五五三三
庚寅□□三十二年　月	四度二三五七	六宫二十五度四九五〇
辛卯□□三十三年　金	四度二四五六	六宫十四度四四五九
壬辰□□三十四年　火	四度二五五四	六宫〇三度四〇〇八
癸巳□□三十五年　日	四度二六五二	五宫二十三度三四二五
甲午□□三十六年　木	四度二七五〇	五宫十二度二九三四
乙未□□三十七年　火	四度二八四九	五宫〇二度二三五二

丙申□□三十八年 土	四度二九四七	四宫二十一度一九〇一
丁酉□□三十九年 水	四度三〇四五	四宫十〇度一四一〇
戊戌九百四十年 月	四度三一四三	四宫初度〇八二七
己亥□□四十一年 金	四度三二四一	三宫十九度〇三三六
庚子□□四十二年 火	四度三三四〇	三宫〇七度五八四五
辛丑□□四十三年 日	四度三四三八	二宫二十七度五三〇二
壬寅□□四十四年 木	四度三五三六	二宫十六度四八一一
癸卯□□四十五年 月	四度三六三四	二宫〇五度四三二〇
甲辰□□四十六年 土	四度三七三三	一宫二十五度三七三七
乙巳□□四十七年 水	四度三八三一	一宫十四度三二四六
丙午□□四十八年 月	四度三九二九	一宫〇四度二七〇四

丁未□□四十九年　金	四度四○二七	初宫二十三度二二一三
戊申九百五十年　火	四度四一二五	初宫十二度二七二二
己酉□□五十一年　日	四度四二二四	初宫○二度一一三九
庚戌□□五十二年　木	四度四三二二	十一宫二十一度○六四八
辛亥□□五十三年　月	四度四四二○	十一宫十○度○一五七
壬子□□五十四年　土	四度四五一八	十宫二十九度五六一四
癸丑□□五十五年　水	四度四六一七	十宫十八度五一二三
甲寅□□五十六年　月	四度四七一五	十宫○八度四五四○
乙卯□□五十七年　金	四度四八一三	九宫二十七度四○四九
丙辰□□五十八年　火	四度四九一一	九宫十六度三五五八
丁巳□□五十九年　日	四度五○一○	九宫○六度三○一六

戊午九百六十年　木	四度五一〇八	八宮二十三度二五二五
己未□□六十一年　月	四度五二〇五	八宮十四度二〇三四
庚申□□六十二年　土	四度五三〇三	八宮〇四度一四五一
辛酉□□六十三年　水	四度五四〇二	七宮二十三度一〇〇〇
壬戌□□六十四年　日	四度五五〇〇	七宮十二度〇五〇九
癸亥□□六十五年　金	四度五五五八	七宮〇一度五九二六

月分鈐。七曜白字附。

月分	近極行度	午中行度
一月大　月	〇分〇四五六	初宮二十九度三四一〇
二月小　火	〇分〇九四二	一宮二十八度〇九一二
三月大　木	〇分一四三七	二宮二十七度四三二一

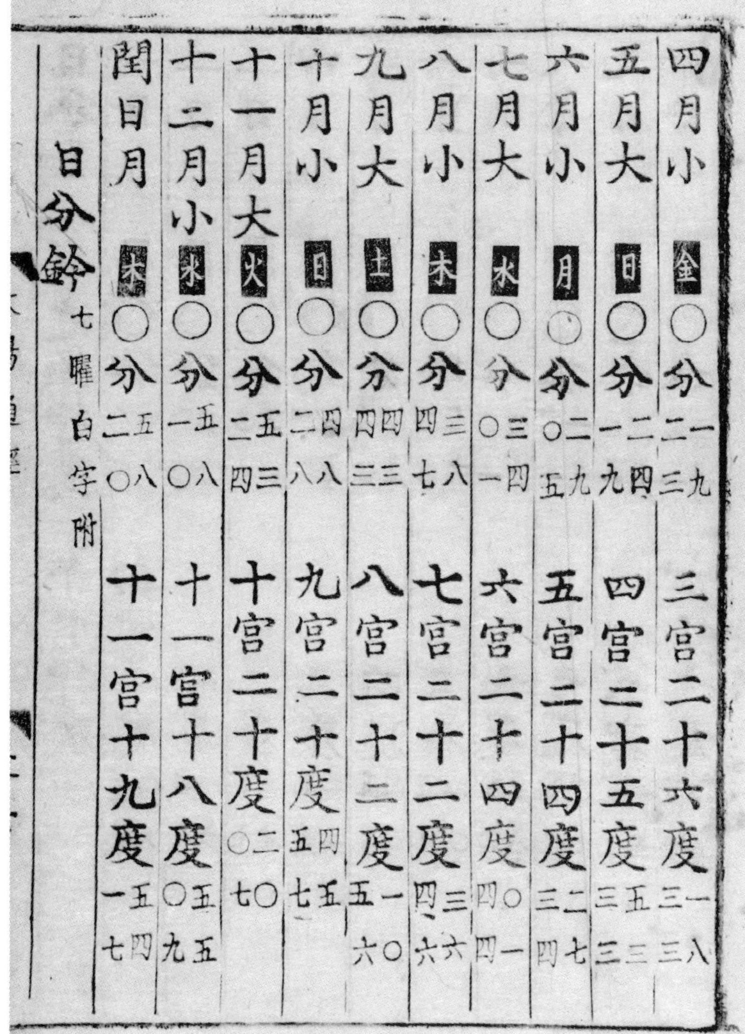

四月小　金	〇分一九二三	三宮二十六度一八三三
五月大　日	〇分二四一九	四宮二十五度五三三三
六月小　月	〇分二九〇五	五宮二十四度二七三四
七月大　水	〇分三四〇一	六宮二十四度〇一四四
八月小　木	〇分三八四七	七宮二十二度三六四六
九月大　土	〇分四三四三	八宮二十二度一〇五六
十月小　日	〇分四八二八	九宮二十度四五五七
十一月大　火	〇分五三二四	十宮二十度二〇〇七
十二月小　水	〇分五八一〇	十一宮十八度五五〇九
閏日月　木	〇分五八二〇	十一宮十九度五四一七

日分鈐。七曜白字附。

日分	近極行度	午中行度
一日　日	〇分〇〇一〇	初宮〇度五九〇八
二日　月	〇分〇〇二〇	一度五八一七
三日　火	〇分〇〇三〇	二度五七二五
四日　水	〇分〇〇三九	三度五六三三
五日　木	〇分〇〇四九	四度五五四二
六日　金	〇分〇〇五九	五度五四五〇
七日　土	〇分〇一〇九	六度五三五八
八日　日	〇分〇一一九	七度五三〇七
九日　月	〇分〇一二九	八度五二一五
十日　火	〇分〇一三九	九度五一二三

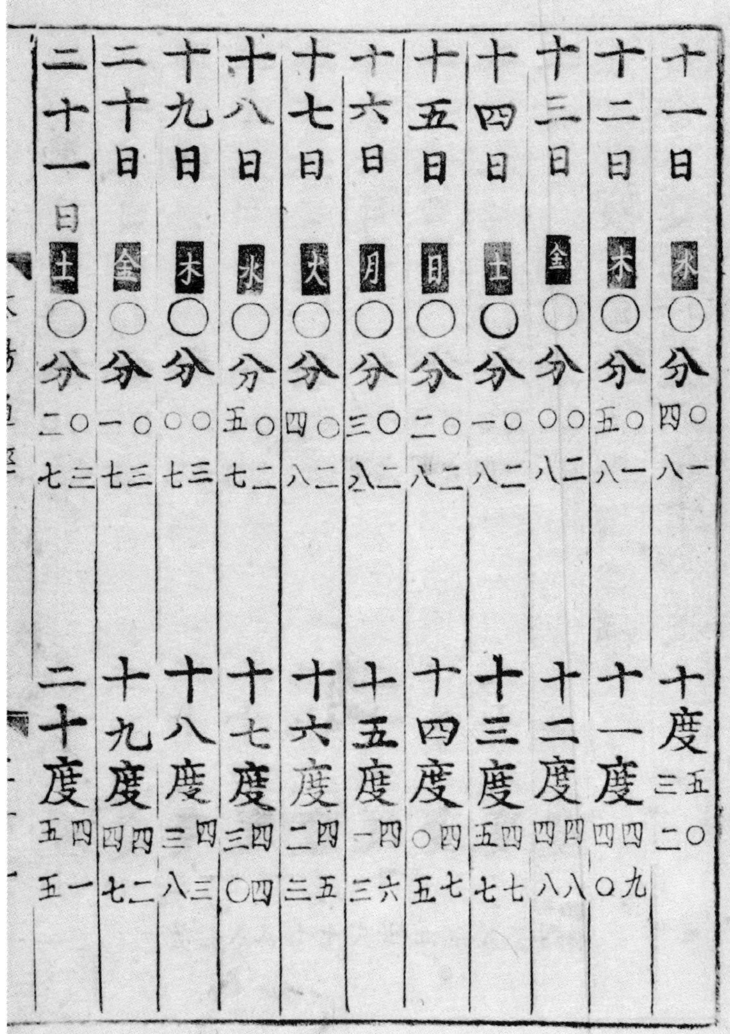

十一日　水	〇分〇一四八	十度五〇三二
十二日　木	〇分〇一五八	十一度四九四〇
十三日　金	〇分〇二〇八	十二度四八四八
十四日　土	〇分〇二一八	十三度四七五七
十五日　日	〇分〇二二八	十四度四七〇五
十六日　月	〇分〇二三八	十五度四六一三
十七日　火	〇分〇二四八	十六度四五二三
十八日　水	〇分〇二五七	十七度四四三〇
十九日　木	〇分〇三〇七	十八度四三三八
二十日　金	〇分〇三一七	十九度四二四七
二十一日　土	〇分〇三二七	二十度四一五五

二十二日　日	○分○三三七	二十一度四一○三
二十三日　月	○分○三四七	二十二度四○一二
二十四日　火	○分○三五七	二十三度三九二○
二十五日　水	○分○四○六	二十四度三八二八
二十六日　木	○分○四一六	二十五度三七三七
二十七日　金	○分○四二六	二十六度三六四五
二十八日　土	○分○四三六	二十七度三五五三
二十九日　日	○分○四四六	二十八度三五○二
三十日　月	○分○四五六	二十九度三四一○

日躔交宫鈐。七曜白字附。

宫分	近極行度	午中行度

太陽通經

戌宮○分○○○○初宮○度○○○○
酉宮火○分○五○六一宮○度三三一八
申宮金○分一○一二二宮一度○六三六
未宮月○分一五一七三宮一度三九五四
午宮金○分二○三三四宮三度一二二一
巳宮月○分二五三九五宮三度四五四○
辰宮木○分三○四五六宮四度一八五八
卯宮土○分三五四一七宮三度五三○八
寅宮月○分四○三七八宮三度二七一八
丑宮火○分四五二三九宮二度○二一九
子宮水○分五○○九十宮○度三七二一

戌宮	○分○○○○	初宮○度○○○○
酉宮　火	○分○五○六	一宮○度三三一八
申宮　金	○分一○一二	二宮一度○六三六
未宮　月	○分一五一七	三宮一度三九五四
午宮　金	○分二○三三	四宮三度一二二一
巳宮　月	○分二五三九	五宮三度四五四○
辰宮　木	○分三○四五	六宮四度一八五八
卯宮　土	○分三五四一	七宮三度五三○八
寅宮　月	○分四○三七	八宮三度二七一八
丑宮　火	○分四五二三	九宮二度○二一九
子宮　水	○分五○○九	十宮○度三七二一

亥宮金 〇分五五〇五 十一宮〇度一一三一
推第七格自行度法第十
置其各本位上第六格推得午中行度全分内皆減去各本宮上第五格推得近極行度全分餘爲推得各限自行度分也
如遇宮不及減者加十二宮減之度不及減者退一宮爲三十度減之分不及減者退一度爲六十分減之秒不及減者退一分爲六十秒減之微不及減者退一秒爲六十微減之是也
推第八格加減定差度分法第十一定數分母分一秒二微三纖四

亥宮　金	〇分五五〇五	十一宮〇度一一三一

推第七格自行度法第十

置其各本位上第六格推得午中行度全分，内皆減去各本宮上第五格，推得近極行度全分，餘爲推得各限自行度分也。

如遇宮不及減者，加十二宮減之。度不及減者，退一宮爲三十度，減之。分不及減者，退一度爲六十分，減之。秒不及減者，退一分爲六十秒，減之。微不及減者，退一秒爲六十微，減之。是也。

推第八格加減定差度分法第十一。定數分母，分一秒二微三纖四。

置其第七格各得自行度之宫度已下若干分以
六十秒通之爲秒就加其原若干秒共爲實却視
其原是幾宫幾度去照加減定差立成内横對其
宫直對其度取其宫度相合位下乘分爲法凡初
宫至五宫者用本位下乘分六宫至十一宫者用
前一位下乘分如遇乘分有單分者亦通爲六十
秒又加其原有秒共爲法以乘其實得數定原秒
位化爲單纖也然以六十纖爲法而一得若干爲
微餘不滿法者弃之復以六十微爲法而一得若
干爲秒餘不滿法者遇有三十一微已上者亦收
爲一秒遇有得一百秒者變作一分四十秒用之

置其第七格各得自行度之宫度已下者若干分，以六十秒通之爲秒，就加其原若干秒，共爲實。却視其原是幾宫幾度，去照加減定差立成内，横對其宫，直對其度，取其宫度相合位下乘分爲法。凡初宫至五宫者，用本位下乘分；六宫至十一宫者，用前一位下乘分。如遇乘分有單分者，亦通爲六十秒，又加其原有秒，共爲法，以乘其實，得數定原秒位化爲單纖也。然以六十纖爲法而一，得若干，爲微。餘不滿法者弃之，復以六十微爲法而一，得若干爲秒。餘不滿法者，遇有三十一微已上者，亦收爲一秒、遇有得一百秒者，變作一分四十秒用之。

又視其各得自行度，凡初宮至五宮者，其相合位中定差准數少如後位者，將此除得分秒加之；多如後位者，減之。如遇秒不及減者，退其一分爲六十秒，減之也。凡所得皆爲各第八格之定減差也。凡六宮至十一宮者，其相合位中定差准數少如前位者，將此除得分秒加之；多如前位者，減之也。凡所得皆爲各第八格之定加差也。

假令丙子年丑宮下第七格推得初限自行度五宮二十八度〇二分三十七秒，便置二分以六十秒通之，得一百二十秒，就加其三十七秒，共得一百五十七秒，爲實。取其五宮與二十八度相合本位下乘分二分一十一秒將二分通作一百二十秒加其原有一十一秒共得一百三十一秒為法以乘其實得二萬〇五百六十七纖以六十纖為法而一得三百四十二微餘四十七纖弃之復以六十微為法而一得五秒餘四十二微又收為一秒共得六秒今視相合本位中定差准數是〇度四分二十二秒後位是〇度二分一十一秒為本位多如後位當減其所得六秒共得〇度〇四分一十六秒為推得第八格之定減差是也他倣此推

定減差立成 以左為後而右為前也用之

位下乘分二分一十一秒，將二分通作一百二十秒，加其原有一十一秒，共得一百三十一秒爲法。以乘其實，得二萬〇五百六十七纖，以六十纖爲法而一，得三百四十二微，餘四十七纖，弃之。復以六十微爲法而一，得五秒，餘四十二微，又收爲一秒，共得六秒。今視相合本位中定差准數是〇度四分二十二秒，後位是〇度二分一十一秒爲本位。多如後位，當減其所得六秒，共得〇度〇四分一十六秒，爲推得第八格之定減差，是也。他倣此推。

定減差立成。以左爲後，而右爲前也，用之。

横宫 / 直度		初宫	一宫	二宫	三宫	四宫	五宫
初度	定差准	○度○○○○	○度五十八分三五	一度四十二分四五	二度○○分四三	一度四十六分二五	一度○二分一六
	乘分	二分○二	一分四七	一分○四	○分○三	一分○二	一分五二
一度	定差准	○度○二分○二	一度○○分二二	一度四十三分四九	二度○○分四六	一度四十五分二三	一度○○分二四
	乘分	二分○二	一分四六	一分○三	○分○一	一分○四	一分五三
二度	定差准	○度○四分○四	一度○二分○八	一度四十四分五二	二度○○分四七	一度四十四分一九	○度五十八分三一

	乘分	二分〇二	一分四五	一分〇一	〇分〇一	一分〇六	一分五五
三度	定差准	〇度〇六分〇六	一度〇三分五三	一度四十五分五三	二度〇〇分四六	一度四十三分一三	〇度五十六分三六
	乘分	二分〇二	一分四四	〇分五九	〇分〇三	一分〇八	一分五六
四度	定差准	〇度〇八分〇八	一度〇五分三七	一度四十六分五二	二度〇〇分四三	一度四十二分〇五	〇度五十四分四〇
	乘分	二分〇二	一分四三	〇分五七	〇分〇五	一分一〇	一分五七
五度	定差准	〇度十分一〇	一度〇七分二〇	一度四十七分四九	二度〇〇分三八	一度四十〇分五五	〇度五十二分四三
	乘分	二分〇二	一分四一	〇分五五	〇分〇八	一分一二	一分五八

六度	定差准	〇度十二分一二	一度〇九分〇一	一度四十八分四四	二度〇〇分三〇	一度三十九分四三	〇度五十〇分四五
	乘分	二分〇二	一分四〇	〇分五三	〇分一〇	一分一四	一分五九
七度	定差准	〇度十四分一三	一度十分四一	一度四十九分三七	二度〇〇分二〇	一度三十八分二九	〇度四十八分四六
	乘分	二分〇二	一分三九	〇分五一	〇分一二	一分一六	二分〇〇
八度	定差准	〇度十六分一五	一度十二分二〇	一度五十分二八	二度〇〇分〇八	一度三十七分四三	〇度四十六分四六
	乘分	二分〇一	一分三八	〇分四九	〇分一五	一分一七	二分〇一
九度	定差准	〇度十八分一六	一度十三分五八	一度五十一分一七	一度五十九分五三	一度三十五分五六	〇度四十四分四五
	乘分	二分〇一	一分三七	〇分四七	〇分一七	一分一九	二分〇二

十度	定差准	○度二十分一七	二度十五分三五	一度五十二分○四	一度五十九分三六	一度三十四分三八	○度四十二分四三
	乘分	二分○○	一分三五	○分四六	○分一九	一分二二	二分○三
十一度	定差准	○度二十二分一七	一度十七分一○	一度五十二分五○	一度五十九分一七	一度三十三分一六	○度四十○分四○
	乘分	二分○○	一分三四	○分四四	○分二一	一分二三	二分○四
十二度	定差准	○度二十四分一六	一度十八分四四	一度五十三分三四	一度五十八分五六	一度三十一分五三	○度三十八分三六
	乘分	二分○○	一分三三	○分四二	○分二三	一分二五	二分○四
十三度	定差准	○度二十六分一六	一度二十分一七	一度五十四分一六	一度五十八分三三	一度三十○分二八	○度三十六分三二
	乘分	一分五九	一分三二	○分四○	○分二五	一分二七	二分○五

十四度	定差准	○度二十八分一五	一度二十一分四九	一度五十四分五六	一度五十八分○八	一度二十九分○一	○度三十四分二七
	乘分	一分五九	一分三○	○分三八	○分二七	一分二八	二分○六
十五度	定差准	○度三十分一五	一度二十三分一九	一度五十五分三四	一度五十七分四一	一度二十七分三三	○度三十二分二一
	乘分	一分五八	一分二八	○分三五	○分三○	一分三○	二分○六
十六度	定差准	○度三十二分一三	一度二十四分四七	一度五十六分○九	一度五十七分一一	一度二十六分○三	○度三十分一五
	乘分	一分五七	一分二七	○分三三	○分三二	一分三二	二分○七

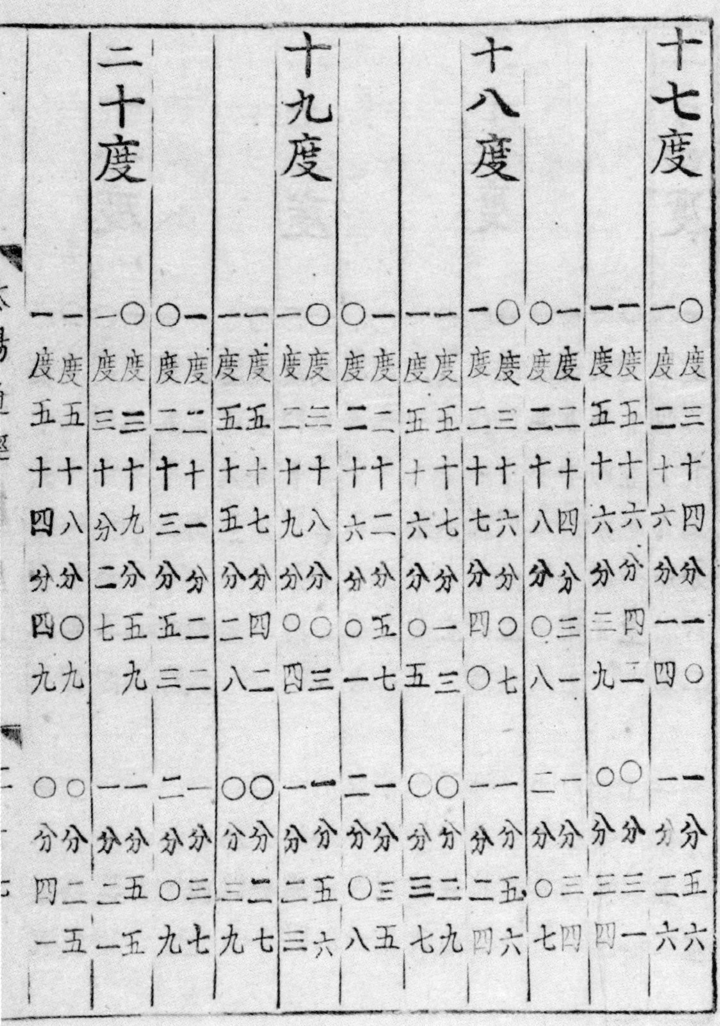

十七度	定差准	○度三十四分一○	一度二十六分一四	一度五十六分四二	一度五十六分三九	一度二十四分三一	○度二十八分○八
	乘分	一分五六	一分二六	○分三一	○分三四	一分三四	二分○七
十八度	定差准	○度三十六分○七	一度二十七分四○	一度五十七分一三	一度五十六分○五	一度二十二分五七	○度二十六分○一
	乘分	一分五六	一分二四	○分二九	○分三七	一分三五	二分○八
十九度	定差准	○度三十八分○三	一度二十九分○四	一度五十七分四二	一度五十五分二八	一度二十一分二二	○度二十三分五三
	乘分	一分五六	一分二三	○分二七	○分三九	一分三七	二分○九
二十度	定差准	○度三十九分五九	一度三十分二七	一度五十八分○九	一度五十四分四九	一度十九分四五	○度二十一分四四
	乘分	一分五五	一分二一	○分二五	○分四一	一分三八	二分○九

二十一度	定差准	○度四十一分五四	一度三十一分四八	一度五十八分三四	一度五十四分○八	一度十八分○七	○度十九分三五
	乘分	一分五四	一分二○	○分二三	○分四三	一分四○	二分一○
二十二度	定差准	○度四十三分四八	一度三十三分○八	一度五十八分五七	一度五十三分二五	一度十六分二七	○度十七分二五
	乘分	一分五四	一分一八	○分二一	○分四五	一分四二	二分一○
二十三度	定差准	○度四十五分四二	一度三十四分二六	一度五十九分一八	一度五十二分四○	一度十四分四五	○度十五分一五
	乘分	一分五三	一分一六	○分一九	○分四七	一分四三	二分一○
二十四度	定差准	○度四十七分三五	一度三十五分四二	一度五十九分三七	一度五十一分五三	一度十三分○二	○度十三分○五
	乘分	一分五二	一分一五	○分一七	○分四九	一分四四	二分一○

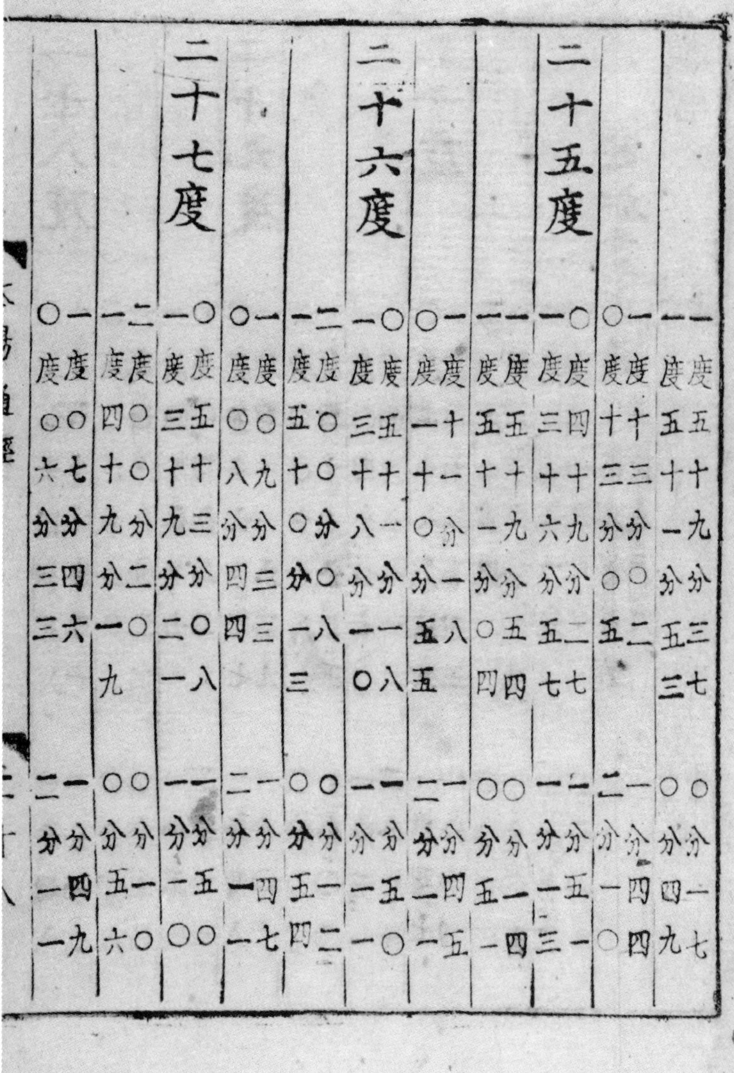

二十五度	定差准	○度四十九分二七	一度三十六分五七	一度五十九分五四	一度五十一分○四	一度十一分一八	○度一十○分五五
	乘分	一分五一	一分一三	○分一四	○分五一	一分四五	二分一一
二十六度	定差准	○度五十一分一八	一度三十八分一○	二度○○分○八	一度五十○分一三	一度○九分三三	○度○八分四四
	乘分	一分五○	一分一一	○分一二	○分五四	一分四七	二分一一
二十七度	定差准	○度五十三分○八	一度三十九分二一	二度○○分二○	一度四十九分一九	一度○七分四六	○度○六分三三
	乘分	一分五○	一分一○	○分一○	○分五六	一分四九	二分一一

七五一

二十八度	定差准	○度五十四分五八	一度四十○分三一	二度○○分三○	一度四十八分二三	一度○五分五七	○度○四分二二
	乘分	一分四九	一分○八	○分○八	○分五八	一分五○	二分一一
二十九度	定差准	○度五十六分四七	一度四十一分三九	二度○○分三八	一度四十七分二五	一度○四分○七	○度○二分一一
	乘分	一分四八	一分○六	○分○五	一分○○	一分五一	二分一一
三十度	定差准	○度五十八分三五	一度四十二分四五	二度○○分四三	一度四十六分二五	一度○二分一六	○度○○分○○
	乘分	一分四七	一分○四	○分○三	一分○二	一分五二	二分一一

定加差立成。以左爲前，而右爲後也，用之。

直度＼横宫		六宫	七宫	八宫	九宫	十宫	十一宫
初度	定差准	○度○○分○○	一度○二分一六	一度四十六分二五	二度○○分四三	一度四十二分四五	○度五十八分三五
	乘分	二分一一	一分五二	一分○二	○分○三	一分○四	一分四七
一度	定差准	○度○二分一一	一度○四分○七	一度四十七分二五	二度○○分三八	一度四十一分三九	○度五十六分四七
	乘分	二分一一	一分五一	一分○○	○分○五	一分○六	一分四八
二度	定差准	○度○四分二二	一度○五分五七	一度四十八分二三	二度○○分三○	一度四十分三一	○度五十四分五八
	乘分	二分一一	一分五○	○分五八	○分○八	一分○八	一分四九

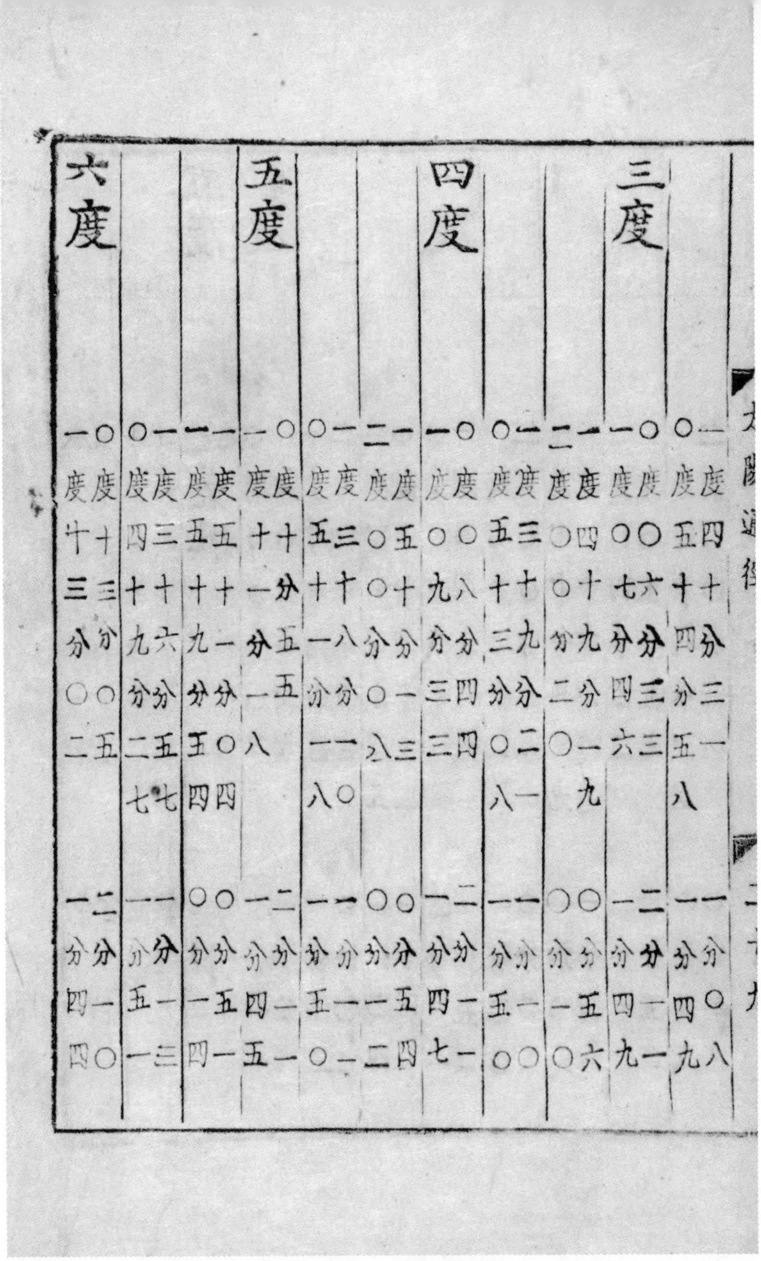

三度	定差准	○度○六分三三	一度○七分四六	一度四十九分一九	二度○○分二○	一度三十九分二一	○度五十三分○八
	乘分	二分一一	一分四九	○分五六	○分一○	一分一○	一分五○
四度	定差准	○度○八分四四	一度○九分三三	一度五十分一三	二度○○分○八	一度三十八分一○	○度五十一分一八
	乘分	二分一一	一分四七	○分五四	○分一二	一分一一	一分五○
五度	定差准	○度十分五五	一度十一分一八	一度五十一分○四	一度五十九分五四	一度三十六分五七	○度四十九分二七
	乘分	二分一一	一分四五	○分五一	○分一四	一分一三	一分五一
六度	定差准	○度十三分○五	一度十三分○二	一度五十一分五三	一度五十九分三七	一度三十五分四二	○度四十七分三五
	乘分	二分一○	一分四四	○分四九	○分一七	一分一五	一分五二

七度	定差准	○度十五分一五	一度十四分四五	一度五十二分四○	一度五十九分一八	一度三十四分二六	○度四十五分四二
	乘分	二分一○	一分四三	○分四七	○分一九	一分一六	一分五三
八度	定差准	○度十七分二五	一度十六分二七	一度五十三分二五	一度五十八分五七	一度三十三分○八	○度四十三分四八
	乘分	二分一○	一分四二	○分四五	○分二一	一分一八	一分五四
九度	定差准	○度十九分三五	一度十八分○七	一度五十四分○八	一度五十八分三四	一度三十一分四八	○度四十一分五四
	乘分	二分一○	一分四○	○分四三	○分二三	一分二○	一分五四

十度	定差准	○度二十一分四四	一度十九分四五	一度五十四分四九	一度五十八分○九	一度三十分二七	○度三十九分五九
	乘分	二分○九	一分三八	○分四一	○分二五	一分二一	一分五五
十一度	定差准	○度二十三分五三	一度二十一分二二	一度五十五分二八	一度五十七分四二	一度二十九分○四	○度三十八分○三
	乘分	二分○九	一分三七	○分三九	○分二七	一分二三	一分五六
十二度	定差准	○度二十六分○一	一度二十二分五七	一度五十六分○五	一度五十七分一三	一度二十七分四○	○度三十六分○七
	乘分	二分○八	一分三五	○分三七	○分二九	一分二四	一分五六
十三度	定差准	○度二十八分○八	一度二十四分三一	一度五十六分三九	一度五十六分四二	一度二十六分一四	○度三十四分一○
	乘分	二分○七	一分三四	○分三四	○分三一	一分二六	一分五六

十四度	定差准	○度三十分一五	一度二十六分○三	一度五十七分一一	一度五十六分○九	一度二十四分四七	○度三十二分一三
	乘分	二分○七	一分三二	○分三二	○分三三	一分二七	一分五七
十五度	定差准	○度三十二分二一	一度二十七分三三	一度五十七分四一	一度五十五分三四	一度二十三分一九	○度三十分一五
	乘分	二分○六	一分三○	○分三○	○分三五	一分二八	一分五八
十六度	定差准	○度三十四分二七	一度二十九分○一	一度五十八分○八	一度五十四分五六	一度二十二分四九	○度二十八分一五
	乘分	二分○六	一分二八	○分二七	○分三八	一分三○	一分五九
十七度	定差准	○度三十六分三二	一度三十分二八	一度五十八分三三	一度五十四分一六	一度二十分一七	○度二十六分一六
	乘分	二分○五	一分二七	○分二五	○分四○	一分三二	一分五九

十八度	定差准	○度三十八分三六	一度三十一分五三	一度五十八分五六	一度五十三分三四	一度十八分四四	○度二十四分一六
	乘分	二分○四	一分二五	○分二三	○分四二	一分三三	二分○○
十九度	定差准	○度四十分四○	一度三十三分一六	一度五十九分一七	一度五十二分五○	一度十七分一○	○度二十二分一七
	乘分	二分○四	一分二三	○分二一	○分四四	一分三四	二分○○
二十度	定差准	○度四十二分四三	一度三十四分三八	一度五十九分三六	一度五十二分○四	一度十五分三五	○度二十分一七
	乘分	二分○三	一分二二	○分一九	○分四六	一分三五	二分○○

二十一度	定差准	○度四十四分四五	一度三十五分五六	一度五十九分五三	一度五十一分一七	一度十三分五八	○度十八分一六
	乘分	二分○二	一分一九	○分一七	○分四七	一分三七	二分○一
二十二度	定差准	○度四十六分四六	一度三十七分四三	二度○分○八	一度五十分二八	一度十二分二○	○度十六分一五
	乘分	二分○一	一分一七	○分一五	○分四九	一分三八	二分○一
二十三度	定差准	○度四十八分四六	一度三十八分二九	二度○○分二○	一度四十九分三七	一度十分四一	○度十四分一三
	乘分	二分○○	一分一六	○分一二	○分五一	一分三九	二分○二
二十四度	定差准	○度五十分四五	一度三十九分四三	二度○○分三○	一度四十八分四四	一度○九分○一	○度十二分一二
	乘分	一分五九	一分一四	○分一○	○分五三	一分四○	二分○二

二十五度	定差准	○度五十二分四三	一度四十分五五	二度○○分三八	一度四十七分四九	一度○七分二○	○度十分一○
	乘分	一分五八	一分一二	○分○八	○分五五	一分四一	二分○二
二十六度	定差准	○度五十四分四○	一度四十二分○五	二度○○分四三	一度四十六分五二	一度○五分三七	○度○八分○八
	乘分	一分五七	一分一○	○分○五	○分五七	一分四三	二分○二
二十七度	定差准	○度五十六分三六	一度四十三分一三	二度○○分四六	一度四十五分五三	一度○三分五三	○度○六分○六
	乘分	一分五六	一分○八	○分○三	○分五九	一分四四	二分○二
二十八度	定差准	○度五十八分三一	一度四十四分一九	二度○○分四七	一度四十四分五二	一度○二分○八	○度○四分○四
	乘分	一分五五	一分○六	○分○一	一分○一	一分四五	二分○二

二十九度	定差准	一度〇〇分二四	一度四十五分二三	二度〇分四六	一度四十三分四九	一度〇〇分二二	〇度〇二分〇二
	乘分	一分五三	一分〇四	〇分〇一	一分〇三	一分四六	二分〇二
三十度	定差准	一度〇二分一六	一度四十六分二五	二度〇〇分四三	一度四十二分四五	〇度五十八分三五	〇度〇〇〇〇
	乘分	一分五二	一分〇二	〇分〇三	一分〇四	一分四七	二分〇二

推第九格太陽行度第十二

置其各第六格推得午中行度全分内，以其各位下第八格推得加減定差，是加差者加之也，如遇滿六十微進爲一秒滿六十秒進爲一分滿六十分進爲一度滿三十度進爲一宮滿十二宮去之是也是减差者减之如遇度不及减者退一宮爲三十度分不及减者退一度爲六十分秒不及减者退一分爲六十秒微不及减者退一秒爲六十微而减之是也或加或减然後爲所推得第九格之太陽行度也
洪武二十九年歲次丙子春二月上旬吉日監正元　按經編緝
緯度太陽通經終

滿六十微進爲一秒，滿六十秒進爲一分，滿六十分進爲一度，滿三十度進爲一宮，滿十二宮去之，是也。是減差者減之，如遇度不及減者退一宮爲三十度，分不及減者退一度爲六十分，秒不及減者退一分爲六十秒，微不及減者退一秒爲六十微，而減之，是也。或加或減，然後爲所推得第九格之太陽行度也。

洪武二十九年歲次丙子春二月上旬吉日監正元[1] 按經編輯

《緯度太陽通經》終

1 即欽天監監正元統。

韓國首爾大學奎章閣藏《宣德十年月五星凌犯》

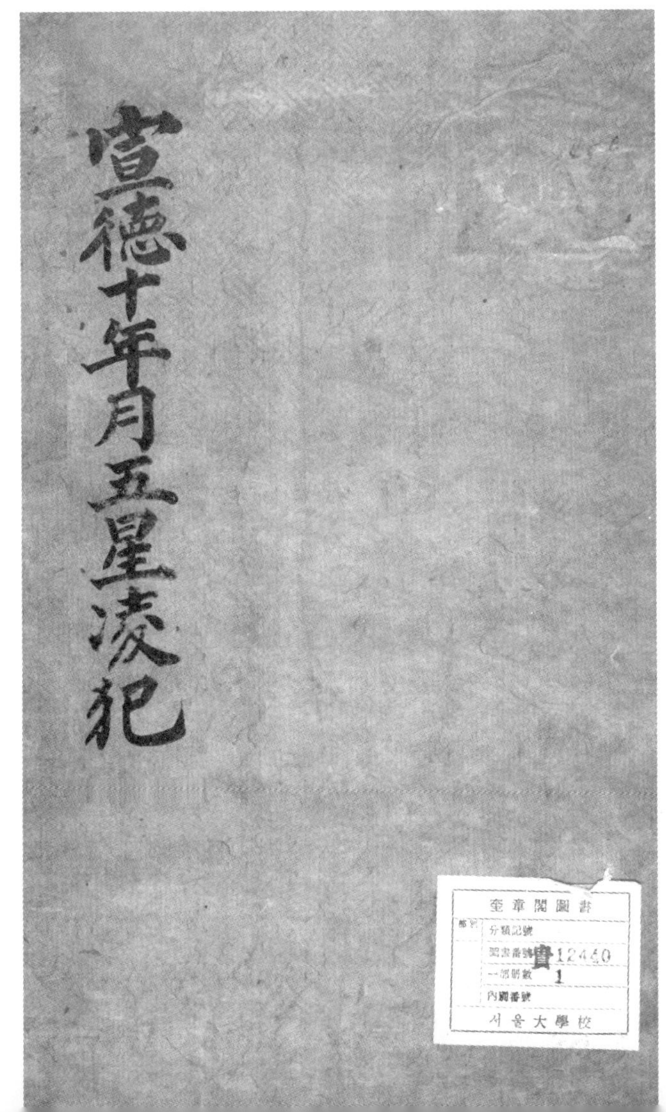

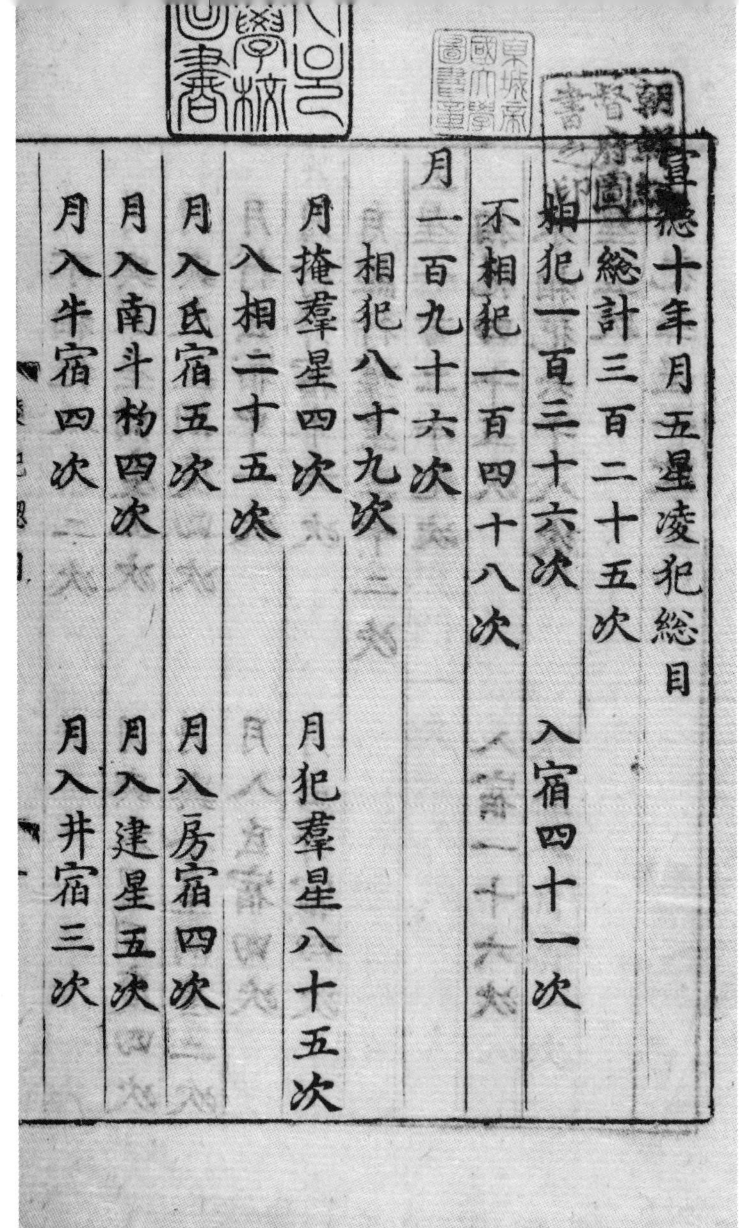

宣德十年月五星凌犯総目
總計三百二十五次
相犯一百三十六次　入宿四十一次
不相犯一百四十八次
月一百九十六次
相犯八十九次
月掩羣星四次　月犯羣星八十五次
入相二十五次
月入氐宿五次　月入房宿四次
月入南斗杓四次　月入建星五次
月入牛宿四次　月入井宿三次

宣德十年月五星凌犯總目

總計三百二十五次：

相犯一百三十六次，入宿四十一次，不相犯一百四十八次。

月，一百九十六次。

相犯八十九次：

月掩群星四次，月犯群星八十五次。

入相二十五次：

月入氐宿五次，月入房宿四次，月入南斗杓四次，月入建星五次，月入牛宿四次，月入井宿三次。

不相犯八十二次
月與土星同度五次　月與木星同度四次
月與火星同度四次　月與金星同度二次
月行氐宿中一次　月入氐宿四次
月行井宿中六次　月出井宿四次
月經行羣星五十二次
五星一百二十九次
相犯四十五次　入宿一十六次
不相犯六十八次
土星五次
相犯羣星一次

不相犯八十二次：

月與土星同度五次，月與木星同度四次，月與火星同度四次，月與金星同度二次，月行氐宿中一次，月入氐宿四次，月行井宿中六次，月出井宿四次，月經行群星五十二次。

五星一百二十九次。

相犯四十五次，入宿一十六次，不相犯六十八次。

土星五次：

相犯群星一次，

不相犯經行羣星四次

木星七次

相犯羣星一次　木星入角宿一次

不相犯五次

木星出太微垣左掖門一次

木星經行羣星四次

火星二十六次

相犯七次

火星犯土星一次　火星犯羣星六次

入宿二次

火星入南斗杓一次　火星入壘壁陣一次

不相犯經行群星四次。

木星七次：

相犯群星一次，木星入角宿一次。

不相犯五次：

木星出太微垣左掖門一次，木星經行群星四次。

火星，二十六次：

相犯七次：

火星犯土星一次，火星犯群星六次。

入宿二次：

火星入南斗杓一次，火星入壘壁陣一次。

不相犯經行羣星一十七次
金星五十三次
相犯二十一次
金星犯木星一次　金星犯羣星二十次
入宿七次
金星入角宿一次　金星入亢宿一次
金星入氐宿一次　金星入井宿一次
金星入鬼宿一次　金星入軒轅一次
金星入太微垣右掖門一次
不相犯經行羣星二十五次
水星三十八次

不相犯，經行群星一十七次。

金星五十三次。

相犯二十一次：

金星犯木星一次，金星犯群星二十次。

入宿七次：

金星入角宿一次，金星入亢宿一次，金星入氐宿一次，金星入井宿一次，金星入鬼宿一次，金星入軒轅一次，金星入太微垣右掖門一次。

不相犯，經行群星二十五次。

水星，三十八次。

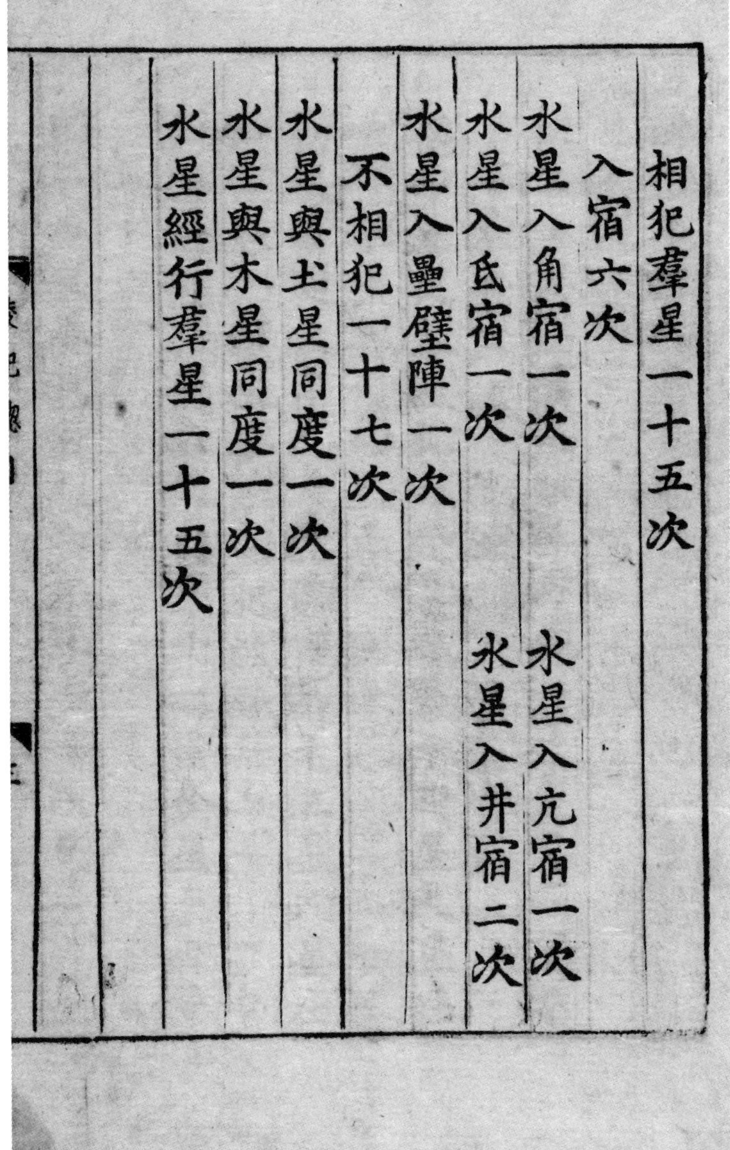
相犯羣星一十五次
入宿六次
水星入角宿一次
水星入亢宿一次
水星入氐宿一次
水星入井宿二次
水星入壘壁陣一次
不相犯一十七次
水星與土星同度一次
水星與木星同度一次
水星經行羣星一十五次

相犯群星一十五次。

入宿六次：

水星入角宿一次，水星入亢宿一次，水星入氐宿一次，水星入井宿二次，水星入壘壁陣一次。

不相犯一十七次：

水星與土星同度一次，水星與木星同度一次，水星經行群星一十五次。

宣德十年月五星凌犯
正月
初二日夜金星犯外屏西第一星金星在下離
三分
初四日夜火星犯人蛇像内第十四星火星在
下離十八分即天江中星
初五日夜火星到人蛇像内第十三星火星在
下離一度五分不相犯即天江中星
同日金星犯雙魚像内第十二星金星在上離
三十八分即外屏西第二星
初八日夜昏刻月犯白羊像内第八星月在上

宣德十年月五星凌犯

正月：

初二日夜，金星犯外屏西第一星，金星在下，離三分。

初四日夜，火星犯人蛇像内第十四星，火星在下，離十八分。即天江中星。

初五日夜，火星到人蛇像内第十三星，火星在下，離一度五分，不相犯。即天江中星。

同日，金星犯雙魚像内第十二星，金星在上，離三十八分。即外屏西第二星。

初八日夜昏刻，月犯白羊像内第八星，月在上，離三十四分。即天陰下星。

初九日夜昏刻，月犯金牛像内第二十四星，月在上，離四十八分。即昴宿月星。

初十日夜子初三刻，月到金牛像外第三星，月在上，離一度二十四分，不相犯。即諸王東第二星。

十一日夜亥初初刻，月掩陰陽像内第十四星。即井宿钺星。

子初三刻，月犯陰陽像内第十五星，月在下，離一十五分。即井宿西扇北第一星。

子正初刻，月入井宿。

十二日夜昏刻，月犯陰陽像内第十二星，月在

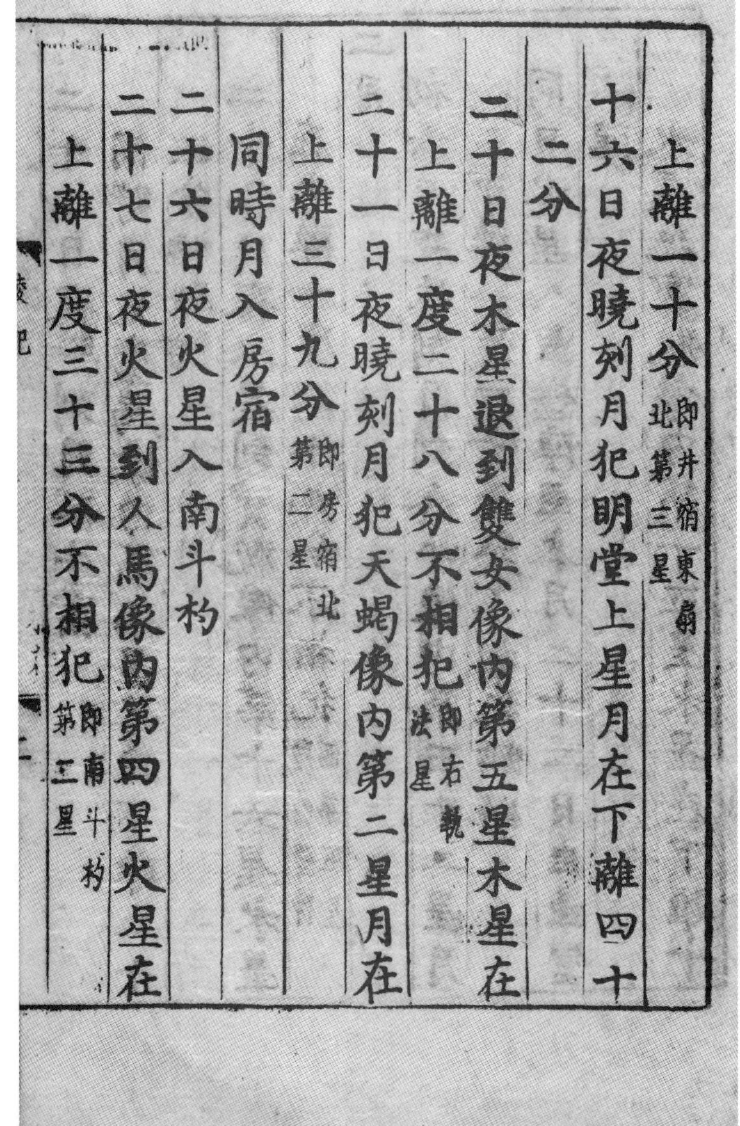

上離一十分 即井宿東扇北第三星
十六日夜曉刻月犯明堂上星月在下離四十
二分
二十日夜木星退到雙女像内第五星木星在
上離一度二十八分不相犯 即右執法星
二十一日夜曉刻月犯天蝎像内第二星月在
上離三十九分 即房宿北第二星
同時月入房宿
二十六日夜火星入南斗杓
二十七日夜火星到人馬像内第四星火星在
上離一度三十三分不相犯 即南斗杓第二星

上離一十分。即井宿東扇北第三星。

十六日夜曉刻，月犯明堂上星，月在下，離四十二分。

二十日夜，木星退到雙女像内第五星，木星在上，離一度二十八分，不相犯。即右執法星。

二十一日夜曉刻，月犯天蝎像内第二星，月在上，離三十九分。即房宿北第二星。

同時，月入房宿。

二十六日夜，火星入南斗杓。

二十七日夜，火星到人马像内第四星，火星在上，離一度三十三分，不相犯。即南斗杓第二星。

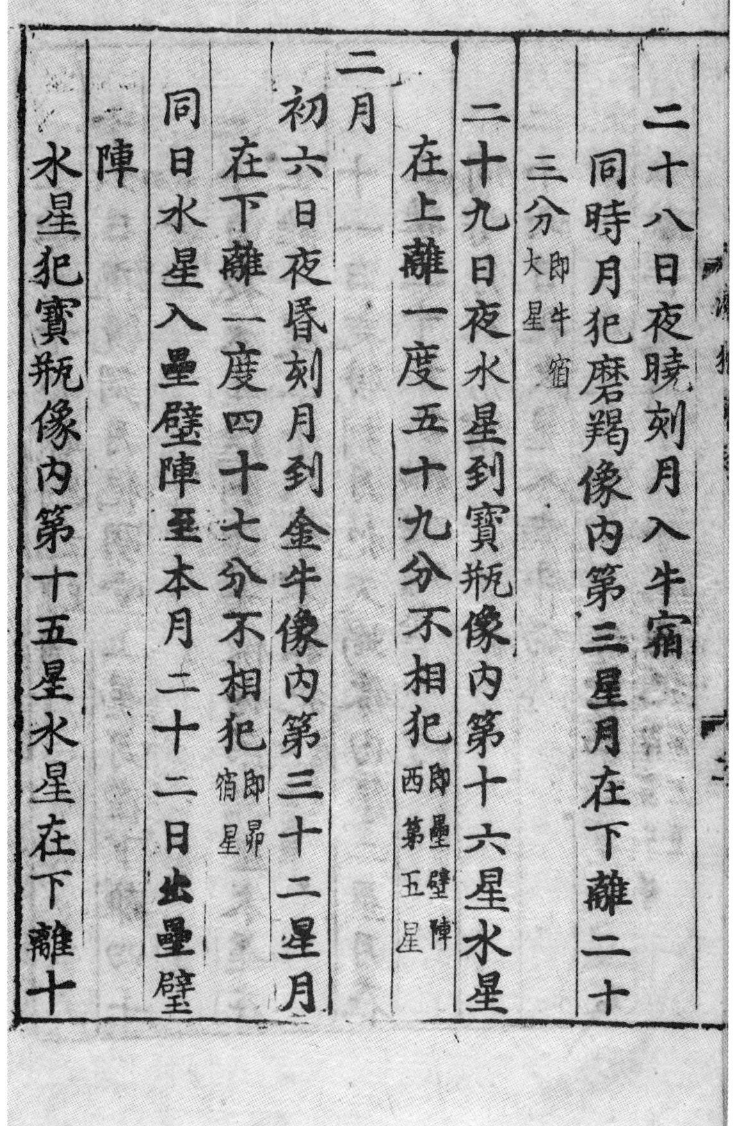
二十八日夜曉刻月入牛宿
同時月犯磨羯像内第三星月在下離二十三分即牛宿大星
二十九日夜水星到寶瓶像内第十六星水星在上離一度五十九分不相犯即壘壁陣西第五星
二月
初六日夜昏刻月到金牛像内第三十二星月在下離一度四十七分不相犯即昴宿星
同日水星入壘壁陣至本月二十二日出壘壁陣
水星犯寶瓶像内第十五星水星在下離十

二十八日夜曉刻，月入牛宿。

同時，月犯磨羯像内第三星，月在下，離二十三分。即牛宿大星。

二十九日夜，水星到寶瓶像内第十六星，水星在上，離一度五十九分，不相犯。即壘壁陣西第五星。

二月：

初六日夜昏刻，月到金牛像内第三十二星，月在下，離一度四十七分，不相犯。即昴宿星。

同日，水星入壘壁陣，至本月二十二日，出壘壁陣。

水星犯寶瓶像内第十五星，水星在下，離十

四分即壘壁陣西第六星
初七日夜亥正三刻月犯金牛像外第二星月在上離七分即諸王西第二星
初八日夜戌初三刻月犯金牛像外第九星月在上離二十分即司恠上星
戌正三刻月到陰陽像外第七星月在上離一度二分不相犯即司恠中星
初九日夜昏刻月行井宿中
亥初初刻月到陰陽像内第十一星月在下離一度三分不相犯即井宿東扇北第二星
丑初二刻月出井宿
凌犯 三

四分。即壘壁陣西第六星。

初七日夜亥正三刻，月犯金牛像外第二星，月在上，離七分。即諸王西第二星。

初八日夜戌初三刻，月犯金牛像外第九星，月在上，離二十分。即司恠上星。

戌正三刻，月到陰陽像外第七星，月在上，離一度二分，不相犯。即司恠中星。

初九日夜昏刻，月行井宿中。

亥初初刻，月到陰陽像内第十一星，月在下，離一度三分，不相犯。即井宿東扇北第二星。

丑初二刻，月出井宿。

同時月犯陰陽像内第十二星月在上離五
分即井宿東扇北第三星
初十日夜火星到人馬像内第十一星火星在
下離一度二十九分不相犯即建星西第二星
十一日夜水星到寶瓶像内第二十四星水星
在下離一度四十三分不相犯即壘壁陣東第六星
十二日夜昏刻月犯獅子像内第十三星月在
下離三十分即軒轅右角星
同日火星到人馬像内第十星火星在下離一
度五十九分不相犯即建星西第三星
十三日夜水星與土星同度水星在下離一度

同時，月犯陰陽像内第十二星，月在上，離五分。即井宿東扇北第三星。

初十日夜，火星到人馬像内第十一星，火星在下，離一度二十九分，不相犯。即建星西第二星。

十一日夜，水星到寶瓶像内第二十四星，水星在下，離一度四十三分，不相犯。即壘壁陣東第六星。

十二日夜昏刻，月犯獅子像内第十三星，月在下，離三十分。即軒轅右角星。

同日，火星到人馬像内第十星，火星在下，離一度五十九分，不相犯。即建星西第三星。

十三日夜，水星與土星同度，水星在下，離一度，

不相犯
十四日夜昏刻月與木星同度月在下離六度
三十一分不相犯
同日水星到寶瓶像内第二十八星水星在上
離一度一十五分不相犯即羽林軍星
水星到寶瓶像内第二十六星水星在下離
一度三十分不相犯即壘壁陣東第五星
水星到寶瓶像内第二十九星水星在上離
一度四十分不相犯即羽林軍星
十六日夜戌初三刻月到雙女像内第十四星
月在下離一度四十三分不相犯即角宿南星

不相犯。

十四日夜昏刻，月與木星同度，月在下，離六度三十一分，不相犯。

同日，水星到寶瓶像内第二十八星，水星在上，離一度一十五分，不相犯。即羽林軍星。

水星到寶瓶像内第二十六星，水星在下，離一度三十分，不相犯。即壘壁陣東第五星。

水星到寶瓶像内第二十九星，水星在上，離一度四十分，不相犯。即羽林軍星。

十六日夜戌初三刻，月到雙女像内第十四星，月在下，離一度四十三分，不相犯。即角宿南星。

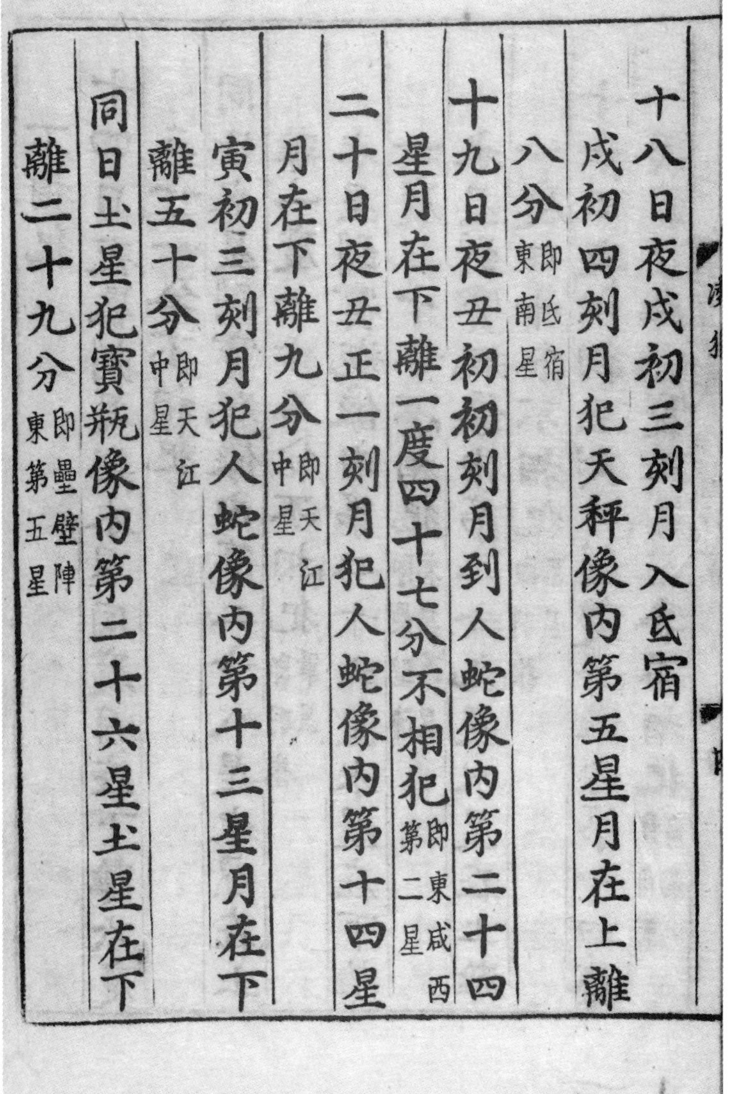

十八日夜戌初三刻月入氐宿
戌初四刻月犯天秤像内第五星月在上離
八分即氐宿東南星
十九日夜丑初初刻月到人蛇像内第二十四
星月在下離一度四十七分不相犯即東咸西第二星
二十日夜丑正一刻月犯人蛇像内第十四星
月在下離九分即天江中星
寅初三刻月犯人蛇像内第十三星月在下
離五十分即天江中星
同日土星犯寶瓶像内第二十六星土星在下
離二十九分即壘壁陣東第五星

十八日夜戌初三刻，月入氐宿。

戌初四刻，月犯天秤像内第五星，月在上，離八分。即氐宿東南星。

十九日夜丑初初刻，月到人蛇像内第二十四星，月在下，離一度四十七分，不相犯。即東咸西第二星。

二十日夜丑正一刻，月犯人蛇像内第十四星，月在下，離九分。即天江中星。

寅初三刻，月犯人蛇像内第十三星，月在下，離五十分。即天江中星。

同日，土星犯寶瓶像内第二十六星，上星在下，離二十九分。即壘壁陣東第五星。

二十一日夜子正二刻月到人馬像内第五星
月在下離一度七分不相犯即南斗杓第一星
丑正初刻月入南斗杓
同日水星犯雙魚像外第一星水星在下離六
分即壘壁陣東方第三星
二十二日夜寅初初刻月入建星
同時月犯建星東第三星月在下離二十二
分
曉刻月到人馬像内第十二星月在下離一
度二十三分不相犯即建星東第二星
同日水星犯雙魚像外第二星水星在下離一

二十一日夜子正二刻，月到人馬像内第五星，月在下，離一度七分，不相犯。即南斗杓第一星。

丑正初刻，月入南斗杓。

同日，水星犯雙魚像外第一星，水星在下，離六分。即壘壁陣東方第三星。

二十二日夜寅初初刻，月入建星。

同時，月犯建星東第三星，月在下，離二十二分。

曉刻，月到人馬像内第十二星，月在下，離一度二十三分，不相犯。即建星東第二星。

同日，水星犯雙魚像外第二星，水星在下，離一

十三分即壘壁陣東方第一星
三月
初五日夜昏刻月犯金牛像外第七星月在上
離三十一分即諸王東第一星
戌初初刻月到金牛像內第十九星月在上
離一度三十五分不相犯即天關星
初六日夜昏刻月行井宿中
同時月到陰陽像內第十六星月在上離一
度二十六分不相犯即井宿西扇北第二星
十一日夜亥初三刻月與木星同度月在下離
六度二十九分不相犯

十三分。即壘壁陣東方第一星。

三月：

初五日夜昏刻，月犯金牛像外第七星，月在上，離三十一分。即諸王東第一星。

戌初初刻，月到金牛像內第十九星，月在上，離一度三十五分，不相犯。即天關星。

初六日夜昏刻，月行井宿中。

同時，月到陰陽像內第十六星，月在上，離一度二十六分，不相犯。即井宿西扇北第二星。

十一日夜亥初三刻，月與木星同度，月在下，離六度二十九分，不相犯。

子初四刻月犯明堂上星月在下離四十一
分
十三日夜火星到磨羯像内第五星火星在下
離一度四十七分不相犯即牛宿南星
寅正三刻月犯天秤像内第五星月在上離
一十五分即氐宿東南星
十六日夜丑初一刻月犯天蝎像内第二星月
在上離五十四分即房宿北第二星
同時月入房宿
丑正三刻月到天蝎像内第六星月在下離
一度一十三分不相犯即鈎鈐東星

凌犯

子初四刻，月犯明堂上星，月在下，離四十一分。

十三日夜，火星到磨羯像内第五星，火星在下，離一度四十七分，不相犯。即牛宿南星。

寅正三刻，月犯天秤像内第五星，月在上，離一十五分。即氐宿東南星。

十六日夜丑初一刻，月犯天蝎像内第二星，月在上，離五十四分。即房宿北第二星。

同時，月入房宿。

丑正三刻，月到天蝎像内第六星，月在下，離一度一十三分，不相犯。即鈎鈐東星。

十七日夜火星到磨羯像内第十星火星在下
離一度五十六分不相犯即羅堰下星
十九日夜寅正初刻月犯人馬像内第九星月
在上離二十七分即建星西第一星
二十一日夜子初一刻月犯磨羯像内第三星
月在下離一十一分即牛宿大星
同時月入牛宿
曉刻月犯磨羯像内第九星月在上離四十
五分即羅堰上星
二十五日夜火星到磨羯像内第十八星火星
在上離一度四分不相犯即十二諸國秦星

十七日夜，火星到磨羯像内第十星，火星在下，離一度五十六分，不相犯。即羅堰下星。

十九日夜寅正初刻，月犯人馬像内第九星，月在上，離二十七分。即建星西第一星。

二十一日夜子初一刻，月犯磨羯像内第三星，月在下，離一十一分。即牛宿大星。

同時，月入牛宿。

曉刻，月犯磨羯像内第九星，月在上，離四十五分。即羅堰上星。

二十五日夜，火星到磨羯像内第十八星，火星在上，離一度四分，不相犯。即十二諸國秦星。

二十七日夜水星犯金牛像内第二十四星水
星在上離七分即昴宿月星
四月
初一日夜水星犯金牛像内第二十二星水星
在上離二十四分即天街下星
同日水星犯天街上星水星在下離一十二分
初四日夜昏刻月犯陰陽像内第十四星月在
下離一十九分即井宿鉞星
戌初三刻月犯陰陽像内第十五星月在下
離三十四分即井宿西扇北第一星
初五日夜水星到金牛像外第二星水星在上

二十七日夜，水星犯金牛像内第二十四星，水星在上，離七分。即昴宿月星。

四月：

初一日夜，水星犯金牛像内第二十二星，水星在上，離二十四分。即天街下星。

同日，水星犯天街上星，水星在下，離一十二分。

初四日夜昏刻，月犯陰陽像内第十四星，月在下，離一十九分。即井宿钺星。

戌初三刻，月犯陰陽像内第十五星，月在下，離三十四分。即井宿西扇北第一星。

初五日夜，水星到金牛像外第二星，水星在上，

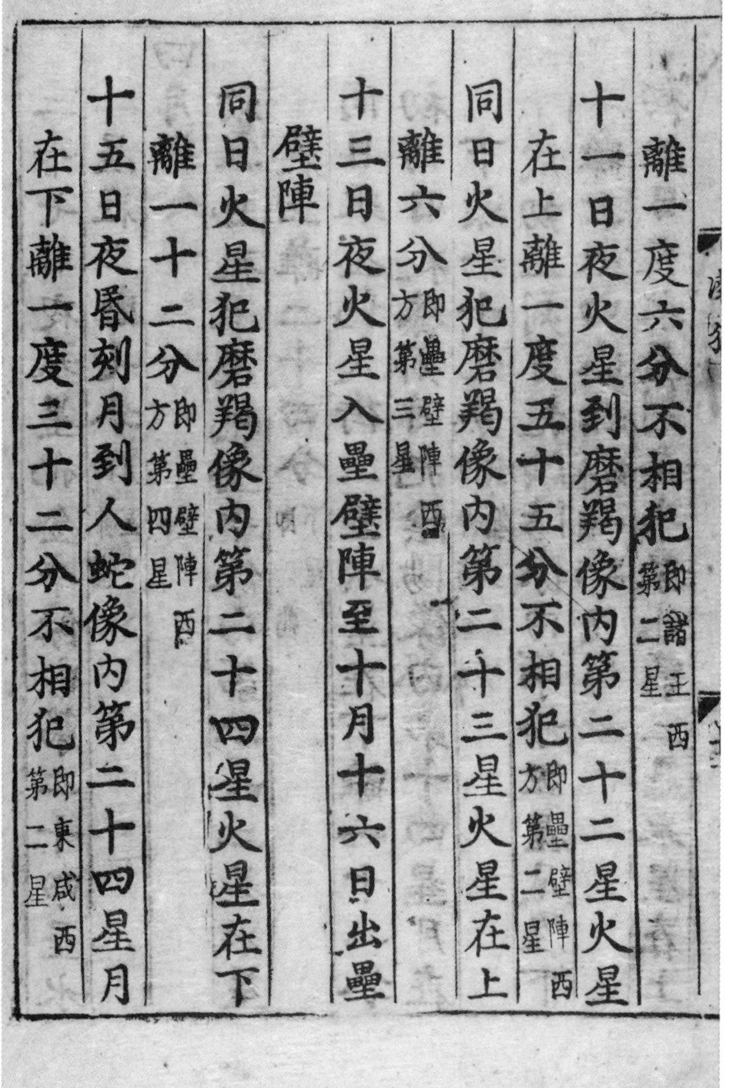

離一度六分，不相犯。即諸王西第二星。

十一日夜，火星到磨羯像内第二十二星，火星在上，離一度五十五分，不相犯。即壘壁陣西方第二星。

同日，火星犯磨羯像内第二十三星，火星在上，離六分。即壘壁陣西方第三星。

十三日夜，火星入壘壁陣，至十月十六日出壘壁陣。

同日，火星犯磨羯像内第二十四星，火星在下，離一十二分。即壘壁陣西方第四星。

十五日夜昏刻，月到人蛇像内第二十四星，月在下，離一度三十二分，不相犯。即東咸西第二星。

十六日夜戌初二刻，月犯人蛇像内第十四星，月在上，離六分。即天江中星。

亥初初刻，月犯人蛇像内第十三星，月在下，離三十五分。即天江中星。

十七日昏刻，月入南斗杓。

十八日夜亥初初刻，月入建星。

同時，月犯建星東第三星，月在下，離九分。

子初二刻，月到人馬像内第十二星，月在下，離一度一十分，不相犯。即建星東第二星。

二十一日夜寅正三刻，月與火星同度，月在上，離七度二十四分，不相犯。

同日火星犯寶瓶像内第十六星火星在下離四十七分即壘壁陣西第五星

二十三日夜子正三刻月與土星同度月在上離六度三十四分不相犯

同日水星入井宿

二十五日夜水星到陰陽像内第十星水星在下離一度二十八分不相犯即井宿東扇北第一星

二十九日夜曉刻月犯金牛像内第二十二星月在下離六分即天街下星

同時月犯天街上星月在下離四十二分

五月

同日，火星犯寶瓶像内第十六星，火星在下，離四十七分。即壘壁陣西第五星。

二十三日夜子正三刻，月與土星同度，月在上，離六度三十四分，不相犯。

同日，水星入井宿。

二十五日夜，水星到陰陽像内第十星，水星在下，離一度二十八分，不相犯。即井宿東扇北第一星。

二十九日夜曉刻，月犯金牛像内第二十二星，月在下，離六分。即天街下星。

同時，月犯天街上星，月在下，離四十二分。

五月：

初九日夜戌初一刻，月到雙女像内第十四星，月在下，離一度二十八分，不相犯。即角宿南星。

十一日夜昏刻，月入氐宿。

戌初二刻，月犯天秤像内第五星，月在上，離二十九分。即氐宿東南星。

戌初三刻，月出氐宿。

十二日夜昏刻，月到天蝎像内第六星，月在下，離五十八分。即鈎鈐東星。

戌初初刻，月到天蝎像内第五星，月在下，離一度十八分，不相犯。即建閉星。

子初二刻，月到人蛇像内第二十二星，月在

下，離一度五十八分，不相犯。即罰星下星。

丑初初刻，月到人蛇像内第二十四星，月在下，離一度二十四分，不相犯。即東咸西第二星。

十三日夜丑正三刻，月犯人蛇像内第十四星，月在上，離一十四分。即天江中星。

寅正初刻，月犯人蛇像内第十三星，月在下，離二十七分。即天江中星。

十四日夜丑初一刻，月犯人馬像内第五星，月在下，離四十五分。即南斗杓第一星。

丑正一刻，月入南斗杓。

十五日夜戌初二刻，月犯人馬像内第九星，月在上，離四十分。即建星西第一星。

子初一刻，月到人馬像内第十一星，月在上，離一度三十九分，不相犯。即建星西第二星。

丑初三刻，月到人馬像内第十星，月在上，離一度一十七分，不相犯。即建星西第三星。

寅正一刻，月入建星。

同時，月掩建星東第三星。

曉刻，月到人馬像内第十二星，月在下，離一度四分，不相犯。即建星東第二星。

十七日夜子初初刻，月到磨羯像内第九星，月在上，離五十五分，不相犯。即羅堰上星。

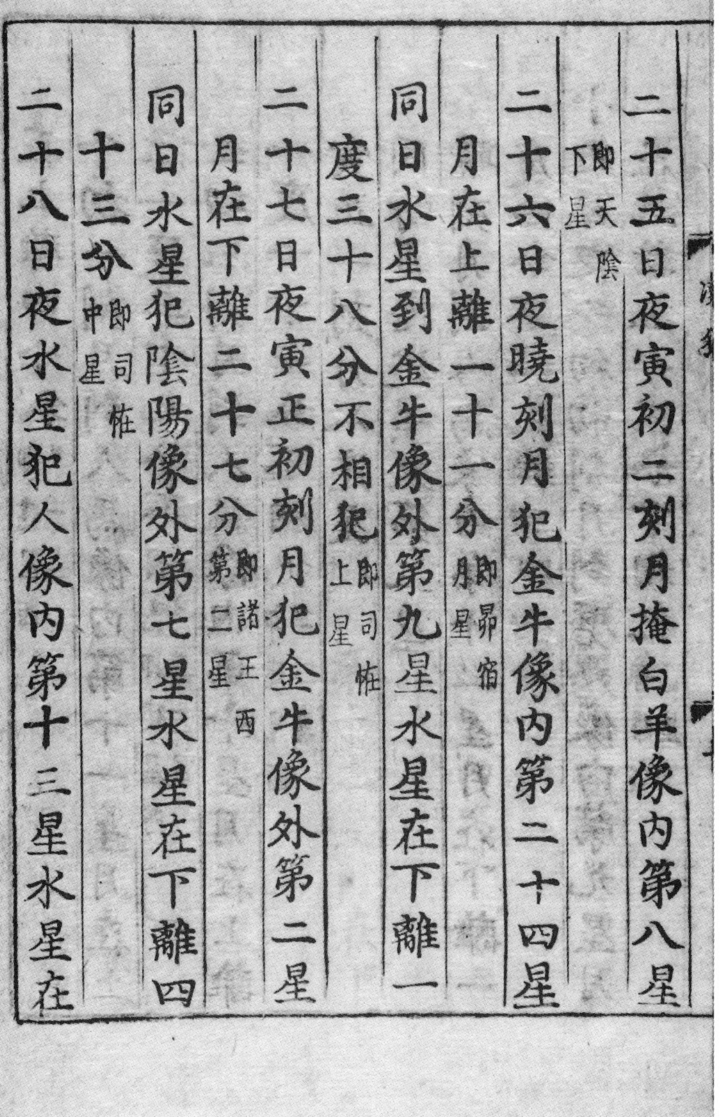

二十五日夜寅初二刻月掩白羊像內第八星即天陰下星
二十六日夜曉刻月犯金牛像內第二十四星
月在上離一十一分即昴宿月星
同日水星到金牛像外第九星水星在下離一
度三十八分不相犯即司恠上星
二十七日夜寅正初刻月犯金牛像外第二星
月在下離二十七分即諸王西第二星
同日水星犯陰陽像外第七星水星在下離四
十三分即司恠中星
二十八日夜水星犯人像內第十三星水星在

二十五日夜寅初二刻，月掩白羊像内第八星。即天陰下星。

二十六日夜曉刻，月犯金牛像内第二十四星，月在上，離一十一分。即昴宿月星。

同日，水星到金牛像外第九星，水星在下，離一度三十八分，不相犯。即司恠上星。

二十七日夜寅正初刻，月犯金牛像外第二星，月在下，離二十七分。即諸王西第二星。

同日，水星犯陰陽像外第七星，水星在下，離四十三分。即司恠中星。

二十八日夜，水星犯人像内第十三星，水星在

上離四十三分即司恠中星

六月

初二日夜金星到金牛像内第十二星金星在

上離一度五十九分不相犯即畢宿右股北第二星

初四日夜金星犯金牛像内第十五星金星在

上離四十五分即畢宿右股北第一星

同日水星犯陰陽像内第十四星水星在下離

一十八分即井宿鉞星

初五日夜戌正初刻月犯明堂上星月在下離

三十七分

同日水星犯陰陽像内第十五星水星在下離

上，離四十三分。即司恠中星。

六月：

初二日夜，金星到金牛像内第十二星，金星在上，離一度五十九分，不相犯。即畢宿右股北第二星。

初四日夜，金星犯金牛像内第十五星，金星在上，離四十五分。即畢宿右股北第一星。

同日，水星犯陰陽像内第十四星，水星在下，離一十八分。即井宿鉞星。

初五，夜戌正初刻，月犯明堂上星，月在下，離三十七分。

同日，水星犯陰陽像内第十五星，水星在下，離

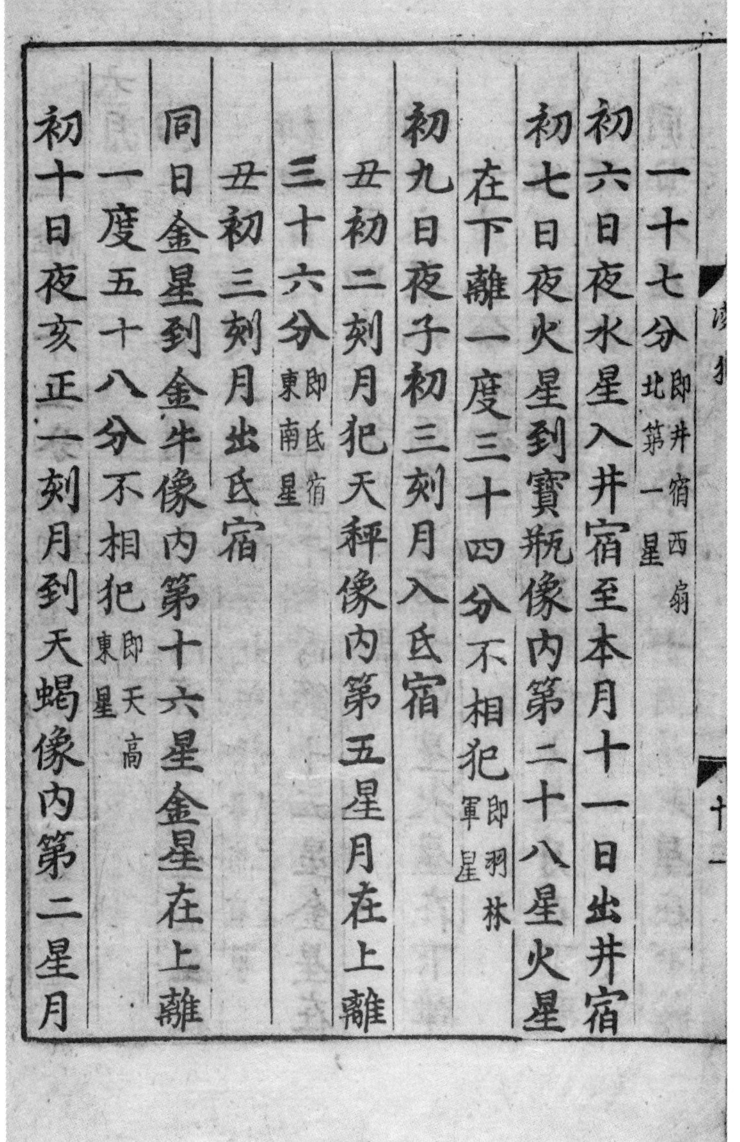

一十七分。即井宿西扇北第一星。

初六日夜，水星入井宿，至本月十一日，出井宿。

初七日夜，火星到寶瓶像内第二十八星，火星在下，離一度三十四分，不相犯。即羽林軍星。

初九日夜子初三刻，月入氐宿。

丑初二刻，月犯天秤像内第五星，月在上，離三十六分。即氐宿東南星。

丑初三刻，月出氐宿。

同日，金星到金牛像内第十六星，金星在上，離一度五十八分，不相犯。即天高東星。

初十日夜亥正一刻，月到天蝎像内第二星，月在上，離一度一十七分，不相犯。即房宿北第二星。

亥正二刻，月入房宿。

子初一刻，月到天蝎像内第一星，月在下，離一度三十九分，不相犯。即房宿北第一星。

子初三刻，月犯天蝎像内第六星，月在下，離五十分。即鈎鈐東星。

丑初初刻，月到天蝎像内第五星，月在下，離一度五十一分，不相犯。即鍵閉星。

同日，木星到雙女像内第五星，木星在上，離一度七分，不相犯。即右執法星。

十一日夜，水星犯陰陽像内第十一星，水星在

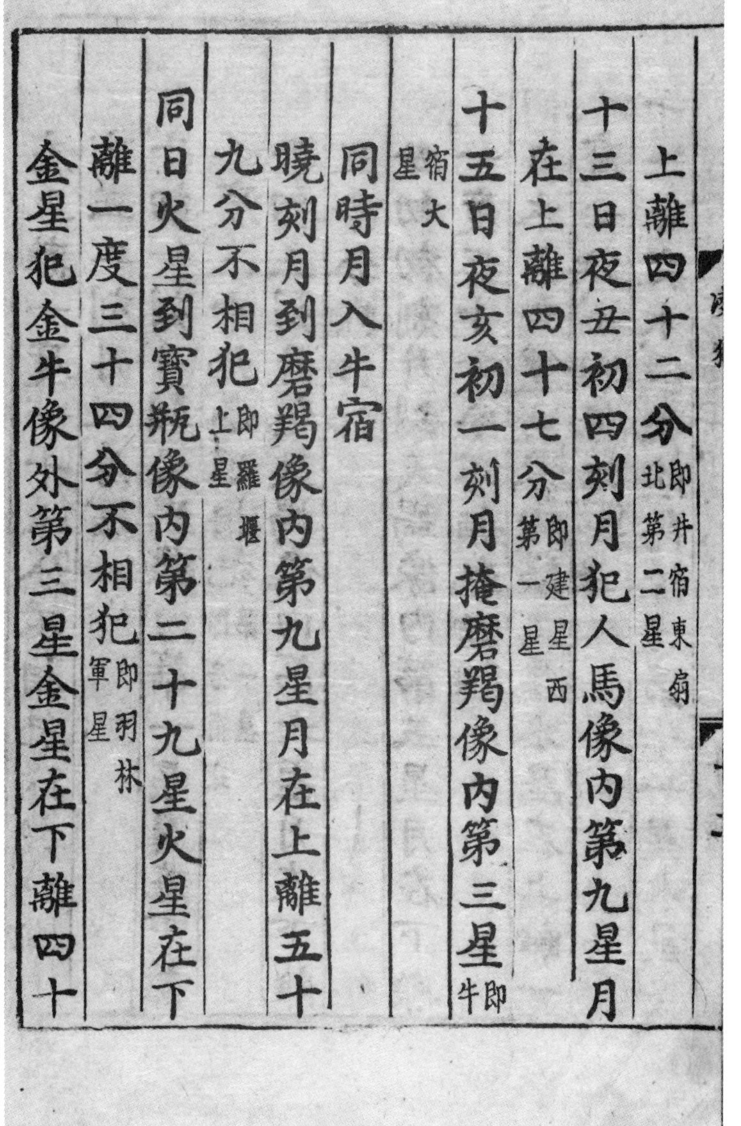
上離四十二分即井宿東扇北第二星
十三日夜丑初四刻月犯人馬像内第九星月在上離四十七分即建星西第一星
十五日夜亥初一刻月掩磨羯像内第三星即牛宿大星
同時月入牛宿
曉刻月到磨羯像内第九星月在上離五十九分不相犯即羅堰上星
同日火星到寶瓶像内第二十九星火星在下離一度三十四分不相犯即羽林軍星
金星犯金牛像外第三星金星在下離四十

上，離四十二分。即井宿東扇北第二星。

十三日夜丑初四刻，月犯人馬像内第九星，月在上，離四十七分。即建星西第一星。

十五日夜亥初一刻，月掩磨羯像内第三星。即牛宿大星。

同時，月入牛宿。

曉刻，月到磨羯像内第九星，月在上，離五十九分，不相犯。即羅堰上星。

同日，火星到寶瓶像内第二十九星，火星在下，離一度三十四分，不相犯。即羽林軍星。

金星犯金牛像外第三星，金星在下，離四十

七分。即諸王東第二星。

水星犯陰陽像内第九星，水星在下，離一十一分。即天罇西星。

十八日夜，金星到金牛像外第七星，金星在下，離一度七分，不相犯。即諸王東第一星。

同日，金星犯金牛像内第十九星，金星在下，離一分。即天關星。

十九日夜曉刻，月到雙魚像内第七星，月在上，離一度二十分，不相犯。即雲雨西南星。

二十二日夜，金星到金牛像外第九星，金星在下，離五十六分，不相犯。即司恠上星。

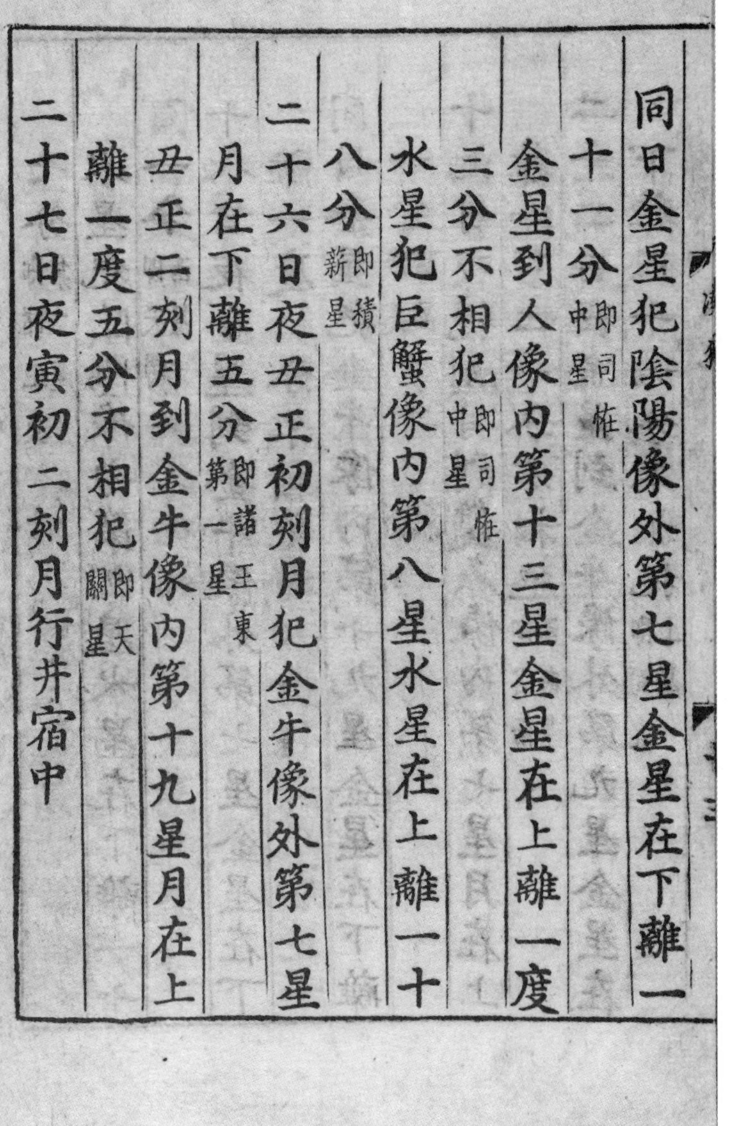
同日金星犯陰陽像外第七星金星在下離一
十一分即司恠中星
金星到人像內第十三星金星在上離一度
三分不相犯即司恠中星
水星犯巨蟹像內第八星水星在上離一十
八分即積薪星
二十六日夜丑正初刻月犯金牛像外第七星
月在下離五分即諸王東第一星
丑正二刻月到金牛像內第十九星月在上
離一度五分不相犯即天關星
二十七日夜寅初二刻月行井宿中

同日，金星犯陰陽像外第七星，金星在下，離一十一分。即司恠中星。

金星到人像内第十三星，金星在上，離一度三分，不相犯。即司恠中星。

水星犯巨蟹像内第八星，水星在上，離一十八分。即積薪星。

二十六日夜丑正初刻，月犯金牛像外第七星，月在下，離五分。即諸王東第一星。

丑正二刻，月到金牛像内第十九星，月在上，離一度五分，不相犯。即天關星。

二十七日夜寅初二刻，月行井宿中。

同日，火星退到竇瓶像内第二十九星，火星在下，離一度五十五分，不相犯。即羽林軍星。

金星犯陰陽像内第十四星，金星在下，離四十一分。即井宿钺星。

二十八日夜，金星到陰陽像内第十五星，金星在下，離四十九分。即井宿西扇北第一星。

二十九日夜，金星入井宿，至七月初七日出井宿。

七月：

初一日夜，金星到陰陽像内第十六星，金星在上，離一度二十一分，不相犯。即井宿西扇北第二星。

初四日夜昏刻月與木星同度月在下離五度
四十七分不相犯
初六日夜金星犯陰陽像內第十一星金星在
下離三十八分即井宿東扇北第二星
初八日夜金星犯陰陽像內第十二星金星在
上離四十六分即井宿東扇北第三星
十一日夜金星到陰陽像內第九星金星在下
離一度五十六分不相犯即天罇西星
十二日夜昏刻月犯人馬像內第十二星月在
下離五十二分即建星東第二星
戌初初刻月到人馬像內第十三星月在下

初四日夜昏刻，月與木星同度，月在下，離五度四十七分，不相犯。

初六日夜，金星犯陰陽像内第十一星，金星在下，離三十八分。即井宿東扇北第二星。

初八日夜，金星犯陰陽像内第十二星，金星在上，離四十六分。即井宿東扇北第三星。

十一日夜，金星到陰陽像内第九星，金星在下，離一度五十六分，不相犯。即天罇西星。

十二日夜昏刻，月犯人馬像内第十二星，月在下，離五十二分。即建星東第二星。

戌初初刻，月到人馬像内第十三星，月在下，

離一度四十六分不相犯即建星東第一星
十三日夜寅初初刻月犯磨羯像内第三星月
在上離六分即牛宿大星
同時月入牛宿
十七日夜戌初三刻月與土星同度月在上離
六度五十三分不相犯
二十二日夜金星到巨蟹像内第八星金星在
下離一度三十五分不相犯即積薪星
二十三日夜木星犯雙女像内第六星木星在
上離一十四分即左執法星
二十四日夜曉刻月犯金牛像外第三星月在

離一度四十六分，不相犯。即建星東第一星。

十三日夜寅初初刻，月犯磨羯像内第三星，月在上，離六分。即牛宿大星。

同時，月入牛宿。

十七日夜戌初三刻，月與土星同度，月在上，離六度五十三分，不相犯。

二十二日夜，金星到巨蟹像内第八星，金星在下，離一度三十五分，不相犯。即積薪星。

二十三日夜，木星犯雙女像内第六星，木星在上，離一十四分。即左執法星。

二十四日夜曉刻，月犯金牛像外第三星，月在

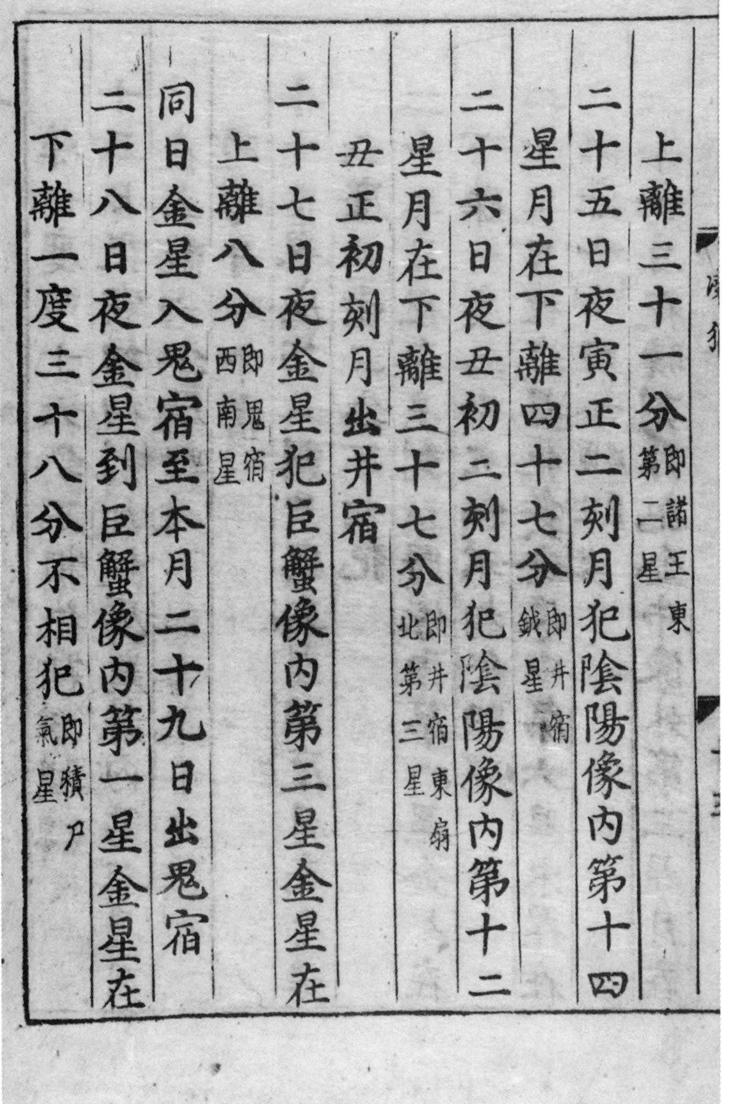
上離三十一分即諸王東第二星
二十五日夜寅正二刻月犯陰陽像内第十四
星月在下離四十七分即井宿鉞星
二十六日夜丑初二刻月犯陰陽像内第十二
星月在下離三十七分即井宿東扇北第三星
丑正初刻月出井宿
二十七日夜金星犯巨蟹像内第三星金星在
上離八分即鬼宿西南星
同日金星入鬼宿至本月二十九日出鬼宿
二十八日夜金星到巨蟹像内第一星金星在
下離一度三十八分不相犯即積尸氣星

上，離三十一分。即諸王東第二星。

二十五日夜寅正二刻，月犯陰陽像内第十四星，月在下，離四十七分。即井宿鉞星。

二十六日夜丑初二刻，月犯陰陽像内第十二星，月在下，離三十七分，即井宿東扇北第三星。

丑正初刻，月出井宿。

二十七日夜，金星犯巨蟹像内第三星，金星在上，離八分。即鬼宿西南星。

同日，金星入鬼宿，至本月二十九日，出鬼宿。

二十八日夜，金星到巨蟹像内第一星，金星在下，離一度三十八分，不相犯。即積尸氣星。

二十九日夜金星犯巨蟹像内第五星金星在
下離一分即鬼宿東南星
同日水星到雙女像内第六星水星在下離一
度九分不相犯即左執法星
水星與木星同度木星在下離一度二十二
分不相犯
八月
初二日夜木星出太微垣左掖門
初五日夜昏刻月犯天秤像内第五星月在上
離五十一分即氐宿東南星
同時月出氐宿

二十九日夜，金星犯巨蟹像内第五星，金星在下，離一分。即鬼宿東南星。

同日，水星到雙女像内第六星，水星在下，離一度九分，不相犯。即左執法星。

水星與木星同度，木星在下，離一度二十二分，不相犯。

八月：

初二日夜，木星出太微垣左掖門。

初五日夜昏刻，月犯天秤像内第五星，月在上，離五十一分。即氐宿東南星。

同時，月出氐宿。

初六日夜戌正初刻，月到人蛇像内第二十二星，月在下，離一度三十五分，不相犯。即罰星下星。

亥初一刻，月到人蛇像内第二十四星，月在下，離一度一分，不相犯。即東咸西第二星。

初七日夜亥初四刻，月犯人蛇像内第十四星，月在上，離三十六分。即天江中星。

亥正三刻，月犯人蛇像内第十三星，月在下，離六分。即天江中星。

初八日夜戌初三刻，月犯人馬像内第五星，月在下，離二十四分。即南斗杓第一星。

戌正初刻，月入南斗杓。

初九日夜戌初二刻，月到人馬像内第十星，月在上，離一度三十五分，不相犯。即建星西第三星。

亥正初刻，月犯建星東第三星，月在上，離一十六分。

亥正二刻，月入建星。

子正二刻，月犯人馬像内第十二星，月在下，離四十六分。即建星東第二星。

丑初初刻，月到人馬像内第十三星，月在下，離一度四十分，不相犯。即建星東第一星。

十三日夜子初初刻，月與火星同度，月在上，離一十度六分，不相犯。

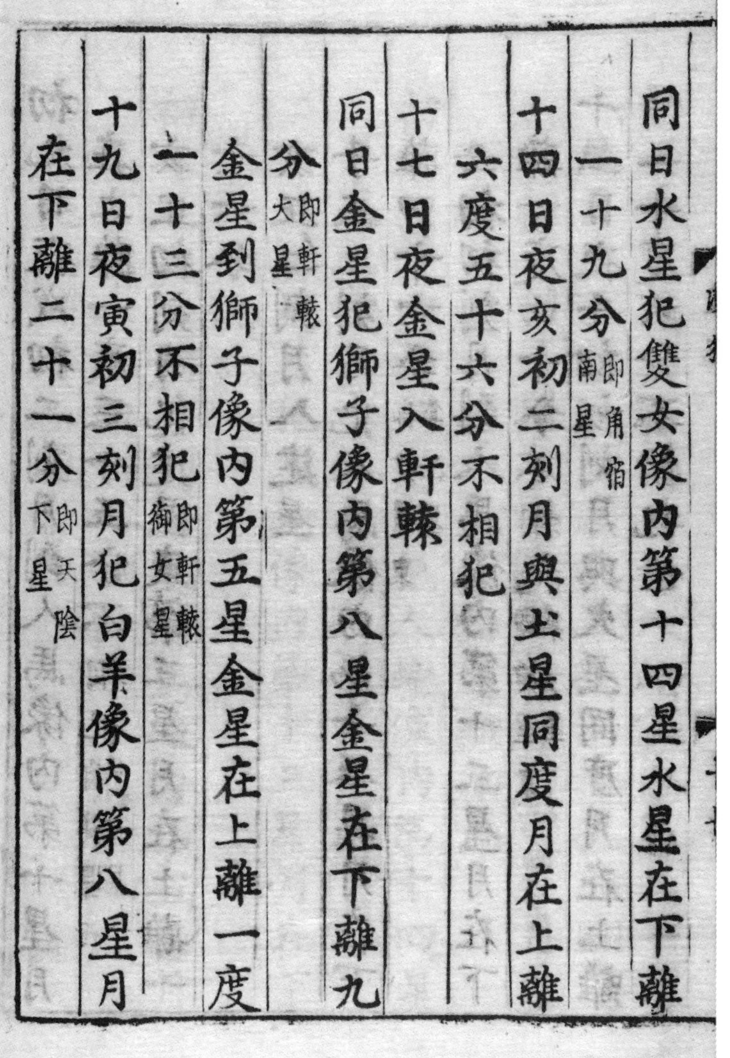

同日，水星犯雙女像内第十四星，水星在下，離一十九分。即角宿南星。

十四日夜亥初二刻，月與土星同度，月在上，離六度五十六分，不相犯。

十七日夜，金星入軒轅。

同日，金星犯獅子像内第八星，金星在下，離九分。即軒轅大星。

金星到獅子像内第五星，金星在上，離一度一十三分，不相犯。即軒轅御女星。

十九日夜寅初三刻，月犯白羊像内第八星，月在下，離二十一分。即天陰下星。

二十日夜曉刻月犯金牛像内第二十四星月
在下離一十一分即昴宿月星
二十一日夜曉刻月犯金牛像外第二星月在
下離四十九分即諸王西第二星
二十二日夜寅初初刻月犯金牛像外第九星
月在下離三十一分即司恠上星
寅正初刻月犯陰陽像外第七星月在上離
一十一分即司恠中星
寅正二刻月到人像内第十三星月在上離
一度二十五分不相犯即司恠中星
同日金星犯獅子像内第十五星金星在下離

二十日夜曉刻，月犯金牛像内第二十四星，月在下，離一十一分。即昴宿月星。

二十一日夜曉刻，月犯金牛像外第二星，月在下，離四十九分。即諸王西第二星。

二十二日夜寅初初刻，月犯金牛像外第九星，月在下，離三十一分。即司恠上星。

寅正初刻，月犯陰陽像外第七星，月在上，離一十一分。即司恠中星。

寅正二刻，月到人像内第十三星，月在上，離一度二十五分，不相犯。即司恠中星。

同日，金星犯獅子像内第十五星，金星在下，離

一分即軒轅左角星
二十三日夜子正一刻月行井宿中
曉刻月到陰陽像內第十一星月在下離一
度四十九分不相犯即井宿東扇北第二星
二十六日夜寅正三刻月犯獅子像內第十三
星月在下離四十六分即軒轅右角星
二十七日夜土星退到寶瓶像內第二十六星
土星在下離一度八分不相犯即壘壁陣東第五星
二十九日夜金星到獅子像外第三星金星在
下離五十八分不相犯即靈臺中星
同日金星到獅子像外第五星金星在下離一

一分。即軒轅左角星。

二十三日夜子正一刻，月行井宿中。

曉刻，月到陰陽像内第十一星，月在下，離一度四十九分，不相犯。即井宿東扇北第二星。

二十六日夜寅正三刻，月犯獅子像内第十三星，月在下，離四十六分。即軒轅右角星。

二十七日夜，土星退到寶瓶像内第二十六星，土星在下，離一度八分，不相犯。即壘壁陣東第五星。

二十九日夜，金星到獅子像外第三星，金星在下，離五十八分，不相犯。即靈臺中星。

同日，金星到獅子像外第五星，金星在下，離一

度四十八分不相犯即靈臺上星
九月
初三日夜金星到獅子像内第二十四星金星
在下離五十二分不相犯即上將星
初七日夜亥正二刻月到人馬像内第九星月
在上離一度六分不相犯即建星西第一星
同日金星入太微垣右掖門至本月十七日出
太微垣左掖門
初八日夜土星退到寶瓶像内第二十八星土
星在上離一度三十九分不相犯即羽林軍星
初九日夜子初三刻月到磨羯像内第九星月

度四十八分，不相犯。即靈臺上星。

九月：

初三日夜，金星到獅子像内第二十四星，金星在下，離五十二分，不相犯。即上將星。

初七日夜亥正二刻，月到人馬像内第九星，月在上，離一度六分，不相犯。即建星西第一星。

同日，金星入太微垣右掖門，至本月十七日，出太微垣左掖門。

初八日夜，土星退到寶瓶像内第二十八星，土星在上，離一度三十九分，不相犯。即羽林軍星。

初九日夜子初三刻，月到磨羯像内第九星，月

在上離一度一十分不相犯即羅堰上星
同日金星到雙女像内第五星金星在上離五
十七分不相犯即右執法星
十二日夜子正初刻月與土星同度月在上離
六度五十三分不相犯
十三日夜子初初刻月到雙魚像内第七星月
在上離一度一十三分不相犯即雲雨西南星
十六日夜金星犯雙女像内第六星金星在上
離二十三分即左執法星
十九日夜亥初三刻月犯金牛像内第二十二
星月在下離四十三分即天街下星

在上，離一度一十分，不相犯。即羅堰上星。

同日，金星到雙女像内第五星，金星在上，離五十七分，不相犯。即右執法星。

十二日夜子正初刻，月與土星同度，月在上，離六度五十三分，不相犯。

十三日夜子初初刻，月到雙魚像内第七星，月在上，離一度一十三分，不相犯。即雲雨西南星。

十六日夜，金星犯雙女像内第六星，金星在上，離二十三分。即左執法星。

十九日夜亥初三刻，月犯金牛像内第二十二星，月在下，離四十三分。即天街下星。

同時月到天街上星月在下離一度一十九
分不相犯
二十日夜丑初一刻月犯金牛像外第七星月
在下離二十一分即諸王東第一星
丑正初刻月犯金牛像内第十九星月在上
離四十三分即天關星
同日金星到雙女像内第七星金星在下離一
度十九分不相犯即上相星
二十一日夜子正二刻月入井宿
丑初三刻月犯陰陽像内第十六星月在上
離三十八分即井宿西扇北第二星

同時，月到天街上星，月在下，離一度一十九分，不相犯。

二十日夜丑初一刻，月犯金牛像外第七星，月在下，離二十一分。即諸王東第一星。

丑正初刻，月犯金牛像内第十九星，月在上，離四十三分。即天關星。

同日，金星到雙女像内第七星，金星在下，離一度十九分，不相犯。即上相星。

二十一日夜子正二刻，月入井宿。

丑初三刻，月犯陰陽像内第十六星，月在上，離三十八分。即井宿西扇北第二星。

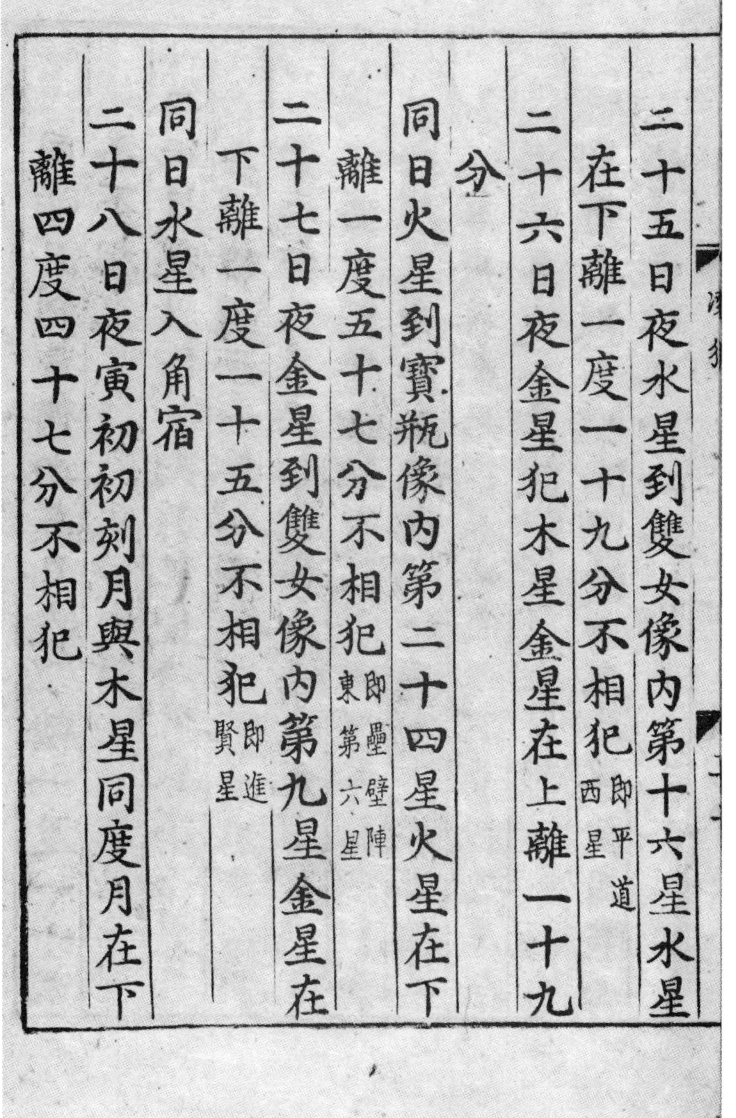

二十五日夜，水星到雙女像内第十六星，水星在下，離一度一十九分，不相犯。即平道西星。

二十六日夜，金星犯木星，金星在上，離一十九分。

同日，火星到寶瓶像内第二十四星，火星在下，離一度五十七分，不相犯。即壘壁陣東第六星。

二十七日夜，金星到雙女像内第九星，金星在下，離一度一十五分，不相犯。即進賢星。

同日，水星入角宿。

二十八日夜寅初初刻，月與木星同度，月在下，離四度十七分，不相犯。

曉刻月與金星同度月在下離五度一分不
相犯
十月
初一日夜木星到雙女像内第九星木星在下
離一度三十三分不相犯即進賢星
同日金星到雙女像内第十六星金星在下離
一度三十四分不相犯即平道西星
初三日夜昏刻月犯人蛇像内第十四星月在
上離五十三分即天江中星
同時月犯人蛇像内第十三星月在上離一
十分即天江中星

曉刻，月與金星同度，月在下，離五度一分，不相犯。

十月：

初一日夜，木星到雙女像内第九星，木星在下，離一度三十三分，不相犯。即進賢星。

同日，金星到雙女像内第十六星，金星在下，離一度三十四分，不相犯。即平道西星。

初三日夜昏刻，月犯人蛇像内第十四星，月在上，離五十三分。即天江中星。

同時，月犯人蛇像内第十三星，月在上，離一十分。即天江中星。

同日，金星入角宿。

初四日夜，火星犯土星，火星在上，離五分。

初五日夜昏刻，月犯建星東第三星，月在上，離二十九分。

同時，月入建星。

同時，月犯人馬像内第一十二星，月在下，離三十五分。即建星東第一星。

戌初一刻，月到人馬像内第十三星，月在下，離一度二十九分，不相犯。即建星東第一星。

初六日夜，火星到寶瓶像内第二十八星，火星在上，離一度五十三分，不相犯。即羽林軍星。

初七日夜，火星到寶瓶像内第二十六星，火星在下，離四十九分，不相犯。即壘壁陣東第五星。

初八日夜，水星到亢宿南第二星，水星在下，離一度四十一分，不相犯。

初九日夜，水星入亢宿。

同日，水星到亢宿南第一星，水星在上，離一度三十八分，不相犯。

十一日夜，金星到亢宿南第二星，金星在下，離一度三十三分，不相犯。

十二日夜，金星入亢宿。

同日，金星到亢宿南第一星，金星在上，離一度

五十一分不相犯
十四日夜水星犯天秤像内第一星水星在上離三十二分即氐宿西南星
十五日夜水星入氐宿
十六日昏刻月犯金牛像内第二十四星月在下離二十七分即昴宿月星
寅初三刻月犯金牛像内第二十二星月在下離五十一分即天街下星
同時月到天街上星月在下離一度二十七分不相犯
十七日丑正初刻月犯金牛像外第三星月在

五十一分，不相犯。

十四日夜，水星犯天秤像内第一星，水星在上，離三十二分。即氐宿西南星。

十五日夜，水星入氐宿。

十六日昏刻，月犯金牛像内第二十四星，月在下，離二十七分。即昴宿月星。

寅初三刻，月犯金牛像内第二十二星，月在下，離五十一分。即天街下星。

同時，月到天街上星，月在下，離一度二十七分，不相犯。

十七日丑正初刻，月犯金牛像外第三星，月在

上離九分即諸王東第二星
曉刻月犯金牛像外第七星月在下離二十五分即諸王東第一星
十八日夜丑初一刻月到陰陽像内第十四星月在下離一度七分不相犯即井宿鉞星
寅正一刻月到陰陽像内第十五星月在下離一度二十五分不相犯即井宿西扇北第一星
十九日夜戌正三刻月行井宿中
亥正二刻月犯陰陽像内第十二星月在下離五十三分即井宿東扇北第三星
子初一刻月出井宿

上，離九分。即諸王東第二星。

曉刻，月犯金牛像外第七星，月在下，離二十五分。即諸王東第一星。

十八日夜丑初一刻，月到陰陽像内第十四星，月在下，離一度七分，不相犯。即井宿鉞星。

寅正一刻，月到陰陽像内第十五星，月在下，離一度二十五分，不相犯。即井宿西扇北第一星。

十九日夜戌正三刻，月行井宿中。

亥正二刻，月犯陰陽像内第十二星，月在下，離五十三分。即井宿東扇北第三星。

子初一刻，月出井宿。

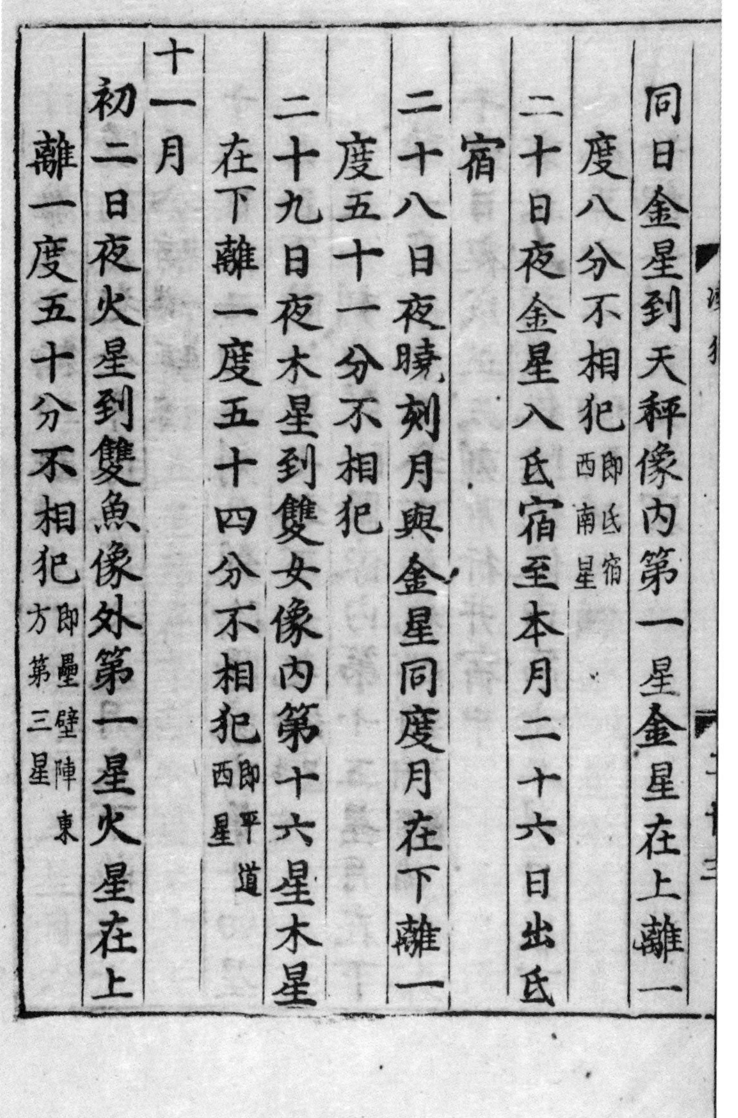
同日金星到天秤像内第一星金星在上離一度八分不相犯即氐宿西南星
二十日夜金星入氐宿至本月二十六日出氐宿
二十八日夜曉刻月與金星同度月在下離一度五十一分不相犯
二十九日夜木星到雙女像内第十六星木星在下離一度五十四分不相犯即平道西星
十一月
初二日夜火星到雙魚像外第一星火星在上離一度五十分不相犯即壘壁陣東方第三星

同日，金星到天秤像内第一星，金星在上，離一度八分，不相犯。即氐宿西南星。

二十日夜，金星入氐宿，至本月二十六日，出氐宿。

二十八日夜曉刻，月與金星同度，月在下，離一度五十一分，不相犯。

二十九日夜，木星到雙女像内第十六星，木星在下，離一度五十四分，不相犯。即平道西星。

十一月：

初二日夜，火星到雙魚像外第一星，火星在上，離一度五十分，不相犯。即壘壁陣東方第三星。

同日金星到天秤像外第四星金星在下離一
度三十九分不相犯即西咸南第一星
初四日夜金星犯天蝎像内第一星金星在上
離九分即房宿北第一星
同日金星到天蝎像内第六星金星在上離五
十六分不相犯即鈎鈐東星
初五日夜昏刻月到磨羯像内第九星月在上
離一度一十六分不相犯即羅堰上星
同日火星到雙魚像外第二星火星在上離一
度五十一分不相犯即壘壁陣東方第一星
金星犯天蝎像内第五星金星在下離九分

同日，金星到天秤像外第四星，金星在下，離一度三十九分，不相犯。即西咸南第一星。

初四日夜，金星犯天蝎像内第一星，金星在上，離九分。即房宿北第一星。

同日，金星到天蝎像内第六星，金星在上，離五十六分，不相犯。即鈎鈐東星。

初五日夜昏刻，月到磨羯像内第九星，月在上，離一度一十六分，不相犯。即羅堰上星。

同日，火星到雙魚像外第二星，火星在上，離一度五十一分，不相犯。即壘壁陣東方第一星。

金星犯天蝎像内第五星，金星在下，離九分。

即鍵閉星

初七日夜金星犯人蛇像内第二十二星金星

在下離二十五分即罰星下星

同日金星到人蛇像内第二十一星金星在下

離一度五十五分不相犯即罰星中星

初八日夜昏刻月與土星同度月在上離六度

三十九分不相犯

同日金星犯人蛇像内第二十四星金星在上

離三分即東咸西第二星

初九日夜子正初刻月與火星同度月在上離

四度五十二分不相犯

即鍵閉星。

初七日夜，金星犯人蛇像内第二十二星，金星在下，離二十五分。即罰星下星。

同日，金星到人蛇像内第二十一星，金星在下，離一度五十五分，不相犯。即罰星中星。

初八日夜昏刻，月與土星同度，月在上，離六度三十九分，不相犯。

同日，金星犯人蛇像内第二十四星，金星在上，離三分。即東咸西第二星。

初九日夜子正初刻，月與火星同度，月在上，離四度五十二分，不相犯。

同日木星入角宿
初十日夜金星到人蛇像内第二十三星金星
在下離一度三十分不相犯即東咸東第二星
十一日夜土星到寶瓶像内第二十八星土星
在上離一度五十一分不相犯即羽林軍星
十三日夜子初初刻月犯白羊像内第八星月
在下離四十三分即天陰下星
十四日夜丑初一刻月犯金牛像内第二十四
星月在下離三十五分即昴宿月星
十五日夜丑初初刻月到金牛像外第二星月
在下離一度十一分不相犯即諸王西第二星

同日，木星入角宿。

初十日夜，金星到人蛇像内第二十三星，金星在下，離一度三十分，不相犯。即東咸東第二星。

十一日夜，土星到寶瓶像内第二十八星，土星在上，離一度五十一分，不相犯。即羽林軍星。

十三日夜子初初刻，月犯白羊像内第八星，月在下，離四十三分。即天陰下星。

十四日夜丑初一刻，月犯金牛像内第二十四星，月在下，離三十五分。即昴宿月星。

十五日夜丑初初刻，月到金牛像外第二星，月在下，離一度十一分，不相犯。即諸王西第二星。

十六日夜亥初三刻，月犯金牛像外第九星，月在下，離五十三分。即司帷上星。

亥正四刻，月犯陰陽像外第七星，月在下，離一十分。即司帷中星。

子初一刻，月到人像内第十三星，月在上，離一度四分，不相犯。即司帷中星。

十七日夜戌初初刻，月行井宿中。

曉刻，月到陰陽像内第十二星，月在下，離五十九分，不相犯。即井宿東扇北第三星。

同時，月出井宿。

十九日夜，金星犯人蛇像内第十四星，金星在

上離九分即天江中星
同日金星犯人蛇像内第十三星金星在下離
三十六分即天江中星
二十日夜丑初三刻月犯獅子像内第十三星
月在下離五十分即軒轅右角星
二十二日夜子初三刻月犯明堂上星月在下
離二十四分
同日土星到寶瓶像内第二十六星土星在下
離五十一分即壘壁陣東第五星
二十四日夜曉刻月犯雙女像内第十四星月
在下離五十分即角宿南星
凌犯
二十六

上，離九分。即天江中星。

同日，金星犯人蛇像内第十三星，金星在下，離三十六分。即天江中星。

二十日夜丑初三刻，月犯獅子像内第十三星，月在下，離五十分。即軒轅右角星。

二十二日夜子初三刻，月犯明堂上星，月在下，離二十四分。

同日，土星到寶瓶像内第二十六星，土星在下，離五十一分。即壘壁陣東第五星。

二十四日夜曉刻，月犯雙女像内第十四星，月在下，離五十分。即角宿南星。

二十五日夜寅正二刻月到亢宿南第一星月
在下離一度四十三分不相犯
同日水星到人馬像内第十九星水星在上離
一度五十一分不相犯即狗星下星
二十六日夜丑初二刻月行氐宿中
寅初三刻月到天秤像内第五星月在上離
一度二十分不相犯即氐宿東南星
曉刻月出氐宿
二十九日夜曉刻月犯人馬像内第五星月在
上離五分即南斗杓第一星
十二月

二十五日夜寅正二刻，月到亢宿南第一星，月在下，離一度四十三分，不相犯。

同日，水星到人馬像内第十九星，水星在上，離一度五十一分，不相犯。即狗星下星。

二十六日夜丑初二刻，月行氐宿中。

寅初三刻，月到天秤像内第五星，月在上，離一度二十分，不相犯。即氐宿東南星。

曉刻，月出氐宿。

二十九日夜曉刻，月犯人馬像内第五星，月在上，離五分。即南斗杓第一星。

十二月：

初二日夜火星犯外屏西第一星火星在下離
四十五分
初四日夜水星到磨羯像内第五星水星在下
離一度五十八分不相犯即牛宿南星
初五日夜火星犯雙魚像内第十二星火星在
下離一十八分即外屏西第二星
初六日夜水星到磨羯像内第十星水星在下
離一度四十四分不相犯即羅堰下星
初八日夜戌初初刻月與火星同度月在上離
三度一十分不相犯
同日火星到雙魚像内第十三星火星在上離

初二日夜，火星犯外屏西第一星，火星在下，離四十五分。

初四日夜，水星到磨羯像内第五星，水星在下，離一度五十八分，不相犯。即牛宿南星。

初五日夜，火星犯雙魚像内第十二星，火星在下，離一十八分。即外屏西第二星。

初六日夜，水星到磨羯像内第十星，水星在下，離一度四十四分，不相犯。即羅堰下星。

初八日夜戌初初刻，月與火星同度，月在上，離三度一十分，不相犯。

同日，火星到雙魚像内第十三星，火星在上，離

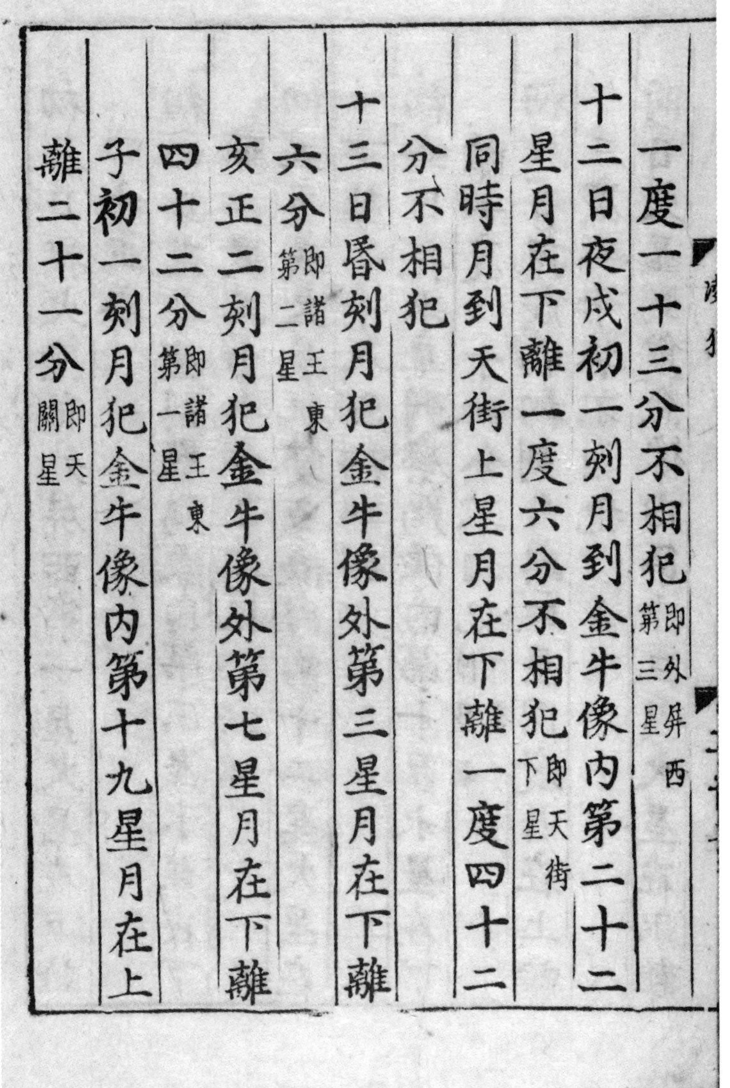
一度一十三分不相犯即外屏西第三星
十二日夜戌初一刻月到金牛像内第二十二星月在下離一度六分不相犯即天街下星
同時月到天街上星月在下離一度四十二分不相犯
十三日昏刻月犯金牛像外第三星月在下離六分即諸王東第二星
亥正二刻月犯金牛像外第七星月在下離四十二分即諸王東第一星
子初一刻月犯金牛像内第十九星月在上離二十一分即天關星

一度一十三分，不相犯。即外屏西第三星。

十二日夜戌初一刻，月到金牛像内第二十二星，月在下，離一度六分，不相犯。即天街下星。

同時，月到天街上星，月在下，離一度四十二分，不相犯。

十三日昏刻，月犯金牛像外第三星，月在下，離六分。即諸王東第二星。

亥正二刻，月犯金牛像外第七星，月在下，離四十二分。即諸王東第一星。

子初一刻，月犯金牛像内第十九星，月在上，離二十一分。即天關星。

十四日夜戌初初刻，月到陰陽像内第十五星，月在下，離一度三十八分，不相犯。即井宿西扇北第一星。

亥正一刻，月入井宿。

亥正三刻，月犯陰陽像内第十六星，月在上，離一十九分。即井宿西扇北第二星。

十九日夜曉刻，月犯明堂上星，月在下，離二十二分。

二十三日夜曉刻，月入氐宿。

二十四日夜曉刻，月入房宿。

同時，月犯天蝎像内第一星，月在下，離四十

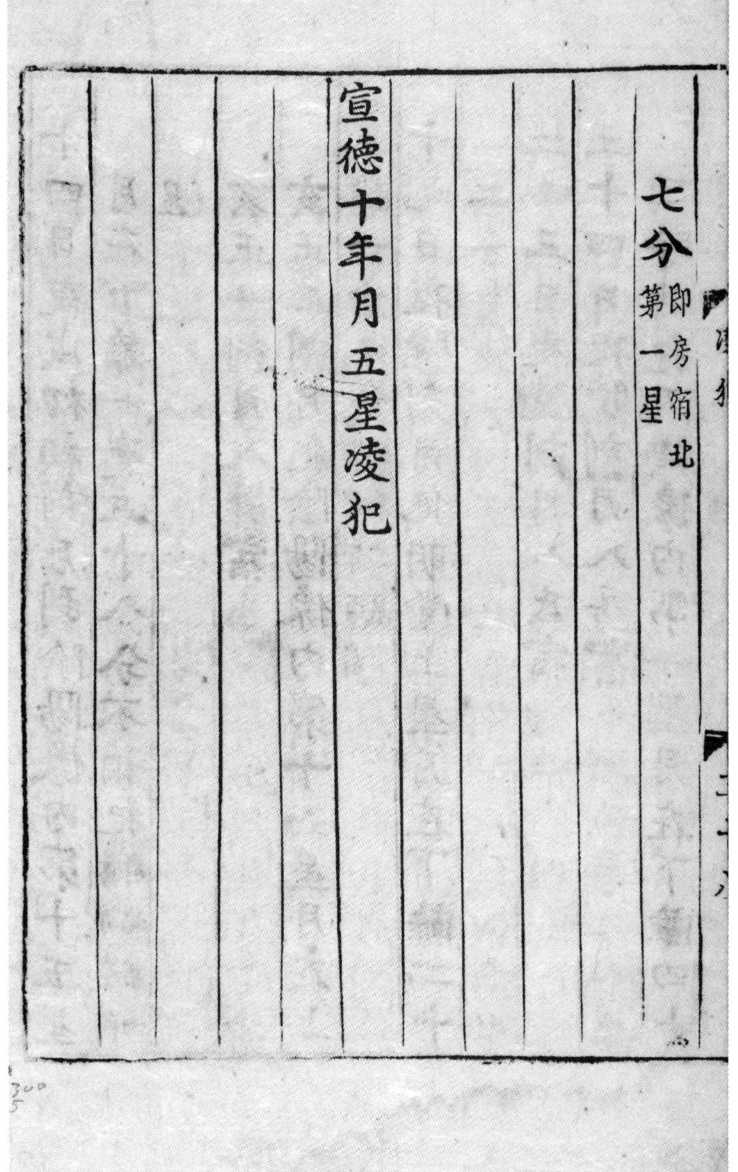
七分即房宿北第一星
宣德十年月五星凌犯

七分。即房宿北第一星。

宣德十年月五星凌犯

圖書在版編目（ＣＩＰ）數據

回回曆法三種 / ［明］貝琳等著. — 長沙 : 湖南科學技術出版社, 2022.2
（中國科技典籍選刊. 第六輯）
ISBN 978-7-5710 1248-9

Ⅰ. ①回… Ⅱ. ①貝… Ⅲ. ①伊斯蘭教歷 Ⅳ. ①P194.9

中國版本圖書館 CIP 數據核字(2021)第 215370 號

中國科技典籍選刊（第六輯）

HUIHUI LIFA SANZHONG

回回曆法三種

著　　者：[明]貝　琳等
整　　理：李　亮
出 版 人：潘曉山
責任編輯：楊　林
出版發行：湖南科學技術出版社
社　　址：湖南省長沙市開福區芙蓉中路一段 416 號泊富國際金融中心 40 樓
网　　址：http://www.hnstp.com
郵購聯係：本社直銷科 0731-84375808
印　　刷：長沙鴻和印務有限公司
（印裝質量問題請直接與本廠聯係）
廠　　址：長沙市望城區普瑞西路 858 号
郵　　編：410200
版　　次：2022 年 2 月第 1 版
印　　次：2022 年 2 月第 1 次印刷
開　　本：787mm×1092mm　1/16
印　　張：52.75
字　　數：1080 千字
書　　號：ISBN 978-7-5710-1248-9
定　　價：398.00 圓（共兩冊）